Wolfgang Malzkorn

Kants Kosmologie-Kritik

1749
Walter de Gruyter
250
Berlin · New York
1999

Kantstudien

Ergänzungshefte

im Auftrage der Kant-Gesellschaft
herausgegeben von
Gerhard Funke, Manfred Baum
und Thomas M. Seebohm

134

Walter de Gruyter · Berlin · New York

1999

Wolfgang Malzkorn

Kants Kosmologie-Kritik

Eine formale Analyse der Antinomienlehre

Walter de Gruyter · Berlin · New York

1999

Gedruckt mit Unterstützung der Deutschen Forschungsgemeinschaft

D 5 Bonner philosophische Dissertation

♾ Gedruckt auf säurefreiem Papier,
das die US-ANSI-Norm über Haltbarkeit erfüllt.

Die Deutsche Bibliothek – CIP-Einheitsaufnahme

Malzkorn, Wolfgang:
Kants Kosmologie-Kritik : eine formale Analyse der Antinomienlehre / Wolfgang Malzkorn. – Berlin ; New York : de Gruyter, 1999
(Kantstudien : Ergänzungshefte ; 134)
Zugl.: Bonn, Univ., Diss., 1997/98
ISBN 3-11-016411-6

Printed in Germany
Druck: Arthur Collignon GmbH, Berlin
Buchbinderische Verarbeitung: Buchbinderei Stein, Berlin

Meinen Eltern
Josef und Anita Malzkorn
in Dankbarkeit gewidmet

Vorwort

Der Plan zur vorliegenden Arbeit, die im Wintersemester 1997-8 von der Philosophischen Fakultät der Rheinischen Friedrich-Wilhelms-Universität zu Bonn als Dissertation angenommen wurde, geht auf das Wintersemester 1987-8 zurück. Damals besuchte ich ein Hauptseminar meines Doktorvaters, Prof. Dr. Rainer Stuhlmann-Laeisz, über „Die Paralogismen und die Antinomien in Kants *Kritik der reinen Vernunft*". Während eines Gesprächs, das ich mit ihm aus diesem Anlaß führte, machte er mich darauf aufmerksam, daß eine logisch-analytische Untersuchung der Antinomienlehre ein Desiderat der Kant-Forschung und (daher) ein geeignetes Thema für ein Dissertationsprojekt darstelle. Für diese Anregung des Themas der vorliegenden Arbeit, für das Interesse an den Fortschritten der Bearbeitung und für eine schöne und lehrreiche Zeit, die ich als Doktorand am Seminar für Logik und Grundlagenforschung der Universität Bonn verbringen durfte, möchte ich ihm herzlich danken. Dank sagen möchte ich auch anderen Personen und Institutionen, von denen ich wertvolle Unterstützung erhielt: Die Studienstiftung des deutschen Volkes gewährte mir von 1993-1997 ein Promotionsstipendium, in dessen Genuß ich nicht zuletzt auch aufgrund des entschiedenen Einsatzes von Hartmut Brands kam, der leider zu früh verstarb und den Abschluß des Projektes nicht mehr erlebte. Paul Guyer lud mich für ein halbes Jahr als Visiting Scholar an die University of Pennsylvania ein und verschaffte mir so die Gelegenheit, meine Arbeit mit ihm und einigen seiner Studenten zu diskutieren. Anregungen und hilfreiche Kritik erhielt ich in verschiedenen Phasen des Projektes darüber hinaus von Zoltan Domotor, Brigitte Falkenburg, Peter Mittelstaedt, Ulrich Nortmann, Rainer Noske, Patrick Suppes und Michael Wolff. Schließlich danke ich meiner Frau Marie-Therès für das Verständnis, mit dem sie Entbehrungen erduldete, und für das Gespür, wann es Zeit wurde, den Schreibtisch zu verlassen und eine Erholungspause einzulegen. Mich davon zu überzeugen, war sicherlich nicht immer leicht.

Dormagen, im Herbst 1998 W.M.

Inhaltsverzeichnis

0. Einleitung

Rationale Kosmologie ist für Kant ebenso wie für die neuzeitliche Tradition eine metaphysische Disziplin; sie ist ein Teil der *metaphysica specialis*, jener besonderen Abteilung der Metaphysik, die sich in ihren drei Teildisziplinen, rationale Psychologie, rationale Kosmologie und rationale Theologie, jeweils mit der menschlichen Seele, mit der Welt und mit Gott beschäftigt. Wie die Welt in der rationalen Kosmologie untersucht wird, ist in der Tradition nicht einheitlich festgelegt. Für Kant ist die rationale Kosmologie jedenfalls keine Wissenschaft davon, welche Prädikate einem eindeutig bestimmten Referenzobjekt des Terminus' „Welt" *a priori* zugesprochen werden können. Die Welt ist für ihn zwar das genuine Thema der rationalen Kosmologie, es sind jedoch vor allem zwei Aspekte dieses Themas, welche die Gegenstände, die in den Lehrsätzen der rationalen Kosmologie *a priori* bestimmt werden sollen, festlegen: Zum einen werden unter dem Ausdruck „Welt" nur *räumliche oder/und zeitliche* Dinge zusammengefaßt; diese können nach besonderen Regeln oder Gesetzen in verschiedenen Hinsichten miteinander in Zusammenhang stehen. Zum anderen wird unter der Welt die *absolute Gesamtheit* aller solchen Dinge verstanden. Dem zufolge untersucht die rationale Kosmologie nach Kant auf apriorische Weise *absolute Gesamtheiten von in verschiedenen Hinsichten miteinander zusammenhängenden räumlichen oder/und zeitlichen Dingen*, um metaphysische Lehrsätze darüber aufzustellen.

Kant leugnet nicht, daß das Nachdenken über die Welt bzw. über solche absoluten Gesamtheiten eine große Bedeutung für den Menschen hat. Er geht sogar davon aus, daß ein solches Räsonieren eine *natürliche* und *unvermeidliche* Tendenz des - mit Sinnlichkeit und Vernunft begabten - Menschen ist; dies versucht er dadurch nachzuweisen, daß er ursprüngliche und apriorische Begriffe der (menschlichen) Vernunft aufweist („metaphysisch deduziert"), die nach seiner Auffassung gerade auf die Welt und auf bestimmte absolute Gesamtheiten von räumlichen oder/und zeitlichen Dingen zutreffen *könnten*, sofern diese dem Menschen als rechtmäßige Erkenntnisobjekte gegeben wären. Kant will auf diese Weise nicht nur zeigen, daß für den nach umfassender (wissenschaftlicher) Erkenntnis strebenden Menschen die Fragen unausweichlich sind, ob unter jene ursprünglichen und apriorischen Vernunftbegriffe Objekte fallen und welche Erkenntnisse wir über diese Objekte haben können; sondern er räumt jenen Begriffen sogar eine unentbehrliche Funktion für jede wissenschaftliche Erkenntniserweiterung ein.

Kants Kritik an der rationalen Kosmologie setzt dort an, wo in *natürlicher*, aber, wie er meint, naiver Weise vorausgesetzt wird, die Objekte unserer (wissenschaftlichen) Erkenntnis seien uns unabhängig von der Struktur unseres Erkenntnisapparates so gegeben, wie sie an sich sind, und wir könnten durch die begriffliche

Bildung von Gesamtheiten neue Erkenntnisobjekte gewinnen, für die dasselbe gilt. Dieser naive („transzendentale") Realismus führt nach Kants Meinung zu vermeintlichen, scheinbaren Erkenntnissen, die jeder Rechtfertigungsgrundlage entbehren. Kant ist bemüht, in jeder Teildisziplin der *metaphysica specialis* die aus jener Voraussetzung resultierenden Scheinerkenntnisse zu entlarven. In der rationalen Kosmologie glaubt er es diesbezüglich besonders leicht zu haben, da dort der von ihm so genannte „transzendentale Schein" besonders auffällig sei: Nach Kant lassen sich dort unter ein und derselben Voraussetzung Lehrsätze beweisen, die einander widersprechen. Daß ein solcher Sachverhalt für eine wissenschaftliche Welterkenntnis untragbar ist, ja sogar diese insgesamt trivialisiert, ist offensichtlich. Der transzendentale Schein verlangt deshalb nach einer Auflösung, und Kants Auflösung setzt an der basalsten Stufe seiner Entstehung, dem transzendentalen Realismus als natürlicher Erkenntnisvoraussetzung, an.

Kants Erklärungsmodell für den natürlichen und unvermeidlichen Schein, der sich in den Lehrsätzen der rationalen Kosmologie findet, ist insgesamt dreistufig. - Auf der untersten Sufe wird argumentiert, daß der transzendentale Realismus die naive, aber natürliche Voraussetzung aller Bemühungen um die Erkenntnis von Gegenständen ist. Gegenstandserkenntnis beginnt natürlicherweise nicht mit Überlegungen darüber, ob die zu erkennenden Gegenstände uns so gegeben sind, wie sie an sich sind, sondern mit der erkenntnisorientierten Betrachtung und Bestimmung der Gegenstände, d.h. dem Zuschreiben von Prädikaten und der Aufstellung von Regelmäßigkeiten oder Gesetzen, denen die Gegenstände genügen. Darauf weist Kant an vielen Stellen, an denen er den transzendentalen Schein thematisiert, hin; entsprechende Bemerkungen finden sich insbesondere auch über die transzendentale Dialektik der *Kritik der reinen Vernunft* verstreut.

Die zweite Stufe enthält den bereits erwähnten Nachweis, daß der (menschlichen) Vernunft ursprüngliche und apriorische Begriffe entspringen, die eine unentbehrliche Funktion für die wissenschaftliche Erkenntnis räumlicher oder/und zeitlicher Dinge haben und unter die einerseits die Welt andererseits bestimmte absolute Gesamtheiten solcher Dinge fallen *könnten*, wenn sie uns als rechtmäßige Erkenntnisobjekte ebenso gegeben wären, wie einzelne räumliche oder/und zeitliche Gegenstände selbst. Auf diese Weise werden die Fragestellungen der rationalen Kosmologie als natürliche Fragestellungen vernünftiger Wesen ausgewiesen. In der *Kritik der reinen Vernunft* finden sich die entsprechenden Ausführungen dazu in der Einleitung und im ersten Buch der transzendentalen Dialektik, im ersten Hauptstück des zweiten Buches und im Anhang zu derselben. - Im siebenten Abschnitt des zweiten Hauptstücks des zweiten Buches versucht Kant dann zu zeigen, daß man unter der natürlichen Voraussetzung des transzendentalen Realismus gezwungen ist, anzunehmen, daß unter jene kosmologischen Vernunftbegriffe tatsächlich entsprechende absolute Gesamtheiten räumlicher oder/und zeitlicher Dinge fallen und diese somit der Vernunft als Untersuchungs- und Erkenntnisobjekte gegeben sind.

Auf der dritten Stufe steht schließlich der Nachweis, daß der Versuch, diese Objekte in apriorischer Weise zu erkennen und zu bestimmen, darin endet, daß sich auf der Basis des transzendentalen Realismus widersprüchliche Lehrsätze über diese Objekte („Antinomien") beweisen lassen. Die Aufzählung jener Lehrsätze und die Darstellung der entsprechenden Beweise bilden den Inhalt des zweiten Abschnitts des zweiten Hauptstücks des zweiten Buches der transzendentalen Dialektik.

Kants Auflösung des transzendentalen Scheins setzt, wie bereits angedeutet wurde, auf der ersten Stufe an. Kant kritisiert den transzendentalen Realismus als unzutreffend und stützt sich dabei auf die Ergebnisse der transzendentalen Ästhetik und der transzendentalen Analytik der *Kritik der reinen Vernunft*. Der dort begründete sogenannte „transzendentale Idealismus" stellt die Gegenstände der Erkenntnis bekanntlich in die Abhängigkeit von der Struktur unseres Erkenntnisapparates und impliziert die Falschheit des transzendentalen Realismus. Unter der neu begründeten und nach Kant einzig richtigen Voraussetzung des transzendentalen Idealismus einer Revision unterzogen, erweist sich die Annahme, daß unter die sogenannten „kosmologischen Vernunftbegriffe" erkennbare Objekte fallen, als unhaltbar. Entsprechende absolute Gesamtheiten von räumlichen oder/und zeitlichen Dingen sind uns als rechtmäßige Untersuchungs- und Erkenntnisgegenstände nicht gegeben. Vermeintliche Erkenntnisse über sie sind grundlose und unrechtmäßige Spekulationen. Mit dem transzendentalen Realismus fällt aber auch die zentrale Voraussetzung, unter der die Beweise der einander widersprechenden kosmologischen Lehrsätze geführt werden und unter der - so bemüht sich Kant zu zeigen - die abgeleiteten Widersprüche nicht lediglich scheinbare Widersprüche sind.

Die zentralen Begriffe der rationalen Kosmologie, die kosmologischen Vernunftbegriffe, sind nach Kant also leere Begriffe. In diesem Resultat dürfte der Kern der Kantischen Kosmologie-Kritik bestehen. Die übrigen Resultate, d.h. die Kritik und die Auflösung der scheinbaren Widersprüche und ihrer Beweise, betreffen insbesondere eine transzendental-realistische rationale Kosmologie. Sie sind Teil einer allgemeinen Kritik am transzendentalen Realismus, die dessen irreführende Auswirkungen innerhalb der speziellen Metaphysik bloßstellen soll.

In der vorliegenden Arbeit soll untersucht werden, ob Kants Begründung dafür, daß der transzendentale Realismus in der rationalen Kosmologie zu natürlichen und unvermeidlichen Irrtümern führt, zu überzeugen vermag und ob dadurch der transzendentale Realismus tatsächlich einen Schlag erleidet, der transzendentale Idealismus aber eine Bestätigung erhält. Die Untersuchung orientiert sich an Kants dreistufigem Erklärungsmodell für den transzendentalen Schein in der rationalen Kosmologie und konzentriert sich insbesondere auf die zweite und dritte Stufe desselben.

Im ersten Kapitel („Die Welt als Gegenstand metaphysischer Erkenntnis") wird erörtert, inwieweit es Kant gelingt nachzuweisen, daß die menschliche Vernunft über ursprüngliche und apriorische Begriffe verfügt, als deren Objekte einerseits die Welt und andererseits die erwähnten absoluten Gesamtheiten räumlicher oder/und zeitlicher Dinge in Betracht kommen. Ein großer Teil dieses Kapitels dient der Rekonstruktion der „metaphysischen Deduktion“ jener Vernunftbegriffe. Dort wird ein, wie ich meine, bislang nicht in allen Details verstandenes Theoriestück der *Kritik der reinen Vernunft* rational rekonstruiert und detailliert entwickelt (vgl. die Vorbemerkungen zum ersten Kapitel). Darüber hinaus wird geprüft, ob die intendierten Objekte der Sache nach überhaupt als Objekte der auf die zuvor beschriebene Weise „metaphysisch deduzierten“ Vernunftbegriffe infrage kommen, d.h. ob diese Begriffe überhaupt mögliche Prädikate der intendierten Objekte wären, wenn es diese gäbe. Das erste Kapitel beschäftigt sich also mit der zweiten Stufe des Kantischen Erklärungsmodells für den transzendentalen Schein in der rationalen Kosmologie.

Das zweite Kapitel („Die Widersprüche der rationalen Kosmologie“) wendet sich der dritten Stufe jenes Erklärungsmodells zu. Es beginnt mit einer bedeutungsanalytischen Untersuchung von Kants Begriff der „Antinomie der reinen Vernunft“. Sodann wird versucht, Kants allgemeine Theorie über die Entstehung der Antinomien und die systematischen Zusammenhänge der Antinomienlehre mit anderen Teilen von Kants theoretischer Philosophie zu rekonstruieren. Es liegt auf der Hand, daß sich aus Kants Antinomiebegriff und aus seiner Theorie über die Entstehung der Antinomien Bedingungen ergeben, die von den einzelnen Antinomien erfüllt werden müssen und deren Erfülltsein oder Nicht-Erfülltsein man als einen Maßstab des Erfolges des Kantischen Erklärungsmodells für den transzendentalen Schein in der rationalen Kosmologie betrachten kann. Eine Auswahl besonders wichtiger notwendiger Bedingungen wird herausgearbeitet und begründet. Anschließend werden die von Kant in der *Kritik der reinen Vernunft* angegebenen, einander widersprechenden Lehrsätze der rationalen Kosmologie und ihre ebendort aufgeführten Beweise einer detaillierten philologischen und logischen Analyse unterzogen. Auch hier geht die vorliegende Untersuchung weitgehend neue Wege: Soweit möglich, wird versucht, die von Kant angegebenen Beweise als *logisch korrekte* deduktive Argumentationen zu erweisen. Damit wird die gesamte Beweislast jeweils auf die Prämissen übertragen, auf die Kant in seinen Beweisen explizit oder implizit Bezug nimmt. Um eine möglichst exakte Analyse der Beweise zu ermöglichen, die alle Voraussetzungen sichtbar macht, wird dabei von den Mitteln der formalen Logik Gebrauch gemacht. Der in philosophischen Kreisen verbreiteten Devise, keine Formeln zu verwenden, habe ich mich nicht gebeugt; ich hoffe, daß die Früchte, die daraus resultieren, dieses Vorgehen zu rechtfertigen vermögen.

Die Früchte der Untersuchungen des zweiten Kapitels sollen dann im dritten Kapitel („Kritik der Antinomien“) geerntet werden. Dieses Kapitel bringt einerseits die Untersuchungen zur dritten Stufe des Kantischen Erklärungsmodells für den transzendentalen Schein in der rationalen Kosmologie zum Abschluß, indem es die herausgearbeiteten Prämissen der Antinomienbeweise einer sachlichen und durch die im zweiten Kapitel aufgestellten Bedingungen geleiteten Beurteilung unterzieht.

Andererseits geht es insofern über die Auseinandersetzung mit Kants Erklärungsmodell hinaus, als auch Kants transzendental-idealistische Auflösung der Antinomien betrachtet und zu den zuvor gewonnenen Ergebnissen in Beziehung gesetzt wird. In diesem Kapitel entscheidet sich, ob es Kant gelingt, einer rationalen Kosmologie, die von transzendental-realistischen Voraussetzungen ausgeht, Widersprüche nachzuweisen und zu zeigen, daß sein transzendentaler Idealismus notwendig ist, um diese Widersprüche aufzulösen bzw. zu vermeiden. Der Preis, den die Wissenschaft zu zahlen hätte, wenn Kant Recht hätte, ist hoch: Denn in diesem Falle müßte man annehmen, daß bestimmte interessante kosmologische Begriffe kein (für uns erkennbares) Anwendungsobjekt besitzen.

Große Teile des ersten Kapitels können, wie ich hoffe, auch unabhängig von den beiden darauffolgenden Kapiteln und der Gesamtzielsetzung der Arbeit gewinnbringend gelesen werden. Sie stellen einen Beitrag zur Erforschung von Kants allgemeiner Theorie der (theoretischen) Vernunft und ihrer Begriffe dar. Der größte Teil des zweiten Kapitels kann als logisch-philologischer Kommentar zu den Antinomien und ihren Beweisen gelesen werden und, wie ich hoffe, bei der Lektüre der Primärtexte eine Verständnishilfe bieten. Demjenigen Leser, der sich insbesondere für eine einzelne Antinomie interessiert, sei folgende Vorgehensweise empfohlen: Er lese zunächst die Vorbemerkung und den ersten Abschnitt („Die Antithetik der reinen Vernunft") des zweiten Kapitels, dann den seinem Interesse entsprechenden Abschnitt desselben Kapitels, in dem die fragliche Antinomie behandelt wird, und schließlich den entsprechenden Abschnitt „Kritik der ... Antinomie" des dritten Kapitels.

Es ist keineswegs intendiert, mit den Erörterungen im dritten Abschnitt die Diskussion um die sachliche Beurteilung der Prämissen der Kantischen Antinomienbeweise abzuschließen. Ich hoffe und erwarte, daß sich in historischer oder systematischer Hinsicht zu den herausgearbeiteten Prämissen noch weitaus mehr sagen läßt, als ich es im dritten Kapitel getan habe. Es liegt in meiner Absicht, dort nur soviel zur Beurteilung der Beweise und ihrer Prämissen zu sagen, wie nötig ist, um die grundlegende Frage nach dem Erfolg der Kantischen Kosmologie-Kritik zu beantworten.

Abschließend noch ein Wort zur Literatur: Die Literatur zu Kants theoretischer Philosophie ist bekanntlich unüberschaubar. Selbst der Anteil derjenigen Arbeiten, die die in der vorliegenden Arbeit behandelten Themen betreffen, ist sehr umfangreich. Aus dieser Flut von Literatur habe ich zur Behandlung mit einigen wenigen Ausnahmen nur diejenigen Arbeiten ausgewählt, die zur jüngeren bzw. neueren Kant-Forschung gezählt werden können und der vorliegenden Arbeit im Bezug auf ihre logisch-analytische Methode ähnlich sind. Die vorliegende Arbeit stellt allerdings, wie bereits deutlich geworden sein dürfte, keinen Literaturbericht dar, sondern ist eine weitgehend eigenständige Behandlung ihres Untersuchungsgegenstandes. Deshalb wird die Auseinandersetzung mit der Literatur, welche nach den im Literaturverzeichnis aufgeschlüsselten Sigeln zitiert wird, bis auf einige wenige Ausnahmen ausschließlich in Fußnoten geführt. Dies schließt allerdings nicht aus, daß ich bestimmte konkurrierende Interpretationen im Blick hatte, als ich den Haupttext niederschrieb.

Die *Kritik der reinen Vernunft* (*KdrV*) wird nach der von Raymund Schmidt im Verlag Felix Meiner, Hamburg 1956, herausgegebenen Ausgabe und, wie üblich, nach den Seitenzahlen der ersten (A) und zweiten Auflage (B) zitiert. Die übrigen veröffentlichten Werke Kants, sein handschriftlicher Nachlaß sowie Vorlesungsmitschriften und Briefe werden nach der Ausgabe der Preußischen Akademie der Wissenschaften (*AA*) unter Angabe der Band-, Seiten- und Zeilenzahl zitiert.

1. Die Welt als Gegenstand metaphysischer Erkenntnis

1.0. Vorbemerkungen

Die Untersuchungen des vorliegenden, ersten Kapitels behandeln die Fragestellung, welchen systematischen Ort Kant der Behandlung der Weltthematik innerhalb seines Programms einer Vernunftkritik zuweist. Sie sollen zugleich aber auch in Bezug auf den zentralen Terminus „Welt" eine bedeutungsanalytische Basis für die beabsichtigte und erst noch zu leistende Analyse der Antinomienlehre legen.

Kants systematische Einteilung der Vernunftkritik im engeren Sinne in *drei* Abteilungen, deren erste die Kritik an der rationalen Psychologie, deren zweite die Kritik an der rationalen Kosmologie, und deren dritte die Kritik an der rationalen Theologie beinhaltet, wird in der Einleitung und im ersten Buch der transzendentalen Dialektik der *Kritik der reinen Vernunft* begründet. Nach allgemeiner und wohl auch berechtigter Überzeugung der Kantforschung leitet Kant diese Einteilung dort aus *drei* Begriffen der reinen Vernunft ab, die er wiederum unter Rekurs auf *drei* Arten von Vernunftschlüssen gewinnt, welche sich aus den *drei* Modi der Relation ergeben, die in der Urteilstafel der transzendentalen Analytik angeführt werden. Dies ist im groben die Struktur der Argumentation für die Dreiteilung der *metaphysica specialis* und ihrer kritischen Erörterung; sie geht eindeutig aus dem Text hervor.

Der feineren Analyse der Argumentation, die zu diesem Ziel führt, stellt der Text selbst jedoch erhebliche Schwierigkeiten entgegen. Insbesondere die für alles weitere entscheidende Herleitung der Begriffe der reinen Vernunft wird für den heutigen Leser in einer nur in groben Zügen verständlichen Weise behandelt: So wird das Thema sowohl in der Einleitung als auch im ersten Buch der transzendentalen Dialektik mehrfach aufgenommen, ein Stück weit behandelt, dann zugunsten eher marginal erscheinender Bemerkungen ausgesetzt und schließlich zunächst durch anders nuancierte Wiederholungen des bereits Gesagten wieder aufgegriffen. Es wird von Voraussetzungen Gebrauch gemacht, die weder in der *Kritik der reinen Vernunft* selbst noch in anderen von Kant veröffentlichten Werken bereitgestellt werden und die allenfalls nachgelassenen Notizen Kants oder Vorlesungsmitschriften zu entnehmen sind. Dasselbe gilt für die Begründungen einiger dem Text entnehmbarer zentraler Argumente. Da dem Leser auch das Argumentationsziel, d.i. die herzuleitenden Vernunftbegriffe, nicht in eindeutiger Weise vorgestellt wird, kann er aufgrund der Diskontinuität der Argumentation sowie aufgrund der fehlenden Voraussetzungen und Begründungen auch nicht deutlich einsehen, an welcher Stelle des Textes das Argumentationsziel letztendlich erreicht wird. Hinsichtlich der im Text nicht angeführten Voraussetzungen und der lückenhaften Argumentation gleicht die Situation in vielem der Problematik, eine Begründung für die von Kant behauptete Vollständigkeit der Urteilstafel zu finden. Im Gegensatz zu dieser Problematik, deren Behandlung sich viele Kantforscher angenommen haben[1], wird auf das Problem der Herleitung der Vernunftbegriffe in der Literatur selten eingegangen. Die wenigen Interpreten, die Kants Theorie der (theoretischen) Vernunft und ihrer Begriffe behandeln, kommen meist sehr schnell und, wie sich zeigen wird, voreilig zu dem Schluß, es handele sich um eine „schlechte Theorie", welche vom übrigen Inhalt der transzendentalen Dialektik unabhängig ist[2], und die sich aus den Vernunftbegriffen ergebende Dreierordnung der in der transzendentalen Dialektik behandelten Themen sei „zu forciert" und „künstlich"[3]. Die von Kant behauptete Tragweite der Herleitung der Vernunftbegriffe für den systematischen Aufbau der transzendentalen Dialektik wird damit, selbst aus immanent Kantischer Perspektive, bestritten.[4] Angesichts der Schwierigkeiten des Textes mag diese Einschätzung aber nicht verwundern.

Es gilt deshalb, eine Methode zu entwickeln, mittels deren sich die Herleitung der Begriffe der reinen Vernunft trotz der Schwierigkeiten, die der Text dem entgegenstellt, rekonstruieren läßt. Zunächst muß verständlich gemacht werden, inwiefern ein diskursives Vermögen überhaupt Begriffe hervorzubringen vermag, wie z.B. der Verstand gemäß der transzendentalen Analytik Kategorien hervorbringt; diesen allgemeinen Untersuchungen über Kants Begriff eines Erkenntnisvermögens und die Einteilung der Erkenntnisvermögen ist der erste Abschnitt dieses Kapitels vorbehalten. Im zweiten und im dritten Abschnitt wird Kants Behauptung, die Herleitung der Vernunftbegriffe sei *analog* zur Herleitung der Kategorien des Verstandes im ersten Buch der transzendentalen Analytik vorzunehmen, aufgegriffen und zur zentralen Methode der Rekonstruktion ausgearbeitet.[5] Zunächst wird im zweiten Abschnitt die Herleitung der Kategorien des Verstandes rekonstruiert; die Textabschnitte, die diese Herleitung enthalten, erscheinen *mutatis mutandis* klarer und verständlicher als das entsprechende Textstück der transzendentalen Dialektik. Sodann wird im dritten Abschnitt unter ständiger Rücksicht auf die behauptete Analogie der Versuch unternommen, die Herleitung der Vernunftbegriffe zu rekonstruieren: Die im Text enthaltenen Argumente werden *analog* zur Herleitung der Kategorien geordnet, die Argumentationsstrategie wird *analog* entwickelt, fehlende Argumente werden *analog* zu den entsprechenden Argumenten der Herleitung der

---

[1] Vgl. z.B. K.Reich *1986*, L.Krüger *1968*, R.Brandt *1991*, P.Baumanns *1993* und M. Wolff *1995*.

[2] Vgl. J.Bennett *1974*, S.258.

[3] Vgl. z.B. A.Riehl *1924-6*, Band I, S.567, N.K.Smith *1923*, S.450, und P.F.Strawson *1966*, S.157. Eine Ausnahme bildet hier J.Schmucker *1990*.

[4] Vgl. J.Bennett *1974*, S.280-284.

[5] Zu dieser Analogiebehauptung vgl. A299, B355f. (im nachfolgenden Haupttext zitiert); A321, B377f. und *Prolegomena AA* IV;330,5-14.

Kategorien in anderen Quellen gesucht oder, falls dort nicht aufgefunden, sinnvoll ergänzt.

Aufgrund der Bedeutung, die die fragliche Analogiebehauptung für die folgende Rekonstruktion hat, möchte ich hier eine der Textstellen, an denen Kant diese Behauptung vorträgt, anführen:

> „Es gibt von ihr [sc. der Vernunft, Verf.], wie von dem Verstande einen bloß formalen, d.i. logischen Gebrauch, da die Vernunft von allem Inhalte der Erkenntnis abstrahiert, aber auch einen realen, da sie selbst den Ursprung gewisser Begriffe und Grundsätze enthält, die sie weder von den Sinnen, noch vom Verstande entlehnt. Das erstere Vermögen ist nun freilich vorlängst von den Logikern durch das Vermögen mittelbar zu schließen [...] erklärt worden; das zweite aber, welches selbst Begriffe erzeugt, wird dadurch noch nicht eingesehen. Da nun hier eine Einteilung der Vernunft in ein logisches und transzendentales Vermögen vorkommt, so muß ein höherer Begriff von dieser Erkenntnisquelle gesucht werden, welcher beide Begriffe unter sich befaßt, indessen wir nach der Analogie mit den Verstandesbegriffen erwarten können, daß der logische Begriff zugleich den Schlüssel zum transzendentalen, und die Tafel der Funktionen der ersteren zugleich die Stammleiter der Vernunftbegriffe an die Hand geben werde" (A299, B355f.).

Diese Behauptung ist in der Literatur zwar weitgehend bekannt, man hat aber, soweit ich sehe, die Chancen, die sich daraus für die Interpretation der intrikaten Textstücke ergeben, bislang nicht genutzt. Die „Glattheit" der hier vorgetragenen Interpretation darf aber nicht so mißverstanden werden, als handele es sich bei dieser Interpretation um eine bloße Inhaltsangabe eines Textstücks der *Kritik der reinen Vernunft*; sie soll auch nicht den Eindruck eines grundsätzlichen sachlichen Einverständnisses mit den vorgetragenen Argumenten erwecken. Die vorgetragene Interpretation ist vielmehr der Versuch, ein schwieriges Textstück der *Kritik der reinen Vernunft* mittels einer von Kant angedeuteten und weiter ausgearbeiteten Methode zu verstehen und das in ihm enthaltene Theoriestück kohärent zu rekonstruieren.

Im vierten Abschnitt geht es dann um den Zusammenhang zwischen der zuvor rekonstruierten Theorie der Vernunftbegriffe und der Weltthematik im besonderen. Wenn ich bisher die Bezeichnung „transzendentale Ideen", oder schlicht „Ideen", für die Vernunftbegriffe vermieden habe, so hat das einen guten Grund, den es nun zu erklären gilt: Kants Verwendung des Ausdrucks „transzendentale Idee" (oder einfach: „Idee") haftet eine Ambivalenz an, die deutlich wird, wenn man Kant wörtlich nimmt und unter Vernunftbegriffen eben Begriffe im engeren Sinne versteht[6]: Kant gebraucht den Ausdruck „transzendentale Idee" einerseits, um die Vernunftbegriffe zu bezeichnen, deren Herleitung er in der Einleitung und im ersten

---

[6] Zu den Eigenschaften eines Begriffs im engeren Sinne und zu seiner Abgrenzung gegenüber anderen bewußten Vorstellungen bei Kant vgl. R.Stuhlmann-Laeisz *1976*, S.74-81.

Buch der transzendentalen Dialektik behandelt.[7] Andererseits verwendet er ihn aber auch, um von der Vernunft vorausgesetzte, allerdings der objektiv gültigen Erkenntnis nicht zugängliche Gegenstände unter den Vernunftbegriffen zu bezeichnen.[8] Von der Unterscheidung dieser beiden Verwendungsweisen hängt vieles ab. So findet man in der Literatur häufig die Auffassung vertreten, Kant leite die Vernunftbegriffe *Seele*, *Welt* und *Gott* her.[9] Diese Auffassung ist offenbar das Ergebnis einer mangelhaften Unterscheidung zwischen Kants unterschiedlichen Verwendungsweisen des Wortes „Idee".[10]

Die nachfolgende Interpretation geht davon aus, daß die beiden Verwendungsweisen des Ausdrucks „Idee" zu trennen sind; in ihr wird die Auffassung vertreten, daß „Seele", „Welt" und „Gott" Bezeichnungen für die von der Vernunft vorausgesetzten Gegenstände unter den Vernunftbegriffen sind, deren fälschliche Behandlung als Gegenstände metaphysischer Erkenntnis von Kant im zweiten Buch der transzendentalen Dialektik kritisiert wird.[11] Insbesondere wird also untersucht, weshalb die Vernunft nach Kant *die Welt* zum Gegenstand eines ihrer Begriffe und fernerhin zum Gegenstand nur scheinbarer Erkenntnisse macht.

Der fünfte Abschnitt des vorliegenden Kapitels wendet sich dann jenen *vier* besonderen Vernunftbegriffen zu, die Kant unter der Bezeichnung „kosmologische Ideen" zu Beginn des zweiten Hauptstücks der transzendentalen Dialektik einführt

---

[7] Textstellen, die sich durch die Verwendung des Ausdrucks „Idee" in dieser Bedeutung auszeichnen, sind z.B. A311, B368; A320, B377; A321, B378; A327, B383f.; A329, B385; A338f., B396f.; A643, B671; A671, B699; A674f., B702f.; A677, B705; *Prolegomena AA* IV;328,11-14, und 331,36-332,4.

[8] In dieser Bedeutung tritt der Ausdruck „Idee" z.B. an folgenden Textstellen auf: A328, B384; A337, B394; *Prolegomena AA* IV;332,7.

[9] Vgl. z.B. P.F.Strawson *1966*, S.33, O.Höffe *1983*, S.136, H.M.Baumgartner *1985*, S.120, M.Reisinger *1988*, S.140, und J.Schmucker *1990*, S. 18 und *passim*.

[10] Durch eine klare Unterscheidung von Vernunftbegriffen und (vermeintlich) unter diese fallenden Gegenständen zeichnen sich dagegen die Arbeiten von M.L.Miles *1978*, insbesondere S.277-296, und G.Zöller *1984*, insbesondere S.257-271, aus.

[11] Zum Beleg, daß sich eine solche Auffassung berechtigter Weise vertreten läßt, vergleiche man die folgenden Textstellen: „Ich verstehe unter einer Idee einen notwendigen Vernunftbegriff, dem kein kongruierender Gegenstand in den Sinnen gegeben werden kann. Also sind unsere jetzt erwogenen Vernunftbegriffe t r a n s z e n d e n t a l e I d e e n. Sie sind Begriffe der reinen Vernunft" (A327, B383f.).- „Das denkende Subjekt ist der Gegenstand der P s y c h o l o g i e, der Inbegriff aller Erscheinungen (die Welt) der Gegenstand der K o s m o l o g i e, und das Ding, welches die oberste Bedingung der Möglichkeit von allem, was gedacht werden kann, enthält, (das Wesen aller Wesen) der Gegenstand der T h e o l o g i e" (A334, B391). - „Besser würde man sich doch und mit weniger Gefahr des Mißverständnisses, ausdrücken, wenn man sagte: daß wir vom Objekt, welches einer Idee korrespondiert, keine Kenntnis, obzwar einen problematischen Begriff, haben können" (A339, B396f.). - In der *Metaphysik Dohna* findet man unter der Überschrift „Specielle Metaphysic" die Bemerkung: „Die Objekte unserer I d e e n sind W e l t und G o t t" (*AA* XXVIII;656,9f.), nachdem zuvor erklärt wurde: „Ideen nennen wir auch Vernunftbegriffe" (*a.a.O.*;656,3f.). Diese Textstellen zeigen, daß Kant sehr wohl einen Unterschied zwischen Vernunftbegriffen und scheinbar unter diese fallenden Gegenständen gemacht hat.

und mit dem Auftreten der *vier* Antinomien der reinen Vernunft in einen systematischen Zusammenhang bringt. Insbesondere wird im Lichte der vorhergehenden Untersuchungen zu klären sein, in welchem Verhältnis jene kosmologischen Ideen zum Vernunftvermögen selbst, zu dem Vernunftbegriff, dessen vermeintlicher Gegenstand die Welt ist, und zur Welt selbst stehen. - Aus den Ergebnissen dieser Untersuchung werden sich dann Schlüsse auf die Tragfähigkeit der Kantischen Erklärung für die Natürlichkeit und Unvermeidlichkeit des transzendentalen Scheins in der rationalen Kosmologie ziehen lassen.

1.1. Zum Begriff und zur Einteilung der Erkenntnisvermögen

Kants Absicht in der *Kritik der reinen Vernunft*, „die Entscheidung der Möglichkeit oder Unmöglichkeit einer Metaphysik überhaupt" (AXII) unter der Annahme, „die Gegenstände müssen sich nach unserem Erkenntnis richten" (BXVI), herbeizuführen, macht eine Untersuchung derjenigen Vermögen des erkennenden Subjekts, die Erkenntnis allererst ermöglichen, notwendig. Denn unter dieser Annahme läuft die Frage nach der Möglichkeit von Metaphysik, d.h. nach der Möglichkeit apriorischer Gegenstandserkenntnisse, auf die Frage nach der Leistungsfähigkeit und den Grenzen der Erkenntnisvermögen des erkennenden Subjekts hinaus. In der Frage nach der Möglichkeit *apriorischer* Gegenstandserkenntnis ist bereits die Unterscheidung der beiden „Stämme der menschlichen Erkenntnis" (A15, B29), Sinnlichkeit und Verstand, vorweggenommen. Da Kant sich mit dieser Unterscheidung in der Sprache einer für das 18. Jahrhundert typischen Vermögenstheorie auf die traditionelle Unterscheidung zwischen den Sinnen und dem Verstand bezieht und daher beim zeitgenössischen Leser eine Bekanntschaft damit voraussetzen konnte, war es ihm möglich, bereits in den Vorreden und Einleitungen zu beiden Auflagen der *Kritik der reinen Vernunft* von ihr Gebrauch zu machen, ohne sie dort auch gleich zu präzisieren. Dies geschieht erst, nachdem bereits die Theorie der Sinnlichkeit vorgelegt worden ist, in der Einleitung in die transzendentale Logik; dort heißt es:

> „Unsere Erkenntnis entspringt aus zwei Grundquellen des Gemüts, deren die erste ist, die Vorstellungen zu empfangen (die Rezeptivität der Eindrücke), die zweite das Vermögen, durch diese Vorstellungen einen Gegenstand zu erkennen (Spontaneität der Begriffe); [...]. Wollen wir die Rezeptivität unseres Gemüts, Vorstellungen zu empfangen, sofern es auf irgendeine Weise affiziert wird, Sinnlichkeit nennen, so ist dagegen das Vermögen, Vorstellungen selbst hervorzubringen, oder die Spontaneität des Erkenntnisses, der Verstand" (A50f.,B74f.).

Der Verstand unterscheidet sich, so wie er hier definiert wird, von der Sinnlichkeit demnach darin, daß letztere eine bloß *passive* Erkenntnisquelle ist, mittels deren Vorstellungen empfangen werden können, während ersterer ein Vermögen ist, *aktiv* zu werden und Vorstellungen selbsttätig hervorzubringen. Den so definierten

Verstand werde ich auch „Verstand im weiteren Sinne" nennen, um ihn vom „Verstand im engeren Sinne" zu unterscheiden. Denn Kant verwendet den Ausdruck „Verstand", wie im weiteren Fortgange der *Kritik der reinen Vernunft* deutlich wird, äquivok. Der Verstand i.w.S. wird von Kant, in Abgrenzung von der Sinnlichkeit als „unterem Erkenntnisvermögen", auch als „oberes Erkenntnisvermögen" bezeichnet und umfaßt drei spezifische Untervermögen: den Verstand i.e.S., die Urteilskraft und die Vernunft.[12]

Mit der Unterscheidung des Verstandes i.w.S. als aktiven Erkenntnisvermögens von der Sinnlichkeit als passivem Erkenntnisvermögen wird deutlich, daß dem Begriff der *Handlung* bei der Bestimmung der Aufgabe des Verstandes i.w.S. und seiner Untervermögen im Prozeß der Erkenntnisgewinnung eine gewichtige Bedeutung zukommt.[13] Der Verstand i.w.S. ist ein *Vermögen zu handeln*, und der Erkenntnis liegen *Verstandeshandlungen* des erkennenden Subjekts zugrunde. Korreliert man Kants Unterscheidung zwischen Sinnlichkeit und Verstand i.w.S. mit seiner Unterscheidung zwischen *Materie* und *Form* der Erkenntnis, so kann man die Handlungen des Verstandes i.w.S. grob als solche charakterisieren, die der durch die Sinnlichkeit gegebenen Materie der Erkenntnis von Gegenständen („Empfindung"[14]) eine bestimmte Form geben und so Erkenntnis erst möglich machen. Erkenntnis von Gegenständen ist nach Kant nur durch die wechselseitige Beziehung von sinnlich vermitteltem Material und formgebenden Handlungen des Verstandes i.w.S. möglich. Materie und Form bilden komplementäre, notwendig aufeinander bezogene Bestandteile jeder Erkenntnis von Gegenständen. Dafür steht Kants berühmte Formel: „Gedanken ohne Inhalt sind leer, Anschauungen ohne Begriffe sind blind" (A51, B75).

Nun besitzen die Vorstellungen, die der Verstand i.w.S. mit Beziehung auf sinnlich gegebenes Material hervorbringt, infolge seiner formgebenden Handlungen eine bestimmte Form: Der Einteilung der *tres operationes mentis* in der traditionellen Logik folgend unterscheidet Kant Begriffe, Urteile und Schlüsse. Der Verstand i.w.S. besitzt also die Fähigkeit, in Beziehung auf sinnlich gegebenes Material Begriffe, Urteile und Schlüsse zu bilden. Nun könnte man mutmaßen, jeder dieser drei Arten von Vorstellungen entspreche eines der genannten Untervermögen des Verstandes

---

[12] Zur Einteilung des oberen Erkenntnisvermögens vgl. *KdrV* A130, B169 und *Metaphysik L_1*, *AA* XXVIII;241,30-33. Ich möchte an dieser Stelle darauf hinweisen, daß Kant den Ausdruck „Vernunft" an einigen Stellen der *KdrV* auch zur Bezeichnung des Verstandes i.w.S. und somit ebenfalls äquivok verwendet; vgl. z.B. den Titel der *KdrV* selbst und die Vorrede zur A-Auflage.- Vgl. auch M.Wolff *1995*, S.90f.

[13] Daß der Begriff der Handlung in der praktischen Philosophie Kants, wie in jeder praktischen Philosophie, ein zentraler Begriff ist, ist evident. Daß er aber auch von großer Bedeutung für die Kantische Erkenntnistheorie ist und daß sich eine Interpretation der gesamten kritischen Philosophie Kants an ihm orientieren kann, hat vor allem F.Kaulbach *1978*, *1981* und *1982* betont.

[14] Vgl. A223, B270: „Empfindung, als Materie der Erfahrung".

i.w.S. in der Weise, daß Vorstellungen ein und derselben Art auf die Handlungen ein und desselben Vermögens zurückgeführt werden könnten, z.B. Begriffe auf den Verstand i.e.S., Urteile auf die Urteilskraft und Schlüsse auf die Vernunft. Aber dies ist nicht der Fall; wie im folgenden deutlich werden wird, folgt Kant einer solchen Ordnung nicht, sondern ordnet sowohl Begriffe als auch Urteile als auch bestimmte, ihrer Form nach ausgezeichnete Schlüsse dem Verstand i.e.S. zu, während er durch eine andere Form ausgezeichnete Schlüsse der Vernunft zuweist. Die Urteilskraft geht bei dieser Zuordnung leer aus. Die Dreiteilung des oberen Erkenntnisvermögens ergibt sich nicht einfach aus der Einteilung der vom Verstand i.w.S. erzeugten Vorstellungen ihrer Form nach in die drei Arten Begriff, Urteil und Schluß; sie folgt vielmehr, wie im einzelnen gezeigt werden wird, ganz wesentlich transzendentalphilosophischen Überlegungen bezüglich der Rechtfertigung des Besitzes bestimmter Vorstellungen als Erkenntnisse. Dennoch führt der Weg zur genauen, transzendentalphilosophischen Bestimmung von Verstand i.e.S. und Vernunft als Erkenntnisvermögen, wie ebenfalls gezeigt werden wird, über eine Zuordnung von Vorstellungen einer bestimmten Art zu dem jeweiligen Vermögen.

Begriffe, Urteile und Schlüsse lassen sich ihrer Form nach weiter spezifizieren; dies ist traditionell ein Thema der (formalen) Logik und schlägt sich z.B. in zusammenfassenden Übersichten über die möglichen Urteilsformen („Urteilstafeln") und die verschiedenen Schlußweisen nieder. Kant zufolge haben zwei Vorstellungen, die exakt dieselbe Form aufweisen, gemeinsam, daß sie aus ein und derselben *Handlungsweise* des Verstandes i.w.S. resultieren. Die Verstandes*handlungen*, aus denen die beiden Vorstellungen hervorgehen, weisen dann ein *einheitliches* Moment auf: die Handlungsweise. Kant nennt solche Handlungsweisen auch „Funktionen (des Denkens)".[15] Aus der Zuordnung einer Vorstellung zu einem der Untervermögen des Verstandes i.w.S. ergibt sich somit auch eine Zuordnung der Funktion, aus deren Anwendung die Vorstellung hervorgegangen ist, zu dem entsprechenden Vermögen.

Historisch betrachtet ist die These, daß der Besitz von Vorstellungen an die Ausübung mentaler Vermögen gebunden ist, den Erkenntnistheorien im 18. Jahrhundert gemeinsam und geht auf J.Lockes Auseinandersetzung mit der Annahme

---

[15] „Ich verstehe aber unter Funktion die *Einheit der Handlung*, verschiedene Vorstellungen unter einer gemeinschaftlichen zu ordnen" (A68, B93. Kursiv vom Verf.). Kant spezifiziert hier die Handlungen, deren *Einheit* er „Funktion" nennen will, durch den Zusatz „verschiedene Vorstellungen unter einer gemeinschaftlichen zu ordnen". Er setzt dabei voraus, daß sich ein nichtleerer Begriff letztlich durch ihm *untergeordnete* Anschauungen auf Gegenstände bezieht, daß in einem Urteil verschiedene Vorstellungen (Anschauungen, Begriffe oder andere Urteile) zu einer gemeinschaftlichen Vorstellung synthetisiert werden und daß in einem Schluß verschiedene Urteile in eine gemeinschaftliche Ordnung gebracht werden. Nach A68, B93 „beruhen" Begriffe auf Funktionen, nach A69, B94 sind alle Urteile, wenn man sie als Handlungen des Verstandes i.w.S. auffaßt, „Funktionen der Einheit unter unseren Vorstellungen", und nach A335, B392 „bedient" sich die Vernunft z.B. zu kategorischen Schlüssen einer besonderen Funktion. Auch A130, B169 führt Begriffe, Urteile und Schlüsse auf Funktionen zurück. - Zum Terminus „Funktion des Denkens" vgl. A70, B95 und M.Wolff *1995*, S.19-32.

von angeborenen Ideen zurück.[16] Die bei Kant damit verbundene These, daß die Ausübung eines (seelischen oder geistigen) Vermögens darin besteht, bestimmte Funktionen anzuwenden, ist hingegen älter: Sie läßt sich bis zur Renaissance zurückverfolgen, deren Philosophen und Mediziner in diesem Zusammenhang von „functiones animae" sprechen. Dieser Funktionsbegriff ist bei Kant bereits in der Schrift *Träume eines Geistersehers, erläutert durch Träume der Metaphysik* (1766) nachweisbar; er wird dann, wie die Reflexionen des Duisburgschen Nachlasses (1773-1775) zeigen, im Rahmen der Ausarbeitung des Projekts einer Vernunftkritik mit dem von G.W. Leibniz und L.Euler entwickelten mathematischen Funktionsbegriff zu dem in der *Kritik der reinen Vernunft* einschlägigen Funktionsbegriff verbunden.[17]

Die Charakterisierung des Verstandes i.w.S. und seiner Untervermögen als Vermögen, mit Beziehung auf sinnlich gegebenes Material formgebende Erkenntnishandlungen zu vollziehen und so Vorstellungen von Gegenständen zu erzeugen, gibt allerdings nur *ein* Merkmal des Verstandesgebrauchs an, welches man mit einer frühen Bezeichnung aus der Kantischen Dissertation *De mundi sensibilis atque intelligibilis forma et principiis* den „logischen Gebrauch" nennen kann.[18] Ein weiteres Merkmal kommt durch den Begriff des Erkenntnisvermögens ins Spiel: Ein Erkenntnisvermögen ist ein Vermögen, aus dem Vorstellungen von Gegenständen entspringen, also eine Quelle von Vorstellungen.[19] Jede Vorstellung eines Gegenstands entspringt aus einer solchen Quelle, muß also einem Erkenntnisvermögen zugeordnet werden können. Für diese Zuordnung ist nicht entscheidend, bei welcher Gelegenheit eine Vorstellung entdeckt wird, sondern welches Vermögen diese Vorstellung ihrem Inhalte nach überhaupt hervorzubringen und ihren Besitz zu rechtfertigen vermag. Die Zuordnung einer Vorstellung zu einem Erkenntnisvermögen als ihrer Quelle geht aus einer „transzendentalen Reflexion" hervor, die auch auf den Inhalt der Vorstellung Bezug nimmt.[20] Für die Sinnlichkeit ist dies ganz evident: Wird sie von Gegenständen affiziert, so entspringen aus ihr Anschauungen von Gegenständen; sie ist die Quelle von Anschauungen.[21] Da Anschauungen sich unmittelbar auf Gegenstände beziehen, ist die Sinnlichkeit ein Vermögen, dem Vorstellungen entspringen, welche sich auf reale Objekte beziehen; daher ist sie ein Erkenntnisvermögen. Es gibt von ihr aber keinen logischen Gebrauch, da sie ein bloß passives Erkenntnisvermögen ist.

---

[16] Vgl. W.Carl *1989*, S.105f.
[17] Zur Geschichte des Funktionsbegriffs und zu seiner Bedeutung bei Kant vgl. P.Schulthess *1981*, S.217-306.
[18] Vgl. *AA* II;393,16-22 (zitiert in Fußnote 22).
[19] Vgl. zu den folgenden Ausführungen auch W.Carl *1989*, S.105-114, und W.Carl *1992*, S.79-94.
[20] Vgl. *KdrV* A260ff., B316ff.
[21] „Alle Anschauungen, als sinnlich, beruhen auf Affektionen" (A68, B93).

In der Dissertation hat Kant dem logischen Gebrauch des Verstandes i.w.S. einen realen Gebrauch gegenübergestellt: Der Verstand i.w.S. hat genau dann auch einen realen Gebrauch, wenn aus ihm Vorstellungen von Gegenständen *entspringen*.[22] In diesem Sinne gibt es einen realen Gebrauch der Sinnlichkeit - und nur einen solchen. Im Falle der Untervermögen des Verstandes i.w.S. hingegen gibt es grundsätzlich zwei mögliche Relationen, in denen die Vorstellung eines Gegenstandes zu dem entsprechenden Vermögen stehen kann: Sie kann erstens von diesem Vermögen (in seinem logischen Gebrauch) aus sinnlich gegebenem Material durch formgebende Handlungen hervorgebracht werden; dann ist *nicht* das besagte Vermögen, sondern die Sinnlichkeit die *Quelle* der Vorstellung. Zweitens kann die Vorstellung dem entsprechenden Vermögen (in seinem realen Gebrauch) entspringen; dann ist das Vermögen die Quelle der Vorstellung. Mit dieser Unterscheidung ist allerdings noch nicht gezeigt, daß die Untervermögen des Verstandes i.w.S., und somit der Verstand i.w.S. selber, Quellen von Vorstellungen von Gegenständen, also Erkenntnisvermögen im oben ausgeführten Sinn sind. Es stellt sich für Kant die Frage: Gibt es auch einen realen Gebrauch des Verstandes i.w.S.? Ist der Verstand i.w.S. eine Quelle von Vorstellungen, die sich *a priori* auf Gegenstände beziehen? Diese Frage ist - vermögenstheoretisch gewendet - die zu Beginn dieses Abschnitts erwähnte Grundfrage der *Kritik der reinen Vernunft*. Ihre Beantwortung besteht in der Ausarbeitung je eines „transzendentalen Begriffs" des Verstandes i.e.S und der Vernunft, d.h. in der Bestimmung des realen Gebrauchs dieser beiden Vermögen, und führt, wie in den nachfolgenden Abschnitten deutlich werden wird, jeweils über den „logischen Begriff" derselben, d.h. über die Bestimmung ihres logischen Gebrauchs, hinaus.[23]

Aus der Antwort, die Kant mit seiner in der *Kritik der reinen Vernunft* vorgetragenen Theorie auf die Frage nach der Möglichkeit von Metaphysik gibt, resultiert eine Beschränkung der Funktionen des Denkens, die dem oberen Erkenntnisvermögen zugeordnet werden können. Kant beantwortet die Frage bekanntlich mit einer Restriktion menschlicher Erkenntnis auf anschaulich gegebenes

---

[22] „Quod ab altera parte attinet *intellectualia*, ante omnia probe notandum est, usum intellectus s. superioris animae facultatis esse duplicem: quorum priori *dantur* conceptus ipsi vel rerum vel respectuum, qui est USUS REALIS; posteriori autem undecunque dati sibi tantum *subordinantur*, inferiores nempe superioribus (notis communibus) et conferuntur inter se [...], qui USUS dicitur LOGICUS" (*AA* II;393,16-22). Kant hat diese Unterscheidung aus dem Jahre 1770 der Terminologie nach und - unter gewissen Modifikationen, auf die hier nicht weiter eingegangen werden kann - auch der Sache nach in die *KdrV* übernommen; vgl. A299, B355.

[23] Die Unterscheidung des „logischen Begriffs" eines Erkenntnisvermögens vom „transzendentalen Begriff" desselben nimmt Kant am Beispiel der Vernunft in A299, B355f. vor (vgl. Abschnitt 1.3.). Ich werde im folgenden Abschnitt zeigen, wie sie auf den Verstand i.e.S. übertragen werden kann.

Material.[24] Die Erkenntnisvermögen des Menschen sind dieser Antwort zufolge ausschließlich zur Gewinnung von Erfahrungserkenntnissen bestimmt:

> „So überzeugt doch eine vollendete Kritik, daß alle Vernunft im spekulativen Gebrauche mit diesen Elementen [sc. Anschauungen, Begriffen und Ideen, Verf.] niemals über das Feld möglicher Erfahrung hinauskommen könne, und daß die eigentliche Bestimmung dieses obersten Erkenntnisvermögens sei, sich aller Methoden und der Grundsätze derselben nur zu bedienen, um der Natur nach allen möglichen Prinzipien der Einheit [...] bis in ihr Innerstes nachzugehen" (A702, B730).

Diese Restriktion ist aber Kant zufolge nicht als eine künstliche Schranke der menschlichen Erkenntnisvermögen aufzufassen, die ihr - etwa unter dem Eindruck der Antinomienproblematik - in der *Kritik der reinen Vernunft* von außen auferlegt wird, sondern als eine natürliche Beschränktheit. Die Erkenntnisvermögen des Menschen verfügen nur über diejenigen Mittel, deren sie zu dem einzigen Zweck, dem sie nach der Kantischen Theorie dienen können, auch bedürfen; sie sind - dies ist eine Grundvoraussetzung Kants[25] - zweckmäßig eingerichtet: „Alles, was in der Natur unserer Kräfte gegründet ist, muß zweckmäßig und mit dem richtigen Gebrauche derselben einstimmig sein" (A642, B670).

Diese These erscheint dann plausibel, wenn sich nachweisen läßt, daß die Schwierigkeiten und Fehler der traditionellen Metaphysik nicht auf unrechtmäßigen und unzweckmäßigen Mitteln des Verstandes i.w.S. beruhen, sondern auf der fehlerhaften Anwendung rechtmäßiger und zweckmäßiger Mittel. Denn in diesem Falle wäre es völlig überflüssig, dem Verstand i.w.S. Mittel, d.h. Funktionen zu denken, zu unterstellen, deren er zum Zwecke der Erfahrung nicht bedarf und die zur Erklärung fehlerhafter metaphysischer Spekulationen entbehrlich sind. Den Nachweis, daß sich die Schwierigkeiten und Fehler der traditionellen Metaphysik durch eine falsche Anwendung recht- und zweckmäßiger Verstandesfunktionen ergeben, glaubt Kant an der zuvor zitierten Stelle aus dem Anhang zur transzendentalen Dialektik der *Kritik der reinen Vernunft* offenbar *zum Teil* bereits erbracht zu haben, denn er sagt im weiteren Kontext dieser Stelle: „Alle Fehler der Subreption sind jederzeit nur einem Mangel der Urteilskraft, niemals aber dem Verstande oder der Vernunft zuzuschreiben" (A643, B671).

Unter „alle Fehler der Subreption" wird man hier die in der transzendentalen Dialektik behandelten, den Paralogismen, Antinomien und Gottesbeweisversuchen

---

[24] „Das Resultat der ganzen Kritik ist: ‚daß uns Vernunft durch alle ihre Prinzipien *a priori* niemals etwas mehr, als lediglich Gegenstände möglicher Erfahrung und auch von diesen nichts mehr, als was in der Erfahrung erkannt werden kann, lehre'" (*Prolegomena AA* IV;361, 29-33). Hier und in dem im Haupttext folgenden Zitat aus der *KdrV* verwendet Kant den Ausdruck „Vernunft" zur Bezeichnung des Verstandes i.w.S. (vgl. Fußnote 12).

[25] Vgl. auch H.Heimsoeth *1966-9*, S.550f.

zugrunde liegenden, Fehlschlüsse zu verstehen haben.[26] Somit lastet Kant an dieser Textstelle die dialektischen Fehlschlüsse dem Vermögen der Urteilskraft an. Diese ist nun „das Vermögen unter Regeln zu s u b s u m i e r e n, d.i. zu unterscheiden, ob etwas unter einer gegebenen Regel (*casus datae legis*) stehe, oder nicht" (A132, B171), also ein Vermögen, „Regeln" im Einzelfalle *anzuwenden*.[27] Die Handlungen der Urteilskraft selbst stehen nicht unter Regeln:

> „Die allgemeine Logik enthält gar keine Vorschriften für die Urteilskraft, und kann sie auch nicht enthalten. [...] Wollte sie nun allgemein zeigen, wie man unter diese Regeln subsumieren, d.i. unterscheiden sollte, ob etwas darunter stehe oder nicht, so könnte dieses nicht anders, als wieder durch eine Regel geschehen. Diese aber erfordert eben darum, weil sie eine Regel ist, aufs neue eine Unterweisung der Urteilskraft, und so zeigt sich, daß zwar der Verstand einer Belehrung und Ausrüstung durch Regeln fähig, Urteilskraft aber ein besonderes Talent sei, welches gar nicht belehrt, sondern nur geübt sein will" (A133, B172).

Die Notwendigkeit von Regeln für die richtige Anwendung von Regeln zu behaupten, liefe nach Kant entweder auf einen Zirkel oder auf einen unendlichen Regreß hinaus. Um dies zu vermeiden, verzichtet Kant darauf, die Anwendung von Regeln unter Regeln zu stellen. Also steht die Urteilskraft als Vermögen der Anwendung von Regeln selbst nicht unter Regeln. Wenn die Urteilskraft aber ein Vermögen der Anwendung von Regeln ist, dann begeht sie, wenn sie Fehler begeht, Anwendungsfehler. Da sie weder über eigene Funktionen verfügt, Vorstellungen hervorzubringen, noch eine Quelle gegenstandsbezogener Vorstellungen ist, ihr aber die dialektischen Fehlschlüsse angelastet werden, beruhen diese nicht auf unrechtmäßigen oder unzweckmäßigen Funktionen des Verstandes i.w.S., sondern auf deren fehlerhafter Anwendung. Um welche Funktionen es sich dabei handelt, wird noch zu klären sein.

Daß Kant trotzdem den Nachweis der Recht- und Zweckmäßigkeit aller Funktionen von Verstand i.e.S. und Vernunft an der oben zitierten Stelle aus dem Anhang zur transzendentalen Dialektik erst als *zum Teil* erbracht sieht, liegt darin

---

[26] Diese Deutung der Kantischen Fehlerdiagnose wird im einzelnen durch die folgenden Textbefunde gestützt: So besteht der Fehler, der den Paralogismen der rationalen Psychologie zugrunde liegt, darin, „die Einheit in der Synthesis der Gedanken für eine wahrgenommene Einheit im Subjekte dieser Gedanken zu halten. Man könnte ihn die *Subreption* des hypostasierten Bewußtseins [...] nennen" (A402; kursiv vom Verf.). Zu den Antinomien der rationalen Kosmologie kommt es, wenn man den „Grundsatz der absoluten Totalität der Reihe der Bedingungen" als „konstitutives kosmologisches Prinzip auffaßt" und „(durch transzendentale *Subreption*,) einer Idee [...] objektive Realität" (A509, B537; kursiv vom Verf.) beimißt. Schließlich beruhen die nicht zum Ziel führenden Gottesbeweisversuche der rationalen Theologie darauf, „sich, vermittelst einer transzendentalen *Subreption*, dieses formale Prinzip [das Ideal des höchsten Wesens] als konstitutiv vorzustellen" (A619, B647; kursiv vom Verf.).

[27] Im Kontext der zuvor zitierten Stelle bezeichnet Kant die Urteilskraft auch als ein Vermögen, „die Verstandesbegriffe [...] auf Erscheinungen *anzuwenden*" (kursiv vom Verf.). - Als „Regeln" können nach Kant sowohl Begriffe als auch Urteile dienen; vgl. *KdrV* A106 und *Prolegomena AA* IV;305,15-16.

begründet, daß der Nachweis der Recht- und Zweckmäßigkeit der Vernunftideen dort noch aussteht; dieser Teil des Nachweises wird erst im weiteren Text des Anhangs, in dem Kant versucht, die „wenn auch unbestimmte, objektive Gültigkeit" (A669, B697) der Ideen zu zeigen, angegangen.[28]

Die folgenden Untersuchungen des Verstandes i.e.S. und der Vernunft werden zeigen, daß der durch die Zuordnung bestimmter Funktionen des Denkens gegebene „logische Begriff" des jeweiligen Vermögens zu dessen Charakterisierung nicht hinreichend ist, sondern allenfalls, wie am Beispiel der Vernunft besonders deutlich wird, eine *heuristische* Funktion erfüllt, indem er zum „transzendentalen Begriff" dieses Vermögens überleitet.

1.2. „Logischer" und „transzendentaler Begriff" des Verstandes i.e.S.

1.2.1. Der „logische Begriff" des Verstandes

In diesem Abschnitt wird es um Kants Bestimmung des Verstandes i.e.S. gehen. Zur Vereinfachung werde ich in der Folge auf die Bezeichnung „i.e.S." verzichten; statt „Verstand i.e.S." werde ich kurz „Verstand" sagen. Der Verstand i.w.S. wird wie bisher bezeichnet, so daß Mißverständnisse ausgeschlossen sind. Grundlage der Ausführungen dieses Abschnitts ist das sogenannte „Leitfadenkapitel" der *Kritik der reinen Vernunft*. Dort entwickelt Kant im Ausgang von einem „logischen Begriff" des Verstandes seine transzendentalphilosophische Konzeption dieses Erkenntnisvermögens.[29]

---

[28] Kants Bemühung im Anhang zur transzendentalen Dialektik, die Zweckmäßigkeit der Vernunftideen zur Gewinnung von Erfahrungserkenntnis nachzuweisen (vgl. Abschnitt 1.3. dieser Arbeit), ist daher nicht nur, wie G.Schiemann *1992* meint, eine „Reaktion gegen ein zuvor bedrohlich auftretendes Mannigfaltiges der Erfahrung" (S.294); sondern sie ist auch als der letzte Schritt des Nachweises anzusehen, daß Verstand i.e.S. und Vernunft nur über recht- und zweckmäßige Mittel verfügen, die nicht von vornherein Inkonsistenzen beinhalten, sondern nur falsch angewendet werden können.

[29] Vgl. A66, B91 - A83, B109 - Nach Ansicht M.Wolffs *1995*, S.90ff., ist im Leitfadenkapitel nicht der Verstand i.e.S., sondern der Verstand i.w.S. Gegenstand der Untersuchung; es gehe Kant in diesem Kapitel darum, alle Funktionen des Verstandes i.w.S. vollständig in einer Urteilstafel zu erfassen und so alle Grundbegriffe des Verstandes i.w.S. aufzufinden. Kants Analogiebehauptung aus der transzendentalen Dialektik der *KdrV* und aus den *Prolegomena* (vgl. oben Fußnote 5) legt jedoch eine andere Auffassung nahe: Kants Erwartung, es ließen sich analog zur Herleitung der Kategorien aus den logischen Funktionen des Verstandes (Urteilsfunktionen) aus den logischen Funktionen der Vernunft (Funktionen des mittelbaren Schließens) Grundbegriffe der Vernunft gewinnen, ist nur dann sinnvoll, wenn Verstand und Vernunft als *gleichgeordnete* Erkenntnisvermögen verstanden werden und wenn die Funktionen der Vernunft nicht bereits in der vollständigen Liste der Verstandesfunktionen erfaßt sind. D.h. aber, daß die Auffindung der Urteilsfunktionen und die Herleitung der Kategorien den Verstand i.e.S. betreffen muß.

Erkenntnis von Gegenständen oder Sachverhalten vollzieht sich primär in Urteilen. Verschiedene Vorstellungen von Gegenständen (Anschauungen, Begriffe oder andere Urteile) werden im Urteil zu einer neuen (mittelbaren) Vorstellung eines Gegenstands verknüpft.[30] Erkennen und Urteilen sind also untrennbar miteinander verbunden.[31] Im ersten Abschnitt des Leitfadenkapitels, der die Überschrift „Von dem logischen Verstandesgebrauche überhaupt“ trägt, wird der Verstand zunächst als „nichtsinnliches Erkenntnisvermögen“ und somit, wie Kant im weiteren Kontext sagt, als ein „Vermögen zu denken“ bestimmt. Da nun Denken und Erkennen stets im Urteilen besteht, wird der „logische Begriff“ des Verstandes durch Zuordnung der Verstandesoperation des Urteilens gegeben; folglich kann der Verstand auch „als ein V e r m ö g e n z u u r t e i l e n vorgestellt werden“ (A69, B94). Von den drei Arten von Vorstellungen, die in der sogenannten „allgemeinen, reinen Logik“ ihrer Form nach unterschieden werden [32], ordnet Kant also dem Verstand zunächst die Urteile zu. Die *formal* einfachsten Urteile sind kategorische Urteile; alle anderen, von diesen formal verschiedenen Urteile (hypothetische, disjunktive) lassen sich rekursiv aus kategorischen Urteilen erzeugen.[33] Man muß also bereits über kategorische Urteile verfügen, um hypothetische oder disjunktive Urteile überhaupt bilden zu können. Nun ist ein kategorisches Urteil eine Vorstellung des Verhältnisses einer Anschauung und eines Begriffs oder zweier Begriffe.[34] In jedem kategorischen Urteil kommt also mindestens ein Begriff vor; d.h. es ist nicht möglich, ein kategorisches Urteil zu bilden, ohne Begriffe zu gebrauchen. Da nun kategorische Urteile die Basis aller Urteile bilden, ist Urteilen ohne den Gebrauch von Begriffen generell unmöglich. Man muß Begriffe verwenden, um überhaupt urteilen zu können. Das Vermögen zu urteilen hängt damit entscheidend von der Anwendung von Begriffen ab. Da weiter, wie oben gezeigt wurde, Erkennen und Urteilen untrennbar miteinander verbunden sind, „ist die Erkenntnis eines jeden, wenigstens des menschlichen, Verstandes, eine Erkenntnis durch Begriffe“ (A68, B93). Da Sinnlichkeit und Verstand i.w.S. disparate „Stämme der menschlichen Erkenntnis“ sind, ist

---

[30] „Das Urteil [...] ist die mittelbare Erkenntnis eines Gegenstandes“ (A68, B93).

[31] „Alle Erkenntnis besteht in Urtheilen. [...] Denken heißt Urtheilen“ (R4638 *AA* XVII;620,15-17). - Ebenso P.F.Strawson *1966*, S.74f.

[32] „Eine a l l g e m e i n e, aber r e i n e L o g i k, [...] ist ein K a n o n d e s V e r s t a n d e s und der Vernunft, aber nur in Ansehung des Formalen ihres Gebrauchs, der Inhalt mag sein, welcher er wolle“ (A53, B77).

[33] „Die Kategorische Urtheile liegen den andern zum Grunde: Denn die Hypothetischen bestehen aus zwei Kategorischen Urtheilen, von denen ich eins als den Grund, das andere als die Folge betrachte. Die Disiunctiuen bestehen aus mehreren Kategorischen Urtheilen“ (*Logik Busolt AA* XXIV;663,37-664,2). „Die categorischen Urtheile machen die basin aller Übrigen aus“ (*Wiener Logik AA* XXIV;933,14). Zum rekursiven Aufbau der Urteile mit den kategorischen Urteilen als Rekursionsbasis vgl. R.Stuhlmann-Laeisz *1976*, S.55.

[34] Unter Vernachlässigung der singulären Urteile stimmt Kant in der *KdrV* der Definition des kategorischen Urteils von Seiten der traditionellen Logik als „Vorstellung eines Verhältnisses zwischen zwei Begriffen“ (B140) zu.

zu erwarten, daß es eine Klasse von *nicht-sinnlichen* (reinen) und ursprünglichen Begriffen des Verstandes gibt, die Erfahrungserkenntnis allererst möglich machen. Findet man „Kandidaten" für solche Begriffe, dann ist für diese zunächst nachzuweisen: „1. Daß die Begriffe reine und nicht empirische Begriffe seien. 2. Daß sie nicht zur Anschauung und zur Sinnlichkeit, sondern zum Denken und Verstande gehören. 3. Daß sie Elementarbegriffe seien und von den abgeleiteten, oder daraus zusammengesetzten, wohl unterschieden werden. 4. Daß ihre Tafel vollständig sei, und sie das ganze Feld des reinen Verstandes gänzlich ausfüllen" (A64,B89). Erst der Nachweis, daß der Verstand tatsächlich über solche ursprünglichen Begriffe verfügt, rechtfertigt es, ihn als Quelle von Begriffen zu betrachten und als „Vermögen der Begriffe" zu bezeichnen. Diese Bezeichnung des Verstandes findet sich daher in der *Kritik der reinen Vernunft* erst dort, wo Kant den erwähnten Nachweis bereits erbracht zu haben glaubt.[35] Gesetzt nun, der Verstand verfügte über Begriffe; dann könnte er „von diesen Begriffen [...] keinen anderen Gebrauch machen, als daß er dadurch urteilt" (A68, B93). „Begriffe aber beziehen sich, als Prädikate möglicher Urteile, auf irgendeine Vorstellung von einem n o c h unbestimmten Gegenstande" (A69, B94), der im Urteil mittels des Prädikats bestimmt werden soll. In einem kategorischen Urteil wird also ein Begriff (das Prädikat) mit einer (anderen) Vorstellung (Anschauung oder Begriff) verbunden, welche sich auf einen Gegenstand (oder mehrere Gegenstände) bezieht und diese(n) bestimmt. Urteilen besteht also im Herstellen einer Einheit schaffenden Verbindung von Vorstellungen:

> „Alle Urteile sind demnach Funktionen der Einheit unter unseren Vorstellungen, da nämlich statt einer unmittelbaren Vorstellung eine h ö h e r e, die diese und mehrere unter sich begreift, zur Erkenntnis des Gegenstandes gebraucht, und viel mögliche Erkenntnisse dadurch in einer zusammengezogen werden" (A69, B94).

Kant verbindet nun das Postulat, daß der Verstand über bestimmte ursprüngliche Begriffe *a priori* verfügen müsse, um überhaupt urteilen zu können, mit der Auffassung, für eine Verbindung („Synthesis"[36]) von Vorstellungen in Urteilen, die den Gegenstandsbezug des Urteils herstellt, müsse der Verstand über eine gewisse Anzahl von Funktionen verfügen; dazu nimmt er die Identität der den gesuchten ursprünglichen Begriffen zugrunde liegenden Funktionen mit den Funktionen zur Synthesis von Vorstellungen in Urteilen an.[37] Diese per-hypothesin-Identifikation wird dann verständlich, wenn man in Betracht zieht, daß Begriffe, die ihre Quelle im Verstand haben, nur Begriffe von der Form einer Erkenntnis sein können, da die

---

[35] Vgl. A126 und A159f., B199.

[36] „Ich verstehe aber unter S y n t h e s i s in der allgemeinsten Bedeutung die *Handlung*, verschiedene Vorstellungen zueinander hinzuzutun, und ihre Mannigfaltigkeit in einer Erkenntnis zu begreifen" (A77, B103; kursiv vom Verf.).

[37] Denn nach Kants Auffassung gilt: „Alle Anschauungen [...] *beruhen* auf Affektionen, *die Begriffe* [...] *auf Funktionen*" (A68, B93. Kursiv vom Verf.).

Sinnlichkeit die Materie zur Erkenntnis liefert und der Verstand die Form der Erkenntnis bestimmt. Begriffe, die dem Erkenntnisvermögen des Verstandes entspringen, können also nur Begriffe sein, deren Inhalt ausschließlich die Form der Erkenntnis betrifft. Da sich Erkenntnis grundsätzlich in Urteilen vollzieht und die Funktionen zur Synthesis von Vorstellungen in Urteilen solche Funktionen sind, die die Form von Erkenntnissen (Urteilen) bestimmen, liegt es nahe, anzunehmen, daß die gesuchten ursprünglichen Begriffe des Verstandes auf diesen Funktionen beruhen. Trotz dieses Plausibilitätsarguments muß sich die fragliche Identifikation aber erst noch als bei der Herleitung der gesuchten Verstandesbegriffe erfolgreich bewähren.

Die Suche nach den ursprünglichen Begriffen *a priori* des Verstandes wird somit zur *geleiteten* Suche nach denjenigen Funktionen des Verstandes, die eine (Gegenstandsbezug herstellende) Synthesis von Vorstellungen im Urteil ermöglichen. Damit hat Kant einen Leitfaden zur Entdeckung der reinen Verstandesbegriffe, der sich allerdings noch bewähren muß, gefunden und kann zum Abschluß des ersten Abschnitts des Leitfadenkapitels behaupten: „Die Funktionen des Verstandes können also insgesamt gefunden werden, wenn man die Funktionen der Einheit in den Urteilen vollständig darstellen kann“ (A69, B94).

Die Entdeckung der reinen Verstandesbegriffe, deren Leitfaden auf diese Weise gefunden wurde und deren besondere Art, Kant zufolge, sicherstellt, daß die entdeckten Verstandesbegriffe über die oben genannten Eigenschaften verfügen, nennt Kant an späterer Stelle, im Rückbezug auf das Leitfadenkapitel, ihre „metaphysische Deduktion“.[38]

1.2.2. Die metaphysische Deduktion der Verstandesbegriffe

Im ersten Abschnitt des Leitfadenkapitels wurde das „Prinzip“ zur vollständigen Entdeckung der reinen und ursprünglichen Verstandesbegriffe vorgestellt.[39] Der zweite und der dritte Abschnitt enthalten nun sehr diffizile und voraussetzungsreiche Argumentationen Kants zur eigentlichen Herleitung der Verstandesbegriffe. Das Ergebnis des gesamten zweiten Abschnitts, die sogenannte „Urteilstafel“, wird mit dem einzigen Satz erreicht:

> „Wenn wir von allem Inhalte eines Urteils überhaupt abstrahieren, und nur auf die bloße Verstandesform darin achtgeben, so finden wir, daß die Funktion des Denkens

[38] Vgl. B159.

[39] Für das Ergebnis der metaphysischen Deduktion der Verstandesbegriffe ist es nach Kant besonders wichtig, diese nicht „rhapsodistisch“ aufzugreifen, sondern „systematisch aus einem gemeinschaftlichen Prinzip, nämlich dem Vermögen zu urteilen“ (A80f., B106) herzuleiten.

in demselben unter vier Titel gebracht werden könne, deren jeder drei Momente unter sich enthält" (A70, B95).[40]

Dieser Satz enthält nicht mehr als einen Hinweis darauf, wie man die gesuchten Funktionen finden kann. Da der übrige Text des zweiten Abschnitts, der auf die Urteilstafel folgt, nurmehr Erläuterungen zu einigen Details der Tafel selbst enthält, wird man sagen müssen, daß die eigentliche Argumentation, die zur Urteilstafel führt, zu den stillschweigenden Voraussetzungen gehört, die diesem Abschnitt zugrunde liegen. Ich möchte diese Argumentation im folgenden ausführen.

Wenn man von der *Materie* eines Urteils abstrahiert, so erhält man die bloße *Form* des Urteils, denn ein Urteil ist durch Form und Materie vollständig bestimmt.[41] Die Materie eines Urteils besteht aus Vorstellungen: Anschauungen, Begriffen oder (anderen) Urteilen.[42] Die Form des Urteils gibt diesen Vorstellungen eine gewisse Verbindung und Ordnung. Nun kommt Verbindung und Ordnung nur dadurch zustande, daß es etwas gibt, das Verbindung und Ordnung herstellt, also ein aktives Vermögen zu verbinden und zu ordnen; dies ist der (menschliche) Verstand. Nun gibt es verschiedene Urteilsformen, die in der allgemeinen, reinen (formalen) Logik untersucht und in einzelne Momente, von denen einige frei miteinander kombinierbar sind, andere nicht, zerlegt werden können. So gewinnt man z.B. aus dem Urteil

„Alle Menschen sind sterblich"

durch Substitution der darin vorkommenden begrifflichen Vorstellungen „Mensch" und „sterblich" durch Variablen die Urteilsform:

Alle S SIND P;

an dieser kann man nun *traditionell* zwei Momente unterscheiden, die die Form des Urteils *gleichrangig* bestimmen: Allgemeinheit und Bejahung.[43] Solche Momente werden von den traditionellen Logikern in Listen, sogenannten „Urteilstafeln", zusammengefaßt und darin zu Gruppen geordnet.[44]

---

[40] Unter „Inhalt eines Urteils" muß hier die Materie des Urteils verstanden werden; vgl. R4675 *AA* XVII;649,25f.

[41] Vgl. *Logik Philippi* *AA* XXIV;461,22-29, *Logik Busolt a.a.O.*;663,28-35 und *Wiener Logik a.a.O.*;928,36-929,1.

[42] Vgl. R3046 *AA* XVI;631,10f. und *Logik Pölitz* *AA* XXIV;578,30-39.

[43] Da nach Kant für die traditionelle zeitgenössische Logik jedes Urteil ein kategorisches Urteil ist, fehlt hier das Moment der Kategorizität. Da die traditionelle Logik darüber hinaus auch nicht modal bestimmte Urteile kennt, fehlt auch ein Moment der Modalität. Kants Kritik an diesen Lehren der traditionellen Logik und seiner eigenen Theorie zufolge kann man an dem Beispielurteil hingegen *vier* gleichrangige Momente unterscheiden: Allgemeinheit, Bejahung, Kategorizität und Assertorizität. Zu Kants Kritik an der traditionellen Urteilslehre vgl. *KdrV* A70ff., B96ff.; B140f. und R3111 *AA* XVI; 663,5-6.

[44] Eine umfangreiche Liste von Urteilstafeln, die sich in Logiklehrbüchern des 18. Jahrhunderts finden, hat G.Tonelli *1966* zusammengestellt und mit der von Kant in *KdrV* A73, B98 angegebenen Tafel verglichen; Tonelli kommt zu dem Schluß, daß Kant diese Tafel relativ frei und unabhängig von den

Ein Urteil u, das eine von der Form eines Urteils v verschiedene Form hat, ist von v notwendig verschieden. Faßt man nun Urteile als *Ergebnisse* von (formgebenden) Verstandes*handlungen* auf, so folgt, daß u und v Ergebnisse zweier artverschiedener Verstandeshandlungen sind. D.h. den beiden Verstandeshandlungen, die u und v zum Ergebnis haben, liegen unterschiedliche *Handlungsweisen* zugrunde. Handlungsweisen, Vorstellungen in Urteilen zu verbinden und zu ordnen, nennt Kant, wie oben ausgeführt wurde, „Funktionen".[45]

Ohne Kants Begriff der Funktion mit dem modernen Funktionsbegriff der Mathematik zu identifizieren, kann dieser doch dazu benutzt werden, um Kants Argumentation bis zu diesem Punkt zu verdeutlichen: Gesetzt den Fall, man sieht, daß zwei Rechenmaschinen R_1,R_2 bei Eingabe desselben numerischen Wertes x unterschiedliche Ergebnisse z_1,z_2 ausgeben, so wird man feststellen, daß R_1 mit x eine andere Rechenoperation ausgeführt hat als R_2. Weiterhin wird man feststellen, daß - Störfaktoren ausgeschlossen - die von R_1 ausgeführte Operation O_1 durch eine andere mathematische Funktion $f_1(x)$ charakterisiert werden muß als die von R_2 ausgeführte Operation O_2, charakterisiert durch $f_2(x)$. Kant schließt also, wie der Vergleich zeigt, von artverschiedenen Handlungsergebnissen auf artverschiedene Handlungen, d.h. auf verschiedene zugrundeliegende Handlungsweisen.[46] Diese Handlungsweisen des Verstandes können nun insofern auch als Funktionen im mathematischen Sinne aufgefaßt werden, als sie die im Urteil verbundenen Vorstellungen als Argumente und das Urteil selbst als Funktionswert haben. Da ein Urteil die in ihm verbundenen Vorstellungen enthält, kann man festhalten, daß die Urteilsfunktionen solche Funktionen sind, deren Werte die Argumente enthalten.[47]

Da an den Formen der Urteile, als Ergebnisse von Verstandeshandlungen, einzelne Momente unterschieden werden können, unterscheidet Kant auch an den Funktionen, die diesen Handlungen zugrunde liegen, einzelne Momente. Man kann daher diese Funktionen als aus Momenten zusammengesetzt deuten. Auf diesem Weg gelangt Kant im Ausgang von der Liste der an Urteilsformen unterscheidbaren Momente, die von der allgemeinen, reinen Logik, wie er behauptet, vollständig bereitgestellt wird, zu seiner „transzendentalen Tafel aller Momente des Denkens in

---

Lehren der Logiker seiner Zeit aufgestellt hat (vgl. *a.a.O.*, S.157f.).

[45] Vgl. Abschnitt 1.1.

[46] Ich verstehe unter Handlungen (Operationen) hier singuläre *Ereignisse*. Verstandeshandlungen werden demnach als mentale Ereignisse aufgefaßt.

[47] Damit ist der Zusammenhang des Kantischen Funktionsbegriffs in der *KdrV* mit dem der zeitgenössischen Mathematik angedeutet und zugleich eine Rechtfertigung des oben angestellten Vergleichs gegeben; für eine ausführlichere Darstellung dieser Zusammenhänge vgl. P.Schulthess *1981*, S.217-306, insbesondere S.261-283.

den Urteilen" (A73, B98). Diese Tafel ist das Ergebnis des zweiten Abschnitts des Leitfadenkapitels.[48]

Im dritten Abschnitt des Leitfadenkapitels argumentiert Kant wie folgt: Mit der „transzendentalen Tafel aller Momente des Denkens in den Urteilen" hat man zwar eine Liste aller Momente an der Hand, aus denen diejenigen Funktionen gebildet werden können, mittels deren *einheitliche* Vorstellungen, d.h. Anschauungen, Begriffe und Urteile, in (anderen) Urteilen verbunden und geordnet werden können, jedoch werden dem Verstand durch die Sinnlichkeit nicht bereits solche einheitlichen Vorstellungen gegeben. Vielmehr stellt die Sinnlichkeit nur ein Mannigfaltiges der Anschauung in Raum und Zeit zur Verfügung, das allererst zu einheitlichen Vorstellungen (von Gegenständen) *synthetisiert* werden muß.

> „Allein die Spontaneität unseres Denkens erfordert es, daß dieses Mannigfaltige zuerst auf gewisse Weise durchgegangen, aufgenommen, und verbunden werde, um daraus eine Erkenntnis zu machen. Diese Handlung nenne ich Synthesis" (A77, B102).

Nach Kant wird die erforderliche Synthesisleistung durch die sogenannte „produktive Einbildungskraft", ein (Unter-)Vermögen des Verstandes, zustandegebracht. Da die Einbildungskraft selbst nur „eine[r] blinde[n], obgleich unentbehrliche[n] Funktion der Seele" ist, ist es notwendig, „diese Synthesis auf Begriffe zu bringen" (A78, B103). Die Synthesisleistung kann demnach von der Einbildungskraft nur mittels Verstandesbegriffen erbracht werden, welche ihr Einheit geben und den Aspekt bestimmen, unter dem die Mannigfaltigkeit der Anschauung verbunden und geordnet wird:

> „Das erste, was uns zum Behuf der Erkenntnis aller Gegenstände a priori gegeben sein muß, ist das M a n n i g f a l t i g e der reinen Anschauung; die S y n t h e s i s dieses Mannigfaltigen durch die Einbildungskraft ist das zweite, gibt aber noch keine Erkenntnis. Die Begriffe, welche dieser reinen Synthesis E i n h e i t geben, und lediglich in der Vorstellung dieser notwendigen synthetischen Einheit bestehen, tun das dritte zum Erkenntnisse eines vorkommenden Gegenstandes, und beruhen auf dem Verstande" (A78f., B104).

Nun „beruhen" Begriffe auf Funktionen; also beruhen auch die Verstandesbegriffe, die der beschriebenen Synthesisleistung Einheit geben und ihren Ordnungsaspekt bestimmen, auf Funktionen. Sie beruhen auf solchen Funktionen, mittels deren Mannigfaltiges der Anschauung zu einheitlichen Anschauungen (von

---

[48] Die sogenannte „Urteilstafel" der *KdrV* ist somit eine Tafel der „Momente", aus denen Urteils*funktionen* gebildet werden können, nicht aber eine Tafel der Urteils*formen*; ebenso P. Schulthess *1981*, S.276-283. Nach M.Wolff *1995*, S.26, besteht die Urteilstafel aus zwei „ineinander geschobenen" Tafeln: einer Formentafel und einer Funktionentafel. Wolff sieht allerdings auch, daß die Kategorientafel *unmittelbar* nicht aus der Formentafel, sondern aus der Funktionentafel gewonnen wird (vgl. S.34f.).

Gegenständen) synthetisiert wird. Diese Funktionen sind nun, Kant zufolge, *identisch* mit denjenigen Funktionen, die verschiedene Vostellungen in einem Urteil verbinden.

> „*Dieselbe* Funktion, welche verschiedenen Vorstellungen in einem Urteile Einheit gibt, die gibt auch der bloßen Synthesis verschiedener Vorstellungen in einer Anschauung Einheit, welche, allgemein ausgedrückt, der reine Verstandesbegriff heißt“ (A79, B104f.; kursiv vom Verf.).

Soweit ich sehe, wird diese für die metaphysische Deduktion der Kategorien zentrale *Identitätsbehauptung* von Kant nicht mehr weiter begründet.[49] Gerade deshalb, weil diese Behauptung für die metaphysische Deduktion der Kategorien zentral, für den Leser aber nicht unmittelbar einsichtig ist, *erscheint* es zunächst unverständlich, daß die Begründung dieser Behauptung im Kontext der Behauptung ausbleibt; so hat die fragliche Behauptung die Interpreten vor einige Rätsel gestellt.[50] Ich bin jedoch der Ansicht, daß man vor dem Hintergrund der Absicht der metaphysischen Deduktion, die darin besteht, die ursprünglichen Begriffe *a priori* des Verstandes allererst nach einem Prinzip *aufzusuchen*, an dieser Stelle gar keine Begründung der Behauptung erwarten darf: Denn Kant entwickelt seine Konzeption des Zusammenhangs von Synthesisleistungen des Verstandes und Objektivität von Vorstellungen an dieser Stelle nur insoweit, als es für die systematische *Auffindung* der Verstandesbegriffe erforderlich ist.[51] Zieht man in Erwägung, daß durch die Identitätsbehauptung der Übergang von den logischen Funktionen des Verstandes, Vorstellungen in Urteilen zu verbinden, zu den (mit den ersteren identischen) Funktionen des Verstandes, Anschauungsmannigfaltigkeiten zu Anschauungen von Gegenständen zu synthetisieren, und damit zum Thema des Gegenstandsbezugs, vollzogen wird, so kann die Begründung für die infrage stehende Behauptung nicht Thema der metaphysischen Deduktion sein. Die Begründung dieser Behauptung stellt

---

[49] Daß hier tatsächlich die Identität der jeweils unterschiedlich gekennzeichneten Funktionen behauptet wird, belegt auch die folgende Formulierung Kants in den *Prolegomena*: „Die logischen Momente aller Urtheile sind so viel mögliche Arten, Vorstellungen in einem Bewußtsein zu vereinigen. Dienen aber *eben dieselben* als Begriffe, so sind sie Begriffe von der nothwendigen Vereinigung derselben in einem Bewußtsein“ (*AA* IV; 305,1-4. Kursiv vom Verf.); vgl. auch die beiden im Haupttext folgenden Zitate aus *Metaphysische Anfangsgründe der Naturwissenschaft*.

[50] Vgl. in der jüngeren Diskussion die Arbeiten von T.K.Seung *1989*, C.Nussbaum *1990* und J.M.Young *1992*. Insbesondere der letztgenannten Arbeit kommt das Verdienst zu, (1) den Unterschied zwischen Urteils*formen* und Urteils*funktionen* herauszustellen (vgl. S. 102) und (2) Kants Behauptung aus A79, B104f. wörtlich, d.h. im strengen Sinne einer *Identitäts*behauptung, zu interpretieren (vgl. S. 103 und 105).

[51] Ebenso H.Hoppe *1989*: „Man muß also sagen: die metaphysische Deduktion der reinen Verstandesbegriffe ist ihrerseits durch die in der Darstellung erst noch zu entwickelnde, tatsächlich jedoch von Kant bereits erarbeitete Theorie der Gegenstandsbeziehung durch synthetische Leistungen bestimmt. Das zeigt die Charakterisierung des Denkens durch seine Zusammenfassungsleistungen (A68/B93ff), *vor allem aber der an dieser Stelle noch ganz unverständliche Hinweis auf die Rolle des Denkens bei der synthetischen Vereinigung eines gegebenen Mannigfaltigen*, wodurch in unsere Vorstellung allererst ein ‚transzendentaler Inhalt‘ komme (A77/B102ff)“ (S.243f; kursiv vom Verf.).

vielmehr ein zentrales Argument der Begründung für den Gegenstandsbezug der Kategorien dar und gehört damit in den Kontext der transzendentalen Deduktion. Denn einerseits beruht die objektive Gültigkeit der Kategorien darauf, daß „nur vermittelst ihrer überhaupt irgendein Gegenstand der Erfahrung gedacht werden kann" (A93, B126), wodurch exakt die durch die infrage stehende These behauptete gegenstandskonstituierende Rolle der logischen Funktionen zu urteilen beschrieben wird, und andererseits soll die transzendentale Deduktion gerade diese objektive Gültigkeit der Kategorien zeigen. Somit ist die Begründung für die Identitätsbehauptung in der transzendentalen Deduktion zu suchen.[52] Sie muß deshalb von mir hier nicht weiter verfolgt werden.

Damit ist das Ziel der metaphysischen Deduktion der Kategorien erreicht, und der Weg zu diesem Ziel sichert - Kant zufolge - die vier Forderungen an die gesuchten Verstandesbegriffe, die Kant zu Beginn der transzendentalen Analytik der *Kritik der reinen Vernunft* anführt: Die Funktionen des Verstandes, (verschiedene) Vorstellungen in einem Urteil zu verbinden, stimmen mit den Funktionen überein, mittels derer gegebene Anschauungsmannigfaltigkeiten zu einheitlichen Anschauungen von Gegenständen synthetisiert werden.[53] Auf diesen Funktionen beruhen die Verstandesbegriffe (Kategorien): „Alle Kategorien gründen sich auf logische Funktionen in Urteilen" (B131). Die Kategorien sind daher „nichts anderes als bloße Formen der Urtheile [...], so fern sie auf Anschauungen (die bei uns immer sinnlich sind) angewandt werden, dadurch allererst Objekte bekommen und Erkenntnisse werden" (*Metaphysische Anfangsgründe der Naturwissenschaft AA* IV;474,34-36). Die in der *Kritik der reinen Vernunft* angeführte Kategorientafel unterscheidet sich also von der ebendort angeführten Urteilstafel darin, daß letztere die Funktionen enthält, auf denen die Begriffe, die in der ersteren enthalten sind, als „Begriffe von Anschauungen überhaupt", beruhen.[54] So erklärt Kant in der Vorrede zu *Metaphysische Anfangsgründe der Naturwissenschaft*, „daß die Tafel der Kategorien alle reine Verstandesbegriffe vollständig enthalte und eben so alle formale Verstandeshandlungen in Urtheilen, von welchen sie abgeleitet und auch in nichts unterschieden

---

[52] Daher muß der Versuch von J.M.Young *1992*, die Identitätsbehauptung durch Überlegungen zum Begriff der Synthesis zu begründen, die, wie Young hervorhebt (vgl. S. 110), nicht im Zusammenhang mit der in der transzendentalen Deduktion entwickelten Theorie der transzendentalen Einheit der Apperzeption stehen, ergebnislos verlaufen. Der Schluß, den Young aus diesem negativen Resultat zieht, daß nämlich die Identitätsbehauptung falsch und Kants „Leitfaden" mißlich gewählt sei (vgl. S. 119), trägt dann aber m.E. nicht. - Für eine Rekonstruktion der Begründung der Identitätsbehauptung unter Rekurs auf Argumente aus der transzendentalen Deduktion nach der B-Auflage der *KdrV* vgl. P.Schulthess *1981*, S.293-298.

[53] Vgl. A64, B89 (oben zitiert).

[54] Zur Bestimmung der Kategorien als „Begriffe von Anschauungen überhaupt" vgl. *Prolegomena AA* IV;302,8-11 (im folgenden Abschnitt zitiert).

sind, als daß durch den Verstandesbegriff ein Objekt in Ansehung einer oder der anderen Function der Urtheile als b e s t i m m t gedacht wird" (*AA* IV;475,3-7).

Der Verstand verfügt folglich über reine, nicht abgeleitete Begriffe *a priori*, deren Auflistung in der Kategorientafel sich aus der Urteilstafel ergibt und (daher) nach Kant vollständig ist. Die Bestimmung des Verstandes als Vermögen zu urteilen führt also zur Entdeckung der reinen Verstandesbegriffe und damit zur Bestimmung des Verstandes als Vermögen der Begriffe.

1.2.3. Der „transzendentale Begriff" des Verstandes

Mit dem Nachweis dafür, daß der Verstand die Quelle ursprünglicher Begriffe *a priori* ist, ist nicht nur eine Zuordnung von Vorstellungen zum Verstand verbunden; sondern die metaphysische Deduktion stellt auch den Übergang vom „logischen" zum „transzendentalen Begriff" des Verstandes dar. Dies hat seinen Grund in der besonderen Funktion der Kategorien im Prozeß der Gewinnung und Begründung von Erfahrungserkenntnis. Denn die Kategorien beruhen einerseits auf den Funktionen, mittels deren die reine Einbildungskraft ungeordnete Anschauungsmannigfaltigkeiten zu einheitlichen Vorstellungen synthetisiert, und andererseits auf den (mit den ersteren identischen) Funktionen, mittels deren Vorstellungen von Gegenständen zu einheitlichen, gegenstands*bestimmenden* Vorstellungen (Urteilen) synthetisiert werden. Durch sie wird „die Form des Urtheilens überhaupt in Ansehung der Anschauung bestimmt, das empirische Bewußtsein der letzteren in einem Bewußtsein überhaupt verknüpft und dadurch den empirischen Urtheilen Allgemeingültigkeit verschafft" (*Prolegomena AA* IV;300,20-23). Sie sind „nichts weiter [...] als Begriffe von Anschauungen überhaupt, so fern diese in Ansehung eines oder des andern dieser Momente zu Urtheilen an sich selbst, mithin nothwendig und allgemeingültig bestimmt sind" (*a.a.O.*;302,8-11). Sie sind also keine Begriffe, deren Inhalt aus bestimmten materialen Merkmalen besteht; ihr Inhalt besteht aus formalen Bestimmungen von anschaulich gegebenen Vorstellungen von Gegenständen überhaupt. Kant erklärt sie als „Begriffe von einem Gegenstande überhaupt, dadurch dessen Anschauung in Ansehung einer der logischen Funktionen zu urteilen als bestimmt angesehen wird" (B128). Sie bestimmen demnach jeweils, was als zu beurteilender, anschaulich gegebener Gegenstand betrachtet wird, und zugleich die formale Stellung, die die Vorstellung eines anschaulich gegebenen Gegenstands in einem Urteil einnimmt.[55]

---

[55] Vgl. W.Carl *1992*: „Die Kategorien bestimmen also die Anschauung von Gegenständen nur dadurch, daß sie den Begriffen dieser Gegenstände eine spezifische Rolle in einem Urteil zuweisen, und dürfen daher nicht als Begriffe von in der Anschauung gegebenen Gegenständen verstanden werden. Sie sind vielmehr Begriffe des Denkens von Gegenständen, indem sie festlegen, wie die Begriffe von Gegenständen in einem Urteil fungieren"(S.29).

Die Kategorien machen synthetische Erkenntnis, also auch Erfahrungserkenntnis, erst möglich[56]:

> „Erfahrung besteht in der synthetischen Verknüpfung der Erscheinungen (Wahrnehmungen) in einem Bewußtsein, so fern dieselbe nothwendig ist. Daher sind reine Verstandesbegriffe diejenige, unter denen alle Wahrnehmungen zuvor müssen subsumirt werden, ehe sie zu Erfahrungsurtheilen dienen können, in welchen die synthetische Einheit der Wahrnehmungen als nothwendig und allgemeingültig vorgestellt wird" (*Prolegomena AA* IV;305, 8-13).

Nun können sowohl Begriffe als auch Urteile als Regeln dienen, Gegenstände der sinnlichen Anschauungen (Erscheinungen) zu bestimmen.[57] Da der Verstand einerseits die Quelle von Begriffen ist, andererseits empirische Begriffe sowie Urteile hervorbringt und daher über solche Regeln verfügt, ist er „das Vermögen der Regeln".[58]

> „Regeln, sofern sie objektiv sind, (mithin der Erkenntnis des Gegenstandes notwendig anhängen) heißen Gesetze. [...] Es ist also der Verstand nicht bloß ein Vermögen, durch Vergleichung der Erscheinungen sich Regeln zu machen: er ist selbst die Gesetzgebung für die Natur, d.i. ohne Verstand würde es überall nicht Natur, d.i. synthetische Einheit des Mannigfaltigen der Erscheinungen nach Regeln geben" (A126f.).

Da der Verstand, wie Kant in der metaphysischen und in der transzendentalen Deduktion (als letztem Schritt) nachgewiesen zu haben glaubt, selbst Quelle von Begriffen ist, die Erfahrung und Natur allererst möglich machen, gibt es nicht nur einen „formalen, d.i. logischen Gebrauch", sondern auch einen „realen", gegenstandsbestimmenden Gebrauch des Verstandes; er ist daher nicht nur ein „logisches", sondern auch ein „transzendentales Vermögen". Beide Begriffe des Verstandes, der „logische" und der „transzendentale", werden im Oberbegriff „Vermögen der Regeln" zusammengefaßt.[59]

Der „logische Begriff" des Verstandes vermag, wie gezeigt wurde, lediglich eine Bestimmung des Verstandes durch Zuordnung von Vorstellungen ihrer Form nach zu leisten, denn die allgemeine, reine Logik „abstrahiert [...] von allem Inhalt der Erkenntnis, d.i. von aller Beziehung derselben auf das Objekt, und betrachtet nur [...] die Form des Denkens überhaupt" (A55, B79). Dagegen ist es geradezu die Tugend

---

[56] Dies wird, Kant zufolge, allerdings erst in der transzendentalen Deduktion der Kategorien nachgewiesen. Man beachte in diesem Zusammenhang, daß der Verstand in der ersten Auflage der *KdrV* erst in der transzendentalen Deduktion selbst (A126) und in der zweiten Auflage gar erst im Grundsatzkapitel (A159f., B199) als „Vermögen der Begriffe" bezeichnet wird.

[57] Vgl. oben Abschnitt 1.1.

[58] Vgl. A126 und A299, B356.

[59] Vgl. A299, B355f.

der transzendentalen Logik, daß sie „den Ursprung, den Umfang und die objektive Gültigkeit solcher Erkenntnisse bestimmt[e]“ (A57, B81); sie bildet damit das wesentliche Fundament der Kantischen Metaphysikkritik und führt im Zuge dieser Kritik durch ihre Bestimmung des Verstandes weit über den bloß „logischen Begriff“ desselben hinaus. Der Verstand wird auf dem Weg über die Bestimmung seines „logischen Gebrauchs“ als ein Erkenntnisvermögen bestimmt, dem unabhängig von der Sinnlichkeit Begriffe entspringen, welche sich auf Gegenstände beziehen, indem sie diese erst möglich machen.[60] Und da Kant eine Erkenntnis „transzendental“ nennt, „die sich nicht sowohl mit Gegenständen, sondern mit unserer Erkenntnisart von Gegenständen, insofern diese a priori möglich sein soll, überhaupt beschäftigt“ (B25), gewinnt er durch seine Erörterungen in der metaphysischen und in der transzendentalen Deduktion den „transzendentalen Begriff“ des Verstandes. Insofern es um Gegenstandserkenntnis geht, stellt der Übergang vom „logischen“ zum „transzendentalen Begriff“ des Verstandes aber auch eine Rechtfertigung der Bezeichnung des Verstandes als Vermögen zu urteilen dar; denn der „transzendentale Begriff“ des Verstandes macht deutlich, wie gegenstandsbestimmende Erkenntnisse (Urteile) überhaupt möglich sind: Es ist dem Verstand nur deshalb möglich, Urteile über Gegenstände hervorzubringen, weil er die Quelle ursprünglicher Begriffe *a priori* und somit ein Erkenntnisvermögen ist. Der „logische Begriff“ des Verstandes erfüllt in der *Kritik der reinen Vernunft* also eine eher heuristische Funktion, zum „transzendentalen Begriff“ desselben überzuleiten.

Der Verstand ist aber auch noch in einem tieferen, transzendentalen Sinne „ein Vermögen der Urteile“ (A126): Wie im zweiten Buch der transzendentalen Analytik, „Die Analytik der Grundsätze“, gezeigt wird, ist der Verstand nicht nur die Quelle von apriorischen Begriffen, sondern auch von synthetischen Urteilen *a priori*, die sich genau deshalb auf Gegenstände beziehen und objektiv gültig sind, weil sie als Bedingungen der Möglichkeit von Erfahrung auch Bedingungen der Möglichkeit der Gegenstände der Erfahrung sind.[61] Ohne hier auf das erwähnte Kapitel der *Kritik der*

---

[60] Ebenso auch W.Carl *1992*: „Dieses Vermögen [der Verstand] wird von ihm [Kant] als Fähigkeit bestimmter Handlungen, genauer von Urteilen, verstanden. Die Urteilsformen spezifizieren die Klassen solcher Handlungen, indem sie Schemata der Verbindung von Vorstellungen zu Urteilen festlegen. Mit Hilfe dieser Schemata gewinnen wir Begriffe der Erkenntnis von Gegenständen dadurch, daß wir die Urteilsformen als Formen der Synthesis gegebener Vorstellungen betrachten. [...] Erst durch die Spezifikation der logischen Urteilsformen im Hinblick auf solche Vorstellungen, durch die uns allein Gegenstände gegeben werden können, wird der Verstand als ein Erkenntnisvermögen gedacht“ (S.82f.).

[61] „Daß überhaupt irgendwo Grundsätze stattfinden, das ist lediglich dem reinen Verstande zuzuschreiben, der nicht allein das Vermögen der Regeln ist, in Ansehung dessen, was geschieht, sondern selbst der Quell der Grundsätze, nach welchen alles (was uns nur als Gegenstand vorkommen kann) notwendig unter Regeln steht, weil, ohne solche, den Erscheinungen niemals Erkenntnis eines ihnen korrespondierenden Gegenstandes zukommen könnte“ (A158f., B197f. Ich folge hier der Konjektur von B.Erdmann, der „nach welchen“ statt „nach welchem“ setzt; vgl. die Ausgabe von R.Schmidt, S.213). - „Alle Grundsätze des reinen Verstandes sind nichts weiter als Prinzipien a priori der Möglichkeit von Erfahrung“ (B294).

reinen Vernunft näher einzugehen, kann festgestellt werden, daß der Nachweis, daß der Verstand auch in dem Sinne ein Vermögen zu urteilen ist, als er eine Quelle wahrer synthetischer Urteile *a priori* darstellt, auf der Entdeckung der Kategorien und ihrer Schemata sowie dem „Beweis" der objektiven Realität der Kategorien beruht. Somit ist auch der Zusammenhang mit dem durch die „analytische Methode" der *Prolegomena* in das Zentrum der Kantischen Untersuchungen gerückten Problem der synthetischen Urteile *a priori* kurz angedeutet, was für den gegenwärtigen Kontext ausreicht.

1.3. Vernunft und Idee

1.3.1. Der „logische Begriff" der Vernunft

In den vorhergehenden Abschnitten wurde gezeigt, daß (Kant zufolge) der Verstand, als eines der drei Untervermögen des Verstandes i.w.S., nicht nur durch die (logische) Operation des Urteilens mit Beziehung auf sinnlich gegebenes Material Vorstellungen von Gegenständen hervorzubringen vermag, sondern auch ohne Beziehung auf solches Material die Quelle objektiv realer Vorstellungen ist. Des weiteren wurde deutlich gemacht, daß die Bestimmung des logischen Verstandesgebrauchs zwar zur Bestimmung des realen Verstandesgebrauchs überleitet, daß aber der reale Verstandesgebrauch den logischen Verstandesgebrauch erst möglich macht. Diese Zusammenhänge bilden, zusammengefaßt, den Inhalt der transzendentalen Analytik.

Der zweite Teil der transzendentalen Logik, die transzendentale Dialektik, behandelt nun ein anderes der drei Untervermögen des Verstandes i.w.S.: die Vernunft. Die metaphysikkritische Absicht der Kantischen Untersuchungen wird bereits in der Einleitung zur transzendentalen Dialektik deutlich, wenn Kant danach fragt, ob aus der Vernunft apriorische Begriffe oder apriorische Urteile entspringen, die objektive Realität haben, d.h. ob die Vernunft ein Erkenntnisvermögen ist:

> „Kann man die Vernunft isolieren, und ist sie alsdann noch ein eigener Quell von Begriffen und Urteilen, die lediglich aus ihr entspringen, und dadurch sie sich auf Gegenstände bezieht, oder ist sie ein bloß subalternes Vermögen, gegebenen Erkenntnissen eine gewisse Form zu geben, welche logisch heißt, und wodurch die Verstandeserkenntnisse nur einander und niederige Regeln anderen höheren (deren Bedingung die Bedingung der ersteren in ihrer Sphäre befaßt) untergeordnet werden [...] ?" (A305, B362).

Analog zu den dargestellten Zusammenhängen zwischen den verschiedenen Gebrauchsweisen des Verstandes erwartet Kant, wie er bereits zuvor gesagt hat, ähnliche Zusammenhänge auch im Bereich der Vernunft vorzufinden:

„Es gibt von ihr, wie von dem Verstande, einen bloß formalen, d.i. logischen Gebrauch, [...] aber auch einen realen, da sie selbst den Ursprung gewisser Begriffe und Grundsätze enthält, die sie weder von den Sinnen, noch vom Verstande entlehnt" (A299, B355).

Ebenso wie im Bereich des Verstandes konzentrieren sich Kants Untersuchungen zunächst auf die Frage, ob die Vernunft eine Quelle ursprünglicher *Begriffe a priori* ist. Die Frage, ob sie darüber hinaus auch eine Quelle synthetischer *Urteile a priori* ist, welche objektive Gültigkeit haben, wird erst im zweiten Buch der transzendentalen Dialektik, „Von den dialektischen Schlüssen", erörtert.

In diesem Abschnitt wird es mir um eine Rekonstruktion von Kants Bestimmung des logischen Gebrauchs der Vernunft, also um den „logischen Begriff" der Vernunft, gehen. Kant bestimmt die Vernunft in terminologischer Anlehnung an die traditionelle Logik als Vermögen, mittelbar zu schließen:

„Das erstere Vermögen [sc. die Vernunft, Verf.] ist nun freilich vorlängst von den Logikern durch das Vermögen mittelbar zu schließen (zum Unterschiede von den unmittelbaren Schlüssen, consequentiis immediatis,) erklärt worden" (A299, B355).[62]

Für den heutigen Leser ist diese Erklärung Kants weder aus sich selbst noch aus dem Kontext heraus hinreichend verständlich: Denn erstens bezieht Kant sich, wie er selbst andeutet, auf die neuzeitliche, traditionelle Logik, zweitens modifiziert er deren Lehrstoff aus innerlogischen und transzendentalphilosophischen Gründen in einigen wichtigen Punkten; drittens enthält die transzendentale Dialektik nur unzulängliche und verstreute Hinweise auf ihre zentralen logischen Voraussetzungen. Man wird daher andere Quellen hinzuziehen müssen, um den logischen Gebrauch der Vernunft präzis beschreiben zu können. Ich beginne deshalb mit einigen Ausführungen über Kants Lehre vom Schluß.

Ausgangspunkt der Kantischen Ausführungen über die Vernunft ist also ihre Bestimmung als Vermögen, mittelbar zu schließen. Ein Schluß ist nach Kant nun der Übergang von Urteilen $u_1,...,u_n$ (Prämissen) zu einem von jedem u_i $(1 \leq i \leq n)$ verschiedenen Urteil v (Konklusion).[63] Ein Schluß wird also, der Tradition folgend,

---

[62] Vgl. auch A330, B386 - Einer jener Logiker, an die Kant hier gedacht haben mag, ist. C.Wolff; in dessen Schrift *Vernünftige Gedanken von Gott, der Welt und der Seele des Menschen, auch allen Dingen überhaupt* (Deutsche Metaphysik), § 368, heißt es: „Die Kunst, zu schliessen zeiget, daß die Wahrheiten mit einander verknüpfet sind; welches an seinem Orte auch soll erwiesen werden. Die Einsicht, so wir in den Zusammenhang der Wahrheiten haben, oder das Vermögen, den Zusammenhang der Wahrheiten einzusehen, heisset Vernunft" (S.224).

[63] Eine solche allgemeine Definition eines Schlusses findet sich in den Quellen zur Kantischen Logik nicht, sondern muß aus den Definitionen untergeordneter Begriffe, wie dem des Verstandes- und dem des Vernunftschlusses, gewonnen werden; vgl. zu diesen Begriffen: A304, B360f.; A330, B386f.; *Logik Jäsche AA* IX;114,6-7 und *Logik Busolt AA* XXIV; 670,4-6.

als *operatio mentis* verstanden. Jeder Schluß hat eine bestimmte *Form*, d.h. er folgt einer gewissen Regel: „Denn die Form ist die allgemeine Regel; die Materie ist nur ein concreter Fall dem die Form gegeben wird, ..." (*Logik Philippi AA* XXIV; 472,9-10).

Diese Regel ist durch die *Formen* der Prämissen und die *Form* der Konklusion bestimmt. Ist

$$s := \frac{u_1,\ldots,u_n}{v}$$

ein Schluß und ist α_1 die Form des Urteils u_1, α_2 die Form des Urteils u_2, ..., α_n die Form des Urteils u_n und ß die Form des Urteils v, so ist

$$\frac{\alpha_1,\ldots,\alpha_n}{\text{ß}}$$

die Regel, der s folgt. Die Form eines Schlusses wird also auf Formen von Urteilen zurückgeführt; sie bildet die Regel, der der Schluß folgt (vgl. die voranstehend zitierte Textstelle aus der *Logik Philippi*). Die *Materie* eines Schlusses besteht aus den Prämissen des Schlusses, also aus konkreten Urteilen.[64] Ein Schluß ist genau dann *ungültig*, wenn (1) eine der Prämissen falsch ist („ratione materiae") oder (2a) seine Prämissen wahr sind, seine Konklusion aber falsch ist oder (2b) die Schlußregel, der er folgt, nicht korrekt ist („ratione formae").[65] Umgekehrt ist ein Schluß genau dann *gültig*, wenn (1) seine Prämissen wahr sind, (2a) seine Konklusion wahr ist und (2b) er einer korrekten Schlußregel folgt.[66] Nun unterscheidet Kant zwischen sogenannten „empirischen Schlüssen", d.s. Analogie- und Induktionsschlüsse, und *Schlüssen im engeren Sinne*.[67] Empirische Schlüsse sind immer ungültig, da sie nicht-korrekten Schlußregeln folgen, und gehören nicht in die allgemeine, reine Logik, denn diese „ist eine demonstrierte Doktrin, und alles muß in ihr völlig a priori gewiß

---

[64] Vgl. *Logik Pölitz AA* XXIV;586,27-32; *Logik Busolt a.a.O.*;672,32-34 und *Logik Dohna-Wundlacken a.a.O.*;772,21-32.

[65] Vgl. *Logik Pölitz AA* XXIV;588,6-7: „Ein Schluß kann falsch sein ratione materiae et formae." - *Logik Philippi a.a.O.*;472,3-7: „Die Wahrheit oder Falschheit eines Vernunftschlusses in der Materie betrifft die Wahrheit oder Falschheit in den Prämissen. [...] Wenn aber auch die Prämissen wahr sind; kann doch die Conclusion falsch seyn. Denn wird in der Form gefehlt." - *Logik Pölitz a.a.O.*;588,3-5: „Zuweilen ist die conclusion wahr, die Prämißen auch, aber der Schluß nehmlich die Konsequenz ist doch falsch, und solche Schlüße muß man immer bestreiten."

[66] Auf die Frage nach der Definition des Begriffs der korrekten Schlußregel möchte ich hier nicht eingehen, da dies für die folgenden Untersuchungen ohne Bedeutung ist.

[67] Vgl. R3276 *AA* XVI;755,2-5.

sein" (A54,B78).[68] Darüber hinaus ist die Anzahl der Prämissen in empirischen Schlüssen beliebig. Schlüsse im engeren Sinne haben dagegen entweder genau eine oder genau zwei Prämissen. Nach Lehre der traditionellen Logik ist ein Schluß aus einer Prämisse ein *unmittelbarer Schluß* („consequentia immediata"), ein Schluß aus zwei Prämissen ist ein *mittelbarer Schluß* („Vernunftschluß", „ratiocinium"). Kant übernimmt diese Unterscheidung, präzisiert aber die Definitionen der beiden Arten von Schlüssen und nimmt eine terminologische Änderung vor: Ein Vernunftschluß ist *per definitionem* ein Schluß aus einer „allgemeinen Regel" r (Obersatz) vermittelst eines Urteils u (Untersatz) auf ein Urteil v, wobei r und u voneinander verschieden sind.[69] Ein unmittelbarer Schluß ist *per definitionem* ein Schluß von einem Urteil u auf ein Urteil v, wobei die Materie von u mit der Materie von v identisch ist.[70] Kant will diese Schlüsse aber nicht der Vernunft zuordnen, sondern dem Verstand und nennt sie deshalb „Verstandesschlüsse":

> „Liegt das geschlossene Urteil schon so in dem ersten, daß es ohne Vermittlung einer dritten Vorstellung daraus abgeleitet werden kann, so heißt der Schluß unmittelbar (consequentia immediata); ich möchte ihn lieber den Verstandesschluß nennen" (A303, B360).

Mit dieser terminologischen Änderung will Kant eine gegenüber der Tradition *neue* Zuordnung der unmittelbaren Schlüsse zum Verstand i.e.S. andeuten. Warum aber möchte Kant diese neue Zuordnung vornehmen?

Gerade deshalb, weil Kant grundsätzlich die Zuständigkeit der Vernunft für Schlüsse bestätigt, ist seine terminologische Änderung auffällig. Eine Textstelle aus der frühen *Logik Blomberg*, die noch sehr stark von der traditionellen Logik beeinflußt ist, wie man daraus ersieht, daß Kant dort ausschließlich kategorische Vernunftschlüsse (Syllogismen) berücksichtigt, gibt einen Hinweis auf Kants Gründe für seine Änderung:

> „In jedem Vernunft Schluße wird 1. der Terminus major in dem Termino medio, oder die nota proxima mit der nota remota, 2 der Terminus medius mit dem minori, oder dem Subject, und endlich 3: der minor mit dem Majori, oder dem Praedicat verglichen. Also zu schließen erforderet nur die *Synthetische Art der Vernunft*, diese erforderet nun immer, daß man vom allgemeinen zum besonderen herabgehen soll, verkehret man dieses um, so ists

---

[68] Vgl. *Logik Pölitz AA* XXIV;594,16-32 und R3276 *AA* XVI;755,2-5.

[69] Vgl. R3197 *AA* XVI;707,21-22: „Vernunftschluß ist der mittelbare Schlus eines Satzes aus einer allgemeinen Regel." - *Logik Philippi AA* XXIV;471,9: „Es kommen also in einem Vernunfftschluß *drey* Urtheile vor" (kursiv vom Verf.).

[70] Vgl. *Logik Dohna-Wundlacken AA* XXIV;769,5-8: „Unmittelbare Schlüsse (consequentiae immediatae) sind die Folgerungen eines Satzes aus dem andern, die beide nicht der Materie nach, sondern [...] der Form nach voneinander unterschieden sind."

wieder die Vernunft, und es wird alsdenn gleich ein Sprung begangen" (*AA* XXIV;283,27-35; kursiv vom Verf.).[71]

Die „synthetische Art der Vernunft" wird hier als Grund dafür angegeben, daß die Vernunft nur Schlüsse bilden kann, die *vier* Termini und somit *zwei* Prämissen enthalten. Für die folgenden Untersuchungen wird allerdings nur noch von Bedeutung sein, daß ein von der Vernunft gebildeter Schluß zwei Prämissen haben muß, da, Kants Lehre in der *Kritik der reinen Vernunft* zufolge, nicht nur kategorische, sondern auch hypothetische und disjunktive Vernunftschlüsse in Betracht gezogen werden müssen. Nun stellt die zitierte Textstelle solange nur einen Hinweis und keine Antwort auf die Frage nach den Gründen für die Zuordnung der unmittelbaren Schlüsse zum Verstand dar, wie nicht geklärt ist, was man unter der „synthetischen Art der Vernunft" zu verstehen hat. Die Fragestellung zerfällt also in zwei Teilfragen: (1) Worin besteht die „synthetische Art der Vernunft"? (2) Warum erfordert diese einen Schluß mit zwei Prämissen?

Die Beantwortung dieser beiden Fragen führt in transzendentalphilosophische Überlegungen zur Aufgabe der Vernunft im Prozeß der Gewinnung von Erfahrungserkenntnis und zum realen Gebrauch der Vernunft. Sie kann daher unter dem Stichwort des „logischen Begriffs" der Vernunft nicht geleistet werden; ich werde an späterer Stelle darauf zurückkommen.[72] Da es aber in den folgenden Abschnitten nicht nur um eine allgemeine Rekonstruktion der Argumentationsstruktur der metaphysischen Deduktion der Vernunftbegriffe gehen wird, sondern auch um eine detaillierte Erörterung der Idee der Welt als vermeintlichen Objekts eines Vernunftbegriffs, sind einige weitere Ausführungen zu Kants Theorie der Vernunftschlüsse erforderlich.

Man nehme für den Augenblick an, daß die Vernunft, Kant zufolge, nur Schlüsse aus zwei Prämissen bilden kann, und sehe davon ab, daß die Begründung dieser These noch nicht einsichtig gemacht werden konnte. Ein Schluß, den die Vernunft bilden kann, d.h. ein *Vernunftschluß*, ist also ein Schluß aus einem Urteil r, das Kant die „allgemeine Regel" nennt, vermittelst eines Urteils u auf ein Urteil v. Das Urteil r wird von Kant deshalb als „allgemeine Regel" bezeichnet, weil es eine logische Beziehung repräsentiert entweder (1) zwischen zur Materie von u und v gehörenden Vorstellungen, oder (2) zwischen u und v selbst.[73] Der Kantischen Theorie der Urteilsformen zufolge ist dieses Urteil r entweder (1) ein kategorisches Urteil, dann repräsentiert es eine Beziehung zwischen zur Materie von u und v gehörenden Vorstellungen, oder (2a) ein hypothetisches Urteil oder (2b) ein disjunktives Urteil; in

---

[71] Vgl. auch *Logik Philippi AA* XXIV;471,33-35.

[72] Vgl. unten Abschnitt 1.3.3.

[73] Es sei daran erinnert, daß Kant unter der Materie eines Urteils die in diesem Urteil zu *einem* Urteil verbundenen Vorstellungen versteht; vgl. Abschnitt 1.2.2.

den beiden letztgenannten Fällen repräsentiert es eine Beziehung zwischen u und v selbst.[74] Das Urteil r fungiert in dem Vernunftschluß als Obersatz, u fungiert als Untersatz, und v bildet die Konklusion.

Nach der „Relation" des Obersatzes, d.h. nach dem im Obersatz vorgestellten „Verhältnis" der Vorstellungen, die die Materie des Urteils bilden, unterscheidet Kant im Abschnitt B der Einleitung in die transzendentale Dialektik, der die Überschrift „Vom logischen Gebrauche der Vernunft" trägt, drei Arten von Vernunftschlüssen: (1) *Kategorische Vernunftschlüsse*, (2a) *hypothetische Vernunftschlüsse* und (2b) *disjunktive Vernunftschlüsse*. Ein kategorischer Vernunftschluß ist definiert als ein Vernunftschluß, dessen Obersatz ein kategorisches Urteil ist. Ein hypothetischer Vernunftschluß ist definiert als ein Vernunftschluß, dessen Obersatz ein hypothetisches Urteil ist; ein disjunktiver Vernunftschluß schließlich ist *per definitionem* ein Vernunftschluß, dessen Obersatz ein disjunktives Urteil ist.

> „Das Verhältnis also, welches der Obersatz, als die Regel, zwischen einer Erkenntnis und ihrer Bedingung vorstellt, macht die verschiedenen Arten der Vernunftschlüsse aus. Sie sind also gerade dreifach, so wie alle Urteile überhaupt, sofern sie sich in der Art unterscheiden, wie sie das Verhältnis des Erkenntnisses im Verstande ausdrücken, nämlich: kategorische oder hypothetische oder disjunktive Vernunftschlüsse" (A304, B361).

Nun ist mit der Zugehörigkeit eines Vernunftschlusses zu einer dieser drei Arten seine Form nicht schon vollständig bestimmt, denn die formalen Charakteristika, die zur Unterscheidung der drei Arten angeführt werden, legen weder die Form des Untersatzes noch die der Konklusion fest, sondern betreffen nur die Form des Obersatzes. Im Falle eines kategorischen Schlusses ist aber, wie man leicht sieht, nicht einmal die Form des Obersatzes durch die angeführten Charakteristika hinreichend bestimmt: Die zur Unterscheidung der drei Arten von Vernunftschlüssen angeführten Merkmale betreffen nur die „Relation" des Obersatzes; auf die für die Form eines kategorischen Urteils so bedeutsamen Merkmale der Quantität und Qualität wird in der Unterscheidung nicht Bezug genommen. Wie zu Beginn dieses Abschnitts gezeigt wurde, hängt aber die Gültigkeit eines Schlusses entscheidend von seiner Form ab. Da die Gültigkeit von Schlüssen ein zentrales Thema der Logik ist, kommt es in dieser Wissenschaft darauf an, die Formen gültiger Schlüsse hinreichend zu bestimmen. Dies geschieht durch die Angabe von Schlußregeln, „denn die Form ist die allgemeine Regel [eines Schlusses]" (*Logik Philippi AA* XXIV; 472,9). Für die drei Arten von Vernunftschlüssen gibt Kant die folgenden (korrekten) Schlußregeln an:

---

[74] Die logische Beziehung entweder zwischen zur Materie von u und v gehörenden begrifflichen Vorstellungen oder zwischen u und v selbst, welche r repräsentiert, wird entweder (1) durch die (negierte) Kopula oder (2a) durch die WENN-DANN-Verbindung oder (2b) durch die ENTWEDER-ODER-Verbindung hergestellt; vgl. R3039 *AA* XVI;628,6-10.

(1) Die traditionellen syllogistischen Modi der ersten Figur: *Barbara*, *Celarent*, *Darii* und *Ferio*.[75]

(2a) *Modus (ponendo) ponens* und *Modus (tollendo) tollens*.[76]

(2b) *Modus tollendo ponens*:

$$\frac{\begin{array}{l}\text{ENTWEDER } \alpha_1 \text{ ODER} \ldots \text{ ODER } \alpha_n \\ \text{NICHT-}(\alpha_1 \text{ ODER} \ldots \text{ ODER } \alpha_{i-1} \text{ ODER } \alpha_{i+1} \text{ ODER} \ldots \text{ ODER } \alpha_n)\end{array}}{\alpha_i \text{ (mit } 1 \leq i \leq n)}$$

Modus ponendo tollens:

$$\frac{\begin{array}{l}\text{ENTWEDER } \alpha_1 \text{ ODER} \ldots \text{ ODER } \alpha_n \\ \alpha_i\end{array}}{\begin{array}{l}\text{NICHT-}(\alpha_1 \text{ ODER} \ldots \text{ ODER } \alpha_{i-1} \text{ ODER } \alpha_{i+1} \text{ ODER} \ldots \text{ ODER } \alpha_n) \\ \text{(mit } 1 \leq i \leq n).\end{array}}$$[77]

Zieht man in Betracht, daß Schlüsse von Kant als *Operationen* definiert werden, dann liegt so analog zur Liste der Urteilsfunktionen (A70, B95) eine Aufzählung der Formen von Vernunfthandlungen, d.h. eine Liste der Funktionen der Vernunft, vor. Ebenso wie die Urteilsfunktionen sind auch diese Funktionen zu schließen insofern Funktionen im mathematischen Sinne, als sie zwei Urteilen (Prämissen), als Argumenten, ein anderes Urteil (Konklusion), als Funktionswert, zuordnen.[78] Sie unterscheiden sich aber von den Urteilsfunktionen des Verstandes darin, daß sie nicht solche Funktionen sind, deren Funktionswert die Argumente der Funktion enthält. Ein weiterer, wichtiger Unterschied zur Liste der Urteilsfunktionen besteht darin, daß in der oben angeführten Liste nicht die grundlegenden „Momente" aufgezählt werden, die in unterschiedlichen möglichen Kombinationen eine (Urteils-) Handlung bestimmen können, sondern Funktionen, die je einzeln die Form eines Vernunft-

---

[75] Vgl. *Die falsche Spitzfindigkeit der vier syllogistischen Figuren AA* II;47-61; *Logik Pölitz AA* XXIV;592 und *Logik Busolt a.a.O.*;674ff.

[76] Vgl. *Logik Pölitz AA* XXIV;593,7-12.

[77] Zum *Modus tollendo ponens* und zum *Modus ponendo tollens* vgl. *Logik Pölitz AA* XXIV; 593,15-21. Streng genommen handelt es sich bei diesen Modi um Schemata zur Erzeugung von Schlußregeln, aus denen durch Einsetzung konkreter Zahlen für n und i Schlußregeln gewonnen werden können.

[78] Sie stimmen also mit den Urteilsfunktionen darin überein, daß ihre Funktionswerte Urteile sind. Es ist somit vom Funktionswert her zu verstehen, wenn Kant sagt: „Zweitens sucht die Vernunft in ihrem logischen Gebrauche die allgemeine Bedingung ihres Urteils (des Schlußsatzes), und *der Vernunftschluß ist selbst nichts anderes als ein Urteil*" (A307, B364; kursiv vom Verf.); vgl. auch A321f., B378.

schlusses (aufgefaßt als Operation) festlegen. Dieser Unterschied im Detail ist für den Fortgang der Argumentation insofern von Bedeutung, als es für die Herleitung der jeweils gesuchten ursprünglichen Begriffe *a priori* entscheidend ist, daß sie ihren Ausgangspunkt bei den *grundlegenden* logischen Funktionen des jeweiligen Vermögens nimmt. Denn obwohl ein ausführlicher Textbeleg dafür fehlt, sind an die gesuchten Vernunftbegriffe eben die gleichen vier Forderungen zu stellen, die Kant zu Beginn der transzendentalen Analytik an die gesuchten Verstandesbegriffe stellt[79]: (1) Die Begriffe müssen reine und nicht-empirische Begriffe sein, (2) sie dürfen nicht zur Anschauung, sondern müssen zum Denken und zur Vernunft gehören, (3) sie müssen Elementarbegriffe und von abgeleiteten Begriffen wohlunterschieden sein, und (4) ihre Tafel muß vollständig sein und das ganze Feld der Vernunft gänzlich ausfüllen.[80] Nur dann, wenn es sich bei den aufgezählten Funktionen der Vernunft um deren sämtliche *grundlegenden* Funktionen handelt, kann die Herleitung der Vernunftbegriffe sicherstellen, daß die Vernunftbegriffe insbesondere die dritte und die vierte Forderung erfüllen. Da Kant davon auszugehen scheint, daß die aufgezählten Funktionen der Vernunft diese Bedingung erfüllen[81], kann man die Analogie zwischen Verstand und Vernunft, ungeachtet des genannten Unterschieds, weiter verfolgen.

Um den nächsten Schritt zur Entdeckung der ursprünglichen Begriffe der Vernunft verständlich zu machen, sei daran erinnert, daß „Begriffe auf Funktionen [beruhen]" (A68, B93). Analog zu der seiner Ansicht nach erfolgreichen per-hypothesin-Identifikation der Funktionen zu urteilen mit den Funktionen, auf denen die Verstandesbegriffe beruhen, identifiziert Kant, wie die im folgenden zitierte Textstelle belegt, die Funktionen zu schließen mit den Funktionen, auf denen die gesuchten ursprünglichen Begriffe *a priori* der Vernunft beruhen:

> „Die transzendentale Analytik gab uns ein Beispiel, wie die bloße logische Form unserer Erkenntnis den Ursprung von reinen Begriffen a priori enthalten könne, welche vor aller Erfahrung Gegenstände vorstellen, oder vielmehr die synthetische Einheit anzeigen, welche allein eine empirische Erkenntnis von Gegenständen möglich macht. Die Form der Urteile (in einen Begriff von der Synthesis der Anschauungen verwandelt) brachte Kategorien hervor, welche allen Verstandesgebrauch in der Erfahrung leiten. Ebenso können wir erwarten, daß die Form der Vernunftschlüsse, wenn man sie auf die synthetische Einheit der Anschauungen, nach Maßgebung der Kategorien, anwendet, den Ursprung besonderer Begriffe a priori enthalten werde, welche wir reine Vernunftbegriffe, oder t r a n s z e n d e n t a l e I d e e n nennen können" (A321, B377f.).

---

[79] Vgl. A64, B89 (in Abschnitt 1.2.1. zitiert).
[80] Zur vierten Forderung vgl. *Prolegomena* IV;329,24-330,14.
[81] Auf diese Problematik werde ich in Abschnitt 1.3.2. (vgl. unten) ausführlicher zu sprechen kommen.

Für die Plausibilität dieser Identifikation können analoge Gründe angeführt werden wie im Bereich des Verstandes: Da der Verstand i.w.S. ein Vermögen ist, das nach Kants fundamentaler erkenntnistheoretischer Voraussetzung nicht die Materie zur Erkenntnis zu geben vermag (dies bleibt allein der Sinnlichkeit vorbehalten), sondern nur die Form der Erkenntnis bestimmt, kann er nicht die Quelle von Begriffen sein, die einen materialen Inhalt haben. Aus ihm können nur solche Begriffe entspringen, deren Inhalt ausschließlich aus formalen Merkmalen einer Erkenntnis besteht. Dasselbe gilt evidenterweise für alle Untervermögen des Verstandes i.w.S., also auch für die Vernunft.[82] Obwohl die Identifikation der Funktionen zu schließen mit den Funktionen, auf denen die gesuchten Vernunftbegriffe beruhen, so an Plausibilität gewinnt, muß sie sich erst noch dadurch bewähren, daß sich auf diesem Wege tatsächlich die gesuchten Vernunftbegriffe gewinnen lassen; sie bleibt vorläufig eine hypothetische Identifikation. Aus den Überlegungen, die sie plausibel machen, läßt sich aber bereits jetzt eine allgemeine Bedingung extrapolieren, die die gesuchten Vernunftbegriffe erfüllen müssen:

(I) *Vernunftbegriffe haben keinen materialen Inhalt, sondern sind Begriffe von der Form der Erkenntnis.*

Allerdings können die Vernunftbegriffe nicht (wie die Verstandesbegriffe) „Begriffe von einem Gegenstande überhaupt, dadurch dessen Anschauung in Ansehung einer der logischen Fuktionen zu Urteilen als bestimmt angesehen wird" (B128), sein. Sie können keine Begriffe von der Form eines anschaulich gegebenen Gegenstandes sein, denn die Vernunft hat „auf Gegenstände [...] und deren Anschauung keine unmittelbare Beziehung, sondern nur auf den Verstand und dessen Urteile" (A306, B363).[83] Für diese Eingrenzung des Anwendungsbereichs der gesuchten Vernunftbegriffe auf die Erkenntnisse des Verstandes lassen sich zwei Gründe angeben: Erstens sind diejenigen Grundbegriffe des Verstandes i.w.S., die sich auf anschaulich gegebene Gegenstände beziehen, nach Kant in der Kategorientafel *vollständig* erfaßt; die Kategorientafel ist keiner weiteren Ergänzung

---

[82] M.Reisinger *1988* sieht den Grund für die Identifikation der Funktionen zu schließen mit den Funktionen, auf denen die gesuchten Vernunftbegriffe beruhen, in der Identität der Vernunft: „Der Grund, warum Kant den logischen Begriff der Vernunft (Vernunft als Vermögen zu schließen) als Erkenntnisprinzip für die Begriffe der transzendentalen Vernunft ansetzen kann, ist also - wie beim Verstand - die Identität beider Vermögen als Vermögen von Handlungen überhaupt (Funktionen) unangesehen dessen, woran diese Handlungen jeweils ausgeübt werden" (S.125). Sieht man davon ab, daß Reisinger ungeschickterweise von *zwei* miteinander identischen Vermögen spricht, wo es um zwei Gebrauchsweisen *eines* Vermögens geht, so trägt der Hinweis auf die Identität der Vernunft zwar dazu bei, Kants Identifikation plausibel zu machen, und wird von meinem (oben angegebenen) Argument auch vorausgesetzt, trägt aber nicht so weit wie dieses.

[83] Vgl. auch A302, B359.

bedürftig oder fähig.[84] Zweitens zeigt der logische Gebrauch der Vernunft, daß die Operanden der Operation des Schließens Urteile sind, die die Vernunft aus dem „Vorrate unseres Verstandes" (A306, B362) schöpft.[85] Durch die Operation des Schließens werden verschiedene (Verstandes-)Urteile in eine bestimmte Ordnung und Beziehung zueinander gesetzt; man kann sagen, daß die Vernunft im (korrekten) Schließen eine bestimmte *formale Beziehung unter Urteilen* (des Verstandes) herstellt. In Analogie zu Kants Überlegungen im Felde des Verstandes folgt nun daraus zusammen mit (I) eine weitere allgemeine Bedingung an die gesuchten Vernunftbegriffe:

(II) *Die Vernunftbegriffe sind Begriffe von der Form der Beziehung zwischen Verstandeserkenntnissen (Urteilen).*

Durch die Identifikation der Funktionen der Vernunft zu schließen mit den Funktionen, auf denen die gesuchten Vernunftbegriffe beruhen, ist offenbar der Schlüssel zur Entdeckung der Vernunftbegriffe gefunden, und man darf, ohne die Analogie zur metaphysischen Deduktion der Kategorien überzustrapazieren, die Liste der Funktionen zu schließen als den „Leitfaden" der metaphysischen Deduktion der Ideen bezeichnen.

1.3.2. Die metaphysische Deduktion der Vernunftbegriffe

In diesem Abschnitt werde ich mich der Frage zuwenden, welche allgemeinen Überlegungen Kant von dem durch den „logischen Begriff" der Vernunft gegebenen „Leitfaden" zur Entdeckung der Vernunftbegriffe führen. Ich werde dabei allerdings nicht im einzelnen auf jeden Vernunftbegriff eingehen können. Vielmehr muß auf die Untersuchung des ersten Vernunftbegriffs und seines vermeintlichen Objekts (Seele) sowie des dritten Vernunftbegriffs und seines vermeintlichen Objekts (Gott) in dieser Arbeit aus Gründen der thematischen Schwerpunktsetzung ganz verzichtet werden; der zweite Vernunftbegriff und die zugehörige Weltthematik dagegen sollen den Gegenstand ausführlicher Untersuchungen in einem gesonderten Abschnitt bilden.[86]

---

[84] So heißt es in R5553: „Die Erkenntnisse a priori, welche auf die Gegenstände selbst gehen, sind in der transcendentalen Analytik erschopft und sind die categorien des Verstandes. Also kan die Vernunft nicht auf die Gegenstände (Erscheinungen) selbst, sondern auf die Verstandesbegriffe von denselben gehen" (*AA* XVIII;222,6-10). - Damit ist die von einigen Interpreten vertretene These, die Vernunftbegriffe seien nichts anderes als die von ihrer Beschränkung auf sinnlich gegebenes Material befreiten Kategorien des Verstandes, als im Sinne des hier rekonstruierten Deduktionsansatzes unzutreffend erwiesen; vgl. z.B. A.Riehl *1924-6*, Band I, S.567f.

[85] Dieses Argument für die Einschränkung des Anwendungsbereichs der Vernunft auf die Erkenntnisse des Verstandes führt auch R.Hiltscher *1987*, S.73, an.

[86] Vgl. unten Abschnitt 1.4.

Der „logische Begriff" der Vernunft führt Kant zwar zu einem „Leitfaden" der Entdeckung der Vernunftbegriffe, doch dieser „Leitfaden" wird sich nur dann als fruchtbar erweisen können, wenn man die Rolle der Vernunft (als Vermögen mittelbar zu schließen) im Prozeß der Gewinnung von Erkenntnissen in Betracht zieht. Denn die Suche nach den ursprünglichen Begriffen der Vernunft steht, wie im vorangehenden Abschnitt ausgeführt wurde, unter der Fragestellung, ob die Vernunft eine Quelle von Begriffen *a priori* ist, die objektive Realität haben, die sich also auf Gegenstände beziehen und zu deren Erkenntnis beitragen. Auch im Bereich des Verstandes konnte der „Leitfaden" (die Tafel der Urteilsfunktionen) nur dadurch für die Entdeckung der Kategorien fruchtbar gemacht werden, daß eine weitere Aufgabe des Verstandes bei der Gewinnung von Erfahrungserkenntnis, nämlich die Erzeugung *einheitlicher* Anschauungen aus gegebenen Mannigfaltigkeiten, in den Blick genommen wurde. Nur so wurde die zweite (und damit doppelte) Rolle der grundlegenden Funktionen des Verstandes deutlich, welche sich als Schlüssel zur Bestimmung der Kategorien erwies. Bemüht man die einschlägige Analogiebehauptung also ein weiteres Mal, so wird man nach einer Aufgabe der Vernunft in Anwendung ihrer Funktionen zu schließen suchen müssen, die erstens im Prozeß der Gewinnung von Erkenntnissen eine gewichtige Rolle spielt und zweitens durch die *Vereinheitlichung von Mannigfaltigem* charakterisiert ist.

Nach den Untersuchungen zum Abschluß des vorausgegangenen Abschnitts wird man nicht erwarten dürfen, die Mannigfaltigkeiten, welche der Einheit stiftenden Tätigkeit der Vernunft bedürfen, im Bereich der Anschauung zu finden, denn auf diese und deren Gegenstände hat die Vernunft (nach Kant) bekanntlich keine unmittelbare Beziehung.[87] Durch eine solche Beziehung zeichnet sich ja bereits der Verstand aus. Vielmehr bezieht sich die Vernunft auf die Erkenntnisse des Verstandes, und genau dort sind die Mannigfaltigkeiten zu suchen, die der Ordnung und Einheit durch die Vernunft bedürfen. Entsprechend stellt Kant im letzten Satz des Abschnitts B der Einleitung in die transzendentale Dialektik fest, „daß die Vernunft im Schließen die große Mannigfaltigkeit der Erkenntnis des Verstandes auf die kleinste Zahl der Prinzipien [...] zu bringen und dadurch die höchste Einheit derselben zu bewirken suche" (A305, B361). Inwiefern, so wird im folgenden zu klären sein, stellen die Erkenntnisse des Verstandes eine der Ordnung und Einheit bedürftige Mannigfaltigkeit dar?

Auf diese Frage gibt Kant, soweit ich sehe, in der *Kritik der reinen Vernunft* nicht explizit Antwort, so daß man genötigt ist, die Kantische Theorie der Erkenntnis und ihre Voraussetzungen systematisch nach einer solchen Antwort abzusuchen. Der Ansatzpunkt zu einer sachlich kohärenten Beantwortung der Frage liegt, wie ich meine, im klassisch-aristotelischen Erkenntnis- und Wissenschaftsideal, das Kant in

---

[87] Vgl. A306, B363 (oben zitiert).

der Vorrede zu seiner Schrift *Metaphysische Anfangsgründe der Naturwissenschaft* erläutert:

> „E i g e n t l i c h e Wissenschaft kann nur diejenige genannt werden, deren Gewißheit apodiktisch ist; Erkenntniß, die bloß empirische Gewißheit enthalten kann, ist ein nur uneigentlich so genanntes W i s s e n. Dasjenige Ganze der Erkenntniß, was systematisch ist, kann schon darum W i s s e n s c h a f t heißen und, wenn die Verknüpfung der Erkenntniß in diesem System ein Zusammenhang von Gründen und Folgen ist, sogar r a t i o n a l e Wissenschaft. Wenn aber diese Gründe oder Prinzipien in ihr [...] doch zuletzt bloß empirisch sind, und die Gesetze, aus denen die gegebenen Facta durch die Vernunft erklärt werden, bloß Erfahrungsgesetze sind, so führen sie kein Bewußtsein ihrer N o t h w e n d i g k e i t bei sich (sind nicht apodiktisch=gewiß), und alsdann verdient das Ganze in strengem Sinne nicht den Namen einer Wissenschaft" (*AA* IV; 468,17-28).

Eine Wissenschaft im strengen Sinne ist demnach eine Menge von Erkenntnissen (Urteilen), die (1) ein deduktives System bilden und (2) aus „apodiktisch=gewissen" Prinzipien abgeleitet werden können. In einer solchen Wissenschaft, als deren Beispiel Kant etwa die Mathematik gilt, ist jede Erkenntnis „apodiktisch=gewiß". Denn erstens sind ihre Prinzipien „apodiktisch=gewiß", und zweitens sind es auch die abgeleiteten Erkenntnisse, da sie aus den Prinzipien mittels solcher Schlüsse gewonnen werden, in denen nach aristotelischer Tradition die Konklusion aus den Prämissen mit Notwendigkeit folgt.[88] Die apodiktische Gewißheit „vererbt" sich in einem solchen System also von den Prinzipien auf die daraus abgeleiteten Erkenntnisse.

Nun beruhen allgemeine Erfahrungsurteile zwar auf den einheitsstiftenden Leistungen des Verstandes, sie werden aber aufgrund induktiver Schlüsse entdeckt.[89] Diese der reflektierenden Urteilskraft zugeordneten Schlüsse (siehe oben) gehören allerdings nicht zu denjenigen Schlüssen, in denen die Konklusion mit Notwendigkeit aus den Prämissen folgt.[90] „Also sind empirische Grundsätze jederzeit per inductionem allein wahr" (R3277 *AA* 16;755,10f.). Da man folglich einerseits der induktiven Schlüsse bedarf, um allgemeine Erfahrungsurteile zu *entdecken*, andererseits aber induktive Schlüsse - selbst bei Wahrheit aller Prämissen - die

---

[88] Vgl. Aristoteles Anal.pr. A4, 25 b 37-39; dazu G.Patzig *1969*, S.25-50. - Nach Kant erkennt man die Konklusion eines gültigen *Vernunftschlusses* „als notwendig unter gewisser Bedingung" (vgl. R3195 *AA* XVI;707,6-9; vgl. auch R3196-3201 *a.a.O.*;707-710).

[89] „der Schluß p e r i n d u c t i o n e m, wo wir schließen: was vielen Dingen die zu einer Gattung gehören zukömmt, kommt allen übrigen die zu dieser Gattung gehören zu. Dies ist zwar nicht recht richtig geschloßen, denn wir können nicht von vielem auf alles, aber von allem auf vieles schließen; *aber es muß so gemacht werden, weil wir sonst keine algemeine Urteile aus der Erfahrung haben*" (*Logik Pölitz AA* XXIV;594,17-23; kursiv vom Verf.).

[90] „Ein ieder Vernunftschluß muß Nothwendigkeit geben. Daher sind induction und analogie nicht Vernunftschlüße, sondern praesumtionen (Schlüsse der Urteilskraft, nämlich für dieselbe) oder auch empirische Schlüsse" (R3276 *AA* XVI;755,2-5).

Falschheit der Konklusion nicht ausschließen, gelten allgemeine Erfahrungsurteile nicht mit apodiktischer Gewißheit. Der Verstand vermag es nicht, ein positives und zugleich hinreichendes Kriterium für die Wahrheit solcher Urteile auszuzeichnen: Allgemeine Erfahrungsurteile sind, selbst wenn sie induktiv noch so sicher scheinen, prinzipiell falsifizierbar.

Indem Kant die Induktion als irrelevant für die *Begründung* von Erfahrungserkenntnissen erachtet und indem er sie aus der Logik ausgrenzt und dem Bereich der Psychologie zuweist[91], nimmt er eine Position ein, wie sie vor ihm schon von D.Hume und nach ihm - in der modernen Wissenschaftstheorie - von K.R.Popper vertreten wird. Mit Popper verbindet ihn darüber hinaus ein deduktivistischer Ansatz in der Theorie der Beziehungen zwischen Beobachtungsdaten einerseits und Aussagen über beobachtbare Objekte andererseits; dies zeigt sich in Kants Bestimmung der Aufgaben der Vernunft im Prozeß der Gewinnung und Fundierung von Erfahrungserkenntnis.

In der Vernunft sieht Kant ein Vermögen, der prinzipiellen Unsicherheit der Erfahrungserkenntnis entgegenzuwirken: Indem die Vernunft mittels ihrer Schlüsse allgemeine Erfahrungserkenntnisse auf allgemeinere Erfahrungserkenntnisse zurückführt und diese wiederum auf noch allgemeinere usf., strebt sie ein System aller Erfahrungserkenntnisse an, in dem die Wahrheit einzelner Erfahrungserkenntnisse von der Wahrheit allgemeinerer Erfahrungserkenntnisse abhängt.[92] Die Vernunft sucht auf diese Weise „den Verstand mit sich selbst in durchgängigen Zusammenhang" (A305, B362) und „in die Richtung zu bringen, darin sein Gebrauch, indem er aufs äußerste erweitert, zugleich mit sich selbst durchgehends einstimmig gemacht wird" (A323, B380). Wenngleich jedes Erfahrungsurteil prinzipiell falsifizierbar und somit weder apodiktisch gewiß ist noch zum Prinzip eines wissenschaftlichen Systems im strengen Sinne taugt, so ist es die Aufgabe der Vernunft, unsere Erfahrungserkenntnisse zu systematisieren und (deduktiv) zu ordnen. Durch erfolgreich fortschreitende Systematisierung der Erfahrungserkenntnisse des Verstandes nimmt (nach Kant) zugleich die Gewißheit, daß es sich um wahre Erkenntnisse handelt, zu. Je größer das System wird, je mehr Erkenntnisse in ihm in einem deduktiven Verhältnis zueinander stehen, und je mehr Erfahrungstatsachen ihm nicht widersprechen, sondern aus ihm erklärt werden können, desto wahrscheinlicher werden die einzelnen Erkenntnisse (als Teile des Systems). Eine apodiktische Gewißheit, daß alle Erkenntnisse des Systems wahr sind, wäre dann gegeben, wenn *alle* möglichen Erfahrungserkenntnisse des Verstandes in ihm

---

[91] Vgl. dazu auch Abschnitt 1.3.1.

[92] „Übersehen wir unsere Verstandeserkenntnisse in ihrem ganzen Umfange, so finden wir, daß dasjenige, was Vernunft ganz eigentümlich darüber verfügt und zustande zu bringen sucht, das S y s t e m a t i s c h e der Erkenntnis sei, d.i. der Zusammenhang derselben aus einem Prinzip" (A645, B673).

enthalten wären, d.h. wenn die Einheit der Erfahrung erreicht wäre. Daher nennt Kant die systematische Einheit der Verstandeserkenntnisse auch deren „Probierstein der Wahrheit".[93] Allerdings ist diese Einheit der Erfahrung, wie er andererseits voraussetzt, nicht erreichbar. Dennoch setzt die Vernunft dem Zufälligkeitscharakter (Kontingenz) der Erfahrungserkenntnisse, welcher nicht allein allgemeinen, sondern auch singulären Erfahrungsurteilen und nicht-logisch-wahren Komplexionen aus solchen eigen ist, ihr Streben nach Notwendigkeit der Erkenntnis entgegen.[94] Der Vernunft gilt die durch eine Wahrnehmung veranlaßte Verstandeserkenntnis eines Gegenstandes als bloß zufällig; der Verstand vermag es nur, den Gegenstand mittels seiner Kategorien zu bestimmen, oder - wie Kant terminologisch mit Bezug auf die zugrundeliegende Wahrnehmung sagt - die Wahrnehmung zu „verstehen". Die Vernunft dagegen versucht zu *begründen*, warum die Wahrnehmung so verstanden werden muß, wie der Verstand sie versteht; sie versucht, wie Kant sagt, die Wahrnehmung zu „begreifen": „Vernunftbegriffe dienen zum B e g r e i f e n, wie Verstandesbegriffe zum V e r s t e h e n (der Wahrnehmungen)"(A311,B367).

Eine Erfahrungserkenntnis gilt der Vernunft aber nicht schon dann als begründet, wenn sie aus allgemeineren Erfahrungserkenntnissen erklärt ist; die Vernunft strebt nach einer (nicht erreichbaren) Letztbegründung. Erst dann, wenn *vollständig* begründet ist, warum eine Wahrnehmung so und nicht anders verstanden werden muß, ist sie letztlich begriffen. Und da dies keinesfalls unter Rekurs auf Erfahrungserkenntnisse als letzte Erklärungsprinzipien möglich ist, zielt die Vernunft auf synthetische Erkenntnis aus Begriffen ab.[95]

Mit dieser Beschreibung der Intention der Vernunft und ihres Gebrauchs treten neben dem klassisch-aristotelischen Merkmal von Wissenschaft, deduktive Erkenntnis aus notwendigen Prinzipien zu sein, zwei weitere, die neuzeitliche Wissenschaft kennzeichnende Merkmale in den Blick: *Einheit* und *Allgemeinheit* der

---

[93] Vgl. A647, B675.

[94] Diese Gegenüberstellung von Zufälligkeit der Verstandeserkenntnis und Notwendigkeit der Vernunfterkenntnis kommt besonders deutlich in R5645 zum Ausdruck: „Alles Wissen ist entweder empirisch, d.i. von der Erfahrung abgeleitet, oder rational: aus Vernunft entspringend [...]. Alle empirische Gewisheit ist mit dem Bewustseyn der Zufälligkeit der Warheit verbunden; denn Erfahrung lehrt wohl, daß etwas so oder anders beschaffen oder geschehen sey, niemals aber, daß es gar nicht anders beschaffen oder geschehen seyn könne. Vernunftgewisheit ist mit Bewustseyn der Nothwendigkeit dessen, was für wahr gehalten wird, unzertrennlich verbunden" (*AA* XVIII;290,6-17).

[95] Dies wird deutlich, wenn Kant die Vernunft als „Vermögen der Prinzipien" (A299, B356) bezeichnet und Prinzipien als „synthetische Erkenntnisse aus Begriffen" (A301, B 357f.) bestimmt. Somit besteht ein enger systematischer Zusammenhang zwischen dem Streben der Vernunft nach systematischer Einheit der Verstandeserkenntnisse und ihrer Charakterisierung als „Vermögen der Prinzipien", den J.Schmucker *1990*, S.20, übersieht, wenn er behauptet, Kant habe bei dieser Charakterisierung die Vereinheitlichung der Verstandeserkenntnisse gar nicht im Sinn gehabt.

Erkenntnis.[96] Denn mit ihrem Streben nach Systematisierung und Zurückführung aller Erfahrungserkenntnisse auf möglichst wenige Prinzipien sucht die Vernunft die Erkenntnisse des Verstandes zu *vereinheitlichen.* Beispielhaft für diesen Prozeß der Vereinheitlichung von Erkenntnissen mag Kant die Erklärung der von Galilei gefundenen Gesetze der Mechanik und der von Kepler entdeckten Gesetze der Planetenbewegung durch die eine Newtonsche Theorie vor Augen gestanden haben. Daß nun die Theorie Newtons auch deshalb so erfolgreich war, weil sie nicht nur terrestische, sondern auch caelestische mechanische Phänomene einheitlich erklärte, leitet unmittelbar zum zweiten der erwähnten Merkmale über. Mit der Vereinheitlichung von Erkenntnissen ist zugleich eine Erweiterung des Geltungsbereichs verbunden: Wenn die Vernunft verschiedene allgemeine Erkenntnisse über verschiedene Gegenstandsbereiche (im Beispiel: irdische Gegenstände einerseits, Planeten und ihre Monde andererseits) auf eine allgemeinere Erkenntnis zurückführt, dann umfaßt der Geltungsbereich der reduzierenden Erkenntnis die verschiedenen Geltungsbereiche der reduzierten Erkenntnisse; die reduzierende Erkenntnis ist dann *allgemeiner* als die reduzierten Erkenntnisse.[97] Außerdem kann die Suche nach allgemeineren Erkenntnissen, aus denen bestimmte gegebene Erkenntnisse abgeleitet werden können, den Verstand zur Entdeckung neuer, allgemeinerer Erfahrungserkenntnisse führen; diesen Punkt erörtert Kant unter dem Stichwort des „hypothetischen Vernunftgebrauchs" im Anhang zur transzendentalen Dialektik.[98]

Zusammengefaßt ist die Vernunft also ein Vermögen, (a) die Erfahrungserkenntnisse des Verstandes in einem System zu vereinheitlichen, (b) den Verstandesgebrauch in seiner Suche nach neuen, allgemeineren Erkenntnissen zu leiten und (c) die apodiktische Gewißheit aller zu einem System geordneten Verstandeserkenntnisse anzustreben. In umgekehrter Reihenfolge listet Kant diese drei Merkmale des Vernunftgebrauchs in Reflexion 5553 aus dem Duisburgschen Nachlaß auf: „Die Vernunft dient, dem Verstande *Nothwendigkeit* und der Sphäre

---

[96] Im Anhang zur transzendentalen Dialektik weist Kant darauf hin, daß die transzendentalen Ideen dazu dienen, den Regeln des Verstandes „die größte Einheit neben der größten Ausbreitung zu verschaffen" (A644, B672); und drei Seiten weiter heißt es, daß der hypothetische Vernunftgebrauch darauf abziele, „Einheit in die besonderen Erkenntnisse zu bringen, und die Regel dadurch der Allgemeinheit zu n ä h e r n" (A647, B675).

[97] Dieser Gesichtspunkt wird vor allem durch die folgende Textstelle betont: „Wenn [...] die Konklusion als ein Urteil aufgegeben worden, um zu sehen, ob es nicht aus schon gegebenen Urteilen, durch die nämlich ein ganz anderer Gegenstand gedacht wird, fließe: so suche ich im Verstande die Assertion dieses Schlußsatzes auf, ob sie sich nicht in demselben unter gewissen Bedingungen nach einer allgemeinen Regel vorfinde. Finde ich nun eine solche Bedingung und läßt sich das Objekt des Schlußsatzes unter der gegebenen Bedingung subsumieren, so ist dieser aus der Regel, d i e a u c h f ü r a n d e r e G e g e n s t ä n d e d e r E r k e n n t n i s g i l t, gefolgert" (A304f., B361).

[98] Vgl. A646f., B674f.

seines Gebrauchs *Umfang* und *Einheit* zu geben" (*AA* XVIII;225,6-8; kursiv vom Verf.).

Wie die moderne Wissenschaftstheorie herausstellt und wie gerade auch die aktuelle Diskussion in der Physik über vereinheitlichte Theorien der vier Grundkräfte in der Natur (Gravitation, Elektromagnetismus, starke und schwache Kernkraft) zeigt[99], gehören *Theorienallgemeinheit* und *Einheit der Natur(wissenschaften)* auch heute noch zu den regulativen Prinzipien empirischer Wissenschaft. Die Forderung nach apodiktischer Gewißheit der Erkenntnis dagegen hat man gänzlich aufgegeben, da sie im Bereich der Empirie als prinzipiell unerfüllbar gilt. Obwohl auch Kant von dieser Unerfüllbarkeit weiß, gibt er das Ziel der apodiktischen Gewißheit nicht gänzlich auf, sondern hält am beständigen Streben (der Vernunft) nach Approximation dieses Ziels, also an seiner Regulativität, fest.

Man kann also festhalten, daß es die drei angeführten Gesichtspunkte sind, unter denen die mannigfaltigen Erkenntnisse des Verstandes der Einheit stiftenden Tätigkeit der Vernunft bedürfen. Somit ist die Frage, inwiefern die Erfahrungserkenntnisse des Verstandes eine der Ordnung und Einheit bedürftige Mannigfaltigkeit darstellen (vgl. oben), beantwortet. Des weiteren ist die Rolle der Vernunft als Einheit stiftendes Vermögen herausgestellt; daher wird für die ursprünglichen, der Vernunft entspringenden apriorischen Begriffe die folgende These gelten:

(III) *Vernunftbegriffe sind Begriffe von der Einheit aller Erfahrungserkenntnisse des Verstandes.*

Der eigentliche Gebrauch der Vernunft im Bereich der theoretischen Erkenntnis ist somit kein erfahrungswissenschaftlicher, sondern ein *meta-erfahrungswissenschaftlicher* Gebrauch; die Begriffe der Vernunft sind daher meta-erfahrungswissenschaftliche Begriffe.[100] - Um die Vernunftbegriffe selbst und die Funktionen, auf denen sie „beruhen" (vgl. oben), weiter bestimmen zu können, ist es nach (III) notwendig, die von der Vernunft angestrebte Einheit aller Erfahrungserkenntnisse genauer in den Blick zu nehmen. Dies gelingt Kant, indem er die Aufgabe der Vernunft im Prozeß der Gewinnung von Erfahrungserkenntnis unter Anwendung der Termini „Bedingung" und „Bedingtes" auf Erfahrungserkenntnisse beschreibt[101]:

---

[99] Zur Diskussion über sogenannte „Theorien für Alles" vgl. z.B. J.D.Barrow *1992*.

[100] Ebenso P.Krausser *1988*, S.375 u. 392ff.

[101] Es muß in diesem Zusammenhang darauf hingewiesen werden, daß der Gegenstandsbereich, auf den Kant sich mit den Termini „Bedingung" und „Bedingtes" bezieht, im Überblick über den gesamten Text der transzendentalen Dialektik keineswegs eindeutig als der Bereich der Erfahrungserkenntnisse des Verstandes identifiziert werden kann, wie dies hier mit Bezug auf die Einleitung und das erste Buch der transzendentalen Dialektik geschieht. So bezieht sich Kant mit diesen Termini z.B. im Antinomienkapitel oftmals eher auf anschaulich gegebene Gegenstände, die dann wegen ihrer Gegebenheit in einem raumzeitlichen Kontinuum als „bedingt" gelten; vgl. hierzu etwa den siebenten Abschnitt des Antinomienkapitels („Kritische Entscheidung des kosmologischen Streits der Vernunft mit sich selbst"). Insofern

„Weil keine Erfahrung unbedingt ist" (A326, B383), da, wie oben gezeigt wurde, ihre objektive Gültigkeit nicht gewiß, sondern begründungsbedürftig ist, gilt der Vernunft *jede* Erfahrungserkenntnis (des Verstandes) als „bedingt".[102] Deshalb sucht die Vernunft unter den Erfahrungserkenntnissen nach einer „Bedingung" der gegebenen Erkenntnis. Findet sie eine solche, so gilt ihr auch diese (als Erfahrungserkenntnis) wiederum als „bedingt", und die Suche nach einer „Bedingung" dieser Erkenntnis beginnt von neuem, *und so fort*. Auf diese Weise steigt die Vernunft im Ausgang von einer „bedingten" Erfahrungserkenntnis zu immer höheren „Bedingungen" auf. Dieser immer weiter fortschreitende Prozeß der Suche der Vernunft nach „Bedingungen" zu einem gegebenen „Bedingten" wäre erst dann abgeschlossen, wenn *alle* „Bedingungen", d.h. die „Totalität der Bedingungen", gefunden wären: „Also ist der transzendentale Vernunftbegriff kein anderer, als der von der T o t a l i t ä t d e r B e d i n g u n g e n zu einem gegebenen Bedingten" (A322, B379).

Die „Totalität der Bedingungen" ist aber nur durch ein „Unbedingtes" möglich, das die höchste „Bedingung" zu dem gegebenen „Bedingten" darstellt:

> „Da nun das U n b e d i n g t e allein die Totalität der Bedingungen möglich macht, und umgekehrt die Totalität der Bedingungen jederzeit selbst unbedingt ist; so kann ein reiner Vernunftbegriff überhaupt durch den Begriff des Unbedingten, sofern er einen Grund der Synthesis des Bedingten enthält, erklärt werden" (ibid.).

Die von der Vernunft angestrebte Einheit aller „Bedingungen" zu einem gegebenen „Bedingten" wäre also nur dann erreicht, wenn eine „unbedingte Bedingung" gefunden würde (was im Bereich der Erfahrung aber nicht möglich ist). Da nach (III) die gesuchten Vernunftbegriffe Begriffe von einer solchen Einheit aller Verstandeserkenntnisse sind, gilt:

---

mittels dieser Termini aber der allgemeine logische Gebrauch der Vernunft beschrieben werden soll (was in der Einleitung und im ersten Buch der transzendentalen Dialektik der Fall ist), möchte ich an ihrer Beziehung auf Verstandeserkenntnisse aus zwei Gründen festhalten: Erstens kommt dies an zentralen Textstellen klar zum Ausdruck; z.B. ist in A307, B364 sowie in A332, B388 von „bedingten Erkenntnissen des Verstandes" die Rede, und in A332, B389 wird gefordert, daß alle Bedingungen in der Reihe der Bedingungen zu einem gegebenen Bedingten wahr sein müssen (Wahrheit ist aber nach Kant eine Eigenschaft, die nur Urteilen zukommt). Zweitens hat die Vernunft auf anschaulich gegebene Gegenstände keine unmittelbare Beziehung, sondern nur auf den Verstand und dessen Urteile (siehe oben). Anders entscheiden sich J.Bennett *1974*, S.264ff., und P.F.Strawson *1966*, S.157f.; H.Heimsoeth *1966-9*, *passim*, ist diesbezüglich schwankend. Wie gerade am Beispiel der beiden erstgenannten Autoren deutlich wird, erschwert eine mangelnde oder falsche Entscheidung in dieser Frage das Verständnis der gesamten Theorie der Vernunftbegriffe.

[102] Wie im weiteren Fortgang der Argumentation deutlich wird, sind davon nicht nur Erfahrungs*urteile*, sondern auch empirische Begriffe betroffen. Dies wird verständlich, wenn man beachtet, daß auch die objektive Realität solcher Begriffe nicht apodiktisch gewiß ist, sondern von empirisch gegebenen Objekten abhängt.

(IV) *Vernunftbegriffe sind Begriffe von „unbedingten Bedingungen" eines einheitlichen Systems aller Erfahrungserkenntnisse.*[103]

Durch dieses tiefliegende Resultat werden die gesuchten Vernunftbegriffe bereits sehr weitgehend bestimmt. Sie haben als „gemeinschaftlichen Titel" den Begriff des „Unbedingten".[104] Zu ihrer vollständigen Herleitung reicht die These (IV) allerdings noch nicht hin. Der Stand der Argumentation ist vergleichbar mit dem Stand der metaphysischen Deduktion der Kategorien *vor* der Identitätsbehauptung aus A79, B104f.

Genau in einer analogen Identitätsbehauptung besteht nun aber der nächste Schritt zur Herleitung der Vernunftbegriffe. Die zugrundeliegende Fragestellung ist dabei: Welche Funktionen der Vernunft tragen notwendig zum fortschreitenden Prozeß der Gewinnung von Erfahrungserkenntnis bei, indem sie im Ausgang von gegebenen „bedingten" Erfahrungserkenntnissen in der Kette der aufsteigenden „Bedingungen" „Bedingung" und „Bedingtes" miteinander verknüpfen und so zu einer beständigen, gleichsam asymptotischen, Annäherung an das „Unbedingte" beitragen? Daß es solche Funktionen geben muß, ist durch die Tätigkeit der Vernunft gewiß; und daß genau auf diesen Funktionen die gesuchten Vernunftbegriffe „beruhen", ist insofern einzusehen, als die Vorstellung von der alle Verstandeserkenntnisse erschöpfenden Anwendung dieser Funktionen gerade zu Begriffen von „unbedingten Bedingungen" führt.

Kants - unzweifelbar begründungsbedürftige - Antwort auf diese Frage besteht, ganz analog zur Herleitung der Kategorien, in einer Identitätsbehauptung: Die Funktionen, die durch die Reduktion von „Bedingtem" auf seine „Bedingung" zum fortschreitenden Prozeß der Gewinnung und Sicherung von Erfahrungserkenntnis beitragen, sind *dieselben* wie die grundlegenden Funktionen der Vernunft, mittelbar zu schließen. Der Textbeleg für diese Identitätsbehauptung findet sich im dritten Abschnitt des ersten Buchs der transzendentalen Dialektik, der die Überschrift „System der transzendentalen Ideen" trägt; hier werden die drei Vernunftbegriffe auch sogleich mitangeführt:

> „Ebenso wird sich auch nur in der völligen Ausführung deutlich machen lassen, wie die Vernunft lediglich durch den synthetischen Gebrauch *eben derselben Funktion*, deren sie sich zum kategorischen Vernunftschlusse bedient, notwendigerweise auf den Begriff der absoluten Einheit des d e n k e n d e n S u b j e k t s kommen müsse, wie das logische Verfahren in hypothetischen die Idee vom Schlechthinunbedingten i n e i n e r R e i h e gegebener Bedingungen, endlich die bloße Form des

[103] „Nun haben es alle reinen Begriffe überhaupt mit der synthetischen Einheit der Vorstellungen, Begriffe der reinen Vernunft (transzendentale Ideen) aber mit der unbedingten synthetischen Einheit aller Bedingungen überhaupt zu tun" (A334, B391).

[104] Vgl. A324, B380.

disjunktiven Vernunftschlusses den höchsten Vernunftbegriff von einem W e s e n a l l e r W e s e n notwendigerweise nach sich ziehen müsse; [...]" (A335f.; kursiv vom Verf.).[105]

Auf die genannten Vernunftbegriffe möchte ich erst an späterer Stelle zu sprechen kommen; hier möchte ich zunächst darauf eingehen, wie sich die von Kant behaupteten Identitäten „deutlich machen lassen". Als Ausgangspunkt dazu diene noch einmal das Verfahren der Vernunft im Bezug auf eine als „bedingt" betrachtete gegebene Verstandeserkenntnis. Darin „sucht die Vernunft in ihrem logischen Gebrauche die allgemeine Bedingung ihres Urteils (des Schlußsatzes), und der Vernunftschluß ist selbst nichts anderes als ein Urteil, vermittelst der Subsumtion seiner Bedingung unter eine allgemeine Regel (Obersatz)" (A307, B364). Ist demnach eine „bedingte" Erkenntnis v gegeben, so sucht die Vernunft nach einer „Bedingung" u von v *und* nach einem Urteil r, das eine Beziehung herstellt zwischen u und v, um v aus u und r abzuleiten.[106] Die Reduktion der „bedingten" Erkenntnis v auf ihre „Bedingung" u hat dem zufolge die Form eines Schlusses, genauer: eines Vernunftschlusses, in dem v die Konklusion bildet und u und r als Prämissen dienen. Auf die Prämisse r kann deshalb nicht verzichtet werden, weil r einen Zusammenhang zwischen u und v herstellt, ohne den eine Ableitung von v aus u nicht möglich wäre; r stellt die „allgemeine Regel" des Bedingungsverhältnisses zwischen u und v dar, bildet also den Obersatz des Vernunftschlusses.[107] Folglich bildet u den Untersatz des Vernunftschlusses.

Als Beispiel für eine solche Reduktion einer „bedingten" Erkenntnis auf ihre „Bedingung" in einem Vernunftschluß dient Kant in der *Kritik der reinen Vernunft* die Begründung des Urteils „alle Körper sind veränderlich" durch die Urteile „alles Zusammengesetzte ist veränderlich" („allgemeine Regel") und „alle Körper sind zusammengesetzt":

> „Man sieht leicht, daß die Vernunft durch Verstandeshandlungen, welche eine Reihe von Bedingungen ausmachen, zu einem Erkenntnisse gelange. Wenn ich zu dem Satze: alle Körper sind veränderlich, nur dadurch gelange, daß ich von dem entfernteren Erkenntnis (worin der Begriff des Körpers noch nicht vorkommt, der aber doch davon die Bedingung enthält,) anfange: alles Zusammengesetzte ist v e r ä n d e r l i c h; von diesem zu einem näheren gehe, der unter der Bedingung des ersteren steht: die Körper sind zusammengesetzt; und von diesem allererst zu einem dritten, der nunmehr das entfernte Erkenntnis (veränderlich) mit dem vorliegenden verknüpft:

[105] Die B-Auflage der *Kritik der reinen Vernunft* weist hier eine den Sinn entstellende Abweichung auf; vgl. die Ausgabe von R.Schmidt, S.366.

[106] Dazu müssen nicht notwendigerweise u und v selbst zur Materie von r gehören; notwendig ist lediglich, daß in der Materie von u *und* in der Materie von v Vorstellungen enthalten sind, die zur Materie von r gehören (vgl. das im Haupttext folgende Beispiel).

[107] Vgl. die Definition des Vernunftschlusses in Abschnitt 1.3.1.

folglich sind die Körper veränderlich; so bin ich durch eine Reihe von Bedingungen (Prämissen) zu einer Erkenntnis (Conclusion) gelangt" (A330f., B387).[108]

Da nun auch die Prämissen eines solchen Schlusses wiederum Erfahrungsurteile sind und als solche ebenfalls von der Vernunft als „bedingt" betrachtet werden, sucht die Vernunft erstens zu u eine „Bedingung" u' sowie eine „allgemeine Regel" r' und zweitens zu r eine „Bedingung" u* sowie eine „allgemeine Regel" r*, um die jeweils als „bedingt" betrachtete Erkenntnis aus ihrer „Bedingung" und der jeweiligen „allgemeinen Regel" abzuleiten, *und so fort.* Die Anwendung der Funktionen der Vernunft, mittelbar zu schließen, um in der Reihe der „Bedingungen" zu einem gegebenen „Bedingten" immer weiter aufzusteigen, erfüllt die Forderung der Vernunft nach der, in Abhängigkeit von der Wahrheit höherer „Bedingungen", notwendigen Wahrheit der „bedingten" Erkenntnis, da, wie oben bereits gesagt wurde, in einem gültigen Vernunftschluß die Konklusion mit Notwendigkeit aus den Prämissen folgt. Damit genügen die Funktionen der Vernunft, mittelbar zu schließen, der systematischen Intention der Vernunft. Sie sind Funktionen, die bestens geeignet sind, die Einheit aller Erfahrungserkenntnisse anzustreben. Auch umgekehrt zeigt sich, daß ein (gültiger) Schluß, dessen Prämissen Erfahrungserkenntnisse sind, nichts anderes ist als die Reduktion einer „bedingten" Erkenntnis auf ihre „Bedingung". Daher sind die Funktionen der Vernunft, mittelbar zu schließen, zugleich auch Funktionen der Vernunft, die Einheit der Erfahrung anzustreben, also *Einheitsfunktionen.* In dieser Argumentation besteht nun die grundsätzliche Legitimation, die Funktionen der Vernunft, mittelbar zu schließen, mit den Funktionen zu identifizieren, auf denen die Vernunftbegriffe beruhen. Damit scheint die Identitätsthese aus A335f., B392f. im Rahmen der Kantischen Theorie des Vernunftgebrauchs begründet zu sein.

Wie ergeben sich nun unter dieser Identität die gesuchten Vernunftbegriffe? - Die zu dieser Frage analoge Frage für den Bereich des Verstandes wurde im Abschnitt über die metaphysische Deduktion der Kategorien nicht behandelt, da es dort nur um die für die Herleitung der Verstandesbegriffe relevante Argumentations*struktur* ging, nicht aber um Detailfragen der Herleitung der Kategorien.[109] Hier aber geht es um solche Detailfragen, sofern sie für die Weltthematik von Relevanz sind, und man wird sich daher einer Beantwortung der Frage nicht entziehen dürfen.

Die Antwort auf diese Frage besteht in einer Konkretisierung des „gemeinschaftlichen Titels aller Vernunftbegriffe", d.h. des Begriffs des „Unbedingten", in Abhängigkeit von einer Differenzierung der möglichen Relationen, welche zwischen einer „bedingten" Verstandeserkenntnis und ihrer „Bedingung" bestehen können und die durch die „allgemeine Regel" eines

---

[108] Ein weiteres Beispiel gibt Kant in A322, B378.

[109] Vgl. oben Abschnitt 1.2.

Vernunftschlusses repräsentiert werden. Denn mit der „allgemeinen Regel" r ist der, wie Kant sagt, „Exponent" zu einer Reihe weiterer „Bedingungen" zu der „bedingten" Erkenntnis v gegeben; damit soll nicht gesagt sein, daß „Exponent" und „allgemeine Regel" zusammenfallen. Vielmehr ist der „Exponent" ein Begriff von dem Verhältnis empirischer Gegenstände, welches in r vorgestellt wird, also ein reiner Verstandesbegriff der „Relation", eine Relationskategorie.[110] Dieser „Exponent" legt das Verhältnis aller „Bedingungen" zu einer gegebenen, als „bedingt" betrachteten Erfahrungserkenntnis fest. Man könnte auch sagen, daß der mit der ersten Reduktion einer „bedingten" Erfahrungserkenntnis auf ihre „Bedingung" gegebene „Exponent" die Hinsicht bestimmt, unter der die Vernunft in der Reihe der „Bedingungen" aufzusteigen sucht. Ist der „Exponent" die Substanz-Akzidenz-Kategorie, so sucht die Vernunft in der *Klassifikation* empirisch gegebener Objekte fortzuschreiten; ist der „Exponent" die Ursache-Wirkungs-Kategorie, so sucht die Vernunft in der Erkenntnis der Reihe der Ursachen zu einer gegebenen Wirkung aufzusteigen. Ist schließlich der „Exponent" die Kategorie der Wechselwirkung, so sucht die Vernunft in der Aufzählung der miteinander zu einem Zeitpunkt in Wechselwirkung stehenden empirischen Gegenstände fortzuschreiten. Dies geschieht jeweils, wie Kant sagt, in Anwendung *einer und derselben* Funktion der Vernunft, mittelbar zu schließen, auf immer höhere „Bedingungen":

> „Nun läßt sich eine jede Reihe, deren Exponent [...] gegeben ist, fortsetzen; mithin führt ebendieselbe Vernunfthandlung zur *ratiocinatio polysyllogistica*, welches eine Reihe von Schlüssen ist" (A331, B387).

Auf diese Weise ist, wie Kant im Anschluß an diese Textstelle weiter ausführt, mit dem Aufstieg der Vernunft in der Reihe der „Bedingungen" zu einer „bedingten" Verstandeserkenntnis durch fortlaufende Anwendung einer und derselben Funktion zu schließen der Aufstieg in einer Kette von Vernunftschlüssen durch *Prosyllogismen* verbunden.[111]

In Anwendung des Leitfadengedankens würde man nun erwarten, daß jeder der angegebenen Funktionen der Vernunft, mittelbar zu schließen, ein Vernunftbegriff entspricht. Dem zufolge würde es acht Grundbegriffe der Vernunft geben.[112] Kant

---

[110] Ich beziehe mich hier auf die ausführlichen Untersuchungen zum Ausdruck „Exponent" in K.Reich *1986*, S.67-70, P. Schulthess *1981*, S.247-254 u. 308-315, und W.Carl *1989*, S.75-82. Reich und Schulthess haben in diesem Zusammenhang auch auf den mathematischen Ursprung dieses Ausdrucks hingewiesen. Denselben Ursprung hat auch der von Kant im Zusammenhang mit dem Ausdruck „Exponent" verwendete Ausdruck „Reihe" (vgl. das im Haupttext folgende Zitat), wie Schulthess *a.a.O.* überzeugend dargetan hat.

[111] Vgl. dazu Abschnitt 1.4.

[112] Vgl. die in Abschnitt 1.3.1. angeführte Liste der Formen von Vernunftschlüssen (Schlußregeln).

gibt aber nur drei Vernunftbegriffe an und folgt damit der Einteilung der Vernunftschlüsse nach der „Relation" des Obersatzes in drei Arten:

> „Soviel Arten des Verhältnisses es nun gibt, die der Verstand vermittelst der Kategorien sich vorstellt, so vielerlei reine Vernunftbegriffe wird es auch geben, und es wird also **erstlich** ein Unbedingtes der kategorischen Synthesis in einem Subjekt, **zweitens** der hypothetischen Synthesis der Glieder einer Reihe, **drittens** der disjunktiven Synthesis der Teile in einem System zu suchen sein. Es gibt *nämlich* ebensoviel Arten von Vernunftschlüssen, deren jede durch Prosyllogismen zum Unbedingten fortschreitet, die eine zum Subjekt, welches selbst nicht mehr Prädikat ist, die andere zur Voraussetzung, die nichts weiter voraussetzt, und die dritte zu einem Aggregat der Glieder der Einteilung, zu welchen nichts weiter erforderlich ist, um die Einteilung eines Begriffs zu vollenden" (A323, B379f.; kursiv vom Verf.).

Diese Vorgehensweise wäre nach den voranstehenden Ausführungen nur dann zu rechtfertigen, wenn die angeführten Funktionen der Vernunft, mittelbar zu schließen, *nicht* sämtlich grundlegende Funktionen wären, wenn sich also in jeder Art von Vernunftschlüssen aus einer Grundfunktion die übrigen erzeugen ließen. Ich will diese Möglichkeit hier nicht für alle Arten von Vernunftschlüssen nachprüfen, sondern nur für diejenige Art, die im Zusammenhang mit der im folgenden erörterten Weltthematik steht, d.i. für die hypothetischen Vernunftschlüsse.

Hier sind zwei Funktionen der Vernunft, mittelbar zu schließen, angegeben: Modus (ponendo) ponens und Modus (tollendo) tollens. In der Tat läßt sich jede der beiden Funktionen auf die jeweils andere *und* Funktionen, unmittelbar zu schließen, reduzieren. Dies sieht man im Falle der Reduktion des Modus (tollendo) tollens auf den Modus (ponendo) ponens etwa folgendermaßen ein: Gegeben sei ein Urteil der Form

(1) WENN α SO ß

und ein Urteil der Form

(2) NICHT-ß.

Nun wende man auf (1) die Funktion

(Kontrap) WENN α SO ß

$$\frac{\text{WENN } \alpha \text{ SO } ß}{\text{WENN NICHT-}ß \text{ SO NICHT-}\alpha}$$

an, woraus man ein Urteil der Form

(3) WENN NICHT-ß SO NICHT-α

erhält. Im letzten Schritt wende man auf (2) und (3) Modus (ponendo) ponens an, so daß man ein Urteil der Form

(4) NICHT-α

erhält. Man gewinnt also die Funktion des Modus (tollendo) tollens durch Hintereinanderausführen der Funktionen (Kontrap) und Modus (ponendo) ponens (in dieser Reihenfolge). Nicht viel schwieriger ist die Reduktion von Modus (ponendo) ponens auf Modus (tollendo) tollens: Es seien Urteile der Form

(1) $\text{WENN } \alpha \text{ SO } \beta$

und

(2) α

gegeben. Nun wende man auf (1) die Funktion (Kontrap) an, woraus man ein Urteil der Form

(3) $\text{WENN NICHT-}\beta \text{ SO NICHT-}\alpha$

erhält. Auf (2) wende man die Funktion

(DN1) $$\frac{\alpha}{\text{NICHT-NICHT-}\alpha}$$

an, woraus man dann ein Urteil der Form

(4) $\text{NICHT-NICHT-}\alpha$

erhält. Sodann wende man auf (3) und (4) Modus (tollendo) tollens an, und man erhält ein Urteil der Form

(5) $\text{NICHT-NICHT-}\beta$,

woraus man mit der Funktion

(DN2) $$\frac{\text{NICHT-NICHT-}\beta}{\beta}$$

ein Urteil der Form

(6) β

erhält. Folglich gewinnt man die Funktion des Modus (ponendo) ponens durch Hintereinanderausführung von (Kontrap), (DN1), Modus (tollendo) tollens und (DN2) (in dieser Reihenfolge).

Ob Kant diese gegenseitige Reduzibilität von Modus (ponendo) ponens und Modus (tollendo) tollens unter Voraussetzung von Funktionen, unmittelbar zu schließen, bekannt war, läßt sich direkt aus den vorhandenen Texten, soweit ich sehe, nicht entscheiden. Der Sache nach aber muß Kant sich für eine dieser beiden Funktionen als die grundlegende entschieden haben, und hier spricht alles für den Modus (ponendo) ponens. Denn die Reduktion von Modus (tollendo) tollens auf Modus (ponendo) ponens ist, wie die vorangehenden Untersuchungen zeigen, weniger voraussetzungsreich im Bezug auf die notwendigen Funktionen, unmittelbar zu schließen, als die umgekehrte Reduktion.

Wichtig für den gegenwärtigen Zusammenhang ist die Feststellung, daß Kant für jede der drei Arten von Vernunftschlüssen genau eine Funktion für grundlegend gehalten haben muß und daß alles darauf hindeutet, daß dies im Falle der hypothetischen Vernunftschlüsse der Modus (ponendo) ponens ist; dies erfordert jedenfalls die konsequente Ausführung des Leitfadengedankens.

Die Identität der *grundlegenden* Funktionen der Vernunft, mittelbar zu schließen, mit den Funktionen, auf denen die Vernunftbegriffe „beruhen", führt dann im Zusammenhang mit der These (IV) zur ersten Charakterisierung der drei gesuchten Vernunftbegriffe: Nach (IV) sind die Vernunftbegriffe „unbedingte Bedingungen" eines einheitlichen Systems aller („bedingten") Erfahrungserkenntnisse. Nach den Überlegungen zum Zusammenhang von „Bedingung" und „Bedingtem" in den Obersätzen der, „Bedingtes" auf „Bedingung" reduzierenden, Vernunftschlüsse ist das in der Reduktion intendierte „Unbedingte" nun entweder ein „Unbedingtes der kategorischen Synthesis" oder ein „Unbedingtes der hypothetischen Synthesis" oder ein „Unbedingtes der disjunktiven Synthesis"; denn die in *einem* Reduktionszusammenhang angewandte Funktion (mittelbar zu schließen) ist nach Kant in jedem Schluß dieselbe.[113] Also sind die gesuchten Vernunftbegriffe

(1) der Begriff einer *„unbedingten Bedingung" aller Prädikate empirischer Gegenstände*;
(2) der Begriff einer *„unbedingten Bedingung" aller Voraussetzungen empirischer Erkenntnisse*;
(3) der Begriff einer *„unbedingten Bedingung" aller sich wechselseitig bedingenden und ausschließenden empirischen Erkenntnisse (Prädikate)*.

Daß die Vernunftbegriffe eine alle Erfahrungserkenntnisse erschöpfende Anwendung eines bestimmten „Exponenten" voraussetzen, also Begriffe von der exhaustiven Anwendung einer Relationskategorie sind, könnte der Grund dafür sein, daß Kant die Vernunftbegriffe auch als „Begriffe aus Notionen" bezeichnet, nachdem er zuvor eine „Notion" als einen reinen Verstandesbegriff definiert hat.[114]

1.3.3. Der „transzendentale Begriff" der Vernunft

Der in Analogie zur metaphysischen Deduktion der Kategorien entwickelte Leitfadengedanke führt also im Ausgang von den Funktionen der Vernunft, mittelbar zu schließen, zur Herleitung von drei ursprünglichen Begriffen *a priori* der Vernunft. Diese Begriffe „beruhen" einerseits auf den Funktionen der Vernunft zu schließen und andererseits auf den (mit den ersteren identischen) Funktionen der Vernunft, den Erfahrungserkenntnissen des Verstandes Einheit in einem System und apodiktische Gewißheit zu geben. Die metaphysische Deduktion führt somit im Ausgang von einer

---

[113] Vgl. A323, B379 (oben zitiert).
[114] Vgl. A320, B377.

Bestimmung des logischen Gebrauchs der Vernunft zur Entdeckung von ursprünglichen und reinen Begriffen *a priori* der Vernunft, welche auf Funktionen „beruhen", die in den Prozeß der Gewinnung von Erfahrungserkenntnis involviert sind.[115]

Damit ist allerdings noch nicht entschieden, ob auch die Vernunftbegriffe selbst für den Prozeß der Gewinnung von Erfahrungserkenntnis von Bedeutung sind. Das Verhältnis zwischen Vernunftbegriffen und Funktionen der Vernunft zu schließen weicht von dem Verhältnis zwischen Verstandesbegriffen und Funktionen zu urteilen insofern ab, als die Vernunftbegriffe nicht einfach Begriffe vom Verhältnis der Erfahrungserkenntnisse in *einem* Vernunftschluß sind, sondern auf die Totalität der Erfahrungserkenntnisse in ihrem Zusammenhang in Schlußketten gehen. Mit einem bereits mehrfach zitierten Ausdruck Kants kann man daher sagen, daß die Vernunftbegriffe auf andere Weise auf den Funktionen der Vernunft „beruhen" als die Verstandesbegriffe auf den Funktionen des Verstandes. Daher ist ihr realer Gebrauch nicht unmittelbar evident. Für *Begriffe*, und dies sollen die transzendentalen Ideen bekanntlich sein, stellt sich insbesondere die Frage: Gibt es Gegenstände, die unter sie fallen, die also durch sie bestimmt werden? Haben sie objektive Gültigkeit? Für die Kategorien wurde diese Frage in der transzendentalen Deduktion und im Grundsatzkapitel der transzendentalen Analytik beantwortet. Auch für die Vernunftbegriffe steht diese Frage in engem Zusammenhang mit den Fragen: Ist eine transzendentale Deduktion der Vernunftbegriffe möglich? Und: Gibt es synthetische Urteile *a priori* der Vernunft, welche die Vernunftbegriffe auf Gegenstände beziehen und (als Bedingungen der Möglichkeit von Erfahrung) objektiv gültig sind?

Die letztere der beiden Fragen wird insbesondere im zweiten Buch der transzendentalen Dialektik, das den Titel „Von den dialektischen Schlüssen der reinen Vernunft" trägt, behandelt. Die erstgenannte Frage hingegen wird erst nach der Beantwortung der zweiten Frage, im Anhang zur transzendentalen Dialektik, abschließend beantwortet. Ich möchte mich entsprechend der Reihenfolge, in der die Fragen in der *Kritik der reinen Vernunft* behandelt werden, zunächst der Antwort auf die zweite Frage zuwenden. Bereits in Abschnitt C der Einleitung in die transzendentale Dialektik kommt Kant im Ausgang von einer Charakterisierung des logischen Gebrauchs der Vernunft durch eine „logische Maxime" auf die Frage nach synthetischen Grundsätzen der Vernunft zu sprechen.[116] Diese „logische Maxime" be-

---

[115] Mit der im vorangehenden Abschnitt gegebenen Rekonstruktion hoffe ich, auch die These entkräftet zu haben, Kant deduziere die Vernunftbegriffe nicht aus den Funktionen der Vernunft zu schliessen, sondern aus den Relationskategorien des Verstandes bzw. aus den Urteilsformen der Relation; vgl. z.B. N.K.Smith *1923*, S.451.

[116] Unter „Maximen" versteht Kant in diesem theoretischen Kontext „subjektive[n] Grundsätze, die nicht von der Beschaffenheit des Objekts, sondern dem Interesse der Vernunft, in Ansehung einer gewissen möglichen Vollkommenheit der Erkenntnis dieses Objekts, hergenommen sind" (A666, B694).

steht darin: „zu dem bedingten Erkenntnisse des Verstandes das Unbedingte zu finden, womit die Einheit desselben vollendet wird“ (A307, B364). Wenn aber „eine Erkenntnis als bedingt angesehen wird, so ist die Vernunft genötigt, die Reihe der Bedingungen in aufsteigender Linie als vollendet und ihrer Totalität nach gegeben anzusehen“ (A332, B388). Deshalb kann diese „logische Maxime“ der Vernunft „nicht anders ein Prinzipium der reinen Vernunft werden, als dadurch, daß man annimmt: wenn das Bedingte gegeben ist, so sei auch die ganze Reihe einander untergeordneter Bedingungen, die mithin selbst unbedingt ist, gegeben [...]. Ein solcher Grundsatz der reinen Vernunft ist aber offenbar synthetisch“ (A307f., B364).

Setzt man, wie Kant es offenbar tut, die Transitivität der Bedingungsrelation voraus[117], dann läßt sich der synthetische Grundsatz der Vernunft: „wenn das Bedingte gegeben ist, so sei auch die ganze Reihe einander untergeordneter Bedingungen [...] gegeben“, in halbformaler Schreibweise folgendermaßen ausdrücken:

(GV) $\forall$x(x ist bedingt $\wedge$ x ist gegeben $\rightarrow$ $\forall$y(y ist Bedingung von x $\rightarrow$ y ist gegeben).[118]

Dieser Grundsatz ist, Kant zufolge, synthetisch, da er nicht aus der Definition eines „Bedingten“,

(Def Bed) x ist bedingt $\leftrightarrow$ $\exists$y(y ist Bedingung von x),

und dessen Gegebensein folgt.[119] Das Verhältnis der „logischen Maxime“ der Vernunft („zu dem bedingten Erkenntnisse das Unbedingte zu finden“ (vgl. oben)) zu dem synthetischen Grundsatz (GV) wird von Kant offensichtlich als ein Voraussetzungsverhältnis gesehen: Es ist dann sinnvoll, der „logischen Maxime“ zu folgen, wenn die Gültigkeit von (GV) vorausgesetzt wird (vgl. das vorangehende Zitat).[120]

---

[117] Daß Kant die Transitivität der Bedingungsrelation voraussetzt, wird dadurch nahegelegt, daß er die im Ausgang von einem „Bedingten“ in eine Reihe von „einander untergeordneten Bedingungen“ gestellten Erkenntnisse sämtlich als „Bedingungen“ des „Bedingten“ bezeichnet; dies wird besonders deutlich in A330ff., B387ff.

[118] Vgl. zu dem angegebenen Grundsatz auch A308, B365 und A409, B436.

[119] In Kants Worten lautet die Begründung für die Synthetizität des Grundsatzes: „denn das Bedingte bezieht sich analytisch zwar auf irgendeine Bedingung, aber nicht aufs Unbedingte“ (A308, B364).

[120] J.Schmucker *1990*, S.26, behauptet dagegen, die „logische Maxime“ der Vernunft ergebe den Grundsatz (GV), wenn sie „ins Transzendentale gewendet, d.h. auf die realen Verhältnisse des Erfahrungsgegebenen übertragen“, also auf Gegenstände bezogen werde. Dieser Interpretation kann man aber dreierlei entgegenhalten: Erstens erhält man durch eine solche Bedeutungsverschiebung der in der „logischen Maxime“ vorkommenden Termini „bedingt“ und „Unbedingtes“ allein schon der bloßen

Wie Kant im weiteren Kontext der Einleitung in die transzendentale Dialektik betont, müssen aus diesem Grundsatz „auch verschiedene synthetische Sätze entspringen, wovon der reine Verstand nichts weiß, als der nur mit Gegenständen einer möglichen Erfahrung zu tun hat, deren Erkenntnis und Synthesis jederzeit bedingt ist" (A308, B364f.). Die synthetischen Sätze, von denen hier die Rede ist, ergeben sich (wiederum durch unterschiedliche Spezifikationen der Bedingungsrelation), wenn man (irrtümlich) davon ausgeht, daß der Grundsatz (GV) objektiv gültig ist und tatsächlich „die ganze Reihe einander untergeordneter Bedingungen, die mithin selbst unbedingt ist", als Gegenstand der Erkenntnis an die Hand gibt:

> „Das Unbedingte aber, *wenn es wirklich statthat*, kann besonders erwogen werden, nach allen den Bestimmungen, die es von jedem Bedingten unterscheiden, und muß dadurch Stoff zu manchen synthetischen Sätzen a priori geben" (A308, B365; kursiv vom Verf).

Nun zeigt Kant aber im zweiten Buch und im Anhang der transzendentalen Dialektik, daß die synthetischen Grundsätze der reinen Vernunft nicht als „konstitutiv", d.h. als Erkenntnis von Gegenständen konstituierend, aufgefaßt werden dürfen, sondern nur als „regulativ", d.h. als richtungsweisend für den realen Gebrauch des Verstandes.[121] Die synthetischen Grundsätze der reinen Vernunft können „auf keinen ihnen korrespondierenden Gegenstand und dessen B e s t i m m u n g bezogen" (A671, B699) werden. Denn: „Wenn bloß regulative Grundsätze als konstitutiv betrachtet werden, so können sie als objektive Prinzipien widerstreitend sein" (A666, B695).

Diese Textstelle deutet darauf hin, daß das wesentliche Argument für die bloß regulative Geltung von Vernunftprinzipien im Abschnitt über „Die Antinomie der reinen Vernunft" geführt wird.[122] Die synthetischen (Grund-)Sätze der Vernunft sind aber nicht einmal in dem Sinne „regulativ", in dem es die dynamischen Verstandesgrundsätze sind: Diese bringen „das Dasein der Erscheinungen a priori unter Regeln"; da aber „dieses [sc. das Dasein der Erscheinungen, Verf.] sich nicht [in der reinen Anschauung] konstruieren läßt, so werden sie nur auf das Verhältnis des Daseins gehen, und keine als bloß r e g u l a t i v e Prinzipien abgeben können" (A179, B221f.). Was damit gemeint ist, läßt sich sehr einleuchtend am Beispiel der zweiten Analogie der Erfahrung deutlich machen: Diese besagt, daß es zu einem

---

Formulierung nach nicht den Grundsatz (GV). Zweitens unterstellt man Kant so in A307f., B364 eine Äquivokation der genannten Termini. Drittens ist die von Schmucker vorgeschlagene Deutung des Grundsatzes (GV) unverträglich mit Kants Feststellung, die Vernunft habe „auf Gegenstände [...] und deren Anschauung keine unmittelbare Beziehung, sondern nur auf den Verstand und dessen Urteile" (A306, B363; vgl. oben). - Vgl. auch A497f., B526.

[121] Zur Unterscheidung zwischen „konstitutiven" und „regulativen" Grundsätzen vgl. A647, B675 und A663ff., B691ff.

[122] Vgl. dazu unten Kapitel 2 dieser Arbeit.

jeden gegebenen „Geschehen“ etwas gibt, das die Ursache des „Geschehens“ ist.[123] Die Ursache selbst läßt sich jedoch in der reinen Anschauung nicht konstruieren; ihre Erkenntnis ist vielmehr abhängig davon, daß eine empirische Anschauung von ihr *gegeben* ist. Damit sichert die zweite Analogie der Erfahrung zwar das *Dasein* (die Existenz) der Ursache eines „Geschehens“, gibt aber keine Erkenntnis derselben an die Hand; diese ist abhängig davon, daß die Ursache selbst in Raum und Zeit *erscheint*. Während die dynamischen Verstandesgrundsätze so „die B e g r i f f e, ohne welche keine Erfahrung stattfindet, a priori möglich machen“ (A664, B692)[124], indem sie den entsprechenden Kategorien - wie im vorangehenden Beispiel der Ursache-Wirkungs-Kategorie - die Existenz von unter sie fallenden Gegenständen sichern, gilt dies für die (Grund-)Sätze der reinen Vernunft nicht: Sie sind nur insofern „regulativ“, als sie die Erfahrungserkenntnis des Verstandes systematisch auf ein *imaginäres* unter die Vernunftbegriffe fallendes Objekt ausrichten; sie sichern das Dasein eines solchen Objekts aber nicht.

Damit ist Kants Antwort auf die Frage nach der objektiven Gültigkeit der synthetischen (Grund-)Sätze der Vernunft beschrieben: Synthetische (Grund-)Sätze der reinen Vernunft sind also weder Erkenntnisse von Gegenständen noch solche vom bloßen Dasein von Gegenständen. Sie sind nur in dem Sinne gültig, als sie einen zusammenhängenden Erfahrungsgebrauch möglich machen und als die Natur einem solchen zusammenhängenden und systematischen Erfahrungsgebrauch nicht zuwider ist.[125] Kant zufolge, haben sie „objektive, aber unbestimmte Gültigkeit“[126]:

> „Da nun jeder Grundsatz, der dem Verstande durchgängige Einheit seines Gebrauchs a priori festsetzt, auch, obzwar nur indirekt, von dem Gegenstande der Erfahrung gilt: so werden die Grundsätze der reinen Vernunft auch in Ansehung dieses letzteren objektive Realität haben, allein nicht um etwas an ihm z u b e s t i m m e n, sondern nur um das Verfahren anzuzeigen, nach welchem der empirische und bestimmte Erfahrungsgebrauch des Verstandes mit sich selbst durchgängig zusammenstimmend werden kann, dadurch, daß er mit dem Prinzip der durchgängigen Einheit, s o v i e l a l s m ö g l i c h, in Zusammenhang gebracht, und davon abgeleitet wird“ (A666, B694).[127]

---

[123] Vgl. A189ff., B232ff., insbesondere die Formulierung der zweiten Analogie in der A-Auflage der *KdrV*

[124] Der hier einschlägige Begriff der Möglichkeit dürfte nicht der der logischen, sondern der der *realen Möglichkeit* sein; vgl. dazu P.Plaaß *1965*, S.56ff.

[125] Es wäre ja auch denkbar, wie Kant einräumt, daß „der Gebrauch des Verstandes durch jene Vorschrift [sc. der Vernunft, Verf.] nur irre geleitet werden würde, indem sie vielleicht einen der Natur gerade entgegengesetzten Weg einnehmen würde“ (A660, B688).

[126] Vgl. A663, B691.

[127] Ich möchte mich hier der Konjektur von Wille anschließen, der „ihm“ statt „ihnen“ setzt; vgl. die Ausgabe von R.Schmidt, S.622.

Wie steht es aber nun mit den Vernunftbegriffen? Gibt es eine transzendentale Deduktion derselben? - Im dritten Abschnitt des ersten Buchs der transzendentalen Dialektik wird die Möglichkeit einer transzendentalen Deduktion der Vernunftbegriffe verneint:

> „Von diesen transzendentalen Ideen ist eigentlich keine objektive Deduktion möglich, so wie wir sie von den Kategorien liefern konnten. Denn in der Tat haben sie keine Beziehung auf irgendein Objekt, was ihnen kongruent *gegeben* werden könnte, eben darum, weil sie nur Ideen sind" (A336, B393; kursiv vom Verf.).

Im Anhang zur transzendentalen Dialektik aber gibt Kant an, eine transzendentale Deduktion der Vernunftbegriffe geleistet zu haben. Er räumt zwar ein, daß „die Ideen der reinen Vernunft [...] keine Deduktion von der Art, als die Kategorien" (A669, B697) zulassen, möchte aber dennoch zur „Vollendung des kritischen Geschäftes der reinen Vernunft" nachweisen, daß die Vernunftbegriffe „nicht bloß leere Gedankendinge (*entia rationis ratiocinantis*)" sind, sondern „unbestimmte, objektive Gültigkeit" besitzen.[128] Dazu muß gezeigt werden, „daß, obgleich die dreierlei transzendentalen Ideen (psychologische, kosmologische, und theologische) direkt auf keinen ihnen korrespondierenden Gegenstand und dessen Bestimmung bezogen werden, dennoch alle Regeln des empirischen Gebrauchs der Vernunft unter Voraussetzung eines solchen Gegenstandes in der Idee auf systematische Einheit führen und die Erfahrungserkenntnis jederzeit erweitern, niemals aber derselben zuwider sein können: so ist es eine notwendige Maxime der Vernunft, nach dergleichen Ideen zu verfahren" (A671, B699). Diesen Nachweis nennt Kant dann „die transzendentale Deduktion aller Ideen der spekulativen Vernunft" (ibid.).

Der Kern dieses Arguments besteht also darin nachzuweisen, daß die Vernunft ihrer Aufgabe im Prozeß der Gewinnung von Erfahrungserkenntnis nur dann nachkommen kann, wenn sie die objektive Gültigkeit ihrer Begriffe *voraussetzt*, d.h. wenn sie annimmt, daß unter ihre Begriffe Gegenstände fallen, deren Unerkennbarkeit dadurch gleichwohl nicht tangiert wird. Hier kommt nun dem Begriff des Schemas ausschlaggebende Bedeutung zu[129]: Ebenso wie die Verstandesgrundsätze nur dadurch die empirische Bedeutung der Kategorien sichern können, daß sie diese auf ihre Schemata beziehen, sind auch zur Anwendung der regulativen Grundsätze der Vernunft auf Erfahrungserkenntnisse *Anwendungsbedingungen* für die Vernunftbegriffe erforderlich. Diese Anwendungsbedingungen können jedoch nicht, wie im Falle der Kategorien, rein-sinnliche Vorstellungen sein, da die

---

[128] Vgl. A670, B698. Kant führt damit die Frage aus dem ersten Buch der transzendentalen Dialektik, ob die Vernunftbegriffe „*conceptus ratiocinantes* (vernünftelnde Begriffe)" oder „*conceptus ratiocinati* (richtig geschlossene Begriffe)" genannt werden müssen, einer Beantwortung zu; vgl. A311, B368.

[129] Vgl. dazu auch G.Zöller *1984*, S.265ff.

Vernunftbegriffe nachweislich keine Begriffe von empirischen Gegenständen sind.[130] Als Analoga zu den Schemata sollen vielmehr unter die Vernunftbegriffe fallende imaginäre Gegenstände dienen; sie sollen die Anwendungsbedingungen der Vernunftbegriffe und Vernunftgrundsätze auf empirische Erkenntnisse sein.

> „Mit einem Worte: dieses transzendentale Ding ist bloß das Schema jenes regulativen Prinzips, wodurch die Vernunft, so viel an ihr ist, systematische Einheit über alle Erfahrung verbreitet" (A681f., B709f.).

Indem Kant ausführt, daß die transzendentalen Ideen dazu dienen, „den Verstand zu einem gewissen Ziele zu richten, in Aussicht auf welches die *Richtungslinien* aller seiner Regeln in einen Punkt zusammenlaufen, der ob er zwar nur eine Idee (*focus imaginarius*), d.i. ein Punkt ist, aus welchem die Verstandesbegriffe wirklich nicht ausgehen [...], dennoch dazu dient, ihnen die größte Einheit neben der größten Ausbreitung zu verschaffen" (A644, B672; kursiv teilweise vom Verf.), deutet er einen Vergleich mit gewissen Aspekten der Malerei an; dieser Vergleich kann dazu herangezogen werden, das Verhältnis zwischen den von der Vernunft vorausgesetzten Gegenständen und dem logischen Vernunftgebrauch zu verdeutlichen: Die perspektivische Wirkung eines Bildes wird von einem Maler bekanntlich durch Fluchtlinien erzeugt, die im Bild, wenn auch unsichtbar, vorhanden sind. Zusammengehörige Fluchtlinien laufen auf einen Fluchtpunkt zu und scheinen sich in diesem zu treffen. Um aber das Bild nach Fluchtlinien ausrichten zu können und so die perspektivische Wirkung zu erzeugen, muß der Maler sich den (oder die) Fluchtpunkt(e) seines Bildes zuvor in der Einbildung vorstellen. Ohne vorgestellte Fluchtpunkte („foci imaginarii") gibt es keine eigentlichen Fluchtlinien, d.h. keine perspektivische Wirkung, so wie es nach Kant ohne die Vorstellung der Vernunft von unter die Vernunftbegriffe fallenden Gegenständen keinen systematisch auf Einheit der Erkenntnis ausgerichteten Vernunftgebrauch gibt. Die Vorstellung von Fluchtpunkten macht erst Fluchtlinien und damit die perspektivische Wirkung eines Bildes möglich; die Vorstellung von Objekten „in der Idee"[131] macht erst einen auf Einheit der Erkenntnis ausgerichteten Vernunftgebrauch möglich. Nun gibt es auf der Leinwand selbst keine Darstellung der Fluchtpunkte; Fluchtpunkte gibt es nur in der Vorstellung des Malers, da die Fluchtlinien des Bildes sich erst „hinter" dem Bild treffen. Dort ist aber eben kein Bild mehr; also sind die Fluchtpunkte des Bildes gar nicht im Raum lokalisierbar. Daraus folgt, daß man sie nicht erkennen kann; man kann z.B. nichts über ihre Lage zu anderen Punkten des Raums, zu dem sie scheinbar gehören (*abbildender* Raum), aussagen. Ebendies gilt auch für die Gegenstände „in

---

[130] „Allein, obgleich für die durchgängige systematische Einheit aller Verstandesbegriffe kein Schema in der A n s c h a u u n g ausfindig gemacht werden kann, so kann und muß durch ein A n a l o g o n eines solchen Schema gegeben werden" (A665,B693).

[131] Der Terminus „Gegenstand in der Idee" findet sich z.B. in A696f., B724f. und wird dort dem Terminus „Gegenstand in der Realität" gegenübergestellt.

der Idee“: Sie sind nicht gegeben, sondern werden nur von der Vernunft vorgestellt. - Kant sieht es als erwiesen an, daß die Vernunft „diese systematische Einheit [sc. der Erfahrung, Verf.] nicht anders denken [kann], als daß sie ihrer Idee zugleich einen Gegenstand gibt, der aber durch keine Erfahrung gegeben werden kann; denn Erfahrung gibt niemals ein Beispiel vollkommener systematischer Einheit“ (A681, B709).[132] Und da „der systematische Zusammenhang, den die Vernunft dem empirischen Verstandesgebrauche geben kann, nicht allein dessen Ausbreitung [befördert], sondern [...] auch zugleich die Richtigkeit desselben [bewährt]“ (A680, B708), gilt die „objektive, aber unbestimmte Gültigkeit“ der Vernunftbegriffe als gesichert.

Somit ist auch die Frage nach der Möglichkeit einer transzendentalen Deduktion der Vernunftbegriffe beantwortet und der scheinbare Widerspruch zwischen der negativen Antwort im ersten Buch der transzendentalen Dialektik und einer positiven Antwort im Anhang zur transzendentalen Dialektik insofern aufgelöst, als beide Antworten unterschiedliche Argumentationsziele einer solchen transzendentalen Deduktion der Vernunftbegriffe voraussetzen.

Die Vernunft bezieht sich also mittels ihrer Funktionen nur mittelbar auf die Gegenstände der Erfahrung; unmittelbar bezieht sie sich auf die Erfahrungserkenntnisse des Verstandes, um diesen systematische Einheit zu geben. Dies ist ihre vornehmliche Aufgabe im Prozeß der Gewinnung von Erfahrungserkenntnis. Ihre Tätigkeit in Erfüllung dieser Aufgabe wird durch synthetische Grundsätze und durch Begriffe geleitet, welche auf ihren Funktionen „beruhen“. Dennoch kann sie ihrer Aufgabe nur dann nachgehen, wenn sie voraussetzt, daß unter ihre Begriffe auch Gegenstände fallen; d.h. sie hat auch eine unmittelbare Beziehung auf Gegenstände, die sich allerdings von der Beziehung des Verstandes auf Gegenstände der Anschauung wesentlich unterscheidet: Die Vernunft *setzt* ihre Gegenstände eben *voraus*, während sie dem Verstand als Erscheinungen gegeben sein müssen.

Dies ist der „transzendentale Begriff“ der Vernunft, zu dem der „logische Begriff“ derselben hinführt. Er macht deutlich, wie sich die Vernunft auf Gegenstände bezieht - nämlich indem sie diese voraussetzt. Da aber, wie Kant erklärt, ohne eine solche Voraussetzung kein Vernunftgebrauch im Kontext der systematischen

---

[132] In den *Prolegomena* heißt es dazu: „Die reine Vernunft hat unter ihren Ideen nicht besondere Gegenstände, die über das Feld der Erfahrung hinauslägen, zur Absicht, sondern fordert nur Vollständigkeit des Verstandesgebrauches im Zusammenhange der Erfahrung. Diese Vollständigkeit aber kann nur eine Vollständigkeit der Principien, aber nicht der Anschauungen und Gegenstände sein. Gleichwohl, um sich jene bestimmt vorzustellen, denkt sie sich solche als die Erkenntniß eines Objects, dessen Erkenntniß in Ansehung jener Regeln vollständig bestimmt ist, welches Object aber nur eine Idee ist, um die Verstandeserkenntniß der Vollständigkeit, die jene Idee bezeichnet, so nahe wie möglich zu bringen“ (*AA* IV;331,36-332,8).

Vereinheitlichung von Erfahrungserkenntnissen möglich ist, ergibt sich ein Zusammenhang des im „transzendentalen Begriff" beschriebenen, realen Gebrauchs der Vernunft mit dem im „logischen Begriff" beschriebenen, logischen Gebrauch derselben, wie er analog schon im Bereich des Verstandes festgestellt werden konnte:[133] Der reale Gebrauch der Vernunft macht den logischen Gebrauch derselben erst möglich insofern, als der erstere den sinnvollen Erfahrungsgebrauch der Funktionen, mittelbar zu schließen, ermöglicht.

Abschließend möchte ich nun auf die im Abschnitt über den „logischen Begriff" der Vernunft aufgeworfene Frage nach der Begründung für die Zuordnung der unmittelbaren Schlüsse zum Verstand zurückkommen.[134] Da eine Textstelle aus der *Logik Blomberg* auf die „synthetische Art der Vernunft" als Grund für diese Zuordnung hinweist, wurde die Frage in zwei Teilfragen gegliedert: (1) Worin besteht die „synthetische Art der Vernunft"? (2) Warum erfordert diese einen Schluß mit zwei Prämissen?

Die Ausführungen zu Kants Theorie des Vernunftvermögens im vorliegenden Abschnitt und im Abschnitt über die metaphysische Deduktion der Vernunftbegriffe ermöglichen es, hier eine kurze Antwort auf (1) zu geben: Die „synthetische Art der Vernunft" besteht darin, Erkenntnisse des Verstandes über *verschiedene* Gegenstände bzw. Gegenstandsbereiche aus allgemeineren Erkenntnissen herzuleiten und durch solch kontinuierlich fortgeführtes Bemühen die Einheit aller Verstandeserkenntnisse in einem allumfassenden System derselben anzustreben.

Nun sind unmittelbare Schlüsse *per definitionem* darauf beschränkt, eine deduktive Beziehung zwischen *zwei* Urteilen (Prämisse und Konklusion) herzustellen, die in ihrer Materie übereinstimmen, die also Erkenntnisse über *denselben* Gegenstand bzw. Gegenstandsbereich darstellen. Während Vernunftschlüsse dazu dienen können, Urteile („Konklusionen") mit verschiedener Materie und über verschiedene Gegenstandsbereiche jeweils mittels eines weiteren Urteils auf ein gemeinschaftliches Prinzip („Obersatz") zurückzuführen, sind unmittelbare Schlüsse dazu ungeeignet. Somit entsprechen sie nicht den Anforderungen der Vernunft an ihre Funktionen, die sich aus den Aufgaben der Vernunft im Prozeß der Gewinnung und Fundierung von Erfahrungserkenntnis ergeben. Unmittelbare Schlüsse genügen also nicht der „synthetischen Art der Vernunft". Da nun, wie oben ausgeführt wurde, einem Erkenntnisvermögen nur solche Funktionen unterstellt werden können, die zum Gebrauch desselben im Zusammenhang mit der Gewinnung von Erfahrungserkenntnis sinnvoll und zweckmäßig sind[135], ordnet Kant die unmittelbaren Schlüsse nicht der Vernunft, sondern dem Verstand zu.

---

[133] Vgl. oben Abschnitt 1.2.3.
[134] Vgl. dazu auch W.Malzkorn *1995c*.
[135] Vgl. Abschnitt 1.1.

Kants Unterscheidung zwischen Verstandes- und Vernunftschlüssen ist somit nicht eine simple Unterscheidung zwischen Schlüssen mit einer und Schlüssen mit zwei Prämissen.[136] Sie kann daher auch nicht durch das Argument aufgehoben werden, daß jeder Schluß mit zwei Prämissen mittels der durch Kants Urteilslehre bereitgestellten Verknüpfungen und mittels der Negation äquivalent in einen Schluß mit einer Prämisse überführt werden könne. Dies wird durch Kants Ergänzung zur Definition der Verstandesschlüsse, der zufolge in einem solchen Schluß Prämisse und Konklusion in der Materie übereinstimmen müssen, vereitelt.[137] Kant unterscheidet vielmehr auf der Basis einer, wenn auch dunklen und nicht präzisierten, Vorstellung von einem durch die „synthetische Art der Vernunft" beeinflußten Deduktionsbegriff zwischen Schlüssen, in denen die Konklusion unmittelbar aus einer Prämisse ableitbar ist, und solchen Schlüssen, in denen die Konklusion aus einem gegebenen Urteil nur mittels eines weiteren Urteils abgeleitet werden kann.[138]

1.4. Vernunft und Welt

Im Abschnitt über den „transzendentalen Begriff" der Vernunft wurde gezeigt, daß das Verhältnis des logischen Gebrauchs der Vernunft zum realen Gebrauch derselben nach Kant analog dem Verhältnis des logischen Gebrauchs des Verstandes zum realen Gebrauch desselben bestimmt werden kann: Der reale Gebrauch der Vernunft macht den empirisch sinnvollen logischen Gebrauch erst möglich. Um ihre Aufgabe im Kontext der Gewinnung und Vereinheitlichung von Erfahrungserkenntnis wahrnehmen zu können, muß die Vernunft Gegenstände, die unter ihre Begriffe fallen, *voraussetzen*. Diese Gegenstände werden von Kant als Bedingungen der empirisch sinnvollen Anwendung der Funktionen der Vernunft (mittelbar zu schließen), also als *Anwendungsbedingungen* (analog zu den Schemata der Kategorien), beschrieben. Diese Anwendungsbedingungen sichern zugleich die „objektive, aber unbestimmte Gültigkeit" der Vernunftbegriffe. Objektive Gültigkeit haben die Vernunftbegriffe also deshalb, weil die Vernunft, um der Erfahrung Einheit

---

[136] Diese von J.Bennett *1974*, S.258f., vorgeschlagene Interpretations*möglichkeit* der Kantischen Unterscheidung zwischen Verstandes- und Vernunftschlüssen kann somit ebensowenig aufrecht erhalten werden wie der darauf beruhende (im Haupttext besprochene) Einwand gegen die Unterscheidung selbst.

[137] Vgl. oben Abschnitt 1.3.1.

[138] Damit stimme ich der zweiten von J.Bennett *1974*, S.258f., vorgeschlagenen Interpretations*möglichkeit* der Kantischen Unterscheidung zu, halte aber seinen Einwand gegen die so interpretierte Unterscheidung, daß diese personenbezogen und subjektiv sei, für unberechtigt. Dies zeigt ein Blick auf die moderne Logik: Hinsichtlich eines Kalküls K, dessen Deduktionsbegriff durch bestimmte Axiome und Ableitungsregeln festgelegt ist, läßt sich sehr wohl eine personenunabhängige und objektive Unterscheidung treffen zwischen dem Fall, daß eine Aussage α aus einer Aussagenmenge Γ ableitbar ist, und dem Fall, daß α nur aus $\Gamma \cup \{\beta\}$, wo β eine von α verschiedene, nicht in Γ enthaltene Aussage ist, abgeleitet werden kann.

geben zu können, Gegenstände „in der Idee" voraussetzen *muß*; unbestimmt bleibt diese objektive Gültigkeit deshalb, weil die Gegenstände „in der Idee" nur vorausgesetzt, aber nicht gegeben werden können.

Als „Gegenstände" der drei Vernunftbegriffe, deren metaphysische Deduktion oben rekonstruiert wurde, sieht Kant Seele, Welt und Gott an. Dem Begriff einer „unbedingten Bedingung" aller Voraussetzungen empirischer Erkenntnisse wird dabei der Gegenstand *Welt* zugeordnet. Die für die Antinomienlehre zentrale Weltthematik ergibt sich also unter dem metaphysischen Begriff einer „unbedingten Bedingung" aller Voraussetzungen empirischer Erkenntnisse.

Nun räumt Kant noch im dritten Abschnitt des ersten Buchs der transzendentalen Dialektik, der den Titel „System der transzendentalen Ideen" trägt, ein, es werde „sich auch nur in der völligen Ausführung deutlich machen lassen, [...] wie das logische Verfahren in hypothetischen [sc. Vernunftschlüssen, Verf.] die Idee vom Schlechthinunbedingten in einer Reihe gegebener Bedingungen [...] notwendigerweise nach sich ziehen müsse" (A335f.). Der Zusammenhang zwischen der logischen Funktion der Vernunft, hypothetisch zu schließen, und der Idee der Welt ist nach Kants eigener Ansicht nicht nur bis zu diesem Stand seiner Ausführungen unklar geblieben, sondern scheint ihm nun sogar „beim ersten Anblick äußerst paradox zu sein" (ibid.). Diesen Zusammenhang aufzuklären, ist die Aufgabe des vorliegenden Abschnitts.

Kants Versprechen, daß sich der fragliche Zusammenhang „in der völligen Ausführung deutlich machen lassen" werde, wird, soweit ich sehe, in der transzendentalen Dialektik nicht eingelöst. Kant gibt nur einige allgemeine und, wie sich zeigen wird, im einzelnen fragwürdige Hinweise darauf, wie der Zusammenhang zu konstruieren sei. Diese Hinweise betreffen das Verfahren der Vernunft, durch iterierte Anwendung ihrer Funktionen, mittelbar zu schließen, eine „bedingte" Erkenntnis auf ihre „Bedingungen" zu reduzieren. Da die Vernunft in einem Reduktionszusammenhang immer ein und dieselbe Funktion anwendet, ergibt sich ein Kettenschluß aus Vernunftschlüssen derselben Form.

Ein Kettenschluß s (im Ausgang von einem Schluß s_1) kann definiert werden als eine Folge $(s_1,s_2,s_3,...)$ von Schlüssen, so daß entweder (1) für alle i (i=1,2,3,...) die Konklusion des Schlusses s_i (a) den Obersatz oder (b) den Untersatz des Schlusses s_{i+1} bildet, oder (2) für alle i die Konklusion des Schlusses s_{i+1} (a) den Obersatz oder (b) den Untersatz des Schlusses s_i bildet.[139] Im Falle (1) spricht Kant davon, daß die Vernunft im Kettenschluß durch *Episyllogismen* „absteigt"; im Falle (2) „steigt" sie durch *Prosyllogismen* „auf". Die Unterfälle (a) und (b) können dadurch unterschieden werden, daß es sich jeweils im Falle (a) um einen sogenannten

[139] Vgl. *Logik Philippi AA* XXIV;479,14-19 und *Logik Busolt a.a.O.*;680,31-33.

„Goclenischen" und im Falle (b) um einen sogenannten „Aristotelischen" Kettenschluß handelt.[140]

Kant assoziiert nun das Aufsteigen der Vernunft in der Reihe der „Bedingungen" zu einem gegebenen „Bedingten" mit dem Aufsteigen durch Prosyllogismen in einem Kettenschluß und gibt einen entsprechenden ersten Hinweis darauf, wie eine eingehendere Betrachtung des logischen Gebrauchs der Vernunft zu einer näheren Bestimmung der „unbedingten Bedingungen" herangezogen werden könne: *Es müssen jeweils solche Kettenschlüsse betrachtet werden, die durch Prosyllogismen aufsteigen.*[141]

Man kann sowohl diesen Hinweis Kants als auch die Assoziation, die ihn dazu geführt zu haben scheint, den beiden folgenden Textstellen entnehmen:

> „Die absolute Totalität wird von der Vernunft nur sofern gefordert, als sie *die aufsteigende Reihe der Bedingungen* zu einem gegebenen Bedingten angeht, mithin nicht, wenn von der absteigenden Linie der Folgen [...] die Rede ist. Denn Bedingungen sind in Ansehung des gegebenen Bedingten schon vorausgesetzt und mit diesem auch als gegeben anzusehen, anstatt daß, da die Folgen ihre Bedingungen nicht möglich machen, sondern vielmehr voraussetzen, man im Fortgange zu den Folgen (oder im Absteigen von der gegebenen Bedingung zu dem Bedingten) unbekümmert sein kann, ob die Reihe aufhöre oder nicht, und überhaupt die Frage, wegen ihrer Totalität, gar keine Voraussetzung der Vernunft ist" (A409f., B436f.; kursiv vom Verf.).[142]

> „Es gibt [...] ebensoviel Arten von Vernunftschlüssen, deren jede *durch Prosyllogismen* zum Unbedingten fortschreitet, die eine zum Subjekt, welches selbst nicht mehr Prädikat ist, die andere zur Voraussetzung, die nichts weiter voraussetzt, und die dritte zu einem Aggregat der Glieder der Einteilung, zu welchen nichts weiter erforderlich ist, um die Einteilung eines Begriffs zu vollenden" (A323, B379f.; kursiv vom Verf.).

Dieser allgemeine Hinweis erweist sich im Falle des Zusammenhangs zwischen dem ersten Vernunftbegriff und dem ihm zugeordneten Objekt *Seele* als mißlich und irreführend. Denn im Falle kategorischer Urteile und Vernunftschlüsse entspricht einem *Aufsteigen* in der Reihe der „Bedingungen" zu einer gegebenen „bedingten" Erkenntnis ein *Absteigen* durch Episyllogismen in einem Kettenschluß.[143]

Für den Fall hypothetischer Urteile und Vernunftschlüsse, den es hier zu betrachten gilt, kann man aber an Kants Hinweis festhalten; denn es scheint sich

---

[140] Vgl. C.Thiel *1984*, S.390.

[141] Dieser Zusammenhang wurde bereits in Abschnitt 1.3.2. kurz angedeutet.

[142] Vgl. A331f. B387f.

[143] Vgl. W.Malzkorn *1995a*. - Durch Kants Hinweis in die Irre geführt worden ist z.B. S.Körner *1980*: „Wenn wir an einer syllogistischen Kette von Prämissen zu höherer Prämisse mittels kategorischer Syllogismen *emporsteigen*, dann verlangt der Grundsatz der reinen Vernunft, daß wir schließlich ‚zum Subjekt, welches selbst nicht mehr Prädikat ist', gelangen" (S.90, kursiv vom Verf.).

hierbei geradezu um einen paradigmatischen Fall dafür zu handeln, daß dem Aufsteigen in der Reihe der Bedingungen ein Aufsteigen durch Prosyllogismen in einem Kettenschluß entspricht.

Der zweite allgemeine Hinweis Kants betrifft den Unterschied zwischen Goclenischen und Aristotelischen Kettenschlüssen: *Es müssen Goclenische Kettenschlüsse betrachtet werden.*

Dieser Hinweis findet sich bereits in der Einleitung in die transzendentale Dialektik:

> „Z w e i t e n s sucht die Vernunft in ihrem logischen Gebrauche die allgemeine Bedingung ihres Urteils (des Schlußsatzes), und der Vernunftschluß ist selbst nichts anderes als ein Urteil, vermittelst der Subsumtion seiner Bedingung unter eine *allgemeine Regel* (*Obersatz*). Da nun *diese Regel* wiederum eben demselben Versuche der Vernunft ausgesetzt ist, und dadurch die Bedingung der Bedingung (vermittelst eines Prosyllogismus) gesucht werden muß, so lange es angeht, so sieht man wohl, der eigentümliche Grundsatz der Vernunft überhaupt (im logischen Gebrauche) sei: zu dem bedingten Erkenntnisse des Verstandes das Unbedingte zu finden, womit die Einheit desselben vollendet wird“ (A307, B364; kursiv vom Verf.).

Folgt man nun beiden allgemeinen Hinweisen und wendet sie auf den Fall hypothetischer Vernunftschlüsse an, so erhält man - unter der bereits erörterten Vermutung, daß es sich um Schlüsse nach dem Modus (ponendo) ponens handeln müsse - das folgende Schema eines Kettenschlusses aus hypothetischen Vernunftschlüssen:[144]

$$s_n = \frac{\begin{array}{l} u_{n+1} \rightarrow (u_n \rightarrow (u_{n-1} \rightarrow \ldots \rightarrow (u_3 \rightarrow (u_2 \rightarrow u_1))\ldots)) \\ u_{n+1} \end{array}}{u_n \rightarrow (u_{n-1} \rightarrow \ldots \rightarrow (u_3 \rightarrow (u_2 \rightarrow u_1))\ldots)}$$

$$\vdots$$

$$s_2 = \frac{\begin{array}{l} u_3 \rightarrow (u_2 \rightarrow u_1) \\ u_3 \end{array}}{u_2 \rightarrow u_1}$$

$$s_1 = \frac{u_2}{u_1}$$

Schema 1

---

[144] Aus Gründen der einfacheren Darstellung symbolisiere ich Kants hypothetische Verknüpfung WENN ... SO ... durch „→“.

Betrachtet man nun den komplexen Obersatz des Schlusses s_n, so stellt man fest, daß in dem von s_1 durch Prosyllogismen ausgehenden Kettenschluß keineswegs eine Reihe von „Bedingungen" zu der gegebenen „bedingten" Erkenntnis u_1 enthalten ist, die zueinander in demselben Bedingungsverhältnis stehen wie u_2 zu u_1. Vielmehr tritt bereits mit dem zweiten Schluß der Folge, s_2, eine Verschiebung des Bedingungsverhältnisses ein: u_3 ist *nicht* Bedingung von u_2 und damit - qua Transitivität - auch von u_1, sondern von $(u_2 \rightarrow u_1)$ und somit recht eigentlich *nicht* von u_1. Also leistet ein Kettenschluß dieser Form nicht das, was die Vernunft nach Kant in einem Kettenschluß leisten soll, nämlich eine „bedingte" Erkenntnis u_1 auf ihre „Bedingung" u_2, diese wiederum auf ihre „Bedingung" u_3 usw. zu reduzieren, so daß alle weiteren reduzierenden „Bedingungen" $u_2, u_3, \ldots, u_n, \ldots$ auch „Bedingungen" von u_1 sind.

Kant scheint dies selbst bemerkt und den Grund für das Scheitern eines Reduktionsversuchs dieser Form in dem zweiten der von ihm gegebenen Hinweise gesehen zu haben; denn in der bereits mehrfach zitierten Reflexion 5553 aus dem Duisburgschen Nachlaß nimmt er Kettenschlüsse aus hypothetischen Vernunftschlüssen von diesem Hinweis aus:

> „So wie sich die Sinne verhalten zum Verstande, so der Verstand zur Vernunft. Die Erscheinungen der ersteren bekommen in dem zweyten Verstandeseinheit durch Begriffe und Begriffe in dem dritten Vermögen Vernunfteinheit durch Ideen (durch prosyllogismen wird immer ein hoheres subiect gefunden, bis endlich kein anderes mehr gefunden werden kann, wovon das vorige praedicat wäre; eben so *bey bedingten schlüssen, da aber beweiset der prosyllogism die minorem*)" (*AA* XVIII;221,22-222,5; kursiv vom Verf.).

Kants Anmerkung, daß in „bedingten", d.h. hypothetischen[145], Vernunftschlüssen innerhalb eines Reduktionszusammenhangs der jeweils auf einen Schluß s_i folgende Prosyllogismus s_{i+1} (i=1,2,3,...) „die minorem", also den Untersatz von s_i als Konklusion habe, deutet darauf hin, daß im Zusammenhang mit der Weltidee Aristotelische Kettenschlüsse zu betrachten sind. Die schematische Darstellung eines solchen Kettenschlusses zeigt dann auch, daß die Forderung, die von einem Kettenschluß nach dem *Schema 1* nicht erfüllt werden konnte, von einem *aufsteigenden Aristotelischen Kettenschluß aus hypothetischen Vernunftschlüssen nach dem Modus (ponendo) ponens* erfüllt wird:

[145] Kants Wortgebrauch an dieser Stelle, der im Vergleich mit der *KdrV* ungewöhnlich ist, ist wohl als eine Anlehnung an G.F.Meier zu erklären, der in seinem *Auszug aus der Vernunftlehre*, §§ 392-4, hypothetische Vernunftschlüsse als „bedingte Vernunftschlüsse" bezeichnet; vgl. Meiers Definition des „bedingten Vernunftschlusses" *AA* XVI;745,18-20.

$$
\begin{array}{ll}
 & u_{n+1} \\
 & u_{n+1} \rightarrow u_n \\
s_n = & \overline{\phantom{u_{n+1} \rightarrow u_n}} \\
 & u_n \\
 & \cdot \\
 & \cdot \\
 & \cdot \\
 & \cdot \\
 & u_3 \\
 & u_3 \rightarrow u_2 \\
s_2 = & \overline{\phantom{u_{n+1} \rightarrow u_n}} \\
 & u_2 \\
 & u_2 \rightarrow u_1 \\
s_1 = & \overline{\phantom{u_{n+1} \rightarrow u_n}} \\
 & u_1
\end{array}
$$

Schema 2

In einer Reduktion einer „bedingten“ Erkenntnis u_1 auf ihre „Bedingungen“ nach diesem Schema ergibt sich nun eine Reihe von „Bedingungen“ $u_2, u_3, \ldots, u_n, \ldots$, so daß für jedes $k>1$ gilt: $u_k \rightarrow u_1$.

Wie bereits ausgeführt wurde, ist der „Exponent“ dieser Reihe mit dem Obersatz des ersten Vernunftschlusses, s_1, gegeben; er ist der Verstandesbegriff, der das (gesetzliche) Verhältnis der in diesem Obersatz beurteilten Erscheinungen bestimmt.[146] Im Falle eines Kettenschlusses aus hypothetischen Vernunftschlüssen ist dies die Ursache-Wirkungs-Kategorie; sie ist der „Exponent“ der Reihe $u_1, u_2, u_3, \ldots, u_n, \ldots$; denn für jedes i ($i=1,2,3,\ldots$) gilt: $u_{i+1} \rightarrow u_i$, d.h. für jedes i drückt $u_{i+1} \rightarrow u_i$ ein Kausalverhältnis aus.

Hier ist nun der Ort, nochmals auf den bereits angedeuteten mathematischen Ursprung der Ausdrücke „Exponent“ und „Reihe“ in ihrer Verwendung bei Kant einzugehen. In der 1788 erschienenen Schrift *Die Differential- und Integralrechnung endlicher Größen* führt der von Kant hochgeschätzte Zeitgenosse J.H.Lambert aus: „Eine Reihe ist nicht bloß eine Anzahl von Größen oder Gliedern; sondern es gehört ein Gesetz dazu, nach welchem die Glieder auf einander folgen, und einander bestimmen“.[147] Unter einer Reihe versteht Lambert demnach eine, wie man in der modernen Mathematik sagt, Folge, in der ein Glied jeweils aus dem vorangehenden nach einer Regel gebildet werden kann. Das „Gesetz“ der Reihe kann durch ein *allgemeines Glied*, das Lambert den „Terminus generalis“ der Reihe nennt, ausgedrückt werden. Als Beispiel gibt Lambert den Terminus generalis

---

[146] Vgl. die Ausführungen zum Begriff „Exponent“ in Abschnitt 1.3.2.

[147] J.H.Lambert: *Opera mathematica*, vol. II, S.301.

$$x_{n+1} := x_n + m$$

an, wo m eine Konstante und n=1,2,3,... ist. Daraus läßt sich durch Wahl eines Anfangsglieds x_1=a die Reihe a,a+m,a+2m,a+3m ... bilden.[148]

Der Ausdruck „Exponent" findet sich z.B. in A.G.Kästners *Anfangsgründe der Arithmetik* von 1761; dort definiert Kästner den Exponenten eines Zahlenverhältnisses als „die Zahl, womit das Vorderglied eines Verhältnisses zu multiplizieren ist, um das Hinterglied zu erhalten".[149] Auf zwei Glieder a_k,a_{k+1} einer Reihe übertragen, ist der Exponent dann diejenige Zahl c, mit der a_k zu multiplizieren ist, um a_{k+1} zu erhalten; m.a.W.: der Exponent c ist das *bestimmte Verhältnis* von a_k zu a_{k+1}. Das Verhältnis zwischen den aufeinander folgenden Gliedern einer Reihe kann nun für die verschiedenen Paare von aufeinander folgenden Gliedern der Reihe verschieden sein; aber es gibt auch Reihen, in denen das Verhältnis zwischen je zwei aufeinander folgenden Gliedern immer dasselbe ist. Dies ist z.B. in Reihen mit dem Terminus generalis

$$x_{n+1} := mx_n$$

(für konstantes m und n=1,2,3,...) der Fall. In einem solchen Fall kann man dann vom „Exponenten einer Reihe" sprechen, wie Kästner dies an anderer Stelle auch tut.[150] Im vorangehenden Beispiel ist der „Exponent der Reihe" die Zahl m.

Damit ist gezeigt, daß Kants Aussage, es lasse sich „eine jede *Reihe*, deren *Exponent* (des kategorischen oder hypothetischen Urteils) gegeben ist, fortsetzen" (A331, B387; kursiv vom Verf.), dem Wortgebrauch nach auf die zeitgenössische Mathematik zurückgeführt werden kann.

Es kann somit festgehalten werden: Wenn die Vernunft eine „bedingte" Erkenntnis u_1 durch hypothetische Schlüsse auf ihre „Bedingungen" zurückzuführen sucht, dann ist der bereits mit dem Obersatz des ersten Schlusses der entstehenden Kette gegebene „Exponent" der Bedingungsreihe u_1,u_2, u_3,... usw. die Ursache-Wirkungs-Kategorie. Die einzelnen Bedingungsverhältnisse der Glieder dieser Reihe stellen Kausalverhältnisse unter Erscheinungen vor.

Im *Historischen Wörterbuch der Philosophie* findet man unter dem Stichwort »Kausalgesetz« einen Artikel von E.Scheibe, in dem Hume und Kant die Leistung zugeschrieben wird, die Kausalrelation als Relation zwischen Ereignissen in Raum und Zeit bestimmt zu haben.[151] Nach Hume und Kant kämen als Relata der Kausalbeziehung nicht, wie man seit Aristoteles gemeint hat, Gegenstände im engeren Sinne in Betracht, sondern nur Ereignisse in Raum und Zeit, oder, wie Kant diese nenne, „Zustandsänderungen". Im Falle Kants bezieht sich Scheibe offenbar auf

---

[148] Vgl. *a.a.O.*, S.301f.
[149] *a.a.O.*, S.26.
[150] Vgl. A.G.Kästner: *Anfangsgründe der Analysis des Unendlichen*, § 628.
[151] Vgl. E.Scheibe *1976*, Spalte 791.

eine Bemerkung zur „Berichtigung des Begriffs der Veränderung", mit der Kant im Grundsatzkapitel der transzendentalen Analytik der *Kritik der reinen Vernunft* vom Beweis der ersten Analogie der Erfahrung zur zweiten Analogie überleitet:

> „Auf dieser [sc. zuvor thematisierten, Verf.] Beharrlichkeit gründet sich nun auch die Berichtigung des Begriffs von V e r ä n d e r u n g. Entstehen und Vergehen sind nicht Veränderungen desjenigen, was entsteht oder vergeht. Veränderung ist eine Art zu existieren, welche auf eine andere Art zu existieren eben desselben Gegenstandes erfolgt. Daher ist alles, was sich verändert, b l e i b e n d, und nur sein Z u s t a n d w e c h s e l t. Da dieser Wechsel also nur die Bestimmungen trifft, die aufhören oder auch anheben können, so können wir, in einem etwas paradox scheinenden Ausdruck, sagen: nur das Beharrliche (die Substanz) wird verändert, das Wandelbare erleidet keine Veränderung, sondern einen W e c h s e l, da einige Bestimmungen aufhören, und andere anheben. Veränderung kann daher nur an Substanzen wahrgenommen werden, und das Entstehen oder Vergehen, schlechthin, ohne daß es bloß eine Bestimmung des Beharrlichen betreffe, kann gar keine mögliche Wahrnehmung sein, weil eben dieses Beharrliche die Vorstellung von dem Übergange aus dem Zustande in den anderen, und von Nichtsein zum Sein, möglich macht" (A187f., B230f.)

Den Grund für diese „Berichtigung des Begriffs von Veränderung" sieht Kant offenbar im Schematismus des reinen Verstandes, also in einer spezifisch transzendental-idealistischen Theorie: Eine Veränderung kann gar nicht *an sich* wahrgenommen werden, sondern nur als Veränderung eines Dinges, d.h. eines Beharrlichen in der Zeit, also - nach der ersten Analogie - einer Substanz. Die Behauptung, daß Veränderungen stets Veränderungen einer zugrundeliegenden Substanz sein müssen, ist allerdings älter als die Schematismuslehre; Kant erwähnt sie bereits in seiner Dissertation von 1770 als „logische These".[152] - Den Zusammenhang mit der Ursache-Wirkungs-Kategorie stellt dann die zweite Analogie der Erfahrung in der Formulierung der B-Auflage der *Kritik der reinen Vernunft* her: „Alle Veränderungen geschehen nach dem Gesetze der Verknüpfung von Ursache und Wirkung" (B232).

Diese Formulierung läßt den Zusammenhang jedoch ambivalent: Einerseits kann man sie so verstehen, daß die (schematisierte) Ursache-Wirkungs-Kategorie auf zwei *Paare von aufeinander folgenden Zuständen* angewendet werden muß; dann hätte der Übergang eines Dinges X von einem Zustand z_1 in einen Zustand z_2 den Übergang eines Dinges Y von einem Zustand z_3 in einen Zustand z_4 als Ursache. Diese Deutung scheint Scheibe zugrunde zu legen. Andererseits kann man die zweite Analogie aber auch so lesen, daß die Ursache-Wirkungs-Kategorie auf *zwei aufeinander folgende Zustände* anzuwenden ist; dann würde der Übergang eines Dinges X in einen Zustand z_1 durch einen anderen Zustand z_2 verursacht.

---

[152] „Et haec quidem f o r m a mundo e s s e n t i a l i s propterea est i m m u t a b i l i s, neque ulli vicissitudini obnoxia; idque primo ob r a t i o n e m l o g i c a m, quia mutatio quaelibet supponit identitatem subiecti, succedentibus sibi invicem determinationibus" (*AA* II; 390,26-29).

Welche dieser beiden Deutungsmöglichkeiten zutrifft, kann nur aufgrund von Indizien entschieden werden; eine explizite Antwort auf diese Frage gibt der Text, soweit ich sehe, nicht. Zweifellos zutreffend dürfte Scheibes Behauptung sein, die *schematisierte* Ursache-Wirkungs-Kategorie sei nach Kant auf Gegenstände im engeren Sinne nicht empirisch sinnvoll anwendbar, da für eine Erkenntnis der Form: X, weil Y (mit X,Y als Gegenständen im engeren Sinne), die Wahrnehmungsbasis, d.h. das Beharrliche in der Zeit, fehlt. Die schematisierte Ursache-Wirkungs-Kategorie ist nur anwendbar auf (a) zeitlich aufeinander Folgendes, das (b) ein zeitlich invariantes Moment gemeinsam hat. Dieses zeitlich invariante Moment fehlt, wenn X,Y Gegenstände im engeren Sinne sind. Ein zeitlich invariantes Moment ist jedoch offensichtlich, wenn man die zweite der oben genannten Deutungsmöglichkeiten zugrunde legt: Der Gegenstand X könnte dann die Invariante im Wechsel seiner Zustände sein. Weniger offensichtlich ist das zeitlich invariante Moment dagegen wiederum im Falle der ersten, von Scheibe zugrundegelegten Deutung. Hier weist jedenfalls die Beschreibung der Situation nicht auf eine solche Invariante hin. Darüber hinaus scheint auch Kants Sprachgebrauch im Beweis- und Erläuterungstext zur zweiten Analogie sowie in den Texten zur dritten und vierten Antinomie für die zweite Deutungsmöglichkeit zu sprechen. In der *Kritik der reinen Vernunft* spricht Kant, soweit ich sehe, hinsichtlich der Relata der schematisierten Ursache-Wirkungs-Kategorie nur an einer Stelle von „Ereignissen“[153]; an den weitaus meisten Stellen gebraucht er die Ausdrücke „Zustand“ und „Begebenheit“.[154] Unter einer Begebenheit scheint Kant aber einen Zustand zu verstehen, der zu irgendeinem Zeitpunkt erstmalig eingetreten ist.[155] Aufgrund der vorliegenden Indizien bin ich der Ansicht, daß Kant den Bereich, in dem die schematisierte Ursache-Wirkungs-Kategorie sinnvoll angewendet werden kann, auf Zustände von Gegenständen (oder Systemen) in Raum und Zeit beschränkt.[156]

---

[153] Vgl. A199, B244.

[154] Vgl. A189-211, B223-256 und A444-451, B473-479.

[155] Dies belegen im Zusammenhang die beiden folgenden Textstellen: „Man nehme an, es gebe keine andere Kausalität, als nach Gesetzen der Natur; so setzt alles, was geschieht, einen Zustand voraus, auf den es unausbleiblich nach einer Regel folgt. Nun muß aber der vorige Zustand selbst etwas sein, was geschehen ist (in der Zeit geworden, da es vorher nicht war)“ (A444, B472). - „In der Erscheinung ist jede Wirkung eine Begebenheit oder etwas, das in der Zeit geschieht; vor ihr muß nach dem allgemeinen Naturgesetze eine Bestimmung der Causalität ihrer Ursache (ein Zustand derselben) vorhergehen, worauf sie nach einem beständigen Gesetze folgt. Aber diese Bestimmung der Ursache zur Causalität [d.i. der vorhergehende Zustand, Verf.] muß auch etwas sein, was sich eräugnet oder geschieht; [...]. Also muß unter den Erscheinungen die Bestimmung der Ursache zum Wirken [d.i. der vorhergehende Zustand, Verf.] auch entstanden und mithin eben so wohl als ihre Wirkung eine Begebenheit sein, die wiederum ihre Ursache haben muß“ (*Prolegomena AA* IV; 343,30-344,4).

[156] Vgl. auch Kants Sprachgebrauch an den folgenden Textstellen: „[...] mithin die Sukzession der Zustände selbst (das Geschehene) kann doch nach dem Gesetze der Kausalität und den Bedingungen der Zeit a priori erwogen werden“ (A207, B252). - „Um Veränderung, als die dem Begriffe der Kausalität korrespondierende Anschauung, darzustellen, müssen wir Bewegung, als Veränderung

Somit wird in der Reduktion einer „bedingten" Erkenntnis auf ihre „Bedingungen" nicht nur eine Reihe $u_1,u_2,u_3,...$ usw. von Erkenntnissen in Vernunftschlüssen miteinander verknüpft, sondern es ergibt sich dadurch *mittelbar* eine Reihe $z_1,z_2,z_3,...$ usw. von Zuständen, die zueinander in Kausalverhältnissen stehen; dies geht aus der *intensionalen* Interpretation der Verhältnisse der Glieder der Reihe $u_1,u_2,...$ usw. hervor. Was extensional nur eine Reihe von einander übergeordneten hinreichenden Bedingungen zu einem „Bedingten" ist, erweist sich in intensionaler Betrachtungsweise als Beschreibung einer Reihe von einander übergeordneten Ursachen zu einer gegebenen Wirkung. Die Glieder der Reihe $z_1,z_2,z_3,...$ usw. stehen also ihrerseits wiederum in einem *Bedingungsverhältnis*: nicht in einem *logischen*, wie ihre Beschreibungen, sondern in einem *ontologischen*.

Wie ergibt sich nun hieraus der von Kant behauptete Zusammenhang mit der Weltidee? Zunächst ist festzuhalten, daß die Weltidee nicht, wie man erwarten könnte, als fiktives „unbedingtes" Endglied u^* einer Reihe von Erkenntnissen $u_1,u_2,u_3,...$ usw., die in einem Kettenschluß aus hypothetischen Vernunftschlüssen miteinander verknüpft sind, bestimmt werden kann, und auch nicht als der in u^* beschriebene, fiktive „unbedingte" Zustand z^*: Denn erstens kann es aus apriorischen Gründen keinen solchen Zustand geben; würde man einen solchen annehmen, so wäre die Weltidee von vornherein eine widersprüchliche Vorstellung, was sie aber nach Kant nicht sein darf. Zweitens entspricht die Vorstellung eines solchen Zustandes schon intuitiv nicht dem Gebrauch des Ausdrucks „Welt". Vielmehr müßte es sich gemäß dem Kantischen Ansatz bei der Weltidee um die Vorstellung einer ganzen, vollständigen Reihe von sich „bedingenden" Zuständen handeln; von einer solchen „Totalität der Bedingungen" gilt nach Kant, wie gezeigt wurde, daß sie selbst „unbedingt" ist.[157] Die Zustände, um die es sich dabei handeln müßte, können aber nicht Zustände einzelner (beliebiger) Gegenstände sein, denn dies würde wiederum dem Gebrauch des Ausdrucks „Welt" nicht gerecht.[158] Sondern es müßte sich um die Zustände der Gesamtheit aller Gegenstände in Raum und Zeit handeln.

Ausgangspunkt der Konstruktion der Weltidee durch die Vernunft müßte demnach die Vorstellung der Gesamtheit aller Gegenstände (im engeren Sinne) in Raum und Zeit sein. Würde diese als zum gegebenen Zeitpunkt t_0 in einem bestimmten Zustand z_0 befindlich vorgestellt, dann entspräche die Idee der Reihe *aller* Zu-

---

im Raume, zum Beispiel nehmen, [...]. Wie es nun möglich sei, daß aus einem gegebenen Zustande ein ihm entgegengesetzter desselben Dinges folge, kann nicht allein keine Vernunft sich ohne Beispiel begreiflich, sondern nicht einmal ohne Anschauung verständlich machen" (B291f.).

[157] Vgl. A322, B379 (in Abschnitt 1.3.2. zitiert).

[158] Das gilt auch für den Sprachgebrauch zu Kants Zeiten, wie sich aus dem Artikel »Welt« im Band 54 von J.H.Zedlers *Universal-Lexikon* (1747) ergibt (vgl. dazu die folgenden Ausführungen).

stände der Gesamheit der Gegenstände in Raum und Zeit, welche den Zustand z_0 „bedingen", der Idee der Welt.[159]

Den Zusammenhang der Weltidee mit einem von der Vernunft durch Prosyllogismen immer weiter fortgeführten Kettenschluß aus hypothetischen Vernunftschlüssen kann man folglich nur so denken, daß jede Erkenntnis u_i (i=1,2,3,...), die in einem Schluß dieser Kette abgeleitet wird, eine Beschreibung eines Zustandes der Gesamtheit aller Gegenstände in Raum und Zeit ist.

Die Idee eines solchen *vollständigen, kausal-determinierten Hypersystems* entspricht durchaus dem u.a. durch die Newtonsche Mechanik geprägten Denken der zur Kantischen Zeit einflußreichsten philosophischen Strömungen. Dies zeigt sich z.B., wenn man den Artikel »Welt« in J.H. Zedlers *Universal-Lexikon* nachschlägt.[160] Dort werden drei Bedeutungen des Ausdrucks „Welt" unterschieden: Erstens gebraucht man diesen Ausdruck, „in gemeinem Verstande, nur vor unsere bewohnte Erde. [...] Zweytens versteht man unter der Welt die so genannte Planeten, Welt, da die Sonne und alle Planeten, samt der Erde, einen besondern Zusammenhang ausmachen. [...] Drittens ist die Welt aber auch ein Inbegriff aller Dinge, die von GOtt erschaffen worden sind, und von ihm erhalten werden, da es denn den Nahmen *Universum* im Lateinischen, und *Univers* im Französischen führet. *Wir sehen hier vornehmlich auf diese letztere Bedeutung.* Wolff verstehet in der Metaphysik unter dem Nahmen der Welt die ganze *Reihe* der veränderlichen Dinge, die neben einander sind, und auf einander folgen, insgesamt aber mit einander verknüpft sind. Es sind aber diejenigen mit einander verknüpffet, wenn ein jedes unter ihnen den Grund in sich enthält, warum das andere neben ihm zugleich ist, oder auf dasselbe folget. Wolff rechnet zu der Welt nicht allein das Welt=Gebäude, in so weit es aus den grossen Welt=Cörpern auf gewisse Weise zusammen gesetzet ist, die er in der Physic erkläret; Sondern auch alle Veränderungen, die sich so wohl mit den gantzen Welt=Cörpern, als auf ihnen, ereignen: In dieser Benennung folget er Leibnizen".[161]

An diesem Lexikoneintrag ist zunächst bemerkenswert, daß die C.Wolff zugeschriebene, speziell metaphysische Definition des Ausdrucks „Welt" zur vorrangigen erklärt wird. Diese Definition läßt sich denn auch fast wörtlich in den §§ 544ff. der *Deutschen Metaphysik* C.Wolffs wiederfinden.[162] Auch die behauptete

---

[159] Wie unten gezeigt werden wird, läßt sich die Zurückführung von Zuständen der Gesamtheit der Gegenstände in Raum und Zeit auf die Zustände der einzelnen Gegenstände aus dieser Gesamtheit für die traditionelle Metaphysik historisch belegen. - Die hier beschriebene Vernunftkonstruktion kann aber selbstverständlich keine im Sinne von Kants transzendentalem Idealismus gerechtfertigte, *objektkonstituierende* Konstruktion sein (vgl. unten Kapitel 2 dieser Arbeit).

[160] Vgl. *a.a.O.*, Band 54 (1747), Spalten 1639-1713.

[161] *a.a.O.*, Spalten 1639f. (kursiv teilweise vom Verf.).

[162] Vgl. C.Wolff: *Vernünftige Gedanken von Gott, der Welt und der Seele des Menschen, auch allen Dingen überhaupt*, S.331ff.

Übereinstimmung mit G.W.Leibniz läßt sich verifizieren; so definiert Leibniz in einem Brief an Des Bosses vom 28.11.1708: „Mundi autem nomine intellego *totam seriem rerum* in aeternum procedentem, nempe a parte posteriore seu in futurum, quae non est creatura, sed aliquod infinitum, quasi aggregatum".[163]

Bemerkenswert ist zweitens, daß Wolff demnach die Welt nicht einfach als Gesamtheit der zugleich existierenden und miteinander verknüpften „Welt=Cörper" definiert, sondern im Ausgang von dieser Gesamtheit der „Welt=Cörper" auch deren Veränderungen in der Zeit, die er wohl in Grund-Folge-Verhältnissen begründet sieht, miteinbezieht. So gelangt er dazu, die Welt als die *Reihe* aller miteinander durch Grund-Folge-Verhältnisse verknüpfter Gegenstände zu definieren. Und in diesem, für die Kantische Systematik so wichtigen *Reihengedanken* stimmt Leibniz, wie gezeigt wurde, mit ihm überein.

In seiner frühen Schrift *Gedanken von der wahren Schätzung der lebendigen Kräfte* (1747), in der Kant eine Vermittlung im Streit zwischen der Leibnizschen und der Newtonschen Schule über den physikalischen Begriff der Kraft versucht, übernimmt Kant offenbar die Wolffsche Definition der Welt; er sagt dort in einer Fußnote: „Mundus est rerum omnium contingentium simultanearum & successivarum inter se connexarum *series*" (*AA* I;23,34f.; kursiv vom Verf.).

Einige Seiten zuvor bezeichnet er die „successive Reihe der Dinge" zur Unterscheidung von „dem coexistierenden Zustande der Welt" als die „zweite Abmessung derselben".[164]

Auch in A.G.Baumgartens *Metaphysica*, dem Ontologie-Lehrbuch, das Kant später seinen Vorlesungen über Metaphysik zugrunde gelegt hat, findet man in der Definition des positiven Welt*begriffs*, § 354, den Reihengedanken wieder: „MUNDUS [...] est *series* (multitudo, totum) actualium finitorum, quae non est pars alterius" (*AA* XVII;103,27f; kursiv vom Verf.).

Und im Hinblick auf die oben rekonstruierte Zurückführbarkeit des Zustands der Gesamtheit der Dinge in Raum und Zeit auf die Zustände der einzelnen Dinge findet man bei Baumgarten, § 369, den Hinweis:

> „STATUS MUNDI est totum omnium statuum in partibus simultaneorum. Iam hic mundus habet partes, in quibus coexistunt fixa cum mutabilis [...]. Ergo hic mundus habet statum" (*AA* XVII;105,23-25).

Baumgarten führt demnach den Zustand der Welt auf die Zustände ihrer Teile zurück. - Da bei Wolff die sukzessiven Zustände der Gesamtheit aller koexistierenden Dinge durch Grund-Folge-Verhältnisse miteinander verknüpft sind, determiniert der jeweils vorhergehende Zustand der Gesamtheit aller Dinge den zeitlich darauf folgenden. Und da der jeweilige Zustand dieser Gesamtheit auf die

---

[163] G.W.Leibniz: *Die philosophischen Schriften*, Band 2, S.362 (kursiv vom Verf.).
[164] Vgl. *a.a.O. AA* I;19,16-19.

Zustände der einzelnen Dinge zurückgeführt werden kann, läßt sich der von Wolff in den §§ 556f. der *Deutschen Metaphysik* angestrengte Vergleich der Welt mit einem Uhrwerk und mit einer Maschine durchaus nachvollziehen; es heißt dort in § 557:

> „Man darf sich aber um soviel weniger befremden lassen, daß ich von einem Uhrwercke oder einer Maschine ein Gleichniß gebe. Denn die Welt ist gleichfalls eine Maschine. Der Beweis ist nicht schwer. Eine Maschine ist ein zusammengesetztes Werck, dessen Bewegungen in der Art der zusammensetzung gegründet sind. Die Welt ist gleichfalls ein zusammengesetztes Ding, dessen Veränderungen in der Art der Zusammensetzung gegründet sind. Und demnach ist die Welt eine Maschine".[165]

Auch Kant spricht in seiner oben erwähnten Erstlingsschrift von der „Weltmaschine".[166] Und noch in der *Kritik der Urteilskraft* findet sich die Rede von dem „Maschinenwerk dieser Welt".[167]

Damit ist gezeigt, daß die zuvor aus Kants Ansatz systematisch entwickelte Erklärung der Kantischen *Idee* der Welt als vollständiges, kausal-determiniertes Hypersystem weitgehend dem Welt*begriff* der vorkantischen Metaphysik im 18. Jahrhundert entspricht. Abweichungen von diesem metaphysischen Weltbegriff der Tradition ergeben sich aus Kants Neubestimmung des Vor- und des Nachbereichs der Kausalrelation und, dies wurde bislang außer Acht gelassen, aus seiner transzendental-idealistischen Raum-Zeit-Lehre, insofern als die Gegenstände in Raum und Zeit, deren Gesamtheit die Grundlage der Weltidee bzw. des Weltbegriffs darstellt, für Kant immer Erscheinungen sind.[168] Von dem grundlegenden Unterschied in der Bestimmung der Relation der Kantischen Weltidee und des metaphysischen Weltbegriffs zu den menschlichen Erkenntnisvermögen, der sich aus Kants Kritik an der rationalen Kosmologie ergibt und sich bereits in der Wahl der Termini „Weltidee" und „Weltbegriff" andeutet, sei hier vorerst abgesehen.

Es gilt nun, Belege zu finden für die Erklärung der Weltidee, welche oben im Ausgang von einer intensionalen Interpretation von Bedingungsreihen, die in Ketten aus hypothetischen Vernunftschlüssen fundiert sind, systematisch entwickelt wurde. Dieses Unternehmen erweist sich aber als überaus schwierig, da die in der *Kritik der reinen Vernunft* vorherrschende Erklärung der Welt als „Inbegriff aller Erscheinungen" nicht präzis genug ist, um einen überzeugenden Beleg zu liefern.[169]

---

[165] *a.a.O.*, S.336f. Der Genitiv „dessen Veränderungen" kann hier nach der Wolffschen Definition von Welt nur als Genitivus subiectivus verstanden werden.

[166] Vgl. *a.a.O. AA* I;59,20 u. 62,13.

[167] Vgl. *AA* V;439,13.

[168] Vgl. A407f., B434f. und A419f., B447.

[169] Zu dieser Erklärung der Welt vgl. A334, B391; A419, B447; A455, B483; A506f., B534f. - Unter einem „Inbegriff" von Dingen versteht Kant wohl eine Gesamtheit dieser Dinge; so erklärt er die Welt auch als „das absolute Ganze aller Erscheinungen" (A328, B384). - Entsprechend unpräzis sind auch die Erklärungen der Kantischen Weltidee, die man in der Literatur vorfindet; vgl. z.B. K.Düsing *1968*, S.25.

Geradezu gegenläufig zu der oben systematisch herausgearbeiteten Erklärung der Weltidee scheint diese Erklärung dann zu sein, wenn man unter „Erscheinungen" Gegenstände der Erfahrung im engeren Sinne, nicht aber deren Zustände versteht. Außerdem erklärt Kant im Thesisbeweis der vierten Antinomie auch die seit der Dissertation von der Verstandeswelt (*mundus intelligibilis*) unterschiedene Sinnenwelt (*mundus sensibilis*) als den „Inbegriff aller Erscheinungen" und kompliziert die Sachlage damit zusätzlich.[170] Wie kann man nun trotzdem aus dem vorliegenden Quellenmaterial einen Beleg für die systematisch entwickelte Erklärung der Weltidee gewinnen?

Zunächst läßt sich der Zusammenhang der Kantischen Weltidee mit dem Weltbegriff der metaphysischen Tradition und dem für die „zweite Abmessung" der Welt (vgl. oben) so bedeutsamen Reihenbegriff durch eine Textstelle aus dem siebenten Abschnitt des Antinomienkapitels belegen; dort erklärt Kant die Welt als „die ganze Reihe der Erscheinungen".[171] Ein Blick über die *Kritik der reinen Vernunft* hinaus auf die *Kritik der praktischen Vernunft* zeigt dann, daß man den Begriff der Erscheinung nicht auf *Gegenstände* (möglicher Erfahrung) *im engeren Sinne* beschränken darf, sondern auch „Begebenheiten in der Sinnenwelt", d.h. eingetretene Zustände von Gegenständen in Raum und Zeit, dazuzählen muß; Kant argumentiert dort, daß „die Handlungen [...] als Begebenheiten in der Sinnenwelt zu den Erscheinungen gehören" (*AA* V;65,15-19). Handlungen gehören dem zufolge deshalb zur Sinnenwelt, weil (1) sie Begebenheiten in Raum und Zeit sind, (2) Begebenheiten in Raum und Zeit Erscheinungen sind, und (3) die Sinnenwelt der „Inbegriff aller Erscheinungen" ist (letzteres wird an der zitierten Stelle offenbar vorausgesetzt). Und in der kleinen Schrift *Einige Bemerkungen zu Ludwig Heinrich Jakob's Prüfung der Mendelssohn'schen Morgenstunden* (1786) stellt Kant rückblickend auf die Ergebnisse der *Kritik der reinen Vernunft* fest, daß die Frage, „ob die *Begebenheiten in der Welt* (worunter auch unsere willkürlichen Handlungen gehören) in der Reihe der vorhergehenden Ursachen bestimmt seien, oder nicht; [...] ein wichtiger, durch dogmatische Metaphysik niemals zu entscheidender Streit" (*AA* VIII;153,1-5; kursiv vom Verf.) sei.

Damit ist belegt, daß Begebenheiten in Raum und Zeit von Kant als Erscheinungen bezeichnet werden und somit nach der in der *Kritik der reinen Vernunft* vorherrschenden Erklärung der Weltidee zumindest der Welt beizuzählen sind. Dies ist aber derjenige Teil der oben systematisch entwickelten Erklärung der Weltidee, welcher am dringendsten eines Belegs bedurfte; denn durch die angegebenen Belege wird ausgeschlossen, daß die Kantische Erklärung der Welt als „Inbegriff aller Erscheinungen" allein schon Anlaß dazu gibt, die Welt als die

---

[170] Vgl. A454, B482.
[171] Vgl. A504, B539.

Gesamtheit aller Gegenstände im engeren Sinne aufzufassen und Zustände davon auszuschließen.

Die so erklärte Weltidee ist zugleich die Idee der von Kant sogenannten „Sinnenwelt". Sie wird allerdings hier „als ein dynamisches Ganzes[172] betrachtet, und man [sieht] nicht auf die Aggregation im Raume oder der Zeit, um sie als eine Größe zustande zu bringen, sondern auf die Einheit im D a s e i n der Erscheinungen" (A419, B446f.); daher ist sie nach einer von Kant im Abschnitt über das „System der kosmologischen Ideen" eingeführten Terminologie eher eine Idee der „Natur".[173]

Es kann also festgehalten werden: Wenn die Vernunft sich überhaupt die Idee eines unter ihren Begriff von der „unbedingten Bedingung" aller Voraussetzungen empirischer Erkenntnisse fallenden Gegenstands bilden muß, wie Kant erklärt, und wenn sich diese Idee aus der intensionalen Interpretation einer bestimmten Reihe von sich gegenseitig „bedingenden" und in hypothetischen Vernunftschlüssen miteinander verknüpften Verstandeserkenntnissen ergeben soll, dann kann diese Idee allenfalls die Idee der Natur, als eines vollständigen, kausal-determinierten Hypersystems von Zuständen, sein.

Doch läßt sich diese Idee überhaupt sinnvoll als Idee eines Gegenstands, welcher unter einen Vernunftbegriff fällt, bestimmen? Ist es überhaupt möglich, daß ein so vorgestellter Gegenstand, wenn er wirklich wäre, unter einen der metaphysisch deduzierten Vernunftbegriffe fiele?

Die Antwort auf diese Frage ergibt sich aus der an die Begriffe der reinen Vernunft gestellten Bedingung (II) (vgl. oben) und stützt sich auf Kants Konzeption der Vernunft als ein Vermögen, das keine unmittelbare Beziehung auf Gegenstände der Erfahrung hat[174]: Vernunftbegriffe sind Begriffe von formalen Beziehungen von Verstandeserkenntnissen zueinander. Durch die Bildung eines „Inbegriffs aller Erscheinungen" kann nun aber kein Gegenstand erzeugt werden, der unter einen solchen *meta-erfahrungswissenschaftlichen Begriff* fallen könnte; oder anders ausgedrückt: Die Welt ist keine spezielle formale Beziehung unter Verstandeserkenntnissen. Zwar kann durch die Inbegriffsbildung, wie z.B. auch durch eine Klassenbildung, vom Bereich der Erscheinungen abstrahiert und so, wenn überhaupt, dann ein Gegenstand höherer Ordnung erzeugt werden. Aber man gelangt durch die Inbegriffsbildung weder in den Bereich der Erkenntnisse noch in den ihrer formalen Relationen. M.a.W.: Es gibt eine durch Inbegriffsbildung nicht zu überwindende Diskrepanz zwischen den Erscheinungen und den Erkenntnissen über diese. Also

---

[172] In der A-Auflage steht „Ganze" statt „Ganzes"; vgl. die Ausgabe von R.Schmidt, S.447.

[173] Vgl. ibid. - Denn man versteht „unter Natur, substantive (materialiter), den Inbegriff der Erscheinungen, sofern diese vermöge eines inneren Prinzips der Kausalität durchgängig zusammenhängen" (ibid.).

[174] Vgl. Abschnitt 1.3.1.

könnte die Welt, auch wenn sie nicht nur ein imaginärer, sondern auch ein wirklicher Gegenstand wäre, kein unter einen Vernunftbegriff fallender Gegenstand sein.[175] Die Beziehung der menschlichen Vernunft auf die Welt läßt sich mithin nicht so bestimmen, daß die Welt ein mögliches Objekt eines Vernunftbegriffs ist. Sie *erscheint* nur dann als ein solches, wenn man den Bereich der Erscheinungen mit dem Bereich der Erkenntnisse über diese konfundiert. Wenn man sich vorstellt, daß alle Zustände der Gesamtheit aller Gegenstände möglicher Erfahrung von einem gegebenen Zeitpunkt t_0 an regressiv vollständig beschrieben werden könnten, dann läge eine vollständige Beschreibung der Welt vor; diese könnte den Gegenstand eines Vernunftbegriffs bilden. Eine Beschreibung der Welt darf aber nicht mit der Welt selbst verwechselt werden. Eine solche Verwechselung würde die Welt zwar als Objekt eines Vernunftbegriffs erscheinen lassen, stellte aber eine unzulässige Konfusion zweier disjunkter Bereiche dar. Tatsächlich lassen sich, wie im folgenden noch deutlich werden wird, in Kants Antinomienlehre Spuren einer solchen Konfusion auffinden. - Kants Theorie der Vernunft und ihrer Begriffe mag zwar, wie ich hoffe deutlich gemacht zu haben, kohärent rekonstruierbar und ein wichtiger Teil seiner Erkenntnistheorie sein; sie vermag jedoch die Welt nicht überzeugend als ein Objekt natürlicher und unvermeidlicher Vernunftspekulationen auszuweisen.

1.5. Kosmologische Ideen

Mit dem Abschluß des ersten Buches der transzendentalen Dialektik setzt Kant das Thema Vernunftbegriffe zunächst aus, um sich im ersten Hauptstück des zweiten Buches der Kritik der rationalen Psychologie zuzuwenden. Er nimmt es jedoch zu Beginn des zweiten Hauptstücks des zweiten Buches, welches die Kritik an der rationalen Kosmologie enthält, wieder auf, indem er besondere kosmologische Vernunftbegriffe einführt, welche er zumeist „kosmologische Ideen", bisweilen aber auch „Weltbegriffe" nennt und mit dem Auftreten und der Systematik der Widersprüche der rationalen Kosmologie in einen Erklärungszusammenhang bringt:

> „Ich nenne alle transzendentalen Ideen, sofern sie die absolute Totalität in der Synthesis der Erscheinungen betreffen, W e l t b e g r i f f e, teils wegen eben dieser unbedingten Totalität, worauf auch der Begriff des Weltganzen beruht, der selbst nur eine Idee ist, teils weil sie lediglich auf die Synthesis der Erscheinungen, mithin die empirische, gehen" (A407f., B434).

---

[175] Eine Erklärung der Welt, die diese in die Nähe eines logisch möglichen Gegenstands eines Vernunftbegriffs bringt, findet sich in der von F.T.Rink überarbeiteten Vorlesung Kants über *Physische Geographie*; dort heißt es: „so können wir denn auch [...] die Welt als Inbegriff aller Erfahrungserkenntnisse betrachten" (*AA* IX;156,22f.). Dies ist die einzige mir bekannte Stelle, an der sich eine solche Erklärung findet; da sie aber weder dem Wortgebrauch von „Welt" noch den historischen Vorgaben in der Metaphysik entspricht, kann ich darin nur eine irrtümliche Formulierung sehen.

Kant gibt hier zwei Gründe dafür an, daß er die besonderen, für die rationale Kosmologie bedeutsamen und im weiteren Kontext allererst einzuführenden Vernunftbegriffe als „Weltbegriffe" bezeichnen möchte: (1) Sie betreffen ebenso wie die Idee des Weltganzen die „absolute [unbedingte] Totalität in der Synthesis der Erscheinungen"; (2) sie betreffen *insofern* ebenso wie die Idee der (Sinnen-)Welt nur Erscheinungen.[176] - Diese Begründung stellt nun überraschenderweise einen weniger engen Zusammenhang zwischen der Welt und den kosmologischen Ideen her, als es die Benennung „Weltbegriffe" bzw. „kosmologische Ideen" zunächst erwarten läßt: Kant verweist in seiner Begründung *weder* darauf, daß die Bildung (Bestimmung) der kosmologischen Vernunftbegriffe notwendigerweise auf die Weltidee Bezug nehmen müßte[177], *noch* darauf, daß es sich bei diesen Vernunftbegriffen um Unterbegriffe desjenigen Vernunftbegriffs handelte, dessen vermeintliches Objekt die Welt ist, o.ä. Kants Begründung ist allgemeinerer Art, und die Einführung der einzelnen kosmologischen Vernunftbegriffe bestätigt dann auch, daß zwar einige, aber nicht alle dieser Begriffe in dem erwarteten engen Zusammenhang zur Weltidee stehen (vgl. unten).[178] Darüber hinaus macht sowohl die Begründung für die Benennung als auch die Formulierung der kosmologischen Ideen selbst deutlich, daß diese von Kant bereits im Sinne seiner kritischen Unterscheidung zwischen Erscheinungen und Dingen an sich und somit vom Standpunkt der *Auflösung* der Antinomienproblematik, nicht aber vom Standpunkt der *Konstitution* derselben eingeführt werden.[179]

Gemessen an der von Kant in der Einleitung und im ersten Buch der transzendentalen Dialektik entwickelten Theorie der Vernunft und ihrer Begriffe ist es jedoch noch sehr viel überraschender, wenn Kant zu Beginn des Abschnitts über das „System der kosmologischen Ideen" bemerkt: „daß nur der Verstand es sei, aus welchem reine und transzendentale Begriffe entspringen können, daß die Vernunft

---

[176] Wie Kant im weiteren Kontext der zitierten Textstelle kontrastierend feststellt, wird „hingegen die absolute Totalität, in der Synthesis der Bedingungen aller möglichen *Dinge überhaupt*, ein Ideal der reinen Vernunft veranlassen" (A408, B434f.; kursiv vom Verf.). - Die beiden Gründe, die Kant hier für seine terminologische Festlegung einführt, wiederholt er an späterer Stelle in umgekehrter Reihenfolge: „Die Ideen, mit denen wir uns jetzt beschäftigen, habe ich oben kosmologische Ideen genannt, teils darum, weil unter Welt der Inbegriff aller Erscheinungen verstanden wird, und unsere Ideen auch nur auf das Unbedingte unter den Erscheinungen gerichtet sind, teils auch, weil das Wort Welt, in transzendentalem Verstande, die absolute Totalität des Inbegriffs existierender Dinge bedeutet, und wir auf die Vollständigkeit der Synthesis [...] allein unser Augenmerk richten" (A419f., B447).

[177] So z.B. J.Seifert *1989*, S.153, aufgrund einer falschen Deutung der von Kant angegebenen Begründung.

[178] Eine andere Ansicht vertritt in diesem Punkt H.Allison *1983*, S.56. Allison gibt jedoch keine Begründung für seine Ansicht an.

[179] Vgl. H.Heimsoeth *1966-9*, S.202. Auf die irreführende Wirkung, die dieses Kantische Vorgehen auf die Ansichten einiger Autoren über die Voraussetzungen der Antinomienproblematik gehabt hat, weist insbesondere J.Schmucker *1990*, S.190ff., hin.

eigentlich gar keinen Begriff erzeuge, sondern allenfalls nur den Verstandesbegriff, von den unvermeidlichen Einschränkungen einer möglichen Erfahrung, frei mache, und ihn also über die Grenzen des Empirischen, doch aber in Verknüpfung mit demselben zu erweitern suche. Dieses geschieht dadurch, daß sie zu einem gegebenen Bedingten auf der Seite der Bedingungen [...] absolute Totalität fordert, und dadurch die Kategorie zur transzendentalen Idee macht, um der empirischen Synthesis, durch Fortsetzung derselben bis zum Unbedingten [...] absolute Vollständigkeit zu geben. [...] Also werden [...] die transzendentalen Ideen eigentlich nichts, als bis zum Unbedingten erweiterte Kategorien sein" (A408f., B435f.).

Diese Textstelle steht ganz offensichtlich im Widerspruch zu der in A299, B355f. sowie A321, B377f. formulierten und oben zur Interpretationsmethode ausgearbeiteten Analogiebehauptung; denn sie nimmt der Vernunft ihre Eigenständigkeit als ein vom Verstand unterschiedenes Erkenntnisvermögen und hebt ein Resultat der *Kritik der reinen Vernunft* auf, über das Kant in § 41 der *Prolegomena* sagt, daß es allein schon mehr zur Aufklärung des Metaphysik-Problems beitrage „als alle fruchtlose Bemühungen den transscendenten Aufgaben der reinen Vernunft ein Gnüge zu thun, die man von je her unternommen hat" (*AA* IV;329,7ff.): d.i. die Unterscheidung von Verstandes- und Vernunftbegriffen.[180] - Diese und andere Widersprüche sind in der Literatur bemerkt worden; man hat deshalb vermutet, daß der Abschnitt über das „System der kosmologischen Ideen" älteren Ursprungs sei als die in der Einleitung und im ersten Buch der transzendentalen Dialektik entwickelte Theorie der Vernunft und ihrer Begriffe.[181]

Auf diese entstehungsgeschichtliche Vermutung möchte ich hier nicht weiter eingehen; es steht aber fest, daß Kant im Abschnitt über das „System der kosmologischen Ideen" eine von der oben rekonstruierten metaphysischen Deduktion der drei zentralen transzendentalen Ideen wesentlich verschiedene Deduktion der kosmologischen Vernunftbegriffe durchführt: Obgleich Kant noch im Einleitungsabschnitt in das Antinomienkapitel auf eine „Analogie" der Antinomienproblematik mit hypothetischen Vernunftschlüssen hinweist, haben diese für die Deduktion der kosmologischen Vernunftbegriffe keine Bedeutung.[182] Es sind nicht mehr die Erkenntnisse des Verstandes (Begriffe und Urteile), die *von der Vernunft* als bedingt betrachtet und mittels ihrer Funktionen zu schließen auf immer höhere Bedingungen (mit Blick auf die Totalität der Bedingungen und das

---

[180] „Die Unterscheidung der Ideen, d.i. der reinen Vernunftbegriffe, von den Kategorien oder reinen Verstandesbegriffen, als Erkenntnissen *von ganz verschiedener* Art, *Ursprung* und Gebrauch, ist ein [...] wichtiges Stück zur Grundlegung einer Wissenschaft, welche das System aller dieser Erkenntnisse a priori enthalten soll" (*AA* IV;328,27-31; kursiv vom Verf.).

[181] Vgl. z.B. N.K.Smith *1923*, S.478f., und J.Schmucker *1990*, S.96ff.

[182] Vgl. A406, B433. - Wie ich an späterer Stelle (vgl. unten Abschnitt 2.1.2.) zeigen werde, ist diese „Analogie" von Kant auch ganz anders gemeint.

Unbedingte) reduziert werden; sondern es sind die Erscheinungen, d.h. die Gegenstände der Erfahrung, die *der Verstand* Bedingungen „unterwirft“[183], deren Totalität und Reduktion auf das Unbedingte dann die Vernunft fordert „und dadurch die Kategorie zur transzendentalen Idee macht“ (vgl. oben). Nun sind aber Kategorien „Begriffe von einem Gegenstande überhaupt, dadurch dessen Anschauung in Ansehung einer der l o g i s c h e n F u n k t i o n e n zu Urteilen als bestimmt angesehen wird“ (B128); sie sind hingegen nicht Begriffe von Erkenntnissen des Verstandes und werden dies auch nicht, wenn sie „bis zum Unbedingten erweitert“ werden (vgl. oben). Folglich sind die kosmologischen Ideen keine meta-erfahrungswissenschaftlichen Begriffe; sie sind vielmehr Begriffe von Gegenständen, die zwar nicht mehr Gegenstände der Erfahrung sein können, jedoch mit diesen in einen Erklärungszusammenhang gebracht werden.[184] Somit widerspricht Kant auch seiner in der Einleitung zur transzendentalen Dialektik ausgesprochenen Behauptung, die Vernunft habe „auf Gegenstände [...] und deren Anschauung keine unmittelbare Beziehung, sondern nur auf den Verstand und dessen Urteile“ (A306, B363).[185]

Kants Ansatz zu einer Deduktion der kosmologischen Ideen weist also Inkonsistenzen mit seiner in der Einleitung und im ersten Buch der transzendentalen Dialektik ausgeführten Theorie des Vernunftvermögens und seiner Begriffe auf; andererseits vermeidet dieser Ansatz die unüberbrückbare Kluft, die, wie gezeigt wurde, zwischen dem Vernunftbegriff einer *„unbedingten Bedingung“ aller Voraussetzungen empirischer Erkenntnisse* und seinem vermeintlichen Objekt, der Welt, besteht. Wenngleich die Konturen des Vernunftvermögens unter diesem Ansatz unschärfer werden, rückt die Möglichkeit des Bezugs der kosmologischen Ideen auf Gegenstände der intendierten Art und somit auch die Beziehung zur rationalen Kosmologie näher. Denn diese ist ja nicht eine Metatheorie der Erfahrung, sondern eine metaphysische Theorie über die Welt.

Ungeachtet dieser Differenzen bleibt der synthetische Grundsatz (GV) als Charakteristikum des Vernunftvermögens erhalten[186]; mit Kants veränderter Konzeption der Vernunft ändert sich allerdings sein Bezugsbereich: Er bezieht sich nicht mehr auf Erkenntnisse des Verstandes, sondern auf gewöhnliche Gegenstände. Er ist das Prinzip, unter dem die Vernunft Verstandesbegriffe „bis zum Unbedingten

---

[183] Vgl. A409, B436.

[184] Damit soll natürlich nicht behauptet werden, daß es solche Gegenstände gibt. Vielmehr wird nach Kant ein solcher Gegenstand „nur in der Idee angetroffen“ (A409, B436).

[185] Da mit jeder der beiden voneinander verschiedenen Deduktionsansätze eine grundsätzlich verschiedene Konzeption des Vernunftvermögens selbst verbunden ist, muß auch der Versuch von M.Reisinger *1988*, S.141, die beiden Deduktionen miteinander in Übereinstimmung zu bringen, als gescheitert angesehen werden.

[186] Vgl. A409, B436.

erweitert“ und so zu kosmologischen Ideen macht. Wie Kant weiter ausführt, ist es nicht zu erwarten, daß „alle Kategorien dazu taugen, sondern nur diejenige, in welchen die Synthesis eine R e i h e ausmacht, und zwar der einander untergeordneten (nicht beigeordneten) Bedingungen zu einem Bedingten“ (A409, B436). Demnach ergeben sich aus der Natur des Vernunftvermögens zwei Forderungen, die diejenigen Kategorien erfüllen müssen, die zu kosmologischen Vernunftbegriffen erweitert werden können: Erstens muß die durch die Kategorie vorgenommene Synthesisleistung bei iterierter Anwendung zu einer *Reihe* von Bedingungen führen.[187] Zweitens müssen die in einer solchen Reihe enthaltenen Bedingungen einander „untergeordnet“ sein. - Eine Begründung dieser beiden Bedingungen aus der Natur des Vernunftvermögens findet sich allerdings ebenso wenig wie eine Erklärung, was unter „untergeordneten“ bzw. „beigeordneten“ Bedingungen zu verstehen ist und was diese von jenen unterscheidet.

Mit den beiden genannten Bedingungen glaubt Kant offenbar den Schlüssel in der Hand zu haben, um am Leitfaden der vier Titel der Kategorientafel die für eine Erweiterung zu kosmologischen Ideen tauglichen Kategorien auffinden zu können. Die dabei zugrundeliegende, aber nicht immer konsequent angewandte Methode scheint darin zu bestehen, unter jedem der Titel der Kategorientafel diejenigen Kategorien aufzufinden, welche beide Bedingungen erfüllen, und von denjenigen Kategorien abzusondern, die eine der Bedingungen verletzen. Jede der beiden Bedingungen ist somit notwendig, zusammen nimmt Kant sie als hinreichend dafür, daß eine Kategorie „bis zum Unbedingten erweitert“ werden kann. Erfüllt eine Kategorie beide Bedingungen, so ist bei ihrer Erweiterung zur kosmologischen Idee nur noch zu beachten, daß „die absolute Totalität [...] von der Vernunft nur sofern gefordert [wird], als sie die aufsteigende Reihe der Bedingungen zu einem gegebenen Bedingten angeht, mithin nicht, wenn von der absteigenden Linie der Folgen, noch auch von dem Aggregat koordinierter Bedingungen zu diesen Folgen, die Rede ist“ (A409f., B436). Transzendentalphilosophisch ausgedrückt, fordert die Vernunft also, wie Kant an späterer Stelle sagt, nur die Totalität der „regressiven Synthesis“ der Bedingungen einer gegebenen Erscheinung, nicht aber die Totalität der „progressiven Synthesis“ der durch die gegebene Erscheinung bedingten Erscheinung.[188]

Insgesamt wirft die von Kant unter Anwendung der beschriebenen Methode im weiteren Kontext des Abschnitts über das „System der kosmologischen Ideen“ durchgeführte Deduktion der kosmologischen Ideen einige ernstzunehmende Schwierigkeiten auf. Sie erscheint künstlich auf eine sich aus der Kategorientafel ergebende Systematik hin angelegt zu sein, um Kant vor Augen stehende und zum Teil philosophiehistorisch weit zurückreichende kosmologische Probleme in diese

---

[187] Vgl. die Ausführungen zu Kants Reihenbegriff in Abschnitt 1.4. (oben) und in den Abschnitten 2.2.1.2. und 2.4.2. (unten).

[188] Vgl. A411, B438.

Systematik einbetten zu können. Ich möchte daher nur kurz auf diese Deduktion eingehen und auf die erwähnten Schwierigkeiten aufmerksam machen.[189]

Unter dem Titel der „Quantität" bleiben die tatsächlich in der Kategorientafel angeführten Kategorien (Einheit, Vielheit, Allheit) unerwähnt; stattdessen zieht Kant sogleich „die zwei ursprünglichen quanta aller unserer Anschauung, Zeit und Raum" (A411, B438) heran, um zu prüfen, ob diese den beiden Forderungen der Vernunft gemäß sind. Bezüglich der Zeit stellt Kant fest, daß die bis zu einem gegebenen (gegenwärtigen) Augenblick vergangene Zeitreihe die beiden Vernunftbedingungen erfüllt. Was den Raum betrifft, so steht Kant vor dem Problem, daß dieser „ein Aggregat, aber keine Reihe ausmacht, indem seine Teile insgesamt zugleich sind" (A412, B439); auch sind „die Teile des Raums einander nicht untergeordnet, sondern beigeordnet" (ibid.). Kant entzieht sich diesem Problem jedoch, indem er feststellt: „Allein die Synthesis der mannigfaltigen Teile des Raums, wodurch wir ihn apprehendieren, ist doch successiv, geschieht also in der Zeit und enthält eine Reihe" (ibid.); und da das Messen eines Raums als eine besondere Art einer solchen Synthesis überdies bei einem Teilraum beginnt und von da zu Räumen fortschreitet, die diesen Teilraum begrenzen und insofern bedingen, handelt es sich beim Messen eines Raums sogar um eine regressive Synthesis von Bedingungen.[190] So gelangt Kant zum Vernunftbegriff der *absoluten Vollständigkeit der Zusammensetzung des gegebenen Ganzen aller Erscheinungen (in Zeit oder Raum).*[191] - Hierzu ist zunächst anzumerken, daß *prima facie* in Kants Rede von Raum und Zeit als den „zwei ursprünglichen quanta aller unserer Anschauung" seine transzendental-idealistische Lehre von Raum und Zeit als Anschauungsformen anzuklingen scheint; auf den zweiten Blick ist diese Deutung jedoch nicht zwingend, zumal Kant nicht von einem besonderen ontologischen Status von Raum und Zeit Gebrauch macht. Ein zwingender Einwand besteht jedoch darin, daß Raum und Zeit keine Kategorien und die tatsächlichen Quantitätskategorien keine Begriffe von der raum-zeitlichen Ausdehnung von Objekten, sondern von der Anzahl der in einer Anschauung gegebenen Erkenntnisobjekte sind.[192]

Aus der Gruppe der Qualitätskategorien thematisiert Kant nur die Kategorie der Realität; Negation und Limitation werden weder auf ihre Tauglichkeit hin überprüft noch erwähnt. Kant setzt sogleich bei der „Realität im Raume, d.i. die Materie", an

---

[189] Einige dieser Schwierigkeiten, wie z.B. die Inkohärenz mit Kants Konzeption eines vom Verstand unabhängigen sowie in Funktion und Bezugsgegenstand unterschiedenen Vernunftvermögens, wurden bereits aufgezeigt.

[190] Vgl. A412f., B440f.

[191] Vgl. A415, B443 - Genau genommen handelt es sich hierbei um zwei kosmologische Ideen, d.i. erstens die Idee der *absoluten Vollständigkeit der Zusammensetzung des gegebenen Ganzen aller Erscheinungen in der Zeit* und zweitens die Idee der *absoluten Vollständigkeit der Zusammensetzung des gegebenen Ganzen aller Erscheinungen im Raum.*

[192] Vgl. dazu auch J.Seifert *1989*, S.151, und J.Schmucker *1990*, S.98f.

und bestimmt deren „innere Bedingungen" als ihre Teile. Da diese Teile wiederum materiell sind, sind ihre „inneren Bedingungen" wiederum Teile, usw. Somit ergibt sich eine „regressive Synthesis" zu den Teilen, den Teilen von Teilen, usw., welche eine Reihe „innerer Bedingungen" ausmachen, deren Vollständigkeit die Vernunft fordert.[193] Kant gewinnt so den Begriff der *absoluten Vollständigkeit der Teilung eines gegebenen Ganzen in der Erscheinung.*[194] - Abgesehen von der Tatsache, daß diese Ausführungen unerklärt lassen, warum die Kategorien der Negation und Limitation der Intention der Vernunft unangemessen sind, stellt sich die Frage, warum Kant sogleich bei der „Realität im Raume" ansetzt. Aus welchem Grund bleibt die Realität in der Zeit unangesprochen? Auf diese Frage gibt der Text, soweit ich sehe, keine Antwort. Darüber hinaus kann man gegen Kants Behauptung, der Rückgang zu den Teilen eines materiellen Ganzen führe auf eine Reihe, einwenden, daß es stets unterschiedliche und einander ausschließende Möglichkeiten gibt, ein materielles Ganzes als zusammengesetzt zu denken. So kann man ebensogut sagen, ein bestimmter Baum sei aus (i) seiner Wurzel und seinem Stamm sowie (ii) seinen Zweigen und seinen Blättern zusammengesetzt, wie, er sei aus (i') seiner Wurzel, seinem Stamm und seinen Zweigen sowie (ii') seinen Blättern zusammengesetzt; die Einteilungen (i)-(ii) und (i')-(ii') sind aber nicht Glieder ein und derselben Einteilungsreihe. Deshalb sind „die" Teile eines gegebenen materiellen Ganzen nicht eindeutig bestimmt, mithin auch nicht „die" Reihe der Teile.

Im Gegensatz zu den Kategorien der Qualität werden unter dem Titel der Relation alle Kategorien erörtert. Dabei werden die Kategorien der Substanz und der Gemeinschaft ausgeschlossen: Die Substanzkategorie kann nicht zu einer kosmologischen Idee erweitert werden, da die Akzidenzen einer Substanz einander bei-, nicht untergeordnet sind und auch keine Reihe ausmachen.[195] Dasselbe gilt von

---

[193] Vgl. A413, B440.

[194] Vgl. A415, B443.

[195] Im Zuge der Erörterung der Substanzkategorie geht Kant kurz auf eine andere Möglichkeit ein, diese Kategorie zu einer Idee zu erweitern, schließt aber auch diese Möglichkeit *im vorliegenden, kosmologischen Zusammenhang* aus: „Was hierbei noch scheinen könnte, eine Idee der transzendentalen Vernunft zu sein, wäre der Begriff von S u b s t a n t i a l e. Allein, da dieses nichts anderes bedeutet, als den Begriff vom Gegenstande überhaupt, welcher subsistiert, sofern man an ihm bloß das transzendentale Subjekt ohne alle Prädikate denkt, *hier* aber nur die Rede vom Unbedingten in der Reihe der Erscheinungen ist, so ist klar, daß das Substantiale kein Glied in derselben ausmachen könne" (A414, B441; kursiv vom Verf.). N.K. Smith *1923*, S.478, findet darin die Behauptung wieder, „that there is no transcendental idea of the substantial"; da Kant aber den Grund der rationalen Psychologie gerade in einer solchen Idee eines Substantiale sieht (vgl. *Prolegomena*, § 46, *AA* IV;333f.), schließt Smith, daß der Abschnitt über das „System der kosmologischen Ideen" „must have been written at a time when Kant still intended to expound his entire criticism of metaphysical science in the form of a doctrine of antinomy" (ibid.). Smith übersieht dabei, daß Kants Argument auf die besondere Eigenschaft *kosmologischer Ideen* rekurriert, nur „die absolute Totalität in der Synthesis der Erscheinungen [zu] betreffen" (A407, B434; vgl. oben), und sich somit auch nur auf kosmologische Ideen bezieht (vgl. R5939 *AA* XVIII;395,9-15). Es setzt jedoch - ebenso wie die Begründung für die Benennung der kosmologischen Ideen - die kritische

Substanzen, die in Gemeinschaft miteinander stehen; auch sie sind einander bei-, nicht untergeordnet und haben keinen „Exponenten einer Reihe".[196] Lediglich die Kategorie der Kausalität läßt sich zu einem kosmologischen Vernunftbegriff, dem Begriff der *absoluten Vollständigkeit der Entstehung einer Erscheinung*, erweitern.[197]

Was schließlich die Kategorien der Modalität betrifft, so führen nach Kant „die Begriffe des Möglichen, Wirklichen und Notwendigen [...] auf keine Reihe" (A415, B442). Nur der Modalbegriff des Zufälligen führt, wenn man ihn auf das anwendet, was nur unter einer Bedingung existiert, „darunter es notwendig ist", auf eine Reihe von sich notwendigerweise bedingenden, zufälligen Dingen, deren Vollständigkeit und Reduktion auf ein unbedingt Notwendiges die Vernunft fordert.[198] Auf diese Weise gewinnt Kant den Vernunftbegriff der *absoluten Vollständigkeit der Abhängigkeit des Daseins des Veränderlichen in der Erscheinung*.[199]

Kant deduziert so vier kosmologische Vernunftbegriffe, die hier nochmals zusammenfassend vorgestellt werden sollen; es sind dies die Begriffe der

(a) „absolute[n] Vollständigkeit der Zusammensetzung *des* gegebenen Ganzen *aller* Erscheinungen [in Zeit oder Raum]",
(b) „absolute[n] Vollständigkeit der Teilung *eines* gegebenen Ganzen in *der* Erscheinung",
(c) „absolute[n] Vollständigkeit der Entstehung *einer* Erscheinung",
(d) „absolute[n] Vollständigkeit des Daseins *des* Veränderlichen in *der* Erscheinung" (A415, B443; kursiv vom Verf.).

Im Hinblick auf die Frage nach den Themen bzw. den Gegenständen der den einzelnen kosmologischen Ideen zugeordneten Antinomien ist der Gebrauch der Artikel in Kants Formulierung der Vernunftbegriffe beachtenswert: Der erste der genannten Vernunftbegriffe betrifft die absolute Vollständigkeit der Zusammensetzung *eines bestimmten* Dinges, nämlich „*des* gegebenen Ganzen aller Erscheinungen", d.i. die Welt. Das wird durch den bestimmten Artikel angezeigt; das Wort „Erscheinungen" (Plural!) bezieht sich hier auf Gegenstände der Erfahrung. Im zweiten Vernunftbegriff geht es dagegen nicht um die absolute Vollständigkeit der

---

Unterscheidung zwischen Erscheinungen und Dingen an sich voraus.

[196] Vgl. A413f., B441f.

[197] Vgl. A415, B443.

[198] Vgl. ibid. - Die Rede von einer Bedingung, unter der das Dasein von etwas anderem notwendig ist, verweist auf kausale Bedingungsverhältnisse; vgl. z.B. die Vorrede zu den *Prolegomena*, wo Kant feststellt: „daß, wenn es [sc. irgendetwas, Verf.] gesetzt ist, dadurch etwas anderes nothwendig gesetzt werden müsse; [...] das sagt der Begriff der Ursache" (*AA* IV; 257,25ff). Vgl. auch Kants Definition der „empirischen Zufälligkeit" in der Anmerkung zur Thesis der vierten Antinomie: „empirische Zufälligkeit, d.i. die Abhängigkeit derselben [sc. einer Veränderung, Verf.] von empirisch bestimmenden Ursachen" (A458, B486).

[199] Vgl. A415, B443.

Teilung eines bestimmten Dinges, namentlich der Welt, sondern um die absolute Vollständigkeit der Teilung „[irgend]*eines* gegebenen Ganzen". Aus diesem Grunde verwendet Kant den unbestimmten Artikel „eines"; „Erscheinung" (Singular mit bestimmtem Artikel!) dürfte hier - anders als in (a) - die Sinnenwelt bezeichnen. Auch der dritte Vernunftbegriff betrifft nicht die Sinnenwelt als Ganze, sondern irgendeinen Gegenstand der Erfahrung; darauf weist der unbestimmte Artikel „einer" hin („Erscheinung" hier wieder in der Bedeutung wie in (a)). In Kants Formulierung des vierten Vernunftbegriffs schließlich treten nur bestimmte Artikel auf; wichtig ist hier vor allem der Genitiv „des" in der Wortverbindung „*des* Veränderlichen in der Erscheinung" („Erscheinung" hier offensichtlich in der Bedeutung wie in (b)!): Es geht folglich nicht um irgendein veränderliches Ding in der Sinnenwelt, sondern um *das* Veränderliche in derselben, d.h. um die Gesamtheit alles Veränderlichen in der Sinnenwelt, also recht eigentlich - wie schon im ersten kosmologischen Vernunftbegriff - um die (Sinnen-)Welt selbst. Eine systematische Begründung findet der sich so andeutende Unterschied in der Thematik der einzelnen Antinomien allerdings, soweit ich sehe, nicht.

Nun „ist es eigentlich nur *das* Unbedingte, was die Vernunft, in dieser, reihenweise, und zwar regressiv, fortgesetzten Synthesis der Bedingungen, sucht [...]. *Dieses* Unbedingte ist nun jederzeit in der absoluten Totalität der Reihe, wenn man sie sich in der Einbildung vorstellt, enthalten" (A416, B443f.; kursiv vom Verf.). Daher kann man die kosmologischen Vernunftbegriffe auch als Begriffe vom Unbedingten formulieren. Man erhält so die Begriffe des

(a') Unbedingten in der Zusammensetzung aller Erscheinungen in Raum oder Zeit,

(b') Unbedingten in der Teilung eines gegebenen Ganzen in der Erscheinung,

(c') Unbedingten in der Entstehung einer Erscheinung,

(d') Unbedingten in der Abhängigkeit des Daseins des Veränderlichen in der Erscheinung.

Der Begriff des Unbedingten ist also nicht nur der „gemeinsame Titel" der in der Einleitung und im ersten Buch der transzendentalen Dialektik metaphysisch deduzierten transzendentalen Ideen[200], sondern auch der vorliegenden kosmologischen Ideen. Das jeweils intendierte Unbedingte kann man sich nun auf zweierlei Weisen vorstellen, die - dies zeigen bereits der bestimmte Artikel „das" und das Demonstrativum „dieses" im vorangehenden Zitat an - einander ausschließen[201]: „entweder als bloß in der ganzen Reihe bestehend, in der also alle Glieder ohne Ausnahme bedingt und nur das Ganze derselben schlechthin unbedingt wäre; oder das absolut Unbedingte ist nur ein Teil der Reihe, dem die übrigen Glieder desselben

---

[200] Vgl. A324, B380.

[201] Vgl. dazu auch unten Abschnitt 2.1.2.

untergeordnet sind, der[202] selbst aber unter keiner Bedingung steht" (A417, B445). Denn einerseits ist die Reihe aller Bedingungen als Ganze unbedingt, „weil außer ihr keine Bedingungen mehr sind, in Ansehung deren es [sc. das Bedingte, Verf.] bedingt sein könnte" (ibid.)[203]; andererseits ist ein Glied der Reihe, das „selbst [...] unter keiner Bedingung steht" (vgl. oben) evidenterweise unbedingt. Stellt man sich das Unbedingte im letztgenannten Sinne vor, so ergeben sich als imaginäre Gegenstände der kosmologischen Ideen „in Ansehung der verflossenen Zeit der Weltanfang, in Ansehung des Raums die Weltgrenze, in Ansehung der Teile, eines in seinen Grenzen gegebenen Ganzen, das Einfache, in Ansehung der Ursachen die absolute Selbsttätigkeit (Freiheit), in Ansehung des Daseins veränderlicher Dinge die absolute Naturnotwendigkeit" (A418, B446).[204] Stellt man sich das Unbedingte dagegen im erstgenannten Sinne vor, dann ist „die Reihe a parte priori ohne Grenzen (ohne Anfang), d.i. unendlich" (A417f., B445), und die Gegenstände der kosmologischen Ideen müssen vorgestellt werden als eine Welt ohne zeitlichen Anfang[205], eine Welt ohne Grenze im Raum, ein Ganzes ohne einfache Teile, eine Kausalreihe ohne Ende und eine Reihe des stets zufälligen Veränderlichen in der (Sinnen-)Welt.

Gleichwohl ist beim Stand der Argumentation im Abschnitt über das „System der kosmologischen Ideen" die in diesen begrifflich gefaßte „schlechtin vollendete Synthesis [...] nur eine Idee; denn man kann, wenigstens zum voraus, nicht wissen, ob eine solche bei Erscheinungen auch möglich sei. [...] Ob diese Vollständigkeit [...] sinnlich möglich sei, ist noch ein Problem" (A416f., B444), das Kant in den folgenden Abschnitten des Antinomienkapitels untersucht.

Abschließend kann festgehalten werden, daß Kants Deduktion der kosmologischen Ideen zwar geeignet ist, die Kluft zwischen den Ideen und ihren möglichen Gegenständen, welche im Falle der drei übergeordneten transzendentalen Ideen besteht, zu überbrücken, jedoch weder mit der in der Einleitung und im ersten

---

[202] In der A-Auflage steht „er" statt „der"; vgl. die Ausgabe von R.Schmidt, S.446.

[203] Der Sache nach könnte man dieser Argumentation natürlich entgegenhalten, daß in der Reihe aller Bedingungen zu einem gegebenen Bedingten nicht auch die Bedingungen der Reihe enthalten sein müssen, da eine solche Reihe in anderem Sinne „bedingt" sein kann als das Bedingte, dessen Bedingungen die Reihe enthält. Eine Bedingung einer Reihe von Bedingungen eines gegebenen Bedingten muß folglich nicht notwendigerweise eine Bedingung des Bedingten sein. Kants Begründung dafür, daß sich das Unbedingte auf diese Weise denken läßt, ist also nicht zwingend.

[204] Vgl. dazu auch R6448 *AA* XVIII;721,9-14. - „Naturnotwendigkeit" ist hier nicht im Sinne von „Notwendigkeit in der Natur", sondern im Sinne von „Notwendigkeit der Natur" zu verstehen; vgl. H.Heimsoeth *1966-9*, S.214.

[205] Beide Möglichkeiten, sich das Unbedingte vorzustellen, ins Auge fassend, spricht Kant in § 44 der *Prolegomena* von „den kosmologischen Ideen vom Weltanfange oder der Welteweigkeit (a parte ante)" (*AA* IV;331,14f.). An dieser Stelle verwendet Kant den Ausdruck „Idee" im übrigen nicht in seiner begrifflichen, sondern in seiner gegenständlichen Bedeutung (vgl. oben Abschnitt 1.0.).

Buch der transzendentalen Dialektik entwickelten Konzeption des Vernunftvermögens zusammenstimmt[206] noch in sich überzeugend ist, sondern insgesamt künstlich und forciert erscheint. Darüber hinaus macht Kant in ihr bereits von der kritischen Unterscheidung zwischen Erscheinungen und Dingen an sich Gebrauch[207]; diese soll aber nach Kant gerade zur Auflösung der kosmologischen Widersprüche führen, welche sich *bei mangelnder Beachtung dieser Unterscheidung* aus den kosmologischen Ideen ergeben. Somit ist es zwar unzulässig, wenn Kant in der Deduktion der kosmologischen Ideen bereits von der fraglichen Unterscheidung Gebrauch macht; er benötigt sie dort aber, um die Substanzkategorie auszuschließen und so unter dem Kategorientitel „Relation" nur eine kosmologische Idee zu erhalten.

Daher kann auch Kants Deduktion der kosmologischen Ideen die Themen der im folgenden behandelten Widersprüche der rationalen Kosmologie nicht als natürliche und unvermeidliche Probleme der Vernunft erweisen. Es drängt sich vielmehr der Eindruck auf, daß die Deduktion der kosmologischen Ideen ein mißglückter Versuch ist, unabhängig von dieser Deduktion ausgewählte Probleme in eine Vernunftsystematik einzuordnen.

---

[206] Eine gegensätzliche Ansicht vertritt - aufgrund einer abweichenden Interpretation von Kants Deduktionsansatz in der Einleitung und im ersten Buch der transzendentalen Dialektik - J.Schmucker *1990*, S.95.

[207] Ebenso auch N.K.Smith *1923*, S.480, und J.Schmucker *1990*, S.102 u. 105.

2. Die Widersprüche der rationalen Kosmologie

2.0. *Vorbemerkungen*

Die Mehrzahl der im zweiten Abschnitt des zweiten Hauptstücks des zweiten Buchs der transzendentalen Dialektik unter dem Titel „Antithetik der reinen Vernunft" zusammengestellten Behauptungen und Argumentationen konnte Kant bereits in den Werken berühmter Philosophen oder in Dokumentationen ihrer Auseinandersetzungen vorfinden[1]; einige der zugrundeliegenden Probleme lassen sich bis zu den Vorsokratikern zurückverfolgen.[2] Für Kant gehören alle diese Behauptungen und Argumentationen zur Metaphysik, genauer: zur *metaphysica specialis* und dort zur rationalen Kosmologie.[3] Jede der Behauptungen gibt nach Kant eine Antwort auf eine Frage danach, ob unter einen der kosmologischen Vernunftbegriffe ein Gegenstand fällt, d.h. ob es ein ihm entsprechendes Unbedingtes gibt. Auf diese Weise ergibt sich die systematische Anordnung der Behauptungen und Beweise aus der Systematik der kosmologischen Ideen. Nun zeigt sich in der systematischen Anordnung der Behauptungen und Beweise „ein neues Phänomen der menschlichen Vernunft, nämlich: eine ganz *natürliche* Antithetik, [...] in welche die Vernunft von selbst und zwar *unvermeidlich* gerät" (A407, B433f.; kursiv vom Verf.)[4]; denn zu jeder der durch die kosmologischen Ideen aufgeworfenen Fragen finden sich unter den entsprechenden Behauptungen zwei einander widersprechende Antworten, für die - unter einer bestimmten „natürlichen" Voraussetzung - gleichermaßen gute Gründe

---

[1] So hat z.B. S.J.Al-Azm *1972* für einige der Behauptungen und Argumente überzeugend nachgewiesen, daß sie bereits im Briefwechsel des Newtonianers S.Clarke mit G.W.Leibniz, welchen Kant vermutlich um 1768-9 zur Kenntnis genommen hat (vgl. dazu L.Kreimendahl *1990*, S.165), von einem der beiden Kontrahenten angeführt wurden. Vgl. auch Kants eigene Bemerkung im Anhang zu den *Prolegomena AA* IV;379,14ff.

[2] Dies gilt z.B. für die Behauptungen und Beweise der zweiten Antinomie, die sich an die bereits von Leukipp und Demokrit diskutierte Atomismus-Problematik anschließt.

[3] Kant zufolge ist zwar „der Inbegriff aller Erscheinungen (die Welt) der Gegenstand der K o s m o l o g i e" (A334, B391); dies heißt aber nicht, daß die Kosmologie für Kant, wie A.G. Baumgarten in § 351 der *Metaphysica* definiert, eine „scientia praedicatorum mundi generalium" ist (vgl. *AA* XVII;103, 14f.). Kants Ausführungen über die kosmologischen Ideen (vgl. oben Abschnitt 1.5.) legen vielmehr nahe, daß Kant die Kosmologie im Sinne J.H. Lamberts als „die Lehre entium compositorum et connexorum ratione temporis et spatii" aufgefaßt hat (vgl. *Über die Methode die Methaphysik, Theologie und Moral richtiger zu beweisen*, § 88, S.28); den Hinweis auf den Fundort dieser Textstelle verdanke ich Herrn Prof. Dr. Gereon Wolters (Konstanz).

[4] Unter einer Antithetik versteht Kant „den Widerstreit der dem Scheine nach dogmatischen Erkenntnisse, *(thesin cum antithesi)*" (A420, B448).

sprechen, die sich also - unter der fraglichen Voraussetzung - beide beweisen lassen.[5] Daher wirkt das beschriebene „Phänomen der menschlichen Vernunft“ im Vergleich mit den Lehrsätzen der rationalen Psychologie und der rationalen Theologie auch „am kräftigsten [...], die Philosophie aus ihrem dogmatischen Schlummer zu erwecken und sie zu dem schweren Geschäfte der Kritik der Vernunft selbst zu bewegen“ (*Prolegomena*, § 50, *AA* IV;338,5ff.).[6]

In der Rede von „dem schweren Geschäfte der Kritik der Vernunft“ deutet sich ein autobiographischer Gehalt dieser Aussage an, denn Kant hat es sich zugute gehalten, dieses „schwere Geschäft“ als erster angegangen zu sein.[7] Andere, unzweifelhaft autobiographische Aussagen Kants weisen ebenso auf einen ursächlichen Zusammenhang zwischen der Beschäftigung mit den Widersprüchen der rationalen Kosmologie und dem Projekt einer Vernunftkritik bzw. wesentlichen Resultaten desselben hin. So heißt es in der berühmt gewordenen Reflexion 5037, die von E.Adickes auf 1776-8 datiert wird:

> „Ich sahe anfenglich diesen Lehrbegrif wie in einer Dämmerung. Ich versuchte es gantz ernstlich, Satze zu beweisen und ihr Gegentheil, nicht um eine Zweifellehre zu errichten, sondern weil ich eine illusion des Verstandes vermuthete, zu entdecken, worin sie stäke. Das Jahr 69 gab mir großes Licht“ (*AA* XVIII;69,18-22).[8]

Und in einem ebenso berühmten Brief an C.Garve schrieb Kant am 21. September 1798:

> „Nicht die Untersuchung vom Daseyn Gottes, der Unsterblichkeit usw. ist der Punct gewesen von dem ich ausgegangen bin, sondern die Antinomie der r. V.: [...]; diese war es welche mich aus dem dogmatischen Schlummer zuerst aufweckte und zur Critik der Vernunft selbst hintrieb, um das Scandal des scheinbaren Wiederspruchs der Vernunft mit ihr selbst zu heben“ (*AA* XII; 257,32-258,3).

Andererseits gibt es im Vorwort zu den *Prolegomena* eine autobiographische Bemerkung, die Kants Erweckung aus dem „dogmatischen Schlummer“ und die Aufnahme des Projekts einer Vernunftkritik mit der Auseinandersetzung mit D.Humes Untersuchungen zur Kausalitätsproblematik in Zusammenhang bringt.[9] Aus diesen unterschiedlichen Aussagen Kants über seine Erweckung aus dem

---

[5] Vgl. A421, B449 und *Prolegomena*, §52, *AA* IV;339,28-340,7.

[6] Vgl. auch *KdrV* A407, B434.

[7] Vgl. die Vorrede zur A-Auflage der *KdrV* AXII.

[8] Mit dem im ersten Satz erwähnten „Lehrbegrif“ dürfte Kant nicht, wie Adickes vermutet, die Antinomienlehre meinen (vgl. *AA* XVIII;69,28f.), sondern entscheidende Resultate seines Projekts einer Vernunftkritik. L.Kreimendahl *1990*, S.194, sieht in diesem „Lehrbegrif“ die These von der transzendentalen Idealität von Raum und Zeit.

[9] „Ich gestehe frei: die Erinnerung des D a v i d H u m e war eben dasjenige, was mir vor vielen Jahren zuerst den dogmatischen Schlummer unterbrach und meinen Untersuchungen im Felde der speculativen Philosophie eine ganz andre Richtung gab“ (*AA* IV;260,6-9).

„dogmatischen Schlummer" ergeben sich die Fragen, was tatsächlich dazu geführt hat, daß Kant seinen „Untersuchungen im Felde der speculativen Philosophie eine andere Richtung gab", und wie das Verhältnis der beiden genannten Ursachen zu bestimmen sei. Diese Fragen, die die *Entdeckungsgeschichte* der kritischen Philosophie und die Rolle der Antinomienlehre in dieser Entdeckungsgeschichte betreffen, sind denn auch - in Verbindung mit der Frage nach dem Zeitpunkt der Erweckung - in der Literatur vielfach diskutiert worden.[10] Abgesehen von der Feststellung allerdings, daß die Widersprüche der rationalen Kosmologie eine wichtige Rolle für den Entdeckungszusammenhang der *Kritik der reinen Vernunft* spielen, was durch die oben zitierten Selbstzeugnisse Kants hinreichend belegt wird, soll hier auf diesen entdeckungsgeschichtlichen Fragenkomplex nicht weiter eingegangen werden. Der Schwerpunkt der vorliegenden Arbeit liegt ja auf der Frage nach der Rolle der Antinomienlehre im *Begründungszusammenhang* der *Kritik der reinen Vernunft.*

Wie oben gezeigt wurde, ist nach Kant die in den Widersprüchen der rationalen Kosmologie bestehende „Antithetik der reinen Vernunft" „ganz natürlich" und „unvermeidlich". Sie ist eine der drei Manifestationen des transzendentalen Scheins und sogar die auffälligste unter diesen. Der erste Teil der Kantischen Begründung für die Natürlichkeit und Unvermeidlichkeit des transzendentalen Scheins in der rationalen Kosmologie, die metaphysische Deduktion der transzendentalen Ideen, die Lehre von der Welt als imaginärem Gegenstand einer solchen und die Deduktion der kosmologischen Vernunftbegriffe, wurde im vorhergehenden Kapitel untersucht; er ist, wie gezeigt wurde, mit großen Schwierigkeiten behaftet. Im vorliegenden Kapitel wird sich der Blick nun auf den zweiten Teil dieser Begründung richten, auf Kants Behauptung nämlich, daß sich - unter einer bestimmten „natürlichen" Voraussetzung der Vernunft - der Systematik der kosmologischen Ideen entsprechend unvermeidlich widersprüchliche Aussagen beweisen lassen.

Dieser Behauptung gemäß hat Kant *in einem ersten Schritt* die widersprüchlichen Aussagen und ihre Beweise im Abschnitt über die „Antithetik der reinen Vernunft" zu vier Gruppen zusammengestellt, so daß sich in jeder Gruppe jeweils die einander widersprechenden Aussagen gegenüberstehen. Seine Absicht ist es dabei jedoch nicht, „endlich zum Vorteile des einen oder des anderen Teils zu entscheiden, sondern, [...] zu untersuchen, ob der Gegenstand desselben [sc. des Widerstreits der Aussagen, Verf.] nicht vielleicht ein bloßes Blendwerk sei" (A423, B451). In dieser Untersuchung besteht dann *der zweite Schritt* eines Verfahrens, das Kant die „skeptische Methode" nennt; diese ist vom Skeptizismus, einer philosophischen Position, welche „die Grundlagen aller Erkenntnis untergräbt, um, wo möglich, überall keine Zuverlässigkeit und Sicherheit derselben übrigzulassen" (A424, B451),

---

[10] In jüngster Zeit z.B. von M.Kuehn *1983*, L.Kreimendahl *1990* und P.Baumanns *1993a*, S.282-287.

und in die man angesichts der Widersprüche der rationalen Kosmologie geraten könnte[11], sehr wohl zu unterscheiden. - Im zweiten Schritt des skeptischen Verfahrens deckt Kant demnach die „natürliche" Voraussetzung der reinen Vernunft auf, unter der sich seiner Ansicht nach die Widersprüche der rationalen Kosmologie unvermeidlich ergeben, und zeigt, daß diese Voraussetzung falsch ist und die Widersprüche aufgelöst werden können.

Die Untersuchungen des vorliegenden Kapitels konzentrieren sich insbesondere auf den ersten Schritt dieses Verfahrens, d.i. auf die einander gegenübergestellten Behauptungen und Beweise. Im ersten Abschnitt wird versucht, Kants Begriff der Antinomie, seine Erklärung für die Beweisbarkeit widersprüchlicher Aussagen in der rationalen Kosmologie und den systematischen Ort der Antinomienlehre in Kants Vernunftkritik zu rekonstruieren. Darüber hinaus wird untersucht, welche notwendigen Bedingungen an die Beweise der widersprüchlichen Behauptungen sich aus dieser Rekonstruktion ergeben. Schließlich wird ein Ausblick auf die Methodik der nachfolgenden formalen Analysen der widersprüchlichen Behauptungen und ihrer Beweise gegeben. - Die weiteren Abschnitte sind dann der Analyse der einzelnen einander widersprechenden Behauptungen und ihrer Beweise vorbehalten. In jedem dieser Abschnitte wird zunächst die logische Struktur der zu beweisenden Behauptungen untersucht, sodann werden die Beweise analysiert, um jeweils die Argumentationsstruktur und die Prämissen herauszustellen.

Eine sachliche Beurteilung der einzelnen Beweise sowie der gesamten Antinomienlehre wird im vorliegenden Kapitel noch nicht vorgenommen. Sie bleibt, ebenso wie die Analyse der Kantischen Auflösung der Antinomienproblematik, einem späteren Kapitel vorbehalten. Das vorliegende Kapitel ist also ein Kapitel der vorbereitenden Analysen, deren Früchte erst später geerntet werden.

2.1. Die Antithetik der reinen Vernunft

2.1.1. Der Begriff der Antinomie

Nicht zuletzt als Folge der Tatsache, daß Kant zur Darstellung seines neuartigen philosophischen Systems eine neuartige Terminologie schaffen mußte, ist sein Sprachgebrauch oft schwankend und uneinheitlich; dies zeigt sich auch im Bezug auf seine Verwendung des Ausdrucks „Antinomie". Begriffshistorischen Untersuchungen zufolge hat Kant diesen Ausdruck in die philosophische Fachsprache eingeführt; er

[11] Vgl. A407, B434.

verwendet ihn erstmalig in der *Kritik der reinen Vernunft.*[12] In seinen darauffolgenden Werken fügt Kant seiner Lehre von der „Antinomie der reinen Vernunft" u.a. noch eine Lehre von der „Antinomie der praktischen Vernunft"[13], eine Lehre von der „Antinomie des Geschmacks"[14], eine Lehre von der „Antinomie der Urteilskraft"[15] und eine Lehre von einer Antinomie der religiösen Vernunft[16] hinzu. Die folgenden Untersuchungen erheben jedoch nicht den Anspruch, den allen diesen „Antinomien" zugrunde liegenden Begriff der Antinomie zu erfassen, sondern beschränken sich auf Kants Begriff der Antinomie der reinen Vernunft.[17]

In der *Kritik der reinen Vernunft* und in den *Prolegomena* tritt der Ausdruck „Antinomie" jeweils nur an einer Stelle im Plural, sonst stets im Singular auf.[18] Kant spricht fast durchgängig von „*der* Antinomie der reinen Vernunft" und überschreibt in der *Kritik der reinen Vernunft* den zweiten, dritten und vierten Widerspruch der rationalen Kosmologie entsprechend mit den Titeln „Der Antinomie der reinen Vernunft Zweiter Widerstreit der transzendentalen Ideen", „Der Antinomie der reinen Vernunft Dritter Widerstreit der transzendentalen Ideen" usw.[19], so als seien die einzelnen Widersprüche verschiedene Manifestationen ein und derselben Antinomie der reinen Vernunft.

Doch es gibt bei Kant auch singularische Verwendungsweisen des Ausdrucks „Antinomie", die die Existenz einer Mehrzahl von Antinomien der reinen Vernunft implizieren; so spricht Kant z.B. in den Überschriften der Anmerkungen zu den einzelnen Widersprüchen von der „ersten Antinomie", der „zweiten Antinomie" usw.[20] An diesen und an denjenigen Stellen in der *Kritik der reinen Vernunft* und in den *Prolegomena*, an denen der Plural auftritt, drückt sich Kant so aus, als könnte jeder der einzelnen Widersprüche der rationalen Kosmologie für sich als

---

[12] Vgl. N.Hinske *1966*, S.486, und *1971*, Spalte 393. Hinske macht für den schwankenden Gebrauch des Ausdrucks „Antinomie" in der *KdrV* allerdings nicht nur dessen erstmaligen Gebrauch als philosophischen Fachterminus verantwortlich, sondern versucht zu zeigen, „daß in Kants ‚Antinomienlehre' disparate Überlegungsstränge zusammenkommen, die sich in den verschiedenen Etappen seines Denkens zunächst nebeneinander ausgebildet haben" (*1966*, S.486).

[13] Vgl. *Kritik der praktischen Vernunft AA* V;113-119.

[14] Vgl. *Kritik der Urteilskraft AA* V;338-346.

[15] Vgl. *Kritik der Urteilskraft AA* V;385-415.

[16] Vgl. *Die Religion innerhalb der Grenzen der bloßen Vernunft AA* VI;119f.

[17] V.S.Wike *1982* behauptet, Kant habe selbst nirgends einen solchen umfassenden Antinomiebegriff definiert (vgl. *a.a.O.*, S.1); sie versucht daher, gemeinsame Merkmale der von Kant in seinen drei kritischen Hauptwerken angegebenen Antinomien herauszuarbeiten (vgl. *a.a.O.*, S.4-35).

[18] Vgl. A425, B453 (Fußnote) und *AA* IV;341,13.

[19] Vgl. A434f., B462f.; A444f., B472f. und A452f., B480f. - Im Falle des ersten Widerspruchs heißt es ein wenig abweichend: „Die Antinomie der reinen Vernunft [-] Erster Widerstreit der transzendentalen Ideen" (vgl. A426f., B454f.); daher hat K.Rosenkranz vorgeschlagen, entsprechend den übrigen Überschriften „Die" durch „Der" zu ersetzen (vgl. die Ausgabe von R.Schmidt, S.454).

[20] Vgl. A430, B458; A438, B466; A448, B476 und A456, B484.

„Antinomie" bezeichnet werden, wie es sich auch in der Literatur zu Kant weitgehend eingebürgert hat.

Die beiden Begriffsbestimmungen des Begriffs „Antinomie" hingegen, die sich in der *Kritik der reinen Vernunft* finden, erklären diesen Begriff in seiner ausschließlich singularischen Verwendungsweise. Auf die erste dieser beiden Begriffsbestimmungen stößt man in der Vorbemerkung zum zweiten Buch der transzendentalen Dialektik; dort erklärt Kant zunächst, daß es drei „Klassen" dialektischer Schlüsse gebe. Die zweite dieser drei Klassen „ist auf den transzendentalen Begriff der absoluten Totalität, der Reihe der Bedingungen zu einer gegebenen Erscheinung überhaupt, angelegt, und ich schließe daraus, daß ich von der unbedingten synthetischen Einheit der Reihe auf einer Seite, jederzeit einen sich selbst widersprechenden Begriff habe, auf die Richtigkeit der entgegenstehenden Einheit, wovon ich gleichwohl auch keinen Begriff habe. Den Zustand der Vernunft bei diesen dialektischen Schlüssen, werde ich die A n t i n o m i e der reinen Vernunft nennen" (A340, B397f.). - Nun sind die von Kant hier beschriebenen dialektischen Schlüsse „in Ansehung ihres Resultats [...] eher v e r n ü n f t e l n d e, als Vernunftschlüsse" und „Sophistikationen [...] der reinen Vernunft" (A339, B397). Kant nimmt in die zitierte Begriffsbestimmung aber nicht auf, daß und inwiefern die Vernunft „unvermeidlich" solchen „Sophistikationen" verfällt. Daher haftet der Antinomie der reinen Vernunft nach dieser Bestimmung etwas Beliebiges und Subjektabhängiges an, und die Rede von einem „Zustand der Vernunft" fügt dem noch ein Moment der Zeitabhängigkeit hinzu.

Die zweite und wohl auch vorherrschende Begriffsbestimmung findet sich dann in der Vorbemerkung zum zweiten Hauptstück des zweiten Buchs der transzendentalen Dialektik.[21] Ihr zufolge ist die Antinomie der reinen Vernunft ein „Widerstreit der Gesetze [...] der reinen Vernunft" (A407, B434).[22] Dieser Erklärung hängt nun weder etwas Beliebiges noch etwas Subjektabhängiges noch ein Moment der Zeitabhängigkeit an: Gesetze der reinen Vernunft sind weder beliebig noch subjektabhängig, und ein Widerstreit solcher Gesetze ist nicht zeitabhängig. Es stellt sich jedoch sogleich die Frage, auf welche Gesetze der Vernunft Kant dabei Bezug nimmt.

Mit Blick auf die in der Einleitung und im ersten Buch der transzendentalen Dialektik entwickelte Theorie der Vernunft könnte man annehmen, bei diesen Gesetzen handele es sich einerseits um den synthetischen Grundsatz (GV) der Vernunft, der (konstitutiv verstanden) die Existenz eines Unbedingten behauptet, und andererseits um die (logische) Maxime der Vernunft, die (ebenfalls konstitutiv

---

[21] Zum Primat der folgenden Bestimmung vgl. auch N.Hinske *1966*, S.488, und *1971*, Spalte 393f.

[22] Vgl. auch *Metaphysik* L_2 *AA* XXVIII;583,8f. und *Metaphysik Dohna a.a.O.*;656,30ff. - Kant läßt an der zitierten Stelle jedoch unerwähnt, daß sich der „Widerstreit der Gesetze [...] der reinen Vernunft" nur unter einer bestimmten „natürlichen" Voraussetzung ergibt.

verstanden) besagt, daß alles bedingt sei.[23] Dann wäre die Antinomienproblematik eine Problematik der Vernunft im engeren Sinne, d.h. der dem Verstand i.e.S. gegenübergestellten Vernunft. Wie im ersten Kapitel dieser Arbeit gezeigt wurde, bestimmt Kant in der Einleitung und im ersten Buch der transzendentalen Dialektik den Bezugsbereich der Vernunft als den Bereich der Verstandeserkenntnisse, und auf diesem Bereich ist es tatsächlich die Vernunft, die einerseits dem Grundsatz (GV), andererseits der Maxime, daß alles (=jede *Verstandeserkenntnis*) bedingt sei, folgt. Im Abschnitt über das „System der kosmologischen Ideen" aber stellt Kant eine andere Konzeption der Vernunft vor, der zufolge zwar der Grundsatz (GV) das fundamentale Prinzip der Vernunft bleibt, es jedoch nicht mehr ein Grundsatz der Vernunft ist, daß alles (=jede *Erscheinung*) bedingt sei; stattdessen ist es der Verstand, der jede Erscheinung Bedingungen „unterwirft".[24]

Wie in den nachfolgenden Abschnitten gezeigt werden wird, sind es nach Kant vielmehr einerseits der Grundsatz (GV) der Vernunft und andererseits die Erkenntnisse des Verstandes, die - unter der bereits mehrfach erwähnten „natürlichen" Voraussetzung (welche nach Kant gleichwohl falsch ist) - inkonsistent sind und zur Beweisbarkeit der Widersprüche der rationalen Kosmologie führen. Somit ist die Antinomienproblematik nicht ausschließlich ein Problem der Vernunft im engeren Sinne, sondern der Vernunft im weiteren Sinne, in dem sie mit dem Verstand i.w.S. zusammenfällt.[25] Die Antinomie der reinen Vernunft ist folglich ein „Widerstreit der Gesetze" von Verstand i.e.S. und Vernunft (unter einer bestimmten (falschen) Voraussetzung), der sich in der Beweisbarkeit von Paaren einander widersprechender Behauptungen (Antionomi*en*) zeigt.

Im siebenten Abschnitt des zweiten Hauptstücks des zweiten Buchs der transzendentalen Dialektik, das die Überschrift „Kritische Entscheidung des kosmologischen Streits der Vernunft mit sich selbst" trägt, unterscheidet Kant einen *scheinbaren* Widerspruch, welchen er eine „dialektische Opposition" nennt, von

---

[23] So N.Hinske *1966*, S.492, und *1971*, Spalte 394.

[24] Vgl. A409, B436 und oben Abschnitt 1.5. - Der von N.Hinske vertretene Interpretationsansatz (vgl. oben) vermag es auch nicht, verständlich zu machen, warum Kant die Antinomie der reinen Vernunft in Form von vier verschiedenen Widersprüchen entwickelt. Hinskes Ansatz zufolge hätte Kant aus den beiden Vernunftprinzipien unmittelbar einen einzigen Widerspruch deduzieren können: „Es gibt etwas Unbedingtes" - „Es gibt nichts Unbedingtes". Dagegen gibt der im folgenden von mir entwickelte Interpretationsansatz eine Begründung dafür, daß Kant die Antinomie der reinen Vernunft in dieser Form entwickeln mußte: Der Verstand verfügt nicht über Grundsätze, die ebenso allgemein sind wie der Grundsatz (GV) der Vernunft, sondern nur über Gesetze für spezifische Bedingungsbegriffe. Daher mußte Kant die Widersprüche *in concreto* herleiten. Zur Kritik an Hinske vgl. auch H. Dimpker/B.Kraft/ D.Schönecker *1996*, S.187f.; ich vermag in dieser Kritik allerdings kein Argument gegen den Primat der Kantischen Bestimmung des Antinomiebegriffs in A407, B434 zu sehen, sofern man dort unter „Vernunft" den Verstand i.w.S. versteht (vgl. unten).

[25] Zu Kants verschiedenen Verwendungsweisen der Ausdrücke „Verstand" und „Vernunft" vgl. oben Abschnitt 1.1.

einem *tatsächlichen* Widerspruch, welchen er „analytische Opposition" nennt.[26] Angesichts der Tatsache, daß Kant behauptet, alle Widersprüche der rationalen Kosmologie seien dialektische Oppositionen, muß seine ebendort zu findende Bestimmung des Verhältnisses der dialektischen Opposition aber als zu eng gelten. Denn dieser Bestimmung zufolge sind zwei Urteile einander dialektisch „entgegengesetzt", wenn „eines dem anderen nicht bloß widerspricht, sondern etwas mehr sagt, als zum Widerspruche erforderlich ist" (A504, B532); nach Kant gilt in der dritten (und vierten) Antinomie aber gerade das Gegenteil, die vorliegende Erklärung betrifft daher nur einen Sonderfall, sie ist zu eng:

> „Daß alles, was in der Welt geschieht, unter dem Gesetz der praedetermination stehe, ist wahr, weil sie phaenomena sind, also objecte Moglicher Erfahrung, ohne jene Gesetze aber dies nicht seyn könnten. - Eben das aber beweiset doch auch, daß ein intelligibeler Grund derselben, so fern die Menschen als noumena angesehen werden könten (welches nachher das moralische Gesetz ausweisen muß), zugleich gedacht werden könne, welche eben dieselben Begebenheiten bestimmen, ob sie zwar nicht von der Kette der Ursachen und Wirkungen abhangig sind und diese sie also nicht praedeterminiren. Also können beyde [sc. entgegengesetzte Behauptungen, Verf.] wahr seyn, weil sie weniger enthalten, als zur opposition erfordert wird" (R6337 *AA* XVIII;658,1-10).[27]

Im Sinne der vorangehenden Untersuchungen über den Begriff der Antinomie wird man ein Verhältnis der dialektischen Opposition zwischen zwei Urteilen u,v daher vielmehr als ein Verhältnis der analytischen Opposition bestimmen müssen, das sich nur scheinbar, und zwar aufgrund einer falschen Voraussetzung beweisen läßt.

Über Verhältnisse der analytischen Opposition sagt Kant in der *Kritik der reinen Vernunft* wenig. Sie können dort auch nicht thematisiert werden, da sie ein Gegenstand der allgemeinen, reinen Logik sind. In den erhaltenen Mit- und Nachschriften Kantischer Logikvorlesungen werden sie, der Vorlage von G.F.Meiers *Auszug aus der Vernunftlehre* entsprechend, im Abschnitt über unmittelbare Schlüsse behandelt. Meier unterscheidet in den §§ 343-345 seines Kompendiums ein Verhältnis des „Widerspruchs" zwischen Urteilen, ein Verhältnis der Entgegensetzung „auf eine besondere Art" und ein Verhältnis der Entgegensetzung „auf eine allgemeine Art".[28] Auf diese Weise beschreibt er die im traditionellen logischen Quadrat erfaßten Verhältnisse der Kontradiktion, der Subkontrarietät und der Kontrarietät. Kant faßt, wie die Mit- und Nachschriften seiner Logikvorlesungen

---

[26] Vgl. A504ff., B532ff.

[27] Vgl. auch R5962 *AA* XVIII;404,12-25. - Die sich daraus ergebende Revisionsbedürftigkeit der Kantischen Erklärung der dialektischen Opposition hat J.E.Llewelyn *1964* übersehen, woraus sich bei ihm falsche Bestimmungen sowohl der analytischen als auch der dialektischen Opposition ergeben (vgl. unten Fußnote 32).

[28] Vgl. *AA* XVI;694-697.

zeigen, zwei der drei von Meier unterschiedenen Verhältnisse unter dem Oberbegriff der „Entgegensetzung" bzw. „Opposition" zusammen.[29] Wenngleich Kant diese Verhältnisse in seinen Vorlesungen stets vollständig referiert zu haben scheint, erkennt er doch schon früh, daß das Verhältnis der Subkontrarietät kein eigentliches Entgegensetzungsverhältnis ist. So hat er zum entsprechenden § 344 in sein Handexemplar von Meiers *Auszug aus der Vernunftlehre* notiert: „nicht genug zum widerstreit" (R3175 *AA* XVI;696,8).[30] In der *Logik Blomberg* findet sich die folgende Begründung für *diese* Behauptung: „von 2 reinen Oppositionen muß beständig dieses gelten können: p o s i t o u n o t o l l i t u r a l t e r u m. e t v i c e v e r s a" (*AA* XXIV;282,1f.) [31]; die hier angegebene notwendige Bedingung erfüllen nur Urteile, die sich kontradiktorisch oder konträr zueinander verhalten, nicht aber subkonträre Urteile. „Entgegengesetzt" im eigentlichen Sinne sind nach Kant also nur Urteile, die sich zueinander kontradiktorisch oder konträr verhalten; nur unter solchen Urteilen kann es eine tatsächliche, d.h. (im Sinne der Unterscheidung zwischen analytischer und dialektischer Opposition) analytische, Opposition geben. *Kontradiktion* und *Kontrarietät* sind aber semantische Begriffe; daher ist der Begriff der analytischen Opposition ein semantischer Begriff.

Da nun, wie gezeigt wurde, eine dialektische Opposition zwischen zwei Urteilen genau dann besteht, wenn diese Urteile aufgrund einer falschen Voraussetzung als analytisch „entgegengesetzt" und beweisbar erscheinen, besteht ein Verhältnis der dialektischen Opposition zwischen zwei Urteilen u,v genau dann, wenn u und v sich aufgrund einer falschen Voraussetzung beweisen lassen und unter der fraglichen Voraussetzung kontradiktorisch oder konträr zueinander verhalten. Wie sich in der logischen Analyse der einander „entgegengesetzten" Behauptungen der rationalen Kosmologie zeigen wird, kommen unter diesen auch tatsächlich beide Fälle von dialektischer Opposition vor.[32]

---

[29] Vgl. *Logik Blomberg AA* XXIV;281,19-282,2; *Logik Philippi a.a.O.*;470,12-22; *Logik Pölitz a.a.O.*;583,31-584,30; *Logik Busolt a.a.O.*;670,23-671,3; *Logik Dohna-Wundlacken a.a.O.*;770,1-8, und *Wiener Logik a.a.O.*;938,30-939,10.

[30] Vgl. *Logik Blomberg AA* XXIV;281,34ff; *Logik Pölitz a.a.O.*;584,13-18, und *Logik Dohna-Wundlacken a.a.O.*;770,4ff.

[31] Offenbar muß es hier statt „Oppositionen" „Opposita" heißen. Mit dem Zusatz „et vice versa" dürfte Kant andeuten wollen, daß die zuvor formulierte Aussage von *beiden* einander opponierten Urteilen gelten soll. Der Zusatz dürfte dagegen nicht besagen, daß auch gelten soll: *sublato uno ponitur alterum*, da Kant sonst an der vorliegenden Stelle auch gegen konträre Urteile als „reine Opposita" hätte argumentieren müssen.

[32] J.E.Llewelyn *1964*, S.171, V.S.Wike *1982*, S.15, J.Seifert *1989*, S.146 u. passim, H. Wagner *1996*, S.254, und (mit ausführlicher Begründung) M.Wolff *1981*, S.41-61, schränken den Begriff der analytischen Opposition auf kontradiktorische Verhältnisse ein. Eine dialektische Opposition ist nach Wolff eine analytische Opposition, die nur unter der transzendentalen Verwechselung von Erscheinungen mit Dingen an sich, also nur scheinbar besteht und bei einer Korrektur dieser Verwechselung in ein konträres oder subkonträres Verhältnis übergeht. - Wolff scheint hier aber gleich drei Mißverständnissen aufgesessen zu sein: Erstens trifft seine Erklärung der analytischen Opposition zwischen Urteilen u,v (daß

Im Unterschied zum Begriff der analytischen Opposition ist der Begriff der dialektischen Opposition kein rein semantischer Begriff; denn er nimmt einerseits mit den Begriffen der Voraussetzung und des Erscheinens Bezug auf propositionale Einstellungen von Subjekten und andererseits im Begriff der Falschheit Bezug auf Tatsachen, die - dies wird im bloßen Begriff der dialektischen Opposition nicht ausgeschlossen - auch empirisch sein könnten. In den dialektischen Oppositionsverhältnissen, die in den Widersprüchen der rationalen Kosmologie vorliegen, handelt es sich allerdings nicht um eine falsche *empirische* Voraussetzung und auch nicht um *beliebige* propositionale Einstellungen von Subjekten: Dort liegt nach Kant eine zwar falsche, aber „natürliche" Voraussetzung aller mit Sinnlichkeit und Verstand i.w.S. begabten Wesen über die Gegenstände der Erkenntnis und infolgedessen ein *transzendentaler Schein* vor. Die falsche Voraussetzung, auf der dieser transzendentale Schein beruht, ist, wie in den nachfolgenden Untersuchungen deutlich werden wird, *semantischer* Art.[33]

2.1.2. Der systematische Ort der Antinomienlehre in der Kritik der reinen Vernunft

In der traditionellen Einteilung der Metaphysik nach C.Wolff und A.G.Baumgarten in eine allgemeine Metaphysik (Ontologie) und eine spezielle Metaphysik, die wiederum in rationale Psychologie, rationale Kosmologie und rationale Theologie gegliedert ist, treten Kants transzendentale Ästhetik und transzendentale Analytik an die Stelle der traditionellen Ontologie. Nach Kant war diese in der Voraussetzung befangen, „alle unsere Erkenntnis müsse sich nach den Gegenständen richten; aber alle Versuche über sie a priori etwas durch Begriffe auszumachen, wodurch unsere

---

diese ein analytisch falsches Urteil „zulassen", vgl. S.41f.) auch auf konträre Urteile zu, denn nach traditioneller Auffassung implizieren zwei Urteile der Form SaP und SeP ein Urteil der Form PoP (vgl. dazu auch Abschnitt 2.3.1. dieser Arbeit). Zweitens muß nicht jede Dialektik eine solche sein, die transzendentale Ursachen hat; es gibt nach Kant auch Fälle logischen oder empirischen Scheins. Daher kann der Begriff der dialektischen Opposition nicht auf transzendental-dialektische Oppositionen eingeschränkt werden. Drittens behauptet Kant nicht, in den ersten beiden Antinomien seien Thesis und Antithesis dem Scheine und der Form nach kontradiktorische Urteile, die sich in der Auflösung als konträr erweisen; sondern er behauptet, daß Thesis und Antithesis dort konträr seien und in der Auflösung beide als falsch erwiesen werden könnten. Mit seiner Auffassung manövriert sich Wolff selbst in die (von ihm auch konstatierte) Schwierigkeit, daß der antinomische Widerspruch $u \wedge \neg u$ in den ersten beiden Antinomien durch die Auflösung nur in den neuerlichen Widerspruch $\neg u \wedge \neg\neg u$ transformiert wird.

[33] Die fragliche Voraussetzung ist aber keine Voraussetzung im Sinne des von P.F.Strawson *1952*, S.175, definierten Voraussetzungsbegriffs. Denn eine der Bedingungen für das Vorliegen eines Strawsonschen Voraussetzungsverhältnisses besteht darin, daß die Voraussetzung wahr sein muß, wenn das Voraussetzende falsch ist. Kant dagegen versucht im Falle der Antinomien zu zeigen, daß die Verhältnisse der analytischen Opposition tatsächlich nicht beweisbar sind *und* die Voraussetzung für ihre Beweisbarkeit falsch ist. Kant dürfte die fragliche Voraussetzung eher als eine *hinreichende (semantische) Bedingung* aufgefaßt haben.

Erkenntnis erweitert würde, gingen unter dieser Voraussetzung zunichte" (BXVI). Kant versucht es nun in der *Kritik der reinen Vernunft* mit der gegenteiligen Arbeitshypothese: „die Gegenstände müssen sich nach unserem Erkenntnis richten, welches so schon besser mit der verlangten Möglichkeit einer Erkenntnis derselben a priori zusammenstimmt, die über Gegenstände, ehe sie uns gegeben werden, etwas festsetzen soll" (ibid.). Kant wendet sich seiner neuen Arbeitshypothese demnach nicht nur deshalb zu, weil er alle metaphysischen Ansätze unter der traditionellen Voraussetzung für Fehlschläge hält und es einmal auf andere Weise versuchen will, sondern auch, weil er der traditionellen Voraussetzung *im Hinblick auf einen möglichen Erkenntnisfortschritt in der Metaphysik* geringere Erfolgsaussichten beimißt, da sie die Frage aufwirft, wie wir denn überhaupt unser Wissen über Gegenstände unabhängig von deren Gegebenheit *erweitern* können sollen. Die *prima facie* unplausibel erscheinende Hypothese, daß „die Gegenstände [...] sich nach unserem Erkenntnis richten", hingegen gibt eine Antwort auf diese Frage, welche sie im Hinblick auf einen möglichen Erkenntnisfortschritt in der Metaphysik erfolgversprechender erscheinen läßt; die Antwort lautet: durch eine Untersuchung unserer Erkenntnisvermögen und dessen, „was wir selbst in sie [sc. die Dinge, Verf.] legen" (BXVIII). Um diese Untersuchung im Felde der Metaphysik aber „den sicheren Gang einer Wissenschaft" gehen zu lassen (vgl. BXVIIIf.), muß sie stets von einer „quid iuris?"-Frage, d.h. einer Frage nach der Rechtmäßigkeit der Erkenntnisse, geleitet sein. Somit läuft die Frage nach der „Entscheidung der Möglichkeit oder Unmöglichkeit einer Metaphysik überhaupt und die Bestimmung sowohl der Quellen, als des Umfanges und der Grenzen derselben" (AXII), wie bereits an früherer Stelle festgestellt wurde, auf eine „Kritik" der menschlichen Erkenntnisvermögen hinaus; diese aber zerfallen nach Kant bekanntlich in zwei „Grundquellen": Sinnlichkeit und Verstand i.w.S.[34]

Es ist bekannt, daß Kant der Überzeugung war, durch seine kritische Untersuchung der Sinnlichkeit in der transzendentalen Ästhetik nachgewiesen zu haben, daß Raum und Zeit weder unabhängig von menschlichen Subjekten existierende Gegenstände noch Inbegriffe von bestimmten, unabhängig von menschlichem Erkennen bestehenden Relationen unter Gegenständen, sondern *die* beiden Formen unserer sinnlichen Anschauung sind; Kant bezeichnet dies als die „transzendentale Idealität" von Raum und Zeit.[35] Alle Gegenstände, die uns durch die Sinnlichkeit gegeben sind, sind uns aufgrund der Anschauungsform *Zeit* zeitlich

---

[34] Vgl. oben Abschnitt 1.1.

[35] Vgl. A28, B44 und A36, B52. - Die genannten alternativen Konzeptionen von Raum und Zeit, die Kant bereits in der Dissertation von 1770 und dann auch in der *KdrV* verwirft und durch seine transzendental-idealistische Lehre ersetzt, hatte er zuvor in verschiedenen Stadien seiner Denkentwicklung beide einmal vertreten: Die zuletzt genannte z.B. in der *Monadologia physica* von 1756, die zuerst genannte in der kleinen Schrift *Von dem ersten Grunde des Unterschiedes der Gegenden im Raume* aus dem Jahre 1768.

gegeben, einige darüber hinaus - aufgrund der Anschauungsform *Raum* - auch räumlich. In der transzendentalen Ästhetik argumentiert Kant also auf direkte Weise für die folgende Behauptung[36]:

(S) Raum und Zeit sind die beiden Formen unserer sinnlichen Anschauung. Deshalb - und nur deshalb - sind genau diejenigen Gegenstände zeitlich oder räumlich bestimmt, die uns mittels sinnlicher Anschauung gegeben werden.

Nach Kant werden durch die Sinnlichkeit allein allerdings nicht bereits *Gegenstände* der Erkenntnis gegeben, sondern nur Mannigfaltigkeiten sinnlichen *Materials*, welche noch keinen Gegenstandscharakter haben. Solche Mannigfaltigkeiten müssen allererst zu Vorstellungen *von Gegenständen* synthetisiert werden, was die Sinnlichkeit als bloß *rezeptives* Erkenntnisvermögen nicht zu leisten vermag, da jede Synthesisleistung eine Handlung ist. Hierzu bedarf es des Verstandes (i.w.S.) als *spontanen* Erkenntnisvermögens.[37]

Kants kritische Untersuchung des Verstandes in der transzendentalen Analytik zeigt bekanntlich, daß dasjenige Teilvermögen des Verstandes i.w.S., das als Vermögen zu urteilen bezeichnet werden kann, d.i. der Verstand i.e.S., über Funktionen verfügt, anschaulich gegebene Mannigfaltigkeiten zu einheitlichen Vorstellungen (von Gegenständen) zu synthetisieren.[38] Die Synthesishandlungen des Verstandes werden geleitet durch die Kategorien als „Begriffe von einem Gegenstande überhaupt, dadurch dessen Anschauung in Ansehung einer der l o g i s c h e n F u n k t i o n e n zu Urteilen als b e s t i m m t angesehen wird" (B128). Die Kategorien bestimmen so die *Form* des zu beurteilenden, d.h. zu erkennenden, Gegenstands und damit auch, was überhaupt als anschaulich gegebener Gegenstand betrachtet (gedacht) wird.

In der transzendentalen Analytik argumentiert Kant dem zufolge u.a. für die folgende Behauptung:

(V) Die Form jedes Gegenstands, der uns *materialiter* in der sinnlichen Anschauung gegeben ist, ist (nicht nur durch die Formen unserer sinnlichen Anschauung, sondern auch) durch eine Kategorien-geleitete und auf die Materie des Gegenstands bezogene Synthesishandlung unseres Verstandes bestimmt.

---

[36] Vgl. A41f., B59f. und zur *direkten* Beweisführung in der transzendentalen Ästhetik: A506f., B534f. Auf Kants Argumentation in der transzendentalen Ästhetik kann im Rahmen dieser Arbeit nicht eingegangen werden.

[37] Vgl. A76f., B102.

[38] Vgl. dazu auch oben Abschnitt 1.2.

Jeder sinnlich gegebene Gegenstand ist also aufgrund der Struktur unserer Sinnlichkeit zeitlich oder raum-zeitlich bestimmt und verdankt seine Gegenständlichkeit einer Kategorien-geleiteten und auf anschaulich gegebenes Material bezogenen (formgebenden) Synthesishandlung unseres Verstandes. Gegenstände, die uns in der sinnlichen Anschauung gegeben sind und deren Form also (gemäß den Behauptungen (S) und (V)) in dieser doppelten Weise durch unsere Erkenntnisvermögen bestimmt ist, nennt Kant bekanntlich „Erscheinungen".[39] Von diesen unterscheidet er die sogenannten „Dinge an sich", als Gegenstände, die uns nicht in der sinnlichen Anschauung gegeben sind und deren Form also (gemäß der Behauptung (S)) weder räumlich noch zeitlich bestimmt ist. Darüber hinaus ist die Gegenständlichkeit von Dingen an sich auch nicht von Kategorien-geleiteten Synthesishandlungen unseres Verstandes abhängig, da solche Synthesishandlungen nur dann notwendig sind zur Konstitution von Objekten, wenn Mannigfaltigkeiten sinnlichen Materials vorliegen. Das bedeutet aber nicht, daß die Form, in der wir Dinge an sich denken, nicht durch die Kategorien unseres Verstandes bestimmt ist; denn es gilt ganz allgemein: „Wir können uns keinen Gegenstand denken, ohne durch Kategorien" (B165).

Somit sind die Kategorien zwar, wie Kant in der transzendentalen Deduktion B weiter ausführt, „im D e n k e n durch die Bedingungen unserer sinnlichen Anschauung nicht eingeschränkt" (B166), aber „wir können keinen gedachten Gegenstand e r k e n n e n, ohne durch Anschauungen, die jenen Begriffen entsprechen" (B165).[40] Einerseits bedarf es also notwendig der Kategorien, um Gegenstände erkennen zu können, andererseits können nur dann Gegenstände erkannt werden, wenn Mannigfaltigkeiten der Anschauung gegeben sind, die den Kategorien entsprechend zu Vorstellungen von Gegenständen synthetisiert werden können. Kant etabliert folglich in der transzendentalen Analytik auch die folgende *Restriktionsthese*:

(RT) Erkenntnis (von Gegenständen) ist nur von Erscheinungen möglich.

Somit wird, wie Kant in der Vorrede zur B-Auflage vorausblickend feststellt, im „analytischen Teile" der *Kritik der reinen Vernunft*, d.i. in der transzendentalen Ästhetik und in der transzendentalen Analytik, bewiesen, daß „Raum und Zeit *nur* Formen der sinnlichen Anschauung, also nur Bedingungen der Existenz der Dinge als Erscheinungen sind, daß wir ferner keine Verstandesbegriffe, mithin auch gar keine

---

[39] Vgl. die Erklärung des Begriffs der Erscheinung in A19f., B34.

[40] Den Unterschied zwischen dem bloßen Denken und dem Erkennen eines Gegenstandes erklärt Kant sehr prägnant in einer Fußnote zur Vorrede der B-Auflage der *KdrV*: „Einen Gegenstand e r k e n n e n, dazu wird erfordert, daß ich seine Möglichkeit (es sei nach dem Zeugnis der Erfahrung aus seiner Wirklichkeit, oder a priori durch Vernunft) beweisen könne. Aber d e n k e n kann ich, was ich will, wenn ich mir nur nicht selbst widerspreche" (BXXVI).

Elemente zur Erkenntnis der Dinge haben, als sofern diesen Begriffen korrespondierende Anschauung gegeben werden kann, folglich wir von keinem Gegenstande als Dinge an sich selbst, sondern nur sofern es Objekt der sinnlichen Anschauung ist, d.i. als Erscheinung, Erkenntnis haben können" (BXXVf.; kursiv vom Verf.).[41] Diese Resultate des „analytischen Teile[s]" der *Kritik der reinen Vernunft* faßt Kant dann später zum „Lehrbegriff des transzendentalen Idealismus" zusammen, welcher durch die folgende Behauptung repräsentiert werden kann:

(TI) (a) Raum und Zeit sind die beiden Formen unserer sinnlichen Anschauung.
(b) Die Gegenstände unserer Erkenntnis sind nicht Dinge an sich, sondern Erscheinungen.[42]

Die einige Seiten zuvor eingeführte Arbeitshypothese, daß „die Gegenstände [...] sich nach unserem Erkenntnis richten" (BXVI, vgl. oben), wird damit zu einer *Folgerung* aus Resultaten, die in der transzendentalen Ästhetik und in der transzendentalen Analytik bewiesen werden:

(K) Wir erkennen Gegenstände nicht so, wie sie an sich sind, sondern so, wie sie durch unsere Erkenntnisvermögen geformt werden.

Denn die Gegenstände unserer Erkenntnis „richten" sich in ihrer zeitlichen oder/und räumlichen Bestimmtheit nach den besonderen Formen unserer Sinnlichkeit, und sie „richten" sich sogar in ihrer bloßen Gegenständlichkeit nach den Kategorien unseres Verstandes. Die These (K) repräsentiert dann exakt das, was man

---

[41] Die vorliegende Textstelle und weitere einschlägige Bemerkungen Kants in A41f., B59, sowie A46ff., 63ff. und A490, B518f. widerlegen die Behauptung P.Kraussers *1988*, S. 378f., Kant sei der Ansicht gewesen, er habe in der transzendentalen Ästhetik und in der transzendentalen Analytik nicht nachgewiesen, daß die subjektiven Bedingungen unseres Anschauens und Denkens (Raum, Zeit und Kategorien) nicht zugleich auch objektive Bedingungen der Gegenstände sein könnten, und wolle diesen Nachweis in der Antinomienlehre nachliefern.

[42] „Ich verstehe aber unter dem t r a s z e n d e n t a l e n I d e a l i s m aller Erscheinungen den Lehrbegriff, nach welchem wir sie [sc. die Dinge, Verf.] insgesamt als bloße Vorstellungen, und nicht als Dinge an sich selbst, ansehen, und demgemäß Zeit und Raum nur sinnliche Formen unserer Anschauung, nicht aber für sich gegebene Bestimmungen, oder Bedingungen der Objekte, als Dinge an sich selbst sind" (A369). - „Wir haben in der transzendentalen Ästhetik hinreichend bewiesen: daß alles, was im Raume oder der Zeit angeschaut wird, mithin alle Gegenstände einer uns möglichen Erfahrung, nichts als Erscheinungen, d.i. bloße Vorstellungen sind, die, *so wie sie vorgestellt werden* [...], außer unseren Gedanken keine an sich gegründete Existenz haben. Diesen Lehrbegriff nenne ich den t r a n s z e n d e n t a l e n I d e a l i s m" (A490f., B519f.; kursiv vom Verf.). - Auf das komplexe Problem einer genauen Deutung des transzendentalen Idealismus kann an dieser Stelle und im Rahmen dieser Arbeit nicht eingegangen werden.

im Anschluß an die Vorrede zur B-Auflage der *Kritik der reinen Vernunft* in der Kant-Literatur später als „Kopernikanische Revolution“ bezeichnet hat.[43]

Ebenfalls in der Vorrede zur B-Auflage stellt Kant einen weiteren Vorzug der These (K) heraus, der sich als relevant für die Antinomienlehre erweisen wird: Man kann nämlich „nach dieser Veränderung der Denkart [...] die Gesetze, welche a priori der Natur, als dem Inbegriffe der Gegenstände der Erfahrung, zum Grunde liegen, mit ihren genugtuenden Beweisen versehen, *welches* [...] *nach der bisherigen Verfahrungsart unmöglich war*“ (BXIX; kursiv vom Verf.).[44] Dies wird im zweiten Hauptstück der transzendentalen Analytik dann auch ausgeführt: Dort beweist Kant unter Voraussetzung von (TI) Grundsätze des reinen Verstandes, die unter eben diesen Voraussetzungen nichts anderes sind als „Gesetze, welche a priori der Natur, als dem Inbegriffe der Gegenstände der Erfahrung, zum Grunde liegen“.

Nun stimmt zwar die These, daß „die Gegenstände [...] sich nach unserem Erkenntnis richten, [...] schon besser mit der verlangten Möglichkeit einer Erkenntnis derselben a priori zusammen“ (BXVI; vgl. oben) und wird (nach Kant) auch in der transzendentalen Ästhetik und in der transzendentalen Analytik bewiesen, sie ist aber nicht die „natürliche“ Voraussetzung der Erkenntnis von Gegenständen: Will ich etwas über die Eigenschaften von bzw. die Relationen unter Gegenständen wissen, so scheint es meiner Intention gerade entgegengesetzt zu sein, das angestrebte Wissen aus einer Untersuchung meiner selbst als Erkenntnissubjektes zu gewinnen. Da meine Erkenntnisvermögen *per definitionem* u.a. Vermögen zur Erkenntnis von Gegenständen außer mir sind, schreibe ich meine Erkenntnisse in natürlicher Weise den erkannten Gegenständen zu. Ich setze in natürlicher Weise voraus, daß ich die intendierten Gegenstände, ihre realen Eigenschaften und Relationen, erkannt habe und nicht etwa von mir Konstruiertes. Wenn ich z.B. erkannt zu haben glaube, daß sich im Zentrum unserer Galaxie ein schwarzes Loch befindet, so scheint es meiner Erkenntnisintention gerade zuwider anzunehmen, das schwarze Loch befinde sich nur deshalb im Zentrum unserer Galaxie, weil ich diese zuvor räumlich auf eine bestimmte Weise geordnet und das schwarze Loch auf diese Weise dorthin gestellt habe, wo es sich nach meiner Erkenntnis befindet. - Es ist also *nicht* die „natürliche“ Voraussetzung der Vernunft, daß „die Gegenstände [...] sich nach unserem Erkenntnis richten“ (vgl. oben), auch nicht, daß räumliche und zeitliche Relationen unter Gegenständen nur auf die Formen unseres Anschauungsvermögens zurückgehen. Die „natürliche“ Voraussetzung der Vernunft ist gerade die zur These (K) *konträre* Aussage - der von Kant so genannte *transzendentale Realismus*:

---

[43] Vgl. BXXII (Fußnote).

[44] Vgl. auch *Prolegomena AA* IV;368,18-25.

(TR) Wir erkennen die Gegenstände so, wie sie an sich sind. [45]

Auch wenn Kant in seinen kritischen Werken dem transzendentalen Realismus verständlicherweise nicht in der Weise das Wort reden konnte, wie dies im vorangehenden geschehen ist, scheinen es doch solche Überlegungen gewesen zu sein, die ihn zu der Behauptung veranlaßt haben, daß es sich beim transzendentalen Schein, der seiner Ansicht nach (nur) unter der Voraussetzung des transzendentalen Realismus zustande kommt, um eine „natürliche Illusion" der Vernunft handelt.[46] Die Voraussetzung des transzendentalen Realismus führt nach Kant auch - und zwar „unvermeidlich" - zu den Widersprüchen der rationalen Kosmologie.[47] Wie dies zugeht, erklärt Kant insbesondere im siebenten Abschnitt des Antinomienkapitels. Zunächst stellt er dort programmatisch fest:

---

[45] Vgl. die Vorrede zur B-Auflage der *KdrV* (insbesondere: BXIIIf.). - Nach den beiden expliziten Formulierungen, die sich in der *KdrV* finden, behauptet der transzendentale Realismus dagegen primär, daß Raum und Zeit „etwas an sich (unabhängig von unserer Sinnlichkeit) Gegebenes" bzw. „an sich subsistierende Dinge" sind; aus dieser Behauptung soll dann (TR) allererst folgen. Dies ist aber nicht der Fall. Vielmehr folgt umgekehrt aus (TR), daß Raum und Zeit nicht ausschließlich Formen unserer sinnlichen Anschauung sein können, da wir sonst zeitlich und räumlich bestimmte Gegenstände nicht so erkennen würden, wie sie an sich sind. Dies scheint Kant in A535, B563 auch anzudeuten: „Wenn Erscheinungen Dinge an sich selbst wären, *mithin* Raum und Zeit Formen des Daseins der Dinge an sich selbst: [...]" (kursiv vom Verf.). - Dagegen vertritt H.Allison *1983*, S.14ff., die Ansicht, Kant begreife unter dem transzendentalen Realismus jede „metaphilosophische" Position, die nicht transzendental-idealistisch ist, und sehe transzendentalen Realismus und transzendentalen Idealismus als „mutually exclusive and exhaustive metaphilosophical alternatives" (S.14) bzw. als „contradictory philosophical [sic!] standpoints" (S.51) an. Diese Interpretation hat zwar den Vorzug, daß man den Nachweis von Antinomien im transzendentalen Realismus dann problemlos als indirekten Beweis für den transzendentalen Idealismus deuten kann (vgl. unten); einerseits entbehrt sie jedoch eines eindeutigen Textbelegs, andererseits dürfte es dann nur eine Frage philosophischer Phantasie sein, eine nicht-transzendental-idealistische und somit transzendental-realistische Position zu konstruieren, in der die Antinomien nicht auftreten.

[46] Vgl. A298, B354 - Kant spricht in A500, B528 auch von einer „ganz natürliche[n] Täuschung der gemeinen Vernunft" und bezeichnet den transzendentalen Realismus in A528, B556 als „die gewöhnliche Voraussetzung des gemeinen Menschenverstandes".

[47] So heißt es in § 52 der *Prolegomena*: „Wenn wir, *wie es gewöhnlich geschieht*, uns die Erscheinungen der Sinnenwelt als Dinge an sich selbst denken; *wenn wir die Grundsätze ihrer Verbindung als allgemein von Dingen an sich selbst und nicht blos von der Erfahrung geltende Grundsätze annehmen*, wie denn dieses eben so gewöhnlich, ja ohne unsere Kritik unvermeidlich ist: so thut sich ein nicht vermutheter Widerstreit hervor, der niemals auf dem gewöhnlichen, dogmatischen Wege beigelegt werden kann, weil sowohl Satz als Gegensatz durch gleich einleuchtende klare und unwiderstehliche Beweise dargethan werden können [...], und die Vernunft sich also mit sich selbst entzweit sieht" (*AA* IV;339,30-340,7; kursiv vom Verf.). Vgl. auch *KdrV* BXXf., BXXVIIf., A507, B535, A521, B549 (Fußnote), R6337 *AA* XVIII;657,8ff. und die *Preisschrift über die Fortschritte der Metaphysik AA* XX;287,33f. - Ebenso auch P.Mittelstaedt/I.Strohmeyer *1990*, S.148, J.Schmucker *1990*, S.188-198, der eine Vielzahl weiterer Belege angibt, H.Dimpker/B.Kraft/D.Schönecker *1996*, S.188f., und H.Wagner *1996*, S.240, der sogar davon spricht, daß Kant diesen Sachverhalt dem Leser „einhämmere".

„Die ganze Antinomie der reinen Vernunft beruht auf dem dialektischen Argumente: Wenn das Bedingte gegeben ist, so ist auch die ganze Reihe aller Bedingungen desselben gegeben: nun sind uns Gegenstände der Sinne als bedingt gegeben, folglich usw. Durch diesen Vernunftschluß, dessen Obersatz so natürlich und einleuchtend scheint, werden nun, nach Verschiedenheit der Bedingungen (in der Synthesis der Erscheinungen), sofern sie eine Reihe ausmachen, ebensoviel kosmologische Ideen eingeführt, welche die absolute Totalität dieser Reihen postulieren und eben dadurch die Vernunft unvermeidlich in Widerstreit mit sich selbst versetzen" (A497, B525).

Kant macht dem zufolge für das Auftreten der Antinomie der reinen Vernunft ein „dialektisches Argument" in Form eines Vernunftschlusses verantwortlich, welcher wie folgt notiert werden kann:

(1) Wenn das *Bedingte* gegeben ist, dann ist auch die ganze Reihe aller *Bedingungen* desselben gegeben.
(2) Nun sind uns Gegenstände der Sinne als *bedingt* gegeben.

---

(3) Also ist uns die ganze Reihe aller *Bedingungen* derselben (der Gegenstände) gegeben.

Man sieht leicht, daß dieser „dialektische Vernunftschluß" der Regel des *Modus (ponendo) ponens* folgt, mithin ein hypothetischer Vernunftschluß ist. Ebenso leicht erkennt man im Obersatz (1) des Schlusses den synthetischen Grundsatz (GV) der Vernunft wieder. Aus diesem müssen, wie Kant bereits in der Einleitung in die transzendentale Dialektik angezeigt hatte, „auch verschiedene synthetische Sätze entspringen, wovon der reine Verstand [d.i. der Verstand i.e.S.] nichts weiß" (A308, B364f.). In der Kosmologie ergeben sich solche synthetischen Sätze, wie an der oben zitierten Textstelle aus dem siebenten Abschnitt des Antinomienkapitels angedeutet wird, „nach Verschiedenheit der Bedingungen (in der Synthesis der Erscheinungen), sofern sie eine Reihe ausmachen" (vgl. oben), d.h. durch eine Spezifikation des in (GV) vorkommenden Bedingungsbegriffs. Die verschiedenen Bedingungsverhältnisse „in der Synthesis der Erscheinungen", die kosmologisch relevant sind, weil sie eine regressive Reihe einander untergeordneter Bedingungen ermöglichen, wurden in der Deduktion der kosmologischen Vernunftbegriffe vorgestellt.[48] Die sich aus dem Grundsatz (GV) ergebenden synthetischen Sätze der reinen Vernunft lauten dem zufolge:

(a) Wenn ein Gegenstand in Raum oder Zeit gegeben ist, dann ist das Ganze aller Gegenstände in Raum oder Zeit ebenfalls gegeben.
(b) Wenn ein materielles Ganzes gegeben ist, dann sind alle Teile des Ganzen ebenfalls gegeben.

---

[48] Vgl. dazu oben Abschnitt 1.5.

(c) Wenn etwas Bewirktes gegeben ist, dann sind alle Ursachen des Bewirkten ebenfalls gegeben.
(d) Wenn das in seinem Dasein Abhängige (Veränderliche) gegeben ist, dann sind alle Dinge, von denen sein Dasein abhängt, ebenfalls gegeben.

Durch eine zur Spezifikation des Bedingungsbegriffs im Obersatz (1) analoge Spezifikation des Bedingungsbegriffs im Untersatz (2) erhält man entsprechend die Aussagen:
(a′) Nun ist uns ein Gegenstand in Raum oder Zeit gegeben.
(b′) Nun ist uns ein materielles Ganzes gegeben.
(c′) Nun ist uns etwas Bewirktes gegeben.
(d′) Nun ist uns das in seinem Dasein Abhängige (Veränderliche) gegeben.

Aus den synthetischen Sätzen der Vernunft (a)-(d) und den Aussagen (a′)-(d′) ergeben sich vier hypothetische Vernunftschlüsse mit den Obersätzen (a)-(d) und den Untersätzen (a′)-(d′), deren Konklusionen jeweils die Gegebenheit eines Gegenstandes unter einem kosmologischen Vernunftbegriff behaupten:
(a″) Also ist das Ganze aller Gegenstände in Raum oder Zeit gegeben.
(b″) Also sind alle Teile des (gegebenen) Ganzen gegeben.
(c″) Also sind alle Ursachen des (gegebenen) Bewirkten gegeben.
(d″) Also sind alle Dinge, von denen das Dasein des Veränderlichen abhängt, gegeben.

Wenn Kant also an der zitierten Stelle feststellt, daß durch den von ihm angeführten „Vernunftschluß [...] nach Verschiedenheit der Bedingungen (in der Synthesis der Erscheinungen), sofern sie eine Reihe ausmachen, ebensoviel kosmologische Ideen eingeführt“ werden (vgl. oben), dann dient ihm dieser Vernunftschluß als Modell für die im vorangehenden spezifizierten Vernunftschlüsse.[49] Der von Kant angegebene Vernunftschluß illustriert folglich nur den Typus und die Struktur der vier Vernunftschlüsse, durch die „ebensoviel kosmologische Ideen eingeführt“ werden.

Es sind nun nicht die kosmologischen Ideen selbst, wie Kant an der zitierten Textstelle aus A497, B525 ein wenig unpräzis sagt, sondern die Konklusionen der vier genannten Vernunftschlüsse, die „die absolute Totalität dieser Reihen [sc. von Bedingungen, Verf.] postulieren und eben dadurch die Vernunft unvermeidlich in Widerstreit mit sich selbst versetzen“ (ibid.; vgl. oben). Denn diese behaupten jeweils die *Gegebenheit* der vollständigen Reihe von Bedingungen zu einem

[49] Offensichtlich verwendet Kant den Ausdruck „(kosmologische) Idee“ an dieser Stelle (A497, B525) wieder einmal nicht in seiner begrifflichen, sondern in seiner gegenständlichen Bedeutung; vgl. oben Abschnitt 1.0.

gegebenen Bedingten, folglich des Unbedingten, welches man sich, wie Kant bereits im Abschnitt über das „System der kosmologischen Ideen" ausgeführt hatte, auf zweierlei Weisen denken kann: „*entweder* als *bloß* in der ganzen Reihe bestehend, in der *also* alle Glieder ohne Ausnahme bedingt und nur das Ganze derselben schlechthin unbedingt wäre [...]; *oder* das absolut Unbedingte ist *nur* ein Teil der Reihe, dem die übrigen Glieder derselben untergeordnet sind, der[50] selbst aber unter keiner anderen Bedingung steht. In dem ersteren Falle ist die Reihe a parte priori ohne Grenzen (ohne Anfang), d.i. unendlich, [...]. Im zweiten Falle gibt es ein Erstes der Reihe" (A417f., B445f.; kursiv vom Verf.).[51] - Die von Kant im ersten Satz dieser Textstelle verwendete Disjunktion „entweder... oder..." ist hier wörtlich, d.h. im ausschließenden Sinne, zu verstehen. Beide Möglichkeiten, das Unbedingte zu denken, schließen einander der Sache nach allerdings nur dann aus, wenn man, wie Kant dies seinen Formulierungen zufolge tut, die Eindeutigkeit des Unbedingten voraussetzt[52]: Nimmt man an, „das" Unbedingte sei die ganze Reihe der Bedingungen, dann kann es nur unter Voraussetzung der Eindeutigkeit des Unbedingten kein unbedingtes Glied der Reihe geben und die Reihe somit kein Anfangsglied haben, so daß „also[!] alle Glieder [sc. der Reihe, Verf.] ohne Ausnahme bedingt" sind. Nimmt man dagegen an, „das" Unbedingte sei ein Anfangsglied der Reihe, dann kann - wiederum nur unter Voraussetzung der Eindeutigkeit des Unbedingten - „das" Unbedingte nicht mit der ganzen Reihe identisch sein. - Eine dieser beiden, einander ausschließenden Möglichkeiten aber muß - den Konklusionen der vier angegebenen Vernunftschlüsse zufolge - jeweils zutreffen.

Die Antinomie der reinen Vernunft, die sich in den einzelnen Widersprüchen der rationalen Kosmologie manifestiert, ergibt sich nun gerade daraus, daß „das" jeweilige Unbedingte auf zwei verschiedene, einander ausschließende Weisen gedacht werden kann und es für beide Interpretationen, wie Kant sagt, „ebenso gültige und notwendige Gründe" gibt (vgl. A421, B449)[53]: So behauptet in jeder der Vernunftantinomien die Thesis jeweils die Gegebenheit eines Anfangsgliedes der Bedingungsreihe,welches „in Ansehung der verflossenen Zeit der W e l t a n f a n g, in Ansehung des Raumes die W e l t g r e n z e, in Ansehung der Teile [..] das E i n-

[50] Die A-Auflage hat „er" statt „der"; vgl. die Ausgabe von R.Schmidt, S.446.

[51] Vgl. oben Abschnitt 1.5. Dort wurde auch ausgeführt, daß Kants Argument für die zuerst genannte Möglichkeit, das Unbedingte zu denken, nicht überzeugend ist.

[52] Diese Voraussetzung dürfte, wie sich in der Analyse der einzelnen Antinomien zeigen wird, auf eine von Kant unterstellte Links-Linearität der einzelnen Bedingungsrelationen zurückgehen; vgl. unten die Abschnitte 2.2.1. und 2.4.

[53] In der *Preisschrift über die Fortschritte der Metaphysik* heißt es dazu: „Aber die Vernunft wird dadurch an sich selbst irre, daß sie, durch die sichersten Grundsätze geleitet, das Unbedingte auf einer Seite gefunden zu haben glaubt, und doch nach anderweitigen, eben so sichern Prinzipien, sich selbst dahin bringt, zugleich zu glauben, daß es auf der entgegengesetzten Seite gesucht werden müsse" (*AA* XX;327,1-6); vgl. auch *KdrV* A483,B511.

f a c h e, in Ansehung der Ursachen die absolute S e l b s t t ä t i g k e i t (Freiheit), in Ansehung des Daseins veränderlicher Dinge die absolute N a t u r n o t w e n - d i g k e i t heißt" (A418, B446); die Antithesis behauptet dagegen jeweils die Gegebenheit einer unbedingten Reihe von Bedingungen, „in der [...] alle Glieder ohne Ausnahme bedingt" sind (vgl. oben). Beide einander „entgegengesetzten" Behauptungen - Thesis sowohl als auch Antithesis - behaupten somit jeweils die Gegebenheit des Unbedingten, interpretieren dieses jedoch in einem unterschiedlichen und die andere Interpretation ausschließenden Sinne.[54]

Daraus folgt jedoch *nicht*, daß jede der beiden einander „entgegengesetzten" Behauptungen einer Antinomie sich auf ein Vernunftprinzip stützen müßte, das die Gegebenheit des Unbedingten behauptet.[55] Vielmehr stellt sich hier eine Asymmetrie zwischen den jeweiligen Positionen von Thesis und Antithesis ein: Während sich, wie die nachfolgenden Analysen zeigen werden, einige der Thesis-Beweise tatsächlich auf verschärfende Spezifikationen des Grundsatzes (GV) der Vernunft stützen, welche direkt die Gegebenheit des Unbedingten *als des ersten Gliedes der Bedingungsreihe* behaupten, bedürfen die Antithesis-Beweise keiner solchen Prämissen.[56] Nach Kants Konzeption seiner Kosmologie-Kritik ist es, wie gezeigt wurde, der Verstand, der alle Erscheinungen Bedingungen „unterwirft"[57]; wenn aber in einer Reihe jedes Glied bedingt ist, so folgt bereits aus dieser Einsicht *des*

---

[54] Dies haben jüngst H.Dimpker/B.Kraft/D.Schönecker *1996*, S.183ff. besonders deutlich herausgestellt; vgl. auch P.F.Strawson *1966*, S.158f. u. 189, A.W.Wood *1975*, S.611, V.S.Wike *1981*, S.599ff., u. *1982*, S.47ff., sowie J.Schmucker *1990*, S.104. Nachweislich übersehen wird diese Konstellation dagegen von J.Bennett *1974*, S.280; vgl. zur Kritik an Bennett auch V.S.Wike *1981*, S.601, und *1982*, S.52. Wike irrt allerdings selbst in der Annahme, die einander widersprechenden Interpretationen des Unbedingten seien verschiedene *Definitionen* desselben. Sie sind vielmehr Behauptungen, deren Beweise von Kant gerade in den einzelnen Antinomien vorgeführt werden. - Hier zeigt sich nun deutlich ein Vorteil der zu Beginn dieser Arbeit eingeführten Unterscheidung zwischen einer begrifflichen und einer gegenständlichen Gebrauchsweise des Ausdrucks „Idee" bei Kant (vgl. oben Abschnitt 1.0.): Geht man von einem einheitlichen, d.h. entweder, wie viele Interpreten dies tun, stets gegenständlichen oder stets begrifflichen Gebrauch aus, dann muß man folgerichtig sagen, daß der Thesis und der Antithesis der einzelnen Antinomien jeweils *verschiedene* kosmologische Ideen zugrunde liegen. Dies aber widerspricht offenbar Kants Konzeption der Antinomienlehre. Dagegen erlaubt es die von mir eingeführte Unterscheidung zu sagen, daß in jeder der Antinomien beiden „entgegengesetzten" Positionen ein und derselbe kosmologische Vernunftbegriff zugrunde liegt und eine Divergenz der Positionen in der Vorstellung des unter diesen Vernunftbegriff fallenden Gegenstands besteht.

[55] Hierin irren H.Dimpker/B.Kraft/D.Schönecker *1996*, S.188 u. 197, was zu Fehldeutungen der Prämissen und Beweisstrukturen in der von ihnen behandelten dritten Antinomie führt; vgl. unten Abschnitt 2.4.3.

[56] Es ist daher keineswegs „verwirrend", wie H.Dimpker/B.Kraft/D.Schönecker *1996*, S.185 meinen, wenn Kant in der *Kritik der praktischen Vernunft* mit Bezug auf die dritte Antinomie feststellt: „dennoch muß es zu aller Reihe der Bedingungen nothwendig etwas Unbedingtes, *mithin* auch eine sich gänzlich von selbst bestimmende Causalität geben" (*AA* V;48,18ff.; kursiv vom Verf.). Vgl. auch R3717 *AA* XVII;261,5-9 (zitiert in Fußnote 60 unten).

[57] Vgl. A409, B436 und oben Abschnitt 1.5.

Verstandes, daß es kein Anfangsglied der Reihe geben und allenfalls die ganze Reihe unbedingt sein kann. Zum Beweis der Antithesen ist es ausreichend, auf solche (apriorischen) Verstandeserkenntnisse zurückzugreifen, welche, wie z.B. das Kausalgesetz, die Form

$$\forall x(\Phi(x) \rightarrow \exists y(\Phi(y) \wedge y \text{ ist Bedingung von } x))$$

haben, wobei „Φ" eine beliebige Eigenschaft repräsentiert und die Bedingungsrelation weiter spezifiziert sein kann.[58] Denn es folgt aus einer solchen Verstandeserkenntnis sofort, daß es in einer durch die Bedingungsrelation geordneten Φ-Reihe kein unbedingtes Anfangsglied geben kann. Und es folgt darüber hinaus, wie im folgenden gezeigt werden wird, die *Gegebenheit* der gesamten Φ-Reihe, wenn man die Verstandeserkenntnis gemäß der Voraussetzung des transzendentalen Realismus und gegen die Fundamente des Grundsatzkapitels auf Dinge an sich bezieht.[59] Grundsätze, welche die Gegebenheit des Unbedingten behaupten, werden deshalb zum Beweis der Antithesen nicht benötigt und kommen auch, wie aus den nachfolgenden Analysen hervorgeht, tatsächlich unter den Prämissen nicht vor. Treten jedoch in den Thesis-Beweisen Prämissen auf, die speziell die Gegebenheit des Unbedingten als des ersten Gliedes der Bedingungsreihe behaupten, dann können sie wegen der angezeigten Doppeldeutigkeit des Grundsatzes (GV) nicht als bloße Spezifizierungen desselben gedeutet werden, sondern bedürfen *als Verschärfungen* desselben einer gesonderten Rechtfertigung.[60]

Wenn nun zur Konstitution der Antinomie der reinen Vernunft, d.h. zum Beweis der einander „entgegengesetzten" Behauptungen der einzelnen kosmologischen Widersprüche, sowohl Vernunftprinzipien als auch Verstandesprinzipien beitragen, dann ist die Antinomie der reinen Vernunft eine Antinomie der Vernunft *im weiteren Sinne* bzw. des Verstandes *im weiteren Sinne*, welche auf einer falschen, aber „natürlichen" Voraussetzung über die Gegenstände unserer Erkenntnis beruht.[61]

In welchem Verhältnis steht nun der transzendentale Realismus zur Konstitution der Antinomie der reinen Vernunft? Wie führt die „natürliche" Voraussetzung des transzendentalen Realismus „unvermeidlich" in die Widersprüche der rationalen

---

[58] So besagt das Kausalgesetz, das, wie gezeigt werden wird, u.a. in die Antithesis-Beweise der dritten und vierten Antinomie eingeht, daß jede Begebenheit durch eine andere Begebenheit naturkausal bedingt ist (vgl. unten die Abschnitte 2.4. und 2.5.).

[59] Die von Kant darüber hinaus behauptete Unendlichkeit einer solchen Reihe (vgl. A417f., B445f., oben zitiert) folgt selbstverständlich nur, wenn an die Bedingungsrelation weitere Forderungen gestellt werden, z.B. die der Irreflexivität und Transitivität.

[60] Eine mögliche Rechtfertigung findet sich z.B. in R3717: „alle analysis schließt umgekehrt die Moglichkeit einer synthesis ein. Demnach muß bey jeder Reihe subordinirter Dinge ein Erstes seyn, weil sonst keine complete synthesis und auch nicht analysis stattfinden würde" (*AA* XVII;261,5-9).

[61] Vgl. dazu *Prolegomena*, § 52, *AA* IV;339,30-340,7 (in Fußnote 47 zitiert, man beachte vor allem die zweite Kursivsetzung), R4760 *AA* XVII;711,12-713,21 und oben Abschnitt 2.1.1. Vgl. auch P.Guyer *1987*, S.344.

Kosmologie? - Kant beantwortet diese Fragen allgemein und modellhaft an dem von ihm angeführten dialektischen Vernunftschluß, der den Typus und die Struktur der vier Vernunftschlüsse illustriert, durch die „ebensoviel kosmologische Ideen eingeführt [werden], welche die absolute Totalität dieser Reihen [sc. von Bedingungen, Verf.] postulieren und eben dadurch die Vernunft unvermeidlich in Widerstreit mit sich selbst versetzen" (A497, B525; vgl. oben).

In seinen Ausführungen zu dem fraglichen Vernunftschluß zeigt Kant, daß der Obersatz (1) des Schlusses, also der synthetische Grundsatz der Vernunft *dann* wahr wird, wenn man den transzendentalen Realismus voraussetzt. Denn es gilt: „wenn das Bedingte sowohl, als seine Bedingung, Dinge an sich selbst sind, so ist, wenn das Erstere gegeben worden, nicht bloß der Regressus zu dem Zweiten a u f g e g e b e n, sondern dieses ist dadurch wirklich schon mit **gegeben**, und, weil dieses von allen Gliedern der Reihe gilt, so ist die vollständige Reihe der Bedingungen, mithin auch das Unbedingte dadurch zugleich gegeben [...], daß das Bedingte [...] gegeben ist" (A498, B526)[62]; andererseits gilt: „wenn ich es mit Erscheinungen zu tun habe [...], so kann ich nicht in eben der Bedeutung sagen: wenn das Bedingte gegeben ist, so sind auch alle Bedingungen (als Erscheinungen) zu demselben gegeben,[...]. Denn die E r s c h e i n u n g e n sind, in der Apprehension, selber nichts anderes, als eine empirische Synthesis (im Raume und der Zeit) und sind also nur i n d i e s e r gegeben. Nun folgt es gar nicht, daß, wenn das Bedingte (in der Erscheinung) gegeben ist, auch die Synthesis, die seine empirische Bedingung ausmacht, dadurch mitgegeben [...] sei, sondern diese findet allererst im Regressus, und niemals ohne denselben, statt" (A498f., B527). Unter der (natürlichen) Voraussetzung des transzendentalen Realismus also ist der Grundsatz (GV) der Vernunft wahr, da die Bedingungen zu einem Bedingten nicht erst sukzessiv synthetisiert werden müssen, sondern - unabhängig von jeglicher Synthesisleistung - mit dem Bedingten gegeben sind; wird hingegen vorausgesetzt, daß der transzendentale Realismus falsch ist und der transzendentale Idealismus gilt, dann ist der Grundsatz (GV) falsch, da die Bedingungen zu einem gegebenen Bedingten erst sukzessiv aus anschaulichem Material synthetisiert werden müssen und infolgedessen nicht mitgegeben sind.

Der Untersatz (2) gilt nun zwar von einem in der Erfahrung gegebenen Bedingten, folglich - nach den Ergebnissen der transzendentalen Ästhetik und der transzendentalen Analytik - von einer Erscheinung und, da uns nur Erscheinungen gegeben sind, auch *nur* von einer solchen; er nimmt das Bedingte „in empirischer Bedeutung eines auf bloße Erscheinungen angewandten Verstandesbegriffs" (A499, B527). Es ist aber unter der Voraussetzung des transzendentalen Realismus „ebenso natürlich (im Untersatze) Erscheinungen als Dinge an sich und ebensowohl dem bloßen Verstande gegebene Gegenstände anzusehen, wie es im Obersatze geschah" (A500, B528).

---

[62] Vgl. auch R5553 *AA* XVIII;223,10-13.

Geht man also von der Voraussetzung des transzendentalen Realismus aus, dann ergibt sich aus den Prämissen des fraglichen Vernunftschlusses notwendigerweise (in der Konklusion) die Gegebenheit des Unbedingten, welches die Vernunft, wie gezeigt wurde, auf zwei einander ausschließende Weisen interpretieren kann, so daß für jede der beiden Interpretationen „ebenso gültige und notwendige Gründe" sprechen (vgl. oben). Somit führt nach Kant die „natürliche" Voraussetzung des transzendentalen Realismus „unvermeidlich" in die Widersprüche der rationalen Kosmologie.

Nun wird aber - im Lichte der Kantischen Vernunftkritik - der Obersatz des fraglichen Vernunftschlusses, wie gezeigt wurde, dann wahr, wenn er auf Dinge bezogen wird, die so erkannt werden können, wie sie an sich sind; er wird aber falsch, wenn man ihn auf Erscheinungen bezieht. Der Untersatz wird hingegen dann und nur dann wahr, wenn er auf Erscheinungen bezogen wird. Erscheinungen sind aber nach der Lehre des transzendentalen Idealismus keine Dinge, die so erkannt werden können, wie sie an sich sind. „Hieraus erhellt, daß der Obersatz des kosmologischen Vernunftschlusses das Bedingte in transzendentaler Bedeutung einer reinen Kategorie, der Untersatz aber in empirischer Bedeutung eines auf bloße Erscheinungen angewandten Verstandesbegriffs nehmen, folglich derjenige dialektische Betrug darin angetroffen werde, den man Sophisma figurae dictionis nennt" (A499, B527f.). Es liegt also ein hypothetischer Vernunftschluß vor, in dem (damit beide Prämissen wahr werden) ein Terminus , d.i. der Ausdruck „bedingt", im Obersatz in anderer Bedeutung genommen werden muß, als im Untersatz; folglich handelt es sich - im Sinne eines von Kant an anderer Stelle eingeführten Begriffs - um einen Paralogismus in hypothetischer Form.[63] Somit wird auch deutlich, warum Kant diesen Schluß als „dialektisches Argument" bezeichnet (vgl. oben). Da der fragliche Schluß aber die Struktur der vier Vernunftschlüsse illustriert, durch die

---

[63] Den Begriff des Paralogismus erklärt Kant in Reflexion 5552 (1778-9) folgendermaßen: „P a r a l o g i s m ist ein Vernunftschlus, der der Form nach falsch ist, ob er gleich der Materie (den Vordersätzen) nach richtig ist. - Er entspringt, wenn der Mittelbegriff in beyden Prämissen in verschiedener Bedeutung genommen wird" (*AA* XVIII;218,7-10); vgl. auch *KdrV* A341, B399. Die zitierte Erklärung bezieht sich zwar vornehmlich auf kategorische Vernunftschlüsse (Syllogismen), kann aber systematisch auf andere Vernunftschlüsse erweitert werden, wenn der Ausdruck „der Mittelbegriff" durch „ein Begriff" ersetzt wird. Kant scheint eine solche Erweiterung selbst in Betracht gezogen zu haben, da er tatsächlich zunächst statt „der Mittelbegriff" „ein Be" geschrieben hatte (vgl. a.a.O.). - Im Kontext der Kantischen Ausführungen zu dem fraglichen Vernunftschluß finden sich auch die oben (Abschnitt 1.4.) erwähnten Spuren der in der Einleitung und im ersten Buch der transzendentalen Dialektik entwickelten und dann zu Beginn des Antinomienkapitels aufgegebenen Konzeption des Vernunftvermögens. So stellt Kant fest, der in dem fraglichen Vernunftschluß vorliegende „Betrug" sei „nicht erkünstelt, sondern eine ganz natürliche Täuschung der gemeinen Vernunft. Denn durch diese setzen wir (im Obersatze) die Bedingungen und ihre Reihe, gleichsam u n b e s e h e n voraus, wenn etwas als bedingt gegeben ist, weil dieses nichts anderes als *die logische Forderung ist, vollständige Prämissen zu einem gegebenen Schlußsatze anzunehmen*" (A500, B528; kursiv vom Verf.).

„ebensoviel kosmologische Ideen eingeführt" werden (vgl. oben), sind auch diese Schlüsse Paralogismen in hypothetischer Form, also „dialektische Argumente".[64]

Kants Erklärung für das Auftreten der sich in vier konkreten Widersprüchen manifestierenden Antinomie der reinen Vernunft kann also zusammenfassend wie folgt beschrieben werden: Unter der natürlichen Voraussetzung des transzendentalen Realismus ergeben sich vier dialektische Vernunftschlüsse, deren Obersätze Spezifizierungen des Grundsatzes (GV) sind, deren Untersätze Erkenntnisse des Verstandes sind und deren Konklusionen die Gegebenheit von Gegenständen behaupten, welche unter die vier kosmologischen Vernunftbegriffe fallen. Diese aber sind Begriffe von unbedingten Bedingungen bedingter Gegenstände der Erkenntnis. Die unbedingten Bedingungen, deren Gegebenheit auf diese Weise dialektisch erschlossen werden kann, kann sich die Vernunft nun - unter der genannten Voraussetzung - mit beiderseits guten Gründen, welche von Kant in den einzelnen Beweisen der „entgegengesetzten" Behauptungen angegeben werden, jeweils auf zwei einander ausschließende Weisen denken: als unbedingtes Anfangsglied der Bedingungsreihe zu dem jeweils gegebenen Bedingten oder als unbedingte Reihe stets bedingter Bedingungen des Bedingten. Die Thesis-Behauptungen der einzelnen kosmologischen Widersprüche stehen jeweils für die erste der beiden Möglichkeiten, das Unbedingte zu denken, die Antithesis-Behauptungen für die zweite. - Der transzendentale Realismus führt daher „unvermeidlich" zu den Widersprüchen der rationalen Kosmologie; er ist die Voraussetzung sowohl für die Vernunftschlüsse, die die Vernunft verleiten, die Gegebenheit von Gegenständen unter ihren kosmologischen Begriffen anzunehmen, als auch für die Begründungen (Beweise) der jeweils verschiedenen und einander ausschließenden Möglichkeiten, jene Gegenstände zu denken. Somit ist die Vernunft (im weiteren Sinne) nicht *strukturell* antinomisch; sie gerät nur dadurch in die Antinomienproblematik, daß die Urteilskraft einen Fehler in der Anwendung von Vernunftfunktionen und Vernunftgrundsätzen, d.i. eine „transzendentale Subreption", begeht.[65] Dieser Fehler besteht gerade darin, Vernunftfunktionen und -grundsätze gemäß der „natürlichen", aber falschen Erkenntnisvoraussetzung des transzendentalen Realismus unrechtmäßig anzuwenden.

---

[64] Kant bezieht sich daher gar nicht, wie J.Schmucker *1990*, S.90, anzunehmen scheint, auf die Deduktion der kosmologischen Vernunftbegriffe, sondern auf diese dialektischen Vernunftschlüsse, wenn er in seiner einleitenden Bemerkung zum Antinomienkapitel feststellt: „Die z w e i t e A r t des dialektischen Arguments wird also, nach der Analogie mit **hypothetischen** Vernunftschlüssen, die unbedingte Einheit der objektiven Bedingungen in der Erscheinung zu ihrem Inhalte machen" (A406, B433).

[65] Vgl. A509, B537 im Zusammenhang mit A643, B671, sowie R5642 *AA* XVIII;279,16-20, und oben Abschnitt 1.1.

Wenn nun der transzendentale Realismus (TR) „unvermeidlich" zu Widersprüchen führt, wie Kant im ersten und zweiten Abschnitt des Antinomienkapitels zu zeigen bemüht ist, dann muß er als falsch und infolgedessen widerlegt angesehen werden. Der Nachweis des Auftretens von Widersprüchen in der rationalen Kosmologie unter der Voraussetzung (TR) kann folglich als indirektes Argument dafür angesehen werden, daß es nicht der Fall ist, *daß* wir Gegenstände *im allgemeinen* so erkennen, wie sie an sich sind.[66]

Der „Lehrbegriff des transzendentalen Idealismus" geht allerdings über diese These hinaus, indem er behauptet, daß wir *keinen* Gegenstand so erkennen, wie er an sich ist, und indem er beschreibt, *wie* die Gegenstände unserer Erkenntnis durch unsere Erkenntnisvermögen geformt werden: durch *besondere* Formen unserer sinnlichen Anschauung und durch *besondere* Kategorien-geleitete Synthesishandlungen. Es ist daher wichtig zu sehen, daß die These (TI), da sie logisch stärker ist als die Negation von (TR), durch den bloßen Nachweis des Auftretens von Widersprüchen unter der Annahme (TR) nicht ebenfalls indirekt bewiesen wird, obwohl Kant dies an einigen Stellen anzudeuten scheint.[67] Damit soll nicht behauptet werden, der „Lehrbegriff des transzendentalen Idealismus" könne in der Antinomienlehre keinerlei Bestätigung erfahren. Er findet jedoch, wenn Kant sein Programm in der Antinomienlehre korrekt realisiert, eine andere Art von Bestätigung. Im sechsten bis neunten Abschnitt des Antinomienkapitels nämlich versucht Kant zu zeigen, daß der transzendentale Idealismus als „Schlüssel zu[r] Auflösung der kosmologischen Dialektik" dienen kann[68], d.h., daß sich unter der Voraussetzung des transzendentalen Idealismus die einzelnen bewiesenen Oppositionsverhältnisse aufheben und insofern als dialektische, d.i. scheinbare, Oppositionsverhältnisse erweisen. Gelingt dies, dann kann sich der - nach Ansicht Kants in der transzendentalen Ästhetik und in der transzendentalen Analytik bereits direkt bewiesene (vgl. oben) - transzendentale Idealismus in der Antinomienlehre in derselben Weise bewähren, in der sich eine empirische Theorie T bewährt, die zu erklären vermag, daß eine allem Erfahrungswissen widersprechende Beobachtung B eine Täuschung ist und wie es zu der täuschenden Beobachtung kam. (Man denke hier nur an das erkenntnistheoretische Standardbeispiel der physikalischen Optik einerseits und des unter Wasser gekrümmt erscheinenden Stabes andererseits.) In einem solchen Fall löst die Theorie T einen scheinbaren Widerspruch auf und erklärt

---

[66] So bemerkt Kant in der *Kritik der Urteilskraft*, daß alle „A n t i n o m i e n der reinen Vernunft [...] darin übereinkommen, daß sie dieselbe zwingen, von der sonst sehr natürlichen Voraussetzung, die Gegenstände der Sinne für die Dinge an sich selbst zu halten, abzugehen" (*AA* V;344,24-27).

[67] Vgl. z.B. BXXf.; A506f., B534f. und R5962 *AA* XVIII;403,4-6. - Diesen Andeutungen folgen u.a. P.F.Strawson *1966*, S.155 u. 175, H.Allison *1983*, S.50f. (vgl. oben Fußnote 45), und P.Krausser *1988*, S.378. Nach J.Seifert *1989*, S.148 u. passim, ruht sogar die Beweislast der gesamten *KdrV* auf der Antinomienlehre.

[68] Vgl. die Überschrift zum sechsten Abschnitt (A490, B518).

überdies, wie er unter den gegebenen Beobachtungsbedingungen zustande kommen mußte; sie bewährt sich also auf eine doppelte Weise an der Erfahrung. - Kant selbst strengt bekanntlich in der Einleitung zur transzendentalen Dialektik einen Vergleich des transzendentalen Scheins mit Sinnestäuschungen an[69], und seine Rede von der Antinomie der reinen Vernunft als einem „Phänomen“[70] derselben sowie von einem „Experiment der reinen Vernunft“[71] zur Erklärung dieses Phänomens mittels einer neuen „Hypothese“[72] stützt den hier vorgenommenen Vergleich.[73] Die von Kant in der transzendentalen Ästhetik und in der transzendentalen Analytik entwickelte Theorie mag sich also in der Auflösung und Erklärung des Auftretens der Antinomie der reinen Vernunft bewähren und insofern durch dieses „Phänomen“ bestätigt werden; indirekt bewiesen wird sie dadurch jedoch in vollem Umfang nicht.

Eine weitere Einschränkung der stützenden Funktion der Antinomienlehre für den transzendentalen Idealismus ergibt sich aus der unterschiedlichen Auflösung der einzelnen Antinomien durch Kant: Während Kant im Falle der ersten beiden Antinomien den transzendentalen Idealismus heranzieht, um jeweils beide „entgegengesetzten“ Behauptungen als falsch zu erweisen und den jeweiligen Widerspruch dadurch *definitiv* aufzuheben[74], zeigt er im Falle der letzten beiden Antinomien nur, daß sich aus dem transzendentalen Idealismus eine *Möglichkeit* ergibt, jeweils beide „entgegengesetzten“ Behauptungen miteinander verträglich zu machen.[75] Damit sind die Widersprüche in diesen Fällen aber nicht definitiv aufgehoben, und insofern erhält der transzendentale Idealismus in diesen Fällen auch keine definitive Bestätigung.[76]

Die Antinomienlehre ist *ihrer Konzeption nach* also einerseits geeignet, den transzendentalen Realismus zu falsifizieren und andererseits durch die Beschreibung und Erklärung des „seltsamste[n] Phänomen[s] der menschlichen Vernunft“[77] einen Bestätigungsfall für den transzendentalen Idealismus an die Hand zu geben. Was trägt sie aber nun dazu bei, die Frage nach der objektiven Gültigkeit der

---

[69] Vgl. A297, B353f.

[70] Vgl. z.B. A407, B433.

[71] Vgl. BXXI (Fußnote) und BXVIII (Fußnote).

[72] Vgl. BXXII (Fußnote).

[73] In der *Preisschrift über die Fortschritte der Metaphysik* findet sich die folgende in diesem Zusammenhang bemerkenswerte Textstelle: „Die Antinomie der reinen Vernunft führt [...] unvermeidlich auf jene Beschränkung unserer Erkenntniß [sc. auf Erscheinungen, Verf.] zurück, und was in der Analytik vorher a priori dogmatisch *bewiesen* worden war, wird hier in der Dialektik *gleichsam durch ein Experiment der Vernunft*, das sie an ihrem eigenen Vermögen anstellt, unwidersprechlich *bestätigt*“ (*AA* XX;290,37-291,4; kursiv vom Verf.). Vgl. auch P.Mittelstaedt/I.Strohmeyer *1990*, S.148.

[74] Vgl. dazu unten die Abschnitte 3.1.1. und 3.2.1.

[75] Vgl. dazu unten die Abschnitte 3.3.1. und 3.4.1.

[76] P.Guyer *1987*, S.406f., glaubt, Kant habe dies selbst gesehen, und verweist dazu auf A506f., B534f. Ich vermag dort aber keinen Beleg für Guyers These zu entdecken.

[77] Vgl. *Prolegomena*, §52, *AA* IV;339,28.

kosmologischen Vernunftbegriffe zu beantworten? - Nichts Entscheidendes, wie die folgenden Überlegungen zeigen: Nimmt man nämlich an, daß ein Objekt a *gegeben* sei, das unter einen kosmologischen Vernunftbegriff F fällt, so sind im Sinne des transzendentalen Idealismus zwei Fälle zu unterscheiden: a ist ein Ding an sich oder a ist eine Erscheinung. Im ersten Fall ergibt sich aus Kants unterschiedlicher Auflösung der Antinomien eine Unterscheidung zweier Unterfälle: F ist einer der ersten beiden kosmologischen Vernunftbegriffe, d.h. einer der Vernunftbegriffe, die zur ersten und zweiten Antinomie führen, oder F ist einer der letzten beiden Vernunftbegriffe, d.h. einer der Vernunftbegriffe, die zur dritten und vierten Antinomie führen. Der letztgenannte dieser beiden Unterfälle ist mit der Lehre des transzendentalen Idealismus verträglich, da die bloßen dynamischen Kategorien eine Verknüpfung von Erscheinungen mit Dingen an sich gestatten[78]; nach der *in der transzendentalen Analytik bewiesenen* Restriktionsthese (RT) ist das Objekt a allerdings unerkennbar. Im erstgenannten Unterfall ergibt sich hingegen aus der *in der transzendentalen Ästhetik bewiesenen* transzendentalen Idealität von Raum und Zeit, daß a im Widerspruch zur Voraussetzung eine Erscheinung sein müßte, da Operationen der Zusammensetzung und Teilung in Zeit oder Raum stets wieder zu zeitlich oder räumlich bestimmten Gegenständen führen.[79] Im zweiten Fall, in dem a nach Voraussetzung eine Erscheinung ist, wäre a eine unbedingte Erscheinung, da F ein Begriff von einem unbedingten Gegenstand ist. Hier zeigen die in die Antithesis-Beweise eingehenden *Verstandeserkenntnisse*, insbesondere solche der Form

$$\forall x(\Phi(x) \rightarrow \exists y(\Phi(y) \wedge y \text{ ist Bedingung von } x)),$$

daß es eine im Sinne von F unbedingte Erscheinung nicht geben kann. Es gilt in diesem Fall also, daß die kosmologischen Vernunftbegriffe „es gar nicht verstatten, daß ihnen ein kongruierender Gegenstand in irgendeiner möglichen Erfahrung gegeben werde, ja nicht einmal, *daß die Vernunft sie einstimmig mit allgemeinen Erfahrungsgesetzen denke*“ (A462, B490; kursiv vom Verf.). - Die Entscheidung der Frage nach der objektiven Gültigkeit der kosmologischen Vernunftbegriffe ist somit in allen Fällen durch Ergebnisse der transzendentalen Ästhetik und der transzendentalen Analytik determiniert.[80] Die Antinomienlehre hat hier nur noch explikative Funktion. Sie expliziert allerdings ein wesentliches Ergebnis der Kantischen Metaphysikkritik: Das ganze Unternehmen der rationalen Kosmologie ist unmöglich.

---

[78] Vgl. A529ff., B557ff. und unten Kapitel 3.

[79] Vgl. ibid.

[80] Ebenso J.Schmucker *1990*, S.43.

2.1.3. Die „Beweistheorie" der Antinomien

Im vorangehenden Abschnitt wurde versucht herauszuarbeiten, welchen systematischen Ort Kant der Antinomienlehre im Begründungszusammenhang seiner Vernunftkritik zuweist und welche Funktion sie der Sache nach gemäß ihrer Konzeption zu erfüllen vermag, wenn es Kant gelingt, diese Konzeption konsequent zu realisieren. Die zuletzt genannte Bedingung betrifft insbesondere die Beweise der einander „entgegengesetzten" Behauptungen. Es muß Kant gelingen, in den Beweisen zu zeigen, daß auf dem Boden des transzendentalen Realismus jeweils für beide einander „entgegengesetzten" Behauptungen „ebenso gültige und notwendige Gründe" sprechen.[81] Unter dem Titel einer „Beweistheorie" der Antinomien werde ich im vorliegenden Abschnitt versuchen, Bedingungen anzugeben, denen die von Kant angegebenen „entgegengesetzten" Behauptungen und Beweise gemäß der Kantischen Konzeption der Antinomienlehre genügen müssen.

Die erste Bedingung ergibt sich aus Kants Begriff der Antinomie und seiner Erklärung für das Auftreten der kosmologischen Widersprüche:

(I) *In jeder Antinomie enthält die Thesis eine Behauptung p und die Antithesis eine Behauptung q, so daß sich unter Voraussetzung des transzendentalen Realismus p und q entweder kontradiktorisch oder konträr zueinander verhalten.*

Im Anhang zu den *Prolegomena* sagt Kant, daß unter den einander „entgegengesetzten" Lehrsätzen der rationalen Kosmologie, welche er in der Antinomienlehre zusammengestellt hat, „kein einziger [...] ist, der nicht zu seiner Zeit von irgend einem Philosophen wäre angenommen worden" (*AA* IV;379,14ff.). In dieser Äußerung wird zwar deutlich, daß Kant sich der historischen Dimension der den Antinomien zugrunde liegenden Probleme bewußt war, Kant ist aber weit davon entfernt zu behaupten, er habe in der Antinomienlehre lediglich auf eine bestimmte systematische Weise berühmte Behauptungen und Argumente zusammengetragen, die er in der Philosophiegeschichte aufgefunden habe. Eine solche Methode wäre einer *systematischen* Metaphysikkritik nicht angemessen und hätte es auch nicht erlaubt, die Antinomie der reinen Vernunft als „natürliche[n] und unvermeidliche[n] Illusion" der Vernunft zu bezeichnen.[82] Demgegenüber behauptet Kant denn auch in § 52 der *Prolegomena*, daß in den von ihm angeführten Widersprüchen „sowohl Satz als Gegensatz durch gleich einleuchtende klare und unwiderstehliche Beweise dargethan werden können - denn für die Richtigkeit aller dieser Beweise verbürge ich

---

[81] Vgl. A421, B449.

[82] Vgl. A298, B354 - Dies hat auch V.S.Wike *1981*, S.597ff., gegenüber der das Gegenteil suggerierenden Arbeit von S.J.Al-Azm *1972* betont.

mich" (*AA* IV;340,3-6).[83] Nun sind die von Kant angegebenen Beweise deduktiv-logische Argumentationen, d.h. Folgen von deduktiven Schlüssen aus gegebenen Prämissen. Da Kant in seiner Auflösung der Antinomienproblematik behauptet, daß in den ersten beiden Antinomien jeweils beide Behauptungen falsch sind[84], kann es der Sache nach nicht der Fall sein, daß in diesen Antinomien ausschließlich aus wahren Prämissen *und* mittels logisch korrekter Schlußformen geschlossen wird, oder, anders ausgedrückt, daß dort ausschließlich gültige Schlüsse vorliegen. Wenn Kants Auflösung der ersten beiden Antinomien richtig ist, dann müssen in den Beweisen der jeweils „entgegengesetzten" Behauptungen der ersten beiden Antinomien ungültige Schlüsse vorkommen. Wie aber ist dann Kants Aussage zu verstehen, daß er sich „für die Richtigkeit aller dieser Beweise verbürge" (vgl. oben)?

Eine Antwort auf diese Frage ergibt sich daraus, daß gemäß der Konzeption der Antinomienlehre die Beweise unter der Voraussetzung des transzendentalen Realismus geführt sein müssen: Kant verbürgt sich folglich - so muß die zitierte Textstelle aus den *Prolegomena* gelesen werden - dafür, daß die Beweise unter der Voraussetzung des transzendentalen Realismus richtig sind.[85] Unter der Voraussetzung des transzendentalen Idealismus hingegen sind die angegebenen Beweise - zumindest die der ersten beiden Antinomien - nicht richtig, sie enthalten ungültige Schlüsse. Somit ergibt sich als zweite Bedingung:

(II) *Unter der Voraussetzung des transzendentalen Realismus sind alle von Kant angeführten Beweise gültige Argumentationen.*

Diese Bedingung läßt sich weiter spezifizieren, wenn man in Erwägung zieht, daß nach Kant, wie die erhaltenen Mit- und Nachschriften seiner Logikvorlesungen zeigen, ein Schluß genau dann gültig ist, wenn (i) seine „Materie", d.i. seine Prämissen, wahr sind, *und* (ii) seine „Form" korrekt ist.[86] Aus der Bedingung (i) gewinnt man unmittelbar die dritte Bedingung an die Antinomien:

---

[83] Vgl. auch die Fußnote zu § 52c: „Jeden Beweis, den ich für die Thesis sowohl als Antithesis gegeben habe, mache ich mich anheischig zu verantworten und dadurch die Gewißheit der unvermeidlichen Antinomie der Vernunft darzuthun" (*AA* IV;341,30ff.).

[84] Vgl. *Prolegomena*, § 52c, *AA* IV;341,13-17, und R6419 *AA* XVIII;710,27-711,2.

[85] Dem entsprechend bemerkt Kant im siebenten Abschnitt des Antinomienkapitels, „daß die [...] Beweise der vierfachen Antinomie nicht Blendwerke, sondern gründlich waren, unter der Voraussetzung nämlich, daß Erscheinungen oder eine Sinnenwelt, die sie insgesamt in sich begreift, Dinge an sich selbst wären" (A507, B535). Nach Ansicht H.Wagners *1996* „schließt [dies] ein, daß sich in jeder der vier Antinomien [...] jeweils die Thesis und die zugehörige Antithesis in aller Form streng widersprechen (wie ein A und ein non-A)" (S.239); vom Standpunkt der Logik aus betrachtet hat das eine aber mit dem anderen gar nichts zu tun.

[86] Vgl. *Logik Philippi AA* XXIV;471,36-472,14; *Logik Pölitz a.a.O.*;586,26-32; *Logik Busolt a.a.O.*; 680,14-20; *Logik Dohna-Wundlacken a.a.O.*;772,20-24 und unten Abschnitt 1.3.1.

(III) *Unter der Voraussetzung des transzendentalen Realismus sind alle in die Beweise eingehenden Prämissen wahre Aussagen.*[87]

Nun ist die „Form" eines Schlusses nach Kant genau dann korrekt, wenn es (a) nicht der Fall ist, daß die Prämissen des Schlusses wahr sind und die Konklusion falsch ist, und (b) der Schluß einem gültigen Schlußmodus folgt.[88] Man erhält somit als weitere Bedingung an die von Kant angegebenen Beweise:

(IV) *Unter der Voraussetzung des transzendentalen Realismus gilt:*
(a) Kein in den Beweisen vorkommender Schluß hat wahre Prämissen und eine falsche Konklusion.
(b) Alle in den Beweisen vorkommenden Schlüsse folgen gültigen Schlußmodi.[89]

Eine prinzipielle Schwierigkeit für die Antinomienlehre ergibt sich jedoch aus der Bedingung (III) bezüglich solcher Prämissen, die von Kant als apriorische Verstandesgesetze für Erscheinungen bewiesen werden und von denen Kant in der Vorrede zur B-Auflage der *Kritik der reinen Vernunft* behauptet, daß sie *nur* unter der Voraussetzung des transzendentalen Idealismus bewiesen werden können.[90] Wenn diese Behauptung Kants zutrifft und wenn tatsächlich solche Prämissen in die Beweise eingehen und dort auf Gegenstände überhaupt bezogen werden, unabhängig davon, ob es sich dabei um Erscheinungen handelt oder nicht, dann gehen in die Beweise Prämissen ein, die von einem transzendentalen Realisten prinzipiell nicht verifiziert werden können. Daraus folgt aber *nicht*, daß diese Prämissen falsch sind und die Bedingung (III) verletzen. - Aus der Bedingung (III) folgt unmittelbar eine weitere wichtige Bedingung:

(V) *In keinen der von Kant angegebenen Beweise gehen Prämissen ein, die einander (wenn man sie auf ein und denselben Gegenstandsbereich bezieht) widersprechen.*[91]

---

[87] Vgl. *Prolegomena*, § 52b, *AA* IV;340,23-33, und im Anhang *a.a.O.*;379,20-23.

[88] Vgl. *Logik Philippi AA* XXIV;472,3-7; *Logik Pölitz a.a.O.*;588,2-5 und dazu R.Stuhlmann-Laeisz *1990*, S.61-66.

[89] Vgl. *Prolegomena*, §52b, *AA* IV;340,23-27. - Für die Bedingung (IVb) dürfte die Voraussetzung irrelevant sein; d.h.: Wenn (IVb) von den Beweisen erfüllt wird, dann wird (IVb) auch dann erfüllt, wenn der transzendentale Realismus nicht vorausgesetzt wird. Dies gilt aber, wie insbesondere die von Kant kritisierten Paralogismen der rationalen Seelenlehre zeigen, nicht für die Bedingung (IVa); vgl. auch dazu R.Stuhlmann-Laeisz *1990*.

[90] Vgl. BXIX und oben Abschnitt 2.1.2.

[91] Vgl. S.J.Al-Azm *1972*, S.140. Für Al-Azm ist diese Bedingung allerdings nicht nur notwendig, sondern auch schon hinreichend für den Erfolg des Kantischen Unternehmens.

Denn in einem solchen Fall wäre unter Voraussetzung des transzendentalen Realismus mindestens eine der einander widersprechenden Prämissen falsch und die Bedingung (III) verletzt. Eine Verletzung dieser Bedingung aber würde nicht nur Kants Gewähr für die Richtigkeit der Beweise widersprechen, sondern auch - dies wird anhand der Bedingung (V) besonders deutlich - das Antinomienproblem trivialisieren, da aus einander widersprechenden Prämissen bekanntlich Beliebiges folgt. - Aus der Bedingung (III) *folgt* des weiteren eine Bedingung, deren Verletzung u.a. zu einem Argumentationszirkel in der Antinomienlehre führen würde:

(VI) *Keine der Prämissen, die in die Beweise eingehen, ist* ***nur*** *unter Voraussetzung des transzendentalen Idealismus wahr.*

Wäre dies nämlich nicht der Fall, dann würde Kant den transzendentalen Idealismus zur Auflösung eines Problems verwenden, daß er allererst mittels desselben konstruiert hätte.[92]

Schließlich ergibt sich aus Kants Konzeption der Antinomie der *reinen* Vernunft, als eines *metaphysischen* Problems, die folgende Bedingung:

(VII) *Keine der in die Beweise eingehenden Prämissen ist empirisch.*

Anderenfalls wäre nicht gesichert, daß die bewiesenen „v e r n ü n f t e l n d e[n] Lehrsätze [...] in der Erfahrung weder Bestätigung hoffen, noch Widerlegung fürchten dürfen“ (A421, B449).[93]

2.1.4. Zur Methodik der folgenden Analysen

In den folgenden Abschnitten des vorliegenden Kapitels werden die einzelnen einander „entgegengesetzten“ Behauptungen und ihre Beweise einer eingehenden philologischen und logischen Analyse unterzogen. Ziel dieser Analyse ist es, die logische Struktur der Behauptungen und Beweise zu beschreiben sowie die in die Beweise eingehenden Prämissen herauszustellen.

Im Gegensatz zu einigen anderen vergleichbaren Arbeiten über Kants Antinomienlehre[94] werde ich gegenüber Kant nach einem „principle of charity“ verfahren, das sich in dem folgenden methodischen Grundsatz niederschlägt:

---

[92] Ebenso auch P.F.Strawson *1966*, S.175.

[93] Vgl. auch *Prolegomena*, § 42, *AA* IV; 329,16ff., und § 52b *a.a.O.;340,10-16*. - In der Analyse der Beweise wird sich zeigen, daß Kant sich in einigen Fällen große Mühe gibt, empirisch erscheinende Prämissen apriorisch zu begründen; vgl. dazu z.B. unten die Abschnitte 2.5.2. und 3.4.2.

[94] Vgl. z.B. H.Wessel *1976*, S.205-220.

- Alle Beweise sollen nach Möglichkeit so rekonstruiert werden, daß sie (i) exakt diejenige Behauptung stützen, als deren Beweis sie von Kant angeführt werden, und (ii) logisch korrekte Argumentationen darstellen.

Es wird dabei unterstellt, daß Kant die logischen Mittel, die er - gemäß der von mir vorgelegten Rekonstruktion - zur Ausführung der Beweise benötigte, zumindest intuitiv beherrschte, wenn er sie auch teilweise in seinen Ausführungen zur Logik nicht behandelt und auf symbolische Darstellungen ganz verzichtet hat. Ungereimtheiten in der Beweisführung, vor denen auch ein wohlwollender Interpret nicht die Augen verschließen kann, sollen daher nach Möglichkeit den in die Beweise eingehenden Prämissen und nicht Kants Anwendung der Logik zur Last gelegt werden. Letzteres würde das Antinomienproblem auch eher trivialisieren, während die Frage nach der Wahrheit bzw. Falschheit von Prämissen Anlaß zur historisch-systematischen Diskussion gibt. Schließlich muß Kant selbst, wie im vorangehenden Abschnitt gezeigt wurde, von der Falschheit einiger Prämissen der Beweise in den ersten beiden Antinomien überzeugt gewesen sein.

Bei einer aufmerksamen Lektüre der von Kant vorgelegten Beweistexte fällt sogleich auf, daß Kant jeweils zwar einige in einen Beweis eingehende Prämissen explizit angibt, einige Prämissen jedoch unterschlägt. Für einige ausgewählte Beweisschritte dürfte ganz unzweifelhaft sein, *daß* Kant es dort unterläßt, zumindest einige von ihm implizit verwendete *analytische* Prämissen anzugeben. Die nachfolgenden Untersuchungen werden jedoch zeigen, daß es sich bei den „fehlenden" Prämissen nicht stets nur um analytische Aussagen handeln kann; die Korrektheit einiger Beweisschritte erfordert die Ergänzung ganz substantieller materialer Prämissen. Während die *Ergänzungsbedürftigkeit* einiger Beweise oft unzweifelhaft ist und auch nachgewiesen werden kann[95], steht man hinsichtlich der Frage, *welche* Prämissen zu ergänzen sind, vor einer prinzipiellen Schwierigkeit: Wenn etwa eine Aussage p aus einer Aussage q und weiteren Aussagen $q_1,...,q_n$ logisch folgt, dann folgt p auch aus $q_1,...,q_n$ zusammen mit einer Aussage r, welche von q verschieden und logisch stärker ist als q. Es kann folglich zwar hinreichend sein, eine bestimmte Prämisse (q) zu ergänzen, um eine bestimmte Aussage (p) ableiten zu können, es ist aber niemals notwendig, gerade diese Prämisse zu ergänzen. Die logische Rekonstruktion der von Kant angegebenen Beweise wird deshalb stellenweise zu einer *ars inveniendi*, welcher ich den folgenden methodischen Grundsatz voranstellen möchte:

---

[95] Ein solcher Nachweis könnte formal z.B. modelltheoretisch erbracht werden: So könnte die Behauptung, eine Aussage p folge nicht (allein) aus den Aussagen $q_1,...,q_n$ dadurch belegt werden, daß ein Modell M angegeben wird, in dem $q_1,...,q_n$ wahr sind, p aber falsch ist. In den nachfolgenden Untersuchungen werde ich allerdings - um der Übersichtlichkeit einer ohnehin häufig verwickelten Argumentation willen - auf solche modelltheoretischen Nachweise zugunsten von Plausibilitätsargumenten verzichten.

- Ist es notwendig, irgendeine Prämisse zu ergänzen, um die logische Korrektheit einer Argumentation herzustellen, so soll unter den dazu hinreichenden Prämissen nach Möglichkeit eine solche gewählt werden, die (i) durch den Kontext nahegelegt wird, (ii) eine logische Form hat, welche eine möglichst einfache Schlußweise erlaubt, (iii) logisch möglichst schwach ist und (iv) an (anderen) Quellen belegt werden kann.

Aufgrund der geschilderten prinzipiellen Schwierigkeiten, aufgrund eines gewissen, nicht zu behebenden Spielraums in der Anwendung dieses methodischen Grundsatzes und aufgrund der Tatsache, daß in Einzelfällen nicht alle vier methodischen Forderungen erfüllbar sind, ist eine Eindeutigkeit der zu ergänzenden Prämissen nicht zu erzielen; die Rekonstruktion muß in diesem Punkt an ihrer Plausibilität gemessen werden.

In der Rekonstruktion der „entgegengesetzten" Behauptungen und ihrer Beweise wird jeweils nach einer eingehenden philologischen Analyse und einem informellen Kommentar von den Mitteln der formalen Logik Gebrauch gemacht werden. An diese stelle ich dieselbe Erwartung, die schon Gottlob Frege an seine Begriffsschrift gestellt hat, daß sie nämlich dazu dienen, „die Bündigkeit einer Schlußkette auf die sicherste Weise zu prüfen und jede Voraussetzung, die sich unbemerkt einschleichen will, anzuzeigen, damit letztere auf ihren Ursprung untersucht werden könne".[96] Ein besonderes System der formalen Logik lege ich dabei nicht zugrunde. Was die jeweilige Stärke der verwendeten Logik angeht, so gilt der methodische Grundsatz:

- Die verwendete Logik soll jeweils so elementar wie möglich, jedoch so komplex wie nötig sein, um Kants Argumentation adäquat repräsentieren und fruchtbringend analysieren zu können.

In einigen Fällen wird dazu die Prädikatenlogik erster Stufe hinreichend sein, in anderen Fällen wird auf Elemente einer höherstufigen Prädikatenlogik, der Mengenlehre sowie der alethischen Modallogik zurückgegriffen werden müssen. Insgesamt wird versucht, alle Behauptungen und Beweise in einer einheitlichen Notation darzustellen. Einige der im folgenden angegebenen Formeln mögen kompliziert und unübersichtlich erscheinen. Aus diesem Grunde wird zu jeder Formel eine normalsprachliche Formulierung angegeben, aus der alleine bereits die Argumentation verständlich wird. Um dieser zu folgen, ist es somit nicht notwendig, jede Formel bis ins Detail zu verstehen. Die Funktion der formalsprachlichen Rekonstruktion besteht letztlich auch nicht darin, dem Leser das *unmittelbare* Verständnis der Argumentation zu erleichtern, sondern - wie bereits gesagt wurde -

---

[96] Vgl. *Begriffsschrift*, Vorwort, S.X.

ihre Rekonstruktion auf ein sicheres methodisches Fundament zu stellen. Erst die *kritische Überprüfung* der hier vorgelegten Rekonstruktion dürfte das Verständnis und die Berücksichtigung *aller* technischen Details erfordern.

2.2. Die erste Antinomie

2.2.1. Der erste Teil der ersten Antinomie: die zeitliche Ausdehnung der Welt

2.2.1.1. Die logische Struktur der Behauptungen

Wie bereits ausgeführt wurde, ergibt sich die erste Antinomie nach Kant daraus, daß die Vernunft unter der Voraussetzung des transzendentalen Realismus ganz folgerichtig die absolute Vollständigkeit der Zusammensetzung des gegebenen Ganzen aller Dinge (Welt) in Zeit und Raum annimmt, eine solche Totalität aber auf zwei einander ausschließende Weisen denken kann. Der erste Teil der ersten Antinomie konzentriert sich dabei auf die absolute Vollständigkeit der Zusammensetzung der Welt in der (vergangenen) Zeit; der Annahme eines „Weltanfanges“ auf Seiten der Thesis stellt die Antithesis die Annahme der „Weltewigkeit (a parte ante)“ entgegen.[97]

In der *Kritik der reinen Vernunft* hat Kant für die Thesis der ersten Antinomie die folgende Formulierung gewählt:

> „Die Welt hat einen Anfang in der Zeit, und ist dem Raum nach *auch* in Grenzen eingeschlossen“ (A426, B454; kursiv vom Verf.).

Der erste der beiden Hauptsätze, die durch die Konjunktion „und“ zu einem Satz verknüpft sind, behauptet die Existenz eines zeitlichen Weltanfangs:

($T_1 1$) Die Welt hat einen Anfang in der Zeit.

Der zweite der beiden Sätze enthält zwar hauptsächlich eine Behauptung über die räumliche Struktur der Welt, auf die an anderer Stelle eingegangen werden soll[98], aber das Wort „auch“ könnte darauf hindeuten, daß Kant darüber hinaus mit diesem Satz eine weitere Behauptung über die zeitliche Ausdehnung der Welt machen wollte[99]:

($T_1 1^*$) Die Welt ist der Zeit nach in Grenzen eingeschlossen.

---

[97] Vgl. *Prolegomena AA* IV;331,14f.

[98] Vgl. unten Abschnitt 2.2.2.

[99] Das Wort „auch“ könnte allerdings hier auch nur die Bedeutung von „überdies“ haben und den Hinweis enthalten, daß auf ($T_1 1$) eine Behauptung über die räumliche Ausdehnung der Welt folgt.

Wie sich zeigen wird, hat diese zweite Behauptung auf Seiten der Antithesis ein explizites Korrelat; allerdings wird $(T_1 1^*)$ im Gegensatz zu diesem Korrelat im Beweis der Thesis nicht berücksichtigt.

Die Antithesis lautet:

> „Die Welt hat keinen Anfang, und keine Grenzen im Raume, sondern ist, sowohl in Ansehung der Zeit, als des Raumes, unendlich" (A427, B455).

Obwohl Kant im ersten Teil des ersten Satzes dieser aus zwei Sätzen bestehenden Formulierung den Zusatz „in der Zeit" einspart, ist es offensichtlich, daß dieser Satz die zu $(T_1 1)$ „entgegengesetzte" Behauptung enthält:

$(A_1 1)$ Die Welt hat keinen Anfang in der Zeit.

Während der zweite Teil des ersten Satzes sich ausschließlich auf die räumliche Ausdehnung der Welt bezieht, drückt der zweite Satz dann - außer einer weiteren Behauptung über die räumliche Ausdehnung der Welt - auch eine weitere Behauptung über die zeitliche Ausdehnung derselben aus. Dieser zusätzlichen Behauptung entspricht ein gesonderter Beweisschritt, aus dem sich eine wichtige inhaltliche Ergänzung der Behauptung ergibt: Es geht um die „vergangene Zeit".[100] Die Behauptung bildet das oben erwähnte Korrelat von $(T_1 1^*)$ und kann wie folgt formuliert werden:

$(A_1 1^*)$ Die Welt ist in Ansehung der vergangenen Zeit unendlich.

Als dasjenige Satzpaar, das im engeren Sinne den ersten Teil der ersten Antinomie ausmacht, muß allerdings das Paar aus $(T_1 1)$ und $(A_1 1)$ betrachtet werden: Denn erstens deuten hier die Formulierungen eindeutig ein Verhältnis der „Entgegensetzung", also ein antinomisches Verhältnis, an. Zweitens hat Kant, wie gezeigt wurde, $(T_1 1^*)$ gar nicht explizit formuliert, und drittens handelt es sich bei $(A_1 1^*)$ um eine Folgerung aus und damit um eine Abschwächung von $(A_1 1)$.[101]

Die Formulierungen von Thesis und Antithesis legen es nun nahe, den Ausdruck „die Welt" als singulären Term aufzufassen, der in $(T_1 1)$ die Argumentstelle des einstelligen Prädikats „hat einen Anfang in der Zeit" einnimmt, und $(A_1 1)$ als das Negat von $(T_1 1)$ anzusehen. Die logische Struktur von $(T_1 1)$ könnte dann durch „$\Phi(\tau)$" symbolisiert werden („Φ" sei eine Prädikatkonstante, „τ" ein Term einer

---

[100] Vgl. den letzten Satz des ersten Absatzes des Beweises: „Die Welt selber aber kann keinen Anfang haben, und ist also in Ansehung der *vergangenen Zeit* unendlich" (ibid.; kursiv vom Verf.).

[101] Dies ergibt sich aus der Partikel „also" im letzten Satz des ersten Absatzes des Beweises der Antithesis (vgl. das Zitat in der vorangehenden Fußnote).

prädikatenlogischen Sprache), diejenige von ($A_1$1) entsprechend durch „$\neg\Phi(\tau)$". Vorausgesetzt, „τ" referierte (was in der klassischen Prädikatenlogik immer der Fall ist), so läge unter dieser Deutung auf *syntaktischer* und *semantischer* Ebene ein kontradiktorisches Verhältnis zwischen ($T_1$1) und ($A_1$1) vor. Diese Analyse wird allerdings, wie im folgenden gezeigt werden wird, dem von Kant intendierten semantischen Verhältnis der Behauptungen nicht gerecht.

Aus Kants Auflösung der ersten Antinomie, die er in der *Kritik der reinen Vernunft* vorträgt, ergibt sich, daß beide Behauptungen - sowohl ($T_1$1) als auch ($A_1$1) - vom Standpunkt des transzendentalen Idealismus betrachtet falsch sind.[102] In § 52c der *Prolegomena* sagt Kant dies sogar explizit:

> „Nun liegt den zwei ersteren Antinomien [...] ein [...] widersprechender Begriff zum Grunde; und daraus erkläre ich, wie es zugehe, daß Thesis sowohl als Antithesis bei beiden falsch sind. [...] Wenn ich nun nach der Weltgröße, dem Raume und der Zeit nach, frage, so ist es für alle meine Begriffe eben so unmöglich zu sagen, sie sei unendlich, als sie sei endlich. [...] Hieraus folgt, daß, da der Begriff einer für sich existierenden Sinnenwelt in sich selbst widersprechend ist, die Auflösung des Problems wegen ihrer Größe auch jederzeit falsch sein werde, man mag sie nun bejahend oder verneinend versuchen" (*AA* IV;341,13-342,22).

Diese Auflösung der ersten Antinomie spricht nun gegen ein kontradiktorisches Verhältnis zwischen ($T_1$1) und ($A_1$1); sie spricht stattdessen für ein konträres Verhältnis dieser Behauptungen.[103] Demnach wäre die logische Struktur von ($T_1$1) und ($A_1$1) anders zu beschreiben als eingangs geschehen.

In der zitierten Erklärung aus den *Prolegomena* macht Kant für die Falschheit der beiden Behauptungen einen zugrundeliegenden „widersprechenden Begriff" verantwortlich. Dabei handelt es sich um den „Begriff einer für sich existierenden Sinnenwelt", der nun allerdings in den beiden Behauptungen gar nicht vorkommt. Daher wirft die Deutung dieser Erklärung Probleme auf, deren Behandlung auf einen späteren Abschnitt über Kants Auflösung der ersten Antinomie verschoben werden muß.[104]

Im siebenten Abschnitt des Antinomienkapitels der *Kritik der reinen Vernunft*, „Kritische Entscheidung des kosmologischen Streits der Vernunft mit sich selbst", erklärt Kant auf andere Weise, wie es möglich ist, daß beide Behauptungen einer Antinomie falsch sein können:

---

[102] Vgl. A517-23, B545-51.

[103] Vgl. auch R6419: „Daß beyde opposita in den 2 ersten antinomien falsch seyn können, kommt daher, weil sie sich nicht contradictorie, sondern [...] contrarie entgegen stehen. Die Welt hat einen Anfang - Sie hat nicht - Sie ist unendlich" (*AA* XVIII;710,27-711,2).

[104] Vgl. unten Abschnitt 3.1.1. - S.J.Al-Azm *1972*, S.37-40, weist diese Erklärung sogar als irrelevant zurück.

„Wenn zwei einander entgegengesetzte Urteile eine unstatthafte Bedingung voraussetzen, so fallen sie, unerachtet ihres Widerstreits (*der gleichwohl kein eigentlicher Widerspruch ist*), alle beide weg, weil die Bedingung wegfällt, unter der allein jeder dieser Sätze gelten sollte" (A502f., B531; kursiv vom Verf.).

Diese Erklärung Kants enthält zwei für die logische Analyse der Behauptungen und ihres Verhältnisses wichtige Hinweise: Erstens sind zwei „entgegengesetzte" Urteile beide falsch, wenn eine von ihnen gemeinsam vorausgesetzte Bedingung nicht erfüllt ist. Zweitens sind zwei „entgegengesetzte" Urteile nur dann beide falsch, wenn sie nicht kontradiktorisch „entgegengesetzt" sind.

Es kann also festgehalten werden, daß Kant offenbar nicht an ein kontradiktorisches, sondern an ein konträres Verhältnis von (T_I1) und (A_I1) dachte.[105] Als erste Adäquatheitsbedingung an eine logische Analyse der beiden Behauptungen ergibt sich daraus, daß die logische Analyse dieses konträre Verhältnis bewahren muß.

Nun liegt der klassisch paradigmatische und im logischen Quadrat erfaßte Fall eines konträren Verhältnisses zwischen zwei Urteilen dann vor, wenn eines dieser Urteile die Form:

ALLE S SIND P

(in traditioneller Syllogistischer Notation: SaP) hat und das andere Urteil die Form:

ALLE S SIND NICHT P

(in traditioneller syllogistischer Notation: SeP). Auch das von Kant im Anschluß an die vorangehend zitierte Erklärung gegebene Beispiel läßt zunächst an einen solchen Fall denken, da es aus zwei allgemeinen Urteilen besteht:

„Wenn jemand sagte, *ein jeder* Körper riecht entweder gut, oder er riecht nicht gut, so findet ein Drittes statt, nämlich, daß er gar nicht rieche, (ausdufte) und so können *beide* widerstreitenden *Sätze* falsch sein" (A503, B531; kursiv vom Verf.).

Die von Kant hier intendierten Beispielurteile lauten: „Jeder Körper riecht gut" und „Jeder Körper riecht nicht gut". Nach traditioneller Auffassung sind diese beiden Urteile dann falsch, wenn es einige Körper gibt, die gut riechen, und einige, die nicht gut riechen, was offenbar auch der Sachlage entspricht. Doch Kant weist *nicht* darauf hin, daß es einige Körper gibt, die gut riechen, und einige andere, die schlecht riechen, sondern darauf, daß es Körper gibt, die gar nicht riechen, d.h. darauf, daß die Prädikate „riecht gut" und „riecht nicht gut" gar nicht alle möglichen Fälle ausschöpfen. Jedes der Beispielurteile impliziert, daß alle Körper riechen, und der von Kant angeführte Grund dafür, daß beide Urteile falsch sind, liegt darin, daß diese Implikation falsch ist. Mit Kants Worten: Beide Urteile setzen eine (gemeinsame)

---

[105] Vgl. R4210 *AA* XVIII;457,8-14.

„unstatthafte Bedingung“ voraus.[106] Diese Konstellation kann nun nicht nur bei allgemeinen, sondern auch bei singulären Urteilen eintreten. Somit ergibt sich die Möglichkeit, dem Worlaut entsprechend ($T_1$1) und ($A_1$1) als ein Paar von singulären, sich zueinander konträr verhaltenden Urteilen über die Welt zu deuten. Daher kann als zweite Adäquatheitsbedingung an eine logische Analyse der Behauptungen festgehalten werden, daß es sich bei ($T_1$1) und ($A_1$1) um singuläre Urteile handelt.

Ein zweites, von Kant gegebenes Beispiel weist ebenfalls in diese Richtung:

> „Sage ich demnach: die Welt ist dem Raume nach entweder unendlich, oder sie ist nicht unendlich (*non est infinitus*), so muß, wenn der erstere Satz falsch ist, sein kontradiktorisches Gegenteil: die Welt ist nicht unendlich, wahr sein. [...] Hieße es aber: die Welt ist entweder unendlich, oder endlich (nichtunendlich), so könnten beide falsch sein. *Denn ich sehe alsdann die Welt, als an sich selbst, ihrer Größe nach bestimmt an*, indem ich in dem *Gegensatz* nicht bloß die Unendlichkeit aufhebe, und, mit ihr, vielleicht ihre ganze abgesonderte Existenz, sondern *eine Bestimmung zur Welt, als einem an sich selbst wirklichen Dinge, hinzusetze*, welches ebensowohl falsch sein kann, wenn nämlich die Welt gar nicht als ein Ding an sich, mithin auch nicht ihrer Größe nach, weder als unendlich, noch als endlich gegeben sein sollte“ (A503f., B531f.; kursiv teilweise vom Verf.).

Kant vergleicht an dieser Stelle zwei Paare von einander „entgegengesetzten“ Beispielurteilen und gibt so einen Hinweis darauf, warum sich ($T_1$1) und ($A_1$1) zueinander konträr verhalten; die lateinische Formulierung, auf die auch Kant zurückgreift, macht den Unterschied zwischen den beiden Paaren deutlicher:

(I) „mundus est infinitus“ - „mundus non est infinitus“,

(II) „mundus est infinitus“ - „mundus est non infinitus“.

Während die Urteile des Paares (I) nach Kant in einem kontradiktorischen Verhältnis zueinander stehen, verhalten sich die Urteile des Paares (II) konträr zueinander - sie können zwar beide falsch, aber nicht beide wahr sein. Nach Kant liegt das konträre Verhältnis in (II) darin begründet, daß man „in dem Gegensatz[107] nicht bloß die Unendlichkeit aufhebe, [...] , sondern eine Bestimmung zur Welt, als einem an sich selbst wirklichen Dinge, hinzusetze“ (vgl. vorangehendes Zitat), da man behaupte, daß die Welt zwar keine unendliche, aber dennoch eine (andere) räumliche Ausdehnung hat. Ich möchte dies so deuten: In dem Urteil „mundus est infinitus“ wird der Welt eine spezielle räumliche Ausdehnung (Unendlichkeit) und damit eine räumliche Ausgedehntheit überhaupt zugedacht. In dem Urteil „mundus est non infinitus“ wird zwar negiert, daß die Welt jene spezielle räumliche Ausdehnung hat, darüber hinaus aber ebenfalls eine räumliche Ausgedehntheit der

---

[106] Vgl. Kants (oben zitierte) Erklärung aus der *KdrV* (A502f., B531) darüber, wie es möglich ist, daß zwei „entgegengesetzte“ Urteile beide falsch sein können.

[107] Der Ausdruck „Gegensatz“ bezeichnet m.E. hier nicht das semantische Verhältnis zwischen den Sätzen des Paares (II), sondern nur den Satz „mundus est non infinitus“, insofern er in (II) den Gegen-Satz (griechisch ausgedrückt: die Antithesis) zu dem Satz „mundus est infinitus“ bildet.

Welt behauptet. Beide Urteile implizieren also die Behauptung, die Welt sei räumlich ausgedehnt, und diese Behauptung *kann* als die „unstatthafte Bedingung“ angesehen werden, die Kant in der Auflösung der Antinomie für die Falschheit beider „entgegengesetzter“ Urteile verantwortlich macht.[108] Da das Urteil „mundus est non infinitus“ nur das Prädikat „est non infinitus“ enthält, muß es sich somit bei diesem Prädikat um ein Prädikat handeln, das zusammengesetzt ist aus (i) dem Negat des Prädikats, das der Welt in dem Urteil „mundus est infinitus“ beigelegt wird, und einem weiteren Prädikat, das eine räumliche Ausgedehntheit ausdrückt.

Wenn man dies auf die Behauptungen ($T_1$1) und ($A_1$1) überträgt, so gewinnt man eine weitere Adäquatheitsbedingung für die logische Analyse von ($T_1$1) und ($A_1$1): Das Prädikat „hat keinen Anfang in der Zeit“, das der Welt in ($A_1$1) zugesprochen wird, ist so zu analysieren, daß es als einen Teil das Negat des Prädikats „hat einen Anfang in der Zeit“ enthält, welches der Welt in ($T_1$1) beigelegt wird, und als einen weiteren Teil ein Prädikat, das eine zeitliche Ausgedehntheit (Bestimmtheit) überhaupt ausdrückt.[109]

Um zur formalen Analyse der Behauptungen überzuleiten, sollen nun die drei Adäquatheitsbedingungen, die im vorausgehenden entwickelt wurden, zusammengefaßt werden:

(1) Die Behauptungen ($T_1$1) und ($A_1$1) verhalten sich konträr zueinander.

(2) Sie sind singuläre Urteile über die Welt.

(3) Das Prädikat „hat keinen Anfang in der Zeit“ ist zusammengesetzt aus (i) dem Negat des Prädikats „hat einen Anfang in der Zeit“ und (ii) einem weiteren Prädikat, das eine zeitliche Bestimmtheit überhaupt ausdrückt.

Im zweiten Satz des Beweises der Antithesis definiert Kant den Anfang eines Dinges als „ein Dasein [...], wovor eine Zeit vorhergeht, darin das Ding nicht ist“ (A427, B455). Prima facie könnte man diese Definition folgendermaßen verstehen:

---

[108] Darauf deutet z.B. R5829 hin: „opposita logice unter einer unstatthaften Bedingung, *e.g. der Ausdehnung*, sind alle beyde falsch“ (*AA* XVIII;365,7f.; kursiv vom Verf.); vgl. auch unten Abschnitt 3.1.1.

[109] Diese Adäquatheitsbedingung wird durch eine Notiz gestützt, die Kant vermutlich nach Abfassung der *KdrV* für eines seiner Collegs gemacht hat: „Diese beyden Setze [sc. ‚Die Welt ist dem Raume und Zeit nach unendlich‘ und ‚Sie ist endlich im Raume und der Zeit‘, Verf.] können alle beyde falsch seyn, *weil der eine mehr enthält als zur contradiction erfordert wird.* Das ist die logische auflosung der antinomie. Sie sind aber auch beyde falsch, weil sie mit eine unmogliche Bedingung enthalten, *namlich: daß die Welt in Raum und Zeit ganz [...] gegeben sey.* [...] Und das ist die transcendentale auflosung der Antinomie“ (R5962 *AA* XVIII;404,2-11; kursiv vom Verf.). Vgl. auch R5964 a.a.O.;406,1-8.

Ein Anfang eines Dinges x ist ein Zeitpunkt t_0, (a) zu dem x da ist (existiert) und (b) dem ein Zeitpunkt t_1 vorausgeht, zu dem x nicht da ist (existiert).[110]

Diese Interpretation wirft jedoch zwei Schwierigkeiten auf: Erstens ist zu fragen, wie das in den definierenden Bedingungen (a) und (b) vorkommende Prädikat „x ist (existiert) zur Zeit t da" zu deuten ist. Hier scheint es nahezuliegen, das fragliche Prädikat nicht als Existenz-Prädikat von Gegenständen, sondern als Ausdruck einer Relation zwischen einem Ding x und einer Zeitkoordinate t aufzufassen. Diese Relation sei im folgenden durch „B(x,t)" bezeichnet, die Früher-Relation zwischen zwei Zeitpunkten t,t′ durch „$t < t'$".

Zweitens ist die Bedingung (b), daß es zu t_0 ein t_1 gebe, das früher als t_0 ist und zu dem x nicht bestanden hat, weder hinreichend noch notwendig, um t_0 als Anfang von x auszuzeichnen. Denn durch sie wird einerseits nicht ausgeschlossen, daß es ein t_2 gibt, das später als t_1 und früher als t_0 ist und zu dem x bestanden hat; in diesem Falle wäre t_0 kein eigentlicher Anfang von x. Andererseits werden die Vertreter der Position der Thesis durch (b) zu der Behauptung verpflichtet, es hätte eine Zeit vor dem Anfang der Welt, d.h. eine leere Zeit, gegeben.[111] Diese Behauptung geht aber ganz offensichtlich weit über die Intention eines Vertreters der Thesis hinaus.[112] Außerdem müßte sie im Beweis der Thesis berücksichtigt werden, was aber nachweislich nicht der Fall ist.[113]

Diesem Einwand Rechnung tragend, möchte ich vorschlagen, die oben zitierte Definition wie folgt zu interpretieren: Ein Anfang eines Dinges x ist ein Zeitpunkt t_0, für den gilt: (i) x besteht zu t_0, und (ii) zu allen Zeitpunkten t_1, die früher sind als t_0,

---

[110] Der Gebrauch des Ausdrucks „Zeitpunkt" ist durch Kants eigenen Wortgebrauch im Beweis der Thesis sowie durch seine (mathematische) Beschreibung der Zeit selbst gerechtfertigt: Die Zeit läßt sich als eine Linie auffassen, deren Elemente Punkte sind; vgl. *KdrV* B154; B156 und *Metaphysik L_1 AA* XXVIII;201,1-7.- Im Gegensatz zu J.Van Benthem *1983*, S.32-35, möchte ich daher davon ausgehen, daß Kant sowohl im Beweis der Thesis als auch im Beweis der Antithesis als temporale Individuen *Zeitpunkte* annimmt.

[111] Wenn die Welt einen Anfang in der Zeit hätte, so gäbe es nach (b) eine Zeit vor dem Anfang der Welt. Da aber unter der Welt die Gesamtheit aller Dinge in Raum und Zeit verstanden wird, könnte es in dieser Zeit vor dem Anfang der Welt kein Ding gegeben haben. Also wäre diese Zeit eine leere Zeit gewesen; vgl. den Beweis der Antithesis und Abschnitt 2.2.1.3.

[112] Sie geht im übrigen auch über das hinaus, was moderne physikalisch-kosmologische Theorien über die Entstehung des Universums aus einer Anfangs-Singularität (dem sogenannten „Urknall") behaupten. In solchen Theorien ist die Frage nach einer Zeit vor dem Urknall sinnlos. Dies merkt auch J.Schmucker *1990*, S.125f., an.

[113] Vgl. unten Abschnitt 2.2.1.2. - Dagegen ist J.Van Benthem *1983* der Ansicht, daß die These „that the world has a beginning [...] conveys the connotation of ‚beginning with respect to some previous state of affairs'"; er macht die Verwechslung der durch diese Konnotation belasteten These über die Existenz eines Weltanfangs mit der These über die Existenz eines ersten Moments in der Zeit für den seiner Ansicht nach fehlerhaften Beweis der Antithesis verantwortlich (vgl. S.34). Diese Ansicht vertritt auch J.Bennett *1974*, S.160f.

besteht x nicht.[114] Der Sache nach definiert Kant also eine Relation zwischen Zeitpunkten und Dingen, nämlich die Relation *zeitlicher Anfang von*; diese Relation, die im folgenden mit „A(t,x)" bezeichnet wird, kann dann auf folgende Weise formal definiert werden:

(Def Anfang) $A(t_0,x) =_{Df} B(x,t_0) \wedge \forall t_1(t_1<t_0 \rightarrow \neg B(x,t_1))$

Einen Anfang in der Zeit zu haben, heißt für ein Ding x dann, daß es einen zeitlichen Anfang t_0 von x gibt. Die Definition des Prädikats „hat einen Anfang in der Zeit" (abgekürzt: $A_{temp}(x)$), das der Welt in ($T_1$1) zugesprochen wird, kann somit durch eine Existenzquantifikation des Anfangszeitpunkts t_0 in „$A(t_0,x)$" gewonnen werden:

(Def A_{temp}) $A_{temp}(x) =_{Df} \exists t_0(A(t_0,x))$

Entsprechend der Adäquatheitsbedingung (3) ist dann das Prädikat „hat keinen Anfang in der Zeit" (abgekürzt: $\bar{A}_{temp}(x)$) so zu definieren, daß sein Definiens zusammengesetzt ist aus (i) dem Negat des Prädikats „hat einen Anfang in der Zeit" und (ii) dem Prädikat „x ist zeitlich bestimmt". Letzteres soll besagen, daß es einen Zeitpunkt t gibt, zu dem x besteht. Als Art der Zusammensetzung wird die logische Konjunktion gewählt: Denn erstens kennt Kant nur diese Art der Verknüpfung von Begriffen zu anderen Begriffen[115], und zweitens gewährt diese Art der Zusammensetzung, daß die Adäquatheitsbedingungen (1) und (2) gemeinsam erfüllt werden können. Dann kann formal definiert werden:

(Def $\bar{A}_{temp}$) $\bar{A}_{temp}(x) =_{Df} \exists t(B(x,t)) \wedge \neg A_{temp}(x)$.

Setzt man „W" für „die Welt", so ergibt die formale Analyse von ($T_1$1) und ($A_1$1):

($T_1$1) $A_{temp}(W)$,

($A_1$1) $\bar{A}_{temp}(W)$.

---

[114] Diese Interpretation der von Kant im Beweis der Antithesis vorgelegten Definition des zeitlichen Anfangs wird durch einige Textstellen aus den Reflexionen Kants zur Metaphysik sowie aus den Mitschriften Kantischer Metaphysik-Collegs gestützt. So heißt es in R3797: „Existentia entis, cui succedit omnis duratio, est Initium" (*AA* XVII;295,15). Und in der *Metaphysik L_1* findet man im Kontext der Erörterung der Frage, ob die Welt einen zeitlichen Anfang habe, die Notiz: „In der Ontologie haben wir den Anfang so definiert: Der A n f a n g ist das Daseyn eines Dinges, worauf die ganze Dauer folgt" (*AA* XXVIIII;340,5-7). An diesen Stellen ist von einer Zeit, die dem Anfang eines Dinges vorausgehen müßte, gar nicht die Rede; vgl. auch R3912 *AA* XVII;340,7f.

[115] Dies hat schon Gottlob Frege angemerkt; vgl. *Die Grundlagen der Arithmetik*, §87, S.92.

Somit gilt: Die hier entwickelte formale Analyse erweist ($T_1$1) und ($A_1$1) als singuläre, sich zueinander konträr verhaltende Urteile. Eine (notwendige) Bedingung, die von jedem der beiden Urteile „vorausgesetzt", d.h. *syntaktisch* impliziert, wird, ist die zeitliche Bestimmtheit überhaupt der Welt - formal ausgedrückt: $\exists t(B(W,t))$.[116]

Die Behauptung ($A_1 1^*$) schließlich kann als Behauptung über die Gesamtheit der Zeitpunkte, zu denen die Welt bestanden hat, aufgefaßt werden. Für formale Zwecke kann man diese Gesamtheit als Menge deuten, da die Frage, ob diese Gesamtheit auch dann bestünde, wenn die Welt zu keiner Zeit bestanden hätte, im gegenwärtigen Kontext vernachlässigt werden kann: Der Vertreter der Antithesis-Position setzt voraus, daß es eine Zeit gibt, zu der die Welt bestanden hat, und damit auch, daß die Gesamtheit, über die er etwas behauptet, nicht leer ist. ($A_1 1^*$) kann also als Behauptung über die Menge $\{t|B(W,t)\}$ aufgefaßt werden. Von dieser Menge wird nun behauptet, daß sie unendlich sei. Der Unendlichkeitsbegriff, der in die Behauptung eingeht, scheint der von Kant in einer Fußnote zu seiner Anmerkung zur Thesis erklärte „mathematische Begriff des Unendlichen" zu sein: Eine Menge ist danach unendlich, wenn sie „größer ist als alle Zahl".[117] Diese Kantische Erklärung entspricht offenbar recht genau der Definition der Unendlichkeit einer Menge in der modernen Mengenlehre: Eine Menge X ist unendlich, wenn es keine natürliche Zahl $n \in \mathbb{N}$ gibt, die mit X gleichmächtig ist.[118] Demnach kann man ($A_1 1^*$) dem Kantischen Wortlaut entsprechend folgendermaßen formulieren:

($A_1 1^*$) Die Menge $\{t|B(W,t)\}$ ist unendlich.

Diese Aussage über die Kardinalität der Menge $\{t|B(W,t)\}$ ist allerdings, wenn man die Zeit als Kontinuum auffaßt, eine logisch nicht sehr starke Aussage; man kann dies daraus ersehen, daß gemäß dieser Auffassung der Zeit zwischen den Zeitpunkten eines jeden beliebigen Paars $\langle t_1,t_2\rangle$ von Zeitpunkten mit $t_1<t_2$ eine unendliche Menge von Zeitpunkten $\{t|t_1<t<t_2\}$ liegt - selbst dann, wenn t_1 und t_2 nach *Maßbegriffen* für die Zeit (z.B. Sekunden, Minuten, Stunden etc.) nicht weit voneinander entfernt sind (z.B. 1 Sekunde). Man könnte daher mit gutem Recht gegen die von mir vorgeschlagene Interpretation von ($A_1 1^*$) einwenden, daß Kant nicht die unendliche Kardinalität von $\{t|B(W,t)\}$, sondern die Unendlichkeit des Weltalters hinsichtlich eines Maßes für die Zeit intendiert hat, welches eine logisch

---

[116] Daß die Antithesis mehr enthält als die bloße Negation der Thesis, stellt auch Z.Loparic *1990* heraus. Allerdings weicht Loparics Analyse von meiner insofern ab, als er als Thesis die Behauptung „Die Welt ist der Zeit nach endlich" und als Antithesis ($A_1 1^*$) nimmt; vgl. a.a.O., S.282-287. Bei Loparic findet sich auch eine ausführliche Kritik an einigen Autoren, die die erste Antinomie behandeln, ohne auf die logische Struktur der Behauptungen zu achten; vgl. a.a.O., S.288-291.

[117] Vgl. A432, B460; dazu auch: R4756 *AA* XVII;700,26. - *Metaphysik* L_1 *AA* XVIII;197,37-198,2.

[118] Vgl. P.R.Halmos *1976*, S.70.

sehr viel stärkere Behauptung ist. Dann aber steht man vor der Schwierigkeit, daß ($A_1 1^*$) der Sache nach nicht aus ($A_1 1$) folgt, obwohl Kant dies ganz offensichtlich behauptet (vgl. oben). Es scheint, daß Kant fälschlicherweise geglaubt hat, aus ($A_1 1$) die logisch stärkere, metrische Version von ($A_1 1^*$) ableiten zu können.[119] Dieser Irrtum im Beweis von ($A_1 1^*$) sowie analoge Irrtümer in den Beweisen von ($T_1 1$) sowie von Thesis und Antithesis des Raum-Teils der ersten Antinomie stellen den Interpreten vor das Dilemma, entweder Kants Unendlichkeitsbehauptungen so zu interpretieren, wie Kant sie wahrscheinlich gemeint hat, und dann ein „non sequitur" auszusprechen[120], oder die Unendlichkeitsbehauptungen schwächer aufzufassen, als Kant sie vielleicht gemeint hat, und den von Kant angegebenen Beweis als logisch korrekt zu rekonstruieren. Ich möchte im folgenden jeweils den letztgenannten Weg einschlagen.

2.2.1.2. Der Beweis der Thesis

Kant beweist die Thesis ($T_1 1$) indirekt; er nimmt das Negat von ($T_1 1$) an und leitet daraus mittels verschiedener Prämissen und Definitionen, welche hier herausgearbeitet werden sollen, sowie mittels der zentralen Voraussetzung, daß die Welt überhaupt zeitlich bestimmt ist, einen Widerspruch her. Der erste Schritt des Kantischen Beweises besteht somit in der Annahme:

(1) „Denn man nehme an, die Welt habe der Zeit nach keinen Anfang" (A426, B454).

Im zweiten Schritt leitet Kant aus dieser Annahme eine Behauptung über solche Zeiträume ab, die „bis zu jedem gegebenen Zeitpunkte"[121] abgelaufen sind und während deren die Welt bestanden hat. Solche Zeiträume müßten dann „ewig" sein:

(2) „so ist bis zu jedem gegebenen Zeitpunkte eine Ewigkeit abgelaufen" (A426, B454).

---

[119] Für eine Konfusion verschiedener Unendlichkeitsbegriffe bei Kant spricht auch, daß man den „mathematische[n] Begriff der Unendlichkeit" an einigen Stellen ohne Bezug auf ein Maß erklärt findet (vgl. z.B. die oben zitierte Textstelle aus *KdrV* A432, B460), an anderen Stellen jedoch mit Bezug auf ein Maß, so z.B. in der *Metaphysik Volckmann*: „ Ein Quantum welches verglichen mit seinem Maß als eine Einheit größer ist als alle Zahl heißt mathematisch unendlich" (*AA* XVIII;439,21-23).

[120] Diesen Weg wählt z.B. J.Van Benthem *1983*, S.32-35.

[121] Aus der Anmerkung Kants zur Thesis geht hervor, daß Kant bei „jedem gegebenen Zeitpunkte" an den jeweils *gegenwärtigen* Zeitpunkt gedacht hat; vgl. A432, B460.

Legt man die gewöhnliche Bedeutung des Wortes „Ewigkeit" zugrunde, in der es einen *metrisch* unendlichen Zeitraum bezeichnet, so steht man vor der gleichen Schwierigkeit, mit der eine logisch stärkere, metrische Interpretation von ($A_1 1^*$) belastet ist: Die Behauptung, daß, bezogen auf ein (beliebiges) Maß für die Zeit, das Weltalter nur durch unendlich viele Einheiten dieses Maßes bestimmt werden kann, folgt nicht aus der Annahme (1), so daß der Beweis bereits an dieser Stelle logisch inkorrekt wäre. Ich möchte daher (2) als die schwächere Behauptung deuten, daß der von jedem gegebenen Zeitpunkt (zu dem die Welt besteht) begrenzte (frühere) Zeitraum, in dem die Welt bestanden hat, im Sinne von Kants „mathematische[m] Begriff des Unendlichen", unendlich viele Zeitpunkte umfaßt.[122] Für diese Interpretation spricht auch, daß nur die schwächere Version von (2) für die folgenden Beweisschritte, insbesondere für (3), relevant zu sein scheint (vgl. unten).

Der Übergang von (1) nach (2) hängt dann allerdings noch einerseits von der Definition des zeitlichen Anfangs ab, die in die Annahme (1) eingesetzt werden muß, und andererseits von bestimmten Annahmen über die Struktur der Zeit selbst: Man könnte sich Zeitstrukturen denken, in denen der Übergang von (1) zu (2) nicht erlaubt wäre. Man nehme z.B. eine *diskrete und zyklische* Zeit, die nur aus drei Zeitpunkten t_1,t_2 und t_3 besteht, für welche gilt: t_1 ist früher als t_2, t_2 ist früher als t_3 und t_3 ist früher als t_1. Dann wäre für jeden dieser Zeitpunkte unter der Annahme, daß die Welt zu diesem Zeitpunkt besteht und daß die Welt selbst keinen zeitlichen Anfang habe, die Zeit, in der die Welt bestanden hat, nicht unendlich, sondern bestünde aus den drei Zeitpunkten t_1,t_2,t_3. Dieses Beispiel zeigt, daß bestimmte Forderungen an die Früher-Relation eingebracht werden müssen, die die Struktur der Zeit so festlegen, daß der Übergang von (1) zu (2) erlaubt ist. In den Übergang von (1) zu (2) gehen also bestimmte *zeitlogische* Prämissen ein, die im formalen Teil der Rekonstruktion herausgestellt werden sollen.

Im dritten Schritt folgert Kant aus (2) eine Behauptung über die bis zu jedem gegebenen Zeitpunkt „verflossene" „Reihe aufeinander folgender Zustände der Dinge in der Welt"[123]:

(3) „und mithin [ist] eine unendliche Reihe aufeinander folgender Zustände der Dinge in der Welt verflossen" (ibid.).

Dem Verständnis dieser Behauptung stellt sich die Schwierigkeit entgegen, den Genitiv des bestimmten Artikels in der Wortfolge „Zustände *der* Dinge" zu deuten: Einerseits könnte man diesen Genitiv so verstehen, daß von den Zuständen *jedes*

---

[122] Zu Kants „mathematischem Begriff des Unendlichen" vgl. oben Abschnitt 2.2.1.1.

[123] Ich beziehe die Aussage, daß „mithin eine unendliche Reihe aufeinander folgender Zustände der Dinge in der Welt verflossen" sei, ebenfalls auf die im unmittelbar vorausgehenden Satz (2) enthaltene adverbiale Bestimmung „bis zu jedem gegebenen Zeitpunkte".

einzelnen Dinges die Rede ist, andererseits so, daß von den Zuständen *der Gesamtheit aller Dinge* (Welt) gesprochen wird. Während man *prima facie* der Kantischen Formulierung eher die erste als die zweite Deutungsmöglichkeit angemessen finden mag, stellen sich der ersten Deutungsmöglichkeit auf den zweiten Blick jedoch beträchtliche sachliche und philologische Schwierigkeiten entgegen. Erstens nämlich wird die Behauptung (3) unter dieser Deutung bereits ganz offensichtlich falsch; denn bezogen auf ein Artefakt, das gerade zum gegenwärtigen Zeitpunkt fertiggestellt wird, z.B. läßt sich keineswegs wahr aussagen, es sei eine unendliche Reihe seiner aufeinander folgenden Zustände vergangen. Tatsächlich existiert das Artefakt erst seit seiner Fertigstellung und befindet sich auch erst seit dieser Zeit in bestimmten Zuständen. Selbstverständlich gehören aber auch Artefakte zu den Dingen dieser Welt. Kant hätte daher, wenn er wirklich die Zustände jedes einzelnen Dinges in der Welt im Sinn gehabt hätte, den Beweis bereits an dieser Stelle mit dem Hinweis abbrechen können, aus der (zu widerlegenden) Annahme (1) folge etwas Falsches; stattdessen aber enthält der Beweis drei weitere Schritte. Aus einem dieser weiteren Schritte ergibt sich dann auch der zweite Einwand gegen die erste Deutungsmöglichkeit. Im fünften Beweisschritt nämlich spricht Kant mit Bezug auf eine „Reihe aufeinander folgender Zustände der Dinge in der Welt" von einer „Weltreihe". Unter einer Weltreihe versteht Kant aber eine Reihe von aufeinander folgenden Zuständen der Welt, also der Gesamtheit aller Dinge.[124] In welchem Sinne die traditionelle Metaphysik überhaupt von Weltzuständen spricht, findet man, wie bereits an anderer Stelle gezeigt wurde, z.B. in A.G.Baumgartens *Metaphysica* erklärt: Dort wird der Zustand der Welt (zu einem Zeitpunkt t) auf die Zustände der Dinge in der Welt (zu t) zurückgeführt.[125]

Damit findet man auch ein philologisches Indiz gegen die erste und für die zweite Deutungsmöglichkeit des fraglichen Genitivs. Ich werde daher davon ausgehen, daß Kant in (3) von der Reihe der aufeinander folgenden Zustände der Welt spricht.[126]

---

[124] So schreibt Kant im neunten Abschnitt des Antinomienkapitels der *KdrV*: „Die bloße allgemeine Vorstellung *der Reihe aller vergangenen Weltzustände* [...] ist selbst nichts anderes, als ein möglicher empirischer Regressus, den ich mir, obzwar noch unbestimmt, denke, und wodurch der Begriff einer solchen Reihe von Bedingungen zu der gegebenen Wahrnehmung allein entstehen kann"; und er fügt diesem Satz die Anmerkung hinzu: „*Diese Weltreihe* kann also auch weder größer, noch kleiner sein, als der mögliche empirische Regressus, auf dem allein ihr Begriff beruht" (A518, B546; kursiv vom Verf.).

[125] Vgl. oben Abschnitt 1.4. - Ein Zustand eines Dinges (zu einem Zeitpunkt t) ist nach §205 der *Metaphysica* durch die dem Ding (zu t) zukommenden „Modi" (d.s. nach §50 Eigenschaften) und Relationen (zu anderen Dingen) bestimmt (vgl. *AA* XVII;37,24ff. und 69,13ff.); ähnlich auch C.Wolff in §705 seiner *Prima Philosophia sive Ontologia*.

[126] Diese Interpretation wird auch durch eine Notiz Kants aus den Jahren 1767-9 bestätigt, die einen Beweisversuch der Thesis enthält. So schreibt Kant in R3912: „Die Welt hat einen Anfang, d.i. einen Zustand, der keine Folge aus einem andern Zustande ist: [...] Den wenn ein ieder *Zustand der Welt* eine Folge aus einem andern Zustand der Welt wäre, so würden alle Zustände der Welt einen andern Zustand der Welt vor sich haben; also würde ein Zustand der Welt von allen Zuständen unterschieden seyn. welches contradictorium" (*AA* XVII;340,7-12; kursiv vom Verf.). Diese Argumentation, die sich deutlich

Wie aber kann Kant überhaupt von einer Behauptung über das Alter der Welt zu einer Behauptung über eine Reihe von Zuständen der Welt übergehen? Und: Warum bezeichnet er die aufeinander folgenden Zustände der Welt überhaupt als Reihe?

Da in den vorangehenden Beweisschritten überhaupt nicht von Zuständen die Rede war, müssen in den dritten Kantischen Beweisschritt Prämissen eingehen, die eine Beziehung herstellen zwischen den Zeitpunkten, zu denen die Welt bestanden hat, und den Weltzuständen zu diesen Zeitpunkten. Die versteckt einfließenden Prämissen müssen so stark sein, daß sie es erlauben, von der Unendlichkeit der abgelaufenen Zeit auf die Unendlichkeit der Reihe der verflossenen Zustände zu schließen. Diese Forderung wird von solchen Prämissen erfüllt, die die Beziehung zwischen Zeitpunkten und Weltzuständen so herstellen, daß erstens jedem Zeitpunkt, zu dem die Welt bestanden hat, genau ein Weltzustand, zweitens nicht mehreren Zeitpunkten ein und derselbe Weltzustand und drittens jedem Weltzustand ein Zeitpunkt entspricht. Die erste und die zweite dieser Bedingungen verhindern, daß es weniger Weltzustände als entsprechende Zeitpunkte, also insbesondere nur *endlich* viele Weltzustände geben kann. Darauf, daß aus (2) folgt, daß *unendlich* viele Weltzustände verflossen sein müssen, kommt es in den folgenden Beweisschritten aber an, da gerade das Verflossensein einer unendlichen Reihe von Weltzuständen als unmöglich erwiesen werden soll. Es ist allerdings nicht einzusehen, welche Bedeutung dabei einer metrischen Interpretation von (2) zukommen könnte, so daß auch unter dem Aspekt der Relevanz für die folgenden Beweisschritte die schwächere Kardinalitäts-Interpretation von (2) gerechtfertigt erscheint. - Die letzte der drei genannten Bedingungen sichert, wie im folgenden näher erläutert wird, zusammen mit den ersten beiden Bedingungen die Anwendbarkeit des Reihenbegriffs auf die aufeinander folgenden Zustände der Welt.

Daß Kant die aufeinander folgenden Weltzustände als Reihe bezeichnet, dürfte sich aus seinem allgemeinen und, wie oben nachgewiesen, der zeitgenössischen Mathematik entlehnten Reihenbegriff ergeben: Als Reihe wurde dort (z.B. von Lambert und Kästner) jede Folge von Dingen bezeichnet, in der sich jedes Ding aus dem vorhergehenden nach allgemeinen Gesetzen ergibt.[127] Kant läßt hier offensichtlich sehr mächtige Folgen zu. Denn unter der Voraussetzung, daß die Zeit ein Kontinuum ist und daß jedem Zeitpunkt eindeutig ein Weltzustand entspricht, ist die Reihe der Weltzustände überabzählbar unendlich. Die Menge der jeweils vergangenen Weltzustände kann aber, wie im formalen Teil der Rekonstruktion gezeigt wird, mittels der Früher-Relation so angeordnet werden, daß sich - gemäß

---

von dem vorliegenden Beweis in der *KdrV* unterscheidet, scheitert ganz offensichtlich an einer unerlaubten Quantorenvertauschung (von $\forall x \exists y \Phi$ wird auf $\exists y \forall x \Phi$ geschlossen).

[127] Vgl. oben Abschnitt 1.4. - In der kleinen Schrift *Ausgleichung eines auf Mißverstand beruhenden mathematischen Streits* (1796) begründet Kant die Bezeichnung der Menge der natürlichen Zahlen als Reihe damit, daß die natürlichen Zahlen aus einem ersten Element und der Addition von 1 sukzessiv erzeugt werden können; vgl. *AA* VIII;407-410.

den zeitgenössischen, mechanistischen Vorstellungen der Welt - jeder Weltzustand aus früheren Weltzuständen nach allgemeinen (Natur-)Gesetzen ergibt.[128] Hierin dürfte der Grund dafür liegen, daß Kant diese Menge als Reihe bezeichnet; dies zeigt sich insbesondere auch im Vergleich mit dem Gebrauch des Reihenbegriffs im Beweis der Thesis der dritten Antinomie, wo Kant ebenfalls eine auf bestimmte Weise geordnete Menge, in der sich jedes Element aus den ihm vorgeordneten nach allgemeinen Gesetzen ergibt, als Reihe bezeichnet.[129] - Des weiteren kann er eine solche Reihe deshalb als verflossen bezeichnen, da es sich (für jeden gegebenen (gegenwärtigen) Zeitpunkt) bei den Gliedern dieser Reihe um *vergangene* Weltzustände handelt. Das Verflossensein der jeweiligen Reihe der Weltzustände folgt also aus dem Abgelaufensein der entsprechenden Zeitpunkte.

Im vierten Beweisschritt führt Kant dann eine allgemeine Behauptung über unendliche Reihen in den Beweis ein. Obwohl Kant diese Behauptung in der Anmerkung zur Thesis als „wahre[n] (transzendentale[n]) Begriff der Unendlichkeit" bezeichnet[130], kann diese Behauptung nicht als Definition des Unendlichen verstanden werden, da dieser Begriff bereits (im mathematischen Sinn) definiert ist und im vorangehenden Beweisschritt auch vorkommt. Daher muß die folgende Behauptung als materiale Prämisse angesehen werden[131]:

(4) „Nun besteht aber eben darin die Unendlichkeit einer Reihe, daß sie durch sukzessive Synthesis niemals vollendet sein kann" (A426, B454).

Da sich das Wort „also" im darauffolgenden Beweisschritt unmittelbar auf die Behauptung (4) zu beziehen scheint, kann angenommen werden, daß Kant aus (4) folgert, daß eine unendliche verflossene Weltreihe unmöglich ist. Da aber nicht einzusehen ist, wie eine solche Folgerung unmittelbar gerechtfertigt werden könnte, muß davon ausgegangen werden, daß Kant an dieser Stelle stillschweigend von einer weiteren Prämisse Gebrauch gemacht hat, die einen Zusammenhang zwischen dem Verflossensein einer Reihe und der Möglichkeit, diese Reihe durch „sukzessive Synthesis" zu vollenden, herstellt. Auch diese Prämisse wird im formalen Teil der Rekonstruktion zu präzisieren sein. Kant geht im fünften Beweisschritt demnach zu der Behauptung über:

---

[128] Man darf nicht außer Acht lassen, daß es Kant hier um die Sinnenwelt (*mundus sensibilis*) geht, wie er in der Anmerkung zur Antithesis betont: „Es ist hier aber nur von dem *mundus phaenomenon* die Rede, und von dessen Größe" (A433, B461). Vgl. dazu auch H.Heimsoeth *1966-9*, S.227.

[129] Vgl. unten Abschnitt 2.4. - Eine Bestätigung für die vorgeschlagene Explikation des Kantischen Reihenbegriffs findet sich in der *Metaphysik L_1*: dort heißt es: „Nach Verstandesbegriffen ist eine Reihe eine Menge subordinirter Dinge, wovon das eine ein Grund von der Folge ist" (*AA* XXVIII;34,12-14).

[130] Dort heißt es: „Der wahre (transzendentale) Begriff der Unendlichkeit ist: daß die sukzessive Synthesis der Einheit in Durchmessung eines Quantum niemals vollendet sein kann" (A432, B460).

[131] Ebenso H.Heimsoeth *1966-9*, S.223; dagegen nimmt N.K.Smith *1923*, S.485, diese Aussage als Definition. - Zum Inhalt dieser Prämisse vgl. unten Abschnitt 3.1.2.

(5) „Also ist eine unendliche verflossene Weltreihe unmöglich“ (ibid.).

Da Kant bereits im unmittelbar darauffolgenden, sechsten Beweisschritt zum angestrebten Resultat des Beweises, d.h. zu ($T_1$1), übergeht, muß angenommen werden, daß die Behauptung (5) der Behauptung (3) oder einer aus (3) ableitbaren Behauptung widerspricht, so daß die formalen Anforderungen an einen indirekten Beweis erfüllt sind. Nun ist die Behauptung (3), wenn man sie auf die adverbiale Bestimmung „bis zu jedem gegebenen Zeitpunkte“ bezieht, eine Aussage über alle Zeitpunkte, also der Form nach eine All-Aussage und verhält sich daher nicht kontradiktorisch zu (5), da (5) als eine negierte Existenz-Aussage (über Zeitpunkte) angesehen werden kann.[132] Macht man allerdings von der zentralen Voraussetzung Gebrauch, daß die Welt überhaupt zeitlich bestimmt ist, dann erhält man aus (3) die Behauptung, daß es eine unendliche verflossene Weltreihe gebe, was (5) widerspricht. Die zu (5) kontradiktorische Behauptung, welche den Widerspruchsbeweis vervollständigt, lautet dann:

(5a) Es gibt eine unendliche verflossene Weltreihe.[133]

Aufgrund des so hergeleiteten Widerspruchs geht Kant dann im sechsten Schritt des Beweises zu dem angestrebten Resultat über:

(6) „mithin [ist] ein Anfang der Welt eine notwendige Bedingung ihres Daseins; welches zuerst zu beweisen war“ (ibid.).

Der Grundgedanke des Beweises der Thesis läßt sich demnach folgendermaßen beschreiben: Die Annahme, die Welt habe keinen zeitlichen Anfang, wird zum Widerspruch geführt, indem von der (mathematischen) Unendlichkeit des bloßen Weltalters, welche sich aus der Annahme ergibt, zu der (mathematischen) Unendlichkeit der Reihe der vergangenen Weltzustände übergegangen wird. Dieser Übergang ist erforderlich, da erst durch ihn das von Kant eingeführte „transzendentale“ Argument greift, daß eine (mathematisch) unendliche Reihe, wie die Gesamtheit der vergangenen Weltzustände, nicht durch „sukzessive Synthesis“ vollständig gedacht

---

[132] Um die formale Rekonstruktion nicht unnötig zu komplizieren, fasse ich den in (5) enthaltenen Ausdruck „ist ... unmöglich“ nicht als negierten Möglichkeitsoperator, sondern als negierten Existenzquantor auf.

[133] In den folgenden Rekonstruktionen weisen Nummern von Beweisschritten, in denen Buchstaben vorkommen (z.B. „(5*a*)“), darauf hin, daß es sich bei diesen Beweisschritten um solche handelt, die von Kant nicht explizit angegeben, sondern von mir ergänzt worden sind. Nummern, die keine Buchstaben enthalten, bezeichnen stets von Kant explizit angegebene Beweisschritte. Die Numerierung der Beweisschritte ist überdies so eingerichtet, daß die Bezeichnung eines Beweisschrittes im informellen Teil der Rekonstruktion stets dieselbe ist wie im formalen Teil.

werden kann und somit überhaupt nicht möglich ist. Dieses „transzendentale" Argument ist auf eine bloße Gesamtheit von Zeitpunkten nicht anwendbar, da es eine Bedingung der Möglichkeit der Erkenntnis von Gegenständen *in der Zeit* und damit vermutlich auch eine Bedingung der Möglichkeit der Gegenstände (in der Zeit) selbst geltend macht.[134] Erst der Weg über eine unendliche Reihe von Zuständen und deren „transzendentale" Unmöglichkeit führt also dazu, daß der angestrebte Widerspruch hergeleitet werden kann.[135]

Auf den vorangehenden informellen Kommentar soll nun die prädikatenlogische Analyse des Beweises folgen. Die formale Struktur der Annahme ergibt sich unmittelbar aus der formalen Struktur der zu beweisenden Behauptung und der Form des indirekten Beweises:

(1) $\neg A_{temp}(W)$

Im Gegensatz zum Beweis der Antithesis[136] verzichtet Kant im vorliegenden Beweis darauf, die sich aus der Einsetzung der Definition des Prädikats $A_{temp}(x)$ in die Annahme (1) ergebenden Folgerungen explizit anzugeben. Um den Übergang zu Behauptung (2) besser verstehen zu können, sollen die fehlenden Schritte hier ergänzt werden. Zunächst muß man (Def A_{temp}) hinzunehmen:

(1a) $\forall x(A_{temp}(x) \leftrightarrow \exists t_0(A(t_0,x))$

Nimmt man nun noch (Def Anfang) hinzu:

(1b) $\forall x \forall t_0(A(t_0,x) \leftrightarrow (B(x,t_0) \wedge \forall t_1(t_1<t_0 \rightarrow \neg B(x,t_1))))$,

dann erhält man zusammen mit (1) die Behauptung, daß es zu jedem Zeitpunkt, zu dem die Welt bestanden hat, einen früheren Zeitpunkt gibt, zu dem sie ebenfalls bestanden hat:

---

[134] Vgl. H.Heimsoeth *1966-9*, S.223. Darauf, daß Kant hier von einem transzendentalphilosophischen Argument Gebrauch zu machen scheint, verweisen auch P.F.Strawson *1966*, S.176, J.Schmucker *1990*, S.115f., und P.Mittelstaedt/I.Strohmeyer *1990*, S.156. N.K.Smith *1923*, S.484, hingegen sieht Kants Rede von einer „sukzessiven Synthesis" nur als „a needlessly subjectivist colouring to Kant's method of proof" an.

[135] Daher muß ich J.Van Benthem *1983* in zwei Punkten widersprechen: Erstens behauptet er, daß die Beweisschritte (2) und (3) auf dieselbe Behauptung hinauslaufen (vgl. S.33); wäre dies zutreffend, dann hätte Kant sein „transzendentales" Argument auf eine unendliche Menge von Zeitpunkten angewandt, was m.E. weder der Sache nach möglich noch der Fall ist. Zweitens behauptet Van Benthem, daß Kant in (4) einen anderen Unendlichkeitsbegriff in die Argumentation einführe (vgl. S.33f.); ebenso J.Bennett *1974*, S.118f. Auch diese Behauptung halte ich für unzutreffend.

[136] Vgl. unten Abschnitt 2.2.1.3.

(1c) $\forall t_0(B(W,t_0) \rightarrow \exists t_1(t_1<t_0 \wedge B(W,t_1)))$

Die Behauptung (2) soll nun als eine Behauptung über die bis zu jedem gegebenen Zeitpunkt t_0 (zu dem die Welt bestanden hat) abgelaufene Menge aller Zeitpunkte, zu denen die Welt bestanden hat, aufgefaßt werden - formal ausgedrückt also als eine Behauptung über: $\{t|t<t_0 \wedge B(W,t)\}$ (vgl. oben). Wie bereits gesagt wurde, muß man aber einige zeitlogische Prämissen ergänzen, die den Übergang von (1c) zu (2) ermöglichen. Sogenannte „time loops", die oben am Beispiel der aus drei Zeitpunkten bestehenden diskreten und zyklischen Zeit erläutert wurden, kann man ausschließen, indem man u.a. die Irreflexivität der Früher-Relation fordert:

(ZL1) $\forall t\neg(t<t)$

Außerdem muß man sicherstellen, daß ein Zeitpunkt t_2, zu dem die Welt bestanden hat und der früher ist als ein Zeitpunkt t_1, zu dem die Welt bestanden hat und der seinerseits früher ist als ein gegebener Zeitpunkt t_0, ebenfalls früher ist als t_0 und damit zu $\{t|t<t_0 \wedge B(W,t)\}$ gehört. Dies erreicht man durch eine Transitivitätsforderung an die Früher-Relation:

(ZL2) $\forall t_1,t_2,t_3(t_1<t_2 \wedge t_2<t_3 \rightarrow t_1<t_3)$

Aufgrund von (ZL1) und (ZL2) bildet die Früher-Relation eine *strikte partielle Ordnung* auf der Menge der Zeitpunkte. Ergänzt man nun noch eine Forderung nach der Linearität der Zeit:

(ZL3) $\forall t_1,t_2(t_1=t_2 \vee t_1<t_2 \vee t_2<t_1)$,

welche Kant selbst explizit annimmt[137], dann ist die Früher-Relation sogar eine *Totalordnung* auf der Menge $\{t|t<t_0 \wedge B(W,t)\}$.[138] - Da die Behauptungen (1c), (ZL1) und (ZL2) gemeinsam nur von unendlichen Mengen erfüllt werden können[139], folgt aus (1c) zusammen mit den zeitlogischen Prämissen (ZL1) und (ZL2), daß für jeden gegebenen Zeitpunkt, zu dem die Welt besteht, die Menge der vergangenen

---

[137] So behauptet Kant in der transzendentalen Deduktion der B-Auflage der *KdrV*, „daß wir die Zeit, die doch gar kein Gegenstand äußerer Anschauung ist, uns nicht anders vorstellig machen können, als unter dem Bilde einer Linie" (B156); vgl. auch B154.

[138] Aus dieser Totalordnung ergibt sich, wie unten gezeigt wird, eine Totalordnung der Menge aller dem gegenwärtigen Weltzustand vorhergehenden Weltzustände und damit eine Voraussetzung für die Anwendung des Begriffs der Reihe auf diese Menge, welche analog auch im Beweis der Thesis der dritten Antinomie erfüllt ist (vgl. unten Abschnitt 2.4.2.).

[139] Vgl. J.Van Benthem *1983*, S.17 u. 33.

Zeitpunkte, zu denen die Welt bereits bestanden hat, unendlich ist; dies ist Kants zweiter Beweisschritt:

(2) $\forall t_0(B(W,t_0) \rightarrow \{t_1 | t_1<t_0 \wedge B(W,t_1)\}$ ist unendlich)

Um von (2) zu der Behauptung übergehen zu können, daß bis zu jedem gegebenen Zeitpunkt t_0, zu dem die Welt besteht, eine *unendliche* Reihe aufeinander folgender Zustände der Welt verflossen sei, bedarf es, wie bereits gesagt wurde, solcher Prämissen, die eine Beziehung zwischen Zeitpunkten und Weltzuständen herstellen, welche die Unendlichkeit der Menge der Zeitpunkte auf die Menge der Weltzustände zu übertragen erlaubt. Die geeigneten Prämissen sollen als allgemeine Behauptungen über eine entsprechende Relation zwischen Zeitpunkten und Zuständen von Gegenständen formuliert werden. In einer ersten Prämisse soll sichergestellt werden, daß jedem Zeitpunkt ein Zustand entspricht. Symbolisiert man die Relation, daß sich ein Ding x zu einem Zeitpunkt t in einem Zustand z befindet, durch „Z(x,t,z)“, dann kann man die geeignete Prämisse in folgender Weise formulieren:

(2a) $\forall x \forall t_0(B(x,t_0) \rightarrow \exists! z(Z(x,t_0,z)))$[140]

Diese Prämisse besagt, daß sich ein Gegenstand zu jedem Zeitpunkt, zu dem er besteht, in einem bestimmten, besonderen Zustand befindet.

Nun wird durch diese Prämisse nicht ausgeschlossen, daß mehreren Zeitpunkten ein und derselbe Weltzustand entsprechen könne. In einem solchen Fall könnte die Menge der Zeitpunkte trotz (2a) größer sein als die Reihe der Weltzustände; insbesondere könnte die Reihe der Weltzustände dann endlich sein. Dies kann ausgeschlossen werden, wenn zusätzlich vorausgesetzt wird, daß sich ein Gegenstand nicht zu zwei verschiedenen Zeitpunkten in demselben Zustand befinden kann[141]:

(2b) $\forall x \forall t_1,t_2 \forall z(Z(x,t_1,z) \wedge Z(x,t_2,z) \rightarrow t_1=t_2)$[142]

---

[140] Zu der in dieser Prämisse enthaltenen Eindeutigkeitsforderung vgl. *Metaphysik* L_1 *AA* XXVIII; 201,27-29: „Der Augenblick, in welchem das Ding in dem einen Zustande ist, ist unterschieden von dem Augenblick, in welchem das Ding in den anderen Zustand kommt“, und *Metaphysik Dohna a.a.O.*; 662,20f.: „Zwei Zustände sind immer in verschiedenen Zeiten“.

[141] In der *Metaphysik* L_2 findet sich zwar die Aussage: „Wenn wir die Dinge in der Zeit betrachten und den Wechsel der Zeit, so können wir sagen: der Zustand aller Dinge ist fließend, es ist alles im Fluß der Zeit“ (*AA* XXVIII;566, 32-34); diese Aussage stellt aber nur dann einen Beleg für die hier ergänzte Prämisse dar, wenn man voraussetzt, daß sich ein Zustand eines Dinges nicht in der Zeit wiederholen kann.

[142] Die durch Sättigung mit der Konstanten „W“ an der ersten Stelle aus der dreistelligen Relation Z(x,t,z) hervorgehende, zweistellige Relation Z(W,t,z) ist nach (2a) auf dem gesamten Vorbereich $\{t | B(W,t)\}$ definiert sowie rechtseindeutig und nach (2b) linkseindeutig. Demnach könnte man Z(W,t,z) als injektive Funktion auffassen.

Um schließlich aus der Totalordnung der Menge der Zeitpunkte auf eine Totalordnung der Menge der Weltzustände schließen zu können, muß noch gesichert werden, daß jedem Weltzustand auch ein Zeitpunkt entspricht, zu dem die Welt bestanden hat; dies leistet die Prämisse:

(2c) $\forall x \forall t_0 \forall z(Z(x,t_0,z) \rightarrow B(x,t_0))$

Aus (2), (2a) und (2b) folgt nun, daß für jeden Zeitpunkt t_0, zu dem die Welt besteht, die Menge $\{z|\exists t_1(t_1<t_0 \wedge Z(W,t_1,z))\}$ unendlich ist. Diese Menge kann deshalb als Reihe bezeichnet werden, da sie aufgrund der Prämissen (ZL1), (ZL2), (ZL3), (2a), (2b) und (2c) durch die Relation $\exists t_1,t_2(Z(W,t_1,z_1) \wedge Z(W,t_2,z_2) \wedge t_1<t_2)$, für die ich abkürzend „$z_1<_z z_2$" schreiben möchte, total geordnet ist. Fügt man die (analytische) Prämisse, daß eine total geordnete Menge eine Reihe ist:

(2d) $\forall \mathscr{F} \forall R$(R ist eine Totalordnung auf $\mathscr{F} \rightarrow \langle \mathscr{F},R \rangle$ ist eine Reihe)

hinzu, so ist die Bezeichnung von $\langle \{z|\exists t_1(t_1<t_0 \wedge Z(W,t_1,z))\},<_z \rangle$ als Reihe auch formal gerechtfertigt. Daß eine solche Reihe überdies als „verflossen“ bezeichnet wird, ist deshalb gerechtfertigt, weil ihre Elemente zum Zeitpunkt t_0 vergangene Weltzustände sind; dies ergibt sich aus der Mengenbildungsvorschrift $\exists t_1(t_1<t_0 \wedge Z(W,t_1,z))$. Um die Anwendung des Prädikats „verflossen“ auf eine solche Reihe vergangener Weltzustände auch formal zu rechtfertigen, soll die folgende Definition ergänzt werden: Eine Reihe von Zuständen eines raum-zeitlichen Dinges x ist genau dann verflossen, wenn es einen Zeitpunkt gibt, zu dem das Ding besteht und zu dem alle Zustände des Dinges, die zur Reihe gehören, vergangen sind:

(2e) Es sei $\mathfrak{R}=\langle \mathscr{F},R \rangle$ eine Reihe von Zuständen eines raum-zeitlichen Dinges x; dann gilt: Verflossen($\mathfrak{R}$) $=_{Df} \exists t_0(B(x,t_0) \wedge \forall z \in \mathscr{F} \forall t_1(Z(x,t_1,z) \rightarrow t_1<t_0))$

Aufgrund von (2), (ZL1), (ZL2), (ZL3), (2a), (2b), (2c), (2d) und (2e) gilt dann, daß für jeden Zeitpunkt, zu dem die Welt bestanden hat, die bis zu diesem Zeitpunkt „verflossene“ Reihe von Weltzuständen unendlich ist, d.i. Kants dritter Beweisschritt:

(3) $\forall t_0(B(W,t_0) \rightarrow \langle \{z|\exists t_1(t_1<t_0 \wedge Z(W,t_1,z))\},<_z \rangle$ ist eine unendliche und verflossene Reihe)

Die beiden folgenden Beweisschritte sind nun logisch unabhängig von den vorangehenden Beweisschritten. Zunächst führt Kant im vierten Beweisschritt seine „transzendentale“ Prämisse ein, die besagt, daß eine unendliche Reihe nicht vollständig sukzessiv synthetisiert werden kann:

(4) $\forall\mathfrak{R}(\text{Reihe}(\mathfrak{R}) \rightarrow (\text{Unendlich}(\mathfrak{R}) \rightarrow \neg\text{Vollständig-sukzessiv-synthetisierbar}(\mathfrak{R})))$[143]

Daraus folgert Kant im fünften Beweisschritt, daß es keine unendliche verflossene Weltreihe geben kann. Da aber weder in der Behauptung (4) auf das Verflossensein einer Reihe Bezug genommen wird noch in der Behauptung (5) auf die Möglichkeit, die sukzessive Synthesis einer unendlichen und verflossenen Weltreihe zu vollenden, muß in den Übergang von (4) zu (5) eine Prämisse eingehen, die eine Beziehung herstellt zwischen der Möglichkeit, die sukzessive Synthesis einer Reihe zu vollenden, und dem Verflossensein dieser Reihe. Diese Beziehung muß aus formalen Gründen derart sein, daß die Möglichkeit, die sukzessive Synthesis einer Reihe zu vollenden, eine notwendige Bedingung des Verflossenseins der Reihe ist. Dies besagt die folgende Prämisse:

(4a) $\forall\mathfrak{R}(\text{Reihe}(\mathfrak{R}) \rightarrow (\text{Verflossen}(\mathfrak{R}) \rightarrow \text{Vollständig-sukzessiv-synthetisierbar}(\mathfrak{R})))$

Aus (4) und (4a) folgt nun, daß es keine Reihe $\mathfrak{R}$ geben kann, die unendlich und verflossen ist. Daraus wiederum folgt, daß es kein t_0 geben kann, so daß $\langle\{z|\exists t_1(t_1<t_0 \wedge Z(W,t_1,z))\},<_z\rangle$ eine unendliche und verflossene Reihe ist. Denn gäbe es ein solches t_0, dann gäbe es eine unendliche und verflossene Reihe, was nach dem vorigen nicht möglich ist. Also folgt aus (4) und (4a) Kants fünfter Beweisschritt:

(5) $\neg\exists t_0(\langle\{z|\exists t_1(t_1<t_0 \wedge Z(W,t_1,z))\},<_z\rangle$ ist eine unendliche und verflossene Reihe$)$

Aus (3) folgt nun aber unter der Voraussetzung, daß die Welt überhaupt zeitlich bestimmt ist (formal: $\exists t(B(W,t))$), daß es eine unendliche verflossene Weltreihe gibt:

(5a) $\exists t_0(\langle\{z|\exists t_1(t_1<t_0 \wedge Z(W,t_1,z))\},<_z\rangle$ ist eine unendliche und verflossene Reihe$)$

Mit (5) und (5a) liegt dann ein unter der Annahme des Negats von ($T_1$1) mittels der Prämissen (ZL1), (ZL2), (ZL3), (2a), (2b), (2c), (2d), (2e), (4) und (4a) sowie mittels einiger Definitionen und der zentralen Voraussetzung $\exists t(B(W,t))$ erzeugter Widerspruch vor. Somit kann Kant im sechsten Schritt zu ($T_1$1) übergehen:

(6) $A_{temp}(W)$

---

[143] Es wäre m.E. aufgrund des Kantischen Wortlauts sogar gerechtfertigt, die Subjunktion an der zweiten Stelle, an der sie vorkommt, durch die Bisubjunktion zu ersetzen; da die logisch schwächere Version aber für den Beweis hinreichend ist, wurde auf die logisch stärkere Version verzichtet.

Was ist nun dadurch bewiesen? Der Beweis zeigt, daß aus $\neg(T_1 1)$ zusammen mit (ZL1), (ZL2), (ZL3), (2a), (2b), (2c), (2d), (4), (4a) und der Voraussetzung $\exists t(B(W,t))$ unter den Definitionen (Def A_{temp}), (Def Anfang) und (2e) ein Widerspruch folgt. Daher gilt: Aus (ZL1), (ZL2), (ZL3), (2a), (2b), (2c), (2d), (4), (4a) und $\exists t(B(W,t))$ ist $(T_1 1)$ ableitbar.[144]

2.2.1.3. Der Beweis der Antithesis

Ebenso wie den Beweis von $(T_1 1)$ führt Kant auch den „Beweis" von $(A_1 1)$ indirekt. Es zeigt sich aber bereits in der Annahme, mit der der Beweis eingeleitet wird und die widerlegt werden soll, daß Kant nicht die vollständige Behauptung beweist, sondern nur einen ihrer Teile, nämlich $\neg A_{temp}(W)$. Dies wird durch die Formulierung der Annahme eindeutig belegt:

(1) „Denn man setze: sie [sc. die Welt, Verf.] habe einen Anfang" (A427, B455).

Kant nimmt demnach an, daß $(T_1 1)$ gelte, und leitet aus dieser Annahme zusammen mit einigen Prämissen, die zum Teil nicht explizit genannt werden und deshalb erst noch herausgearbeitet werden müssen, einen Widerspruch her. Der zweite, im Beweis nicht behandelte Teil von $(A_1 1)$, d.i. die zeitliche Bestimmtheit der Welt (formal: $\exists t(B(W,t))$), wird im Beweis gleich einer Prämisse vorausgesetzt. Hierin liegt eine Gemeinsamkeit mit dem Beweis von $(T_1 1)$[145], und dies wird auch durch Kants Ausführungen über das Verhältnis von $(T_1 1)$ und $(A_1 1)$ bestätigt.[146]

Im zweiten Schritt des Beweises setzt Kant nun die Definition des zeitlichen Anfangs ein:

(2) „Da der Anfang ein Dasein ist, wovor eine Zeit vorhergeht, darin das Ding nicht ist" (ibid.).

Daraus folgert er im dritten Schritt unmittelbar, d.h. ohne zusätzliche Prämisse, daß in einer Zeit, die dem Anfang der Welt vorhergegangen ist, die Welt nicht existiert haben kann:

(3) „so muß eine Zeit vorhergegangen sein, darin die Welt nicht war" (ibid.).

---

[144] Eine Zusammenfassung der formalen Rekonstruktion findet sich im Anhang.

[145] Vgl. oben Abschnitt 2.2.1.2.

[146] Vgl. oben Abschnitt 2.2.1.1.

Im vierten Schritt macht Kant davon Gebrauch, daß traditionell unter der Welt die Gesamtheit aller Dinge in Raum und Zeit verstanden wird, und folgert dann, daß in einer solchen, dem Anfang der Welt vorhergehenden Zeit nichts existiert haben könne, d.h. daß eine solche Zeit eine „leere" Zeit gewesen sein müsse:

(4) „d.i. eine leere Zeit" (ibid.).[147]

Im fünften Schritt wird die Prämisse eingeführt, daß in einer „leeren" Zeit nichts entstehen kann:

(5) „Nun ist aber in einer leeren Zeit kein Entstehen irgendeines Dinges möglich" (ibid.).[148]

Diese Prämisse wird im unmittelbar darauf folgenden Satz damit begründet, daß die Zeitpunkte einer solchen Zeit (im Hinblick auf das Entstehen eines Dinges) ununterscheidbar sind und es somit keinen *zureichenden Grund* dafür gibt, daß das Ding während eines bestimmten Teils dieser Zeit entstanden ist und nicht während eines anderen: „weil kein Teil einer solchen Zeit vor einem anderen irgendeine unterscheidende Bedingung des Daseins, vor die des Nichtseins, an sich hat (man mag annehmen, daß sie von sich selbst, oder durch eine andere Ursache entstehe)" (ibid.).[149]

An dieser Stelle des Beweises tritt nun ein großer Sprung auf: Im unmittelbaren Anschluß an die Einführung der Prämisse (5) wird bereits das zu beweisende Resultat, d.i. ($A_1$1), angeführt:

(6) „Also kann zwar in der Welt manche Reihe der Dinge anfangen, die Welt selber aber kann keinen Anfang haben" (ibid.).

Kant verzichtet darauf, beide kontradiktorische Aussagen, die sich unter der Annahme (1) ergeben und die zur Widerlegung von (1) führen, explizit anzugeben. Da Kant aber von (5) unmittelbar zu (6) übergeht, kann angenommen werden, daß (5) eine der beiden sich zueinander kontradiktorisch verhaltenden Aussagen bildet

---

[147] Die vollständige Behauptung ergibt sich, wenn man (4) in den Satzzusammenhang von (3) zurückstellt.

[148] Analog zum fünften Beweisschritt der Thesis möchte ich auch hier den in (5) vorkommenden Ausdruck „ist ... möglich" nicht als Modaloperator, sondern als Existenzquantor auffassen; dadurch wird die logische Korrektheit des Beweises nicht berührt, die formale Rekonstruktion aber einfacher und übersichtlicher.

[149] S.J. Al-Azm *1972* bemerkt zu dieser Prämisse: „The question is why should the first state of the world series occur at any one moment of time rather than another when all moments are wholly alike? It is the problem of the principle of sufficient reason all over again" (S.45); vgl. auch P.Guyer *1987*, S.408.

und daß die andere Aussage auf irgendeine, noch zu untersuchende Weise aus (1)-(4) folgt. Die fragliche Aussage selbst kann aus (5) rekonstruiert werden; als Negat von (5) muß sie lauten:

(5a) In einer leeren Zeit ist das Entstehen eines Dinges möglich.

Der unmittelbare Übergang von (5) zu (6) zeigt auch, daß die zeitliche Bestimmtheit der Welt in den Beweis von $(A_1 1)$ als Voraussetzung eingeht: Denn mit dem Widerspruch zwischen (5) und (5a), der sich unter bestimmten Prämissen aus (1) ergibt, ist nur gezeigt, daß unter diesen Prämissen nicht gilt, daß die Welt einen Anfang hat - formal: $\neg A_{temp}(W)$. (6) ist aber offensichtlich von der Form: $\bar{A}_{temp}(W)$, was auch durch den bislang nicht angeführten siebenten Beweisschritt (den Schluß auf $(A_1 1^*)$) bestätigt wird.[150] Somit wird im Übergang von (5) zu (6) die vorausgesetzte zeitliche Bestimmtheit der Welt (formal: $\exists t(B(W,t))$) ergänzt.

Im bereits erwähnten letzten Beweisschritt leitet Kant schließlich aus (6) die Behauptung $(A_1 1^*)$ her:

(7) „und [die Welt] ist also in Ansehung der vergangenen Zeit unendlich" (ibid.).

Nachdem die Struktur des Beweises grob skizziert wurde, soll nun zur prädikatenlogischen Analyse übergegangen werden. Die formale Struktur der Annahme (1) ergibt sich unmittelbar aus der logischen Analyse der Behauptungen und aus dem zuvor Gesagten:

(1) $A_{temp}(W)$

Zur Formalisierung von (2) kann man direkt auf (Def Anfang) zurückgreifen. Um diese Definition anwenden zu können, muß jedoch in einem Zwischenschritt - ergänzend zum Kantischen Beweis - (Def A_{temp}) eingefügt werden:

(1a) $\forall x(A_{temp}(x) \leftrightarrow \exists t_0(A(t_0,x)))$

Da Kant sich in den Beweisschritten (3) und (4) auf einen Anfangszeitpunkt der Welt bezieht (vgl. oben), ist es außerdem nötig, einen Schritt (1b) einzufügen, in dem die Existenz eines Anfangszeitpunktes der Welt behauptet wird, und eine weitere Zeile (1c), in der angenommen wird, daß t_A ein solcher Anfangszeitpunkt ist. Die

---

[150] Dies gilt sowohl für die von mir gewählte Kardinalitäts-Interpretation von $(A_1 1^*)$ als auch für die stärkere, metrische Interpretation. Die Behauptung, daß die zeitliche Bestimmtheit der Welt nicht bewiesen wird, sondern an dieser Stelle als Voraussetzung in den Beweis eingeht, ist also invariant gegenüber den beiden konkurrierenden Interpretationen von $(A_1 1^*)$.

letztere Annahme kann später wieder beseitigt werden. Die Zeile (1b) folgt aus (1) und (1a):

(1b) $\exists t_0(A(t_0,W))$

Dann kann angenommen werden, t_A sei ein solcher Anfang der Welt:

(1c) $A(t_A,W)$

(2) $\forall t_0 \forall x(A(t_0,x) \leftrightarrow (B(x,t_0) \wedge \forall t_1(t_1<t_0 \rightarrow \neg B(x,t_1))))$

Aus (1c) und (2) (d.i. (Def Anfang)) folgt nun, daß zu jeder beliebigen Zeit, die früher als t_A ist, die Welt nicht bestanden haben kann. Diese Folgerung soll mit Kants drittem Beweisschritt identifiziert werden, obwohl die Kantische Formulierung von (3) eher an eine Existenz- als an eine All-Aussage denken läßt:

(3) $\forall t_1(t_1<t_A \rightarrow \neg B(W,t_1))$

Da sich der Ausdruck „d.i." in der Kantischen Formulierung von (4) auf dieselben Zeiten bezieht, von denen auch in (3) die Rede ist, soll auch (4) als All-Aussage rekonstruiert werden. Um (4) abzuleiten, muß Kant, wie oben bereits gesagt wurde, davon Gebrauch machen, daß unter der Welt die Gesamtheit der Dinge in Raum und Zeit verstanden wird. Kant gibt die Prämisse, der dieses Verständnis der Welt zugrunde liegt und die er zur Ableitung von (4) herangezogen hat, nicht explizit an. Unter dem Aspekt der Ableitbarkeit von (4) bietet sich als Prämisse aber die Behauptung an, daß die Welt dann zu einer Zeit t_1 besteht, wenn es mindestens ein Ding gibt, das zu t_1 besteht:

(3a) $\forall t_1(\exists x(B(x,t_1)) \rightarrow B(W,t_1))$

Aus (3) und (3a) folgert Kant im vierten Beweisschritt, daß es zu einem Zeitpunkt vor t_A kein Ding gegeben haben kann:

(4) $\forall t_1(t_1<t_A \rightarrow \neg\exists x(B(x,t_1)))$

Während sich die formale Analyse bislang eng am Kantischen Text orientieren konnte, muß nun unabhängig vom Text zugesehen werden, wie die rekonstruierte Behauptung (5a) formal zu analysieren ist und wie sie aus (1)-(4), eventuell mittels weiterer Prämissen, hergeleitet werden kann. Zunächst möchte ich vorschlagen, Kants fünften Beweisschritt unter Verwendung des Symbols „E(x,t)" für „x entsteht zur Zeit t" in folgender Weise zu formalisieren:

(5) $\neg\exists t_1(\neg\exists x(B(x,t_1)) \wedge \exists y(E(y,t_1)))$

Daraus ergibt sich für (5a) die Formalisierung:

(5a) $\exists t_1(\neg\exists x(B(x,t_1)) \wedge \exists y(E(y,t_1)))$

Zur Ableitung von (5a) aus (1)-(4) bedarf es nun schon aus rein formalen Gründen einer Prämisse, die einen Zusammenhang zwischen der Relation des Daseins in der Zeit, der Früher-Relation und der Relation des Entstehens in der Zeit herstellt. Um einen solchen Zusammenhang zwischen den drei genannten Relationen herstellen zu können, der den Übergang zu (5a) ermöglicht, kann die folgende Prämisse ergänzt werden: Wenn ein Ding x einen zeitlichen Anfang t_0 hat, dann gibt es eine Zeit t_1, die früher ist als t_0 und zu der x entstanden ist; formal ausgedrückt:

(4a) $\forall t_0 \forall x(A(t_0,x) \rightarrow \exists t_1(t_1<t_0 \wedge E(x,t_1)))$

Diese Prämisse mag nun *prima facie* kontraintuitiv erscheinen, da man annehmen möchte, daß etwas dann entsteht, wenn es anfängt, dazusein, nicht aber früher. Dabei geht man jedoch von einer Bedeutung des Wortes „entstehen" aus, die keineswegs allen Verwendungsweisen dieses Wortes entspricht. Vielmehr wird das Wort „entstehen" häufig in einer anderen Bedeutung verwendet, welche der Prämisse (4a) den Anschein der Kontraintuitivität nimmt. Diese Verwendungsweise läßt sich an den beiden folgenden Beispielen erläutern und belegen. Erstes Beispiel: An Großbaustellen werden bisweilen bereits zu Beginn der Ausführung des Bauvorhabens, also *vor* der Fertigstellung des geplanten Objekts, Tafeln aufgestellt, auf denen zu lesen ist, daß „hier" das geplante Objekt *entstehe*. Zweites Beispiel: Wissenschaftliche Abhandlungen, in denen die *Entstehung*(sgeschichte) von Staaten, Parteien, biologischen Arten (z.B. Homo sapiens) o.ä. beschrieben wird, setzen keineswegs erst mit Beginn des Daseins des Staates, der Partei oder der biologischen Art ein, sondern behandeln gerade die Prozesse, die zur Konstitution des Staates, zur Gründung der Partei oder zur Etablierung der biologischen Art geführt haben; sie setzen also zu einem Zeitpunkt ein, zu dem es den Staat, die Partei oder die biologische Art noch nicht gab.[151] Wenn man unter dem Entstehen eines Dinges x nicht den bloßen Anfang seines Daseins versteht, sondern den Prozeß, der zum Dasein von x geführt hat, so verliert die Prämisse (4a) den Anschein, kontraintuitiv zu sein. Dafür, daß Kant im vorliegenden Beweis das Wort „entstehen" in dieser Bedeutung verwendet, spricht seine Formulierung des fünften Beweisschrittes. Er

---

[151] Ein gutes Beispiel hierfür bildet Charles Darwins Buch *The Origin of Species*, dessen Titel in der üblichen deutschen Übersetzung lautet: „Über die Entstehung der Arten".

spricht dort von einem Entstehen *in* einer leeren Zeit, nicht aber von einen Entstehen *nach* einer leeren Zeit, was er sonst hätte sagen müssen.

Aus (1c), (4) und (4a) folgt nun:

(5a) $\exists t_1(\neg\exists x(B(x,t_1)) \wedge \exists y(E(y,t_1)))$

Diese Behauptung ist abhängig von den Hypothesen (1) und (1c). Die Hypothese (1c) kann allerdings mittels der Existenzaussage (1b) in zwei Schritten beseitigt werden, so daß (5a) nur noch von (1) abhängig ist.[152]

Da (5a) der Prämisse (5) widerspricht, ist die Hypothese (1) - unter den Prämissen (3a), (4a) und (5) - *ad absurdum* geführt, und es gilt:

(5b) $\neg A_{temp}(W)$

Mit der Voraussetzung $\exists t(B(W,t))$ und mit (Def $\bar{A}_{temp}$) gewinnt Kant daraus im sechsten Beweisschritt:

(6) $\bar{A}_{temp}(W)$

Im letzten Beweisschritt leitet Kant aus (6) die Behauptung ($A_1 1^*$) her. Für diesen Beweisschritt gibt er zwar keine Rechtfertigung an, in der von mir gewählten Kardinalitäts-Interpretation folgt ($A_1 1^*$) jedoch aus (6) zusammen mit den zeitlogischen Prämissen (ZL1) und (ZL2), die bereits in den Beweis der Thesis eingegangen sind.[153]

Der Beweis zeigt also, daß aus ($T_1 1$) zusammen mit (3a), (4a) und (5a) ein Widerspruch folgt. Mithin gilt: Aus (3a), (4a) und (5a) ist $\neg(T_1 1)$ ableitbar. Nimmt man zu den Prämissen dieser Ableitung noch die Voraussetzung $\exists t(B(W,t))$ hinzu, so ist ($A_1 1$) ableitbar. Mittels der zeitlogischen Prämissen (ZL1) und (ZL2) kann aus ($A_1 1$) dann ($A_1 1^*$) abgeleitet werden.[154]

---

[152] Würde man (3) und (4) nicht als All-, sondern als Existenz-Aussagen auffassen, dann wären diese Beweisschritte obsolet. Denn unter dieser Deutung wäre (5a) aus (1c), (4) und (4a) allein gar nicht ableitbar; dazu müßte man vielmehr zusätzlich auf (3a) zurückgreifen, könnte dann allerdings auf (4) verzichten. - Ebenso zeigt sich hier, daß sich die existentiale Form von (5a) aus den in (1b) und (4a) enthaltenen Existenzquantoren ergibt; daher bliebe die in 2.2.1.1. diskutierte existentiale Ergänzung des Definiens von (Def Anfang) beweistechnisch ohne Auswirkung.

[153] Die Unendlichkeit der Menge $\{t | B(W,t)\}$ ergibt sich daraus, daß (6) zusammen mit (ZL1) und (ZL2) nur von unendlichen Mengen erfüllt werden kann; vgl. oben Abschnitt 2.2.1.2. - Hieraus ergibt sich auch ein formaler Beleg dafür, daß in der Behauptung ($A_1 1$) die Behauptung $\exists t(B(W,t))$ enthalten ist und daß die letztere Behauptung im sechsten Beweisschritt als Voraussetzung in den Beweis eingeht. Wäre dies nicht der Fall, so wäre der Übergang zu (6) nicht korrekt.

[154] Eine Zusammenfassung der formalen Rekonstruktion findet sich im Anhang.

2.2.2. Der zweite Teil der ersten Antinomie: die räumliche Ausdehnung der Welt

2.2.2.1. Die logische Struktur der Behauptungen

Der zweite Teil der ersten Antinomie ergibt sich nach Kant nun daraus, daß die Vernunft unter der Voraussetzung des transzendentalen Realismus von der absoluten Vollständigkeit der Zusammensetzung des gegebenen Ganzen aller Dinge (Welt) im Raum ausgeht. Diese absolute Vollständigkeit kann die Vernunft auf zwei einander ausschließende Weisen denken: einerseits als durch eine Weltgrenze (Thesis) andererseits als durch ein unbegrenztes Universum (Antithesis) gegeben.

Wie oben gezeigt wurde, besteht die Formulierung der Thesis der ersten Antinomie aus zwei Sätzen, die durch die Konjunktion „und" miteinander verknüpft sind; der erste dieser Sätze betrifft die zeitliche Ausdehnung der Welt und enthält die Behauptung ($T_1 1$), der zweite aber betrifft in der Hauptsache die räumliche Ausdehnung der Welt.[155] Er lautet:

> „Die Welt [...] ist dem Raum nach [...] in Grenzen eingeschlossen" (A426, B454).

In der Thesis wird demnach behauptet:

($T_1 2$) Die Welt ist dem Raum nach begrenzt.

Die aus zwei Teilsätzen bestehende Antithesis enthält, außer den beiden oben behandelten Behauptungen über die zeitliche Ausdehnung der Welt, zwei Behauptungen über die räumliche Ausdehnung derselben:

> „Die Welt hat [...] keine Grenzen im Raume, sondern ist [...], [...] in Ansehung [...] des Raumes, unendlich" (A427, B455).

Dem bloßen Wortlaut nach ist aber nur der erste Teil dieser Formulierung („Die Welt hat [...] keine Grenzen im Raume") der Behauptung ($T_1 2$) „entgegengesetzt"; der zweite Teil („sondern ist [...], [...] in Ansehung [...] des Raumes, unendlich") hat auf Seiten der Thesis kein explizites Korrelat. Dadurch legt es sich nahe, als zu ($T_1 2$) „entgegengesetzte" Behauptung die Behauptung

($A_1 2$) Die Welt ist dem Raum nach nicht begrenzt

anzusehen und die Behauptung

($A_1 2^*$) Die Welt ist dem Raum nach unendlich

---

[155] Vgl. oben Abschnitt 2.2.1.1.

als einen Zusatz zu betrachten. Im letzten Schritt des Beweises der Antithesis zeigt sich dann auch, daß aus der räumlichen Unbegrenztheit der Welt allererst die unendliche rämliche Ausdehunung *gefolgert* wird.[156] Man kann daher ($A_1 2^*$) als Folgerung aus ($A_1 2$) und das Paar aus ($T_1 2$) und ($A_1 2$) als eigentliches Paar antinomischer Behauptungen annehmen.

Nun gilt nach Kant auch für diesen Teil der ersten Antinomie, daß beide „entgegengesetzte" Behauptungen vom Standpunkt des transzendentalen Idealismus betrachtet falsch sind.[157] Des weiteren dürfte Kant auch die Behauptungen ($T_1 2$) und ($A_1 2$) als singuläre Aussagen über die Welt betrachtet haben. Außerdem hat die Analyse der Kantischen Ausführungen über die auf die räumliche Ausdehnung der Welt bezogenen Beispielsätze „mundus est infinitus" und „mundus est non infinitus" gezeigt, daß die Antithesis zusätzlich zum bloßen Negat der Thesis noch eine weitere Behauptung über die Welt enthält.[158] Sie behauptet nämlich darüber hinaus, daß die Welt überhaupt räumlich ausgedehnt ist, und diese Behauptung stellt daher ein gemeinsames Implikat von Thesis und Antithesis dar.

Somit kann man die für die logische Analyse von ($T_1 1$) und ($A_1 1$) entwickelten Adäquatheitsbedingungen analog auch an die logische Analyse von ($T_1 2$) und ($A_1 2$) stellen:

(1) Die Behauptungen ($T_1 2$) und ($A_1 2$) verhalten sich konträr zueinander.

(2) Sie sind singuläre Urteile über die Welt.

(3) Das Prädikat „ist dem Raum nach nicht begrenzt" ist zusammengesetzt aus (i) dem Negat des Prädikats „ist dem Raum nach begrenzt" und (ii) einem weiteren Prädikat, das eine räumliche Ausgedehntheit überhaupt ausdrückt.

---

[156] „[...] also ist die Welt, dem Raume nach, gar nicht begrenzt, *d.i.* sie ist in Ansehung der Ausdehnung unendlich" (A429, B457; kursiv vom Verf.).

[157] Vgl. *Prolegomena AA* IV;341,13-342,22, *KdrV* A502f., B531f. (in Abschnitt 2.2.1.1. zitiert) und R6419 *AA* XVIII;710,27-711,2.

[158] Vgl. A503f., B531f. und oben Abschnitt 2.2.1.1. - Dagegen versucht S.J.Al-Azm *1972* zu zeigen, daß die Thesis mehr enthält als die Negation der Antithesis; seiner Ansicht nach enthält die Thesis zwei Behauptungen: „the first consits in the negation of the claim of the antithesis to the effect that the world has no limits in space; and the second is the positive claim that the world does have a limit in a specific portion (or magnitude) of space and no other" (S.32f.). Während im „logico-mathematischen Beweis" der Thesis aber nur für die erste der beiden Behauptungen argumentiert werde, müsse zur Etablierung der zweiten vom Prinzip des zureichenden Grundes (in Newtonianischer Interpretation) Gebrauch gemacht werden (vgl. S.33). Soweit ich sehe, weist jedoch weder die Formulierung der Thesis noch der Beweis noch die Anmerkung zur Thesis darauf hin, daß die Thesis überhaupt die zweite der beiden Behauptungen enthält. Diese scheint mir vielmehr von Al-Azm selbst in die Thesis hineingelesen worden zu sein, um im Thesis-Beweis die Position des Newtonianers Clarke wiederfinden und diese alsdann mit der angeblich Leibnizschen Position des Antithesis-Beweises kontrastieren zu können.

Im Gegensatz zum ersten Teil der Antinomie gibt Kant keine Definition der räumlichen Grenze eines Dinges vor.[159] Um die logische Struktur der Behauptungen ($T_1$2) und ($A_1$2) sowie ihrer Beweise analysieren zu können, ist man deshalb darauf angewiesen, sich mit Bezug auf andere Quellen einen Begriff davon zu verschaffen, was es heißt, daß ein Ding dem Raum nach begrenzt ist. Ich möchte hier eine Deutung der räumlichen Begrenztheit eines Dinges vorschlagen, die sich mengentheoretischer Begriffe bedient. Dabei sollen Räume als Mengen aufgefaßt werden, deren Elemente „Punkte" heißen sollen. Diese Auffassung steht nicht im Widerspruch zu Kants Meinung, daß nur Räume *Teile* anderer Räume sein können, nicht aber Punkte.[160] Sie ist vielmehr mit dieser Meinung verträglich, da die Elementschaftsrelation ($\in$), die in der vorgeschlagenen Deutung zwischen einem Punkt und einem Raum, zu dem er gehört, besteht, gerade nicht die formalen Eigenschaften aufweist, die für die Teil-Ganzes-Relation charakteristisch sind.[161] Darüber hinaus weist die Relation des echten Enthaltenseins ($\subset$) einer Menge in einer anderen alle Eigenschaften auf, die zu den Mindestanforderungen an die Teil-Ganzes-Relation gehören.[162]

Mangels entsprechender Anhaltspunkte im Text möchte ich vorschlagen, die Definition der räumlichen Begrenztheit eines Dinges analog zur Definition der zeitlichen Begrenztheit (Def A_{temp}) aufzubauen.[163] Zusätzlich zur bereits erwähnten mengentheoretischen Relation des echten Enthaltenseins möchte ich von einer Relation der räumlichen Ausdehnung eines Dinges Gebrauch machen, die ich durch „C(x,V)" bezeichnen möchte („x" steht dabei stellvertretend für raum-zeitliche Dinge, „V" für Räume). Diese Relation soll genau dann zwischen einem Ding x und

---

[159] In den *Prolegomena* findet sich lediglich die folgende Unterscheidung zwischen *Grenzen* und *Schranken*: „Grenzen (bei ausgedehnten Wesen) setzen immer einen Raum voraus, der außerhalb einem gewissen Platze angetroffen wird und ihn einschließt; Schranken bedürfen dergleichen nicht, sondern sind bloße Verneinungen" (*AA* IV;352,21-24); vgl. dazu auch *Metaphysik Dohna AA* XXVIII;644,5-13. Die *Metaphysik L_2* fügt dieser Unterscheidung einige geometrische Erklärungen hinzu: „Mit dem Begriffe der Schranken [...] ist verwandt der Begriff der G r e n z e n, der ein mathematischer Begriff ist; so wie der Begriff der Unendlichkeit. [...] Der Begriff der Grenze gehört nur zu den phaenomenis, aber der der Schranken zu den noumenis. Der körperliche Raum hat zur Grenze die Fläche, der Flächenraum die Linie, und die Linie den Punkt" (a.a.O.;570,28-36).

[160] So heißt es in *KdrV* A439, B467, der mathematische Punkt sei zwar „einfach, aber kein Teil, sondern bloß die Grenze des Raumes"; vgl. auch R4756 *AA* XVII;699,19f. und *Metaphysik L_2 AA* XXVIII;570,36-38. - Gegen diese Ansicht Kants wendet sich übrigens B.Bolzano in seiner Kritik am Beweis der Antithesis der zweiten Antinomie; vgl. *Wissenschaftslehre* III §315,7.

[161] So ist die Elementschaftsrelation z.B. nicht transitiv, was man in jedem extensionalen mereologischen System von der Teil-Ganzes-Relation fordert.

[162] Es sind dies die Eigenschaften der Asymmetrie, der Wohlunterschiedenheit und die bereits erwähnte Eigenschaft der Transitivität; vgl. P.Simons *1987*, S.26-37.

[163] Eine Rechtfertigung für diese Rekonstruktion findet sich z. B. in *Metaphysik L_2*: „Der A u g e n b l i c k ist die *Grenze* der Zeit; er ist das, was das positum determiniert. Er ist das, was der P u n k t im Raum ist; daher man ihn auch Zeitpunkt nennt" (*AA* XXVIII;570,6-8; kursiv vom Verf.).

einem Raum V bestehen, wenn x *mindestens* den Raum V *vollständig* ausfüllt. D.h. x kann einen umfassenderen Raum V', in dem V enthalten ist ausfüllen, darf aber keinen Teilraum V" von V unausgefüllt lassen. Unter diesen Voraussetzungen kann die räumliche Begrenztheit eines Dinges auf folgende Weise definiert werden: Ein Ding x ist dem Raum nach dann und nur dann begrenzt (abgekürzt: $L_{spat}(x)$), wenn es einen Raum V gibt, den x *genau* ausfüllt; formal ausgedrückt:

(Def L_{spat}) $L_{spat}(x) =_{Df} \exists V_1(C(x,V_1) \wedge \forall V_2(V_1 \subset V_2 \rightarrow \neg C(x,V_2)))$.

Unabhängig von Kants Argumentation und von der Analogie zur Definition der *zeitlichen* Begrenztheit (Def A_{temp}) mag nun zwar die Definition

$$L_{spat}(x) = \exists V_1(C(x,V_1) \wedge \exists V_2(V_1 \subset V_2 \wedge \neg C(x,V_2)))$$

intuitiv plausibler erscheinen, sie führt aber zu diversen technischen Schwierigkeiten in der Rekonstruktion der Beweise der antinomischen Behauptungen. Schon Kants zweiter Schritt im Beweis von ($T_1$2) läßt sich, wie man mithilfe der im nachfolgenden Abschnitt angegebenen Rekonstruktion leicht nachprüfen kann, unter dieser Definition nicht mehr adäquat nachvollziehen. Um nun nicht nur der Analogie mit (Def A_{temp}) zu folgen, sondern (Def L_{spat}) auch dem intuitiven Vorverständnis von der räumlichen Begrenztheit eines Dinges näherzubringen, möchte ich jedoch bereits an dieser Stelle eine notwendige Bedingung an erfüllte Räume einführen, von der Kant in den Beweisen von ($T_1$2) und ($A_1$2) Gebrauch macht[164]: Wenn ein Raum V von einem Ding x ausgefüllt wird, dann muß der Raum V mindestens einen Punkt enthalten und ein echter Teilraum des *einen*, allen Räumen zugrunde liegenden Raums sein, den ich im folgenden mit „V^*" bezeichnen möchte und über dessen ontologischen Status hier zunächst nichts weiter vorausgesetzt werden soll.[165] Ich

---

[164] Vgl. unten Abschnitte 2.2.2.2. und 2.2.2.3.

[165] Für die Gültigkeit dieser notwendigen Bedingung an erfüllte Räume ist es im übrigen ohne Belang, ob man V^* als absoluten Raum im Sinne Newtons oder als bloße Anschauungsform im Sinne des transzendentalen Idealismus auffaßt. Noch im Jahre 1768 behauptete Kant in der Schrift *Von dem ersten Grunde des Unterschieds der Gegenden im Raume*, in der er zeigen wollte, „daß der absolute Raum unabhängig von dem Dasein aller Materie [...] eine eigene Realität habe" (*AA* II;378,9-11), der absolute Raum sei „eine Einheit, wovon jede Ausdehnung [von Materie] wie ein Teil angesehen werden muß" (a.a.O.;378,3f.). - In der Dissertation von 1770, in der Kant erstmalig seine neue, transzendental-idealistische Raum-Zeit-Lehre vertritt, heißt es dann: „Nam, nonnisi dato infinito tam spatio quam tempore, spatium et tempus quodlibet definitum limitando est assignabile, et tam punctum quam momentum per se cogitari non possunt, sed non concipiuntur nisi in dato iam spatio et tempore, tanquam horum termini" (*AA* II;405,18-22). Entsprechend liest man in *KdrV* A24f., B39: „*Der* Raum [...] ist wesentlich einig, das Mannigfaltige in ihm, mithin auch der allgemeine Begriff von Räumen überhaupt, beruht lediglich auf Einschränkungen [sc. *des* Raums, Verf.]" (kursiv vom Verf.). - Vgl. auch R4071: „Der Raum ist nichts wirkliches, sondern eine Möglichkeit, die ihren Grund in etwas wirklichem hat. [...] Man kann sich keinen Raum [...] denken, ohne einen äusseren Raum, der ihn umgiebt, und also keinen Raum ohne in dem Ganzen enthalten. Imgleichen keine zwei Räume ohne eine bestimmte Entfernung und Lage gegen einander" (*AA* XVII;404,9-18); E.Adickes datiert diese Reflexion auf das Jahr 1769.

möchte diese notwendige Bedingung als implizite Voraussetzung der weiteren Argumentation auffassen und den zeitlogischen Bedingungen (ZL1), (ZL2) und (ZL3) gleichstellen[166]; in formaler Notation lautet sie:

(CV1) $\forall V_1(\exists x(C(x,V_1)) \rightarrow V_1 \neq \emptyset \wedge V_1 \subset V^*)$

Aus (CV1) ergibt sich, daß ein Ding x im Sinne von (Def L_{spat}) genau dann räumlich begrenzt ist, wenn es einen *echten Teilraum* V_1 *von* V^* gibt, den x genau ausfüllt - formal ausgedrückt:

$$\forall x(L_{spat}(x) \leftrightarrow \exists V_1 \subset V^*(C(x,V_1) \wedge \forall V_2(V_1 \subset V_2 \rightarrow \neg C(x,V_2))))$$

Die in dieser Formel enthaltene notwendige und hinreichende Bedingung für die räumliche Begrenztheit eines Dinges ist eine Verschärfung des Definiens von (Def L_{spat}) und dürfte sowohl dem intuitiven Vorverständnis von räumlicher Begrenztheit *in dem einen Raum* V^* als auch Kants Ausführungen über den Begriff der Grenze im Raum besser entsprechen als (Def L_{spat}) selbst.[167] Da aber unabhängig von (Def L_{spat}) auf (CV1) in den Beweisen von ($T_1$2) und ($A_1$2) Bezug genommen werden muß und da die oben angeführte Verschärfung von (Def L_{spat}) unter der Voraussetzung (CV1) mit (Def L_{spat}) äquivalent ist, muß die Bedingung $V_1 \subset V^*$ nicht eigens in (Def L_{spat}) aufgenommen werden. Außerdem würde sonst bereits aus der Definition der räumlichen Begrenztheit folgen, daß V^* nicht von einem Ding (z.B. dem Universum) ausgefüllt werden kann.

Entsprechend der Adäquatheitsbedingung (3) ist das Prädikat „ist dem Raum nach nicht begrenzt“ (abgekürzt: $\bar{L}_{spat}(x)$) dann folgendermaßen zu definieren:

(Def $\bar{L}_{spat}$) $\bar{L}_{spat}(x) =_{Df} \exists V(C(x,V)) \wedge \neg L_{spat}(x)$.

Daraus ergibt sich die folgende Formalisierung der antinomischen Behauptungen:

($T_1$2) $L_{spat}(W)$,

($A_1$2) $\bar{L}_{spat}(W)$.

Der vorangehenden formalen Analyse zufolge sind ($T_1$2) und ($A_1$2) singuläre, sich zueinander konträr verhaltende Urteile. Jede der beiden Behauptungen impliziert *syntaktisch* die räumliche Ausgedehntheit der Welt überhaupt - formal ausgedrückt: $\exists V(C(W,V))$.

---

[166] Vgl. oben Abschnitt 2.2.1.3.

[167] Vgl. die in Fußnote 159 zitierte Textstelle aus den *Prolegomena* (*AA* IV;352,21-24).

Die hauptsächliche Schwierigkeit in der Interpretation von ($A_1 2^*$) besteht wiederum darin, zu entscheiden, was Kant unter der räumlichen Unendlichkeit der Welt verstanden hat. Ebenso wie im Falle von ($A_1 1^*$) drängt sich auch hier eine metrische Interpretation auf, die dann aber unausweichlich zu der Feststellung führen muß, daß ($A_1 2^*$) nicht aus ($A_1 2$) folgt, obwohl Kant dies behauptet.[168] Eine Entscheidung für eine Kardinalitäts-Interpretation ermöglicht es hingegen, auch den Beweisschritt von ($A_1 2$) zu ($A_1 2^*$) als logisch korrekt zu rekonstruieren. Dieser Inter pretation zufolge würde ($A_1 2^*$) dann behaupten, daß bestimmte Partitionen des Weltraums zu einer unendlichen Anzahl disjunkter Räume führen - formal ausgedrückt:

($A_1 2^*$) $\exists \mathscr{F} \subseteq Pot(V^*)(\mathscr{F}$ ist eine unendliche Menge disjunkter Mengen $\wedge\ C(W, \bigcup_{V \in \mathscr{F}} V))$

Obwohl es auch im Falle von ($A_1 2^*$) möglich ist, daß Kant fälschlicherweise geglaubt hat, daß aus ($A_1 2$) die Unendlichkeit des Weltraums in Bezug auf eine Metrik für diesen Raum folgt, möchte ich mich auch in diesem Falle für eine Kardinalitäts-Interpretation entscheiden, um den Beweis zumindest als *logisch korrekt* rekonstruieren zu können.

2.2.2.2. Der Beweis der Thesis

Kant beginnt den indirekten Beweis von ($T_1 2$) mit der nur angedeuteten, nicht aber ausformulierten Annahme des Negats von ($T_1 2$):

(1) „In Ansehung des z w e i t e n [sc. zu beweisenden Arguments der Thesis, Verf.] nehme man wiederum das Gegenteil an" (A426, B454).

Es wird demnach angenommen, daß es nicht der Fall sei, daß die Welt dem Raum nach begrenzt ist; diese Annahme soll dann *ad absurdum* geführt werden.

Kant geht von (1) sogleich zu einer Behauptung über die „Größe" der Welt über:

(2) „*so* wird die Welt ein unendliches gegebenes Ganzes[169] von zugleich existierenden Dingen sein" (ibid.; kursiv vom Verf.).[170]

---

[168] Vgl. oben Abschnitt 2.2.1.1.

[169] In der A-Auflage der *KdrV* heißt es: „Ganze"; vgl. dazu die Ausgabe von R.Schmidt, S454.

[170] S.J.Al-Azm *1972*,S.9, und H.Wessel *1976*,S.206, übersehen, daß dieser Beweisschritt bereits eine Folgerung aus der (zu widerlegenden) Annahme und nicht die Annahme selbst darstellt. Dagegen nehmen P.Mittelstaedt/I.Strohmeyer *1990* zwar eine korrekte Unterscheidung zwischen diesem Beweisschritt und der Annahme vor, sie gehen jedoch davon aus, daß Kant im ersten Beweisschritt nicht die Unbegrenzt-

Läßt man in dieser Formulierung das Wort „unendliches" wegfallen, so erhält man eine Abschwächung der von Kant modifizierten traditionellen Definition der Welt: Die Welt ist ein „Ganzes" aller zugleich existierenden Dinge.[171] Die interessante Bestimmung, die hier als eine Konsequenz aus der Annahme (1) hinzukommt, ist also eine Größenbestimmung der Welt: Die Welt ist hinsichtlich der Anzahl der zu ihr gehörenden Dinge *unendlich*. Mit dem Ausdruck „Dinge[n]" dürften allerdings nicht notwendig *klassifizierte* Gegenstände, wie Bäume, Menschen, Steine o.ä., gemeint sein, sondern, wie Kant im unmittelbar darauffolgenden Satz andeutet, „Teile" der materiellen Welt als „gegebenes Ganzes", also Materieteile. Diese sind (nach Meinung der Tradition) im Raum ausgedehnt[172], so daß verständlich wird, in welchem inhaltlichen Zusammenhang (2) zu (1) steht: Da die Welt dem Raum nach nicht begrenzt ist, gibt es zu jedem Raum V, den die Welt ausfüllt, einen größeren Raum V′, den sie ebenfalls ausfüllt, und somit auch einen materiellen Teil der Welt, der den Differenzraum V′-V ausfüllt; folglich gibt es unendlich viele materielle Teile der Welt.

Es dürfte unzweifelhaft sein, daß Kant mit seinem zweiten Beweisschritt lediglich eine Aussage über die Anzahl der materiellen Teile der Welt im Sinn hatte, so daß hier eine metrische Interpretation der Unendlichkeitsbehauptung weder nötig noch gerechtfertigt erscheint. Dennoch müssen, wie die formale Analyse zeigen wird, einige Zwischenschritte und Prämissen eingefügt werden, die Kant unerwähnt läßt, um von (1) zu (2) logisch korrekt übergehen zu können. Dazu gehören zum einen die Anwendung der Definition (Def L_{spat}) und zum anderen die Voraussetzung, daß die Welt überhaupt eine räumliche Ausdehnung hat. Nachdem Kant aus der Annahme (1) im zweiten Schritt des Beweises eine Größenbestimmung der Welt gewonnen hat, führt er im dritten Schritt eine Prämisse ein, die eine Aussage darüber macht, wie die „Größe" eines „Ganzen", das „nicht innerhalb gewisser Grenzen jeder Anschauung gegeben wird", überhaupt bestimmt und das „Ganze" selbst somit überhaupt erst als Gegenstand gedacht werden kann:

---

heit, sondern die Unendlichkeit der Welt annimmt (vgl. S.155), was aber nicht mit dem Wortlaut der zu beweisenden Behauptung übereinstimmt.

[171] Vgl. oben Abschnitt 1.4.

[172] So heißt es z.B. in A.G.Baumgartens *Metaphysica*, §241: „In quo spatium est, EXTENSUM est, et spatium vel locum replere (esse in spatio, vel loco, repletive scilicet) dicitur" (*AA* XVII;79,26f.), und §295: „Extensum, cui vis inertiae tribuitur, est MATERIA" (a.a.O.;92,12).

(3) „Nun können wir die Größe eines Quanti, welches nicht innerhalb gewisser[173] Grenzen jeder Anschauung gegeben wird, auf keine andere Art, als nur durch die Synthesis der *Teile*, und die Totalität eines solchen Quanti nur durch die vollendete Synthesis, oder durch wiederholte Hinzusetzung der Einheit zu sich selbst, gedenken" (A426-8, B454-6; kursiv vom Verf.).

Der erste der beiden durch „und" verbundenen Teilsätze drückt eine allgemeine Bedingung aus, unter der die menschliche Erkenntnis steht: Die „Größe" (*Quantität!*) eines nicht in irgendeiner einzelnen Anschauung gegebenen „Ganzen" von Dingen ist nur durch eine Synthesis der Teile des „Ganzen" durch den Verstand bestimmbar. Der zweite Teilsatz spezifiziert diese Bedingung für den Fall, daß das „Ganze" nicht nur als *Einheit* oder als *Vielheit*, sondern als *Allheit* gedacht werden soll: Insbesondere läßt sich ein solches „Ganzes" nur dann in seiner „Totalität", d.h. unter der Verstandeskategorie der *Allheit*, denken, wenn die Synthesisleistung des Verstandes vollendet ist, wenn also *alle* Teile des „Ganzen" erfaßt sind.[174] Nur diese speziellere Bedingung ist für die weitere Argumentation relevant. Die Prämisse, die Kant hier anführt, besagt also, daß die Bestimmung der Anzahl *aller* Teile eines „Ganzen", das nicht in einer Anschauung gegeben ist, und die damit einhergehende Konstitution des „Ganzen" als Objekt nur durch die vollständige Synthesis, d.h. durch vollständige „Durchzählung"[175], aller Teile des „Ganzen" möglich ist.[176] Unter der zusätzlichen, von Kant an dieser Stelle nicht genannten Prämisse, daß die Welt als Ganzes nicht anschaulich gegeben ist, folgt aus dem zweiten Beweisschritt zusammen mit der Prämisse (3), daß die unendlich vielen materiellen Teile der Welt vollständig-sukzessiv-synthetisierbar, d.h. hier: vollständig abzählbar, sind. Dies ist dann auch Kants vierter Beweisschritt:

---

[173] In der A-Auflage: „gewissen"; vgl. die Ausgabe von R.Schmidt, S.454.

[174] In der Anmerkung zur Thesis wiederholt Kant diese Bedingung mit den Worten: „Allein, um die Totalität einer solchen Menge zu denken, da wir uns nicht auf Grenzen berufen können, welche diese Totalität von selbst in der Anschauung ausmachen, müssen wir von unserem Begriffe Rechenschaft geben, der in solchem Falle nicht vom Ganzen zu der bestimmten Menge der Teile gehen kann, sondern die Möglichkeit eines Ganzen durch die sukzessive Synthesis der Teile dartun muß" (A432, B460). - Wie Kant in einer Fußnote zum ersten der beiden Teilsätze von (3) ausführt, können wir dagegen „ein unbestimmtes Quantum als ein Ganzes anschauen, wenn es in Grenzen eingeschlossen ist, ohne die Totalität desselben durch Messung, d.i. die sukzessive Synthesis seiner Teile, konstruieren zu dürfen [gemeint ist: müssen]. Denn die Grenzen bestimmen schon die Vollständigkeit, indem sie alles Mehreres [in der A-Auflage: „Mehrere"; vgl. die Ausgabe von R.Schmidt, S.454] abschneiden" (A426, B456-8).

[175] Vgl. unten Kants fünften Beweisschritt

[176] Es geht also in (3) nicht nur um die Konstitution eines Objekts durch eine Synthesisleistung des Verstandes, sondern um die Konstitution eines Objekts durch eine *bestimmte Art* von Synthesis, aus der sich zugleich eine Größenbestimmung des Objekts ergibt; dies scheinen P.Mittelstaedt/I.Strohmeyer *1990* außer Acht zu lassen; vgl. a.a.O., S.155.

(4) „Demnach, um sich die Welt, *die alle Räume erfüllt*[177], als ein Ganzes zu denken, müßte die sukzessive Synthesis der Teile einer unendlichen Welt als vollendet angesehen [...] werden" (A428, B456; kursiv vom Verf.).

Nun ist Zählen ein Prozeß in der Zeit, und eine unendliche Gesamtheit kann nicht in einer nur endlich *langen* Zeitspanne abgezählt werden. Mittels dieser Prämisse, die Kant ebenfalls unerwähnt läßt, folgert er aus (4) dann im fünften Beweisschritt, daß es möglich sein müßte, daß eine unendlich *lange* Zeit im Durchzählen der Teile der Welt abgelaufen ist:

(5) „d.i. eine unendliche Zeit müßte, in der *Durchzählung* aller koexistierenden Dinge, als abgelaufen angesehen werden" (ibid.; kursiv vom Verf.).

Im sechsten Schritt vollendet Kant dann die *Reductio ad absurdum* der Annahme (1), indem er als Prämisse das kontradiktorische Gegenteil von (5) in den Beweis einführt:

(6) „welches unmöglich ist" (ibid.).[178]

Die Aussage (6) enthält nur dann eine wahre Behauptung, wenn man sie auf eine Metrik für die Zeit bezieht: Es ist nicht möglich, daß während eines Zählprozesses eine unendlich *lange* Zeit abgelaufen ist. Dagegen ist es immer möglich, daß in einem Zählprozess - und sei es nur bis Zwei - eine unendliche *Anzahl von Zeitpunkten* verstrichen ist. Da nun (6) das Negat von (5) ist, muß auch die Unendlichkeitsbehauptung in (5) auf eine Metrik bezogen werden, und da die in (5) behauptete Unendlichkeit der abgelaufenen Zeit über die erwähnte (versteckte) Prämisse in den Beweis einfließt, gilt das auch für diese Prämisse. Im Übergang von (4) zu (5) liegt aber *kein* inkorrekter Schluß von der unendlichen Kardinalität einer Menge auf die Unendlichkeit dieser Menge bezogen auf eine Metrik vor, da der Zusammenhang zwischen der hinsichtlich der *Anzahl* ihrer Teile unendlichen Welt und der Tatsache, daß man unendlich *lange* zählen müßte, um alle Teile der Welt zu erfassen, - auf *logisch korrekte* Weise - durch die zu ergänzende Prämisse hergestellt wird.

Die restlichen Sätze des Beweistextes beinhalten lediglich einen kurzen, rekapitulierenden Kommentar zur Beweisidee und eine Formulierung des

---

[177] Der Relativsatz weist nochmals deutlich auf den inhaltlichen Zusammenhang der Beweisschritte (1) und (2) hin: Die unendliche Anzahl der materiellen Teile der Welt folgt daraus, daß es unendlich viele Räume gibt, die von materiellen Teilen der Welt ausgefüllt werden (vgl. oben).

[178] Auch an dieser Stelle möchte ich den Ausdruck „... unmöglich ist" nicht als negierten Möglichkeitsoperator, sondern als negierten Existenzquantor auffassen, wodurch die logische Korrektheit des Beweises nicht beeinflußt, die formale Rekonstruktion aber vereinfacht wird.

Beweisresultats; sie können daher zu einem Beweisschritt zusammengefaßt werden[179]:

(7) „Demnach kann ein unendliches Aggregat wirklicher Dinge, nicht als ein gegebenes Ganzes[180], mithin auch nicht als z u g l e i c h gegeben, angesehen werden. Eine Welt ist folglich, der Ausdehnung im Raume nach, n i c h t u n e n d l i c h, sondern in ihren Grenzen eingeschlossen, welches das zweite war" (ibid.).

In der formalen Analyse des Beweises ergibt sich die Form der zu widerlegenden Annahme aus der Form der Behauptung ($T_1$2) und aus der Form des indirekten Beweises:

(1) $\neg L_{spat}(W)$

Wie bereits ausgeführt wurde, liegt dem Übergang von (1) zu (2) offenbar die folgende Überlegung zugrunde: Wenn die Welt dem Raum nach nicht begrenzt ist, dann gibt es zu jedem Raum V, den die Welt ausfüllt, einen umfassenderen Raum V', den die Welt ebenfalls ausfüllt. Mithin füllt die Welt unendlich viele ineinander geschachtelte Räume aus, folglich auch unendlich viele disjunkte Differenzräume V'-V. Da disjunkte Räume nur von zusammenhangslosen[181] materiellen Teilen der Welt ausgefüllt werden können, ist die Welt, „die alle Räume erfüllt" (vgl. Kants vierten Beweisschritt), ein „Ganzes" aus unendlich vielen zusammenhangslosen materiellen Teilen („Dingen").

Es soll nun versucht werden, diesen inhaltlichen Zusammenhang formal zu rekonstruieren. Es wird sich zeigen, daß dazu eine größere Anzahl von Zwischenschritten und Prämissen erforderlich sind, die Kant im Beweis ausläßt. Zunächst kann (Def L_{spat}) in die Annahme (1) eingesetzt werden:

(1a) $\forall x(L_{spat}(x) \leftrightarrow \exists V_1(C(x,V_1) \wedge \forall V_2(V_1 \subset V_2 \rightarrow \neg C(x,V_2))))$

---

[179] Eine ähnliche Figur findet sich auch im Beweis der Behauptung ($A_1$1): Auch dort geht der abschließenden Formulierung des Beweisresultats ein kurzer, rekapitulierender Kommentar der Beweisidee voraus (vgl. oben Abschnitt 2.2.1.3.).

[180] Die A-Auflage hat wiederum „Ganze" statt „Ganzes"; vgl. die Ausgabe von R.Schmidt, S.455.

[181] In Anlehnung an P.Simons' Begriff „disjointness" möchte ich zwei Individuen x,y im mereologischen Sinne als *zusammenhangslos* bezeichnen, wenn keines von beiden ein echter Teil des anderen ist und es kein z gibt, das sowohl ein echter Teil von x als auch ein echter Teil von y ist; vgl. Simons *1987*, S.13.

Zusammen mit der Voraussetzung (CV1) fogt aus (1) und (1a) dann, daß es zu jedem von der Welt ausgefüllten Raum einen umfaßenderen Raum gibt, der ebenfalls von ihr ausgefüllt wird:

(1b) $\forall V_1 \subset V^*(C(W,V_1) \rightarrow \exists V_2 \subset V^*(V_1 \subset V_2 \wedge C(W,V_2)))$

Aus (1b) folgt nun weiter, daß es zu jedem Raum V_1, den die Welt ausfüllt, eine unendliche Kette von Räumen gibt, die (i) mittels der Relation des echten Enthaltenseins ineinander geschachtelt sind, (ii) Teilräume des *einen* Raums V^* sind, (iii) von der Welt ausgefüllt werden, und (iv) deren kleinstes Element V_1 ist:

(1c) $\forall V_1 \subset V^*(C(W,V_1) \rightarrow \exists \mathscr{E} \subseteq Pot(V^*)(\langle \mathscr{E}, \subset \rangle$ ist eine unendliche Kette $\wedge\ V_1 \in \mathscr{E} \wedge \forall V_2 \in \mathscr{E}(C(W,V_2) \wedge V_1 \subseteq V_2)))$

Wenn eine solche Kette $\mathscr{E}$ existiert, so kann man zu $\mathscr{E}$ eine unendliche Menge $\mathscr{F}$ von disjunkten Teilmengen von V^* konstruieren, die das kleinste Element V_1 aus $\mathscr{E}$ und alle voneinander disjunkten Differenzmengen von Mengen aus $\mathscr{E}$ enthält: Zunächst bildet man die Menge $M=\{X-Y \neq \emptyset | X \in \mathscr{E} \wedge Y \in \mathscr{E}\} \cup \{V_1\}$, dann die Menge $\mathscr{F}=\{X \in M | \neg \exists Y \in M: Y \subset X\}$. Wenn $\mathscr{E}$ existiert, existiert auch $\mathscr{F}$. Daß $\mathscr{F}$ unendlich ist, kann man zeigen, indem man eine injektive Funktion f von $\mathscr{E}$ nach $\mathscr{F}$ angibt[182]:

$$f: \mathscr{E} \mapsto \mathscr{F} \quad \text{mit } f(V)=V - \bigcup_{\substack{V' \in \mathscr{E} \\ V' \subset V}} V' \text{ für } V \in \mathscr{E}.$$

Um nun die Welt als ein „Ganzes" aus unendlich vielen, zusammenhangslosen materiellen Teilen zu erweisen, müssen den (disjunkten) Elementen von $\mathscr{F}$ allerdings zusammenhangslose Teile der Welt so zugeordnet werden, daß sich die Unendlichkeit von $\mathscr{F}$ auf die Menge der zusammenhangslosen Weltteile überträgt. Dies kann man erreichen, indem man zunächst in einer Prämisse fordert, daß jeder nicht-leere echte Teilraum V_2 eines Raums V_1, den ein Ding x ausfüllt, von einem echten Teil y von x *genau* ausgefüllt wird. Symbolisiert man die Teil-Ganzes-Relation durch „$x \prec y$" (lies: x ist ein *echter* Teil von y)[183], dann lautet diese Prämisse in formaler Schreibweise:

---

[182] Der Beweis dafür, daß f eine injektive Funktion ist, ist trivial; ich möchte deshalb hier darauf verzichten.

[183] Die Relation des *echten* Teils soll hier als Grundbegriff dienen. Mittels dieses Grundbegriffs kann man eine schwächere Teil-Ganzes-Relation wie folgt definieren: $x \preceq y =_{Df} x \prec y \vee x=y$. Auf der Basis dieser schwächeren Teil-Ganzes-Relation kann man dann den (oben eingeführten) Begriff der Zusammenhangslosigkeit präzisieren: x und y sind genau dann zusammenhangslos, wenn es kein z gibt mit $z \preceq x \wedge z \preceq y$.

(1d) $\forall x \forall V_1(C(x,V_1) \rightarrow \forall V_2{\neq}\emptyset(V_2 \subset V_1 \rightarrow \exists y(y \prec x \wedge C(y,V_2) \wedge \forall V_3(V_2 \subset V_3 \rightarrow \neg C(y,V_3))))))$

Aus (1c) und (1d) folgt, daß es zu jedem Raum, den die Welt ausfüllt, eine diesen Raum enthaltende Menge disjunkter Räume gibt, die jeweils von einem echten Teil der Welt genau ausgefüllt werden:

(1e) $\forall V_1 \subset V^*(C(W,V_1) \rightarrow \exists \mathscr{F} \subseteq Pot(V^*)(\mathscr{F}$ ist eine unendliche Menge disjunkter Mengen $\wedge\ V_1 \in \mathscr{F} \wedge \forall V_2 \in \mathscr{F}\ \exists y(y \prec W \wedge C(y,V_2) \wedge \forall V_3(V_2 \subset V_3 \rightarrow \neg C(y,V_3))))))$

Nach (1e) wird also jeder der in $\mathscr{F}$ enthaltenen disjunkten Räume von einem echten Teil der Welt genau ausgefüllt. - Damit ist jedoch das Ziel, die Unendlichkeit von der Anzahl der in $\mathscr{F}$ enthaltenen Räume auf die Anzahl der zusammenhangslosen Teile der Welt zu übertragen, noch nicht erreicht. Denn (1e) läßt sowohl die Möglichkeit offen, daß mehrere Räume aus $\mathscr{F}$ von demselben Weltteil ausgefüllt werden, als auch die Möglichkeit, daß zwischen den Teilen der Welt, die die in $\mathscr{F}$ enthaltenen Räume ausfüllen, wiederum Teil-Relationen bestehen. Um diese Möglichkeit auszuschließen, soll zusätzlich die Prämisse eingeführt werden, daß zwei Dinge x,y, welche disjunkte Räume jeweils genau ausfüllen, zusammenhangslos sind:

(1f) $\forall x,y \forall V_1,V_2(C(x,V_1) \wedge \forall V_3(V_1 \subset V_3 \rightarrow \neg C(x,V_3)) \wedge C(y,V_2) \wedge \forall V_4(V_2 \subset V_4 \rightarrow \neg C(y,V_4)) \wedge V_1 \cap V_2 = \emptyset \rightarrow \neg \exists z(z \leq x \wedge z \leq y))$

Diese Prämisse ist auf dem Boden der klassischen Physik und der traditionellen Metaphysik ein überaus plausibles Argument, das sich auf die Unmöglichkeit der Bilokation zurückführen läßt: Wenn zwei Teilräume disjunkter Räume V_1 und V_2 aus $\mathscr{F}$ von einem Weltteil z genau ausgefüllt werden könnten, so könnte dieses z zur selben Zeit an verschiedenen Orten sein, was nach traditioneller Auffassung unmöglich ist.[184]

Aus (1e) und (1f) folgt dann, daß die Welt, wenn sie überhaupt einen Teilraum des *einen* Raums V^* ausfüllt, aus unendlich vielen, zusammenhangslosen Teilen besteht:

(1g) $\exists V_1 \subset V^*(C(W,V_1)) \rightarrow \exists T(T$ ist eine unendliche Menge $\wedge\ \forall x \in T(x \prec W \wedge \forall y \in T\ (\exists z(z \leq x \wedge z \leq y) \rightarrow x=y))$

[184] So hat Kant in R4673 notiert: „Verschiedene Dinge sind in Verschiedenen Orten und umgekehrt: die Verschiedenheit der Orter beweiset Die Verschiedenheit der Dinge (ist schon ein Satz, der den empirischen Verstand angeht)" (*AA* XVII;642,23-25); vgl. auch R4509 a.a.O.;577,19f., und R5909 *AA* XVIII;381,27-29.

Mit der zentralen Voraussetzung, daß die Welt überhaupt eine räumliche Ausdehnung hat - formal: $\exists V(C(W,V))$ -, und (CV1) folgt daraus, daß es eine unendliche Menge von zusammenhangslosen (materiellen) Weltteilen gibt:

(1h) $\exists T(T \text{ ist eine unendliche Menge} \wedge \forall x \in T(x \prec W \wedge \forall y \in T(\exists z(z \leq x \wedge z \leq y) \rightarrow x=y))$

Um nun die Behauptung des zweiten Kantischen Beweisschritts, daß die Welt „ein unendliches gegebenes *Ganzes* von zugleich existierenden Dingen" (kursiv vom Verf.) sei, formal in angemessener Weise rekonstruieren zu können, muß erstens berücksichtigt werden, daß eine Menge T_0, wie sie nach (1h) existiert, zwar unendlich viele, aber nicht notwendigerweise hinreichend viele Weltteile enthalten muß, um die Welt daraus zusammensetzen zu können; Kant spricht in (2) aber von der Welt als „Ganzer". Zweitens ist zu beachten, daß in Kants zweitem Beweisschritt der Sache nach einerseits eine Aussage über die „Quantität" einer bestimmten *Menge* von Weltteilen und andererseits die Behauptung enthalten ist, daß das „Ganze" aus diesen Teilen mit der Welt identisch ist. Die Welt darf hier nicht mit einer bloßen Menge ihrer Teile identifiziert werden, da sonst die Antecedenz des dritten Kantischen Beweisschritts trivialerweise erfüllt wäre: Mengen sind als abstrakte Gegenstände nie anschaulich gegeben.[185]

Um über eine hinreichend große Menge von Weltteilen zu verfügen, sei folgende Definition ergänzt:

(1i) Sei T_0 eine unendliche Menge für die gilt: $\forall x \in T_0(x \prec W \wedge \forall y \in T_0(\exists z(z \leq x \wedge z \leq y) \rightarrow x=y))$. Dann sei: $W_0 =_{Df} T_0 \cup \{x | x \prec W \wedge x \notin T_0\}$

Nach (1h) existiert eine solche Menge W_0, die per definitionem alle Teile der Welt enthält und (als Obermenge einer unendlichen Menge) unendlich ist. Um des weiteren eine Aussage über ein aus den Elementen einer solchen Menge gebildetes „Ganzes" machen zu können, soll ein mereologischer Operator σ eingeführt werden, der einer Gesamtheit von Dingen, die eine Eigenschaft F aufweisen, das „Ganze" $\sigma x(F(x))$ dieser F-Dinge zuordnet. Der σ-Operator wird in mereologischen Systemen durch bestimmte Axiome charakterisiert; nimmt man nun das folgende Theorem:

(SCT64) $\exists x(x \prec y) \rightarrow y = \sigma x(x \prec y)$

[185] Die Antecedenz des dritten Kantischen Beweisschritts ist die Aussage: „Wenn ein Quantum nicht in irgendeiner einheitlichen Anschauung gegeben ist".

hinzu[186]. dann folgt aus (1h) und (1i) eine Aussage, die ich als Formalisierung des zweiten Kantischen Beweisschritts bezeichnen möchte:

(2) $\exists W_1(W_1$ ist eine unendliche Menge $\wedge\ \sigma x(x \in W_1)=W)$

Im dritten Beweisschritt führt Kant dann die Prämisse ein:

(3) $\forall \mathcal{F}(\neg$Anschaulich-gegeben$(\sigma x(x \in \mathcal{F})) \rightarrow \forall K($Kardinalität$(\mathcal{F})=K \rightarrow \exists s($s ist ein erkennendes Subjekt $\wedge$ s hat bis K gezählt$)))$

Wie im informellen Teil der Rekonstruktion bereits ausgeführt wurde, bedarf es nun noch der Prämisse, daß die Welt als „Ganze" nicht anschaulich gegeben ist, um die in der Antecedenz von (3) enthaltene Bedingung zu erfüllen und so zu Kants viertem Beweisschritt übergehen zu können:

(3a) $\neg$Anschaulich-gegeben(W)

Aus (2), (3) und (3a) folgert Kant im vierten Beweischritt:

(4) $\exists s($s ist ein erkennendes Subjekt $\wedge$ s hat bis unendlich gezählt$)$

Um aus (4) ableiten zu können, daß „eine unendliche Zeit [...] in der Durchzählung aller koexistierenden Dinge als abgelaufen angesehen werden" müßte (vgl. oben), muß eine weitere Prämisse ergänzt werden, die einen Zusammenhang herstellt zwischen dem in (4) angegebenen Resultat des Zählprozesses und der Zeit, die der Zählprozeß in Anspruch genommen haben muß. Die unendliche Dauer des Zählprozesses muß dabei, wie oben ausgeführt wurde, mit Bezug auf eine Metrik für die Zeit formuliert werden. Man muß die Zeit dazu als einen (1-dimensionalen) metrischen Raum auffassen.[187] Gemäß der traditionellen und auch der Kantischen Auffassung der Zeit liegt es nahe, für diese die übliche Euklidische Metrik d_E

---

[186] Zur axiomatischen Charakterisierung des σ-Operators vgl. P.Simons *1987*, S.15 u. 37-41. Die Bezeichnung „(SCT64)" habe ich von Simons übernommen; vgl. a.a.O., S.40. - Eine Formulierung, die den Gebrauch des σ-Operators zu rechtfertigen scheint, findet sich in der *Metaphysik von Schön* : „Ein Ganzes ist allen seinen Theilen zusammengenommen gleich, d.h. es ist mit seinen Theilen identisch" (*AA* XXVIII;505,24-6).

[187] Ein metrischer Raum $\langle X,d \rangle$ ist ein geordnetes Paar, bestehend aus einer Menge X und einer Funktion $d: X \times X \mapsto \mathbb{R}_0^+$, für die gilt:

(i) $d(x,y)=0 \leftrightarrow x=y$ für $x,y \in X$,

(ii) $d(x,y)=d(y,x)$ für $x,y \in X$,

(iii) $d(x,z) \leq d(x,y)+d(y,z)$ für $x,y,z \in X$.

d heißt dann eine *Metrik* auf X. Für die Zwecke des vorliegenden Beweises soll für d auch der Wert $+\infty$ zugelassen werden.

anzunehmen.[188] Dann kann man die folgende Prämisse formulieren: Ein erkennendes Subjekt benötigt unendlich lange Zeit, um bis unendlich zu zählen:

(4a) $\forall$s(s ist ein erkennendes Subjekt $\wedge$ s hat bis unendlich gezählt $\rightarrow$ $\exists t_1,t_2(\forall t(t_1 \leq t \leq t_2 \rightarrow$ s hat zum Zeitpunkt t gezählt) $\wedge$ $d_E(t_1,t_2)=+\infty$))

Aus (4) und (4a) erhält Kant im fünften Beweisschritt:

(5) $\exists$s(s ist ein erkennendes Subjekt $\wedge$ $\exists t_1,t_2(\forall t(t_1 \leq t \leq t_2 \rightarrow$ s hat zum Zeitpunkt t gezählt) $\wedge$ $d_E(t_1,t_2)=+\infty$))

Dies ist aber ganz offensichtlich falsch, da ein „endliches Wesen" nicht unendlich lange gezählt haben kann, was Kant im sechsten Beweisschritt zum Ausdruck bringt:

(6) $\neg\exists$s(s ist ein erkennendes Subjekt $\wedge$ $\exists t_1,t_2(\forall t(t_1 \leq t \leq t_2 \rightarrow$ s hat zum Zeitpunkt t gezählt) $\wedge$ $d_E(t_1,t_2)=+\infty$))

Da dieser Beweisschritt von den vorangehenden Beweisschritten logisch unabhängig ist, muß er als Prämisse angesehen werden.

Durch den Widerspruch zwischen (5) und (6) hat Kant die Annahme (1) *ad absurdum* geführt und kann deshalb im siebenten Beweisschritt zum kontradiktorischen Gegenteil von (1), d.i. zu ($T_1$2), übergehen:

(7) $L_{spat}(W)$

Der Beweis zeigt, daß aus dem Negat von ($T_1$2) zusammen mit (Def L_{spat}), (CV1), (1d), (1f), $\exists$V(C(W,V)), (3a), (4a) und (6) ein Widerspruch folgt. Somit gilt: Aus (1d), (1f), (3a), (4a), (6), $\exists$V(C,W,V)), (CV1) und (Def L_{spat}) folgt ($T_1$2).[189]

2.2.2.3. Der Beweis der Antithesis

Ebenso wie in den zuvor analysierten Beweisen wählt Kant auch für den Beweis der Antithesis die Form des indirekten Beweises. Allerdings führt er nicht das Negat der

---

[188] Unter Voraussetzung einer isomorphen Abbildung I von der Zeit auf die reellen Zahlen läßt sich die Euklidische Metrik für die Zeit folgendermaßen formulieren: $d_E(t_1,t_2) = |I(t_1)-I(t_2)|$.

[189] Eine Zusammenfassung der formalen Rekonstruktion findet sich im Anhang.

vollständigen Behauptung *ad absurdum*, sondern lediglich die Behauptung der Thesis[190]; dies zeigt sich bereits in der Formulierung der zu widerlegenden Annahme:

(1) „Was das zweite [sc. zu beweisende Argument der Antithesis, Verf.] betrifft, so nehme man zuvörderst das Gegenteil an, daß nämlich die Welt dem Raume nach [endlich und] begrenzt ist" (A427, B455).[191]

Wenn die Welt dem Raume nach begrenzt ist, dann füllt sie *per definitionem* einen echten Teilraum des *einen* Raums V^* genau aus. Dann aber bleibt ein Raum übrig, der weder durch einen anderen ausgefüllten Raum begrenzt sein noch irgendwelche Dinge enthalten kann, da die Welt bereits alle Dinge umfaßt. Die Welt wird also von einem leeren Raum umgeben, der nicht durch andere erfüllte Räume begrenzt wird. Dies ist Kants zweiter Beweisschritt; er ergibt sich aus der zu widerlegenden Annahme zusammen mit der Definition der räumlichen Begrenztheit eines Dinges und einer Prämisse, die sich daraus ergibt, daß die Welt alle räumlich ausgedehnten Dinge umfaßt:

(2) „so befindet sie sich in einem leeren Raum, der nicht begrenzt ist" (ibid.).

Kant faßt nun das Umgebenwerden eines (räumlich ausgedehnten) Dinges von einem Raum als eine *räumliche* Relation auf und folgert aus (2) im dritten Beweisschritt, daß eine solche Relation zwischen der Welt und einem leeren Raum besteht:

(3) „Es würde also nicht allein ein Verhältnis der Dinge *im Raum*, sondern auch der Dinge *zum Raume* angetroffen werden" (ibid.).

Auf diesen dritten Beweisschritt folgt ein langer Satz, dessen Einordnung in den Argumentationszusammenhang des Beweises mit Schwierigkeiten behaftet ist:

---

[190] Dieselbe Figur findet sich auch im Beweis des Zeit-Teils der Antithesis; vgl. oben Abschnitt 2.2.1.3. Sie hat ihren Grund darin, daß die räumliche bzw. zeitliche Ausgedehntheit der Welt nicht bewiesen, sondern *vorausgesetzt* wird.

[191] Da im Beweis der Antithesis zunächst $(A_1 2)$ bewiesen und daraus dann erst $(A_1 2^*)$ gefolgert wird (vgl. oben Abschnitt 2.2.2.1.), muß man in Kants Formulierung der Annahme die Worte „endlich und" unberücksichtigt lassen. Da P.Mittelstaedt/I. Strohmeyer *1990* davon ausgehen, daß Kant überhaupt nur die Behauptung $(A_1 2^*)$ beweist, lassen sie in der Annahme zunächst die Worte „und begrenzt" außer Acht. Um dann aber die folgenden Beweisschritte rekonstruieren zu können, unterstellen sie Kant einen Schluß von der Endlichkeit der Welt auf ihre Begrenztheit und leiten daraus einen Widerspruch her (vgl. a.a.O., S.153). Dieser Rekonstruktion steht allerdings meiner Ansicht nach sowohl der Wortlaut der Antithesis als auch der letzte Satz des Beweises derselben entgegen.

„Da nun die Welt ein absolutes Ganzes[192] ist, außer welchem kein Gegenstand der Anschauung, und mithin kein Korrelatum der Welt, angetroffen wird, womit dieselbe im Verhältnis stehe, so würde das Verhältnis der Welt zum leeren Raum ein Verhältnis derselben zu keinem Gegenstande sein" (A427-9, B455-7).

Zunächst erweckt dieser Satz den Eindruck eines wiederholenden Kommentars zu den Beweisschritten (1)-(3), der sich zum einen durch einen Hinweis auf die Prämisse, die in den Übergang von (1) zu (2) eingeht, und zum anderen durch eine deutlichere Formulierung von (3) auszeichnet. Kants Hervorhebung der Worte „keinem Gegenstande" und der unmittelbar folgende Satz[193] lassen allerdings Zweifel an der bloß wiederholend kommentierenden Funktion aufkommen: Man könnte annehmen, es bestehe nach einer so geringen Anzahl gut nachvollziehbarer Beweisschritte für Kant kein Anlaß, an dieser Stelle einen Kommentar einzufügen, und stattdessen in den fraglichen Satz das folgende Argument hineinlesen:

Da Relationen nur zwischen Gegenständen bestehen und da nach (3) eine Relation zwischen einem Gegenstand x und einem Raum V besteht, der *keinen Gegenstand* enthält, besteht folglich eine Relation zwischen x und *keinem Gegenstand.*

Den unmittelbar darauffolgenden Satz könnte man dann als einen (relations-) *logischen* Einwand ansehen, der negiert, daß es eine Relation geben könne, die nicht zwischen Dingen besteht, womit die *Reductio ad absurdum* von (1) abgeschlossen wäre.

Unter dieser Interpretation würde man Kant allerdings unterstellen, in dem fraglichen Satz einen logischen Fehler begangen zu haben (der denen ähnlich ist, die ein berühmter analytischer Philosoph des 20. Jahrhunderts einem berühmten Metaphysiker des 20. Jahrhunderts vorgeworfen hat), um so die Annahme (1) leichter widerlegen zu können. Denn der Beweisschritt, der Kant durch diese Interpretation unterstellt wird, beruht darauf, daß die Worte „keinem Gegenstande" nicht als negierte Existenzquantifikation, sondern als referentieller Term aufgefaßt werden. Die Widerlegung der Annahme (1) bestünde somit nicht darin, daß (1) unter bestimmten akzeptierten Prämissen einer bestimmten allgemein akzeptierten Wahrheit widerspricht, sondern gründete sich auf einen logischen Fehler. Dann aber müßte der Beweis als logisch inkorrekt und folglich als völlig uninteressant angesehen werden.

Dagegen möchte ich den fraglichen Satz als Kommentar zu den Beweisschritten (1)-(3) ansehen. Den unmittelbar darauffolgenden Satz möchte ich als Kants vierten Beweisschritt auffassen; er enthält meiner Ansicht nach kein (relations-)*logisches* Argument, sondern eine materiale Prämisse, der zufolge *räumliche* Relationen nur

[192] In der A-Auflage: „Ganze"; vgl. die Ausgabe von R.Schmidt, S.454*.

[193] „Ein dergleichen Verhältnis aber, mithin auch die Begrenzung der Welt durch den leeren Raum, ist nichts" (A429, B457); vgl. unten Kants vierten Beweisschritt.

zwischen raumzeitlichen Gegenständen bestehen können, nicht aber zwischen Gegenständen und leeren Räumen[194]:

(4) „Ein dergleichen Verhältnis aber, mithin auch die Begrenzung der Welt durch den leeren Raum, ist nichts" (A429, B457).

Diese Prämisse steht nun im direkten Widerspruch zu (3), so daß die *Reductio ad absurdum* von (1) mit diesem vierten Beweisschritt abgeschlossen ist.[195] Es ist somit gezeigt, daß es nicht der Fall ist, daß die Welt dem Raum nach begrenzt ist. Kant gibt dieses Beweisresultat allerdings nicht an, sondern geht im fünften Beweisschritt unmittelbar zu der stärkeren Behauptung über, daß die Welt dem Raum nach unbegrenzt ist. Daher muß zunächst in einem Zwischenschritt das Resultat der Beweisschritte (1)-(4) festgehalten werden:

(4a) Es ist nicht der Fall, daß die Welt dem Raum nach begrenzt ist.

Mit der Voraussetzung, daß die Welt überhaupt räumlich ausgedehnt ist, erhält man daraus die eigentliche Behauptung der Antithesis:

(5) „also ist die Welt, dem Raume nach, gar nicht begrenzt" (ibid.).

Im sechsten Beweisschritt geht Kant dann unmittelbar („d.i."; vgl. unten) von (5) zu der Behauptung über, daß die Welt eine unendliche räumliche Ausdehnung hat. Nun folgt dies nicht allein aus dem Negat von (1), also aus (4a), da (4a) damit

---

[194] Dies wird auch durch das folgende Argument Kants aus der Anmerkung zur Antithesis gestützt: „Der Raum [...] kann absolut (für sich allein) nicht als etwas Bestimmendes in dem Dasein der Dinge vorkommen, weil er gar kein Gegenstand ist, sondern nur die Form möglicher Gegenstände. Dinge also, als Erscheinungen, bestimmen wohl den Raum, d.i. unter allen möglichen Prädikaten desselben (Größe und *Verhältnis*) machen sie es, daß diese oder jene zur Wirklichkeit gehören; aber umgekehrt kann der Raum, als etwas, welches für sich besteht, die Wirklichkeit der Dinge in Ansehung der Größe oder Gestalt nicht bestimmen" (A431, B459; kursiv vom Verf.). Vgl. dazu R5341: „Der Raum durchdringt alles, d.i. etwas ausgedehntes ist die Basis der Möglichkeit *äußerer Beziehungen nach Verhältnissen des Raumes*. [...] Im raum muß ich unterscheiden können, wo ich bin. Es müssen also correlate seyn" (*AA* XVIII;156,11-16; kursiv vom Verf.), R6337: „Nehmen wir aber eine Weltgrenze an, so haben wir eine Stelle der Welt im leeren Raum, d.i. eine Relation und Veranderung der Stelle ohne Gegenstande, wozu sie [sc. die Welt, Verf.] das Relatum ist. Beydes ist falsch" (*a.a.O.*;657,15-18), und R5959 *a.a.O.*;399,7f.

[195] Nach P.F.Strawson *1966* besteht der Widerspruch darin, daß es einerseits etwas gibt, wodurch die Welt begrenzt wird, nämlich den leeren Raum, andererseits aber nichts, da der leere Raum nichts ist; vgl. *a.a.O.*, S.182. Nach P.Mittelstaedt/I.Strohmeyer *1990* besteht der Widerspruch hingegen darin, daß einerseits die Existenz eines leeren Raums außerhalb der Welt aus der (zu widerlegenden) Annahme folgt, andererseits aber die Existenz eines solchen Raums per Prämisse negiert wird; vgl. *a.a.O.*, S.153. Beide Rekonstruktionen entsprechen meiner Ansicht nach aber nicht der von Kant gewählten Formulierung des Widerspruchs.

verträglich ist, daß die Welt überhaupt keine räumliche Ausdehnung hat. Das wird jedoch gerade durch die genannte Voraussetzung ausgeschlossen. Daher muß (5) tatsächlich diese Voraussetzung enthalten und mit der stärkeren Behauptung ($A_1 2$) identifiziert werden.

(6) „*d.i.* sie ist in Ansehung der Ausdehnung unendlich“ (ibid.; kursiv vom Verf.).

Die folgende formale Analyse soll die logische Struktur des Beweises deutlicher machen. Die zu widerlegende Annahme hat die Form:

(1) $L_{spat}(W)$

In einem ersten Zwischenschritt muß nun die Definition der räumlichen Begrenztheit eines Dinges ergänzt werden:

(1a) $\forall x(L_{spat}(x) \leftrightarrow \exists V_1(C(x,V_1) \wedge \forall V_2(V_1 \subset V_2 \rightarrow \neg C(x,V_2))))$

Mit der Voraussetzung (CV1) folgt aus (1) und (1a), daß es einen Teilraum des Raums V^* gibt, den die Welt genau ausfüllt:

(1b) $\exists V_1 \subset V^*(C(W,V_1) \wedge \forall V_2(V_1 \subset V_2 \rightarrow \neg C(W,V_2)))$

Kants zweiter Beweisschritt soll als eine Existenzaussage aufgefaßt werden, in der die Existenz eines *leeren* Raums behauptet wird, der ein echter Teilraum des *einen* Raums V^* ist und dessen Komplement in V^* von der Welt ausgefüllt wird.[196] Um diese Aussage aus (1b) herleiten zu können, bedarf es einer Prämisse, die sich auf die Tatsache zurückführen läßt, daß die Welt *per definitionem* alle raumzeitlichen Gegenstände enthält, und aus der folgt, daß ein Raum, der die Welt umgibt, leer sein muß. Diesen Bedingungen genügt die folgende Prämisse: Wenn es ein Ding x gibt, das einen Raum V ausfüllt, dann füllt die Welt diesen Raum V ebenfalls aus - formal:

(1c) $\forall V_1(\exists x(C(x,V_1)) \rightarrow C(W,V_1))$

Darüber hinaus muß man eine weitere Prämisse hinzunehmen, welche besagt, daß ein Gegenstand x, der sowohl einen Raum V_1 als auch einen Raum V_2 ausfüllt, ebenfalls die Vereinigung der beiden Räume $V_1 \cup V_2$ ausfüllt. Da an späterer Stelle nochmals auf eine Verallgemeinerung dieser Prämisse für beliebig viele Räume

[196] Ein Raum V_1 ist leer, wenn gilt: $\neg\exists x \exists V_2 \subseteq V_1(C(x,V_2))$.

Bezug genommen werden muß, soll bereits an dieser Stelle die verallgemeinerte Prämisse als Voraussetzung über erfüllte Räume eingeführt werden:

(CV2) $\forall x \forall \mathscr{F} \subseteq Pot(V^{*})(\forall V \in \mathscr{F}(C(x,V)) \rightarrow C(x, \bigcup_{V \in \mathscr{F}} V))$

Diese Prämisse stellt zusammen mit (1b) sicher, daß die Welt nicht in das Komplement des von ihr genau ausgefüllten Raumes „hineinragt", d.h. daß dieser komplementäre Raum leer ist. - Es folgt dann aus (1b), (1c), (CV1) und (CV2) Kants zweiter Beweisschritt:

(2) $\exists V_1 \subset V^{*}(C(W,V^{*}-V_1) \wedge \neg\exists x \exists V_2 \subseteq V_1(C(x,V_2)))$

Kants dritter Beweisschritt beruht darauf, $C(W,V^{*}-V_1)$ nicht nur als *räumliche* Relation zwischen der Welt und $V^{*}-V_1$, sondern auch als *räumliche* Relation zwischen der Welt und V_1 aufzufassen.[197] Quantifiziert man über diese Relation, dann gibt es eine *räumliche* Relation, zwischen einem Gegenstand und einem leeren Raum:

(3) $\exists R_{spat} \exists x \exists V_1(R_{spat}(x,V_1) \wedge \neg\exists y \exists V_2 \subseteq V_1(C(y,V_2)))$

Im vierten Beweisschritt fügt Kant dann die Prämisse ein, daß es eine solche Relation nicht geben kann:

(4) $\neg\exists R_{spat} \exists x \exists V_1(R_{spat}(x,V_1) \wedge \neg\exists y \exists V_2 \subseteq V_1(C(y,V_2)))$

Damit ist (1) *ad absurdum* geführt, und es gilt:

(4a) $\neg L_{spat}(W)$,

woraus mit der Voraussetzung, daß die Welt überhaupt räumlich ausgedehnt ist (formal: $\exists V(C(W,V))$), und mit (Def $\bar{L}_{spat}$) Kants fünfter Beweisschritt folgt:

(5) $\bar{L}_{spat}(W)$.

Der unmittelbare Übergang von (5) zu $(A_1 2^{*})$ erfordert nun - selbst in der schwächeren Kardinalitäts-Interpretation von $(A_1 2^{*})$ - eine komplizierte formale Begründung. Aus (5) folgt zunächst wieder mit (Def $\bar{L}_{spat}$):

---

[197] Ich beziehe den Genitiv „der Dinge" in der Kantischen Formulierung von (3) somit auf die Gesamtheit aller raum-zeitlichen Dinge (Welt); ebenso auch S.J.Al-Azm *1972*, S.22. Vgl. dazu meine Interpretation des dritten Kantischen Beweisschritts im Beweis von $(T_1 1)$ in Abschnitt 2.2.1.2.

(5a) $\exists V_1(C(W,V_1)) \wedge \neg L_{spat}(W)$,

woraus mit (Def L_{spat}) und (CV1) weiter folgt, daß es zu jedem Raum, den die Welt ausfüllt, einen umfassenderen Raum gibt, den die Welt ebenfalls ausfüllt:

(5b) $\forall V_1 \subset V^*(C(W,V_1) \rightarrow \exists V_2 \subset V^*(V_1 \subset V_2 \wedge C(W,V_2)))$

Daraus kann man ableiten, daß es zu jedem Raum V_1, den die Welt einnimmt, eine unendliche Kette $\langle \mathscr{E}, \subset \rangle$ von Räumen gibt, deren kleinstes Element V_1 ist und deren sämtliche Elemente von der Welt ausgefüllt werden:

(5c) $\forall V_1 \subset V^*(C(W,V_1) \rightarrow \exists \mathscr{E} \subseteq Pot(V^*)(\langle \mathscr{E}, \subset \rangle$ ist eine unendliche Kette $\wedge\ V_1 \in \mathscr{E} \wedge \forall V_2 \in \mathscr{E}\ (C(W,V_2) \wedge V_1 \subseteq V_2)))$

Nimmt man nun die Voraussetzung (CV2) und als weitere Voraussetzung über erfüllte Räume:

(CV3) $\forall x \forall V_1(C(x,V_1) \rightarrow \forall V_2 \subseteq V_1(C(x,V_2)))$

hinzu, welche besagt, daß ein Gegenstand, der einen Raum V_1 ausfüllt, auch jeden Teilraum V_2 von V_1 ausfüllt, so folgt aus (5c), daß es zu jedem Raum V_1, den die Welt ausfüllt, eine unendliche Partition $\mathscr{F}$ des Weltraums in disjunkte Räume gibt, welche V_1 enthält[198]:

(5d) $\forall V_1 \subset V^*\ (C(W,V_1) \rightarrow \exists \mathscr{F} \subseteq Pot(V^*)(\mathscr{F}$ ist eine unendliche Menge disjunkter Mengen $\wedge\ V_1 \in \mathscr{F} \wedge C(W, \bigcup_{V_2 \in \mathscr{F}} V_2)))$

Aus (5d) folgt dann mit (5a) unmittelbar Kants sechster Beweisschritt (in der oben vorgeschlagenen Interpretation):

(6) $\exists \mathscr{F} \subseteq Pot(V^*)(\mathscr{F}$ ist eine unendliche Menge disjunkter Mengen $\wedge\ C(W, \bigcup_{V \in \mathscr{F}} V))$

Der Beweis zeigt also, daß aus $(T_1 2)$ zusammen mit (Def L_{spat}), (CV1), (CV2), (1c) und (4a) ein Widerspruch folgt; somit gilt: Aus (Def L_{spat}), (CV1), (CV2), (1c) und (4a) ist $\neg(T_1 2)$ ableitbar. Ergänzt man nun zu den Prämissen noch die

---

[198] Zur Konstruktion von $\mathscr{F}$ auf der Basis von $\mathscr{E}$ und zur Unendlichkeit von $\mathscr{F}$ vgl. oben in Abschnitt 2.2.2.2. die Erläuterungen zum Übergang von der Zeile (1c) zur Zeile (1d) des Beweises von $(T_1 2)$.

Voraussetzung $\exists V(C(W,V))$, so folgt mit (Def $\bar{L}_{spat}$) weiter $(A_1 2)$. Aus $(A_1 2)$ folgt dann mit (Def $\bar{L}_{spat}$), (Def L_{spat}), (CV2) und (CV3) auch $(A_1 2^*)$.[199]

2.3. Die zweite Antinomie

2.3.1. Die logische Struktur der Behauptungen

Im Gegensatz zur ersten Antinomie geht es in der zweiten Antinomie nicht um die Vollständigkeit der *Zusammensetzung aller* zeitlichen oder räumlichen Bedingungen eines zeitlichen bzw. räumlichen Dinges, sondern um die „absolute Vollständigkeit der *Teilung eines* gegebenen Ganzen" (vgl. A415, B443; kursiv vom Verf.). Sie kommt nach Kant dadurch zustande, daß die Vernunft auf der Basis des transzendentalen Realismus davon ausgeht, daß mit der Gegebenheit eines zusammengesetzten Dinges zugleich die vollständige Einteilung des Dinges, mithin alle Teile mitgegeben sind. Unter diesen kann es dann einfache (unzusammengesetzte) Teile geben, wie die Thesis behauptet, oder nicht, wie die Antithesis dafürhält. - Für die Thesis wählt Kant in der *Kritik der reinen Vernunft* die folgende Formulierung:

> „Eine jede zusammengesetzte Substanz in der Welt besteht aus einfachen Teilen, und es existiert überall nichts als das Einfache, oder das, was aus diesem zusammengesetzt ist" (A434, B462).

Offensichtlich sind darin zwei Behauptungen enthalten:

(T_2) Jede zusammengesetzte Substanz in der Welt besteht aus einfachen Teilen.

(T_2^*) Alles ist einfach oder aus einfachen Teilen zusammengesetzt.

Auch die Antithesis

> „Kein zusammengesetztes Ding in der Welt besteht aus einfachen Teilen, und es existiert überall nichts Einfaches in derselben" (A435, B463),

enthält zwei Behauptungen:

(A_2) Kein zusammengesetztes Ding in der Welt besteht aus einfachen Teilen.

(A_2^*) Es gibt nichts Einfaches in der Welt.

---

[199] Eine Zusammenfassung der formalen Rekonstruktion findet sich im Anhang.

Wie der Beweis der Thesis zeigt, argumentiert Kant zunächst für (T_2) und leitet dann aus (T_2) „unmittelbar", d.h. für Kant ohne zusätzliche, nicht-analytische Prämisse, (T_2^*) ab.[200] Somit kann (T_2) als die zentrale Behauptung der Thesis angesehen werden. Im Falle der Antithesis ist das Verhältnis der Behauptungen zueinander komplizierter. Im Beweis der Antithesis wird für beide Behauptungen unabhängig voneinander argumentiert, und Kant räumt am Ende des Beweises ein, daß (A_2^*) eine logisch stärkere Behauptung als (A_2) ist: Während (A_2) lediglich behauptet, daß es kein *zusammengesetztes* Ding gibt, welches aus einfachen Teilen besteht, und somit zumindest die Möglichkeit offenläßt, daß es einfache Dinge gibt, negiert (A_2^*) auch die Existenz solcher Dinge. Außerdem macht Kant im Beweis von (A_2) von spezifischen Eigenschaften des Raums und räumlicher Gegenstände Gebrauch, so daß (A_2) nur für solche Gegenstände bewiesen wird; (A_2^*) dagegen wird ohne Rekurs auf spezifische Eigenschaften räumlicher Gegenstände und somit auch für nicht-räumliche Gegenstände bewiesen.[201]

Syntaktisch sind (T_2) und (A_2) allgemeine kategorische Urteile, also Subjekt-Prädikat-Urteile; (T_2^*) und (A_2^*) dagegen lassen sich nicht eindeutig dieser Form zuordnen. Das Prädikat, das in (T_2) allen zusammengesetzten „Substanz[en]" *zu*gesprochen wird, nämlich aus einfachen Teilen zu bestehen, wird in (A_2) allen zusammengesetzten „Ding[en]" *ab*gesprochen. (T_2) ist ein Urteil der Form

ALLE S SIND P,

also in syllogistischer Terminologie ein A-Urteil, während (A_2) ein Urteil der Form

ALLE S' SIND NICHT P,

somit in syllogistischer Terminologie ein E-Urteil ist. Beide Urteile unterscheiden sich mithin nur in der *Qualität* des Urteils und im Satzsubjekt; in (T_2) ist von „Substanz[en]", in (A_2) dagegen von „Ding[en]" die Rede. Wäre der Unterschied im Satzsubjekt lediglich ein Unterschied in der Ausdrucksweise, nicht aber im Bezug oder in der Bedeutung, so könnte man (T_2) und (A_2) als klassisch-paradigmatischen Fall konträrer Urteile im Sinne des logischen Quadrats auffassen.

Vieles deutet nun darauf hin, daß dies von Kant tatsächlich so intendiert ist: Erstens verwendet Kant im Beweis der Thesis im Übergang von (T_2) zu (T_2^*) ebenfalls statt des Ausdrucks „Substanz" den Ausdruck „Ding".[202] Zweitens erklärt er im (indirekten) Beweis von (A_2) mittels einer Parenthese, daß sich der Ausdruck

---

[200] Vgl. A436, B464: „Hieraus [sc. aus (T_2), Verf.] folgt *unmittelbar*, daß die Dinge der Welt insgesamt einfache Wesen sind" (kursiv vom Verf.). - Zum Begriff der unmittelbaren Folgerung vgl. die Abschnitte 1.3.1. und 1.3.3.

[201] Kant stellt dies zum Abschluß des Beweises der Antithesis selbst fest: „Dieser zweite Satz der Antithesis [sc. (A_2^*), Verf.] geht viel weiter als der erste [sc. (A_2), Verf.], der das Einfache nur von der Anschauung des Zusammengesetzten verbannt, da hingegen dieser es aus der ganzen Natur wegschafft; daher er auch nicht aus dem Begriffe eines Gegenstandes der äußeren Anschauung (des Zusammengesetzten), sondern aus dem Verhältnis desselben zu einer möglichen Erfahrung überhaupt hat bewiesen werden können" (A437, B465).

[202] Vgl. A436, B464 (oben zitiert).

„Ding“ in der Formulierung der (zu widerlegenden) Annahme nur auf Substanzen bezieht; dem zufolge kann er (A_2) auch nur für zusammengesetzte *Substanzen* beweisen.[203] Drittens erläutert Kant in seiner Anmerkung zur Thesis, daß er mittels des Ausdrucks „Substanz“ in der Formulierung von (T_2) den Raum, die Zeit und Akzidenzen (von Substanzen) aus dem intendierten Anwendungsbereich von (T_2) ausschließen will[204], und in seiner Anmerkung zur Antithesis, daß (A_2) ausschließlich materielle Dinge betrifft, wodurch ebenfalls Raum, Zeit und Akzidenzen ausgeschlossen werden.[205] Viertens stellt Kant selbst heraus, daß sich Thesis und Antithesis in den mathematischen Antinomien konträr zueinander verhalten.[206] Fünftens schließlich gibt es auch retrospektiv, von Kants Auflösung der Antinomie her, keinen Anlaß anzunehmen, Kant wolle durch die verschiedenen Satzsubjekte andeuten, (T_2) und (A_2) sprächen über verschiedene Gegenstände. Denn Kants Auflösung der zweiten Antinomie besteht - im Gegensatz etwa zur dritten Antinomie[207] - nicht darin zu zeigen, daß Thesis und Antithesis über verschiedene Gegenstände sprechen (und daher beide wahr sein können), sondern darin nachzuweisen, daß Thesis und Antithesis eine gemeinsame Voraussetzung zugrunde liegt, die über ein und demselben Gegenstandsbereich falsch ist und von Kant für die Falscheit beider antinomischer Positionen verantwortlich gemacht wird.[208]

Demnach haben (T_2) und (A_2) denselben Subjektbegriff und bilden gemeinsam einen klassisch-paradigmatischen Fall konträrer Urteile im Sinne des logischen Quadrats. Man sieht jedoch sogleich, daß sich (T_2) und (A_2) nur dann konträr zueinander verhalten, wenn mindestens eines der beiden Urteile impliziert, daß es überhaupt zusammengesetzte Substanzen gibt. Denn nur unter dieser Bedingung ist es *logisch* unmöglich, daß beide Urteile gemeinsam wahr sind. In der traditionellen Logik hat man allgemeine kategorische Urteile sogar so interpretiert, daß sie stets - unabhängig von der Qualität des Urteils - die Existenz von Gegenständen, die unter ihren jeweiligen Subjektbegriff fallen, implizieren: Ein Urteil der Form ALLE S SIND (NICHT) P ist demnach genau dann wahr (über einem Bereich D von Objekten), wenn (i) jedes Objekt a (aus D), das unter S fällt, (nicht) unter P fällt, und (ii) es ein Objekt a (aus D) gibt, das unter S fällt. Dies dürfte auch Kants Ansicht entsprechen.[209]

---

[203] Vgl. A435, B463.

[204] Vgl. A438-40, B466-8.

[205] Vgl. A439, B467.

[206] Vgl. R6419: „Daß beyde opposita in den 2 ersten antinomien falsch seyn können, kommt daher, weil sie sich nicht contradictorie, sondern [...] *contrarie* entgegenstehen“ (*AA* XVIII;710, 27-711,1; kursiv vom Verf.).

[207] Zu dieser Antinomie vgl. unten Abschnitt 2.4.

[208] Vgl. A528, B556 und *Prolegomena*, § 52c, *AA* IV;341ff.

[209] Vgl. dazu die Ausführungen über Verstandesschlüsse nach den traditionellen Subalternationsregeln in *Logik Pölitz AA* XXIV;583,18-30. - Dagegen behauptet M.Wolff *1995*, S.159f. u. 290ff., im Anschluß an C.S.Peirces *Elements of Logic*, S.228, und M.Thompson *1953*, S.257f., Kant habe die Existenzim-

Somit bleibt festzuhalten, daß sowohl (T_2) als auch (A_2) die Existenz zusammengesetzter Substanzen logisch impliziert.[210]

Wenn man nun beachtet, daß der Begriff des Zusammengesetztseins nur auf Substanzen (in Raum oder/und Zeit) angewendet werden darf, so kann man in der Analyse der Behauptungen (T_2) und (A_2) auf den Begriff der Substanz verzichten. Kant selbst verzichtet in der Formulierung von (T_2^*) und (A_2^*) auf diesen Begriff. Der Subjektbegriff von (T_2) und (A_2) ist dann der Begriff eines zusammengesetzten Dinges x (abgekürtzt: Z(x)); er kann mittels der folgenden Definition auf die Relation des echten Teils zurückgeführt werden, von der bereits in der Analyse der Raum-Antinomie Gebrauch gemacht wurde[211]:

(Def Z) $Z(x) =_{Df} \exists y(y \prec x)$

Kant macht im Beweis der Antithesis, wie gezeigt werden wird, selbst implizit Gebrauch von dieser Definition.[212] Auch als Teile einer Substanz kommen jedoch nur Substanzen in Betracht, wie Kant sowohl im Beweis der Thesis als auch im Beweis der Antithesis herausstellt.[213] Es kann daher festgehalten werden, daß das *universe of discourse* der zweiten Antinomie nur aus Substanzen besteht.

Auf der Basis des Begriffs des Zusammengesetztseins kann man dann auch den Begriff der Einfachheit eines Dinges x (abgekürzt: E(x)) einführen[214]:

---

plikation kategorischer Urteile an die Qualität des Urteils gebunden: Während A- und I-Urteile eine solche Existenzimplikation aufwiesen, sei dies bei E- und O-Urteilen nicht der Fall. Dies halte ich jedoch für unzutreffend; in meiner Rezension des Buchs von Wolff habe ich Wolffs Argumente für seine Behauptung im einzelnen zu entkräften versucht (vgl. W.Malzkorn *1997*). Darüber hinaus bildet die vorliegende Antinomie gerade ein Gegenbeispiel zu Wolffs Behauptung; denn Kants Auflösung des Widerspruchs zwischen (T_2) und (A_2) beruht, wie später gezeigt werden wird, auf der Existenzimplikation *beider* Behauptungen (vgl. dazu auch W.Malzkorn *1999*).

[210] Die Behauptung, daß zusammengesetzte Substanzen existieren, gehört damit zu den *syntaktischen* Merkmalen von (T_2) und (A_2), und nicht, wie B.Falkenburg *1995*, S.16f., behauptet, zu den „*semantischen* Aspekten" von Thesis und Antithesis. Falkenburgs Irrtum resultiert aus einer mangelnden Beachtung des traditionellen Verständnisses allgemeiner, kategorischer Urteile; er schlägt sich in der von Falkenburg vorgeschlagenen Formalisierung von Thesis und Antithesis nieder (vgl. S.15) und hat Folgen für ihre gesamte Interpretation der zweiten Antinomie: (T_2) und (A_2) widerstreiten einander dann nicht, sondern sind - im Gegensatz zu Kants Behauptung - miteinander vereinbar (vgl. S.15f.).

[211] Vgl. oben Abschnitt 2.2.2.2. - Zur Definition eines zusammengesetzten Dinges in der traditionellen Metaphysik vgl. z.B. A.G.Baumgartens *Metaphysica*, § 224: „ENS COMPOSITUM [...] est totum partium extra partes, ENS non compositum SIMPLEX [...] est" (*AA* XVII; 76,26f.).

[212] Vgl. unten Abschnitt 2.3.3.

[213] So heißt es im Beweis der Thesis: „Im ersteren Falle aber würde das Zusammengesetzte wiederum nicht aus Substanzen bestehen [...]. Da nun dieser Fall der Voraussetzung widerspricht, [...]" (A434-6, B462-4); und im Beweis der Antithesis: „Weil alles äußere Verhältnis, mithin auch alle Zusammensetzung aus Substanzen, nur im Raume möglich ist: [...]" (A435, B463).

[214] Vgl. dazu den Satz I der *Monadologia physica*: „Substantia simplex, monas dicta, est, quae non constat pluralitate partium, quarum una absque aliis separatim exsistere potest" (*AA* I;477,5-7).

(Def E) $E(x) =_{Df} \neg Z(x)$

Im letzten Schritt auf dem Weg zur Analyse der antinomischen Behauptungen muß nun noch das Prädikat „besteht aus einfachen Teilen", das allen zusammengesetzten Substanzen in (T_2) und (A_2) zu- bzw. abgesprochen wird, definiert werden. Da Kant aber, soweit ich sehe, keine Definition oder Erklärung dieses Prädikats bereitstellt, kann sich die Analyse nur auf den üblichen Sprachgebrauch, auf die Intention der antinomischen Behauptungen und auf die Anforderungen, die die von Kant gegebenen Beweise an die Definition stellen, stützen. In der Forschungsliteratur wird bisweilen ohne eingehende Diskussion eine relativ schwache Definition zugrunde gelegt, der zufolge ein Ding bereits dann aus einfachen Teilen besteht, wenn es selbst einfach ist oder einfache Teile hat.[215] Diese Definition schließt eine Möglichkeit ein, die m.E. weder dem üblichen Sprachgebrauch noch der Intention der antinomischen Behauptungen entspricht. Wenn man von den Teilen eines Dinges im engeren Sinne, also von *echten* Teilen spricht, dann sagt man üblicherweise von einem Ding nur dann, es *bestehe* aus (einfachen) Teilen, wenn es mindestens einen (einfachen) Teil hat. Von einem Ding, das keine Teile hat, würde man nicht sagen, es bestehe aus einfachen Teilen. Darüber hinaus würde (T_2) unter der fraglichen Definition die umständliche Behauptung enthalten, daß jede nicht-einfache Substanz (in der Welt) einfach ist oder einfache Teile hat.[216] Daher erscheint es sinnvoll, in der Definition des Prädikats auf die Möglichkeit, daß das Anwendungsobjekt des Prädikats einfach ist, zu verzichten. - Eine demgegenüber viel stärkere Definition hingegen, die durch den Sprachgebrauch nahegelegt wird, wird durch den Beweis der Thesis ausgeschlossen: Würde man in der Definition verlangen, daß ein Ding, das aus einfachen Teilen besteht, nicht nur einfache Teile haben, sondern auch aus seinen einfachen Teilen *vollständig* zusammensetzbar sein muß, so wäre das von Kant im Beweis der Thesis in Parenthese hinzugefügte Argument „(da es keine einfachen Teile gibt)" falsch.[217] Ich möchte deshalb auch von dieser starken Definition Abstand nehmen und stattdessen die folgende Definition vorschlagen: Ein Ding x besteht genau dann aus einfachen Teilen (abgekürzt: A(x)), wenn es mindestens einen einfachen (echten) Teil hat - formal ausgedrückt:

(Def A) $A(x) =_{Df} \exists y(y \prec x \land E(y))$

Mit den Definitionen (Def Z), (Def E) und (Def A) stehen nun alle Begriffe zur Verfügung, die nötig sind, um die antinomischen Behauptungen (T_2), (A_2), (T_2^*) und

---

[215] Vgl. z.B. J. Van Cleve *1981*, S.482, und B.Falkenburg *1995*, S.15.

[216] Dies ist die normalsprachliche Formulierung der von B.Falkenburg *1995*, S.15, vorgeschlagenen Formalisierung von (T_2).

[217] Ich werde diesen Zusammenhang im formalen Teil der Rekonstruktion des Thesis-Beweis genauer erläutern; vgl. unten Abschnitt 2.3.2.

(A_2^*) formal darzustellen. Die Existenzimplikation eines traditionell verstandenen, allgemeinen kategorischen Urteils möchte ich durch einen subskribierten Existenz-Quantor am Fuß des üblichen All-Quantors der modernen, mathematischen Logik andeuten. Die Übersetzung eines allgemein bejahenden Urteils der Form ALLE S SIND P lautet dann: $\forall_{\exists}x(S(x) \rightarrow P(x))$, die eines allgemein verneinenden Urteils der Form ALLE S SIND NICHT P: $\forall_{\exists}x(S(x) \rightarrow \neg P(x))$.[218] Dem zufolge ergeben sich für die antinomischen Behauptungen (T_2) und (A_2) die folgenden formalen Darstellungen:

(T_2) $\forall_{\exists}x(Z(x) \rightarrow A(x))$

(A_2) $\forall_{\exists}x(Z(x) \rightarrow \neg A(x))$

Wie man leicht einsieht, verhalten sich (T_2) und (A_2) unter dieser formalen Darstellung konträr zueinander; die formale Analyse stimmt also mit Kants Beschreibung des Verhältnisses der antinomischen Behauptungen zueinander überein. Das konträre Verhältnis von (T_2) und (A_2) liegt dabei nicht in semantischen Zusatzvoraussetzungen, sondern in der *syntaktischen* Struktur der Behauptungen selbst begründet.[219]

Unter Voraussetzung von (Def E) folgt nun aus (T_2) unmittelbar, daß es in der Welt nur einfache Substanzen und aus einfachen Teilen bestehende Substanzen geben kann:

(T_2^*) $\forall x(E(x) \vee A(x))$

Dies ist allerdings eine sehr schwache *atomistische Position*; sie besagt keineswegs, daß die ganze Welt aus einfachen Substanzen zusammensetzbar ist, wie man es von einer atomistischen Position erwarten würde und wie Kant es selbst in

---

[218] Es gilt dann: $\forall_{\exists}x(S(x) \rightarrow P(x)) \leftrightarrow \forall x(S(x) \rightarrow P(x)) \wedge \exists y(S(y))$, und: $\forall_{\exists}x(S(x) \rightarrow \neg P(x)) \leftrightarrow \forall x\,(S(x) \rightarrow \neg P(x)) \wedge \exists y(S(y))$. - P.F.Strawson *1952*, S.169-173, weist darauf hin, daß bei dieser Übersetzung der A- und E-Urteile einige nach traditioneller Auffassung korrekte Modi für Verstandesschlüsse (z.B. die *conversio simplex* von E-Urteilen) inkorrekt werden. Strawson schlägt deshalb vor, ein Urteil der Form SaP durch einen Ausdruck der Form $\neg\exists x(S(x) \wedge \neg P(x)) \wedge \exists x(S(x)) \wedge \exists x(\neg P(x))$ und ein Urteil der Form SeP durch einen Ausdruck der Form $\neg\exists x(S(x) \wedge P(x)) \wedge \exists x(S(x)) \wedge \exists x(P(x))$ wiederzugeben. Für die Rekonstruktion der Beweise der vorliegenden antinomischen Behauptungen hätte eine solche Formalisierung jedoch untragbare Konsequenzen: Entweder bewiese Kant dann *logisch inkorrekt* (T_2) durch eine *Reductio ad absurdum* von (A_2) und (A_2) durch eine *Reductio ad absurdum* von (T_2). Oder man müßte Kant im Beweis von (A_2) eine Prämisse unterstellen, die der Behauptung (A_2^*) widerspricht; ich werde dies im formalen Teil meiner Analyse des Beweises von (A_2) näher erläutern (vgl. unten Abschnitt 2.3.3.).

[219] Die Formalisierungen, die B.Falkenburg *1995*, S.15, für (T_2) und (A_2) wählt ($\forall x(\neg E(x) \rightarrow A(x))$, $\forall x(\neg E(x) \rightarrow \neg A(x))$) sind dagegen logisch zu schwach, um dieses Verhältnis korrekt abzubilden. Falkenburg ist deshalb gezwungen, Kant semantische Zusatzvoraussetzungen zu unterstellen (vgl. oben).

seiner Anmerkung zur Thesis auch anzudeuten scheint.[220] Eine stärkere atomistische Position hätte sich aus der oben erörterten stärkeren Definition des Prädikats „besteht aus einfachen Teilen“ ergeben, wird aber durch den Beweis der Thesis nicht gestützt. Die Antithesis vertritt dagegen eine starke *anti-atomistische* Position; dies wird am deutlichsten in der Behauptung (A_2^*), die formal wie folgt dargestellt werden kann:

(A_2^*) $\forall x(\neg E(x))$

Anhand der Formalisierungen kann man sich leicht überlegen, daß auch (A_2^*) die Existenz einer zusammengesetzten Substanz impliziert und daß sich auch (T_2) und (A_2^*) zueinander konträr verhalten; somit wird Kants Behauptung über das konträre Verhältnis von Thesis und Antithesis (siehe oben) nicht nur von (T_2) und (A_2), sondern auch von (T_2) und (A_2^*) erfüllt.

2.3.2. Der Beweis der Thesis

Es ist eine in der Kant-Forschung oft vertretene Ansicht, daß Kant alle antinomischen Behauptungen mit Ausnahme der Thesis der vierten Antinomie indirekt beweise.[221] Da sich diese Ansicht in den meisten Fällen nicht auf eine eingehende Analyse der Beweisstruktur stützt, darf man annehmen, daß sie in diesen Fällen auf der Beobachtung beruht, daß Kant die fraglichen Beweise stets mit der Annahme des Negats der zu beweisenden Behauptung beginnt. Nun ist das allein aber kein hinreichendes Kriterium dafür, daß ein indirekter Beweis vorliegt. Wie ich im folgenden zeigen möchte, beginnt Kant den Beweis von (T_2) zwar mit der Annahme des Negats, führt aber insgesamt keinen indirekten Beweis. Der Beweis von (T_2) besteht vielmehr aus zwei Teilen, die sich durch unterschiedliche Beweisstrategien auszeichnen: Im ersten Teil folgt der Annahme $\neg(T_2)$ ein von dieser Annahme abhängiger, indirekter Beweis einer Behauptung p, so daß Kant zu dem Konditional $\neg(T_2)\rightarrow p$, oder gleichwertig: $p\vee(T_2)$, übergehen kann. Im zweiten Teil wird dann gezeigt, daß aus p eine falsche Behauptung folgt, so daß (unabhängig von der Annahme $\neg(T_2)$) $\neg p$ gelten muß. Aus $\neg p$ und $p\vee(T_2)$ wird dann auf (T_2) geschlossen, womit das Beweisziel erreicht ist. Wenngleich der erste Teil des Beweises einen indirekten Beweis enthält, kann der Beweis von (T_2) daher im Ganzen nicht als indirekt bezeichnet werden.

Der Beweis erscheint insgesamt recht umständlich, und einige Formulierungen Kants sind mit interpretatorischen Schwierigkeiten behaftet. Bereits die Stellung des

---

[220] Vgl. A440f., B468f.

[221] Vgl. z.B. H.Heimsoeth *1966-9*, S.216, P.F.Strawson *1966*, S.175, J.Bennett *1974*, S.163, V.S.Wike *1982*, S.22, und (nur für die zweite Antinomie) B.Falkenburg *1995*, S.17.

Wortes „nicht" in der Annahme, die den Beweis einleitet, legt den Verdacht nahe, Kant könnte hier nicht das Negat von (T_2), sondern (A_2) annehmen[222]:

(1) „Denn nehmet an, die zusammengesetzten Substanzen bestünden *nicht* aus einfachen Teilen" (A434, B462; kursiv vom Verf.).

Würde Kant jedoch tatsächlich nicht das Negat von (T_2), sondern (A_2) annehmen, so wäre es von vornherein zweifelhaft, ob der Beweis (T_2) überhaupt zu stützen vermag.[223] Geht man nun davon aus, daß sich das Wort „nicht" nicht auf das Prädikat „besteht aus einfachen Teilen", sondern auf den ganzen Satz „die zusammengesetzten Substanzen bestünden [...] aus einfachen Teilen" bezieht und daß der bestimmte Artikel „die" hier die (traditionelle) All-Quantifikation vertritt, so folgt wegen der Existenz-Implikation allgemeiner kategorischer Urteile: Einige zusammengesetzte Substanzen bestehen nicht aus einfachen Teilen, oder es gibt keine zusammengesetzten Substanzen. Da die weiteren Beweisschritte davon abhängen, daß es Substanzen gibt, die nicht aus einfachen Teilen bestehen, dürfte an dieser Stelle die Prämisse einfließen, daß es zusammengesetzte Substanzen gibt. Unter dieser Prämisse folgt dann aus der Annahme (1), daß es zusammengesetzte Substanzen gibt, die nicht aus einfachen Teilen bestehen.

Um in der Folge zeigen zu können, daß nicht alle Zusammensetzung zusammengesetzter Substanzen aufgelöst werden kann, wenn es zusammengesetzte Substanzen gibt, die nicht aus einfachen Teilen bestehen, nimmt Kant im zweiten Beweisschritt des weiteren an:

(2) „wenn alle Zusammensetzung *in Gedanken* aufgehoben würde" (ibid.; kursiv vom Verf.),

---

[222] Dies behaupten z.B. N.K.Smith *1923*, S.488, P.F.Strawson *1966*, S.175, S.J.Al-Azm *1972*, S.49f., und P.Guyer *1987*; S.410; die genannten Autoren gehen davon aus, daß Kant im Beweis der Thesis die Behauptung (A_2) annehme und *ad absurdum* führe. Strawson deutet sogar an, daß es, mit Ausnahme der Thesis der vierten Antinomie, Kants allgemeine Methode in den Antinomien sei, jeweils die eine antinomische Behauptung dadurch zu beweisen, daß die Gegenbehauptung *ad absurdum* geführt werde.- Im Vergleich mit anderen Textstellen, in denen Kant ganz offensichtlich Behauptungen der Form SaP und ¬SaP vor Augen hatte, zeigt sich jedoch, daß Kant bisweilen die „äußere" Negation (in ¬SaP) in den Satz hineinzieht. Einschlägig ist hier R5962, in der es um das Verhältnis von Thesis und Antithesis in der dritten Antinomie geht: „Das Gegentheil von dem Satze: ‚alle Begebenheiten (Dinge) in der (Sinnen)Welt stehen unter dem Mechanism der Naturcaussalitaet', ist: ‚sie stehen *nicht* darunter'" (*AA* XVIII;404,12-14; kursiv vom Verf.); vgl. dazu auch unten Abschnitt 2.4.1.

[223] Man müßte in diesem Fall eine völlig andere Beweisstruktur annehmen, als ich sie oben dargelegt habe. Kant würde dann einen indirekten Beweis führen, in dem die Annahme (A_2) *ad absurdum* geführt und dann logisch *inkorrekt* auf (T_2) geschlossen würde.

und folgert daraus, daß von einer „gegebenen"[224] zusammengesetzten Substanz, die nicht aus einfachen Teilen besteht, in diesem Fall nichts übrig bleiben würde:

(3) „so würde [...] kein zusammengesetzter Teil, und (da es keine einfachen Teile gibt) auch kein einfacher, mithin gar nichts übrigbleiben" (ibid.).

Würde nämlich alle Zusammensetzung aufgehoben, so würde von einer „gegebenen", zusammengesetzten Substanz, die nicht aus einfachen Teilen besteht, kein zusammengesetzter Teil übrigbleiben, da sonst nicht *alle* Zusammensetzung aufgehoben worden wäre. Es würde aber auch kein einfacher Teil übrigbleiben, da die Substanz *per hypothesin* keine einfachen Teile hat. Da aber jeder Teil der Substanz, der übrigbleiben könnte, entweder zusammengesetzt oder einfach sein müsste, kann von der Substanz nichts übrigbleiben.

Wenn Kant in seinem vierten Beweisschritt folgert, daß somit gar keine Substanz „gegeben" worden sein könne, so dürfte er stillschweigend von der Prämisse Gebrauch machen, daß von einer (zusammengesetzten) Substanz bei Aufhebung aller Zusammensetzung immer etwas übrig bleiben muß:

(4) „folglich gar keine [zusammengesetzte] Substanz sein *gegeben* worden" (ibid.; kursiv vom Verf.).[225]

Dies widerspricht nun aber der Voraussetzung, daß tatsächlich eine zusammengesetzte *Substanz* (die nicht aus einfachen Teilen besteht) gegeben worden ist. - Im Übergang zu seinem fünften Beweisschritt läßt Kant zwei elementare Beweisschritte aus: Zum einen folgt aus dem angedeuteten Widerspruch, daß es nicht möglich ist, alle Zusammensetzung in Gedanken aufzuheben, d.h. die Negation der

---

[224] Daß Kant hier auf eine „gegebene" Substanz Bezug nimmt, ergibt sich aus der Formulierung seines vierten Beweisschritts (vgl. unten).

[225] Nach J.Schmucker *1990*, S.131, gilt dies, da die Teile einer zusammengesetzten Substanz Bedingungen der Möglichkeit dieser Substanz darstellen. P.F.Strawson *1966*, S.183, H.Heimsoeth *1966-9*, S.228, und J.Bennett *1974*, S.163, dagegen beziehen diesen Beweisschritt nicht auf die Ausgangssubstanz des Gedankenexperiments der Auflösung aller Zusammensetzung, sondern auf die Substanzen, die die Ausgangssubstanz (nach Voraussetzung) zusammensetzen. Heimsoeth kommt so zu der irrigen Auffassung, der Substanzbegriff spiele in der zweiten Antinomie keine zentrale, beweisrelevante Rolle (S.227); Bennett gelangt auf diese Weise zu zwei alternativen Interpretationen des Kantischen Arguments, von denen er eine als inkonsistent, die andere als logisch zu schwach befindet, um die Thesis zu stützen (S.163f.). Als Beleg für die von mir vorgeschlagene Interpretation des Beweisschrittes (4) vgl. auch die folgende Reminiszenz aus dem neunten Abschnitt des Antinomienkapitels: „allein daß, wenn alle Zusammensetzung der Materie in Gedanken aufgehoben würde, gar nichts übrigbleiben solle, scheint sich nicht mit dem Begriffe einer Substanz vereinigen zu lassen, *die* eigentlich das Subjekt aller Zusammensetzung sein sollte, und *in ihren Elementen* übrigbleiben müßte, wenngleich die Verknüpfung derselben im Raume, dadurch sie einen Körper ausmachen, aufgehoben wäre" (A525, B553; kusiv vom Verf.).

Annahme (2). Diese Folgerung ist allerdings noch von der Annahme (1) abhängig, so daß sich bei Beseitigung dieser Annahme das Konditional ergibt: Wenn nicht alle zusammengesetzten Substanzen aus einfachen Teilen bestehen, dann läßt sich nicht alle Zusammensetzung in Gedanken aufheben. Auch dieses Konditional läßt Kant unerwähnt; es ist jedoch äquivalent zu der folgenden Adjunktion, die ich mit Kants fünftem Beweisschritt identifizieren möchte: Es läßt sich nicht alle Zusammensetzung in Gedanken aufheben, *oder* alle Substanzen bestehen aus einfachen Teilen. Mit Kants Worten:

(5) „Entweder also läßt sich unmöglich alle Zusammensetzung in Gedanken aufheben, oder es muß nach deren Aufhebung etwas ohne alle Zusammensetzung Bestehendes, d.i. das Einfache, übrigbleiben" (ibid.).

Gegen die Identifikation von (5) mit der zuvor von mir formulierten *Adjunktion* kann man jedoch zwei Einwände erheben: Zum einen stimmt der zweite Teilsatz von (5) im Wortlaut nicht mit (T_2) überein. Zweitens ist (5) eine *Disjunktion*, also eine stärkere Aussage als die von mir formulierte Adjunktion; eine Disjunktion aber folgt nicht aus dem Konditional, das zuvor hergeleitet wurde. Diesem Einwand kann man entgegenhalten, daß Kant in den folgenden Beweisschritten nur von der Adjunktion, nicht aber von der Disjunktion Gebrauch macht; daher kann man vermuten, daß Kant seinem fünften Beweisschritt irrtümlicherweise eine zu starke Formulierung gegeben hat. Der erste Einwand hingegen kann durch den Hinweis entkräftet werden, daß Kant im Übergang von seinem siebenten zu seinem achten Beweisschritt aus (5) und der Behauptung, daß sich tatsächlich alle Zusammensetzung in Gedanken aufheben läßt, gerade (T_2) folgert (siehe unten). Dieser Schluß hat offensichtlich die Form eines *disjunktiven Syllogismus*; dessen Obersatz (5) muß aber die Konklusion (T_2) als Adjunktionsglied enthalten. Ich möchte deshalb davon ausgehen, daß Kant in (5) nur eine andere (logisch stärkere) Formulierung für (T_2) gewählt hat.[226] Um nun auch den Untersatz des disjunktiven Syllogismus' herleiten zu können, führt Kant im sechsten Beweisschritt die Prämisse ein, daß einige zusammengesetzte Substanzen nicht aus Substanzen bestehen würden, wenn sich nicht alle Zusammensetzung in Gedanken aufheben lassen würde:

(6) „Im ersteren Falle würde das Zusammengesetzte nicht aus Substanzen bestehen" (ibid.).[227]

---

[226] Die formale Analyse wird diese Interpretation bestätigen (vgl. unten).

[227] Der bestimmte Artikel „das" weist darauf hin, daß die zusammengesetzten Substanzen, die nicht aus Substanzen bestehen würden, genau diejenigen sein würden, deren Zusammensetzung sich nicht vollständig aufheben ließe. Die so angedeutete Identität der jeweiligen Substanzen ist aber allenfalls für die Begründung der Prämisse, nicht jedoch für den weiteren Beweisgang relevant (vgl. unten die formale Analyse).

Diese Prämisse wird von Kant in einer Parenthese damit begründet, daß die Zusammensetzung von Substanzen zu zusammengesetzten Substanzen keine notwendige (wesentliche) Eigenschaft, sondern nur eine zufällige Relation der zusammensetzenden Substanzen ist: „(weil bei diesen [sc. Substanzen, Verf.] die Zusammensetzung nur eine zufällige Relation der Substanzen ist, ohne welche diese, als für sich beharrliche Wesen, bestehen müssen)" (ibid.). - Da aber in diesem Beweis nur von *composita substantialia*, also von aus Substanzen zusammengesetzten Substanzen die Rede ist, muß sich alle Zusammensetzung in Gedanken aufheben lassen:

(7) „Da nun dieser Fall [sc. der Fall, daß das Zusammengesetzte nicht aus Substanzen besteht, Verf.] der Voraussetzung widerspricht" (A434-6,B462-4).

Somit ist auch der Untersatz des disjunktiven Syllogismus gegeben, so daß aus (5) und (7) auf (T_2) geschlossen werden kann:

(8) „so bleibt nur der zweite übrig: daß nämlich das substantielle Zusammengesetzte in der Welt aus einfachen Teilen bestehe" (A436, B464).

Im letzten Schritt leitet Kant aus (T_2) dann mittels der Definition der Einfachheit (T_2^*) ab:

(9) „Hieraus folgt unmittelbar, daß die Dinge der Welt insgesamt einfache Wesen sind, daß die Zusammensetzung nur ein äußerer Zustand derselben sei, und daß, wenn wir die Elementarsubstanzen gleich niemals völlig aus diesem Zustande der Verbindung setzen und isolieren können, doch die Vernunft sie als die ersten Subjekte aller Komposition, und mithin, vor derselben, als einfache Wesen denken müsse" (ibid.).

Nachdem die Beweisstruktur auf informelle Weise dargelegt und die damit verbundenen philologischen Schwierigkeiten besprochen worden sind, soll nun zur formalen Rekonstruktion der Argumente übergegangen werden. Die Annahme, mit der Kant den Beweis beginnt, lautet dann:

(1) $\neg\forall_{\exists}x(Z(x) \rightarrow A(x))$

Mit der zu ergänzenden Voraussetzung, daß es zusammengesetzte Substanzen gibt:

(1a) $\exists x(Z(x))$

folgt daraus, daß es eine zusammengesetzte Substanz gibt, die nicht aus einfachen Teilen besteht:

(1b) $\exists x(Z(x) \wedge \neg A(x))$

Da Kant in seinem vierten Beweisschritt davon Gebrauch macht, daß zuvor eine zusammengesetzte Substanz, die nicht aus einfachen Teilen besteht, „gegeben" worden ist, soll die Annahme ergänzt werden, daß a eine solche Substanz sei:

(1c) $Z(a) \wedge \neg A(a)$

Diese Annahme kann später mittels (1b) wieder beseitigt werden. Um nun Kants zweiten Beweisschritt und das durch diesen eingeleitete indirekte Argument einer feineren Analyse unterziehen zu können, möchte ich zuvor eine mereologische Funktion τ einführen, die das Aufheben „alle[r] Zusammensetzung in Gedanken" symbolisieren soll. Der Definitionsbereich D_τ von τ wird dabei zunächst offengelassen, da Kants zweiter Beweisschritt als eine Annahme über diesen aufgefaßt werden soll.[228] Zunächst aber soll die Funktion durch Angabe ihrer Werte für verscheidene Argumente charakterisiert werden. Im Falle eines nicht-zusammengesetzten Dinges ist der Funktionswert die Menge, die dieses Ding als einziges Element enthält; im Falle eines zusammengesetzten Dinges ist der Funktionswert die Menge der nicht-zusammengesetzten Teile des Dinges:

(1d) $\forall x(x \in D_\tau \leftrightarrow ((\neg Z(x) \rightarrow \tau(x)=\{x\}) \wedge (Z(x) \rightarrow \tau(x)=\{y|y \prec x \wedge \neg Z(y)\})))$

Kants zweiter Beweisschritt soll nun mit der Annahme identifiziert werden, daß alle zusammengesetzten Substanzen zum Definitionsbereich von τ gehören:

(2) $\forall x(Z(x) \rightarrow x \in D_\tau)$

Fügt man in zwei weiteren Zwischenschritten (Def A) und (Def E) hinzu:

(2a) $\forall x(A(x) \leftrightarrow \exists y(y \prec x \wedge E(y)))$,

(2b) $\forall x(E(x) \leftrightarrow \neg Z(x))$,

---

[228] Offenbar trennt Kant die Frage, was unter der Aufhebung „alle[r] Zusammensetzung in Gedanken" zu verstehen ist, von der Frage, für welche Objekte sich überhaupt „alle Zusammensetzung in Gedanken" aufheben läßt. Während seine Antwort auf die erste Frage offensichtlich zu den impliziten Voraussetzungen des Beweises gehört, tritt eine mögliche Antwort auf die zweite Frage im Beweis als Annahme auf.

so folgt aus (1c),(1d),(2),(2a) und (2b) für die „gegebene" Substanz a, daß unter der Aufhebung „alle[r] Zusammensetzung in Gedanken" kein Teil von a übrigbleibt[229], d.i. Kants dritter Beweisschritt:

(3) $\tau(a)=\varnothing$

Wendet man τ also auf a an, so ist der Funktionswert die leere Menge; mit Kants Worten: Bei Aufhebung aller Zusammensetzung in Gedanken bleibt von a nichts übrig. Um daraus folgern zu können, daß a keine (zusammengesetzte) Substanz ist, möchte ich die Prämisse ergänzen, daß von einer (zusammengesetzten) Substanz bei Aufhebung aller Zusammensetzung etwas übrig bleiben *muß*:

(3a) $\forall x(Z(x) \rightarrow (x \in D_\tau \rightarrow \tau(x) \neq \varnothing))$

Aus dieser Prämisse folgt dann zusammen mit (2) und (3) Kants vierter Beweisschritt:

(4) $\neg Z(a)$

Da auf diese Weise unter der Annahme (2) ein Widerspruch abgeleitet wurde, gilt (unter den Annahmen (1) und (1c)), daß nicht bei allen zusammengesetzten Substanzen die Zusammensetzung aufgehoben werden kann:

(4a) $\neg\forall x(Z(x) \rightarrow x \in D_\tau)$

Nun hängt (4a) zwar noch von den Annahmen (1) und (1c) ab, die Abhängigkeit von (1c) kann jedoch mittels (1b) beseitigt werden. Durch Beseitigung der Annahme (1) ergibt sich schließlich das Konditional: Wenn nicht alle Substanzen aus einfachen Teilen bestehen, dann läßt sich nicht bei allen zusammengesetzten Substanzen die Zusammensetzung aufheben:

(4b) $\neg\forall_{\exists} x(Z(x) \rightarrow A(x)) \rightarrow \neg\forall x(Z(x) \rightarrow x \in D_\tau)$

---

[229] Unter der in Abschnitt 2.3.1. erörterten stärkeren Definition von „A(x)" (d.i.: x besteht genau dann aus einfachen Teilen, wenn x (i) einfache Teile hat und (ii) aus seinen einfachen Teilen vollständig zusammensetzbar ist) würde (3) nicht folgen, da durch (1c),(1d) und (2) nicht ausgeschlossen würde, daß a einfache Teile hat, aus denen a aber nicht vollständig zusammensetzbar ist. Denn, daß a *nicht* aus einfachen Teilen besteht, würde dann nur bedeuten, daß a keine einfachen Teile hat *oder* aus seinen einfachen Teilen nicht vollständig zusammensetzbar ist.

Dieses Konditional ist nun äquivalent zu der Adjunktion, die ich mit Kants fünftem Beweisschritt identifizieren möchte[230]:

(5) $\neg\forall x(Z(x) \rightarrow x \in D_\tau) \vee \forall_\exists x(Z(x) \rightarrow A(x))$

Damit ist der Obersatz des disjunktiven Syllogismus hergeleitet, mittels dessen Kant schließlich (T_2) gewinnt. Um auch den Untersatz ableiten zu können, führt Kant in seinem sechsten Beweisschritt die folgende Prämisse in den Beweis ein:

(6) $\neg\forall x(Z(x) \rightarrow x \in D_\tau) \rightarrow \exists x(Z(x) \wedge \neg\forall y(y \prec x \rightarrow S(y)))$.[231]

Nun widerspricht das Sukzedens dieses Konditionals aber der von Kant im siebenten Beweisschritt angeführten Voraussetzung, daß es im vorliegenden Beweis nur um *composita substantialia* geht:

(7) $\forall x(Z(x) \rightarrow \forall y(y \prec x \rightarrow S(y)))$.

Aus (5),(6) und (7) folgt dann das gewünschte Resultat:

(8) $\forall_\exists x(Z(x) \rightarrow A(x))$

Schließlich erhält man mittels der Definition der Einfachheit in Zeile (2b) aus (8) auch (T_2^*):

(9) $\forall x(E(x) \vee A(x))$

Somit ist gezeigt, daß aus den Prämissen (1a),(3a),(6) und (7) zusammen mit den Definitionen (Def A), (Def E) und (1d) (T_2) ableitbar ist; aus (T_2) ist dann mittels (Def E) auch (T_2^*) ableitbar.[232]

---

[230] Der erste der beiden, im informellen Teil der Rekonstruktion erörterten Einwände gegen die Identifikation von Kants fünftem Beweisschritt mit dieser Adjunktion beruhte darauf, daß Kant für das zweite Adjunktionsglied nicht seine übliche Formulierung von (T_2) wählt, sondern die Formulierung: „es muß nach deren Aufhebung [sc. der Aufhebung aller Zusammensetzung, Verf.] etwas ohne alle Zusammensetzung Bestehendes, d.i. das Einfache, übrigbleiben" (vgl. oben). Es läßt sich aber zeigen, daß (T_2) unter den Definitionen (1d), (Def A) und (Def E) sowie der zentralen Voraussetzung $\exists x(Z(x))$ aus der *dieser Formulierung genau entsprechenden* Konjunktion $\forall x(Z(x) \rightarrow x \in D_\tau) \wedge \forall x(x \in D_\tau \rightarrow \tau(x) \neq \emptyset)$ logisch folgt, so daß man tatsächlich annehmen darf, daß Kant hier (T_2) nur in der Sprache seines „Gedankenexperiments" der Auflösung aller Zusammensetzung formuliert hat.

[231] Die Abkürzung „S(x)" steht hier und im folgenden für den Begriff der Substanz.

[232] Eine Zusammenfassung der formalen Darstellung findet sich im Anhang.

2.3.3. Der Beweis der Antithesis

Wie bereits festgestellt wurde, besteht der Beweis der Antithesis aus zwei voneinander unabhängigen Argumentationen; zunächst wird für die Behauptung (A_2) argumentiert, danach - mittels eines unterschiedlichen Typs von Argumenten - für (A_2^*). In der folgenden Analyse möchte ich die beiden Argumentationen getrennt voneinander und in der von Kant vorgegebenen Reihenfolge behandeln.

Ebenso wie in den Beweisen für die Behauptungen der Antithesis der ersten Antinomie[233] bezieht sich der indirekte Beweis, den Kant führt, nicht auf die vollständige Behauptung (A_2), sondern nur auf einen ihrer Teile. Im vorliegenden Fall wird nicht die Annahme, es sei nicht der Fall, daß alle zusammengesetzten Substanzen nicht aus einfachen Teilen bestehen, *ad absurdum* geführt, sondern die Annahme, es gebe Substanzen, die aus einfachen Teilen bestehen[234]:

(1) „Setzet: *ein* zusammengesetztes Ding (als Substanz) bestehe aus einfachen Teilen" (A435, B463; kursiv vom Verf.).

Durch eine *Reductio ad absurdum* dieser Annahme läßt sich selbstverständlich nicht zeigen, daß es überhaupt zusammengesetzte Substanzen gibt. Deshalb muß diese Existenzbehauptung später in Form einer Prämisse ergänzt werden, um aus dem Negat der Annahme (1) auf (A_2) schließen zu können.

Die Interpretation der drei auf (1) folgenden Sätze des Beweistextes hängt entscheidend von der Deutung des bestimmten Artikels ab, der einmal im unmittelbar auf (1) folgenden Satz in der Wortfolge „*das* Zusammengesetzte" und ein anderes Mal im dritten auf (1) folgenden Satz[235] in der Wortfolge „*des* Zusammengesetzten" vorkommt. Deutet man den bestimmten Artikel jeweils als Ausdruck einer All-Quantifikation, so hat man die entsprechenden Aussagen als allgemeine Prämissen zu deuten und muß die Folgerungen, die sich aus (1) zusammen mit diesen Prämissen ergeben, ergänzen. Wahrscheinlicher ist es allerdings, daß Kant mit dem bestimmten Artikel jeweils auf solche zusammengesetzten Substanzen Bezug nehmen wollte, die aus einfachen Teilen bestehen und nach der Annahme (1) existieren. Die fraglichen Sätze würden dann Folgerungen aus (1) und solchen Prämissen darstellen, die den nicht explizierten Hintergrund der Argumentation bilden und von Kant nur in dem einleitenden, kausalen Nebensatz „Weil alles äußere Verhältnis, mithin auch alle Zusammensetzung aus Substanzen, nur im Raum möglich ist" angedeutet werden.

---

233 Vgl. oben die Abschnitte 2.2.1.3. und 2.2.2.3.

234 Analog zu ihrer Interpretation des Beweises der Thesis behaupten N.K.Smith *1923*, S.490, P.F.Strawson *1966*, S.175, S.J.Al-Azm *1972*, S.50, und P.Guyer *1987*, S.410, Kant beweise auch (A_2), indem er (T_2) *ad absurdum* führe; sie unterstellen Kant damit einen weiteren logisch *inkorrekten* Schluß (von $\neg(T_2)$ auf (A_2)).

235 Ich zähle hier nur vollständige, jeweils durch einen Punkt voneinander getrennte Sätze.

Diese Deutung entspricht darüber hinaus auch eher dem Gebrauch des bestimmten Artikels im fünften Satz des Beweises, wo Kant mit der Wortfolge „*das* Einfache" auf einen gemäß (1) und der Definition des Zusammengesetztseins existierenden einfachen Teil einer Substanz Bezug nimmt.

Ein weiteres Interpretationsproblem besteht darin, daß die beiden Aussagen, die auf die Annahme (1) folgen, zusammen mit (1) nicht die Aussage implizieren, die im vierten Satz des Beweises enthalten ist, obwohl der vierte Satz des Beweises durch die logische Partikel „also" eingeleitet wird. Aus den Aussagen

(a) Aus ebensoviel Teilen, aus denen eine (aus einfachen Teilen bestehende) zusammengesetzte Substanz besteht, besteht auch der Raum, den die Substanz einnimmt; und

(b) Der Raum, den eine Substanz einnimmt, besteht aus Räumen;

folgt zusammen mit (1) lediglich die Aussage

(c) Es gibt eine (aus einfachen Teilen bestehende) zusammengesetzte Substanz, die ebensoviele Teile hat, wie der Raum, den die Substanz ausfüllt, Teilräume hat.

Im vierten Satz des Beweises behauptet Kant jedoch:

(d) Es gibt eine (aus einfachen Teilen bestehende) zusammengesetzte Substanz, so daß jeder Teil der Substanz einen Raum einnimmt.

Die Aussage (d) folgt nun nicht aus (1), (a) und (b). Daher darf man annehmen, daß Kant die Prämisse, daß jeder Teil einer beliebigen zusammengesetzten Substanz einen Raum einnimmt, welche dann zusammen mit der Annahme (1) die Aussage (d) impliziert, lediglich in dem bereits erwähnten kausalen Nebensatz andeutet. Dieser Nebensatz muß dann als Kants zweiter Beweisschritt angesehen werden:

(2) „Weil alles äußere Verhältnis, mithin auch alle Zusammensetzung aus Substanzen, nur im Raume möglich ist" (ibid.).

Der restliche Teil des Satzes sowie der dritte Satz des Beweises sind nach den vorangehenden Erläuterungen logisch zu schwach, um einen eigenen Beweisschritt zu bilden: „so muß, aus so viel Teilen *das* Zusammengesetzte besteht, aus ebensoviel Teilen auch der Raum bestehen, den es einnimmt. Nun besteht der Raum nicht aus einfachen Teilen, sondern aus Räumen" (ibid.; kursiv vom Verf.).

Kants dritter Beweisschritt, der die Behauptung (d) enthält, lautet dann:

(3) „*Also* muß jeder Teil *des* Zusammengesetzten einen Raum einnehmen" (ibid.; kursiv vom Verf.).

Indem Kant davon Gebrauch macht, daß eine solche zusammengesetzte Substanz aus einfachen Teilen bestehen soll, folgert er aus (3), daß es etwas Einfaches gibt, das einen Raum einnimmt:

(4) „Die schlechthin ersten Teile alles Zusammengesetzten sind einfach. Also nimmt das Einfache einen Raum ein“ (ibid.).[236]

Im fünften Beweisschritt führt Kant die Prämisse ein, daß es zu jedem Objekt, das einen Raum einnimmt, eine Vielheit von Objekten gibt, von denen jedes einen echten Teilraum des Raums genau ausfüllt, den das Objekt einnimmt:

(5) „Da nun alles Reale, was einen Raum einnimmt, ein außerhalb einander befindliches Mannigfaltiges[237] in sich faßt“ (ibid.).

Ergänzt man nun die Prämisse, daß jedes Objekt, das einen Teilraum des Raums, den ein anderes Objekt einnimmt, *genau* ausfüllt, ein echter Teil dieses Objekts ist, so folgt aus (5) und der Definition des Zusammengesetztseins, daß jedes Objekt, das einen Raum einnimmt, zusammengesetzt ist:

(6) „mithin zusammengesetzt ist, und zwar als ein reales Zusammengesetztes[238], nicht aus Akzidenzen, (denn die können nicht ohne Substanz außereinander sein,) mithin aus Substanzen“ (ibid.).[239]

Aus (4) und (6) folgert Kant dann im siebenten Beweisschritt die logisch falsche Aussage, daß es ein Objekt gibt, das einfach und zusammengesetzt ist:

(7) „so würde das Einfache ein substantielles Zusammengesetztes[240] sein, welches sich widerspricht“ (ibid.).

Da Kant auf diese Weise unter der Annahme (1) eine Kontradiktion hergeleitet hat, folgt das Negat der Annahme (1): Es ist nicht der Fall, daß es eine zusammengesetzte Substanz gibt, die aus einfachen Teilen besteht. Ergänzt man nun noch die Prämisse, daß es überhaupt zusammengesetzte Substanzen in der Welt gibt, so folgt (A_2). Diese Beweisschritte sind allerdings im Text des von Kant gegebenen Beweises nicht mehr enthalten.

---

[236] Der erste dieser beiden Sätze fügt dem Beweis kein Argument hinzu, sondern dient offenbar nur der Erläuterung des Begriffs des schlechthin ersten Teils (eines Zusammengesetzten). Es ist allerdings nicht einsichtig, warum Kant diese Erläuterung an der vorliegenden Stelle in den Beweis einfügt, da der Begriff des schlechthin ersten Teils im vorliegenden Beweis keine Rolle spielt. Der fragliche Satz dürfte daher ein weiteres Indiz für die Umständlichkeit der Kantischen Beweisführung sein.

[237] In der A-Auflage der *KdrV* heißt es: „Mannigfaltige“; vgl. die Ausgabe von R.Schmidt, S.458*.

[238] In der A-Auflage der *KdrV* steht: „Zusammengesetzte“; vgl. die Ausgabe von R.Schmidt, S.458*.

[239] Ich beziehe somit das Prädikat „zusammengesetzt ist“ ebenfalls auf das Satzsubjekt von (5) „alles Reale, was einen Raum einnimmt“.

[240] Auch an dieser Stelle steht in der A-Auflage der *KdrV*: „Zusammengesetzte“; vgl. die Ausgabe von R.Schmidt, S.458*

Gemäß den vorhergehenden Ausführungen lautet die Annahme (1) in formaler Notation:

(1) $\exists x(Z(x) \wedge A(x))$

Im Rückgriff auf das im Abschnitt über die Raum-Antinomie eingeführte Grundprädikat „C(x,V)" ist die Prämisse, die Kant im zweiten Beweisschritt in die Argumentation einführt, folgendermaßen zu formalisieren:

(2) $\forall x(Z(x) \rightarrow \forall y(y \prec x \rightarrow \exists V(C(y,V))))$

Aus (1) und (2) folgt dann Kants dritter Beweisschritt:

(3) $\exists x(Z(x) \wedge A(x) \wedge \forall y(y \prec x \rightarrow \exists V(C(y,V))))$

Ergänzt man nun (Def A):

(3a) $\forall x(A(x) \leftrightarrow \exists y(y \prec x \wedge E(y)))$,

dann folgt, daß es ein Ding x gibt, das einfach ist und einen Raum ausfüllt, d.i. Kants vierter Beweischritt:

(4) $\exists x(E(x) \wedge \exists V(C(x,V)))$

Da Kant in der Prämisse, die er in seinem fünften Beweisschritt in die Argumentation einführt, von einem „Mannigfaltigen" von Objekten spricht, dessen Anzahl nicht bestimmt ist, muß man in der Formalisierung dieser Prämisse über eine Menge von Objekten quantifizieren, die allesamt Teilräume des Raums genau ausfüllen, den das Ausgangsobjekt einnimmt:

(5) $\forall x \forall V_1(C(x,V_1) \rightarrow \exists T \neq \emptyset \forall y \in T \exists V_2 \subset V_1(C(y,V_2) \wedge \forall V_3(V_2 \subset V_3 \rightarrow \neg C(y,V_3))))$

Ergänzt man nun die Prämisse, daß jedes Objekt, das einen echten Teilraum des Raums, den ein anderes Objekt einnimmt, *genau* ausfüllt, ein echter Teil dieses Objekts ist - formal ausgedrückt:

(5a) $\forall x,y \forall V_1(C(x,V_1) \wedge \exists V_2 \subset V_1(C(y,V_2) \wedge \forall V_3(V_2 \subset V_3 \rightarrow \neg C(y,V_3))) \rightarrow y \prec x)$

dann folgt daraus mit (5) und (Def Z):

(5b) $\forall x(Z(x) \leftrightarrow \exists y(y \prec x))$

die Aussage, daß jedes Ding, das einen Raum ausfüllt, zusammengesetzt ist, d.i. Kants sechster Beweisschritt:

(6) $\forall x(\exists V(C(x,V)) \rightarrow Z(x))$

Aus (4) und (6) erhält Kant schließlich im siebenten Beweischritt die logisch falsche Aussage, daß es etwas gibt, das zugleich einfach und zusammengesetzt ist:

(7) $\exists x(E(x) \wedge Z(x))$

Somit ist die Annahme (1) *ad absurdum* geführt, und es gilt das Negat von (1):

(7a) $\neg\exists x(Z(x) \wedge A(x))$,

woraus mit der Voraussetzung, daß es überhaupt zusammengesetzte Substanzen gibt:

(7b) $\exists x(Z(x))$

das gewünschte Resultat folgt:

(7c) $\forall_{\exists} x(Z(x) \rightarrow \neg A(x))$

Somit ist gezeigt, daß die Prämissen (2),(5),(5a) und (7b) zusammen mit den Definitionen (Def A) und (Def Z) die Behauptung (A_2) implizieren.[241]

Der Beweis für die stärkere Behauptung (A_2^*) beruht nun überraschenderweise und im Widerspruch zu den notwendigen Bedingungen an die Kantische Antinomienlehre auf transzendentalphilosophischen Argumenten, d.h. auf Argumenten, die die Anwendbarkeitsbedingungen des Begriffs der Einfachheit auf Gegenstände im Raum *oder* in der Zeit betreffen. Dies wird bereits im ersten Schritt des Beweises deutlich:

[241] Eine Zusammenfassung der formalen Darstellung findet sich im Anhang. - Folgte man dem bereits oben erwähnten Formalisierungsvorschlag P.F.Strawsons *1952*, S.173, für traditionelle A- und E-Urteile (vgl. Fußnote 218), so müßte man entweder annehmen, Kant beweise *formal inkorrekt* (A_2), indem er (T_2) *ad absurdum* führt, oder man müßte unterstellen, Kant mache zusätzlich implizit von der Prämisse $\exists x(A(x))$ Gebrauch; diese Prämisse widerspricht aber unmittelbar (A_2) und steht somit der Position der Antithesis völlig entgegen.

(1) „Der zweite Satz der Antithesis, daß in der Welt gar nichts Einfaches existiere, soll hier nur soviel bedeuten, als: Es könne das Dasein des schlechthin Einfachen aus keiner Erfahrung oder Wahrnehmung, *weder der äußeren, noch inneren*, dargetan werden" (A435-7, B463-5; kursiv vom Verf.).

Die Behauptung (A_2^*) ist in zweifacher Hinsicht stärker als die Behauptung (A_2): Zum einen ist sie logisch stärker, da (A_2) nur behauptet, daß alle zusammengesetzten Substanzen keine einfachen Teile haben, und damit nicht ausschließt, daß es einfache Substanzen gibt, während (A_2^*) auch dies verneint. Zum anderen beruht der Beweis von (A_2) auf einer Eigenschaft des Raums (unendliche Teilbarkeit) und bezieht sich somit auch nur auf Substanzen, die in Zeit *und* Raum sind. Daher ist die Behauptung (A_2) nur für solche Substanzen bewiesen. Wie man dem ersten Kantischen Beweisschritt entnehmen kann, bezieht sich (A_2^*) dagegen nicht nur auf Dinge in Zeit *und* Raum, sondern auch auf solche Dinge, die nur in der Zeit sind. Zum intendierten Geltungsbereich von (A_2^*) gehört damit auch die Seele, als nicht-räumliches Objekt.[242] Da der intendierte Geltungsbereich von (A_2^*) dem zufolge größer ist als der intendierte Geltungsbereich von (A_2), kann Kant im Beweis von (A_2^*) nicht von Eigenschaften des Raums Gebrauch machen.[243] Die unendliche Teilbarkeit der Zeit ist hingegen als Basis für ein Argument gegen die Einfachheit eines zeitlichen Objekts ungeeignet, da ein Analogon zur Prämisse (5) des Beweises von (A_2) für die Zeit nicht gilt. Kant schlägt deshalb im Beweis von (A_2^*) eine andere Strategie ein: Er weist zunächst darauf hin, daß eine notwendige und hinreichende Bedingung für die rechtmäßige Anwendung des Begriffs der Einfachheit auf ein Objekt x darin besteht, daß ein erkennendes Subjekt eine Anschauung davon hat, daß x einfach ist. Dann zeigt er, daß eine solche Anschauung niemals gegeben sein kann.

Bevor Kant jedoch in seinen indirekten Beweis von (A_2^*) die zu widerlegende Annahme einführt, weist er noch auf eine Folgerung hin, die sich aus (A_2^*) unter der transzendentalphilosophischen Deutung ergibt: „und das schlechthin Einfache sei

---

[242] Die gegenteilige Ansicht vertritt J.Bennett *1974*, S163; Bennett geht allerdings davon aus, die Behauptung (A_2^*) sei insgesamt „unprofitable" und keiner Untersuchung wert (S.165). Dagegen weisen H.Heimsoeth *1960*, *passim*, und *1966-9*, S.232 u. 236, sowie S.J.Al-Azm *1972*, S.67, P.Guyer *1987*, S.410, und J.Schmucker *1990*, S.134, überzeugend auf die enge Verbindung zwischen der Seelenthematik und der Atomismus-Anti-Atomismus-Debatte in Kants unmittelbaren historischen Bezugsquellen hin. Eine allgemeinere Zielrichtung von (A_2^*) gegen nicht-räumliche, einfache Substanzen überhaupt (z.B. Monaden à la Leibniz) stellt zutreffend B.Falkenburg *1995*, S.15, heraus.- Die Seele gehört allerdings nur dann zum Anwendungsbereich von (A_2^*), wenn man sie, wie es in der traditionellen Seelenmetaphysik der Fall war, als *Gegenstand in der Zeit* ansieht. Gerade diese Auffassung hat Kant aber im Paralogismenkapitel der *KdrV* kritisiert. Für ihn ist die Seele (das Ich-denke) kein Gegenstand in der Zeit, sondern eine formale Bedingung der Zeit als Anschauungsform selbst; vgl. insbesondere A362f.

[243] Vgl. dazu auch den letzten Absatz des Beweistextes (zitiert in Fußnote 201 oben). Der Beweis von (A_2^*) ist daher nicht, wie H.Wessel *1976*, S.213, glaubt, „analog" zum Beweis von (A_2). Auch teile ich nicht die Ansicht von P.Guyer *1987*, S.410, daß ebenso wie der Beweis von (A_2^*) auch der Beweis von (A_2) auf transzendentalphilosophischen Argumenten beruhe.

also eine bloße Idee, deren objektive Realität niemals in irgend einer möglichen Erfahrung kann dargetan werden, mithin in der Exposition der Erscheinungen ohne alle Anwendung und Gegenstand" (A437, B465).

Die zu widerlegende Annahme führt Kant dann im zweiten Beweisschritt ein:

(2) „Denn wir wollen annehmen, es ließe sich für diese transzendentale Idee ein Gegenstand der Erfahrung finden" (ibid.).

Unter dieser Annahme ergibt sich aus (1), daß es ein Objekt geben müßte, das man *intuitiv* als einfach erkennen können müßte. Unter den Definitionen der Einfachheit und des Zusammengesetztseins hieße das aber, daß das erkennende Subjekt eine Anschauung davon haben müßte, daß das Objekt keine Teile hat:

(3) „so müßte die empirische Anschauung irgendeines Gegenstandes als eine solche erkannt werden, welche schlechthin kein Mannigfaltiges außerhalb einander, und zur Einheit verbunden, enthält" (ibid.).[244]

In den beiden folgenden Beweisschritten führt Kant nun zwei Prämissen in den Beweis ein, die gemeinsam dem dritten Beweisschritt widersprechen. Im vierten Beweisschritt weist Kant zunächst darauf hin, daß ein erkennendes Subjekt, das keine Anschauung davon hat, daß ein Objekt Teile hat, nicht notwendigerweise zugleich eine Anschauung davon haben muß, daß ein Objekt keine Teile hat. M.a.W.: Daraus, daß ein Subjekt keine Anschauung davon hat, daß ein Objekt Teile hat, folgt nicht, daß das Subjekt eine Anschauung davon hat, daß das Objekt keine Teile hat.

(4) „Da nun von dem Nichtbewußtsein eines solchen Mannigfaltigen auf die gänzliche Unmöglichkeit desselben in irgendeiner Anschauung eines Objekts, kein Schluß gilt" (B465).[245]

Im fünften Beweisschritt behauptet Kant dann, daß ein Subjekt nur dann eine Anschauung davon haben könnte, daß ein Objekt keine Teile hat, wenn dies daraus, daß das Subjekt keine Anschauung von Teilen des Objekts hat, folgen würde.

(5) „dieses letztere [d.i. (wie sich im unmittelbar folgenden Beweisschritt zeigt) ein solcher Schluß, Verf.] aber zur absoluten Simplizität durchaus nötig ist" (A437, B465).

---

[244] Der Ausdruck „außerhalb einander" dürfte sich hier - im Gegensatz zum Beweisschritt (5) des Beweises von (A_2) (vgl. oben) - der Intention des Beweises nach nicht auf den Raum, sondern nur auf mögliche Teile des fraglichen Objekts beziehen.

[245] Kant hat an dieser Stelle in der B-Auflage der *KdrV* die A-Auflage korrigiert; vgl. die Ausgabe von R.Schmidt, S.459*.

Aus (4) und (5) folgert Kant im sechsten Beweisschritt, daß es kein Objekt geben kann, von dem ein Subjekt die Anschauung haben könnte, daß es einfach ist:

(6) „so folgt, daß diese [sc. die Unmöglichkeit eines Mannigfaltigen außerhalb einander und zur Einheit verbunden, Verf.] aus keiner Wahrnehmung, welche sie auch sei, könne *geschlossen* werden" (ibid.).

Da (6) im Widerspruch zu (3) steht, kann Kant im siebenten Beweisschritt auf das Negat der Annahme (2) schließen:

(7) „Da also etwas als ein schlechthin einfaches Objekt niemals in irgend einer möglichen Erfahrung kann gegeben werden, die Sinnenwelt aber als der Inbegriff aller möglichen Erfahrung angesehen werden muß: so ist überall in ihr nichts Einfaches gegeben" (ibid.).

Damit ist das Beweisziel erreicht und der Beweis von (A_2^*) abgeschlossen. Der letzte Absatz des Beweistextes enthält lediglich einen Kommentar zum Verhältnis der Behauptungen (A_2) und (A_2^*) zueinander (vgl. oben).

Obwohl Kant - sowohl im vorliegenden Beweistext als auch im übrigen Text der *Kritik der reinen Vernunft* - von Anschauungen häufig so spricht, als wären dies Gegenstände einer besonderen Art, möchte ich in der folgenden formalen Rekonstruktion des Beweises von (A_2^*) keine neue Art von Entitäten einführen, sondern eine Anschauung von etwas als eine Relation zwischen einem erkennenden Subjekt s und einem Sachverhalt p, also als propositionale Einstellung auffassen und durch „I(s,p)" symbolisieren. Die von Kant im ersten Beweisschritt angegebene Prämisse kann dann folgendermaßen formalisiert werden:

(1) $\exists x(E(x)) \rightarrow \exists s,x(I(s,E(x)))$.[246]

Im zweiten Beweisschritt führt Kant die zu widerlegende Annahme in den Beweis ein:

(2) $\exists x(E(x))$.

Aus (1) und (2) folgert Kant dann mittels der Definition der Einfachheit

[246] Der Kantische Wortlaut spricht zwar eher für die äquivalente Formel $\neg\exists x(E(x)) \rightarrow \neg\exists s,x(I(s,E(x)))$, Kant macht aber in seinem dritten Beweisschritt von der „positiven" Formulierung Gebrauch, so daß meine Formalisierung von (1) gerechtfertigt sein dürfte. - Genau genommen dürfte an der zweiten Argumentstelle der Relation „I(s,p)" nur ein Name für einen propositionalen Ausdruck, nicht aber ein propositionaler Ausdruck selbst stehen. Aus Gründen der einfacheren Darstellung erlaube ich es mir im folgenden jedoch, diese Feinheit außer Acht zu lassen.

(2a) $\forall x(E(x) \leftrightarrow \neg Z(x))$

und der Definition des Zusammengesetztseins

(2b) $\forall x(Z(x) \leftrightarrow \exists y(y \prec x))$

im dritten Beweisschritt, daß es ein erkennendes Subjekt gibt, das eine Anschauung davon hat, daß ein Objekt keine Teile hat:

(3) $\exists s,x(I(s,\neg\exists y(y \prec x)))$.

Die Prämisse, die Kant im vierten Beweisschritt in die Argumentation einführt, lautet dann:

(4) $\forall s,x\Diamond(\neg\exists y(I(s,y \prec x)) \wedge \neg I(s,\neg\exists y(y \prec x)))$.[247]

Mittels der im fünften Beweisschritt eingeführten Prämisse

(5) $\forall s,x(I(s,\neg\exists y(y \prec x)) \rightarrow \Box(\neg\exists y(I(s,y \prec x)) \rightarrow I(s,\neg\exists y(y \prec x))))$

folgt aus (4) Kants sechster Beweisschritt:

(6) $\neg\exists s,x(I(s,\neg\exists y(y \prec x)))$.

Da (6) unmittelbar im Widerspruch zu (3) steht, ist die Annahme (2) widerlegt und es gilt:

(7) $\neg\exists x(E(x))$,

womit das Beweisziel erreicht ist.

Somit ist gezeigt, daß (A_2^*) aus den Prämissen (1),(4) und (5) zusammen mit den Definitionen (Def E) und (Def Z) ableitbar ist.[248]

---

[247] Das Zeichen „◇" steht wie üblich für den (modalen) Möglichkeitsoperator, das Zeichen „□" für den Notwendigkeitsoperator. Die bezeichneten Modalitäten sind hier als *logische* Modalitäten zu deuten.

[248] Eine Zusammenfassung der formalen Darstellung findet sich im Anhang.

2.4. Die dritte Antinomie

2.4.1. Die logische Struktur der Behauptungen

In die dritte Antinomie verwickelt sich die Vernunft nach Kant dadurch, daß sie unter der Voraussetzung des transzendentalen Realismus von der objektiven Gültigkeit des Begriffs der „absolute[n] Vollständigkeit [der Bedingungen] der Entstehung *einer* Erscheinung“ ausgeht (vgl. A415, B443; kursiv vom Verf.). Bereits im Abschnitt über kosmologische Vernunftbegriffe wurde deutlich gemacht, daß unter der Voraussetzung des transzendentalen Realismus der Ausdruck „Erscheinung“ hier nicht in Kants terminologischem Sinne verstanden werden kann und daß der unbestimmte Artikel „einer“ darauf hinweist, daß es in der dritten Antinomie nicht um die Entstehung des „Ganzen aller Erscheinungen“ (Welt), sondern um die Entstehung einer Begebenheit *in* der Welt geht.[249] Der Behauptung, daß die Reihe der Entstehungsbedingungen einer solchen Begebenheit terminiert (Thesis), wird dabei die Behauptung gegenübergestellt, daß dies niemals der Fall ist (Antithesis).

Bereits in der Formulierung, die Kant für die Thesis wählt, wird deutlich, daß Kant diese beiden entgegengesetzten Positionen mit zwei verschiedenen Arten von Kausalität verknüpft und daß es in der dritten Antinomie um die Frage geht, ob beide Arten von Kausalität in der Welt vorkommen können. Die beiden Arten von Kausalität werden von Kant als „Kausalität nach Gesetzen der Natur“ einerseits und als „Kausalität durch Freiheit“ andererseits bezeichnet. Daß es in der Natur Vorkommnisse von Kausalität nach Gesetzen der Natur gibt, wird dabei offenbar vorausgesetzt; fraglich ist hingegen, ob es auch Vorkommnisse von Kausalität durch Freiheit geben kann, und diese Frage liegt dem antinomischen Streit in der dritten Antinomie zugrunde.[250] Die Thesis gibt - in zwei voneinander zu unterscheidenden Behauptungen, welche auf die Möglichkeit wissenschaftlicher Erklärungen Bezug nehmen - eine positive Antwort auf diese Frage:

> „Die Kausalität nach Gesetzen der Natur ist nicht die einzige [sc. Kausalität, Verf.], aus welcher die Erscheinungen der Welt insgesamt abgeleitet werden können. Es ist noch eine Kausalität durch Freiheit zur Erklärung derselben anzunehmen notwendig“ (A444, B472).

---

[249] Vgl. oben Abschnitt 1.5.

[250] In Kants eigenen Worten besteht die der dritten Antinomie zugrunde liegende Frage darin, „ob es eine Erzeugung und Hervorbringung aus Freiheit gebe, oder ob alles an der Kette der Naturordnung hänge“ (A481, B509); vgl. A463, B491 und A466, B494. Diese Interpretation wird auch gestützt durch den Abschnitt über die „Auflösung der kosmologischen Ideen von der Totalität der Ableitung der Weltbegebenheiten aus ihren Ursachen“ (A532ff., B560ff.). Ihr steht, soweit ich sehe, nur eine Stelle gegenüber, an der Kant die zugrunde liegende Frage anders formuliert, nämlich „ob es eine Ursache aller Dinge insgesamt gebe“ (A478, B506).

Im Gegensatz zur Formulierung der Thesis nimmt Kant weder in seiner Formulierung der Antithesis (vgl. unten) noch in den Beweisen, die er für Thesis und Antithesis gibt, auf wissenschaftliche Erklärungen Bezug. Daher möchte ich die beiden Behauptungen, die in der Thesis enthalten sind, ohne eine solche Bezugnahme formulieren[251]:

(T_3) Es gibt Vorkommnisse von Kausalität in der Welt, die keine Vorkommnisse von Kausalität nach Gesetzen der Natur sind.[252]

(T_3^*) Es gibt Vorkommnisse von Kausalität durch Freiheit in der Welt.

Die Antithesis besteht aus zwei Teilsätzen, welche - allerdings in umgekehrter Reihenfolge - die den Behauptungen (T_3) und (T_3^*) „entgegengesetzten" Behauptungen enthalten:

> „Es ist keine Freiheit, sondern alles in der Welt geschieht lediglich nach Gesetzen der Natur" (A445, B473).[253]

Die in der Antithesis enthaltenen Behauptungen lauten dann in der Reihenfolge der sie enthaltenden Teilsätze:

(A_3^*) Es gibt keine Vorkommnisse von Kausalität durch Freiheit in der Welt.

(A_3) Alle Vorkommnisse von Kausalität in der Welt sind Vorkommnisse von Kausalität nach Gesetzen der Natur.

Gemäß den Formulierungen der Behauptungen ist (A_3) die (T_3) „entgegengesetzte" Behauptung, und (A_3^*) die (T_3^*) „entgegengesetzte" Behauptung. Aus der Reihenfolge, in der Kant die Behauptungen von Thesis und Antithesis anführt, ergibt sich dann das folgende Schema der Entgegensetzungsverhältnisse in der dritten Antinomie:

---

[251] Zu einer Formulierung der Thesis, die keinen Bezug auf wissenschaftliche Erklärungen enthält, vgl. *Prolegomena AA* IV;339,12-15.

[252] Kants Formulierung des ersten Satzes der Thesis legt zwar die schwächere Lesart nahe, daß die Erscheinungen in der Welt *sowohl und ebensogut* durch Kausalität nach Gesetzen der Natur *wie auch* durch Kausalität durch Freiheit erklärt werden können; diese Lesart paßt aber weder zur Formulierung des zweiten Satzes der Thesis („Es ist noch eine Kausalität durch Freiheit [..] anzunehmen *notwendig*") noch zu dem Beweis, den Kant für die im ersten Satz enthaltene Behauptung gibt.

[253] Kants Formulierung der Antithesis ist offenbar elliptisch; die Wortgruppen „Kausalität durch [Freiheit]" und „durch Kausalität [nach Gesetzen der Natur]" müssen ergänzt werden.

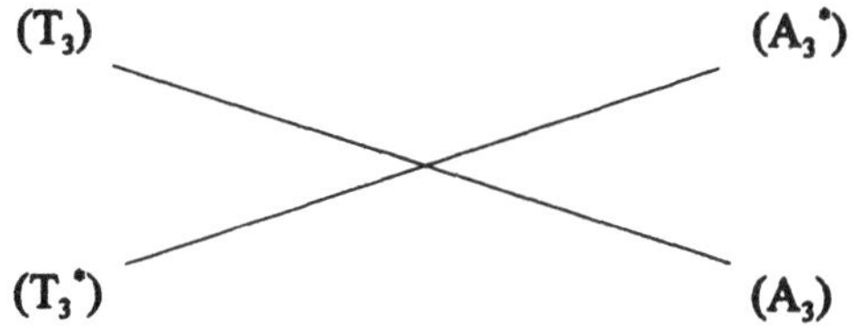

Die Reihenfolge der Behauptungen in Kants Formulierungen von Thesis und Antithesis wäre nun unbedeutend, würde sich diese Reihenfolge nicht in den Beweisen von Thesis und Antithesis wiederfinden. Auf Seiten der Thesis nämlich beweist Kant zunächst durch *Reductio ad absurdum* (T_3) und folgert aus (T_3) dann (T_3^*); auf Seiten der Antithesis aber beweist er zunächst durch *Reductio ad absurdum* (A_3^*) und leitet aus (A_3^*) dann (A_3) ab.[254] Daß und inwiefern dieses Vorgehen logisch gerechtfertigt ist, werde ich an späterer Stelle erläutern.

Wie bereits zu Beginn dieses Abschnitts gesagt wurde, sind Kausalität nach Gesetzen der Natur und Kausalität durch Freiheit zwei Arten von Kausalität, und zwar die beiden einzigen Arten. Dies behauptet Kant explizit in seinem Auflösungsabschnitt zur dritten Antinomie:

> „Man kann sich nur zweierlei Kausalität in Ansehung dessen, was geschieht, denken, entweder nach der N a t u r, oder aus F r ei h e i t" (A532, B560).[255]

Der Grundbegriff, von dem Kant in der Formulierung der antinomischen Behauptungen und der Beweise ausgeht und den auch ich in meiner Analyse der dritten Antinomie zugrunde legen möchte, ist der Begriff der Kausalität. Kausalität im allgemeinen bedeutet nach Kant, daß „durch Etwas etwas ganz davon Verschiedenes gesetzt wird" (*Prolegomena AA* IV;343,17f.). Im folgenden werde ich den Begriff der Kausalität als eine dreistellige Relation zwischen demjenigen, wodurch „etwas ganz davon Verschiedenes gesetzt wird", und demjenigen, das „gesetzt wird", und - dies wird sich in der Analyse des Antithesis-Beweises als nötig erweisen - einem Zeitpunkt auffassen. Diese dreistellige Relation möchte ich durch den Ausdruck „$K_t(x,y)$" symbolisieren; dabei ist „t" eine Variable für einen Zeitpunkt, „x" eine Variable für ein „Etwas", wodurch „etwas ganz davon

---

[254] Vgl. dazu auch unten die Abschnitte 2.4.2. und 2.4.3.

[255] Im ersten Satz des Beweises der Antithesis ist von „Freiheit im transzendentalen Verstande, als eine[r] besondere[n] *Art* von Kausalität" (A445, B473; kursiv vom Verf.) die Rede. Und in §53 der *Prolegomena* spricht Kant mit Bezug auf Kausalität nach Gesetzen der Natur und Kausalität durch Freiheit von den „beide[n] *Arten* von Causalität" (*AA* IV;343,28; kursiv vom Verf.); vgl. auch H.Heimsoeth *1966-9*, S.237, S.J.Al-Azm *1972*, S.86, J.Bennett *1974*, S.184, und H.Dimpker/B.Kraft/ D.Schönecker *1996*, S.189f. Allerdings weichen die Auffassungen einiger der genannten Kommentatoren darüber, worin der Unterschied zwischen den beiden Arten von Kausalität besteht, von meiner im folgenden entwickelten Interpretation ab.

Verschiedenes gesetzt wird", und „y" eine Variable für etwas, das „gesetzt wird". Man kann die Abkürzung „$K_t(x,y)$" dann etwa lesen als „x bewirkt zum Zeitpunkt t y". Entsprechend der vorangehend zitierten Textstelle aus den *Prolegomena* wird man fordern dürfen, daß, wenn $K_t(x,y)$ gilt, x stets von y verschieden ist:

(K1) $K_t(x,y) \rightarrow x \neq y$.

Da Kausalität nach Gesetzen der Natur und Kausalität durch Freiheit zwei Arten von Kausalität sind, liegt es nahe, auch die Begriffe „Kausalität nach Gesetzen der Natur" und „Kausalität durch Freiheit" als dreistellige Relationen aufzufassen. Ich schreibe deshalb „$U_t(x,y)$" für „x bewirkt nach Gesetzen der Natur zum Zeitpunkt t y" und „$F_t(x,y)$" für „x bewirkt durch Freiheit zum Zeitpunkt t y". Man kann dann fordern:

(K2) $K_t(x,y) \rightarrow U_t(x,y) \vee F_t(x,y)$.[256]

Die Frage nach dem Unterscheidungsmerkmal der beiden Arten von Kausalität ist nun, wie sich zeigen wird, eng verbunden mit der Frage, welcher ontologischen Kategorie diejenigen Relata der eingeführten Relationen angehören, welche nicht Zeitpunkte sind. Für welche Entitäten stehen also „x" und „y" in „$K_t(x,y)$", „$U_t(x,y)$" und „$F_t(x,y)$"?[257] Für die Kausalität nach Gesetzen der Natur wurde diese Frage bereits im Abschnitt „Vernunft und Welt" des ersten Kapitels dieser Arbeit behandelt.[258] Dort wurde festgestellt, daß Kausalität nach Gesetzen der Natur (Naturkausalität) nur zwischen Zuständen von empirischen Gegenständen vorkommt, die in der Zeit beginnen (d.h. zwischen Zuständen, in denen sich der jeweilige Gegenstand nicht immer befunden hat). Für den Begriff der Kausalität selbst und für den Begriff der Kausalität durch Freiheit ergeben sich nun Abweichungen von dieser Feststellung.

Im Falle des allgemeinen Begriffs der Kausalität stellt Kant in §53 der *Prolegomena* fest, daß „jede Wirkung eine Begebenheit oder etwas, das in der Zeit geschieht" (*AA* IV;343,30f.) sein muß. In einer Fußnote zum selben §en erläutert

---

[256] Die naheliegende und nach Kant auch zutreffende Disjunktheit der beiden Arten von Kausalität sowie die Umkehrung von (K2), d.h. die Bedingung $U_t(x,y) \vee F_t(x,y) \rightarrow K_t(x,y)$, werden sich aus den weiteren Erklärungen und Forderungen an $K_t(x,y)$, $U_t(x,y)$ und $F_t(x,y)$ ergeben.

[257] Diese Frage wird in der Literatur zur dritten Antinomie, soweit ich sehe, nicht behandelt. Einige Kommentatoren gehen ganz selbstverständlich von der modernen Auffassung aus, es handele sich in jedem Fall um Ereignisse (vgl. z.B. H.Dimpker/B.Kraft/D.Schönecker *1996*, S.190f. und passim); andere Kommentatoren sind ganz unentschieden und in ihrem Sprachgebrauch schwankend (vgl. z.B. S.J.Al-Azm *1972*, passim). Wie ich im folgenden zeigen werde, hat die Beantwortung der Frage jedoch entscheidende Konsequenzen für die Unterscheidung zwischen den beiden Arten von Kausalität.

[258] Vgl. oben Abschnitt 1.4.

Kant, daß sich die Frage, ob ein bestimmter Fall von Kausalität ein solcher von Kausalität nach Gesetzen der Natur oder ein solcher von Kausalität durch Freiheit sei, überhaupt nur dann stellt, wenn als Wirkung eine Begebenheit in der Zeit vorliegt:

> „Nur wenn durch eine Handlung e t w a s a n f a n g e n soll, mithin die Wirkung in der Zeitreihe, folglich der Sinnenwelt anzutreffen sein soll [...], da erhebt sich die Frage, ob die Causalität der Ursache selbst auch anfangen müsse, oder ob die Ursache eine Wirkung anheben könne, ohne daß ihre Causalität selbst anfängt. Im ersteren Falle ist der Begriff dieser Causalität ein Begriff der Naturnothwendigkeit, im zweiten der Freiheit" (*a.a.O.*;344,31-37).

In „$K_t(x,y)$" steht „y" also stets für eine Begebenheit in der Zeit; Begebenheiten in der Zeit sind für Kant aber Zustände (empirischer Gegenstände), die in der Zeit beginnen. Dies zeigt sich zum einen in Kants Sprachgebrauch in den Beweisen der Behauptungen der dritten Antinomie, zum anderen darin, daß nach Kant bei beiden Arten von Kausalität die Wirkung derselben ontologischen Kategorie angehört und im Falle der Naturkausalität ein Zustand ist (vgl. das im Haupttext folgende Zitat). Nimmt man als weitere Grundbegriffe der Analyse die bereits im Abschnitt über die erste Antinomie eingeführte Früher-Relation unter Zeitpunkten („<„) und den ebenfalls dort eingeführten Zustandsbegriff („Z(x,t,z)") hinzu[259], so kann des weiteren gefordert werden:

(K3) $K_t(x,z) \rightarrow \exists y,t_1(Z(y,t_1,z) \wedge \forall t_2(t_2<t_1 \rightarrow \neg Z(y,t_2,z)))$.[260]

(K3) besagt, daß eine Wirkung stets ein Zustand (eines empirischen Gegenstands) ist, der zu einem bestimmten Zeitpunkt erstmalig eintritt. Wie im folgenden gezeigt werden wird, gilt nach Kant aber nicht, daß auch das Bewirkende stets ein Zustand (eines empirischen Gegenstands) ist.[261] Denn genau darin unterscheiden sich nach Kant Naturkausalität und Kausalität durch Freiheit. Im Falle der Naturkausalität ist auch das Bewirkende stets ein Zustand (eines empirischen Gegenstands); dies stellt Kant im weiteren Kontext der bereits oben zitierten Textstelle aus dem Auflösungsabschnitt zur dritten Antinomie heraus:

> „Die erste [sc. die Naturkausalität, Verf.] ist die Verknüpfung eines *Zustandes* mit *einem vorigen* in der Sinnenwelt" (A532, B560; kursiv vom Verf.).

---

[259] Vgl. oben die Abschnitte 2.2.1.1. und 2.2.1.2.

[260] Setzt man mit Kant die Linearität der Zeit voraus, dann folgt aus (K3) sogar die Verschärfung: $K_t(x,z) \rightarrow \exists y \exists ! t_1(Z(y,t_1,z) \wedge \forall t_2(t_2<t_1 \rightarrow \neg Z(y,t_2,z)))$.

[261] So sagt Kant in §53 der *Prolegomena*: „In der Verknüpfung der Ursache und Wirkung kann zwar auch Gleichartigkeit angetroffen werden, aber sie ist nicht nothwendig; denn der Begriff der Causalität [...] erfordert sie wenigstens nicht" (*AA* IV;343,15-18).

Somit kann gefordert werden:

(U1) $U_t(z_1,z_2) \rightarrow K_t(z_1,z_2) \wedge \exists x,t_1(Z(x,t_1,z_1))$.

> „Soll dagegen Freiheit eine Eigenschaft gewisser Ursachen der Erscheinungen sein, so muß sie respective auf die letztere als Begebenheiten ein Vermögen sein, sie von selbst (sponte) anzufangen, d.i. ohne daß die Causalität der Ursache selbst anfangen dürfte und daher keines andern, ihren Anfang bestimmenden Grundes benöthigt wäre. Alsdann aber müßte die Ursache ihrer Causalität nach nicht unter Zeitbestimmungen ihres Zustandes stehen, d.i. gar nicht Erscheinung sein, d.i. sie müßte als ein Ding an sich selbst, die Wirkungen aber allein als Erscheinungen angenommen werden" (*Prolegomena AA* IV;344,6-14).[262]

Aus dieser Textstelle läßt sich entnehmen, daß das Bewirkende im Falle der Kausalität durch Freiheit kein Zustand eines empirischen Gegenstands ist:

(F1) $F_t(x,z) \rightarrow K_t(x,z) \wedge \neg\exists y,t_1(Z(y,t_1,x)$.

Hieraus folgt noch nicht, daß das Bewirkende ein Ding an sich ist, wie Kant an der vorhergehend zitierten Textstelle sagt, daß somit die Unterscheidung des Vorbereichs der beiden Arten von Kausalität bereits eine Unterscheidung ontologischer Kategorien im Sinne des transzendentalen Idealismus ist und daß mithin ein Vertreter des transzendentalen Realismus die beiden Arten von Kausalität gar nicht unterscheiden könnte. Bei den ontologischen Kategorien, von denen hier die Rede ist könnte es sich nach dem bisher Gesagten auch schlicht um die

---

[262] Vgl. auch *KdrV* A533, B561 und R5978: „Ich nenne Mechanism der Natur, wo die Caussalitaet (der Ursache) selbst wieder eine Begebenheit ist; [...]; so fern die Ursache aber Ding an sich selbst ist, so ist die caussalitaet nicht selbst Begebenheit, denn sie entspringt nicht in der Zeit" (*AA* XVIII;413,9-13). - Nach J.Bennett *1974*, S.184, hingegen besteht der Unterschied zwischen Naturkausalität und Kausalität durch Freiheit darin, daß im ersteren Falle „an event is caused by something earlier" und im letzteren Falle „the cause does not ante-date the effect"; H.Dimpker/B.Kraft/D.Schönecker *1996*, S.190, stimmen mit Bennett hinsichtlich der Naturkausalität überein, verstehen aber unter einer Ursache aus Freiheit eine solche, „die von sich selbst anfängt zu handeln, ohne durch eine vorhergehende Ursache nach Naturgesetzen bestimmt zu sein". Im Falle der Naturkausalität verwechseln die genannten Autoren jedoch eine Begriffsbestimmung mit einer Folgerung aus dieser *und* dem Kausalgesetz. Erst wenn man dieses hinzunimmt, folgt nämlich, daß jede Naturursache wiederum naturkausal verursacht ist. Darüber hinaus ist Bennetts Bestimmung der Kausalität durch Freiheit zu schwach, da sie es zuläßt, daß die Ursache zeitlich bestimmt ist und auf die Wirkung folgt. Dimpker/Kraft/Schönecker hingegen verwechseln wiederum eine Begriffsbestimmung mit einer logischen Folgerung aus dieser; wie unten gezeigt wird, folgt nämlich die Bestimmung von Dimpker/Kraft/Schönecker aus (K3) und (F1). - Dimpker/Kraft/Schönecker kritisieren allerdings zurecht die Auffassung von B.Ortwein *1983*, S.28, G.Prauss *1983*, S.62, und H.Allison *1990*, S.21, daß Freiheit von Kant mit Gesetzlosigkeit gleichgesetzt wird (vgl. *a.a.O.*, S.191f.); sie verweisen dazu auf die *Grundlegung zur Metaphysik der Sitten*, wo Kant ganz allgemein feststellt, daß „der Begriff einer Causalität den von Gesetzen bei sich führt" (*AA* IV;446,15f.). Daher irrt auch J.Seiffert *1989*, S.156.

Gegenstände im engeren Sinne einerseits und ihre Zustände andererseits handeln.[263] - Darüber hinaus scheint Kant der Ansicht zu sein, daß das Bewirkende im Falle der Naturkausalität nicht nur ein Zustand, sondern auch ein solcher ist, der in der Zeit einmal erstmalig eingetreten sein muß.[264] Es gilt daher:

(U2) $U_t(z_1,z_2) \rightarrow \exists x,t_1(Z(x,t_1,z_1) \wedge \forall t_2(t_2<t_1 \rightarrow \neg Z(x,t_2,z_1)))$.[265]

Aus den im vorangehenden angeführten Forderungen an $K_t(x,y)$, $U_t(x,y)$ und $F_t(x,y)$ lassen sich nun einige wichtige Folgerungen ziehen. Zunächst erhält man aus (K2), (U1) und (F1):

(K4) $K_t(x,z) \leftrightarrow (U_t(x,z) \vee F_t(x,z)) \wedge \neg(U_t(x,z) \wedge F_t(x,z))$,

(U3) $U_t(z_1,z_2) \leftrightarrow K_t(z_1,z_2) \wedge \exists x,t_1(Z(x,t_1,z_1))$,

(F2) $F_t(x,z) \leftrightarrow K_t(x,z) \wedge \neg\exists y,t_1(Z(y,t_1,x))$.

Schließlich erhält man aus (K3) und (F1) die Tatsache, daß im Falle der Kausalität durch Freiheit das Bewirkende selbst nicht wiederum bewirkt sein kann, d.h. *spontan* wirkt:

(F3) $F_t(x,z) \rightarrow \neg\exists t',y(K_{t'}(y,x))$.

Dieses Ergebnis ist aus zwei Gründen bemerkenswert: Zum einen bringt es eine nach Kant wesentliche Eigenschaft von Kausalität durch Freiheit zum Ausdruck (d.i. Spontaneität); zum anderen folgt es bereits daraus, daß ein durch Freiheit Bewirkendes und ein wie auch immer Bewirktes stets unterschiedlichen ontologischen Kategorien angehören.

Wie ist nun das Verhältnis der „entgegengesetzten" Behauptungen in der dritten Antinomie zu bestimmen? - Kant zufolge unterscheidet sich dieses Verhältnis von dem Verhältnis der „entgegengesetzten" Behauptungen in den ersten beiden

---

[263] So hat z.B. S.J.Al-Azm *1972*, S.94f., darauf aufmerksam gemacht, daß der Newtonianer S.Clarke im Determinismus-Streit mit Leibniz zwei entsprechende Arten von Kausalität unterscheidet.

[264] Vgl. die in Fußnote 262 zitierte Reflexion 5978 sowie den folgenden Beweisschritt des Thesis-Beweises: „Nun muß aber der vorige Zustand [sc. die Ursache, Verf.] selbst etwas sein, was geschehen ist (in der Zeit geworden, da es vorher nicht war), weil, wenn es jederzeit gewesen wäre, seine Folge auch nicht allererst entstanden, sondern immer gewesen sein würde" (A444, B472); dieses Argument wird in *Prolegomena AA* IV;343,33-344,4 wiederholt.

[265] Auch hier folgt mit der Linearität der Zeit aus (U2) die Verschärfung: $U_t(z_1,z_2) \rightarrow \exists x \exists! t_1(Z(x,t_1,z_1) \wedge \forall t_2(t_2<t_1 \rightarrow \neg Z(x,t_2,z_1)))$.

Antinomien in zwei Hinsichten. Der erste Unterschied betrifft die Wahrheitsbedingungen und den Wahrheitswert der „entgegengesetzten“ Behauptungen: Während in den ersten beiden Antinomien die „entgegengesetzten“ Behauptungen jeweils nicht gemeinsam wahr, jedoch gemeinsam falsch sein können (konträre „Entgegensetzung“) und nach Kants Auflösung der Antinomien auch falsch sind, *können* zufolge der Auflösung der dritten (und vierten) Antinomie hier beide Behauptungen wahr sein:

> „In der ersten Classe der Antinomie (der mathematischen) bestand die Falschheit der Voraussetzung darin: daß, was sich widerspricht (nämlich Erscheinung als Sache an sich selbst), als vereinbar in einem Begriffe vorgestellt würde. Was aber die zweite, nämlich dynamische, Classe der Antinomie betrifft, so besteht die Falschheit der Voraussetzung darin: daß, was vereinbar ist, als widersprechend vorgestellt wird, folglich, da im ersteren Falle alle beide einander entgegengesetzte Behauptungen falsch waren, hier wiederum solche, die durch bloßen Mißverstand einander entgegengesetzt werden, alle beide wahr sein können“ (*Prolegomena AA* IV;343,2-10).[266]

Nun besteht der im Sinne des logischen Quadrats klassisch paradigmatische Fall „entgegengesetzter“ Urteile, die (zwar nicht gemeinsam falsch aber) gemeinsam wahr sein können (d.i. *subkonträre* „Entgegensetzung“), aus Urteilen, von denen eines die Form

EINIGE S SIND P

(in traditioneller syllogistischer Notation: SiP) und das andere die Form

EINIGE S SIND NICHT P

(in traditioneller syllogistischer Notation: SoP) hat. Handelt es sich aber bei den beiden Paaren „entgegengesetzter“ Behauptungen in der dritten Antinomie um solche klassisch paradigmatischen Fälle subkonträrer Urteile? Bereits aus den Formulierungen, die Kant für die antinomischen Behauptungen wählt, ist, wie ich meine, ersichtlich, daß dies nicht der Fall ist. Zwar kann man (T_3) mühelos als eine Aussage der Form SoP lesen; dann aber muß man (A_3) als eine Aussage der Form SaP, also als All-Aussage lesen. Im Falle von (T_3^*) und (A_3^*) besteht die Schwierigkeit darin, daß man (A_3^*) als Negat von (T_3^*) lesen muß ((A_3^*)=¬(T_3^*)), so daß auch (T_3^*) und (A_3^*) nicht den Bedingungen für einen klassisch paradigmatischen Fall subkonträrer Urteile genügen.

In der Reflexion 5817, die nach der Datierung von E.Adickes aus den Jahren 1783-4 stammt, behauptet Kant, in den dynamischen Antinomien könnten beide

---

[266] Vgl. auch *KdrV* A531f., B559f.; R5817 *AA* XVIII;362,18-22; R5962 *a.a.O.*;404,12-25; R6337 *a.a.O.*;658,1-10; R6421 *a.a.O.*;711,8-14; *Metaphysik Dohna AA* XXVIII;660,29-36 und *Metaphysik* K_2 *a.a.O.*;729,8-18.

Behauptungen deshalb wahr sein, weil sie verschiedene „Bedingungen" hätten.[267] In den Reflexionen 5962 (nach Adickes zwischen 1784 und 1789 entstanden) und 6337 (von Adickes auf 1794-5 datiert) erläutert Kant diese zunächst vage erscheinende Begründung:

> „Das Gegentheil von dem Satze: ‚alle Begebenheiten (Dinge) in der (Sinnen)Welt stehen unter dem Mechanism der Naturcaussalitaet', ist: ‚sie stehen nicht darunter'. Hier können nicht beyde Satze falsch sein; aber sie könnten beyde wahr seyn, weil der zweyte weniger in sich enthalt, als zur contradictorischen opposition erfordert wird. Denn da müßte hinzukommen, daß sie a l s D i n g e d e r S i n n e n w e l t nicht unter dem gedachten Mechanism stehen. Weil es aber noch statt finden kan, daß die Dinge der Sinnenwelt, welche die Ursachen der Begebenheiten in ihr sind, auch als intelligible Wesen betrachtet Ursachen seyn könnten [...], so könnten sie so fern vom Mechanism der Naturnothwendigkeit ausgenommen werden, ohne doch dem zu widersprechen, daß sie als Dinge der Sinnenwelt dazu gehöreten" (*AA* XVIII;404,12-25).

> „Daß alles, was in der Welt geschieht, unter dem Gesetz der praedetermination stehe, ist wahr, weil sie phaenomena sind, also objecte Moglicher Erfahrung, ohne jene Gesetze aber dies nicht seyn könnten. - Eben das aber beweiset doch auch, daß ein intelligibeler Grund derselben, so fern die Menschen als noumena angesehen werden könten (welches nachher das moralische Gesetz ausweisen muß), zugleich gedacht werden könne, welche eben dieselbe Begebenheiten bestimmen, ob sie zwar nicht von der Kette der Ursachen und Wirkungen in der Sinnenwelt abhangig sind und diese sie also nicht praedeterminiren. Also können beyde [sc. Sätze, Verf.] wahr seyn, weil sie weniger enthalten, als zur opposition erfordert wird" (*a.a.O.*;658,1-10).

Die unterschiedlichen „Bedingungen" von Thesis und Antithesis bestehen nach diesen *vom Standpunkt der Auflösung der Antinomien* vorgetragenen Erklärungen darin, daß die Antithesis sich *ausschließlich* auf Zustände von Dingen in der Sinnenwelt bezieht, während die Thesis sich auch auf Dinge beziehen kann, die nicht der Sinnenwelt, sondern der intelligibelen Welt angehören. Insofern wird der Ausdruck „Welt" in Thesis und Antithesis äquivok verwendet. Die Antithesis kann nur dann wahr sein, wenn in ihr der Ausdruck „Welt" ausschließlich die Sinnenwelt bezeichnet; dagegen kann die Thesis nur dann wahr werden, wenn in ihr der Ausdruck „Welt" in einer weiteren Bedeutung genommen wird, in der er nicht nur die Sinnenwelt, sondern auch die intelligibele Welt einschließt. Was die Thesis nach Kant „weniger in sich enthalt, als zur contradictorischen opposition erfordert wird" (vgl. oben), ist die von der Antithesis vorausgesetzte Einschränkung auf die Sinnenwelt.

---

[267] „In der mathematischen antinomie ist ein Satz des andern quantitatives Gegentheil, aber sie haben dieselbe Bedingung und sind daher beyde falsch. In den dynamischen Satzen ist einer des andern qualitatives Gegentheil, aber die Bedingung ist Verschieden; daher können beyde wahr seyn" (*AA* XVIII;362,18-22).

Bildet man nun diese unterschiedlichen „Bedingungen" der antinomischen Behauptungen nicht *syntaktisch* ab, indem man sie in die Formulierung der Behauptungen aufnimmt (was u.a. der äquivoken Formulierung Kants zuwiderlaufen würde), sondern deutet sie stattdessen *semantisch*, so ist es möglich, die „entgegengesetzten" Behauptungen syntaktisch so zu fassen, daß jeweils die eine der beiden Behauptungen das Negat der anderen oder diesem formal äquivalent ist. Die Behauptungen (T_3) und (A_3) sowie (T_3^*) und (A_3^*) würden dann ihrer Form nach als kontradiktorisch *erscheinen* und es nur deshalb nicht sein, weil sie semantisch auf unterschiedliche Bereiche (*universes of discourse*) bezogen werden müssen. Genau dies aber scheint der Weg zu sein, den man einschlagen muß, um den scheinbaren Widerstreit der Vernunft mit sich selbst in der dritten Antinomie überhaupt adäquat repräsentieren zu können. Denn eine syntaktische Abbildung der unterschiedlichen „Bedingungen" würde den Anschein der „Entgegensetzung" der antinomischen Behauptungen gar nicht erst aufkommen lassen.[268]

Ich möchte daher die antinomischen Behauptungen in formaler Notation wie folgt darstellen:

(T_3) $\exists x,z,t(K_t(x,z) \wedge \neg U_t(x,z))$,

(T_3^*) $\exists x,z,t(F_t(x,z))$,

(A_3) $\forall x,z,t(K_t(x,z) \rightarrow U_t(x,z))$,

(A_3^*) $\neg\exists x,z,t(F_t(x,z))$.

Der - neben dem bereits erwähnten Unterschied in den Wahrheitsbedingungen und -werten der antinomischen Behauptungen - zweite Unterschied der dritten Antinomie von den ersten beiden Antinomien ergibt sich nun daraus, daß, wenn man die „entgegengesetzten" Behauptungen in der dritten Antinomie über einem und demselben Bereich interpretiert (was in den ersten beiden Antinomien obligatorisch

---

[268] Unter diesem Ansatz erhielte man nämlich Aussagen der Formen:

(a) $\forall x(\Phi(x)) \rightarrow \exists x(X(x) \wedge \neg Y(x))$ (b) $\forall x(\Psi(x)) \rightarrow \forall x(X(x) \rightarrow Y(x))$

(a^*) $\forall x(\Phi(x)) \rightarrow \exists x(\Pi(x))$ (b^*) $\forall x(\Psi(x)) \rightarrow \neg\exists x(\Pi(x))$.

Hierbei scheint aber weder (a) (b) „entgegengesetzt" zu sein, noch (a^*) (b^*). Außerdem wird durch die Wahl der voneinander verschiedenen Prädikate $\Phi(x)$ und $\Psi(x)$ der äquivoke Gebrauch des Ausdrucks „Welt" nicht erfaßt. - Damit schlage ich interpretatorisch genau den meiner Analyse der ersten beiden Antinomien entgegengesetzten Weg ein: Während ich dort jeweils die gemeinsame (falsche) „Bedingung" der „entgegengesetzten" Behauptungen in die Syntax derselben aufgenommen habe, um das von Kant behauptete konträre Verhältnis der Behauptungen korrekt abbilden und den Fehler in den Beweisen der nach Kant falschen Behauptungen lokalisieren zu können, deute ich hier die verschiedenen „Bedingungen" der „entgegengesetzten" Behauptungen als unterschiedliche semantische Voraussetzungen.

ist), gilt: $(A_3) \leftrightarrow \neg(T_3)$ und $(A_3^*) \leftrightarrow \neg(T_3^*)$. In den ersten beiden Antinomien bestehen dagegen, wie gezeigt wurde, solche direkten Negationsverhältnisse zwischen den „entgegengesetzten" Behauptungen nicht.

Außerdem gilt - unabhängig vom Interpretationsbereich - unter den angeführten Bedeutungspostulaten für $K_t(x,y)$, $U_t(x,y)$ und $F_t(x,y)$: $(T_3) \leftrightarrow (T_3^*)$ und $(A_3) \leftrightarrow (A_3^*)$. Diese Äquivalenzen rechtfertigen auch die Reihenfolge der Behauptungen in Kants Formulierung von Thesis und Antithesis sowie das unterschiedliche Vorgehen in den Beweisen (vgl. oben).

Die vorangehende Analyse der antinomischen Behauptungen bedient sich - im Anschluß an die vorhergehenden Analysen der ersten und zweiten Antinomie - weitgehend einer extensionalen Sprache und extensionaler Methoden, angereichert freilich um einige zeitlogische Elemente. Eine Analyse des „intensionalen Gehalts" der Kantischen Kausalitätsbegriffe wird dabei umgangen, indem einer dieser Begriffe als Grundbegriff genommen wird und die übrigen aus diesem mit extensionallogischen Mitteln definitorisch gewonnen werden. Dieser methodische Ansatz wird einerseits durch Kants Ausführungen nahegelegt; andererseits ist eine intensionallogische Analyse der Kantischen Kausalitätsbegriffe, wie ich meine, mit Blick auf die noch vorzunehmende Analyse der Beweise der antinomischen Behauptungen auch gar nicht nötig. Der in Anschlag gebrachte begriffliche und formale Apparat sollte zwar reichhaltig genug sein, um den weiteren analytischen Absichten gerecht zu werden, er sollte diese jedoch auch nicht unnötig übersteigen. Diese Anforderung ist, wie sich hoffentlich zeigen wird, im vorliegenden Fall erfüllt.

Abschließend soll zur Vereinfachung der formalen Analyse der Beweise noch die folgende Abkürzung eingeführt werden:

(U4) $U(x,y) =_{Df} \exists t(U_t(x,y))$.

2.4.2. Der Beweis der Thesis

Wie bereits im vorhergehenden Abschnitt angedeutet wurde, beweist Kant die Behauptung (T_3) indirekt und leitet aus (T_3) dann (T_3^*) ab. Den indirekten Beweis von (T_3) beginnt er mit der Annahme der zum Negat von (T_3) äquivalenten Aussage (A_3):

(1) „Man nehme an, es gebe keine andere Kausalität als nach Gesetzen der Natur" (A444, B472).

Kant nimmt also an, daß es nichts Bewirktes gebe, das nicht nach Gesetzen der Natur bewirkt ist, oder m.a.W., daß alles, was überhaupt bewirkt ist, nach Gesetzen der Natur bewirkt sei. Diese Annahme soll im folgenden *ad absurdum* geführt werden. - Im zweiten Beweisschritt folgert Kant aus dieser Annahme die Behauptung, daß alles, was geschieht, einen Zustand voraussetze, auf den es nach einer „Regel" - zu ergänzen ist: der Natur - unausbleiblich folgt, oder m.a.W., daß alles, was geschieht, nach „Regeln" der Natur bewirkt wurde. Diese Behauptung folgt jedoch nicht aus der Annahme allein; offenbar ergänzt Kant hier stillschweigend die Prämisse, daß alles, was geschieht, eine Ursache hat.[269] Aus dieser Prämisse folgt dann zusammen mit der Annahme (1) der zweite Beweisschritt:

(2) „so setzt alles, w a s g e s c h i e h t, einen *Zustand* voraus, auf den es unausbleiblich nach einer Regel folgt" (ibid.; kursiv vom Verf.).[270]

Der Zustand, der vorausgesetzt wird, muß aber, wie Kant im nachfolgenden dritten Beweisschritt als Prämisse ergänzt, selbst geschehen, d.h. zu irgendeinem Zeitpunkt erstmalig eingetreten sein:

(3) „Nun muß aber der vorige *Zustand* selbst etwas sein, was geschehen ist (in der Zeit geworden, da es vorher nicht war)" (ibid.; kursiv vom Verf.).

Denn, so begründet Kant diese Prämisse im darauffolgenden Teilsatz, „wenn es jederzeit gewesen wäre, seine Folge auch nicht allererst entstanden, sondern immer gewesen sein würde" (ibid.). - Aus (2) und (3) folgert Kant im vierten Beweisschritt, daß alles, was geschieht, eine Ursache hat, die selbst etwas Geschehenes ist. Diese Folgerung drückt er aus mit den Worten:

(4) „Also ist die Kausalität der Ursache, durch welche etwas geschieht, selbst etwas G e s c h e h e n e s" (ibid.).

Wenn aber jede Ursache, durch welche etwas geschieht, ebenfalls etwas Geschehenes ist, dann muß sie, wie Kant im nachfolgenden Teilsatz erklärt, „nach dem *Gesetz der Natur* wiederum einen vorigen *Zustand* und *dessen Kausalität*, dieser

---

[269] Es liegt nahe anzunehmen, daß diese Prämisse eine unmittelbare Folgerung aus dem im Grundsatzkapitel der transzendentalen Analytik eingeführten Kausalgesetz ist; dessen Formulierung lautet in der A-Auflage der *KdrV*, die ja auch den vorliegenden Beweis bereits enthält, bekanntlich: „Alles, was geschieht [...], setzt etwas voraus, worauf es n a c h e i n e r R e g e l folgt" (A189). Allerdings erhält diese Aussage durch die zentrale Voraussetzung der Antinomien (den transzendentalen Realismus) eine stärkere Deutung als im Grundsatzkapitel der transzendentalen Analytik. Sie behauptet unter dieser Voraussetzung nämlich die *Gegebenheit* der Ursache. - S.J.Al-Azm *1972*, S.92, scheint den inhaltlichen Unterschied zwischen (1) und (2) übersehen zu haben.

[270] Der Ausdruck „Regel" dürfte an dieser Stelle Naturgesetze bezeichnen; vgl. die Formulierung der zweiten Analogie der Erfahrung in der A-Auflage der *KdrV* (zitiert in Fußnote 269) und A126: „Regeln, sofern sie objektiv sind, (mithin der Erkenntnis des Gegenstandes notwendig anhängen) heißen Gesetze".

aber eben so einen noch älteren voraussetz[en] usw" (ibid.; kursiv vom Verf.).[271] Dieser Teilsatz enthält keinen eigenen Beweisschritt, sondern soll nur darauf hinweisen, daß die Aussage (4), ausgehend von einem gegebenen Zustand, der zu irgendeinem Zeitpunkt erstmalig eingetreten ist, iteriert angewendet werden kann und so - unter gewissen, noch zu klärenden Voraussetzungen - die Existenz einer *Reihe* von Zuständen impliziert, die miteinander in einem Kausalzusammenhang nach Gesetzen der Natur stehen. Die Existenz genau einer solchen Reihe zu jedem gegebenen Zustand, der zu irgendeinem Zeitpunkt erstmalig eingetreten ist, setzt Kant denn auch sogleich in seinem nächsten Beweisschritt voraus. Zuvor wiederholt er jedoch noch einmal die Annahme (1): „Wenn also alles nach bloßen Gesetzen der Natur geschieht" (ibid.)[272],

(5) „so gibt es *jederzeit* nur einen subalternen, niemals aber einen ersten Anfang [sc. der Reihe auf der Seite der voneinander abstammenden Ursachen, Verf.]" (A444-6, B472-4; kursiv vom Verf.).[273]

Kant folgert hier aus (4), daß für alles, was geschieht, („jederzeit"!) die Reihe der Naturursachen des Geschehenen keinen Anfang hat, d.h. daß es zu jeder Ursache (in dieser Reihe) stets wiederum eine Ursache gibt. Eine nahezu analoge Schlußweise wendet Kant auch im Beweis des ersten Teils der Thesis der ersten Antinomie an. Wie gezeigt wurde, schließt Kant dort aus der Anfangslosigkeit der Welt in der Zeit darauf, daß es zu jedem gegebenen Weltzustand eine unendliche Reihe zeitlich vorhergehender Weltzustände gibt.[274] Im Zusammenhang mit diesem Schluß wurde erläutert, daß Kant - in Anlehnung an die zeitgenössische Mathematik - einerseits Folgen von Dingen, andererseits aber auch Mengen von Dingen als Reihen bezeichnet, wenn diese total geordnet werden können und wenn jedes Element einer solchen Menge sich aus den ihm vorgeordneten Elementen nach allgemeinen Gesetzen ergibt. Die letztgenannte Bedingung ist im Falle einer Menge von „voneinander abstammenden Ursachen" erfüllt, da die „voneinander abstammenden

---

[271] Zusammen mit den Beweisschritten (2),(3) und (4) kann dieser Teilsatz als Beleg für die Auffassung angesehen werden, daß auch im Beweis der Thesis die Relata der Naturkausalität *Zustände* sind, welche in der Zeit einmal erstmalig eingetreten („geschehen") sind (vgl. oben die Abschnitte 1.4. und 2.4.1.).

[272] Während Kant mit dem Ausdruck „Gesetz der Natur" (Singular!) eine Verschärfung des Kausalgesetzes (der zweiten Analogie der Erfahrung) bezeichnet (vgl. oben den auf Beweisschritt (4) folgenden Satz und unten Beweisschritt (7)), bezieht er sich mit dem Ausdruck „Gesetze der Natur" (Plural!) allgemein auf naturwissenschaftliche Gesetze, die Kausalzusammenhänge beschreiben (vgl. Kants Begriff „Kausalität nach Gesetzen der Natur").

[273] Hier muß die Wortfolge „der Reihe auf der Seite der voneinander abstammenden Ursachen", die im nachfolgenden Teilsatz vorkommt, sich aber auch schon auf den vorliegenden Teilsatz bezieht, ergänzt werden (vgl. unten Beweisschritt (6)).

[274] Vgl. oben Abschnitt 2.2.1.2.

Ursachen" nach Naturgesetzen auseinander folgen. Die erstgenannte Bedingung muß aber durch zusätzliche Forderungen an die Relation der Naturkausalität, als Ordnungsrelation auf einer solchen Menge, gesichert werden. Dabei ist erstens die Irreflexivität, zweitens die Transitivität und drittens die Linearität der Relation der Naturkausalität sicherzustellen. Wie im formalen Teil der Rekonstruktion gezeigt werden wird, folgt die Irreflexivität aus Bedingungen an die Kausalbegriffe, welche bereits im vorhergehenden Abschnitt eingeführt wurden; die Transitivitätsforderung wird u.a. durch Kants Sprachgebrauch im sechsten Beweisschritt nahegelegt (vgl. unten). Um die Linearität der Relation der Naturkausalität *auf einer Menge von (naturkausalen) Ursachen* zu sichern, ist es hinreichend, die Links-Linearität zu fordern; eine solche Forderung schließt Ursachen-Bäume der Form

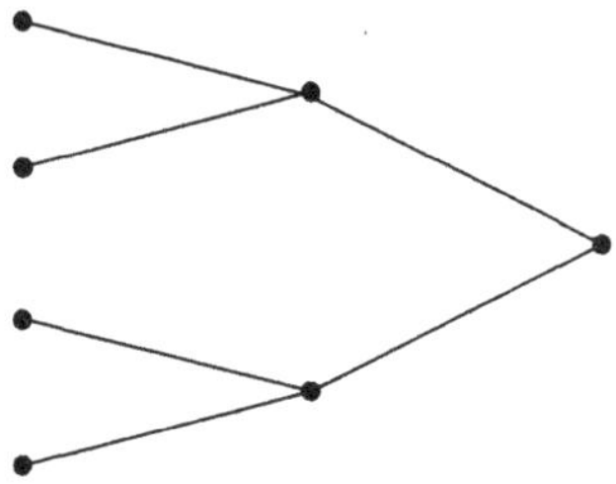

aus. Schließlich bedarf es noch einer analytischen Prämisse, die die Anwendung des Reihenbegriffs auf die Menge der „voneinander abstammenden Ursachen" auch formal rechtfertigt.

Aus der Anfangslosigkeit einer solchen Reihe von Ursachen zu etwas Geschehenem schließt Kant im sechsten Beweisschritt auf die Unvollständigkeit „der Reihe auf Seite der voneinander abstammenden Ursachen", d.h. auf die, wie ich es hier nennen möchte, Links-Unvollständigkeit der Reihe:

(6) „und also [gibt es] keine Vollständigkeit der Reihe auf der Seite der voneinander abstammenden Ursachen" (A446, B474).[275]

Auch dieser Schluß ist nicht gültig ohne eine zusätzliche Prämisse, die einen Zusammenhang zwischen dem Begriff der Anfangslosigkeit einer Reihe und dem Begriff der Links-Unvollständigkeit herstellt. Es liegt daher nahe, als Prämisse die Behauptung zu ergänzen, daß jede Reihe, die kein Anfangsglied besitzt, links-unvollständig ist. - Auch im folgenden hat Kant offenbar einen Beweisschritt ausgelassen. Denn die Einleitung des Kantischen siebenten Beweisschritts durch „Nun aber ..." weist darauf hin, daß Kant in diesem Beweisschritt ein Argument in

[275] Hier sind die Wörter „gibt es" aus Beweisschritt (5) zu ergänzen.

den Beweis einführt, das zusammen mit dem zuvor Hergeleiteten einen Widerspruch ergibt:

(7) „Nun besteht aber eben darin das *Gesetz der Natur*: daß ohne hinreichend a priori bestimmte Ursache nichts geschehe“ (ibid.; kursiv vom Verf.).[276]

Es ist aber nicht zu sehen, wie dieser Widerspruch zustande kommen soll, ohne daß zuvor aus der Links-Unvollständigkeit der Reihe der Ursachen zu einem gegebenen („geschehenen“) Zustand darauf geschlossen wird, daß dieser Zustand nicht „hinreichend a priori bestimmt“ ist. Dazu bedarf es einer weiteren Prämisse, die einen Zusammenhang herstellt zwischen der Links-Unvollständigkeit einer Reihe und der Tatsache, daß die Glieder dieser Reihe nicht „hinreichend a priori bestimmt“ sind. Dies leistet die folgende Prämisse: Wenn die Reihe der Ursachen zu einem gegebenen („geschehenen“) Zustand links-unvollständig ist, dann hat der gegebene Zustand keine „hinreichend a priori bestimmte Ursache“. Aus dieser Prämisse folgt dann zusammen mit (6) und der Prämisse (7) die Aussage, daß alles, was geschieht, sowohl eine „hinreichend a priori bestimmte Ursache“ hat, als auch nicht. - Im achten Beweisschritt zieht Kant dann aus dem vorangehenden den Schluß:

---

[276] Wie im formalen Teil der Rekonstruktion gezeigt wird, führt Kant an dieser Stelle unter der Bezeichnung „das Gesetz der Natur“ eine *Verschärfung* des Kausalgesetzes als Prämisse in den Beweis ein. Dies deutet auch P.Guyer *1987*, S.412, an, während N.K.Smith *1923*, S.492f., (7) als das Kausalgesetz selbst betrachtet. - Der Ausdruck „a priori“ dürfte hier nicht seine von Kant geprägte Bedeutung („unabhängig von aller Erfahrung“) haben, sondern im Sinne von „vom Vorhergehenden“ zu verstehen sein; dieser Ansicht ist auch H.Heimsoeth *1966-9*, S.239. - Völlige Unstimmigkeit, wenn nicht gar Ratlosigkeit herrscht in der Literatur hinsichtlich der Bedeutung der Prämisse und insbesondere hinsichtlich der Bedeutung des Ausdrucks „hinreichend a priori bestimmte Ursache“; vgl. J.Bennett *1974*, S. 185. So legt z.B. Arthur Schopenhauers Einwand gegen den Thesis-Beweis nahe, daß Schopenhauer den Ausdruck „hinreichend a priori bestimmt“ als (im Sinne von P.T.Geach *1956*, S.33) *attributiv* verwendetes Adjektiv zum Substantiv „Ursache“, also - logisch gesprochen - als Funktion zweiter Stufe aufgefaßt hat (vgl. *Die Welt als Wille und Vorstellung I*, S.667f.); ebenso N.K.Smith *1923*, S.493, der sich sogar explizit auf Schopenhauer bezieht. Diese Deutung wird von Bennett zu Recht kritisiert. Meiner Ansicht nach wird der fragliche Ausdruck von Kant dagegen (ebenfalls im Sinne von P.T.Geach *1956*, S.33) *prädikativ*, also - logisch gesprochen - als Begriff erster Stufe verwendet: x ist demnach eine hinreichend a priori bestimmte Ursache, wenn x erstens Ursache (von irgendeinem y) und zweitens hinreichend a priori bestimmt ist. - H.Dimpker/B.Kraft/D.Schönecker *1996*, S.197ff., glauben, der Ratlosigkeit Abhilfe schaffen zu können, indem sie den Beweisschritt (7) als eine Umformulierung der in Beweisschritt (1) angenommenen Antithesis deuten; diese enthalte den synthetischen Grundsatz der Vernunft (GV) (vgl. oben Abschnitt 1.4.). Nun ist diese Behauptung, wie der formale Teil meiner Rekonstruktion zeigen wird, formal nicht zu rechtfertigen und kann auch mit Blick auf die in (1) bzw. (A_1) und (7) enthaltenen Behauptungen nicht überzeugen: Während (1) lediglich besagt, daß alles, was überhaupt verursacht ist, naturkausal verursacht ist, enthält (7) u.a. die Aussage, daß alles, was geschieht, naturkausal verursacht ist - dies ist aber ein erheblicher Unterschied.

(8) „Also widerspricht der Satz, als wenn alle Kausalität nur nach Naturgesetzen möglich sei, sich selbst in seiner unbeschränkten Allgemeinheit, und diese kann also nicht als die einzige angenommen werden" (ibid.).

Ich möchte Kants Aussage, daß „der Satz, als wenn alle Kausalität nur nach Naturgesetzen möglich sei [d.i. die Annahme (1)[277]] sich selbst *in seiner unbeschränkten Allgemeinheit*" widerspreche, so verstehen, daß aus (1) dann ein Widerspruch folgt, wenn es in der Welt überhaupt etwas gibt, das geschieht; denn unter dieser Prämisse folgt aus dem vorangehenden die *logisch falsche* Behauptung, daß es etwas gibt, das sowohl eine „hinreichend a priori bestimmte Ursache hat", als auch nicht. Damit aber ist die Annahme (1) *ad absurdum* geführt und die Behauptung (T_3) bewiesen.

Im letzten Beweisschritt leitet Kant dann aus (T_3) die Behauptung (T_3^*) her:

(9) „Diesem nach muß eine Kausalität angenommen werden, durch welche etwas geschieht, ohne daß die Ursache davon noch weiter, durch eine andere vorhergehende Ursache, nach notwendigen Gesetzen bestimmt sei, d.i. eine absolute Spontaneität der Ursachen, eine Reihe von Erscheinungen, die nach Naturgesetzen läuft, von selbst anzufangen, mithin transzendentale Freiheit, ohne welche selbst im Laufe der Natur die Reihenfolge der Erscheinungen auf der Seite der Ursachen niemals vollständig ist" (ibid.).

Bevor ich zum formalen Teil der Analyse übergehe, möchte ich noch auf eine abweichende Interpretation des Beweises eingehen, die u.a. von P.F.Strawson vorgeschlagen wird und für die es ernstzunehmende Textbelege zu geben scheint. Nach Strawson geht es im Beweis der Thesis nur um Zustände der Welt (als Ganzer) und um die Begreiflichkeit eines Anfangszustandes der Welt; Strawson schreibt: „The argument [sc. for the thesis, Verf.], as is correctly noted in the antithesis and acknowledged in the observations on the thesis, derives what force it has solely from the assumption of a beginning of the world. Deprived of this prop, it would reduce to the following false principle: for some state, x, to be a truly causally sufficient condition of some state, y, it is necessary either that there should be no antecedent causally sufficient conditions of x or that the backward series of antecedent causally sufficient conditions starting from x should terminate in a member with no antecedent causally necessary conditions of its own".[278]

[277] N.K.Smith *1923*, S.492, bezieht (8) fälschlicherweise auf die Prämisse (7) statt auf die Annahme (1); dem steht aber der Wortlaut „de[s] Satz[es]" entgegen.

[278] Vgl. P.F.Strawson *1966*, S.208.

In der Tat scheint Kant, wie Strawson anzeigt, in der Anmerkung zur Thesis sagen zu wollen, der Beweis zeige die Notwendigkeit einer ersten Ursache aller Zustände der Welt (als Ganzer):

> „Nun haben wir diese Notwendigkeit eines ersten Anfangs einer Reihe von Erscheinungen aus Freiheit, zwar nur eigentlich insofern dargetan, als zur Begreiflichkeit eines Ursprungs der Welt erforderlich ist, indessen man alle nachfolgenden Zustände für eine Abfolge nach bloßen Naturgesetzen nehmen kann" (A448-50, B476-8).

Darüber hinaus spricht Kant im Beweis der Antithesis, wie Strawson ebenfalls gezeigt hat, von „Begebenheiten der Welt"[279], „Weltbegebenheiten"[280] und dem „Weltlauf"[281]. Die letztgenannten Textbelege sind jedoch nur schwache Indizien für die von Strawson vertretene These; denn die Ausdrücke „Begebenheiten der Welt" und „Weltbegebenheiten" können sich auch auf Begebenheiten *in* der Welt beziehen, und der Ausdruck „Weltlauf" kann auch als eine vage, allgemeine Bezeichnungsweise für den Ablauf von Begebenheiten *in* der Welt verstanden werden. Ein Indiz für diese und gegen Strawsons Lesart findet man gerade in der Formulierung der Antithesis selbst: „alles *in* der Welt geschieht lediglich nach Gesetzen der Natur" (A445, B473; kursiv vom Verf.). - Der von Strawson zuletzt genannte und von mir zuerst zitierte Textbeleg aus der Anmerkung zur Thesis hingegen kann nicht so leicht und durch rein philologische Argumente entkräftet werden. Ich möchte daher zunächst einige sachliche Einwände gegen Strawsons These, der Beweis der Thesis handele von Zuständen der Welt (als Ganzer) und nehme seine ganze Beweiskraft aus der Annahme eines zeitlichen Weltanfangs, anführen. Erstens nimmt weder ein von Kant explizit angegebener Beweisschritt noch eine der (oben genannten) vermutlich von ihm stillschweigend vorausgesetzten Prämissen explizit oder implizit auf Zustände der Welt (als Ganzer) Bezug. Zweitens ist das von Strawson als alternativer Beweisgrund erwogene „false principle" nur deshalb so offensichtlich falsch, da offenbar auch er den Ausdruck „hinreichend a priori bestimmte Ursache" mißversteht, indem er „hinreichend a priori bestimmt" als attributiv verwendetes Adjektiv nimmt (vgl. oben). Drittens wird die Existenz eines zeitlichen Weltanfangs, also eine der Behauptungen der Thesis der ersten Antinomie, von Kant in der Auflösung dieser Antinomie ausdrücklich als falsch bezeichnet, während Kant darauf insistiert, daß die Thesis der dritten Antinomie wahr sein kann. Dem Beweis einer wahren Behauptung wird so von Strawson ohne zwingenden Grund eine nach Kant falsche Prämisse untergeschoben. Viertens wurde zwar in den Beweisen der ersten Antinomie auf Weltzustände Bezug genommen[282], und im

---

[279] Vgl. A445, B473.
[280] Vgl. A447, B475.
[281] Vgl. ibid.
[282] Vgl. oben die Abschnitte 2.2.1.2. und 2.2.1.3.

Abschnitt „Vernunft und Welt“ des ersten Kapitels wurde gezeigt, wie die traditionelle Metaphysik einen Weltzustand (zu einem Zeitpunkt t) auf die Zustände der Dinge in der Welt (zu t) zurückführt[283], es ist aber zu beachten, daß die Beweise der ersten Antinomie Argumentationen für falsche Behauptungen darstellen und daher selbst fehlerhaft sind. Insbesondere dürfen (und sogar sollen) sie Argumente enthalten, die der Welt (als Ganzer) fälschlicherweise eine zeitliche Bestimmtheit zuschreiben; so begeht eine Zustandszuschreibung der Welt *zu einem bestimmten Zeitpunkt t* genau diesen Fehler. Auch aus diesem Grund unterstellt Strawson dem Thesis-Beweis der dritten Antinomie also ohne Not eine im Sinne Kants falsche Prämisse. - Wie aber ist Kants (oben zitierte) Erläuterung aus der Anmerkung zur Thesis zu verstehen? Zunächst will Kant darin, wie der weitere Kontext zeigt, darauf hinweisen, daß der Beweis *nicht* zeigt, daß die (menschliche) Vernunft praktisch werden kann und daß Kausalität durch Freiheit in jeder Handlung, welche durch praktische Vernunft bestimmt ist, instantiiert und realisiert ist. Dieser Nachweis bleibt der *Kritik der praktischen Vernunft* vorbehalten.[284] Sodann kann festgehalten werden, daß Kant in der fraglichen Erläuterung *nicht* behauptet, der Beweis zeige die Notwendigkeit eines Ursprungs der Welt aufgrund von Kausalität durch Freiheit; gesagt wird vielmehr, der Beweis zeige (anhand einer „Erscheinung“ *in* der Welt) die „Notwendigkeit eines ersten Anfangs einer Reihe von Erscheinungen aus Freiheit“ und trage so (für den transzendentalen Realisten) „zur Begreiflichkeit eines Ursprungs der Welt“ bei, indem er nämlich, so kann man ergänzen, nachweist, daß es Kausalität durch Freiheit geben muß. In dieser Lesart aber stellt die fragliche Textstelle kein Indiz für Strawsons Interpretation dar. Ich komme daher zu dem Schluß, daß der vorliegende Beweis nicht unmittelbar zeigt, daß die Reihe aller Zustände der Welt als Ganzer eine Ursache aus Freiheit haben müsse.[285]

Ich möchte nun zur formalen Analyse des Beweises der Thesis übergehen. Entsprechend der formalsprachlichen Formulierung der Behauptung (T_3) lautet die den Beweis einleitende und zu widerlegende Annahme:

(1) $\neg\exists x,z,t(K_t(x,z) \wedge \neg U_t(x,z))$

Um aus dieser Annahme im zweiten Beweisschritt folgern zu können, daß alles, was geschieht, nach Gesetzen der Natur bewirkt wurde, bedarf es, wie im informellen Teil der Analyse gezeigt wurde, einer Prämisse, die Kant nicht explizit angibt. Dazu bietet sich die Prämisse an, daß alles, was geschieht, verursacht ist:

---

283 Vgl. oben Abschnitt 1.4.

284 Vgl. auch die in Abschnitt 2.4.1. zitierte Reflexion 6337 (*AA* XVIII;658,1-10).

285 Zur Kritik an Strawson vgl. auch J.Bennett *1974*, S.186. Die gegen Strawson gerichteten Einwände treffen auch C.Zumbach *1981*, S.121, J.Schmucker *1990*, S.147-158, und H.Dimpker/B.Kraft/D.Schönecker *1996*, S.176f.,234 und passim.

(1a) $\forall z_1(\exists x,t_1(Z(x,t_1,z_1) \wedge \forall t_2(t_2<t_1 \rightarrow \neg Z(x,t_2,z_1))) \rightarrow \exists z_2,t(K_t(z_2,z_1)))$.

Aus (1) und (1a) folgt dann die Aussage:

(2) $\forall z_1(\exists x,t_1(Z(x,t_1,z_1) \wedge \forall t_2(t_2<t_1 \rightarrow \neg Z(x,t_2,z_1))) \rightarrow \exists z_2,t(U_t(z_2,z_1)))$,

welche ich mit Kants zweitem Beweisschritt identifizieren möchte: Alles, was geschieht, ist nach Gesetzen der Natur bewirkt. - Im dritten Beweisschritt macht Kant dann von einer Prämisse Gebrauch, die im vorhergehenden Abschnitt dieser Arbeit bereits als Bedeutungspostulat (U2) eingeführt wurde und besagt, daß ein nach Gesetzen der Natur Bewirkendes selbst etwas ist, das geschehen ist:

(3) $\forall z_1,z_2,t(U_t(z_1,z_2) \rightarrow \exists x,t_1(Z(x,t_1,z_1) \wedge \forall t_2(t_2<t_1 \rightarrow \neg Z(x,t_2,z_1))))$.

Aus (2) und (3) folgt, daß alles, was geschieht, eine Ursache hat, die etwas Geschehenes ist:

(4) $\forall z_1(\exists x,t_1(Z(x,t_1,z_1) \wedge \forall t_2(t_2<t_1 \rightarrow \neg Z(x,t_2,z_1))) \rightarrow \exists z_2,t(U_t(z_2,z_1) \wedge \exists y,t_3(Z(y,t_3,z_2) \wedge \forall t_4 (t_4<t_3 \rightarrow \neg Z(y,t_4,z_2)))))$.

Kants Formulierung seines vierten Beweisschritts und insbesondere die Verwendung des bestimmten Artikels „die“ legen zwar nahe, das Sukzedens dieser allquantifizierten Subjunktion als All- und nicht als Existenz-Aussage aufzufassen. So aufgefaßt, würde (4) aber weder aus den vorhergehenden Beweisschritten folgen, noch die nachfolgenden Beweisschritte rechtfertigen. - Um nun Kants nächstem Beweisschritt entsprechend auf die Anfangslosigkeit *der* Reihe der Naturursachen zu etwas Geschehenem schließen zu können, bedarf es, wie schon erläutert wurde, einer Prämisse, welche die Links-Linerarität von U(x,y) fordert, einer Prämisse, welche die Transitivität von U(x,y) fordert, einer weiteren Prämisse, die die Irreflexivität von U(x,y) fordert, und einer analytischen Prämisse, die begründet, daß eine totalgeordnete Menge als Reihe bezeichnet werden kann:

(4a) $\forall z_1,z_2,z_3(U(z_1,z_3) \wedge U(z_2,z_3) \rightarrow z_1=z_2 \vee U(z_1,z_2) \vee U(z_2,z_1))$,

(4b) $\forall z_1,z_2,z_3(U(z_1,z_2) \wedge U(z_2,z_3) \rightarrow U(z_1,z_3))$,

(4c) $\forall z \neg U(z,z)$[286],

(4d) $\forall \mathcal{F} \forall R$(R ist eine Totalordnung auf $\mathcal{F} \rightarrow \langle \mathcal{F},R \rangle$ ist eine Reihe).

---

[286] Die Irreflexivität von U(x,y) folgt im übrigen aus (K1) und (U3).

Aus (4),(4a),(4b),(4c) und (4d) folgt dann, daß zu jedem z_1, das geschieht, die Menge $\{z_2|U(z_2,z_1)\}$ nicht-leer ist und zusammen mit der Relation U eine Reihe bildet, welche kein Anfangselement besitzt; diese Folgerung bildet den Inhalt von Kants fünftem Beweisschritt:

(5) $\forall z_1(\exists x,t_1(Z(x,t_1,z_1) \wedge \forall t_2(t_2<t_1 \rightarrow \neg Z(x,t_2,z_1))) \rightarrow (\{z_2|U(z_2,z_1)\}\neq\emptyset \wedge \langle\{z_2|U(z_2,z_1)\},U\rangle$ ist eine Reihe $\wedge \neg\exists z_3\in\{z_2|U(z_2,z_1)\}\forall z_4\in\{z_2|U(z_2,z_1)\}(z_3\neq z_4 \rightarrow U(z_3,z_4))))$.

Um nun aus der Anfangslosigkeit der Reihe $\langle\{z_2|U(z_2,z_1)\},U\rangle$ auf ihre Links-Unvollständigkeit schließen zu können, liegt es, wie bereits gesagt wurde, nahe, die folgende Prämisse zu ergänzen:

(5a) $\forall\mathcal{F}\neq\emptyset\forall R(\langle\mathcal{F},R\rangle$ ist eine Reihe $\wedge \neg\exists x\in\mathcal{F}\forall y\in\mathcal{F}(x\neq y \rightarrow R(x,y)) \rightarrow \langle\mathcal{F},R\rangle$ ist links-unvollständig).

Aus (5) und (5a) folgt, daß zu jedem z_1, das geschieht, die Reihe $\langle\{z_2|U(z_2,z_1)\},U\rangle$ links-unvollständig ist, d.i. Kants sechster Beweisschritt:

(6) $\forall z_1(\exists x,t_1(Z(x,t_1,z_1) \wedge \forall t_2(t_2<t_1 \rightarrow \neg Z(x,t_2,z_1))) \rightarrow \langle z_2|U(z_2,z_1)\},U\rangle$ ist links-unvollständig).

Um schließlich aus der Links-Unvollständigkeit von $\langle\{z_2|U(z_2,z_1)\},U\rangle$ darauf schließen zu können, daß z_1 keine „hinreichend a priori bestimmte Ursache" besitzt, bedarf es einer weiteren, von Kant nicht erwähnten Prämisse, die einen entsprechenden Zusammenhang herstellt; hier bietet sich die folgende Aussage an:

(6a) $\forall z_1(\langle\{z_2|U(z_2,z_1)\},U\rangle$ ist links-unvollständig $\rightarrow \neg\exists z_3,t(U_t(z_3,z_1) \wedge z_3$ ist hinreichend a priori bestimmt).

Die von Kant im siebenten Beweisschritt eingeführte Prämisse kann formal wie folgt dargestellt werden:

(7) $\forall z_1(\exists x,t_1(Z(x,t_1,z_1) \wedge \forall t_2(t_2<t_1 \rightarrow \neg Z(x,t_2,z_1))) \rightarrow \exists z_2,t(U_t(z_2,z_1) \wedge z_2$ ist hinreichend a priori bestimmt)).[287]

---

[287] Daß es sich bei dieser Prämisse tatsächlich, wie bereits im informellen Teil der Rekonstruktion behauptet wurde, um eine Verschärfung des Kausalgesetzes handelt, sieht man sofort ein, wenn man das (in Fußnote 269 zitierte) Kausalgesetz formal ausdrückt: $\forall z_1(\exists x,t_1(Z(x,t_1,z_1) \wedge \forall t_2(t_2<t_1 \rightarrow \neg Z(x,t_2,z_1))) \rightarrow \exists z_2,t(U_t(z_2,z_1))))$.

Aus (6),(6a) und (7) folgt dann eine Behauptung, die Kant ebenfalls nicht explizit anführt: Alles, was geschieht, hat sowohl eine „hinreichend a priori bestimmte Ursache“, als auch nicht:

(7a) $\forall z_1(\exists x,t_1(Z(x,t_1,z_1) \wedge \forall t_2(t_2<t_1 \rightarrow \neg Z(x,t_2,z_1))) \rightarrow \exists z_2,t(U_t(z_2,z_1) \wedge z_2$ ist hinreichend a priori bestimmt$) \wedge \neg\exists z_2,t(U_t(z_2,z_1) \wedge z_2$ ist hinreichend a priori bestimmt$)))$.

Mit der empirischen Prämisse, daß es überhaupt etwas Geschehenes gibt:

(7b) $\exists x,t_1,z_1(Z(x,t_1,z_1) \wedge \forall t_2(t_2<t_1 \rightarrow \neg Z(x,t_2,z_1)))$,

folgt aus (7a) nun die logisch falsche Behauptung:

(7c) $\exists z_1(\exists z_2,t(U_t(z_2,z_1) \wedge z_2$ ist hinreichend a priori bestimmt$) \wedge \neg\exists z_2,t(U_t(z_2,z_1) \wedge z_2$ ist hinreichend a priori bestimmt$))$.

Da aus (1) auf diese Weise eine logisch falsche Behauptung hergeleitet werden kann, geht Kant im achten Beweisschritt zu einer Behauptung über, die mit dem Negat von (1) und folglich mit (T_3) äquivalent ist:

(8) $\neg\forall x,z,t(K_t(x,z) \rightarrow U_t(x,z))$.

Schließlich leitet er aus (8) und dem Bedeutungspostulat (K4):

(8a) $\forall x,z,t(K_t(x,z) \leftrightarrow (U_t(x,z) \vee F_t(x,z)) \wedge \neg(U_t(x,z) \wedge F_t(x,z)))$,

das ebenfalls unerwähnt bleibt, (T_3^*) ab:

(9) $\exists x,z,t(F_t(x,z))$.

Der vorliegende *formal korrekte* Beweis zeigt also, daß aus (1a),(3),(4a),(4b), (4c),(4d),(5a),(6a),(7) und (7b) die Behauptung (T_3) folgt.[288]

2.4.3. Der Beweis der Antithesis

Auf Seiten der Antithesis beweist Kant, wie bereits festgestellt wurde, zunächst die Behauptung (A_3^*) und leitet aus dieser dann (A_3) ab. Ebenso wie (T_3) beweist Kant

---

[288] Eine Zusammenfassung der formalen Darstellung findet sich im Anhang.

auch (A_3^*) indirekt; der Beweis beginnt daher mit der Annahme, daß Kausalität durch Freiheit real sei, d.h. daß es etwas gebe, das durch etwas anderes durch Kausalität durch Freiheit bewirkt ist.

(1) „Setzet: es gebe eine Freiheit im transzendentalen Verstande" (A445, B473).

In der Fortführung dieses Satzes führt Kant dann zwei Prämissen in den Beweis ein: Zum einen ist Freiheit (transzendental verstanden) eine besondere Art von Kausalität:

(2) „als eine besondere Art von Kausalität, nach welcher die Begebenheiten der Welt erfolgen könnten" (ibid.).

Zum anderen ist Freiheit ein Vermögen, einen Zustand spontan zu bewirken:

(3) „nämlich ein Vermögen, einen Zustand, mithin auch eine Reihe von Folgen desselben, schlechthin anzufangen" (ibid.).

Aus (1),(2) und (3) folgert Kant dann in seinem vierten Beweisschritt, daß es etwas gibt, das etwas Geschehenes bewirkt, selbst aber nicht bewirkt ist:

(4) „so wird nicht allein eine Reihe durch diese Spontaneität, sondern die Bestimmung dieser Spontaneität zur Hervorbringung der Reihe, d.i. die Kausalität, wird schlechthin anfangen, so daß nichts vorhergeht, wodurch diese geschehende Handlung nach beständigen Gesetzen bestimmt sei" (ibid.).

Im nachfolgenden Satz führt Kant eine Prämisse in den Beweis ein, die er *allem Anschein nach* im ersten Teil des Satzes allgemein formuliert und dann im zweiten Teil des Satzes für den Fall, dessen Existenz in (4) behauptet wird, spezialisiert. Kant behauptet zunächst, daß jeder Anfang zu handeln einen Zustand des Handelnden *vor* Beginn der Handlung voraussetzt: „Es setzt aber ein jeder Anfang zu handeln einen Zustand der noch nicht handelnden Ursache voraus" (ibid.). Man könnte nun vermuten, daß Kant diese Behauptung dann für den vorliegenden Fall eines „dynamisch *ersten* Anfangs" spezialisiere:

(5) „und ein dynamisch erster Anfang der Handlung [setzt] einen Zustand [voraus], der mit *dem* vorhergehenden eben derselben Ursache gar keinen

Zusammenhang der Kausalität hat, d.i. auf keine Weise daraus erfolgt“ (ibid.; kursiv vom Verf.).[289]

Diese durch Kants Formulierung des Satzes nahegelegte Deutung wirft aber ein sachliches Problem auf: Unter dieser Deutung nämlich würde Kant in (5) behaupten, daß es zu jedem dynamisch ersten Anfang einer Handlung, die z.B. zu t_0 beginnt, einen Zustand z_{-1} des Handelnden zu einem früheren Zeitpunkt t_{-1} gibt, welcher mit keinem beliebigen vorhergehenden Zustand z_{-2} (zu t_{-2}) in einem kausalen Zusammenhang steht. Auf eine kausale Unabhängigkeit von z_{-1} und vorhergehenden Zuständen z_{-2} kommt es aber im vorliegenden Beweis nicht an. Relevant für den Fortgang des Beweises ist vielmehr die kausale Unabhängigkeit des Zustands z_0 des Handelnden zu t_0 von beliebigen vorhergehenden Zuständen des Handelnden.[290] Deshalb ist, wie ich meine, die Deutung von (5) als Spezialisierung des vorangehenden Teilsatzes unzutreffend. Der erste Teilsatz steht zu (5) in keinem beweisrelevanten Zusammenhang; er ist, soweit ich sehe, für den Beweis völlig irrelevant. (5) dagegen enthält die Prämisse, daß jeder Gegenstand, der ein Geschehen spontan bewirkt, zum Wirkungszeitpunkt in einem Zustand ist, der von jedem seiner vorhergehenden Zustände kausal unabhängig und - so muß man sinngemäß ergänzen - verschieden ist.[291]

Ergänzt man nun als weitere Prämisse die Behauptung, daß ein Zustand eines Gegenstands, der nicht durch einen vorher eingetretenen Zustand desselben Gegenstands bewirkt ist, durch überhaupt keinen Zustand (irgendeines Gegenstands) nach Naturgesetzen bewirkt ist[292], so folgt aus (4) und (5) zusammen mit dieser Prämisse, daß es etwas gibt, das geschieht und nicht nach Gesetzen der Natur bewirkt

---

[289] Die Wörter „setzt ... voraus“ finden sich im vorhergehenden Teilsatz und müssen auf diesen Teilsatz bezogen werden. Der bestimmte Artikel „dem“ kann hier als Ausdruck einer All-Quantifikation aufgefaßt werden; vgl. unten die formale Darstellung von (5). - Indem Kant hier die (angenommene) freiheitliche Ursache als etwas behandelt, das Zustände *hat*, zeigt sich, daß Ursachen durch Freiheit *in Übereinstimmung mit dem Bedeutungspostulat (F1)* (vgl. oben), nicht selbst Zustände sind, sondern Dinge, die Zustände haben - ganz im Gegensatz zu naturkausalen Ursachen, die dem Wortlaut des Thesis-Beweises entsprechend Zustände sind.

[290] Dieses Problem wird auch von H.Dimper/B.Kraft/D.Schönecker *1996*, S.211, beschrieben und ausführlich erörtert.

[291] Die Verschiedenheit des Zustands der Ursache zum Zeitpunkt des Wirkens von allen vorhergehenden Zuständen der Ursache ist zwar evident, wird aber formal benötigt, um darauf schließen zu können, daß der Zustand der Ursache zum Zeitpunkt des Wirkens selbst etwas Geschehenes ist (vgl. den weiteren Beweisgang und die formale Rekonstruktion des Beweises).

[292] Diese Prämisse läßt sich z.T. auf die traditionelle Auffassung zurückführen, daß ein Zustand, der einen anderen Zustand nach Gesetzen der Natur bewirkt, früher eingetreten sein muß als dieser; vgl. dazu Kants Ausführungen zur zweiten Analogie der Erfahrung A189-211, B232-256. Diese Voraussetzung ist aber nicht speziell transzendental-idealistischer Natur; sie wird z.B. auch von so verschiedenen Denkern wie D. Hume (vgl. *A Treatise of Human Nature*, I,3,15) und C.Wolff (vgl. *Philosophia Prima sive Ontologia*, §§ 906f.) vertreten.

ist. Diese Folgerung, die Kant ebenfalls unerwähnt läßt, widerspricht nun dem Kausalgesetz, das Kant in seinem sechsten Beweisschritt als Prämisse verwendet, ohne es explizit anzugeben[293]:

(6) „Also ist die transzendentale Freiheit dem Kausalgesetze entgegen" (ibid.).

Da auf diese Weise unter der Annahme (1) ein Widerspruch hergeleitet wurde, geht Kant im siebenten Beweisschritt zum Negat der Annahme, d.h. zu (A_3^*), über:

(7) „und eine solche Verbindung der sukzessiven Zustände wirkender Ursachen, nach welcher keine Einheit der Erfahrung möglich ist, die also auch in keiner Erfahrung angetroffen wird, [ist] mithin ein leeres Gedankending" (A445-7, B473-5).[294]

Schließlich leitet Kant im letzten Beweisschritt aus (A_3^*) die Behauptung (A_3) ab:

(8) „Wir haben also nichts als N a t u r, in welcher wir den Zusammenhang und Ordnung der Weltbegebenheiten suchen müssen" (A447, B475).

Nach dieser vorbereitenden informellen Analyse kann nun zur formalen Rekonstruktion des Beweises übergegangen werden. Gemäß der formalen

---

[293] Offenbar gibt Kant das Kausalgesetz an dieser Stelle deshalb nicht explizit an, da er dies bereits im Grundsatzkapitel der transzendentalen Analytik (allerdings in einer anderen Interpretation) getan hat. - Daß das Kausalgesetz die entscheidende Prämisse des Antithesis-Beweises ist, wird auch von N.K. Smith *1923*, S.493, P.F.Strawson *1966*, S.208f., J.Bennett *1974*, S.188, und P.Guyer *1987*, S.411, gesehen, während dies von S.J.Al-Azm *1972*, S.103ff., bezweifelt wird. H.Dimpker/ B.Kraft/D.Schönecker *1996* finden in der Prämisse (6) nur die Aussage wieder, daß es naturkausale Ursachen gebe (S.213); sie sehen das entscheidende Argument des Antithesis-Beweises stattdessen darin, daß „die Unmöglichkeit, gleichzeitig Freiheit und Natur zu denken, [...] in der Unmöglichkeit begründet [sei], einen sinnvollen Begriff des Naturgesetzes zu bilden, der es erlauben würde, freiheitskausale Ursachen zu integrieren. Denn ein Naturgesetz ist nur insofern ein ‚allgemeines Gesetz', als es für alle ‚Weltbegebenheiten' und die ‚Verbindung ihrer sukzessiven Zustände' eine allgemeine und notwendige ‚Regel' aufstellt" (S.216). Nun hat zum einen die Behauptung, die Dimpker/Kraft/Schönecker in (6) wiederfinden wollen, mit dem Kausalgesetz überhaupt nichts zu tun, sondern ist eine empirische Aussage; warum sollte Kant dann aber explizit auf das Kausalgesetz verweisen? Zum anderen sind Naturgesetze, die z.B. ein mechanisches System beschreiben, mit der Annahme von sogenannten *Anfangsbedingungen* für das System durchaus verträglich; unverträglich ist die Annahme von absoluten Anfangsbedingungen nur mit dem Kausalgesetz, so daß dieses auch in der Deutung von Dimpker/Kraft/Schönecker letztlich die entscheidende Voraussetzung des Beweises bildet.

[294] Das Wort „ist" aus (6) bezieht sich auch auf den vorliegenden Teilsatz und kann folglich hier ergänzt werden.

Darstellung der Behauptung (A_3^*) lautet die beweiseinleitende, zu widerlegende Annahme:

(1) $\exists x,z,t(F_t(x,z))$.

Im zweiten Beweisschritt führt Kant die Prämisse ein:

(2) $\forall x,z,t(F_t(x,z) \rightarrow K_t(x,z))$.

Diese Prämisse folgt aus dem Bedeutungspostulat (F1). - Die Prämisse, die Kant dann im darauffolgenden, dritten Beweisschritt einführt, ist identisch mit dem Bedeutungspostulat (F3):

(3) $\forall x,z,t(F_t(x,z) \rightarrow \neg\exists y,t'(K_{t'}(y,x)))$.

Aus (1),(2) und (3) folgt dann Kants vierter Beweisschritt:

(4) $\exists x(\exists z,t(K_t(x,z)) \wedge \neg\exists y,t'(K_{t'}(y,x)))$.

Demnach folgt aus (1),(2) und (3), daß es - mit Kants Worten - einen „dynamisch ersten Anfang" einer Handlung in der Welt tatsächlich gibt. Die von Kant im fünften Beweisschritt als Prämisse eingeführte Aussage über „dynamisch erste Anfänge" von Handlungen kann dann wie folgt formalisiert werden:

(5) $\forall x,z,t((K_t(x,z) \wedge \neg\exists y,t'(K_{t'}(y,x))) \rightarrow \exists z_1(Z(x,t,z_1) \wedge \forall z_2,t_1(Z(x,t_1,z_2) \wedge t_1<t \rightarrow z_2 \neq z_1 \wedge \neg\exists t''(K_{t''}(z_2,z_1)))))$.

Ergänzt man nun die Prämisse, daß ein Zustand eines Dinges, der nicht durch einen vorhergehenden Zustand desselben Dinges verursacht ist, überhaupt nicht verursacht ist:

(5a) $\forall x,t_1,z_1(Z(x,t_1,z_1) \wedge \neg\exists t_2,z_2,t(Z(x,t_2,z_2) \wedge t_2<t_1 \wedge K_t(z_2,z_1)) \rightarrow \neg\exists z_3,t'(U_{t'}(z_3,z_1)))$,

so folgt aus dieser Prämisse zusammen mit (4) und (5) eine Aussage, die dem Kausalgesetz widerspricht und von Kant vermutlich intendiert, aber nicht angegeben wird:

(5b) $\exists x,t_1,z_1(Z(x,t_1,z_1) \wedge \forall t_2(t_2<t_1 \rightarrow \neg Z(x,t_2,z_1)) \wedge \neg\exists z_2,t(U_t(z_2,z_1)))$.

Indem Kant im sechsten Beweisschritt das Kausalgesetz:

(6) $\forall z_1(\exists x,t_1(Z(x,t_1,z_1) \wedge \forall t_2(t_2<t_1 \rightarrow \neg Z(x,t_2,z_1))) \rightarrow \exists z_2,t(U_t(z_2,z_1)))$

als Prämisse in den Beweis einführt, leitet er unter der Annahme (1) einen Widerspruch her; somit ist die Annahme (1) *ad absurdum* geführt. Kant kann daher im siebenten Beweisschritt zum Negat von (1), d.h. zu (A_3^*), übergehen:

(7) $\neg\exists x,z,t(F_t(x,z))$.

Schließlich leitet er im achten Beweisschritt aus (A_3^*) mittels des Bedeutungspostulats (K4):

(7a) $\forall x,z,t(K_t(x,z) \leftrightarrow (U_t(x,z) \vee F_t(x,z)) \wedge \neg(U_t(x,z) \wedge F_t(x,z)))$,

die Behauptung (A_3) her:

(8) $\forall x,z,t\,(K_t(x,z) \rightarrow U_t(x,z))$.

Der vorliegende *formal korrekte* Beweis zeigt also, daß aus (2),(3),(5),(5a) und (6) die Behauptung (A_3^*) folgt.[295]

2.5. Die vierte Antinomie

2.5.1. Die logische Struktur der Behauptungen

Die vierte Antinomie resultiert nach Kant aus der transzendental-realistischen Voraussetzung, daß der Begriff der „absolute[n] Vollständigkeit des Daseins *des* Veränderlichen in der Erscheinung" objektiv real sei (vgl. A415, B443; kursiv vom Verf.). Dabei deutet der bestimmte Artikel „des" darauf hin, daß es in der vierten Antinomie um die Gesamtheit alles Veränderlichen und somit - im Unterschied zur zweiten und *dritten* Antinomie - wieder um eine Betrachtung der Welt als Ganze geht; diese Deutung wird die nachfolgende Analyse der Behauptungen und Beweise bestätigen. Der Ausdruck „Erscheinung" darf hier selbstverständlich wiederum nicht im terminologischen, d.h. transzendental-idealistischen, Sinne verstanden werden.

In der traditionellen Metaphysik wird Veränderliches als zufälligerweise existierend aufgefaßt. Der vierten Antinomie liegt daher die Frage zugrunde, ob die Reihe des sich kausal bedingenden Zufälligen (Veränderlichen) in einem notwendigen (unveränderlichen) Wesen terminiert oder eine unbedingte, vollständige Reihe des stets Zufälligen (Veränderlichen) ist. Damit wird in der vierten Antinomie

---

[295] Eine Zusammenfassung der formalen Rekonstruktion findet sich im Anhang.

auch die Frage berührt, ob es überhaupt ein notwendiges Wesen gibt oder nicht. Diese Frage ist bekanntlich die Grundfrage der rationalen Theologie, welche von Kant im dritten Hauptstück des zweiten Buchs der transzendentalen Dialektik behandelt wird. Im vorliegenden zweiten Hauptstück können allerdings, wie Kant in der Anmerkung zur Thesis betont, nur kosmologische Antworten und Argumente untersucht werden.[296] Die einander „entgegengesetzten" Behauptungen der vierten Antinomie enthalten deshalb Antworten auf die speziellere, kosmologische Frage, ob es ein notwendiges Wesen gibt, welches - in einem noch zu präzisierenden Sinn - zur Welt „gehört". Die Thesis beantwortet diese Frage positiv und enthält damit zugleich auch eine Antwort auf die allgemeinere Frage, ob es überhaupt ein notwendiges Wesen gibt. Die Antithesis hingegen beantwortet die speziellere, kosmologische Frage negativ, sie bestreitet, daß es ein notwendiges Wesen gibt, welches zur Welt „gehört"; sie enthält somit keine Antwort auf die allgemeinere Frage, ob es überhaupt ein notwendiges Wesen gibt.

Im Unterschied zu den zuvor untersuchten Antinomien enthalten Thesis und Antithesis der vierten Antinomie jeweils nur eine Behauptung. Die Formulierung der Thesis lautet in der *Kritik der reinen Vernunft*:

(T_4) „Zu der Welt gehört etwas, das, entweder als ihr Teil, oder ihre Ursache, ein schlechthin notwendiges Wesen ist" (B480).[297]

Die Antithesis stellt dem entgegen:

(A_4) „Es existiert überall kein schlechthin notwendiges Wesen, weder in der Welt, noch außer der Welt, als ihre Ursache".

Die logische Struktur der Antithesis erscheint insgesamt klarer als die der Thesis. Die Antithesis behauptet, daß es kein notwendiges Wesen gibt, das (i) „in der Welt" oder (ii) „außer der Welt, als ihre Ursache" existiert. Der Beweis der Antithesis zeigt, daß der Fall (i) zwei Unterfälle hat. „In der Welt" bedeutet: (a) Teil der Welt *oder* (b) identisch mit der Welt.[298] Setzt man des weiteren voraus, daß etwas genau dann

---

[296] Vgl. A456, B484.

[297] In der A-Auflage (A452) heißt es „notwendig" statt „notwendiges"; vgl. die Ausgabe von R.Schmidt, S.465.

[298] Der Beweis der Antithesis besteht aus zwei voneinander logisch unabhängigen Teilbeweisen, welche jeweils indirekt geführt werden. Im ersten dieser beiden Teilbeweise wird die Annahme, daß es „in der Welt" ein notwendiges Wesen gebe, ad absurdum geführt; im zweiten Teilbeweis wird die Annahme widerlegt, daß es ein solches Wesen „außer der Welt, als ihre Ursache" gebe. Der erste der beiden Teilbeweise zerfällt nochmals in zwei indirekte Argumentationen: Zunächst wird die Annahme widerlegt, daß es unter den Dingen, aus denen die Welt besteht, ein notwendiges Wesen gebe; dann wird die Annahme ad absurdum geführt, daß die Welt selber ein notwendiges Wesen sei (vgl. unten Abschnitt 2.5.3.). - Der Ausdruck „Teil" bedeutet im Kontext der vorliegenden Antinomie dasselbe wie „Element"

„außer der Welt" ist, wenn es nicht „in der Welt" ist, so läuft der Fall (ii) auf die folgende Konjunktion hinaus: weder Teil der Welt noch identisch mit der Welt, aber Ursache der Welt.

Wenn Kant in der vierten Antinomie den Ausdruck „Welt" benutzt, so meint er primär nicht, wie z.B. in der ersten Antinomie, die „erste Dimension" der Sinnenwelt, also die Gesamtheit der Gegenstände (im engeren Sinne) der Erfahrung, sondern die „zweite Dimension", d.h. die Reihe der aufeinander folgenden und in der Zeit einmal erstmalig eingetretenen Zustände dieser Gesamtheit oder, wie Kant auch sagt, die „Reihe der Weltveränderungen".[299] Das wird auch durch die zwar nicht äquivalenten, aber in diesem Punkt sehr deutlichen Formulierungen von Thesis und Antithesis in den *Prolegomena* gestützt.[300] Dort zeigt sich auch, daß es sich bei der „Reihe der Weltveränderungen" um eine mittels der Relation der Naturkausalität geordnete Reihe handeln soll.

Den vorangehenden Erläuterungen zufolge kann die Antithesis dann wie folgt ausformuliert werden:

(A_4) Es gibt kein notwendiges Wesen, das ein Element der Reihe der Weltveränderungen oder mit dieser Reihe identisch ist oder das weder ein Element dieser Reihe noch mit ihr identisch, aber ihre Ursache ist.

Die Antithesis hat demnach die logische Form:

$$\neg\exists x(\Phi(x) \wedge ((\Psi(x) \vee X(x)) \vee (\neg\Psi(x) \wedge \neg X(x) \wedge \Xi(x)))).$$

Man sieht leicht ein, daß eine Aussage dieser Form *nicht* die entsprechende Aussage $\neg\exists x(\Phi(x))$ impliziert, da sie den Fall $\exists x(\Phi(x) \wedge \neg\Psi(x) \wedge \neg X(x) \wedge \neg\Xi(x))$ nicht ausschließt. Die Antithesis ist also verträglich damit, daß es ein notwendiges Wesen gibt, welches weder ein Element der „Reihe der Weltveränderungen" noch identisch mit dieser Reihe noch ihre Ursache ist. Diese Beobachtung bestätigt die Behauptung, daß die Antithesis keine Antwort auf die allgemeine Fragestellung gibt, welche auch die Grundfrage der rationalen Theologie ist, ob überhaupt ein notwendiges Wesen existiert (vgl. oben).

(einer Menge); das zeigt der folgende Auszug aus dem Beweis der Antithesis: „oder die *Reihe* selbst wäre [...], obgleich in allen ihren *Teilen* zufällig und bedingt, im Ganzen dennoch schlechthinnotwendig und unbedingt, welches sich selbst widerspricht, weil das Dasein einer *Menge* nicht notwendig sein kann, wenn kein einziger *Teil* derselben ein an sich notwendiges Dasein besitzt" (A453, B481; kursiv vom Verf.).

[299] Zur Rede von der „ersten" und der „zweiten Dimension" der Welt vgl. oben Abschnitt 1.4. - Zum Ausdruck „Reihe der Weltveränderungen" vgl. z.B. A452, B480. - Zur Identifikation von „Weltveränderungen" mit „Weltzuständen" vgl. Kants Dissertation von 1770, § 2 (*AA* II;389,29-35).

[300] Die Formulierung der Thesis lautet dort: „In der Reihe der Weltursachen ist irgend ein n o t h w e n d i g Wesen", die der Antithesis: „Es ist in ihr nichts nothwendig, sondern in dieser Reihe ist a l l e s z u f ä l l i g" (*AA* IV;339,22-26). Es sei hier in Erinnerung gebracht, daß eine Reihe von naturkausalen Ursachen aus Zuständen besteht (vgl. oben Abschnitt 2.4.1.).

Zufolge der Formulierung, die Kant in der *Kritik der reinen Vernunft* für die Thesis wählt, scheint diese nun zu behaupten, daß es ein notwendiges Wesen gibt, welches (i) ein Element der „Reihe der Weltveränderungen" oder (ii) die Ursache dieser Reihe ist. Dann hätte die Thesis die logische Form: $\exists x(\Phi(x) \wedge (\Psi(x) \vee \Xi(x)))$. Doch weder der Schlußsatz des Beweises der Thesis, in dem das Beweisresultat nochmals zusammengefaßt wird[301], noch die Erläuterung des Beweisresultats in der Anmerkung zur Thesis[302] stimmen mit der Adjunktion „(i) Element der ‚Reihe der Weltveränderungen' oder (ii) Ursache dieser Reihe" überein.[303] Vielmehr wird insbesondere durch den letzten Satz des Thesis-Beweises nahegelegt, daß Kant die Formulierung der Thesis mißlingt und daß er glaubt, die folgende Behauptung bewiesen zu haben[304]:

(T_4) Es gibt ein notwendiges Wesen, das ein Element der Reihe der Weltveränderungen oder mit dieser Reihe identisch ist.

Die Thesis hat demnach die logische Form:

$$\exists x(\Phi(x) \wedge (\Psi(x) \vee X(x))).$$

Bereits die logischen Formen von (T_4) und (A_4) schließen aus, daß sich Thesis und Antithesis in der vierten Antinomie zueinander kontradiktorisch verhalten können.[305] Es gilt zwar, daß eine Aussage der Form (a) $\exists x(\Phi(x) \wedge (\Psi(x) \vee X(x)))$ stets impliziert, daß (b) $\neg\neg\exists x(\Phi(x) \wedge ((\Psi(x) \vee X(x)) \vee (\neg\Psi(x) \wedge \neg X(x) \wedge \Xi(x))))$ gilt;

---

[301] „Also ist in der Welt selbst etwas Schlechthinnotwendiges enthalten (*es mag nun dieses die ganze Weltreihe selbst, oder ein Teil derselben sein*)" (A454, B482; kursiv vom Verf.).

[302] „Der reine kosmologische Beweis kann nun das Dasein eines notwendigen Wesens nicht anders dartun, als daß er es zugleich unausgemacht lasse, *ob dasselbe die Welt selbst, oder ein von ihr unterschiedenes Ding sei*" (A456, B484; kursiv vom Verf.). Ein solches von der Welt verschiedenes Ding kann selbstverständlich ein Teil derselben sein, auch wenn Kant das hier nicht explizit sagt. Dies übersieht J.Schmucker *1990*; er weist daher zu Unrecht auf eine „Inkongruenz" dieser Textstelle mit dem letzten Satz des Thesis-Beweises hin (S.161).

[303] Auf diese „Inkongruenz" weist J.Schmucker *1990*, S.159, deshalb mit Recht hin. - H.Heimsoeth *1966-9*, S.251f., dagegen macht zwar auf eine „Modifikation" der Thesis in der Formulierung des Beweisresultats aufmerksam; er sieht darin aber wohl keine Schwierigkeit. - V.S.Wike *1982*, S.54ff., identifiziert sogar den Fall (ii) mit dem Fall „identisch mit der ‚Reihe der Weltveränderungen'" und kommt so zu der m.E. unrichtigen Auffassung, in der vierten Antinomie bringe Kant eine dritte Möglichkeit, das fragliche Unbedingte zu denken, ins Spiel.

[304] Der Sache nach stützt der Beweis der Thesis, wie gezeigt werden wird, sogar eine stärkere Behauptung (vgl. unten Abschnitt 2.5.2.).

[305] Das gilt auch dann, wenn Kant die Formulierung der Thesis nicht mißlungen sein und die Thesis tatsächlich die Form: $\exists x(\Phi(x) \wedge (\Psi(x) \vee \Xi(x)))$ haben sollte; vgl. V.S.Wike *1982*, S.53 u. 56. - Auch zwischen Thesis und Antithesis konstatiert J.Schmucker *1990*, S.159, daher mit Recht eine „Inkongruenz"; Schmucker zieht aus seiner Beobachtung aber, soweit ich sehe, keine Konsequenzen für das semantische Verhältnis zwischen Thesis und Antithesis. H.Heimsoeth *1966-9*, S.255, dagegen nimmt die Antithesis schlicht als das Negat der Thesis.

ein umgekehrtes Implikationsverhältnis besteht aber nicht.[306] Unter der Voraussetzung, daß (T_4) und (A_4) auf ein und denselben Gegenstandsbereich (*universe of discourse*) bezogen werden, gilt somit: (T_4) $\Rightarrow$ $\neg$(A_4), aber *nicht*: $\neg$(A_4) $\Rightarrow$ (T_4). Unter der genannten Voraussetzung verhalten sich (T_4) und (A_4) also nicht kontradiktorisch, sondern konträr zueinander; sie können nicht zugleich wahr, aber zugleich falsch sein.

Nun behauptet Kant aber im Abschnitt über die Auflösung der vierten Antinomie explizit, daß „kein wahrer Widerspruch zwischen diesen Behauptungen [sc. Thesis und Antithesis, Verf.] anzutreffen sei, mithin sie beiderseits wahr sein können" (A562, B590).[307] Allerdings widerspricht diese Behauptung Kants nicht der vorangehenden Feststellung, daß (T_4) und (A_4) *über demselben Gegenstandsbereich* nicht zugleich wahr sein können. Denn Kant geht in seiner Auflösung offenbar von der gegenteiligen Voraussetzung aus, daß nämlich (T_4) und (A_4) auf *unterschiedliche Gegenstandsbereiche* bezogen werden; so sagt er zwei Seiten zuvor:

> „Also bleibt uns, bei der vor uns liegenden scheinbaren Antinomie, noch ein Ausweg offen, da nämlich alle beide einander widerstreitenden Sätze *in verschiedener Beziehung* zugleich wahr sein können, so, daß alle Dinge der Sinnenwelt durchaus zufällig sind, mithin auch immer nur empirischbedingte Existenz haben, gleichwohl von der ganzen Reihe, auch eine nicht-empirische Bedingung, d.i. ein unbedingt-notwendiges Wesen stattfinde" (A560, B588; kursiv vom Verf.).

(T_4) und (A_4) können demnach zugleich wahr sein, wenn sie „in verschiedener Beziehung" genommen werden. Die Behauptung (A_4) kann nach Kant dann wahr sein, wenn sie ausschließlich auf den Bereich der Sinnenwelt bezogen wird, da „alle Dinge der Sinnenwelt zufällig sind"; die Behauptung (T_4) kann wahr sein, wenn sie auf einen gegenüber (A_4) um intelligibele Dinge erweiterten Gegenstandsbereich bezogen wird, da in einem solchen Bereich „gleichwohl von der ganzen Reihe, auch eine nicht-empirische Bedingung, d.i. ein unbedingnotwendiges Wesen stattfinde[n]" könne. Der Gegenstandsbereich, auf den (T_4) bezogen wird, ist identisch mit dem Gegenstandsbereich, auf den Kant in der Auflösung die Thesis der dritten Antinomie bezieht; dasselbe gilt für (A_4) und die Antithesis der dritten Antinomie.

---

[306] Dies sieht man daran, daß die Aussage (b') „Es ist nicht der Fall, daß es keine natürliche Zahl gibt, die (i) der Vorgänger von 0 ist oder keinen Nachfolger hat, oder die (ii) nicht der Vorgänger von 0 ist, noch keinen Nachfolger hat, aber eindeutig in Primfaktoren zerlegbar ist" wahr ist, die Aussage (a') „Es gibt eine natürliche Zahl, die der Vorgänger von 0 ist oder keinen Nachfolger hat" hingegen falsch. - Für die sich aus Kants tatsächlicher Formulierung ergebende Form der Thesis (vgl. oben Fußnote 305) nehme man statt (b') die Aussage (b") „Es ist nicht der Fall, daß es keine natürliche Zahl gibt, die (i) der Vorgänger von 0 oder eindeutig in Primfaktoren zerlegbar ist, oder die (ii) nicht der Vorgänger von 0, noch eindeutig in Primfaktoren zerlegbar ist, aber keinen Nachfolger hat" und statt (a') die Aussage (a") „Es gibt eine natürliche Zahl, die der Vorgänger von 0 ist oder keinen Nachfolger hat"; hier ist (b") wahr, (a") aber falsch.

[307] Vgl. auch A531f., B559f.; *Prolegomena AA* IV;343,2-10; R5817 *AA* XVIII;362,18-22 und R6421 *a.a.O.*;711,8-14.

Kants Erklärung für das Zustandekommen des scheinbaren Widerspruchs von (T_4) und (A_4) und seine Auflösung desselben stimmen also mit seiner Erklärung für das Auftreten der dritten Antinomie und ihrer Auflösung überein: Bezieht man (T_4) und (A_4) *irrtümlich* auf ein und denselben Gegenstandsbereich, so widersprechen (T_4) und (A_4) einander; bezieht man sie (im Sinne des transzendentalen Idealismus) *richtigerweise* auf zwei bestimmte, voneinander verschiedene Gegenstandsbereiche, so löst sich der scheinbare Widerspruch auf. Deutlicher noch als in Kants Auflösung der dritten Antinomie zeigt sich in den beiden zuvor zitierten Erklärungen Kants, daß seine Auflösung des scheinbaren Widerspruchs zwischen (T_4) und (A_4) rein semantischer Natur ist. Die Auflösung besteht nicht darin, daß, wie im Falle der mathematischen Antinomien, auf eine gemeinsame falsche Implikation („Bedingung") beider Behauptungen hingewiesen wird, sondern in der Aufdeckung eines Unterschieds in den semantischen Voraussetzungen beider Positionen, welcher durch den äquivoken Gebrauch des Ausdrucks „Welt" in der Formulierung von (T_4) und (A_4) verdeckt wird. Eine mögliche Aufnahme der unterschiedlichen Voraussetzungen von (T_4) und (A_4) in die Syntax der Behauptungen muß daher hier nicht weiter erörtert werden; eine solche Interpretation würde offensichtlich bloßstellen, was in den Behauptungen verdeckt werden soll, und den Anschein des Widerspruchs zum Verschwinden bringen.[308]

Auf dem Weg zu einer formalsprachlichen Formulierung von (T_4) und (A_4), die die Untersuchungen dieses Abschnitts abschließen wird, sind nun noch einige Fragen zu erörtern, die in (T_4) und (A_4) vorkommende Begriffe betreffen: (a) Sowohl (T_4) als auch (A_4) enthalten den Modalbegriff „notwendig". Es ist nun zu klären, ob dieser Begriff im Kontext der vierten Antinomie eine *de-re-* oder eine *de-dicto*-Modalität repräsentiert, und worauf er sich bezieht. Die erste Frage lautet also: Wie wird der Ausdruck „notwendig" von Kant im Kontext der vierten Antinomie syntaktisch gebraucht? - (b) In Kants Formulierung von Thesis und Antithesis ist von der „Ursache der Welt" die Rede. Im Falle der Thesis ist dies zwar, wie gezeigt wurde, auf eine mißlungene Formulierung der von Kant tatsächlich intendierten Behauptung zurückzuführen; zumindest für die Antithesis bleibt aber die Frage zu beantworten, in welchem Sinne dort von einer „Ursache" gesprochen wird: (i) im Sinne des allgemeinen Kausalitätsbegriffs („$K_t(x,y)$"), (ii) im Sinne des Begriffs der Naturkausalität („$U_t(x,y)$") oder (iii) im Sinne des Begriffs der Kausalität durch Freiheit („$F_t(x,y)$").[309] - (c) In den oben angegebenen Paraphrasen der Behauptungen (T_4) und (A_4) wird auf die „Reihe der Weltveränderungen" Bezug genommen. Wie läßt sich diese Reihe formal darstellen?

---

[308] Vgl. dazu auch Abschnitt 2.4.1.

[309] Zur Unterscheidung der drei Kausalitätsbegriffe und zu ihrer Symbolisierung vgl. Abschnitt 2.4.1.

(ad a) Sowohl in Kants Formulierung der Thesis als auch in seiner Formulierung der Antithesis tritt der Ausdruck „notwendig“ als Attribut zum Substantiv „Wesen“ auf; es ist von einem „[schlechthin] notwendige[n] Wesen“ die Rede. Diese Redeweise dürfte so zu verstehen sein, daß ein Ding x ein (schlechthin) notwendiges Wesen ist, wenn x (schlechthin) notwendigerweise die Eigenschaft zukommt, ein Wesen zu sein. Es liegt also offenbar eine *de-re*-Modalität vor.[310] Auch im Erläuterungstext zu den Postulaten des empirischen Denkens, die im Grundsatzkapitel der transzendentalen Analytik behandelt werden, spricht Kant davon, daß die Modalbegriffe anderen Begriffen von Gegenständen „als Prädikate beigefügt werden“.[311] Der Begriff, dem der Modalbegriff der Notwendigkeit in Thesis und Antithesis der vierten Antinomie „als Prädikat[e] beigefügt“ wird, ist also der eines Wesens. Dieser Begriff scheint nun einen Gegenstand eines vorausgesetzten Gegenstandsbereichs, von dem er prädiziert wird, nicht vor anderen Gegenständen dieses Gegenstandsbereichs auszuzeichnen; m.a.W.: Der Begriff des Wesens kann allen Gegenständen des jeweils vorausgesetzten Gegenstandsbereichs beigelegt werden. Er kann, wie ich meine, als ein Existenzbegriff *erster Stufe* aufgefaßt werden, der auf alle Gegenstände des jeweiligen Gegenstandsbereichs zutrifft; ich möchte ihn hier durch „Ex(x)“ symbolisieren. „Ex(x)“ kann dabei gelesen werden als „x ist ein Wesen“ oder „x existiert“. Der Ausdruck „x ist ein notwendiges Wesen“ kann dann wie folgt in formale Notation übersetzt werden: „$\Box$Ex(x)“.[312]

---

[310] Wie H.Poser *1981* gezeigt hat, lassen sich bei Kant vier Stufen der Modalität, d.h. vier verschiedene Bedeutungen der Modalbegriffe „notwendig“, „möglich“, „unmöglich“ und „zufällig“, unterscheiden: logische Modalität, formale Modalität, materiale Modalität und absolute Modalität. Diese Stufen der Modalität divergieren u.a. in der Art der Modalisanda (vgl. *a.a.O.*, S.196f.). Nun deutet Kant in der Anmerkung zur Thesis an, daß im Beweis der Thesis von einer Stufe der Modalität zu einer anderen übergegangen werde: Von der „empirischen Zufälligkeit“ (d.i. im Sinne Posers die materiale Zufälligkeit) werde ein Bedeutungswechsel zur „reinen Zufälligkeit“ (d.i. im Sinne Posers die absolute Zufälligkeit) vollzogen und so die Existenz eines schlechtin (d.i. absolut) notwendigen Wesens gewonnen (vgl. A458-60, B486-8 und unten Abschnitt 2.5.2.). Dieser Übergang gelingt selbstverständlich nur dann, wenn nicht mit der Bedeutung der Modalbegriffe auch zugleich die Art der Modalisanda, oder, wie man auch sagen könnte, die Syntax der Modalbegriffe verändert wird; diese muß im Wechsel der Bedeutungen invariant bleiben.

[311] Vgl. A219, B266. - Für die in den Postulaten erklärten Modalitäten (nach H.Poser *1981*, S.200ff., sind dies formale und materiale Modalitäten) schränkt Kant aber sogleich ein, daß diese „den Begriff, dem sie als Prädikate beigefügt werden, als Bestimmung des Objekts nicht im mindesten vermehren, sondern nur das Verhältnis [sc. desselben, Verf.] zum Erkenntnisvermögen ausdrücken“ (ibid.; vgl. auch A233, B286).

[312] Vgl. auch Kants Formulierung des dritten Postulats des empirischen Denkens; „Dessen Zusammenhang mit dem Wirklichen nach allgemeinen Bedingungen der Erfahrung bestimmt ist, ist (*existiert*) n o t w e n d i g“ (A218, B266; kursiv vom Verf.). Auch wenn es sich bei der hier erläuterten Notwendigkeit nicht um eine absolute, sondern um eine materiale Notwendigkeit handelt (vgl. A226, B279 und H.Poser *1981*, S.202), kann das zitierte Postulat aufgrund der Ausführungen in Fußnote 310 als Beleg gelten. - Darüber hinaus lautet nach Kant die „Namenerklärung“ des Begriffs eines absolut notwendigen Wesens, „daß es [...] so etwas sei, dessen Nichtsein unmöglich ist“ (A593, B621). Setzt man

(ad b) Der Kantischen Auflösung der vierten Antinomie zufolge kann, wie bereits gesagt wurde, (A_4) über dem Bereich der Erscheinungen wahr sein. Über diesem Bereich ist, wie aus der Auflösung der dritten Antinomie hervorgeht, auch (A_3^*) wahr; (A_3^*) ist aber die Behauptung, daß es keine Kausalität durch Freiheit gibt. Dies entspricht exakt Kants eigener Lehrmeinung:

> „Unter den Ursachen in der Erscheinung kann sicherlich nichts sein, welches eine Reihe schlechthin und von selbst anfangen könnte. Jede Handlung, als Erscheinung, sofern sie eine Begebenheit hervorbringt, ist selbst Begebenheit, oder Ereignis, welche einen anderen Zustand voraussetzt, darin die Ursache angetroffen werde" (A543, B571).

Würde man nun den Ausdruck „Ursache" in (A_4) im Sinne des Begriffs der Kausalität durch Freiheit deuten, so würde die Möglichkeit, daß es ein notwendiges Wesen gibt, das Ursache der „Reihe der Weltveränderungen" ist, bereits dadurch ausgeschlossen, daß es im Bereich der Erscheinungen keine Kausalität durch Freiheit gibt. Dies aber ist nicht der Punkt, auf den es Kant in seiner Auflösung der *vierten* Antinomie ankommt. Außerdem kann gezeigt werden, daß Kant im Beweis der Antithesis Argumente heranzieht, die sich explizit auf den Begriff der Naturkausalität stützen.[313] Schließt man aus den genannten Gründen den Begriff der Kausalität durch Freiheit aus, so kann man unmittelbar zu einer Deutung im Sinne des Begriffs der Naturkausalität übergehen, da der allgemeine Kausalitätsbegriff nur diese beiden Alternativen zuläßt[314] und da dies auch Kants Argumentation im Beweis der Antithesis entspricht.

(ad c) Wie bereits festgestellt wurde, versteht Kant unter der „Reihe der Weltveränderungen" die mittels der Relation der Naturkausalität geordnete Menge der in der Zeit eingetretenen Zustände der Gesamtheit aller raumzeitlichen Gegenstände.[315] Nimmt man wiederum die Konstante „W" zur Bezeichnung der

---

nun voraus, daß Kant „Nichtsein" synonym zu „Nicht-Existenz" gebraucht, was naheliegt, da er „Sein" synonym zu „Existenz" verwendet (vgl. A598f., B626f.), und nimmt zusätzlich mit H.Poser *1981*, S.197 u. 207, an, daß für jede Stufe der Modalität bei Kant die Beziehung $\Box\alpha \leftrightarrow \neg\Diamond\neg\alpha$ gilt, so ergibt sich aus der zitierten „Namenerklärung" ein weiterer Beleg für die vorgeschlagene Interpretation; vgl. auch R5761: „Necessarium *ens* est, cuius *nonexistentia* est impossibilis" (*AA* XVIII;346,20; kursiv vom Verf.). - Schließlich findet sich in der *Metaphysik von Schön* der folgende Beleg: „Unter der Nothwendigkeit eines Dinges versteht man die Nothwendigkeit seines Daseyns, [...]. - Wenn ich aber sage: ein Ding ist nothwendig, so lege ich dem Dinge kein besondres Prädikat bey, sondern das Ding mit allen seinen Prädicaten wird hier wirklich und zwar so gesetzt, daß seine Nichtexistenz für unmöglich erklärt wird. Die Nothwendigkeit eines Dinges bedeutet also eigentlich die Unmöglichkeit seiner Non existenz" (*AA* XXVIII;498,25-33). (Das Zeichen „$\Box$" steht hier und in der Folge, wie üblich, für den Notwendigkeitsoperator, das Zeichen „$\Diamond$" für den Möglichkeitsoperator.)

[313] Vgl. unten Abschnitt 2.5.3.

[314] Vgl. dazu das Bedeutungspostulat (K2) in Abschnitt 2.4.1.

[315] Im Beweis der Antithesis wird diese Reihe sogar ausdrücklich als „Menge" bezeichnet; vgl. A453, B481.

Gesamtheit aller raumzeitlichen Gegenstände[316], so kann man die Menge der in der Zeit eingetretenen Zustände dieser Gesamtheit formal wie folgt beschreiben: $\{z|\exists t_1(Z(W,t_1,z) \wedge \forall t_2(t_2<t_1 \rightarrow \neg Z(W,t_2,z)))\}$.[317] Um die Darstellung der antinomischen Behauptungen und der Beweise zu vereinfachen, soll diese Menge im folgenden mit der Konstante „V_W" bezeichnet werden. Unter einer Ursache der „Reihe der Weltveränderungen" soll hier eine naturkausale Ursache aller Elemente von V_W verstanden werden.[318]

Die formalsprachlichen Formulierungen der antinomischen Behauptungen (T_4) und (A_4) lauten dann:

(T_4) $\exists x(\Box Ex(x) \wedge (x\in V_W \vee x=V_W))$,

(A_4) $\neg\exists x(\Box Ex(x) \wedge ((x\in V_W \vee x=V_W) \vee (x\notin V_W \wedge x\neq V_W \wedge \forall y\in V_W(U(x,y)))))$.

2.5.2. Der Beweis der Thesis

Es ist zu Recht in der Literatur weitgehend unbestritten, daß Kant die Thesis der vierten Antinomie nicht indirekt, sondern direkt beweist.[319] Dennoch enthält der Beweis von (T_4), wie im folgenden deutlich gemacht werden wird, einen indirekten Teilbeweis.[320]

Kant beginnt den Beweis, indem er drei Prämissen einführt. Zunächst stellt er fest, daß die Gesamtheit der Gegenstände (im engeren Sinne) der Erfahrung, also die „erste Dimension" der Sinnenwelt, eine Reihe von Veränderungen aufweist:

(1) „Die Sinnenwelt, als das Ganze der Erscheinungen, enthält zugleich eine Reihe von Veränderungen" (A452, B480).

---

[316] Vgl. dazu oben Abschnitt 2.2.

[317] Die nicht-logischen Symbole, die hier und in der Folge verwendet werden, tragen, soweit sie nicht neu eingeführt werden, ihre in den Untersuchungen zu den vorhergehenden Antinomien erklärten Bedeutungen.

[318] Dafür spricht zum einen, daß Wirkungen von Ursachen nach Kant stets Zustände von Dingen sind (vgl. oben Abschnitt 2.4.1.); zum anderen interpretiert Kant selbst im Beweis der Antithesis eine „Weltursache" als „das oberste Glied in der *Reihe der Ursachen* der Weltveränderungen" (vgl. A453-5, B481-3), was aufgrund der Transitivität und der Irreflexivität der Relation der Naturkausalität (vgl. oben Abschnitt 2.4.2.) mit der hier zugrundegelegten Deutung äquivalent ist.

[319] Eine Ausnahme bildet hier S.J.Al-Azm *1972* (vgl. S.122f.). Es sei aber festgestellt, daß Al-Azms Rekonstruktion des Thesis-Beweises dem Kantischen Wortlaut nicht sehr nahe kommt; auch zeigt Al-Azm nicht, wie überhaupt Modalbegriffe in die Argumentation eingeführt werden.

[320] Ebenso H.Heimsoeth *1966-9*, S.248f., und V.S.Wike *1982*, S.22f.

Begründet wird diese Prämisse von Kant nicht, wie man erwarten könnte, mit dem Hinweis auf unsere alltägliche Erfahrung von Veränderungen, also mit einem empirischen Argument, sondern damit, daß die Existenz von Veränderungen eine notwendige Bedingung für die Vorstellung der *Zeitreihe* und diese Vorstellung wiederum eine Bedingung der Möglichkeit der Sinnenwelt (in der „zweiten Dimension" genommen) ist: „Denn, ohne diese [sc. Reihe von Veränderungen, Verf.] würde selbst die Vorstellung der Zeitreihe, als einer Bedingung der Möglichkeit der Sinnenwelt, uns nicht gegeben sein" (ibid.).[321]

Damit wird die Existenz einer Reihe von Veränderungen der Sinnenwelt (in der „ersten Dimension") zu einer notwendigen Bedingung der Sinnenwelt (in der „zweiten Dimension"). - Relevant für den Fortgang des Beweises ist allerdings nur eine Konsequenz aus der Prämisse (1), d.i. die Existenz von *mindestens einer* solchen Veränderung; dies zeigt sich auch in einer Wiederholung der in (1) enthaltenen beweisrelevanten Behauptung an einer späteren Stelle des Beweises (vgl. unten).

Die zweite Prämisse, die Kant in den Beweis einführt, lautet:

(2) „Eine jede Veränderung steht aber unter ihrer Bedingung, die der Zeit nach vorhergeht, und unter welcher sie notwendig ist" (ibid.).[322]

Nun ist eine „Bedingung, die der Zeit nach vorhergeht, und unter welcher sie [d.i. hier eine bedingte Veränderung, Verf.] notwendig ist", eine naturkausale Ursache.[323] Dem zufolge ist die Prämisse (2) identisch mit dem Kausalgesetz, wenn man (2) nicht nur als eine Behauptung über die in (1) thematisierten Veränderungen der Welt, sondern ganz allgemein als eine Behauptung über Veränderungen überhaupt auffaßt.[324] - Schließlich folgt im dritten Beweisschritt die Prämisse:

---

[321] Vgl. auch R5800 *AA* XVIII;358,12ff. - Kant fügt dieser Begründung in einer Fußnote hinzu: „Die Zeit geht zwar als formale Bedingung der Möglichkeit der Veränderungen vor dieser objektiv vorher, allein subjektiv, und in der Wirklichkeit des Bewußtseins, ist, diese Vorstellung doch nur, so wie jede andere, durch Veranlassung der Wahrnehmungen gegeben" (ibid.). Offenbar will er mit dieser Bemerkung dem Mißverständnis vorbeugen, in der Begründung von (1) werde behauptet, die Reihe der Weltveränderungen ginge der Zeit selbst *ontologisch* voraus.

[322] Das Wort „aber" deutet an, daß es sich um eine Prämisse handelt.

[323] So erklärt Kant im Erläuterungstext zur zweiten Analogie der Erfahrung, etwas als naturkausale Ursache einer „Begebenheit" zu bestimmen, heiße, „daß in dem, was [sc. der Zeit nach, Verf.] vorhergeht, die Bedingung anzutreffen sei, unter welcher die Begebenheit jederzeit (d.i. notwendigerweise) folgt" (A200, B246). - Zu Kants Begriff der „Begebenheit" vgl. oben Abschnitt 2.4.1.

[324] Vgl. auch die Formulierung des Kausalgesetzes in der B-Auflage der *KdrV*: „Alle Veränderungen geschehen nach dem Gesetze der Verknüpfung der Ursache und Wirkung" (B232).

(3) „Nun setzt ein jedes Bedingte, das gegeben ist, in Ansehung seiner Existenz, eine vollständige Reihe von Bedingungen [...] voraus" (ibid.).[325]

Da in der vorhergehenden Prämisse von einem besonderen Bedingungsverhältnis, d.i. dem Verhältnis der Naturkausalität, die Rede ist, kann man (3) als die Behauptung lesen: Wenn etwas überhaupt naturkausal verursacht ist, dann ist die Reihe seiner Ursachen vollständig, oder, wie man in Anlehnung an eine bereits früher verwendete Terminologie sagen kann, *links-vollständig*.[326] - Ergänzt man nun die Prämisse, daß jede nicht-leere, links-vollständige Reihe ein im Bezug auf die Ordnungsrelation der Reihe oberstes Glied hat[327], dann folgt aus (3) zusammen mit dieser Prämisse, daß es zu allem, was naturkausal verursacht ist, eine letzte, selbst nicht mehr verursachte Ursache gibt. Diese Behauptung läßt sich in den folgenden Worten wiederfinden, die Kants vierten Beweisschritt darstellen:

(4) „bis zum Schlechthinunbedingten" (ibid.).[328]

Im fünften Beweisschritt geht Kant zu der Behauptung über, daß alles, was überhaupt naturkausal verursacht ist, eine letzte Ursache hat, die „absolutnotwendig" ist. Um aus (4) auf diese einen Modalbegriff enthaltende Behauptung schließen zu können, müssen allerdings einige Prämissen ergänzt werden. In der Anmerkung zur Thesis führt Kant zwei Behauptungen an, die, um eine dritte (modallogisch wahre) Prämisse ergänzt, die Beweislücke schließen und den Übergang von (4) zum fünften Kantischen Beweisschritt rechtfertigen. Die erste von Kant in der Anmerkung zur Thesis angeführte und als Prämisse geeignete Behauptung besagt, daß etwas genau dann (empirisch) zufällig ist, wenn es naturkausal verursacht ist.[329] Diese Prämisse stellt den Zusammenhang zwischen dem Begriff der Naturkausalität und einem Modalbegriff, d.i. dem Begriff der Zufälligkeit, her. Eine weitere Behauptung in der Anmerkung zur Thesis stellt dann einen Zusammenhang zwischen dem Begriff der Zufälligkeit und dem Begriff der Möglichkeit her: Das, dessen kontradiktorisches

---

[325] Ausgelassen wurden hier die Wörter „bis zum Schlechthinunbedingten", da sie einen eigenen Beweisschritt bilden (vgl. unten Kants vierten Beweisschritt).

[326] Vgl. oben Abschnitt 2.4.2.

[327] Diese Prämisse ist logisch äquivalent zu der versteckt in den Beweis von (T_3) eingehenden Prämisse (5a) (vgl. auch hierzu Abschnitt 2.4.2.).

[328] Die vollständige Behauptung von (4) ergibt sich, wenn man die Wörter „bis zum Schlechthinunbedingten" in den Satzzusammenhang von (3) zurückstellt, dem sie entnommen sind.

[329] „Empirische Zufälligkeit, d.i. die Abhängigkeit [...] von empirisch bestimmenden Ursachen" (A458, B486); vgl. auch R5808: „Aus der Veränderung können wir wohl schließen, daß ein Zustand zufällig sey, [...]. Das [...] *bedeutet*, daß der Zustand eine Ursache habe" (*AA* XVIII;359,15ff.; kursiv vom Verf.). Auch P.F.Strawson *1966*, S.209f., sieht in dieser Behauptung eine Prämisse des Beweises.

Gegenteil möglich ist, ist zufällig.[330] Ergänzt man nun noch die modallogisch wahre Prämisse, daß etwas, dessen kontradiktorisches Gegenteil unmöglich ist, notwendig ist[331], so folgt aus (4) zusammen mit dieser und den beiden in der Anmerkung zur Thesis aufgefundenen Prämissen Kants fünfter Beweisschritt:

(5) „welches absolutnotwendig ist".[332]

Aus (5) und den Prämissen (1) und (2) folgert Kant nun, daß es etwas gibt, das „absolutnotwendig" (und die Ursache von mindestens einer Weltveränderung und allen anderen Ursachen derselben) ist[333]:

(6) „Also muß etwas Absolutnotwendiges existieren" (ibid.).

In einem an (6) angehängten „Wenn"-Satz deutet Kant an, daß diese Folgerung vor allem von der Existenz von Weltveränderungen abhängt: „wenn eine Veränderung als seine [d.i. das Absolutnotwendige, Verf.] Folge existiert" (ibid.). Da außer der Prämisse (1) keine der in die Herleitung von (6) eingehenden Prämissen die Existenz einer Weltveränderung behauptet, kann davon ausgegangen werden, daß Kant in diesem „Wenn"-Satz die in (1) enthaltene, *beweisrelevante* Behauptung wiederholt. Der Beweisschritt (1) trägt also zum vorliegenden Beweis lediglich die Prämisse bei, daß es überhaupt Weltveränderungen gibt. - Im auf den „Wenn"-Satz folgenden Satz nimmt Kant dann einen Beweisschritt vorweg, der erst durch die nachfolgenden Beweisschritte erreicht wird: „Dieses Notwendige aber gehört selber zur Sinnenwelt" (ibid.). Auffällig ist hier, daß Kant, obwohl mit (6) nur die Existenz von *mindestens einem* notwendigen Wesen nachgewiesen ist, die Kennzeichnung „dieses Notwendige" verwendet. Offenbar geht Kant davon aus, daß der Beweisgang nicht nur die Existenz von mindestens einem, sondern von *genau einem* notwendigen Wesen nahelegt. Von der durch die Verwendung der Kennzeichnung angedeuteten

---

[330] „Zufällig, im reinen Sinne der Kategorie, ist das, dessen kontradiktorisches Gegenteil möglich ist" (A458, B486); vgl. auch R3838 *AA* XVII;308,4f. und R4041 *a.a.O.*;395,17. - Dabei setzt Kant offenbar voraus, daß das, dessen kontradiktorisches Gegenteil möglich ist, auch selbst möglich ist (z.B. deshalb, weil es wirklich ist). - Daß Kant in der ersten zu ergänzenden Prämisse von „empirische[r] Zufälligkeit" (vgl. oben Fußnote 329), hier aber von „zufällig, im reinen Sinne der Kategorie" spricht, kann und muß in der Formulierung der zu ergänzenden Prämissen außer Acht gelassen werden, da nach Kant genau in diesem Bedeutungswechsel der eigentliche „Trick" des Beweises liegt (vgl. oben Fußnote 310).

[331] Nach H.Poser *1981*, S.197, gilt diese Behauptung für jede Stufe Kantischer Modalitäten (vgl. oben Fußnote 312). Für den vorliegenden Kontext bestätigt dies auch R3771: „Nothwendig existiert ein Ding, dessen Gegentheil des Daseyns unmöglich ist" (*AA* XVII;289,6f.).

[332] Auch hier erhält man die vollständige Behauptung, wenn man den Relativsatz in den Satzzusammenhang von (3) zurückstellt.

[333] Den eingeklammerten Teil dieser Behauptung erwähnt Kant zwar in seiner Formulierung des Beweisschrittes (6) nicht, er macht aber später, in seinem achten Beweisschritt, gerade von diesem Teil Gebrauch.

Eindeutigkeit des notwendigen Wesens wird aber im weiteren Verlauf des Beweises nicht Gebrauch gemacht. Es soll ja auch nur die Existenz eines notwendigen Wesens bewiesen werden. Daher kann man die nachfolgenden Beweisschritte auch auf ein bestimmtes notwendiges Wesen beziehen, das *stellvertretend für alle notwendigen Wesen, welche Ursache der Reihe der Weltveränderungen sind*, herausgegriffen wird, um zu zeigen, daß dieses notwendige Wesen „zur Sinnenwelt [gehört]". Dieser noch ausstehende Nachweis führt dann dazu, daß Kant im letzten Satz des Beweistextes, in dem das Resultat des gesamten Beweises zusammengefaßt wird, feststellen kann, daß „*in der Welt selbst* etwas Schlechthinnotwendiges enthalten [ist]" (A454, B482; kursiv vom Verf.); „in der Welt selbst [...] enthalten" zu sein, heißt aber, wie Kant in der Parenthese erklärt, „die ganze Weltreihe selbst, oder ein Teil derselben [zu] sein" (ibid.).

In den folgenden Beweisschritten muß Kant daher den Nachweis führen, daß „dieses Notwendige" mit der „Weltreihe" („Reihe der Weltveränderungen") identisch oder ein Teil derselben ist. Kant führt diesen Nachweis indirekt, er beginnt im siebenten Beweisschritt mit der Annahme, daß „dieses Notwendige" nicht zur Sinnenwelt gehört, d.h. - im Sinne der vorangehenden Erläuterungen des Beweiszieles - weder mit der „Reihe der Weltveränderungen" identisch noch ein Teil derselben ist:

(7) „Denn setzet, es [sc. dieses Notwendige, Verf.] sei *außer derselben* [sc. der Sinnenwelt, Verf.]" (A452, B480; kursiv vom Verf.).[334]

Aus dieser (*ad absurdum* zu führenden) Annahme und dem Beweisschritt (6), insbesondere dem in der oben angegebenen Paraphrase von (6) geklammerten Teil, gewinnt Kant dann die Behauptung:

(8) „so würde von ihm die Reihe der Weltveränderungen ihren Anfang ableiten, ohne daß doch diese notwendige Ursache selbst zur Sinnenwelt gehörte" (A452-4, B480-2).

Die in diesem achten Beweisschritt enthaltene Behauptung, daß „dieses Notwendige" zwar die Ursache aller Weltveränderungen, jedoch weder mit der „Reihe der Weltveränderungen" identisch noch ein Teil derselben ist, führt, wie Kant bereits im darauffolgenden Satz andeutet, auf einen Widerspruch: „Nun ist dieses unmöglich" (A454, B482). Um den Widerspruch explizit ableiten zu können, bedarf

[334] Man beachte in diesem Zusammenhang, daß Kant den Ausdruck „außer der Welt" in seiner Formulierung der Antithesis als Negat des Ausdrucks „in der Welt" verwendet, welcher nach dem Beweis der Antithesis bedeutet: identisch mit der „Reihe der Weltveränderungen" oder ein Teil derselben (vgl. oben Abschnitt 2.5.1.). Auch dies belegt, daß Kant im vorliegenden Beweisschritt annimmt, „dieses Notwendige" sei weder mit der „Reihe der Weltveränderungen" identisch noch ein Teil derselben.

es allerdings weiterer Prämissen. Eine solche Prämisse führt Kant sogleich im nächsten Satz ein; er stellt ihr jedoch eine Begründung voran und läßt ihr eine Definition folgen: „Denn, da der Anfang einer Zeitreihe nur durch dasjenige, was der Zeit nach vorhergeht, bestimmt werden kann",

(9) „so muß die oberste Bedingung des Anfangs *einer* Reihe von Veränderungen in der Zeit existieren, da diese noch nicht war" (ibid.; kursiv vom Verf.),

„(denn der Anfang ist ein Dasein, vor welchem eine Zeit vorhergeht, darin das Ding, welches anfängt, noch nicht war)" (ibid.). Die Prämisse (9) enthält die Behauptung, daß allgemein die letzte Ursache[335] „*einer* Reihe von Veränderungen" zeitlich bestimmt sein muß; daraus folgt nach Kants Theorie der Kausalitätsbegriffe[336], daß eine solche Ursache eine naturkausale Ursache und damit eine Begebenheit in der Zeit sein muß. Obwohl Kant diese Konsequenz nicht explizit zum Ausdruck bringt, führt der Weg zur Herleitung eines Widerspruchs aus der Annahme (7) gerade über die Behauptung, daß die letzte Ursache „einer Reihe von Veränderungen" stets eine Begebenheit in der Zeit sein muß. - In der vorausgeschickten Begründung dieser Prämisse macht Kant davon Gebrauch, daß jeder naturkausal geordneten Reihe von Veränderungen eine Zeitreihe entspricht, derart daß das Anfangsglied der Reihe der Veränderungen den Anfangspunkt der Zeitreihe markiert. Der Bestimmungsgrund dafür, daß die Reihe der Veränderungen gerade zu diesem Zeitpunkt begonnen hat, kann nur wiederum *in der Zeit* (und zwar in der Zeit *vor* dem Anfangspunkt der Zeitreihe) liegen. Da nun der in Parenthese hinzugefügten Definition zufolge ein Anfang „ein Dasein [ist], vor welchem eine Zeit vorhergeht, worin das Ding, welches anfängt, noch nicht war"[337], muß die letzte Ursache einer Reihe von Veränderungen zu einem Zeitpunkt erfolgt sein, an dem es die Reihe von Veränderungen noch nicht gab.

Auf die Feststellung, daß die letzte Ursache einer Reihe von Veränderungen dieser Reihe zeitlich vorhergehen muß, kommt es allerdings in den nachfolgenden Beweisschritten nicht an. Durch seinen Zusatz „da diese noch nicht war" zur Prämisse (9) sowie durch die in Parenthese hinzugefügte Definition des zeitlichen Anfangs lenkt Kant an dieser Stelle unnötig die Aufmerksamkeit auf einen für den Beweis irrelevanten Aspekt. Die in (9) enthaltene beweisrelevante Behauptung besteht ausschließlich darin, daß die letzte Ursache einer (beliebigen) Reihe von

---

[335] In (9) ist zwar nur von einer „oberste[n] Bedingung" die Rede, im vorliegenden Beweis geht es aber, wie bereits herausgestellt wurde (vgl. oben meine Ausführungen zu Beweisschritt (2)), um (natur)kausale Bedingungsverhältnisse. Dies übersieht z.B. J.Bennett *1974* in seiner Interpretation der vierten Antinomie (vgl. S.240ff.).

[336] Vgl. oben Abschnitt 2.4.1.

[337] Zu Kants Definition des zeitlichen Anfangs vgl. oben Abschnitt 2.2.1.1.

Veränderungen eine Begebenheit in der Zeit sein muß.[338] - Im zehnten Beweisschritt wendet Kant diese allgemeine Behauptung auf die vorliegende „notwendige Ursache" der „Reihe der Weltveränderungen" an:

(10) „Also gehört die Kausalität der notwendigen Ursache der Veränderungen, mithin auch die Ursache selbst, zu der Zeit, mithin zur Erscheinung (an welcher die Zeit allein als deren Form möglich ist)" (ibid.).

Die vorliegende „notwendige Ursache" der „Reihe der Weltveränderungen" ist also selbst eine Begebenheit in der Zeit. - Damit steht zwar fest, daß die „notwendige Ursache" der „Reihe der Weltveränderungen" eine Erscheinung in der Zeit ist, ein Widerspruch zur Annahme (7) ergibt sich daraus jedoch unmittelbar nicht. Denn (7) schließt nicht aus, daß es Erscheinungen in der Zeit gibt, die weder identisch mit der „Reihe der Weltveränderungen" noch ein Glied derselben (eine Weltveränderung) sind. Mittelbar gewinnt man jedoch aus (8) und (10) einen Widerspruch zu (7), wenn man die Prämisse ergänzt, daß Veränderungen (Begebenheiten), die in einem naturkausalen Verhältnis zueinander stehen, stets Veränderungen ein und derselben zugrundeliegenden Substanz sind. Mit dieser Prämisse folgt dann aus (10), daß die „notwendige Ursache" der „Reihe der Weltveränderungen" selbst eine Weltveränderung ist. Diese Folgerung läßt sich im elften Beweisschritt wiederfinden, wenn man berücksichtigt, daß Kant diesen Beweisschritt - ebenso wie bereits die Annahme (7) - sehr allgemein formuliert:

(11) „folglich kann sie [sc. die notwendige Ursache, Verf.] von der Sinnenwelt als dem Inbegriff aller Erscheinungen, nicht abgesondert gedacht werden" (ibid.).

Dies aber widerspricht unmittelbar der Annahme (7). Somit ist der mit (7) eingeleitete, indirekte Teilbeweis abgeschlossen, und Kant kann zum gewünschten Beweisresultat (T_4) übergehen:

(12) „Also ist in der Welt selbst etwas Schlechthinnotwendiges enthalten (es mag nun dieses die ganze Weltreihe selbst, oder ein Teil derselben sein)" (ibid.).

Nach Abschluß der vorbereitenden, informellen Rekonstruktion kann nun zur formalen Analyse des Thesis-Beweises übergegangen werden. - Wie oben gezeigt

---

[338] Das wird auch durch Kants Formulierung des nachfolgenden zehnten Beweisschritts bestätigt. - Man sieht leicht ein, daß diese Prämisse aus der Aussage folgt, daß jede naturkausale Ursache eine Begebenheit in der Zeit sein muß, welche im Abschnitt 2.4.1. als Bedeutungspostulat (U2) eingeführt wurde.

wurde, besteht die im ersten Beweisschritt enthaltene beweisrelevante Prämisse in der Behauptung, daß es überhaupt Weltveränderungen, d.h. Zustände der Welt, die in der Zeit einmal erstmalig eingetreten sind, gibt. Diese Aussage kann formal wie folgt ausgedrückt werden:

(1) $\exists t_1,z(Z(W,t_1,z) \wedge \forall t_2(t_2<t_1 \rightarrow \neg Z(W,t_2,z)))$.

Als zweite Prämisse führt Kant dann das Kausalgesetz in den Beweis ein: Alles, was geschieht, hat eine naturkausale Ursache:

(2) $\forall z_1(\exists x,t_1(Z(x,t_1,z_1) \wedge \forall t_2(t_2<t_1 \rightarrow \neg Z(x,t_2,z_1))) \rightarrow \exists z_2(U(z_2,z_1)))$

Die dritte Prämisse besagt, daß, wenn etwas naturkausal verursacht ist, die Reihe seiner Ursachen links-vollständig ist[339]:

(3) $\forall z_1(\exists z_2(U(z_2,z_1)) \rightarrow \langle\{z|U(z,z_1)\},U\rangle$ ist eine links-vollständige Reihe)

Ergänzt man nun die bereits in den Thesis-Beweis der dritten Antinomie eingehende Prämisse, daß jede nicht-leere, links-vollständige Reihe ein im Bezug auf die Ordnungsrelation der Reihe oberstes Glied hat:

(3a) $\forall \mathscr{F} \neq \emptyset \forall R(\langle \mathscr{F},R\rangle$ ist eine links-vollständige Reihe $\rightarrow \exists x \in \mathscr{F}\ \forall y \in \mathscr{F}(x \neq y \rightarrow R(x,y)))$,

dann folgt aus (3) und (3a) der vierte Kantische Beweisschritt: Alles, was naturkausal verursacht ist, hat eine letzte, selbst nicht mehr verursache Ursache - formal ausgedrückt:

(4) $\forall z_1(\exists z_2(U(z_2,z_1)) \rightarrow \exists z_3 \in \{z|U(z,z_1)\} \forall z_4 \in \{z|U(z,z_1)\}(z_3 \neq z_4 \rightarrow U(z_3,z_4)) \wedge \neg\exists z_5 (U(z_5,z_3)))$

Der Schluß auf die im fünften Kantischen Beweisschritt ausgesprochene Behauptung, daß alles, was naturkausal verursacht ist, eine letzte, notwendige (naturkausale) Ursache hat, kann nun, wie im informellen Teil der Analyse gezeigt wurde, durch die Einführung von drei zusätzlichen Prämissen gerechtfertigt werden. Zunächst kann man der Anmerkung zur Thesis die Prämisse entnehmen, daß etwas genau dann zufälligerweise existiert, wenn es naturkausal verursacht ist:

---

[339] Zu Kants Begriff einer Reihe vgl. oben die Abschnitte 1.4., 2.2.1.2. und 2.4.2.

(4a) $\forall x(\blacklozenge Ex(x) \leftrightarrow \exists y(U(y,x)).$[340]

Ebenfalls in der Anmerkung zur Thesis findet sich die Behauptung, daß etwas, dessen Nicht-Existenz möglich ist, zufälligerweise existiert:

(4b) $\forall x(\Diamond\neg Ex(x) \rightarrow \blacklozenge Ex(x)).$[341]

Ergänzt man schließlich noch die modallogisch wahre Aussage, daß etwas notwendigerweise existiert, wenn seine Nicht-Existenz unmöglich ist:

(4c) $\forall x(\neg\Diamond\neg Ex(x) \rightarrow \Box Ex(x)),$

so folgt aus (4),(4a),(4b) und (4c) der fünfte Kantische Beweisschritt:

(5) $\forall z_1(\exists z_2(U(z_2,z_1)) \rightarrow \exists z_3\in\{z|U(z,z_1)\}(\Box Ex(z_3) \wedge \forall z_4\in\{z|U(z,z_1)\}(z_3\neq z_4 \rightarrow U(z_3,z_4))))$

Nach der Prämisse (1) gibt es nun aber eine Weltveränderung, welche nach der Prämisse (2) naturkausal verursacht ist. Also gibt es, wie Kant mittels (5) daraus folgert, eine Weltveränderung, welche eine notwendige Letztursache hat. Diese Folgerung hält Kant im sechsten Beweisschritt fest:

(6) $\exists z_1(\exists t_1(Z(W,t_1,z_1) \wedge \forall t_2(t_2<t_1 \rightarrow \neg Z(W,t_2,z_1))) \wedge \exists z_2\in\{z|U(z,z_1)\}(\Box Ex(z_2) \wedge \forall z_3\in\{z|U(z,z_1)\}(z_2\neq z_3 \rightarrow U(z_2,z_3))))$

Wie im informellen Teil der Analyse ausgeführt wurde, kann man Kants siebenten Beweisschritt so deuten, daß in diesem eine (nach (6) existierende) notwendige Letztursache der „Reihe der Weltveränderungen" herausgegriffen wird, um zu zeigen, daß diese Letztursache mit der „Reihe der Weltveränderungen" identisch oder ein Teil derselben sein muß. Die formalsprachliche Darstellung des sechsten Kantischen Beweisschritts zeigt nun, daß die Behauptung der Existenz einer notwendigen Letztursache von der Behauptung der Existenz einer (verursachten) Weltveränderung abhängig ist. M.a.W.: Die Aussage (6) hat die Form: $\exists x\,(\Phi(x) \wedge \exists y(\Psi(x,y)))$. Soll nun der zweite Existenzquantor beseitigt werden, dann muß zuvor auch der erste Existenzquantor beseitigt werden. In der Folge sei daher z_G eine gegebene Weltveränderung, deren notwendige Letztursache („dieses Notwendige")

---

[340] Das Symbol „$\blacklozenge$" steht für den Modaloperator der Zufälligkeit. - Für die Zwecke des vorliegenden Beweises wäre die Abschwächung $\forall x(\blacklozenge Ex(x) \rightarrow \exists y(U(y,x))$ der Prämisse (4a) hinreichend; Kants Formulierung der Prämisse legt allerdings die logisch stärkere Form nahe (vgl. oben).

[341] Diese Prämisse wird verständlich unter der Voraussetzung, daß für jeden Gegenstand x des *universe of discourse* Ex(x) und somit auch $\Diamond Ex(x)$ gilt (vgl. oben).

z_A sein soll. Ergänzt man nun noch zum Zwecke der Abkürzung die Definition der Konstanten „V_W“:

(6a) $V_W =_{Df} \{z|\exists t_1(Z(W,t_1,z) \wedge \forall t_2(t_2<t_1 \rightarrow \neg Z(W,t_2,z)))\}$,

dann kann die von Kant im siebenten Beweisschritt eingeführte (zu widerlegende) Annahme wie folgt notiert werden:

(7) $z_A \notin V_W \wedge z_A \neq V_W$

Aus dieser Annahme und der Annahme, daß z_A die notwendige Letztursache einer gegebenen Weltveränderung z_G ist, erhält man dann Kants achten Beweisschritt:

(8) $z_A \notin V_W \wedge z_A \neq V_W \wedge z_A \in \{z|U(z,z_G\} \wedge \forall z_1 \in \{z|U(z,z_G\}(z_1 \neq z_A \rightarrow U(z_A,z_1)) \wedge z_G \in V_W$

Mit der von Kant im neunten Beweisschritt eingeführten Prämisse

(9) $\forall z_1,z_2(\exists x,t_1(Z(x,t_1,z_1) \wedge \forall t_2(t_2<t_1 \rightarrow \neg Z(x,t_2,z_1))) \wedge z_2 \in \{z|U(z,z_1)\} \wedge \forall z_3 \in \{z|U(z,z_1)\}(z_2 \neq z_3 \rightarrow U(z_2,z_3)) \rightarrow \exists y,t_3(Z(y,t_3,z_2) \wedge \forall t_4(t_4<t_3 \rightarrow \neg Z(y,t_4,z_2))))$

folgt aus (6a) und (8), daß z_A selbst eine Begebenheit in der Zeit ist, d.i. Kants zehnter Beweisschritt:

(10) $\exists x,t_1(Z(x,t_1,z_A) \wedge \forall t_2(t_2<t_1 \rightarrow \neg Z(x,t_2,z_A)))$

Ergänzt man nun noch die Prämisse, daß zwei Veränderungen, die im Verhältnis der Naturkausalität zueinander stehen, Veränderungen ein und derselben Substanz sind:

(10a) $\forall x,y,z_1,z_2(\exists t_1(Z(x,t_1,z_1) \wedge \forall t_2(t_2<t_1 \rightarrow \neg Z(x,t_2,z_1))) \wedge \exists t_3(Z(y,t_3,z_2) \wedge \forall t_4(t_4<t_3 \rightarrow \neg Z(y,t_4,z_2))) \wedge U(z_1,z_2) \rightarrow x=y)$,

dann erhält man mit dieser Prämisse aus (6a),(8) und (10) die Aussage:

(11) $z_A \in V_W$.[342]

---

[342] Bei der Herleitung von (11) ist die Annahme (7) nicht benutzt worden. Daraus ergibt sich, daß aus den Prämissen des Beweises nicht nur (T_4), sondern sogar die stärkere Behauptung $\exists x(\Box Ex(x) \wedge x \in V_W)$ hergeleitet werden kann. Das ist insbesondere darauf zurückzuführen, daß Kant in dem indirekten Teilbeweis, den er in (7)-(11) führt, vor allem von dem (bzw. den Merkmalen des) Begriff(s) der Naturkausalität Gebrauch macht, welcher die Möglichkeit $z_A=V_W$ *apriori* ausschließt: Denn eine Reihe von Veränderungen ist nicht selbst eine Veränderung. Dieses Vorgehen Kants läßt sich eindeutig am

Diese Aussage widerspricht unmittelbar der Annahme (7); damit ist die *Reductio ad absurdum* von (7) abgeschlossen, es gilt: $z_A \in V_W \vee z_A = V_W$, woraus mit der Annahme $\Box Ex(z_A)$ folgt: $\Box Ex(z_A) \wedge (z_A \in V_W \vee z_A = V_W)$: Durch eine Existenzgeneralisierung erhält Kant daraus dann im zwölften Beweisschritt die Behauptung (T_4):

(12) $\exists x(\Box Ex(x) \wedge (x \in V_W \vee x = V_W))$.

Somit ist gezeigt, daß Kant aus den Prämissen (1),(2),(3),(3a),(4a),(4b),(4c),(9) und (10a) sowie der Definition (6a) einen *logisch korrekten* Beweis der Behauptung (T_4) führt.[343]

Gegen diese Rekonstruktion könnte man nun einwenden wollen, daß ihr zufolge der Beweis lediglich die Existenz einer notwendigen Weltveränderung (bzw. eines notwendigen Weltzustandes) zeige, was dem Thema der Antinomie gänzlich unangemessen sei. - Ohne auf die letztere dieser beiden Behauptungen einzugehen, kann diesem Einwand entgegengehalten werden, daß eine konsequente Rekonstruktion des Beweises, die die logische Korrektheit desselben zur Interpretationsmaxime hat, die Tatsache aufdecken *muß*, daß im vorliegenden Beweis lediglich für die Existenz einer notwendigen Weltveränderung argumentiert wird. Denn sowohl im direkt geführten Teil des Beweises (Beweisschritte (1)-(6)) als auch im indirekt geführten Teil des Beweises (Beweisschritte (7)-(11)) wird entscheidend vom Begriff der Naturkausalität Gebrauch gemacht. Wie Kant in der Anmerkung zur Thesis selbst herausstellt, ergibt sich gerade daraus die fragliche Konsequenz:

> „Wenn man aber einmal den Beweis kosmologisch anfängt, indem man die Reihe von Erscheinungen, und den Regressus in derselben nach empirischen Gesetzen der Kausalität, zum Grunde legt: so kann man nachher davon nicht abspringen und auf etwas übergehen, was gar nicht in die Reihe als ein Glied gehört. [...] so kann die oberste Bedingung oder Ursache nur nach Gesetzen der Sinnlichkeit, mithin nur als zur Zeitreihe gehörig den Regressus beschließen, und das notwendige Wesen muß als das oberste Glied der Weltreihe angesehen werden“ (A456-8, B484-6).[344]

Wortlaut der Beweisschritte (9), (10) und (11) belegen und hängt nicht von hier getroffenen Interpretationsentscheidungen ab. Ein Übergang vom Begriff der Naturkausalität zum allgemeinen Kausalitätsbegriff hätte zwar die Möglichkeit $z_A = V_W$ eröffnet, ist jedoch aufgrund der Beweisschritte (9),(10) und (11) auszuschließen.

[343] Eine zusammenfassende Darstellung der formalen Rekonstruktion findet sich im Anhang.

[344] Für die Glieder einer solchen (naturkausal geordneten) Reihe gilt aber, wie Kant im Abschnitt über die Postulate des empirischen Denkens feststellt, daß „es nicht das Dasein der Dinge (Substanzen), sondern ihres Zustandes [ist], wovon wir allein die Notwendigkeit erkennen können, und zwar aus anderen Zuständen, [...] nach empirischen Gesetzen der Kausalität“ (A227, B279f.); vgl. dazu auch oben Abschnitt 2.4.2.

Der „Absprung", von Begriffen mit empirischer Bedeutung auf Begriffe ohne empirische Bedeutung, den Kant in der Fortsetzung dieser Textstelle dann doch für den Thesis-Beweis diagnostiziert, ist nicht, wie man meinen könnte, ein „Sprung" aus der Reihe der Natursachen, sondern ein *semantischer* „Sprung" von der Stufe empirischer Modalitäten in die Stufe absoluter Modalitäten, der durch den gleichzeitigen Rekurs auf die Prämissen (4a) und (4b) vollzogen wird und der sich im Beweisschritt (5) in Kants Ausdruck „absolutnotwendig" niederschlägt: „Gleichwohl hat man sich die Freiheit genommen, einen solchen Absprung (μετάβασις εἰς ἄλλο γένος)[345] zu tun. Man schloß nämlich aus den Veränderungen in der Welt auf die empirische Zufälligkeit, d.i. die Abhängigkeit derselben von empirisch bestimmenden Ursachen, und bekam eine aufsteigende Reihe empirischer Bedingungen, welches auch ganz recht war. Da man aber hierin keinen ersten Anfang und kein oberstes Glied finden konnte, so ging man plötzlich vom empirischen Begriff der Zufälligkeit ab und nahm die reine Kategorie [...]. [...] Zufällig, im reinen Sinne der Kategorie, ist das, dessen kontradiktorisches Gegenteil möglich ist" (A458, B486). Die „μετάβασις εἰς ἄλλο γένος" besteht nach Kant also darin, daß in der Prämisse (4a) von einem anderen Begriff der Zufälligkeit Gebrauch gemacht wird als in der Prämisse (4b), und (5) - vom Standpunkt des transzendentalen Idealismus betrachtet - mittels einer Äquivokation dieser beiden Begriffe hergeleitet wird.[346] Kant macht in der Anmerkung zur Thesis also auf einen *semantischen* Beweisfehler aufmerksam, der erst unter der Voraussetzung des transzendentalen Idealismus zu einem solchen wird.[347] Daß die Reihe der Natursachen („Reihe der Weltveränderungen") trotz dieses semantischen „Sprunges" nicht verlassen wird, zeigen die Beweisschritte (7)-(11), in denen gerade von der zeitlichen Bestimmtheit und damit von der Zugehörigkeit des notwendigen Wesens zu dieser Reihe Gebrauch gemacht wird, um seine Zugehörigkeit zur Welt zu beweisen.[348]

---

[345] Bei Kant fehlen die Akzente; vgl. die Ausgabe von R.Schmidt, S.468.

[346] Vgl. dazu auch R4306: „Der Schluß von der Veränderlichkeit auf die [absolute] Zufälligkeit ist metabasis eis allo genos, denn ich schließe von einem sensitivum aufs intellectuale" (*AA* XVII;501,22f.), und R6413: „Diese Zufälligkeit des Dinges kann so wenig als die Nothwendigkeit eingesehen werden. Contingentia absoluta ist ebenso als necessitas absoluta unerkennbar" (*AA* XVIII;709,17ff.).

[347] Dies widerspricht selbstverständlich ebenso wenig der oben behaupteten logischen Korrektheit des Beweises, wie die in den Paralogismen der rationalen Psychologie von Kant diagnostizierten Äquivokationen der logischen Korrektheit dieser Schlüsse widersprechen; vgl. dazu meine Ausführungen zur notwendigen Bedingung (IV) in Abschnitt 2.1.3. und R.Stuhlmann-Laeisz *1990*, S.61-66.

[348] Ebenso auch P.F.Strawson *1966*, S.215f., und J.*Bennett 1974*, S.241. Strawson und Bennett weisen allerdings zurecht darauf hin, daß der Thesis-Beweis und die Behauptung, die er zu stützen vermag, von Kants Charakterisierung derselben im Auflösungsabschnitt zur vierten Antinomie (A559-567, B587-595) abweicht. Da es mir im vorliegenden Abschnitt aber nur um eine Rekonstruktion des Beweises auf der Basis des vorliegenden Beweistextes geht, möchte ich darauf hier nicht weiter eingehen. - Im Gegensatz zu meiner Interpretation besteht die „μετάβασις εἰς ἄλλο γένος" nach H.Heimsoeth *1966-9* darin, „ein notwendiges Wesen, herausgelöst aus dem Zusammenhang der zeitlich und kausal bestimmten Weltreihe zu denken, so daß es als Anfangsursache gedacht wird, die ihrerseits in ihrer Wirksamkeit nicht unter

2.5.3. Der Beweis der Antithesis

Wie bereits im Abschnitt über die logische Struktur der antinomischen Behauptungen angedeutet wurde, besteht der Beweis der Antithesis aus zwei indirekten Teilbeweisen, deren erster nochmals in zwei indirekte Teilbeweise zerfällt. Im ersten der beiden Hauptteile des Beweises wird gezeigt, daß es kein notwendiges Wesen geben kann, das Teil der „Reihe der Weltveränderungen" oder mit dieser identisch ist. Im zweiten Hauptteil wird dann nachgewiesen, daß es kein notwendiges Wesen gibt, das weder Teil der „Reihe der Weltveränderungen" noch mit dieser identisch, aber deren Ursache ist. Im Textbild des Beweises sind die beiden Hauptteile durch einen Absatz voneinander getrennt.

Der erste Hauptteil des Beweises beginnt mit der Annahme der in diesem Hauptteil zu widerlegenden Behauptung:

(1) „Setzet: die Welt selber, oder in ihr, sei ein notwendiges Wesen" (A453, B481).

Diese Annahme ist nun äquivalent zu der Adjunktion: Es gibt ein notwendiges Wesen, das Teil der „Reihe der Weltveränderungen" ist, *oder* es gibt ein notwendiges Wesen, das mit dieser Reihe identisch ist. Deshalb ist eine *Reductio ad absurdum* dieser Adjunktion zugleich eine *Reductio ad absurdum* der Annahme (1). Kant führt nun die fragliche adjunktive Aussage *ad absurdum*, indem er jedes ihrer Adjunktionsglieder *ad absurdum* führt. Im zweiten Beweisschritt nimmt er daher das erste der beiden Adjunktionsglieder an:

(2) „so würde in der Reihe ihrer [d.i. die Welt, Verf.] Veränderungen, entweder ein Anfang sein, der unbedingtnotwendig [...] wäre" (ibid.).[349]

Es wird also zunächst angenommen, daß es ein notwendiges Wesen gibt, das Teil der „Reihe der Weltveränderungen" ist.[350] Von dieser Annahme geht Kant in seinem dritten Beweisschritt zu der Behauptung über, daß es eine Weltveränderung gibt, die keine (naturkausale) Ursache hat. Dieser Übergang kann gerechtfertigt werden, wenn man zwei Prämissen ergänzt, von denen eine modallogisch wahr ist und die andere

---

Bedingungen des Anfangens steht" (S.254). Heimsoeth erklärt jedoch nicht, wie ein solcher „Absprung" beweistechnisch vollzogen werden kann, ohne die logische Korrektheit des Beweises zu gefährden.

[349] Die Wörter „mithin ohne Ursache" wurden ausgelassen, da sie einen eigenen, den dritten Beweisschritt bilden.

[350] Daß Kant in (2) nicht von einem „Teil", sondern von einem „Anfang" der „Reihe der Weltveränderungen" spricht, ist für die Annahme selbst und ihre Widerlegung ohne Relevanz. Kant nimmt durch diesen Wortgebrauch lediglich ein Ergebnis seines nachfolgenden, dritten Beweisschrittes voraus.

von Kant in der Anmerkung zur Thesis angegeben und bereits im Beweis der Thesis stillschweigend benutzt wird. Die erste ist die Behauptung, daß ein notwendiges Wesen nicht zufällig sein kann. Die zweite verknüpft den Begriff der Zufälligkeit mit dem der Naturkausalität und besagt, daß etwas genau dann (empirisch) zufällig ist, wenn es eine naturkausale Ursache hat.[351] Aus (2) und den beiden genannten Prämissen folgt dann, daß es eine Weltveränderung gibt, die keine (naturkausale) Ursache hat:

(3) „mithin ohne Ursache" (ibid.).[352]

Im vierten Beweisschritt führt Kant das Kausalgesetz als Prämisse in den Beweis ein; zugleich deutet er an, daß diese Prämisse der im dritten Beweisschritt hergeleiteten Behauptung widerspricht:

(4) „welches dem dynamischen Gesetze der Bestimmung aller Erscheinungen in der Zeit widerstreitet" (ibid.).[353]

Es ist leicht einzusehen, wie sich der von Kant angedeutete Widerspruch konkret ergibt: Aus (3) folgt, daß es eine Veränderung gibt, die keine naturkausale Ursache hat. Dagegen behauptet das Kausalgesetz, daß jede Veränderung eine naturkausale Ursache hat. - Mit der Herleitung dieses Widerspruchs ist die Annahme (2) *ad absurdum* geführt, und Kant wendet sich im nachfolgenden Beweisschritt dem zweiten Adjunktionsglied der mit (1) äquivalenten, adjunktiven Behauptung zu.[354] Er nimmt jedoch nicht, wie zu erwarten wäre, an, daß es ein notwendiges Wesen gebe, welches mit der „Reihe der Weltveränderungen" identisch ist, sondern - äquivalent dazu -, daß die „Reihe der Weltveränderungen" notwendig sei:

---

[351] Vgl. das Zitat in Fußnote 329 oben.

[352] Die vollständige Behauptung erhält man, wenn man die Wörter „mithin ohne Ursache" in den Satzzusammenhang von (2) zurückstellt.

[353] In A215, B262 erklärt Kant, daß „die drei Analogien der Erfahrung [...] nichts anderes als Grundsätze der Bestimmung des Daseins der Erscheinungen in der Zeit" sind. Dies dürfte belegen, daß sich hinter „dem dynamischen Gesetze der Bestimmung aller Erscheinungen in der Zeit" eine der drei Analogien der Erfahrung verbirgt. Daß es sich bei dieser Analogie gerade um die zweite handelt, geht insbesondere daraus hervor, daß gerade diese geeignet ist, den gewünschten Widerspruch zu erzeugen (vgl. dazu auch den formalen Teil der Analyse). - Ebenso auch P.F.Strawson *1966*, S.210, H.Heimsoeth *1966-9*, S.255, und S.J.Al-Azm *1972*, S.131.

[354] Aufgrund seiner irrigen Auffassung, die Antithesis sei das schlichte Negat der Thesis (vgl. oben), kommt H.Heimsoeth *1966-9*, S.255, zu der Ansicht, Kant beweise in diesem zweiten Teil des ersten Hauptteils des Beweises eine Behauptung, die in der Antithesis gar nicht als Teilthese enthalten sei.

(5) „oder die Reihe [sc. der Weltveränderungen, Verf.] selbst wäre [...] schlechthinnotwendig" (ibid.).[355]

Im sechsten Beweisschritt folgert Kant also aus der Annahme (5), der Prämisse (4) und der zusätzlichen Prämisse, daß etwas genau dann zufällig ist, wenn es naturkausal verursacht ist, die Behauptung, daß die „Reihe der Weltveränderungen" selbst notwendig ist, während alle ihre Elemente zufällig sind:

(6) „die Reihe selbst wäre [...], obgleich in allen ihren Teilen zufällig [...], im Ganzen dennoch schlechthinnotwendig" (ibid.).

Hieraus folgt unmittelbar, daß es eine „Menge" gibt, die notwendig ist, obwohl keines ihrer Elemente notwendig ist, was einer im siebenten Beweisschritt von Kant eingeführten Prämisse widerspricht:

(7) „welches sich selbst widerspricht, weil das Dasein einer *Menge* nicht notwendig sein kann, wenn kein einziger Teil derselben ein an sich notwendiges Dasein besitzt" (ibid.; kursiv vom Verf.).[356]

Mit diesem Satz beschließt Kant den ersten Hauptteil des Beweises. Aufgrund des Widerspruchs zwischen (6) und (7) ist die Annahme (5) und somit auch das zweite Adjunktionsglied der im ersten Hauptteil zu widerlegenden Adjunktion *ad absurdum* geführt. Das Resultat des ersten Hauptteils ist demnach das Negat der Annahme (1): Es gibt kein notwendiges Wesen, das Teil der „Reihe der Weltveränderungen" oder mit dieser Reihe identisch ist.

---

[355] Die Interpretation des Satzes „oder die Reihe selbst wäre ohne allen Anfang, und, obgleich in allen ihren Teilen zufällig und bedingt, im Ganzen dennoch schlechthinnotwendig und unbedingt" bereitet einige Schwierigkeiten, da Kant hier, wie ich meine, zwei Beweisschritte und die Begründung eines dieser Beweisschritte ineinander verschränkt. Zunächst nimmt Kant offensichtlich an, daß die „Reihe der Weltveränderungen" notwendig sei. Diese Annahme drückt sich in den unter (5) zitierten Worten aus. Jeder Teil der Reihe hat nun aufgrund des Kausalgesetzes (Prämisse (4)) eine Ursache, welche nach einer bereits in den Thesis-Beweis versteckt eingehenden Prämisse (d.i. dort Prämisse (10a)) wiederum eine Weltveränderung ist. Folglich hat die „Reihe der Weltveränderungen" keinen Anfang, und jeder ihrer Teile ist naturkausal bedingt; dieser Gedanke findet sich in den Worten „die Reihe selbst wäre ohne allen Anfang, und [...] in allen ihren Teilen [...] bedingt" wieder. Zusammen mit der bereits zuvor implizit verwendeten Prämisse, daß etwas genau dann (empirisch) zufällig ist, wenn es naturkausal verursacht ist, folgt dann aus (5), daß die „Reihe der Weltveränderungen" notwendig ist, während alle ihre Teile zufällig sind. Diesen sechsten Kantischen Beweisschritt bringen die Worte „die Reihe selbst wäre [...], obgleich in allen ihren Teilen zufällig [...], im Ganzen dennoch schlechthinnotwendig" zum Ausdruck (vgl. unten).

[356] Im Hinblick auf die in den Abschnitten 1.4. und 2.2.1.2. vorgeschlagene und den weiteren Analysen zugrundegelegte Deutung des Kantischen Reihenbegriffs ist es bemerkenswert und kann als Bestätigung dieser Deutung angesehen werden, daß Kant im vorliegenden Beweisschritt mit Bezug auf die „Reihe der Weltveränderungen" von einer „Menge" spricht.

Im zweiten Hauptteil des Beweises widerlegt Kant dann die Annahme, daß es ein notwendiges Wesen gebe, welches weder ein Teil der „Reihe der Weltveränderungen“ noch mit dieser Reihe identisch, aber ihre Ursache ist:

(8) „Setzet dagegen: es gebe eine schlechthin notwendige Weltursache außer der Welt“ (ibid.).

Der auf diese Annahme folgende Satz bildet keinen eigenen Beweisschritt; er enthält lediglich eine Erklärung zu Kants verkürzender Ausdrucksweise „Weltursache“: „so würde dieselbe als das oberste Glied in der R e i h e d e r U r s a c h e n der Weltveränderungen, das Dasein der letzteren und ihre Reihe zuerst anfangen“ (A453-5, B481-3).

Im nachfolgenden neunten Beweisschritt bezieht Kant sich offenbar auf eine bestimmte „schlechthin notwendige Weltursache“; darauf deutet das Personalpronomen „sie“ hin:

(9) „*Nun* müßte sie aber *alsdann* auch anfangen zu handeln, und ihre Kausalität würde in die Zeit [gehören]“ (A455, B483; kursiv vom Verf.).[357]

Während das Wort „nun“ darauf hindeutet, daß dieser Beweisschritt einen neuen, von den vorhergehenden Beweisschritten logisch unabhängigen Gedanken in den Beweis einbringt, weist das Wort „alsdann“ auf eine logische Abhängigkeit von (9) von vorhergehenden Beweisschritten hin. Diese *prima facie* gegenläufigen Andeutungen sind auf den zweiten Blick jedoch nicht unvereinbar; vielmehr dürften sie gemeinsam anzeigen, daß (9) eine Behauptung enthält, die sich einerseits aus von Kant hier nicht genannten Prämissen und andererseits aus vorhergehenden Beweisschritten ergibt. Um die an dieser Stelle versteckt in den Beweis eingehenden Prämissen herauszustellen, muß zunächst die in (9) enthaltene Behauptung expliziert werden: Was heißt es, daß die „Kausalität [sc. der schlechthin notwendigen Weltursache, Verf.] [...] in die Zeit [gehören]“ muß? Ein Vergleich dieser Formulierung mit dem zehnten Beweisschritt des Thesis-Beweises bringt eine Analogie der Formulierungen zum Vorschein.[358] Nach der vorgelegten Rekonstruktion des Thesis-Beweises besteht die in diesem Beweisschritt enthaltene Behauptung darin, daß die fragliche „notwendige Ursache“ eine Begebenheit in der

---

[357] Das Wort „gehören“ muß aus dem nachfolgenden Teilsatz ergänzt werden.

[358] „Also gehört die Kausalität der notwendigen Ursache der Veränderungen, mithin auch die Ursache selbst, zu der Zeit“ (A454,B482). Vgl. das folgende Argument im §53 der *Prolegomena*: „Aber diese Bestimmung der Ursache zur Causalität muß auch etwas sein, was sich eräugnet oder g e s c h i e h t; die Ursache muß a n g e f a n g e n haben zu h a n d e l n, [...]. Also muß [...] die B e s t i m m u n g der Ursache z u m W i r k e n [...] eben so wohl als ihre Wirkung eine Begebenheit sein“ (*AA* IV;343,33-344,4).

Zeit sein muß. Wie die weitere Analyse des Antithesis-Beweises zeigen wird, führt nun eine ganz analoge Interpretation von (9) ebenfalls zur Ableitung des gewünschten Widerspruchs. Die in (9) zum Ausdruck gebrachte Behauptung lautet demnach: Die „schlechthin notwendige Weltursache" ist selbst eine Begebenheit in der Zeit. - Tatsächlich folgt nun diese Behauptung aus der Voraussetzung, daß die „schlechthin notwendige Weltursache" eine naturkausale Ursache aller Weltveränderungen ist, wenn man zwei naheliegende Prämissen ergänzt: (a) Es gibt Weltveränderungen.[359] (b) Jede naturkausale Ursache ist eine Begebenheit in der Zeit.[360]

Schließlich folgt aus (9) und der wie schon in den Thesis-Beweis so auch hier versteckt einfließenden Prämisse, daß zwei Veränderungen, die in einem naturkausalen Verhältnis zueinander stehen, Veränderungen ein und derselben Substanz sind, die Aussage, daß die „schlechthin notwendige Weltursache" selbst zur „Reihe der Weltveränderungen" (zur „zweiten Dimension" der Welt) gehört:

(10) „eben darum [müßte sie] aber in den Inbegriff der Erscheinungen, d.i. in die Welt gehören" (ibid.).[361]

Daraus folgt unmittelbar, daß die „schlechthin notwendige Weltursache" nicht „außer der Welt" sein kann, was der Voraussetzung widerspricht, daß sie „außer der Welt" ist[362]:

(11) „folglich [müßte] sie selbst, die Ursache, nicht außer der Welt sein, welches der Voraussetzung widerspricht" (ibid.).[363]

Da auf diese Weise aus der Annahme (8) ein Widerspruch hergeleitet wurde, gilt das Negat der Annahme (8), woraus Kant zusammen mit dem Ergebnis des ersten Hauptteils des Beweises im nächsten Beweisschritt sogleich die zu beweisende Behauptung (A_4) gewinnt:

(12) „Also ist weder in der Welt, noch außer derselben (aber mit ihr in Kausalverbindung) irgendein schlechthinnotwendiges Wesen" (ibid.).

---

[359] Dies setzt Kant bereits im Beweis der Thesis voraus; vgl. oben Abschnitt 2.5.2.

[360] Dies ist das Bedeutungspostulat (U2); vgl. oben Abschnitt 2.4.1.

[361] Die Worte „müßte sie" aus (9) beziehen sich auch auf diesen Teilsatz und können hier ergänzt werden.

[362] Es sei hier nochmals daran erinnert, daß „außer der Welt" als Negat von „in der Welt" bedeutet: weder Teil der „Reihe der Weltveränderungen" noch mit dieser identisch.

[363] Das Verb „müßte" aus (9) muß auch auf den vorliegenden Teilsatz bezogen werden.

Nach Abschluß der vorbereitenden, informellen Untersuchungen kann nun zur formalen Analyse des Antithesis-Beweises übergegangen werden. Gemäß der formalen Darstellung der Antithesis kann die im ersten Hauptteil des Beweises zu widerlegende Annahme formal wie folgt notiert werden:

(1) $\exists x(\Box Ex(x) \wedge (x \in V_W \vee x = V_W))$

Da (1) logisch äquivalent zu der adjunktiven Aussage $\exists x(\Box Ex(x) \wedge x \in V_W) \vee \exists x(\Box Ex(x) \wedge x = V_W)$ ist, kann Kant (1) *ad absurdum* führen, indem er jedes der beiden Adjunktionsglieder der äquivalenten, adjunktiven Aussage *ad absurdum* führt. So nimmt er im zweiten Beweisschritt das erste der beiden Adjunktionsglieder an:

(2) $\exists x(\Box Ex(x) \wedge x \in V_W)$

Ergänzt man nun, wie im informellen Teil der Analyse vorgeschlagen wurde, einerseits die modallogisch wahre Prämisse, daß etwas notwendigerweise Existierendes nicht zufälligerweise existiert:

(2a) $\forall x(\Box Ex(x) \rightarrow \neg \blacklozenge Ex(x))$

und andererseits die bereits in den Thesis-Beweis eingehende und von Kant in der Anmerkung zur Thesis erwähnte Prämisse, daß etwas genau dann zufälligerweise existiert, wenn es naturkausal verursacht ist:

(2b) $\forall x(\blacklozenge Ex(x) \leftrightarrow \exists y(U(y,x)))$,

so folgt aus (2),(2a) und (2b), daß es etwas gibt, das Teil der „Reihe der Weltveränderungen" und nicht naturkausal verursacht ist, d.i. Kants dritter Beweisschritt:

(3) $\exists x(x \in V_W \wedge \neg \exists y(U(y,x)))$

Mit der Definition der Konstante „V_W":

(3a) $V_W =_{Df} \{z | \exists t_1(Z(W,t_1,z) \wedge \forall t_2(t_2<t_1 \rightarrow \neg Z(W,t_2,z)))\}$,

erhält man aus (3) die Aussage, daß es eine Begebenheit gibt, die nicht naturkausal verursacht ist:

(3b) $\exists z_1(\exists x,t_1(Z(x,t_1,z_1) \wedge \forall t_2(t_2<t_1 \rightarrow \neg Z(x,t_2,z_1))) \wedge \neg \exists z_2(U(z_2,z_1)))$,

welche dem von Kant im vierten Beweisschritt als Prämisse eingeführten Kausalgesetz widerspricht:

(4) $\forall z_1(\exists x,t_1(Z(x,t_1,z_1) \wedge \forall t_2(t_2<t_1 \rightarrow \neg Z(x,t_2,z_1))) \rightarrow \exists z_2(U(z_2,z_1)))$

Aufgrund des so unter der Annahme (2) hergeleiteten Widerspruchs gilt dann das Negat von (2):

(4a) $\neg\exists x(\Box Ex(x) \wedge x \in V_W)$

Kant wendet sich dann dem zweiten Adjunktionsglied zu; äquivalent zu diesem nimmt er in seinem fünften Beweischritt an, daß die „Reihe der Weltveränderungen" notwendigerweise existiert:

(5) $\Box Ex(V_W)$

Da aufgrund der Prämisse (4) jedes Element aus V_W eine naturkausale Ursache hat und wegen der Prämisse (2b) somit zufällig ist, kann Kant im sechsten Beweisschritt zu der Behauptung übergehen:

(6) $\forall x \in V_W(\blacklozenge Ex(x)) \wedge \Box Ex(V_W)$

Daraus folgt mit der Prämisse (2a), daß es eine Menge gibt, die kein notwendigerweise existierendes Element enthält, selbst aber notwendigerweise existiert:

(6a) $\exists \mathscr{F}(\neg\exists x \in \mathscr{F}(\Box Ex(x)) \wedge \Box Ex(\mathscr{F}))$,

was unmittelbar der von Kant im siebenten Beweisschritt eingeführten Prämisse widerspricht, daß eine Menge nicht notwendig sein kann, wenn keines ihrer Elemente notwendig ist:

(7) $\forall \mathscr{F}(\neg\exists x \in \mathscr{F}(\Box Ex(x)) \rightarrow \neg\Box Ex(\mathscr{F}))$

Somit ist auch die Annahme (5) zum Widerspruch geführt worden, und es gilt $\neg\Box Ex(V_W)$, oder äquivalent:

(7a) $\neg\exists x(\Box Ex(x) \wedge x=V_w)$

Mit (4a) und (7a) ist dann auch die *Reductio ad absurdum* von (1) und somit der erste Hauptteil des Beweises abgeschlossen; es gilt also, daß es kein notwendiges Wesen gibt, daß Teil der Weltreihe oder mit dieser identisch ist:

(7b) $\neg\exists x(\Box Ex(x) \wedge (x \in V_W \vee x = V_W))$

Den zweiten Hauptteil des Beweises beginnt Kant mit der (zu widerlegenden) Annahme, daß es eine notwendige Ursache aller Weltveränderungen gebe, die weder Teil der „Reihe der Weltveränderungen" noch mit derselben identisch ist:

(8) $\exists x(\Box Ex(x) \wedge x \notin V_W \wedge x \neq V_W \wedge \forall y \in V_W(U(x,y)))$

Die bestimmte „notwendige Ursache", die Kant für die Zwecke seines Beweises herausgreift, sei hier - analog zur Rekonstruktion des Thesis-Beweises - mit „z_A" bezeichnet; es gelte also:

(8a) $\Box Ex(z_A) \wedge z_A \notin V_W \wedge z_A \neq V_W \wedge \forall y \in V_W(U(z_A,y))$

Ergänzt man nun, wie im informellen Teil der Analyse ausgeführt wurde, die Prämisse, daß es überhaupt Weltveränderungen gibt:

(8b) $V_W \neq \emptyset$,

sowie die Prämisse, daß jede naturkausale Ursache eine Begebenheit in der Zeit ist:

(8c) $\forall z_1,z_2(U(z_1,z_2,) \rightarrow \exists x,t_1(Z(x,t_1,z_1) \wedge \forall t_2(t_2<t_1 \rightarrow \neg Z(x,t_2,z_1))))$,

so folgt, daß z_A eine Begebenheit in der Zeit ist; dies entspricht Kants neuntem Beweisschritt:

(9) $\exists x,t_1(Z(x,t_1,z_A) \wedge \forall t_2(t_2<t_1 \rightarrow \neg Z(x,t_2,z_A)))$

Fügt man schließlich noch die Prämisse hinzu, daß zwei Veränderungen, die in einem naturkausalen Verhältnis zueinander stehen, Veränderungen ein und derselben Substanz sind:

(9a) $\forall x,y,z_1,z_2(\exists t_1(Z(x,t_1,z_1) \wedge \forall t_2(t_2<t_1 \rightarrow \neg Z(x,t_2,z_1))) \wedge \exists t_3(Z(y,t_3,z_2) \wedge \forall t_4(t_4<t_3 \rightarrow \neg Z(y,t_4,z_2))) \wedge U(z_1,z_2) \rightarrow x=y)$,

so folgt aus (8a),(8b),(9) und (9a) zusammen mit der Definition (3a), daß z_A selbst zur „Reihe der Weltveränderungen" gehört, was Kant in seinem zehnten Beweisschritt festhält:

(10) $z_A \in V_W$

Hieraus folgt dann unmittelbar Kants elfter Beweisschritt: z_A ist nicht „außer der Welt“:

(11) $\neg(z_A \notin V_W \wedge z_A \neq V_W)$,

was unmittelbar (8a) widerspricht. Aufgrund des so hergeleiteten Widerspruchs steht nun als Ergebnis des zweiten Hauptteils des Beweises das Negat der Annahme (8) fest:

(11a) $\neg\exists x(\Box Ex(x) \wedge x \notin V_W \wedge x \neq V_W \wedge \forall y \in V_W(U(x,y)))$

Somit kann Kant im zwölften Beweisschritt die Ergebnisse des ersten und zweiten Hauptteils des Beweises zu dem gewünschten Resultat (A_4) zusammenfassen:

(12) $\neg\exists x(\Box Ex(x) \wedge ((x \in V_W \vee x = V_W) \vee (x \notin V_W \wedge x \neq V_W \wedge \forall y \in V_W(U(x,y)))))$

Die vorangehende Rekonstruktion zeigt also, daß Kant aus den Prämissen (2a), (2b),(4),(7),(8b),(8c) und (9a) sowie der Definition (3a) *logisch korrekt* (A_4) herleitet.[364]

[364] Eine Zusammenfassung der formalen Rekonstruktion findet sich im Anhang.

3. Kritik der Antinomien

3.0. Vorbemerkungen

Aufgrund der Untersuchungen des vorhergehenden Kapitels liegt eine exakte Rekonstruktion der von Kant im zweiten Abschnitt des Antinomienkapitels der *Kritik der reinen Vernunft* zusammengestellten widersprüchlichen Behauptungen und ihrer Beweise vor, welche die Beweise als logisch korrekte deduktive Argumentationen erweist und sämtliche Prämissen herausstellt. Kant muß davon überzeugt gewesen sein, daß *jeder* transzendentale Realist jene Prämissen für wahr halten muß und sich so unvermeidlich in die angegebenen Widersprüche verstrickt.[1] Er hat die von ihm angegebenen Antinomien als „Skandal" der (transzendental-realistischen) philosophischen Tradition empfunden.[2]

Wenn Kant Recht hätte, dann wären die Antinomien allerdings nicht nur Probleme der philosophischen Tradition, auf die er sich bezieht, sondern - als natürliche und unvermeidliche Probleme der reinen Vernunft - für jeden heutigen (transzendentalen) Realisten ebenso aktuell. Die heutige Physik, die den Raum immer noch als absoluten Raum im Sinne Newtons betrachtet und ihre Gegenstände als „an sich" gegebene Entitäten voraussetzt, geriete dann in den Verdacht, daß ihre Theorien über die Raum-Zeit-Struktur des Universums einerseits und über die elementaren Bausteine der Materie andererseits letztlich nicht widerspruchsfrei sind.[3] Und die derzeit in der Philosophie des Geistes wieder auflebende und weitgehend unter realistischen Voraussetzungen geführte Diskussion über das Problem von Naturkausalität und praktischer Freiheit sähe sich dem Einwand ausgesetzt, ein unter jenen Voraussetzungen unauflösbares Problem zu behandeln.

---

[1] So heißt es in § 52b der *Prolegomena*: „Der einzige mögliche Fall, da die Vernunft ihre geheime Dialektik, die sie fälschlich für Dogmatik ausgiebt, wider ihren Willen offenbarte, wäre der,wenn sie *auf einen allgemein zugestandnen Grundsatz* eine Behauptung gründete und aus einem andern, *eben so beglaubigten* mit der größten Richtigkeit der Schlußart gerade das Gegentheil folgerte. Dieser Fall ist hier nun wirklich und zwar in Ansehung vier natürlicher Vernunftideen, woraus vier Behauptungen einerseits und eben so viel Gegenbehauptungen andererseits, jede mit richtiger Consequenz *aus allgemein zugestandnen Grundsätzen* entspringen" (*AA* IV;340,22-31; kursiv vom Verf.). Hier muß man selbstverständlich im Blick behalten, daß sich die Antinomien nach Kant unter der Voraussetzung des transzendentalen Realismus ergeben.

[2] Vgl. dazu den berühmten Brief an C.Garve aus dem Jahre 1798 (*AA* XII;257,32-258,3; zitiert in Abschnitt 2.0. oben).

[3] Auf die Bedeutung der Kantischen Antinomien für die heutige Physik haben jüngst insbesondere P.Mittelstaedt/I.Strohmeyer *1990* und B.Falkenburg *1995* hingewiesen.

Als unausweichliche Probleme einer transzendental-realistischen Metaphysik liegen die Antinomien ganz im Fahrwasser der Kantischen Kritik an dieser. Insofern ist bereits der erste Schritt der oben beschriebenen „skeptischen Methode“[4], der darin besteht, die widersprüchlichen Behauptungen aufzustellen und zu beweisen, sofern er denn gelingt, ein schlagkräftiges Argument gegen den transzendentalen Realismus. Will Kant allerdings davon überzeugen, daß sein transzendentaler Idealismus die überlegene und richtige Position ist, so muß er zeigen, daß die angegebenen Widersprüche im transzendentalen Idealismus nicht auftreten können und lediglich durch den transzendentalen Realismus begründete Scheinprobleme sind. Der Erfolg des transzendentalen Idealismus wäre umso größer, wenn dabei nicht auf *dogmatische Weise* jeweils einer Position (Thesis oder Antithesis) Recht gegeben, sondern nachgewiesen würde, daß entweder beiderseits ein Irrtum oder nur ein scheinbares Widerspruchsverhältnis vorliegt. Dem gemäß geht es Kant im zweiten Schritt der Anwendung der „skeptischen Methode“ *nicht* darum, „endlich zum Vorteile des einen oder des anderen Teils zu entscheiden, sondern, [...] zu untersuchen, ob *der Gegenstand* desselben [sc. des Streites, Verf.] nicht vielleicht bloßes Blendwerk sei“ (A423, B451; kursiv vom Verf.). Dies nennt Kant - im Unterschied zur dogmatischen - die „kritische“ Auflösung der Antinomien.[5]

Die Rede vom „Gegenstand“ des antinomischen Streites kann, wie ich meine, nicht nur im übertragenen Sinne verstanden werden. Kant mag bei seiner Formulierung vielmehr an die jeweils mit den Antinomien verbundenen kosmologischen Ideen (hier in der gegenständlichen Bedeutung verstanden) gedacht haben. Dem entsprechend thematisiert Kant in den Abschnitten III bis IX des Antinomienkapitels der *Kritik der reinen Vernunft*, in denen er sich mit der Beurteilung und Auflösung der Antinomienproblematik beschäftigt, konsequent die kosmologischen Vernunftbegriffe und die vermeintlich darunter fallenden Gegenstände. Er zeigt, wie schon an anderer Stelle ausgeführt wurde[6], daß den kosmologischen Vernunftbegriffen als Begriffen von absolut vollständigen Bedingungsreihen (bzw. unbedingten Bedingungen) keine Objekte entspechen, wenn man sie gemäß dem transzendentalen Idealismus ausschließlich auf Erscheinungen bezieht und Bedingtes wie Bedingungen als Erscheinungen nimmt. Da uns als rechtmäßige Erkenntnisobjekte nur Erscheinungen gegeben sind, sind uns keine (erkennbaren) Objekte gegeben, die unter die kosmologischen Vernunftbegriffe

---

[4] Vgl. oben Abschnitt 2.0.

[5] Diese „betrachtet die Frage [sc. die einer Antinomie zugrunde liegt, Verf.] gar nicht objektiv, sondern nach dem Fundamente der Erkenntnis, worauf sie gegründet ist“ (A484, B512). - Während eine dogmatische Lösung also in einer Bewertung der einander „entgegengesetzten“ antinomischen Behauptungen mit *verschiedenen* Wahrheitswerten besteht, sollte die ideale „kritische“ Auflösung nachweisen, daß die einander „entgegengesetzten“ Behauptungen *ein und denselben* Wahrheitswert haben oder zumindest haben können.

[6] Vgl. zum folgenden Abschnitt 2.1.2. (oben)

fallen. Die vermeintlich unter sie fallenden Gegenstände sind ein „bloßes Blendwerk" (vgl. oben) der durch die Voraussetzung des transzendentalen Realismus irregeführten Vernunft.[7]

Unter dem Aspekt der *allgemeinen Konzeption der Antinomienlehre* ist verständlich, daß Kant von der „Auflösung" der kosmologischen Ideen, d.h. hier der vermeintlich unter die kosmologischen Vernunftbegriffe fallenden Gegenstände, eine Auflösung der von ihm angegebenen Widersprüche der rationalen Kosmologie erwartet. Denn diese sollen sich gemäß der Konzeption der Antinomienlehre, wie gezeigt wurde, gerade aus einander ausschließenden Möglichkeiten, jene absolut vollständigen Bedingungsreihen (bzw. unbedingten Bedingungen) zu denken, ergeben. Wenn aus der „Auflösung" der kosmologischen Ideen hervorgeht, daß es jene absolut vollständigen Bedingungsreihen nicht gibt, und wenn jede der antinomischen Behauptungen tatsächlich eine Bestimmung einer solchen Reihe enthält, wie es der Kantischen Konzeption der Antinomienlehre zufolge der Fall sein sollte, dann ergibt sich aus der „Auflösung" der kosmologischen Ideen unmittelbar eine Auflösung der Antinomien, da die einander widersprechenden Behauptungen dann gegenstandslos sind. Man kann sogar sagen, daß unter diesen Bedingungen die „Auflösung" der kosmologischen Ideen zugleich eine Auflösung der Antinomien *ist.*

Wie sich in den nachfolgenden Einzeluntersuchungen zu Kants Auflösung der Antinomien zeigen wird, entspricht Kants tatsächliche Realisierung der Antinomienlehre diesen „idealen" Verhältnissen nicht. Insbesondere scheinen einige der antinomischen Behauptungen weitaus schwächer zu sein, als sie es nach der Kantischen Konzeption der Antinomienlehre sein sollten, so daß sich aus der „Auflösung" der entsprechenden kosmologischen Ideen nicht unmittelbar eine Auflösung der fraglichen Antinomien ergibt. Im Falle der dritten Antinomie *basiert* Kants Auflösung sogar darauf, daß die Antithesis nicht das behauptet, was sie behaupten sollte.[8]

Im Anschluß an die Untersuchungen zu Kants Auflösung der Antinomien werde ich jeweils der Frage nachgehen, ob sich die jeweilige Antinomie nicht auch von einem transzendental-realistischen Standpunkt vermeiden läßt. Da die Beweise der antinomischen Behauptungen als logisch korrekt befunden wurden, kann die Antwort auf diese Frage nur durch eine sachliche Beurteilung der jeweiligen Prämissen gefunden werden. Dabei können die sich aus der Kantischen Konzeption der Antinomienlehre ergebenden notwendigen Bedingungen, welche zu Beginn des zweiten Kapitels herausgearbeitet wurden, als Leitfäden der Beurteilung dienen.[9] Kant wird also u.a. an seinen eigenen Ansprüchen gemessen werden. Die Fragestellung wird jeweils lauten: Muß ein transzendentaler Realist die Prämissen

---

[7] Daher ist eine dogmatische Auflösung „nicht etwa ungewiß, sondern unmöglich" (A484, B512).
[8] Vgl. unten Abschnitt 3.3.1.
[9] Vgl. oben Abschnitt 2.1.3.

akzeptieren, die ihm von Kant in den Beweisen unterstellt werden? Oder könnte er gute Gründe haben, sie abzulehnen und so den von Kant hergeleiteten Widerspruch zu vermeiden? - Wenngleich in der Beantwortung dieser Fragen die historische Dimension nicht aus den Augen gelassen werden darf, werden sich doch, da es sich um systematische Fragen handelt, gewisse anachronistische Argumentationen nicht vermeiden lassen. Im übrigen erhebe ich nicht den Anspruch, eine in historischer oder systematischer Hinsicht vollständige Beurteilung der Beweisprämissen vorzulegen. Es liegt vielmehr in der Konzeption der vorliegenden Arbeit, die Prämissen nur soweit zu erörtern, wie es zu einer abschließenden Bewertung der Kantischen Antinomienlehre erforderlich ist.

3.1. Kritik der ersten Antinomie

3.1.1. Kants Auflösung der ersten Antinomie

Wenngleich Kant an einigen Stellen, an denen er die Auflösung der ersten Antinomie behandelt, ausschließlich einen der beiden Teile derselben betrachtet, deutet alles darauf hin, daß er glaubt, die Auflösung der beiden Teile könne auf die gleiche Weise erfolgen und daher an einem der beiden Teile exemplarisch demonstriert werden. In dem für die Auflösung der Antinomien allgemein als zentral geltenden neunten Abschnitt des Antinomienkapitels werden denn auch beide Teile der ersten Antinomie gemeinsam behandelt.[10] Unter der Überschrift „Auflösung der kosmologischen Idee von der Totalität der Zusammensetzung der Erscheinungen zu[11] einem Weltganzen" entwickelt Kant dort einen Auflösungsansatz, der bis auf Unterschiede in der Formulierung, Gewichtung und Ausführlichkeit mit der Mehrzahl seiner übrigen Ausführungen zum selben Thema übereinzustimmen scheint. Dieser Auflösungsansatz bildet die Grundlage dessen, was ich im folgenden als „Standardinterpretation" der Auflösung der ersten Antinomie bezeichnen und skizzieren möchte.[12]

Wie bereits zu Beginn des zweiten Kapitels dieser Arbeit ausgeführt wurde, ergeben sich die Antinomien nach Kant daraus, daß die Vernunft unter der (natürlichen) Erkenntnisvoraussetzung des transzendentalen Realismus auf die Gegebenheit bestimmter vollständiger Bedingungsreihen zu einem gegebenen

---

[10] Vgl. A517-523, B545-551. Weitere Ausführungen zur Auflösung der ersten Antinomie finden sich z.B. in A504ff., B532ff.; *Prolegomena*, § 52c, *AA* IV;341f.; R5962 *AA* XVIII;404, 2-11; R5964 *a.a.O.*; 406,1-19, und in der *Preisschrift über die Fortschritte der Metaphysik AA* XX;291 u. 328.

[11] Ich folge hier der Konjektur von G.S.A.Mellin; vgl. die Ausgabe von R.Schmidt, S.511.

[12] Die Standardinterpretation findet sich *mutatis mutandis* u. a. bei N.K.Smith *1923*, S. 505, P.F.Strawson *1966*, S.187f., W.H.Walsh *1976*, S.85f., P. Krausser *1982*, S.92, V.S.Wike *1982*, S.82f., H.Allison *1983*, S.50f., J.Schmucker *1990*, S.279 u. 287f., und H.Wagner *1996*, S.240ff.

Bedingten schließt. Zu Beginn des zweiten Kapitels wurde auch der ersten Antinomie ein solcher Schluß zugeordnet. Nach der Analyse der Behauptungen und Beweise kann man den Ursprung der ersten Antinomie jedoch weiter präzisieren und für jeden der beiden Teile dieser Antinomie je einen solchen Schluß angeben. Da es im Raum-Teil der Antinomie um die Ausdehnung desjenigen Raumes geht, den das Ganze einnimmt, das durch die absolute Vollständigkeit der Zusammensetzung aller räumlichen (materiellen) Bedingungen eines gegebenen räumlichen Gegenstands gegeben ist, kann der Vernunftschluß, der zum Raum-Teil der ersten Antinomie führt, wie folgt formuliert werden:

> Wenn ein Gegenstand im Raum gegeben ist, dann ist das absolute Ganze (die absolut vollständige Reihe) aller räumlichen Bedingungen des Gegenstands mitgegeben.
> Nun ist uns ein Gegenstand im Raum gegeben.
> ___
> Also ist das absolute Ganze (die absolut vollständige Reihe) aller räumlichen Bedingungen des Gegenstands (und mithin eine räumlich unbedingte Bedingung desselben) mitgegeben.

Die so erschlossene unbedingte Bedingung kann sich die Vernunft unter der angegebenen Voraussetzung mit beiderseits guten Beweisgründen auf zwei verschiedene, einander ausschließende Weisen denken: als unbedingtes Anfangsglied der Bedingungsreihe (Weltgrenze) oder als selbst unbedingte, vollständige Reihe stets bedingter Bedingungen (unbegrenzter Weltraum). Die erste dieser beiden Positionen wird durch die Thesis vertreten, die zweite durch die Antithesis.

Für den Zeit-Teil der ersten Antinomie, in dem es um die Ausdehnung der durch die absolute Vollständigkeit der Zusammensetzung der zeitlichen Bedingungen des gegenwärtigen *Welt*zeitpunktes gegebene *Welt*geschichte geht, lautet der entsprechende Vernunftschluß:

> Wenn ein Zeitpunkt gegeben ist, zu dem die Welt besteht, so ist die absolut vollständige Reihe aller zeitlichen Bedingungen dieses Weltzeitpunktes mitgegeben.
> Nun ist uns ein Zeitpunkt gegeben, zu dem die Welt besteht (nämlich der gegenwärtige Zeitpunkt).
> ___
> Also ist die absolut vollständige Reihe aller zeitlichen Bedingungen dieses Weltzeitpunktes (und mithin eine zeitlich unbedingte Bedingung desselben) mitgegeben.

Auch in diesem Fall kann sich die Vernunft die zeitlich unbedingte Bedingung des gegebenen (gegenwärtigen) Weltzeitpunktes auf zwei einander ausschließende Weisen denken: als Weltanfang (d.i. die Position der Thesis) oder als Weltewigkeit *a parte ante* (d.i. die Position der Antithesis).

Ersetzt man aber den transzendentalen Realismus als Erkenntnisvoraussetzung durch den transzendentalen Idealismus, so erweisen sich beide Schlüsse als Fehlschlüsse.[13] Sowohl ihre Obersätze als auch ihre Konklusionen werden unter dieser Voraussetzung falsch, „da die Welt niemals g a n z, und selbst die Reihe der Bedingungen zu einem gegebenen Bedingten nicht, als Weltreihe, g a n z g e g e b e n w e r d e n k a n n" (A522, B550). Kant begründet diese Behauptung ausführlich in der folgenden Textstelle:

> „Die bloße allgemeine Vorstellung der Reihe aller vergangenen *Welt*zustände, imgleichen der Dinge, welche im Weltraume zugleich sind, ist selbst nichts anderes, als ein möglicher empirischer Regressus, den ich mir, obzwar noch unbestimmt, denke, und wodurch der Begriff einer solchen Reihe von Bedingungen zu der gegebenen Wahrnehmung allein entstehen kann. Nun habe ich das Weltganze jederzeit nur im Begriffe, keineswegs aber (als Ganzes) in der Anschauung. Also kann ich nicht von seiner Größe auf die Größe des Regressus schließen, und diese jener gemäß bestimmen, sondern ich muß mir allererst einen Begriff von der Weltgröße durch die Größe des empirischen Regressus machen. Von diesem aber weiß ich niemals etwas mehr, als daß ich von jedem gegebenen Gliede der Reihe von Bedingungen immer noch zu einem höheren (entfernteren) Gliede empirisch fortgehen müsse" (A518f., B546f.; kursiv vom Verf.).

Demnach ist die Weltgeschichte, ebenso wie der Weltraum, nur durch einen (beliebigen) möglichen empirischen Rückgang in der Reihe der Bedingungen eines Weltzeitpunktes (bzw. eines räumlichen Gegenstandes) gegeben. Ein solcher empirischer Regressus kann aber niemals an einen absoluten Weltanfang (an eine absolute Weltgrenze) gelangen, da weder ein Weltanfang noch eine Weltgrenze Gegenstände möglicher Erfahrung sind.[14] Es ist aber nach Kant auch nicht richtig zu sagen, daß ein solcher Regressus ins Unendliche (*in infinitum*) gehe, „weil dieses die Glieder, dahin der Regressus noch nicht gelangt ist, antizipieren und ihre Menge so groß vorstellen würde, daß keine empirische Synthesis dazu gelangen kann" (A519, B547). Richtig ist vielmehr: „der Regressus in der Reihe der Welterscheinungen, als eine Bestimmung der Weltgröße, geht *in indefinitum*, welches ebenso viel sagt, als: die Sinnenwelt hat keine absolute Größe" (A521, B549; kursiv vom Verf.). D.h.: Die Reihe der zeitlichen Bedingungen eines gegebenen Weltzeitpunktes (aufgefaßt als möglicher empirischer Regressus) kann ebensowenig jemals vollständig sein wie die Reihe der räumlichen Bedingungen eines gegebenen räumlichen Gegenstandes (ebenfalls aufgefaßt als möglicher empirischer Regressus), da es zu jeder in einem solchen empirischen Regressus erreichten Bedingung eine höhere Bedingung geben muß (die gleichwohl auf keine Weise mit der erreichten Bedingung mitgegeben ist).

---

[13] Vgl. oben Abschnitt 2.2.2.

[14] Sonst müßte es möglich sein, eine leere Zeit bzw. einen leeren Raum wahrzunehmen, was nicht der Fall ist; vgl. A517, B545 und A520f., B548f.

Der neunte Abschnitt des Antinomienkapitels enthält nun aber keine explizite Antwort auf die dringlichste Frage der Auflösung: Inwiefern sind die einander „entgegengesetzten“ Behauptungen jeweils beide falsch? - Eine Antwort auf diese Frage, die durch die vorangehend rekonstruierte Argumentation des neunten Abschnittes gestützt wird, deutet Kant allerdings bereits im siebenten Abschnitt des Antinomienkapitels an:

> „Wenn man die zwei Sätze: die Welt ist der Größe nach unendlich, die Welt ist ihrer Größe nach endlich, als einander kontradiktorisch entgegengesetzte ansieht, so nimmt man an, daß die Welt (die ganze Reihe der Erscheinungen) ein Ding an sich selbst sei. Denn sie bleibt, ich mag den unendlichen oder endlichen Regressus in der Reihe ihrer Erscheinungen aufheben. Nehme ich aber diese Voraussetzung, oder diesen transzendentalen Schein weg, und leugne, daß sie ein Ding an sich selbst sei, so verwandelt sich der kontradiktorische Widerstreit beider Behauptungen in einen bloß dialektischen, und weil die Welt gar nicht an sich (unabhängig von der regressiven Reihe meiner Vorstellungen) existiert, so existiert sie weder als e i n a n s i c h u n e n d l i c h e s, noch als e i n a n s i c h e n d l i c h e s Ganzes“ (B532f.).[15]

Wie aus dieser Textstelle hervorgeht, interpretiert Kant die Behauptungen ($T_1 1$), ($A_1 1$) und ($A_1 1^*$) so, daß der Ausdruck „Welt“ in ihnen jeweils auf „die“ absolut vollständige Reihe der zeitlichen Bedingungen zu einem gegebenen (gegenwärtigen) Weltzeitpunkt referiert, und die Behauptungen ($T_1 2$), ($A_1 2$) und ($A_1 2^*$) so, daß sich der Ausdruck „Welt“ in diesen jeweils auf „die“ absolut vollständige Reihe der räumlichen Bedingungen zu einem gegebenen räumlichen Gegenstand bezieht. Demnach wird in diesen Behauptungen jeweils einer absolut vollständigen Reihe von Bedingungen zu einem gegebenen Bedingten ein Prädikat zugesprochen, welches die Größe „der“ jeweiligen Bedingungsreihe bestimmt. Eine solche Interpretation der einander „entgegengesetzten“ Behauptungen ist nach Kants Ausführungen über die Fehlschlüsse, die zur ersten Antinomie führen, auch zu erwarten. Faßt man nun das jeweils gegebene Bedingte und seine Bedingungen im Sinne des transzendentalen Idealismus als Erscheinungen auf, so muß nach den (oben rekonstruierten) Ausführungen des neunten Abschnitts des Antinomienkapitels eingeräumt werden, daß es solche absolut vollständigen Bedingungsreihen, auf die sich die antinomischen Behauptungen beziehen, gar nicht gibt. Der singuläre Term („Welt“), der das grammatische Subjekt der Behauptungen bildet, ist leer. Daher sind jeweils beide einander „entgegengesetzten“ Behauptungen in der ersten Antinomie falsch.[16]

---

[15] Der Text der A-Auflage der *KdrV* weist einige Abweichungen auf; vgl. die Ausgabe von R.Schmidt, S.502. - Vgl. zu diesem Auflösungsansatz auch A506f., B534f; R5964 *AA* XVIII;406,1-19, und die *Preisschrift über die Fortschritte der Metaphysik AA* XX;291,8-22.

[16] Da Kant aus der fehlenden Referenz des Subjektterms auf die *Falschheit* der Behauptungen schließt, sieht Kwang-Sae Lee *1989*, S.13f., hier eine „proto-Russellian solution“ der Antinomie.

Diese Standardinterpretation der Kantischen Auflösung der ersten Antinomie, die hier mit Bezug auf einige ausgewählte Textstellen skizziert wurde, wirft jedoch einige ernstzunehmende Schwierigkeiten auf.

Zunächst kann festgestellt werden, daß die Prämissen des Fehlschlusses, der zum Zeit-Teil der Antinomie führt, bereits den Ausdruck „Welt" enthalten und insofern schon voraussetzen, daß die Welt in anderer, d.i. räumlicher, Hinsicht zu dem als bedingt angesehenen (Welt-)Zeitpunkt vollständig gegeben ist.[17] Auch die Gleichsetzung der Reihe der zeitlichen Bedingungen eines gegebenen *Welt*zeitpunktes mit einem möglichen empirischen Regressus zu den Bedingungen dieses *Welt*zeitpunktes nimmt also schon Bezug auf eine in einer anderen Dimension vollständig vorliegende Reihe, also auf etwas, das es nach der Standardinterpretation gar nicht gibt.

Zweitens führt Kant in § 52c der *Prolegomena* die Falschheit jeweils beider einander „entgegengesetzter" Behauptungen in den ersten beiden Antinomien darauf zurück, daß jeweils beide Behauptungen ein und denselben widersprüchlichen Begriff enthalten. Im Falle der ersten Antinomie sei dies der „Begriff einer für sich existierenden Sinnenwelt".[18] Nach der Standardinterpretation ist darunter der Begriff *einer absolut vollständigen Reihe von zeitlichen Bedingungen eines gegebenen Weltzeitpunktes als Erscheinung* einerseits und der Begriff *einer absolut vollständigen Reihe von räumlichen Bedingungen (Erscheinungen) zu einer gegebenen räumlichen Erscheinung* andererseits zu verstehen. Widersprüchlich sind diese Begriffe gemäß der Standardinterpretation deshalb, weil das Merkmal der absoluten Vollständigkeit dem Merkmal, ein möglicher empirischer Regressus zu zeitlichen bzw. räumlichen Bedingungen (als Erscheinungen) zu sein, widerspricht. Die Widersprüchlichkeit dieser Begriffsmerkmale ist allerdings nur dann einzusehen, wenn man annimmt: (a) Jede in einem möglichen empirischen Regressus erreichte Bedingung setzt eine weitere Bedingung voraus (da ein unbedingtes Reihenglied kein Gegenstand möglicher Erfahrung sein kann). (b) Ein (aktual) unendlicher empirischer Regressus ist durch die Sukzessivität desselben ausgeschlossen. (c) Zirkuläre Bedingungsstrukturen sind ausgeschlossen.[19] Nun mag man zwar zugestehen, daß

---

[17] Anderenfalls würde es im Zeit-Teil der Antinomie lediglich um die Geschichte eines materiellen Gegenstands gehen, der in einem empirischen Regressus erreicht wurde, jedoch bereits im Fortschritt des empirischen Regressus zur nächsten Bedingung überstiegen würde und deshalb keineswegs mit dem Ganzen aller räumlichen Gegenstände („Welt") identisch sein könnte. Für einen solchen Gegenstand (z.B. eine Galaxie oder einen Galaxien-Haufen) ergibt die Standardinterpretation der Auflösung der Zeitantinomie aber überhaupt keinen Sinn, da ein solcher Gegenstand sehr wohl zu einem Zeitpunkt t (z.B. durch eine Formationsänderung der Materie) entstanden sein und ein empirischer Regressus dorthin abgeschlossen werden könnte.

[18] Vgl. *AA* IV;341f.

[19] Hier ist zu berücksichtigen, daß nach Kant eine Reihe von Bedingungen aus zwei Gründen vollständig sein kann: (i) aufgrund der Gegebenheit eines Anfangsgliedes der Reihe oder (ii) aufgrund der vollständigen Gegebenheit *aller*, stets bedingter Reihenglieder (vgl. oben Abschnitt 2.1.2.). Der Fall (i)

sich (a) aus dem Begriff der Erscheinung ergibt und (b) aus dem Begriff des empirischen Regressus folgt. (c) hingegen gilt nur, wenn bestimmte Zusatzannahmen über die Struktur der Zeit und des Raumes akzeptiert werden; in der modernen Kosmologie sind dies Zusatzannahmen über die globale Struktur des Riemannschen Raum-Zeit-Kontinuums, welche geschlossene zeitartige Weltlinien ausschließen („chronology condition").[20] Hieraus folgt, daß die infrage stehenden Begriffsmerkmale nicht *eo ipso* widersprüchlich sein können.

Drittens deutet Kant an einigen Textstellen, an denen er die Auflösung der ersten Antinomie erörtert, an, daß die Falschheit der antinomischen Behauptungen etwas mit den Prädikaten zu tun habe, die der Welt dort jeweils zugesprochen werden. Dies gilt z.B. für das Beispiel der wohl- oder übelriechenden Körper sowie die sich anschließende vergleichende Betrachtung der Aussagenpaare:

(I) „mundus est infinitus" - „mundus non est infinitus" und

(II) „mundus est infinitus" - „mundus est non infinitus"

in A503f., B531f.[21] Auch diesen Andeutungen wird die Standardinterpretation nicht gerecht.[22]

Viertens vermag auch eine mögliche Variante der Standardinterpretation, der zufolge nicht schon der Gebrauch des Ausdrucks „Welt" alleine fälschlicherweise die absolute Vollständigkeit der jeweiligen Bedingungsreihe voraussetzt, sondern erst die Anwendung der jeweiligen Prädikate zu dieser falschen Voraussetzung führe, jenen Andeutungen nicht gerecht zu werden.[23] Wenn der Terminus „Welt" diese falsche Voraussetzung nicht enthält, so kann dies erst recht nicht von den Behauptungen ($A_1 1$), ($A_1 1^*$), ($A_1 2$) und ($A_1 2^*$) gesagt werden. ($A_1 2$) z.B. behauptet dann lediglich, daß es zu jedem ausgefüllten Raum einen umfassenderen ebenfalls ausgefüllten

---

wird durch die Annahme (a) ausgeschlossen. Der Fall (ii) wird durch die Annahme (b) ausgeschlossen; dies gilt jedoch nur dann, wenn die Bedingungsreihe nicht zirkulär ist, was durch (c) ausgeschlossen wird.

[20] Vgl. S.W.Hawking/G.F.R.Ellis *1973*, S.189ff. - Die Erforderlichkeit solcher Zusatzannahmen dürfte J.Schmucker *1990* übersehen haben, da er der von Kant behaupteten Widersprüchlichkeit der fraglichen Begriffe zustimmt (S. 273 u. 277).

[21] „Wenn jemand sagte, ein jeder Körper riecht entweder gut, oder er riecht nicht gut, so findet ein Drittes statt, nämlich, daß er gar nicht rieche, (ausdufte) und so können beide widerstreitenden Sätze falsch sein. Sage ich, er ist entweder wohlriechend, oder er ist nicht wohlriechend: [...] so sind beide Urteile einander kontradiktorisch entgegengesetzt und nur der erste ist falsch [...]. [...] Sage ich demnach: die Welt ist dem Raume nach entweder unendlich, oder sie ist nicht unendlich (*non est infinitus*), so muß, wenn der erstere Satz falsch ist, sein kontradiktorisches Gegenteil: die Welt ist nicht unendlich, wahr sein. Dadurch würde ich nur eine unendliche Welt aufheben, ohne eine andere, nämlich die endliche, zu setzen. Hieße es aber: die Welt ist entweder unendlich, oder endlich (nichtunendlich,) so könnten beide falsch sein. Denn ich sehe alsdann die Welt, als an sich selbst, ihrer Größe nach bestimmt an" (ibid.); vgl. A486f., B514f. und die *Preisschrift über die Fortschritte der Metaphysik AA* XX;291,8-22 und 328,12-21).

[22] Vgl. dazu auch Kwang-Sae Lee *1989*.

[23] Eine solche Variante scheinen P.Mittelstaedt/I.Strohmeyer *1990*, S.150ff., zu intendieren.

Raum gibt, was nach den Ausführungen des neunten Abschnitts des Antinomienkapitels (vgl. oben) nichts anderes besagt als die Fortsetzbarkeit eines empirischen Regressus *in indefinitum*.

Aufgrund der Probleme, die die Standardinterpretation aufwirft, möchte ich im folgenden eine abweichende Auflösung der ersten Antinomie vorschlagen, die sich ebenfalls auf Argumente im neunten Abschnitt des Antinomienkapitels stützt, die aufgezeigten Probleme jedoch vermeidet und durch einige Andeutungen Kants nahegelegt wird. Ebenso wie in der Standardinterpretation bezeichne der Ausdruck „Welt" in den Behauptungen ($T_1$2), ($A_1$2) und ($A_1$2*) das absolute Ganze (die absolut vollständige Reihe) der räumlichen Bedingungen eines räumlichen Gegenstands. Des weiteren werde ebenso wie in der Standardinterpretation davon ausgegangen, daß eine solche absolut vollständige Reihe weder als Ganzes in der Anschauung noch in einem möglichen empirischen Regressus gegeben werden kann. Im Unterschied zur Standardinterpretation werde daraus jedoch nicht geschlossen, daß die einander „entgegengesetzten" Behauptungen des Raum-Teils der ersten Antinomie deshalb falsch sind, weil sie nicht über einen Gegenstand möglicher Erfahrung und somit über gar nichts sprächen. Sondern es werde zunächst nur gefolgert, daß diese Behauptungen über etwas sprechen, das kein Gegenstand möglicher Erfahrung ist und dem deshalb - dem transzendentalen Idealismus zufolge - weder räumliche noch zeitliche Bestimmungen zugesprochen werden dürfen (d.i. das absolute Ganze der räumlichen Bedingungen eines räumlichen Gegenstands).[24] Genau dies geschieht aber in den einander „entgegengesetzten" Behauptungen der ersten Antinomie: Die Behauptungen ($T_1$2), ($A_1$2) und ($A_1$2*) implizieren die räumliche Bestimmtheit dieses Gegenstandes (formal: $\exists V(C(W,V))$). Bezieht man nun die Behauptungen ($T_1$1), ($A_1$1) und ($A_1$1*) auf *denselben* Gegenstand, so implizieren sie die zeitliche Bestimmtheit dieses Gegenstandes (formal: $\exists t(B(W,t))$).[25] Beide Implikationen aber sind nicht nur falsch, sondern sogar widersprüchlich, da es im transzendentalen Idealismus ein Widerspruch ist zu sagen, etwas, das kein Gegenstand möglicher Erfahrung ist, sei raum-zeitlich bestimmt. Somit sind alle einander „entgegengesetzten" Behauptungen der ersten Antinomie falsch.

Dieser Auflösungsansatz vermeidet den ersten der genannten Einwände gegen die Standardinterpretation, indem er bereits die Basis der Bildung der Idee einer absolut

---

[24] Eine solche Auflösung scheinen P.Mittelstaedt/I.Strohmeyer *1990* ausschließen zu wollen, wenn sie sagen: „Man darf daher nicht von der Feststellung ausgehen, daß der Kosmos K aufgrund seiner Eigenschaft T [=Totalität] kein Gegenstand der Erfahrung ist, und fragen, ob dieser Kosmos eine raumzeitliche Erstreckung besitzt. Die Tatsache, daß K kein Gegenstand der Erfahrung ist, beruht vielmehr darauf, daß jede raum-zeitliche Erstreckung von K den notwendigen Bedingungen der Gegenständlichkeit von K widerspricht" (S.152). Sie übersehen dabei jedoch, daß Kant im neunten Abschnitt des Antinomienkapitels und an der oben zitierten Textstelle aus B532f. gerade so vorgeht.

[25] Vgl. die Abschnitte 2.2.1.1. und 2.2.2.1.

vollständigen Reihe aller zeitlichen Bedingungen eines *Welt*zeitpunktes (*als Erscheinung*), nämlich den Begriff eines *Welt*zeitpunktes überhaupt, als widersprüchlich ausweist. Zweitens macht er deutlich, inwiefern die einander „entgegengesetzten" Behauptungen widersprüchliche Begriffe enthalten, und zeigt drittens auf, was die der Welt zugesprochenen Prädikate mit der Falschheit der Behauptungen zu tun haben. Schließlich ermöglicht er es, die in die Beweise eingehenden und (nach der Auflösung) falschen Prämissen (d.i. die zeitliche Bestimmtheit der Welt einer- und die räumliche Bestimmtheit derselben andererseits) zu identifizieren.[26]

Wenn der hier vorgeschlagene Auflösungsansatz den Intentionen Kants gerecht wird und wenn die Beweise der „entgegengesetzten" Behauptungen den zu Beginn des zweiten Kapitels dieser Arbeit spezifizierten Bedingungen an die Antinomienlehre genügen, dann hat Kant in der ersten Antinomie eine sehr starke Behauptung bewiesen: Daß man nämlich der Welt weder räumliche noch zeitliche Prädikate zuschreiben kann und es somit auch keinen Sinn macht, Untersuchungen über die räumliche Ausdehnung und über die Geschichte des Universums anzustellen. Um die Gültigkeit des zweiten Teils des Antezedens dieses Bedingungssatzes wird es in den beiden folgenden Abschnitten gehen.

3.1.2. Sachliche Beurteilung des Zeit-Teils

Sowohl im Falle der Behauptung ($T_1$1) als auch im Falle der Behauptungen ($A_1$1) und ($A_1 1^*$) hat die logische Analyse die logische Korrektheit der Beweise dargetan.[27] Die Beweise genügen somit der Bedingung (IV) an die Antinomienlehre.[28] Die Untersuchung der Beweise kann sich daher auf die jeweiligen Prämissen konzentrieren. Begonnen sei mit einer Betrachtung des Beweises von ($T_1$1).

Zu den Voraussetzungen für die Anwendung des Reihenbegriffs auf eine Menge von Dingen (hier: Weltzuständen) gehört nach Kant die Existenz einer Totalordnung auf dieser Menge. Die Analyse des Beweises hat gezeigt, daß Kant die Totalordnung der Menge der „verflossenen" Weltzeitpunkte sicherstellt, indem er *implizit* (i) die Zeit als durch die Früher-Relation totalgeordnet annimmt und (ii) Zeitpunkte und Zustände von Dingen einander bijektiv zuordnet.

Die zeitlogischen Prämissen (ZL1), (ZL2) und (ZL3) legen die Zeit auf eine Struktur fest, die einer (nicht-geschlossenen) Linie gleicht und die sich in Kants

---

[26] Kant scheint einen solchen Auflösungsansatz anzudeuten in § 52c der *Prolegomena* (*AA* IV;342,7-22); R5928 *AA* XVIII;365,7f.; R5962 *a.a.O.;404,2-11*, und in der *Preisschrift über die Fortschritte der Metaphysik AA* XX;328,12-21.

[27] Vgl. oben die Abschnitte 2.2.1.2. und 2.2.1.3.

[28] Vgl. zu dieser Bedingung Abschnitt 2.1.3. (oben).

eigener, transzendental-idealistischer Zeitauffassung wiederfinden läßt.[29] Fraglich ist jedoch, ob jede transzendental-realistische Position *metaphysisch* auf eine solche Zeitauffassung verpflichtet ist. Wenngleich es keineswegs als geklärt gelten darf, welche die richtige Auffassung der Zeit ist, so hat sich doch in der philosophischen Logik der Zeit gezeigt, daß eine nicht-lineare Zeitauffassung eine geeignetere Grundlage darstellt, um z.B. das Determinismusproblem und das damit zusammenhängende Problem des Wahrheitswertes von *Futura contingentia* zu behandeln.[30]

Die bijektive Zuordnung von Zeitpunkten, zu denen ein Gegenstand existiert, und Zuständen dieses Gegenstands wird durch die Prämissen (2a), (2b) und (2c) festgelegt. Aus diesen Prämissen folgt dann auch die 1-1-Zuordnung von Weltzeitpunkten (von denen es nach der zu widerlegenden Annahme (1) unendlich *viele* gibt) und Weltzuständen (von denen es somit auch unendlich *viele* gibt).[31] Die Stärke dieser Voraussetzung wird besonders deutlich, wenn man sie mit Worten, die üblicherweise Heraklit zugeschrieben werden, und gegen ein berühmtes Diktum Nietzsches formuliert: Die Welt ist in beständigem Fluß, eine Wiederkehr des Gleichen gibt es nicht. - Auch hier stellt sich wiederum die Frage, ob jede transzendental-realistische Position *metaphysisch* auf diese Voraussetzung verpflichtet ist. Dies scheint nun nicht der Fall zu sein; die Frage nach dem Zutreffen oder Nicht-Zutreffen dieser Voraussetzung dürfte eher eine empirische Frage sein. So hat H.Poincaré 1890 ein mathematisches Resultat erzielt, das physikalisch so gedeutet werden kann, daß das Universum über eine hinreichend lange Zeit gesehen stets wieder in bereits dagewesene Zustände zurückkehren *muß, falls* es ein räumlich begrenztes, Newtonsches (!) System mit endlicher potentieller und kinetischer Energie ist.[32] Ob dies auf unser Universum zutrifft, dürfte aber eine empirische Frage sein, und Poincarés Theorem dürfte mit einer transzendental-realistischen Philosophie zumindest verträglich sein.

Man muß sich jedoch keineswegs auf das weite Feld der physikalisch-kosmologischen Forschungen und Modelle begeben, um den Stolperstein des vorliegenden Beweises einzusehen. Dieser ist vielmehr der Kantischen Antinomienlehre immanent und steht im Zusammenhang mit der Beweisprämisse:

---

[29] Vgl. *KdrV* B154 u. B156. Trotz der besonderen *Struktur* der Zeit, die im vorliegenden Beweis zugrundegelegt wird, vermag ich nicht zu sehen, daß das Beweisresultat in irgendeiner Form von einer bestimmten *Ontologie* der Zeit abhängt, wie etwa S.J.Al-Azm *1972*, S.44f., und J.Schmucker *1990*, S.123, mit Bezug auf die absolute Zeit Newtons behaupten. Die im Fortgang des Beweises widerlegte Endlosigkeit der vergangenen Weltzeit kommt durch die zu widerlegende Annahme (1) und die zentrale Voraussetzung $\exists t(B(W,t))$ ins Spiel, nicht jedoch durch Behauptungen über die Zeit selbst.

[30] Vgl. B.Kienzle *1994*, S.18f.

[31] Zu den Begriffen des Zustands (eines Dinges) und des Weltzustands in der traditionellen Metaphysik vgl. oben die Abschnitte 1.4. und 2.2.1.2.

[32] Vgl. B.Kanitscheider *1993*, S.53 u. 55f., und F.Tipler *1980*, S.21-37.

(4) „Nun besteht aber eben darin die Unendlichkeit einer Reihe, daß sie durch sukzessive Synthesis niemals vollendet sein kann“ (A426, B454); formal ausgedrückt: $\forall\mathfrak{R}(\text{Reihe}(\mathfrak{R}) \rightarrow (\text{Unendlich}(\mathfrak{R}) \rightarrow \neg\text{Vollständig-sukzessiv-synthetisierbar}(\mathfrak{R})))$.

In dieser Prämisse hat man - ganz im Einklang mit Kants eigener Bezeichnung derselben als „wahre[r] (transzendentale[r]) Begriff der Unendlichkeit“ (vgl. A432, B460) - ein genuin transzendentalphilosophisches Argument und daher eine Verletzung der notwendigen Bedingung (VI) an die Kantische Antinomienlehre gesehen.[33] Mit Bezug auf die im Beweis des Raum-Teils der Thesis angesprochene besondere Art von sukzessiver Synthesis, welche in der „Durchzählung“ der zu synthetisierenden Dinge besteht[34], könnte man (4) jedoch auch schlicht als die *wahre* Behauptung deuten, daß der Zählprozeß der Glieder einer Reihe, welche mindestens so mächtig ist wie die Menge $\mathbb{N}$, niemals ein Ende finden, die Reihe also nicht vollständig *durch*gezählt werden kann.[35] Betrachtet man nur die Prämisse (4), so mag dies eine akzeptable Deutung sein. Die logische Analyse des Beweises hat jedoch gezeigt, daß der gewünschte Widerspruch nur dann herleitbar ist, wenn eine weitere Prämisse ergänzt wird, welche die vollständige sukzessive Synthetisierbarkeit einer Reihe von Zuständen eines Dinges in einen notwendigen Bedingungszusammenhang mit deren „Verflossensein“ stellt. Dabei dürfte es sich um die Prämisse:

(4a) Wenn eine Reihe verflossen ist, dann ist sie vollständig sukzessiv synthetisierbar; formal notiert: $\forall\mathfrak{R}(\text{Reihe}(R) \rightarrow (\text{Verflossen}(\mathfrak{R}) \rightarrow \text{Vollständig-sukzessiv-synthetisierbar}(\mathfrak{R})))$,

handeln. Diese Prämisse würde ein transzendentaler Realist aber nun ganz sicher zurückweisen: Auf dem Boden des transzendentalen Realismus ist es keineswegs notwendig, daß eine tatsächlich „verflossene“ Reihe von Zuständen eines Dinges durchzählbar sein muß. Wenn nicht die Prämisse (4), dann ist zumindest die Prämisse (4a) eine spezifisch transzendentalphilosophische Prämisse, welche die Durchzählbarkeit einer „verflossenen“ Reihe deshalb verlangt, weil diese nur dann „verflossen“ und damit ein Gegenstand der Erkenntnis sein kann, wenn eine sie konstituierende sukzessive Synthesis ihrer Glieder an ein Ende gelangen kann, und

---

[33] Vgl. z.B. P.F.Strawson *1966*, S.176, P.Mittelstaedt/I.Strohmeyer *1990*, S.156, und J. Schmucker *1990*, S.115f. - Die Bedingung (VI) wurde oben in Abschnitt 2.1.3. formuliert.

[34] Vgl. dazu oben Abschnitt 2.2.2.2.

[35] Diese Interpretation der Prämisse (4) findet sich in B.Russells *The Principles of Mathematics*, S.459, und bei P.Krausser *1982*, S.84f. - Es soll selbstverständlich nicht behauptet werden, daß eine solche Reihe nicht *ab*zählbar (*d.h.* gleichmächtig mit einer Teilmenge von $\mathbb{N}$) sein kann. Oder, um mit F.Dretske *1965* zu sprechen: Es ist zwar *logisch* möglich, daß „George counts to infinity“; es ist aber logisch unmöglich, daß es einen Zeitpunkt t geben wird, zu dem „George will have counted to infinity“.

dies nur dann der Fall ist, wenn auch ein entsprechender Zählprozeß abgeschlossen werden kann. - Somit ist nachgewiesen, daß mindestens eine der Prämissen (4) und (4a) gegen die Bedingung (VI) verstößt.[36]

Darüber hinaus folgt aus (4) und (4a) die Behauptung:

Jede verflossene Reihe (von Zuständen eines Dinges) ist von endlicher Kardinalität; formal ausgedrückt: $\forall\mathfrak{R}(\text{Reihe}(\mathfrak{R}) \wedge \text{Verflossen}(\mathfrak{R}) \rightarrow \text{Endlich}(\mathfrak{R}))$.

Geht man nun von der in wissenschaftlichen Naturbeschreibungen weitgehend akzeptierten und in der Newtonschen Physik (!) mathematisch unentbehrlichen Auffassung aus, daß die Zeit als Kontinuum betrachtet werden kann, so kann aus den Prämissen des Beweises der folgende Widerspruch konstruiert werden: Angenommen, in den vergangenen drei Minuten, die ich in meinem Bonner Institut am Schreibtisch verbracht habe, sei ein Pkw A von der Ampel an der Kreuzung mit der Weberstraße die Lennéstraße hinunter bis zum Hofgarten gefahren und dort abgebogen. Da die Zeit n.V. ein Kontinuum ist, sind in diesen drei Minuten unendlich viele Zeitpunkte vergangen, die gemäß den Prämissen (ZL1), (ZL2) und (ZL3) eine total geordnete Menge bilden. Nach den Prämissen (2a), (2b) und (2c) entspricht jedem dieser Zeitpunkte ein distinkter Zustand des mechanischen und thermodynamischen Systems A. Da die fraglichen Zeitpunkte vergangen sind, ist die Reihe der entsprechenden Zustände von A „verflossen". Da es aber in jenen drei Minuten unendlich viele Zeitpunkte gegeben hat, ist diese Reihe unendlich. Aus (4) und (4a) folgt nach dem obigen hingegen die Endlichkeit der Reihe.[37] - Aus diesem

---

[36] H.Allison *1983* versucht, dieser Konsequenz auszuweichen, indem er die Prämisse (4) auf sogenannte „tota synthetica" einschränkt. Ein *totum syntheticum* ist dabei „a whole composed of parts that are given separately (at least in thought). Not only does the concept of such a whole presuppose the distinct, pregiven parts, it also is conceived as the product of the collection (in Kant's term, ‚synthesis') of these parts" (S.43). Sodann versucht Allison zu zeigen, daß ein transzendentaler Realist die Welt als *totum syntheticum* begreifen muß (vgl. S.45 u. 52ff.). Letzteres ist jedoch aus zwei Gründen unrichtig: Zum einen schließt der transzendentale Realist *nach Kant* von der Gegebenheit eines Bedingten darauf, daß mit diesem Bedingten die Totalität seiner Bedingungen „schon mit gegeben" ist (vgl. A498, B529) und nicht erst durch „collection" oder „Synthesis" erzeugt wird. Zum anderen läßt sich selbstverständlich auf der Basis von (gegebenen) Gegenständen $a_1,a_2,a_3,...$, die eine Eigenschaft Φ gemeinsam haben, die Gesamtheit $M=\{x|\Phi(x)\}=\{a_1,a_2,a_3,...\}$ definieren, so daß M *per definitionem* mit seinen Elementen $a_1,a_2,a_3,...$ gegeben ist.

[37] Auch P.Mittelstaedt/I.Strohmeyer *1990*, S.156, bemerken, daß die Prämissen des Beweises gar nicht ausschließlich auf die Welt Bezug nehmen, sondern auf jeden anderen Gegenstand ebenso angewandt werden können. Mittelstaedt/Strohmeyer glauben allerdings, daß es primär um die Widersprüchlichkeit des Begriffs eines unendlichen *Alters* gehe. In der logischen Analyse des Beweises hat sich jedoch gezeigt, daß das zentrale Argument des Beweises die Unmöglichkeit einer unendlichen, „verflossenen" Reihe von Zuständen behauptet. Für dieses Argument und auch für den Schluß von einer unendlichen, abgelaufenen Zeit auf eine unendliche, „verflossene" Reihe von Zuständen ist aber ein metrischer

Widerspruch nun die Konsequenz zu ziehen, daß die Zeit kein Kontinuum ist, mag man aber dem transzendentalen Realisten nicht aufbürden wollen. Da liegt es - nicht nur für einen transzendentalen Realisten - näher, einige Prämissen des Kantischen Beweises, z.B. (4) oder (4a), zu verwerfen.

Der Beweis der Antithesis des Zeit-Teils der ersten Antinomie ist, wie sich zeigen wird, sowohl vom Standpunkt eines transzendentalen Realisten als auch gemessen an den Bedingungen für den Erfolg der Antinomienlehre weitaus plausibler als der Beweis der Thesis. - Für einen transzendentalen Realisten dürfte die erste der implizit in den Beweis eingehenden Prämissen:

(3a) Die Welt besteht dann zu einem Zeitpunkt t, wenn es mindestens einen Gegenstand gibt, der zu t besteht; formal notiert: $\forall t(\exists x(B(x,t)) \rightarrow B(W,t))$,

keine problematische Unterstellung sein. Analytisch wahr ist sie allerdings auch dann nicht, wenn man unter der Welt das Ganze aller räumlichen Gegenstände versteht und im Sinne extensionaler Mereologien annimmt:

$$\exists x(\Phi(x)) \rightarrow \exists! y(y=\sigma x(\Phi(x))).$$ [38]

Denn mit der bloßen Existenz des Ganzen aller Φ-Dinge ist keineswegs gesichert, daß dieses Ganze ebenfalls die Eigenschaft Φ hat. Der nicht-analytische Status von (3a) zeigt sich auch darin, daß (3a) nach der oben vorgeschlagenen Auflösung der ersten Antinomie aus transzendental-idealistischer Sicht falsch ist.

Eine beweistechnisch tragende Funktion kommt, wie die formale Analyse ergeben hat, der ebenfalls implizit einfließenden Prämisse:

(4a) Wenn ein Ding einen zeitlichen Anfang hat, dann gibt es einen Zeitpunkt vor diesem Anfang, zu dem das Ding entstanden ist; in formaler Notation: $\forall t_0 \forall x(A(t_0,x) \rightarrow \exists t_1(t_1<t_0 \wedge E(x,t_1)))$,

zu. Sie ermöglicht es, unter der Annahme (1) die Aussage herzuleiten, daß es eine leere Zeit gegeben habe, zu der etwas entstanden ist, welcher Kant dann in seinem fünften Beweisschritt widerspricht, um so die Aussage (1) *ad absurdum* zu führen. Bedeutsam ist diese Prämisse auch deshalb, weil durch sie beweistechnisch eine sachlich inadäquate Definition des zeitlichen Anfangs, welche die Existenz eines Zeitpunktes vor dem Anfangszeitpunkt fordert, überflüssig wird.[39] Eine solche

---

Unendlichkeitsbegriff irrelevant; eine kardinale Interpretation des verwendeten Unendlichkeitsbegriffs ist völlig hinreichend. Somit ist das Argument viel stärker als Mittelstaedt/Strohmeyer annehmen, was durch den hier konstruierten Beispielfall ebenso deutlich wird wie die Absurdität des Arguments.

[38] Vgl. P.Simons *1987*, S.36, sowie zur Symbolik oben Abschnitt 2.2.2.2.

[39] Vgl. dazu die Abschnitte 2.2.1.1. und 2.2.1.3.

Definition hätte tatsächlich belegt, daß, wie bisweilen angenommen wird[40], dem Beweis der Antithesis die Vorstellung einer Newtonschen absoluten Zeit und damit - dem Grundgedanken der Antinomienlehre zuwider - eine nicht von allen transzendentalen Realisten (z.B. G.W.Leibniz) akzeptierte Zeitauffassung zugrunde liegt. Aufgrund der Prämisse (4a) muß dies nicht länger unterstellt werden; der Beweis der Antithesis setzt ebensowenig eine Newtonsche Zeitauffassung voraus wie der Beweis der Thesis (vgl. oben).[41] Unterstellt wird lediglich eine besondere Struktur der Zeit: In die Ableitung von ($A_1 1^*$) aus ($A_1 1$) gehen die zeitlogischen Prämissen (ZL1) und (ZL2) ein, d.h. die Zeit wird als strikt partiell geordnet angesehen.

In der klassischen Logik, die in der Rekonstruktion des Beweises zugrunde gelegt wurde, läßt sich die Prämisse (4a) nur retrospektiv verstehen, d.h. sie sagt nur etwas aus über die Vorgeschichte von Dingen, welche bereits zu einem Zeitpunkt t_0 zu existieren begonnen haben. Die Vorgeschichte eines solchen Dinges (bzw. ein Teil von ihr) wird durch die Prämisse (4a) hinsichtlich der Existenz des Dinges final interpretiert, was (für gewöhnliche Gegenstände) plausibel ist, wenn man von einem strengen Determinismus ausgeht. Problematisch wird diese Betrachtungsweise allerdings, wenn man keinen Determinismus vertritt oder die Prämisse (4a) auf das Universum anwendet (vgl. unten).

Während die Prämisse (4a) nur implizit in den Beweis eingeht und zur Herleitung einer der beiden Aussagen, welche den gewünschten Widerspruch bilden, beiträgt, wird die andere der beiden die gewünschte Kontradiktion bildenden Aussagen von Kant explizit als Prämisse eingeführt und auch begründet:

(5) „Nun ist aber in einer leeren Zeit kein Entstehen irgend eines Dinges möglich" (A427, B455); formal notiert: $\neg\exists t(\neg\exists x(B(x,t)) \wedge \exists y(E(y,t)))$.

Kant begründet diese Aussage mit den Worten: „weil kein Teil einer solchen Zeit vor einem anderen irgendeine unterscheidende Bedingung des Daseins, vor die des Nichtseins, an sich hat (man mag annehmen, daß sie von sich selbst, oder durch eine andere Ursache entstehe)" (ibid.). In dieser Begründung hat man wohl zurecht eine Anwendung des metaphysischen *Prinzips vom zureichenden Grunde* gesehen[42], was eine historische Stütze darin findet, daß Leibniz in seinem Briefwechsel mit Clarke

---

[40] Vgl. S.J.Al-Azm *1972*, S.43ff., und J.Schmucker *1990*, S.122.

[41] Man könnte einwenden, daß auch die Prämisse (4a) die Existenz eines Zeitpunktes vor dem Anfangszeitpunkt fordere und somit ebenfalls auf eine Newtonsche Zeitauffassung hinauslaufe. Dem kann jedoch entgegengehalten werden, daß die Forderung der Existenz eines Zeitpunktes vor dem Anfangszeitpunkt eines Dinges aus in (4a) explizierten Voraussetzungen (Bedeutungspostulaten) über den Begriff des Entstehens hervorgehen könnte, was durch die im Abschnitt 2.2.1.3. erläuterte Verwendungsweise dieses Begriffs im vorliegenden Kontext auch tatsächlich nahegelegt wird.

[42] Vgl. S.J.Al-Azm *1972*, S.45, und P.Guyer *1987*, S.408.

analog (allerdings mit einer anderen Stoßrichtung, nämlich gegen die absolute Zeit und den absoluten Raum Newtons) argumentiert und sich dabei gerade auf das genannte Prinzip beruft.[43] Darüber hinaus haben P.Mittelstaedt und I.Strohmeyer auf einen interessanten physikalischen Zusammenhang hingewiesen[44]: Man kann die Begründung der Prämisse (5) auch so verstehen, daß dort eine grundsätzliche Homogenität der Zeit behauptet wird. Aus dieser ergibt sich eine Translationsinvarianz der Gesetze der klassischen und der relativistischen Physik (d.h. eine Invarianz der Geltung dieser Gesetze gegenüber Abbildungen der Form $f(t)=t+k$, wo t ein Zeitpunkt und k konstant ist), woraus aufgrund des Noether-Theorems[45] und der (relativistischen) Äquivalenz von Materie und Energie ein Materie-Energie-Erhaltungssatz folgt, welcher gerade im Sinne der Prämisse (5) eine Entstehung von Materie in einer leeren Zeit ausschließt. - Mittelstaedt und Strohmeyer bemerken allerdings mit Recht, daß Kant diese Zusammenhänge kaum bekannt sein konnten; sie führen die Prämisse (5) statt dessen auf die erste Analogie der Erfahrung zurück, die sie als Substanz-Erhaltungssatz interpretieren.

Nun mag es richtig sein, in (5) eine („existentiale") Abschwächung eines quantitativen Materie-Erhaltungssatzes zu sehen, die lediglich behauptet, daß über die Zeit ein positives Quantum an Materie erhalten bleibt, welches allerdings nicht konstant sein muß.[46] Ebenso richtig ist es, daß in der ersten Analogie der Erfahrung ein Substanz-Erhaltungssatz vorliegt[47] und daß Kant in seiner Schrift *Metaphysische Anfangsgründe der Naturwissenschaft* sogar einen Materie-Erhaltungssatz als erstes Gesetz der Mechanik formuliert und beweist[48]. Es ist jedoch eine Verwechselung des Standpunktes, von dem aus Kant in den antinomischen Beweisen argumentiert, wenn man sich voreilig zum Beleg der Prämissen auf Grundsätze stützt, die Kant unter

---

[43] Vgl. Leibniz' dritten Brief, §§ 5f., in: *Der Leibniz-Clarke Briefwechsel*, S.38f. Es sei hier daran erinnert, daß Kant diesen Briefwechsel vermutlich spätestens um 1768-9 zur Kenntnis genommen hat.

[44] Vgl. zum folgenden P.Mittelstaedt/I.Strohmeyer *1990*, S.145ff.

[45] Das von E.Noether 1918 bewiesene Theorem besagt, daß aus der Invarianz von Naturgesetzen gegenüber einer (mathematischen) Gruppe von Transformationen so viele Erhaltungssätze folgen, als diese Gruppe unabhängige Parameter hat; vgl. E.Schmutzer *1989*, S.68f., und C.F. von Weizsäcker *1986*, S.385.

[46] Dies wird deutlich, wenn man (5) äquivalent umformt zu der Aussage: $\forall t(\exists x(E(x,t) \rightarrow \exists y(B(x,t)))$.

[47] Vgl. die Formulierung der ersten Analogie in der B-Auflage der *KdrV*: „Bei allem Wechsel der Erscheinungen beharrt die Substanz, und das Quantum derselben wird in der Natur weder vermehrt noch vermindert"(B224).

[48] „Erstes Gesetz der Mechanik. Bei allen Veränderungen der körperlichen Natur bleibt die Quantität der Materie im Ganzen dieselbe, unvermehrt und unvermindert" (*AA* IV;541,28ff.).

Voraussetzung des transzendentalen Idealismus beweist.[49] Verpflichtet ist Kant vielmehr dazu, Prämissen zu verwenden, die jeder transzendentale Realist als wahr anerkennen muß.

Erstaunlicherweise ist es nicht leicht, in der philosophischen Tradition explizite Belege für (quantitative) Materie-Erhaltungssätze oder zumindest für existentiale Abschwächungen solcher Sätze im Sinne der Prämisse (5) zu finden. Man findet solche Belege allerdings für Bewegungs-Erhaltungssätze; so nimmt z.B. Descartes an, die Summe der Bewegungen im Universum bleibe stets konstant.[50] Da Descartes annimmt, daß die Summanden der Summe der Bewegungen im Universum Bewegungen von materiellen Teilen des Universums sind, und da er die Bewegung eines Körpers als das Produkt aus dessen Volumen und Geschwindigkeit bestimmt, folgt aus der Annahme der Erhaltung einer (positiven) Summe der Bewegungen im Universum eine (existentiale) Abschwächung eines Materie-Erhaltungssatzes (da nicht bei allen Summanden der erste Faktor Null werden kann). - Folgt man M. Jammer, dann ist ein Materie-Erhaltungssatz sogar eine unausgesprochene Voraussetzung in Newtons *Principia*.[51] Wenn dies zutrifft, dann wird verständlich, warum Kant den transzendentalen Realisten seiner Zeit einen (existentialen) Materie-Erhaltungssatz und damit die Prämisse (5) unterstellen konnte.

Daß ein Materie-Erhaltungssatz, der die Prämisse (5) stützt, noch in der relativistischen Physik unseres Jahrhunderts gilt und daß ein die Prämisse (4a) stützender Determinismus noch lange nach Kant allgemein akzeptiert war, macht es aus historischer Sicht verständlich, daß Kant dem transzendentalen Realisten Prämissen unterstellt, die die Annahme eines absoluten zeitlichen Weltanfangs unmöglich machen. Wie P.Mittelstaedt und I.Strohmeyer ausführen, ist es selbst in der klassischen relativistischen Kosmologie, die von einem klassisch-makroskopischen Materiebegriff ausgeht, nicht möglich, die Entwicklung des Universums von einem absoluten zeitlichen Anfangspunkt an zu beschreiben; hierzu bedarf es der Quantenmechanik und der Aufgabe des klassisch makroskopischen Materiebegriffs.[52] Erst bestimmte quantenmechanische Phänomene (die von Mittelstaedt und Strohmeyer auch näher beschrieben werden) bilden eine empirische Falsifikation der Prämisse (5) und (wegen der Aufgabe des Determinismus in der Quantenmechanik) wohl auch der Prämisse (4a).

---

[49] Aus diesem Grunde und wegen der in der Begründung von (5) eingeklammerten Worte ist es auch nicht richtig, wenn P.Guyer *1987*, S.408, in der Prämisse (5) eine Folgerung aus der zweiten Analogie der Erfahrung (als Kantisches Analogon zum Prinzip vom zureichenden Grunde) sieht und Kant dann einen unerlaubten Rückgriff auf transzendentalphilosophische Prinzipien vorwirft. Zur Kritik an einer solchen Interpretation vgl. auch J.Bennett *1974*, S.159. Es spricht aber auch nichts für Bennetts These, daß sich Kant im vorliegenden Beweis auf eine relationale Zeitauffassung à la Leibniz stützt.

[50] Vgl. für das Folgende Descartes' *Die Prinzipien der Philosophie*, Teil II, § 36; den Hinweis auf diese Stelle verdanke ich E.Watkins *1997b*.

[51] Vgl. M.Jammer *1981*, S.90.

[52] Vgl. P.Mittelstaedt/I.Strohmeyer *1990*, S.154f. und S.158ff.

Kants Behauptung, der transzendentale Realismus führe unvermeidlich zur Beweisbarkeit der widersprüchlichen Behauptungen ($T_1$1) und ($A_1$1), wird demnach durch die Beweise dieser Behauptungen nicht gestützt. Im Falle des Beweises von ($T_1$1) konnte gezeigt werden, daß Kant gleich mehrere notwendige Bedingungen an die Antinomienlehre verletzt: Er macht von Prämissen Gebrauch, die nur unter der Voraussetzung des transzendentalen Idealismus gültig sind und die noch dazu absurde Konsequenzen haben. Man kann den Prämissen des Beweises von ($T_1$1) daher nicht einmal Plausibilität im Bereich „gewöhnlicher" Gegenstände einräumen. - Im Falle des Beweises von ($A_1$1) bleibt dem transzendentalen Realisten zumindest ein quantenmechanischer Ausweg aus der Situation, eine Anfangslosigkeit der Welt annehmen zu müssen.

3.1.3. Sachliche Beurteilung des Raum-Teils

Ebenso wie im Falle des Zeit-Teils der ersten Antinomie sei auch hier mit der Erörterung des Thesis-Beweises begonnen. Da der Beweis als logisch korrekt befunden wurde[53], kann die Betrachtung auf die Prämissen beschränkt werden. - Kants Bemerkung in der Anmerkung zur Antithesis, „daß man diese zwei Undinge, den leeren Raum außer und die leere Zeit vor der Welt, durchaus annehmen müsse, wenn man eine Weltgrenze, es sei dem Raume oder der Zeit nach, annimmt" (A433, B461), sowie seine andernorts auffindbaren Ausführungen zum Begriff der räumlichen Begrenztheit eines Dinges[54] haben einige Kommentatoren dazu veranlaßt anzunehmen, der vorliegende Beweis beruhe auf der Voraussetzung eines absoluten Raums Newtonscher Provenienz.[55] Die oben vorgelegte logische Analyse des Beweises ist jenen Bemerkungen Kants insofern gefolgt, als die Voraussetzung eines umfassenden Raums V^* in eine Beweisprämisse aufgenommen wurde:

(CV1) Wenn ein Raum von einem Ding ausgefüllt wird, dann ist er nicht gleich der leeren Menge und ein echter Teilraum des einen umfassenden Raums V^*; in formaler Notation: $\forall V(\exists x(C(x,V)) \rightarrow V \neq \emptyset \wedge V \subset V^*)$.

Zu der Annahme, der Beweis beruhe auf der Voraussetzung des Newtonschen absoluten Raumes, ist jedoch zweierlei Einschränkendes zu bemerken: Zum einen könnte der Beweis analog auch ohne die Voraussetzung

$$\forall V(\exists x(C(x,V) \rightarrow V \subset V^*)$$

---

[53] Vgl. oben Abschnitt 2.2.2.2.

[54] Vgl. *Prolegomena AA* IV;352,21-24 (in Abschnitt 2.2.2.1. zitiert), sowie *Metaphysik Dohna AA* XXVIII;624,5-13.

[55] Vgl. z.B. S.J.Al-Azm *1972*, S.9.

geführt werden. Zum anderen impliziert diese Voraussetzung zwar, daß V^* von keinem Ding ausgefüllt werden kann, d.h. $\neg\exists x(C(x,V^*))$. Diese Implikation ist aber nicht nur durch die Existenz extramundaner Vakua erfüllbar, sondern auch durch die Existenz intramundaner Vakua. Daher ist es zumindest nicht richtig anzunehmen, Kants Argumentation im vorliegenden Beweis stehe und falle mit der Existenz eines Newtonschen absoluten Raumes.

Die Existenz einer unendlichen Menge disjunkter Weltteile, welche im weiteren Fortgang des Beweises dann als unmöglich erwiesen wird, folgert Kant aus der zu widerlegenden Annahme (1) insbesondere mittels der implizit eingehenden Prämisse:

(1d) Jeder nicht-leere, echte Teilraum V_2 eines Raums V_1, der von einem Ding x ausgefüllt wird, wird von einem echten Teil y von x genau ausgefüllt; formal ausgedrückt: $\forall x \forall V_1\ (C(x,V_1) \rightarrow \forall V_2{\neq}\varnothing(V_2{\subset}V_1 \rightarrow \exists y(y{\prec}x \wedge C(y,V_2) \wedge \forall V_3(V_2{\subset}V_3 \rightarrow \neg C(y,V_3)))))$,

und der ebenfalls unausgesprochenen Prämisse:

(1f) Zwei Dinge x,y, die disjunkte Räume jeweils genau ausfüllen, sind zusammenhangslos; formalsprachlich: $\forall x,y \forall V_1,V_2(C(x,V_1) \wedge \forall V_3(V_1{\subset}V_3 \rightarrow \neg C(x,V_3)) \wedge C(y,V_2) \wedge \forall V_4(V_2{\subset}V_4 \rightarrow \neg C(y,V_4)) \wedge V_1{\cap}V_2{=}\varnothing \rightarrow \neg\exists z(z{\leq}x \wedge z{\leq}y))$.

Faßt man nun Räume als Kontinua auf, wie es z.B. für die Newtonsche Mechanik mathematisch unerläßlich ist, so ist die Prämisse (1d) keineswegs eine unbezweifelte Grundannahme aller transzendentalen Realisten. Sie ist sogar unverträglich mit einer transzendental-realistischen Position, die Kant selbst in der *Monadologia physica* von 1756 vertreten hat. Kant entwickelt dort eine atomistische Theorie der Materie, der zufolge materielle Körper aus einfachen Teilen („Monaden") bestehen, welche Räume mit (konstantem und substanzunspezifischem) positivem Volumen einnehmen. Dies geschieht durch die Wirkung attraktiver und repulsiver Kräfte, die von einer Monade ausgehen und sich auf der Grenze des von einer Monade eingenommenen Raums im Gleichgewicht befinden.[56] Nimmt nun eine Monade x einen Raum V ein, so gibt es zwar unendlich viele, nicht-leere Teilräume von V, jedoch - im Widerspruch zu (1d) - keine Teile von x, die diese Räume ausfüllen könnten (da x n.V. keine Teile hat).[57]

---

[56] Vgl. *AA* I;471-487 und kommentierend dazu M.Carrier *1990*, S.172-175, sowie W.Malzkorn *1999*.

[57] Dies wird im folgenden Lehrsatz der *Monadologia physica* ausdrücklich festgestellt: „Monas spatiolum praesentiae suae definit non pluralitate partium suarum substantialium, sed sphaera activitatis, qua externas utrinque sibi praesentes arcet ab ulteriori ad se invicem appropinquatione" (*AA* I;480,36-39).

Unproblematisch dürfte für einen transzendentalen Realisten die Prämisse (1f) sein. Sie ist, soweit ich sehe, stets eine metaphysische Voraussetzung empirischer Theorien gewesen, und dies hat sich, wenn man als Werte der Variablen „x" und „y" nur voneinander unterscheidbare Materie*teilchen* zuläßt, auch in der modernen Physik nicht geändert.[58] - Eben dies gilt auch für das mereologische Theorem:

(SCT64) $\exists x(x \prec y) \rightarrow y = \sigma x(x \prec y)$.[59]

Die entscheidende und zugleich für die Kantische Antinomienlehre problematischste Prämisse des vorliegenden Beweises ist nun die Behauptung:

(3) „Nun können wir die Größe eines Quanti, welches nicht innerhalb gewisser[60] Grenzen jeder Anschauung gegeben wird, auf keine andere Art, als nur durch die Synthesis der Teile, und die Totalität eines solchen Quanti nur durch die vollendete Synthesis, oder durch die wiederholte Hinzusetzung der Einheit zu sich selbst [d.i. „Durchzählung", Verf.] gedenken" (A426-8, B454-6); formal notiert: $\forall \mathscr{F}(\neg$Anschaulich-gegeben$(\sigma x(x \in \mathscr{F})) \rightarrow \forall K$ (Kardinalität$(\mathscr{F})=K \rightarrow$ $\exists s$(s ist ein erkennendes Subjekt $\wedge$ s hat bis K gezählt))).

Diese Prämisse, die die Größe eines Aggregats von den Erkenntnisleistungen erkennender Subjekte abhängig macht, ist nun für einen transzendentalen Realisten unakzeptabel. Dies zeigt sich, wenn man einmal (kontrafaktisch) annimmt, daß es keine erkennenden Subjekte gebe. Unter dieser Annahme folgt aus (3), daß es keine Gesamtheiten gibt, deren Elemente ein Ganzes bilden (da die Bedingung „$\neg$Anschaulich-gegeben$(\sigma x(x \in \mathscr{F}))$" dann stets und die Sukzendens „$\exists s$(s ist ein erkennendes Subjekt $\wedge$ s hat bis K gezählt)" niemals erfüllt ist). Mit dem bereits im vorangehenden Abschnitt angeführten mereologischen Theorem

$$\exists x(\Phi(x)) \rightarrow \exists! y(y = \sigma x(\Phi(x)))$$

[58] Wenn Kant in R4673 sagt: „Verschiedene Dinge sind in Verschiedenen Orten und umgekehrt: die Verschiedenheit der Orter beweiset Die Verschiedenheit der Dinge (ist schon ein Satz, der den empirischen Verstand angeht)" (*AA* XVII;642,23-25), so darf dies nicht so verstanden werden, als wolle Kant die Aussage (1f) als empirisch bezeichnen. Denn im Abschnitt „Von der Amphibolie der Reflexionsbegriffe" der *KdrV* begründet er (1f) gerade auf apriorische Weise (allerdings unter Voraussetzung seines transzendentalen Idealismus; vgl. A263ff., B319ff.).

[59] Ein solches Theorem ist offensichtlich ein Gemeinplatz der traditionellen Metaphysik; so schreibt z.B. A.G.Baumgarten in § 157 seiner *Metaphysica*: „Totum est prorsus idem cum suis partibus actualibus"(*AA* XVII;59,16f.). Auch in der modernen Ontologie scheint es als unproblematisch zu gelten. So betrifft keiner der von P.Simons *1987*, S.105ff., zusammengetragenen Einwände gegen extensionale Mereologien dieses Theorem.

[60] In der A-Auflage der *KdrV* heißt es „gewissen" statt „gewisser"; vgl. die Ausgabe von R.Schmidt, S.454.

folgt daraus weiter, daß es nur leere Gesamtheiten gibt, d.h. daß für alle $\mathcal{F}$ gilt: $\mathcal{F}=\emptyset$. Vorausgesetzt, es sei erlaubt, aus gegebenen materiellen Dingen x,y,z,... Gesamtheiten zu bilden, dann ergibt sich daraus, daß es keine solchen materiellen Dinge gibt. - Als Resultat dieser Überlegungen zur Prämisse (3) ergibt sich also, daß es ihr zufolge nur dann materielle Dinge gibt, wenn es erkennende Subjekte gibt. Daher ist es unzweifelhaft, daß die Prämisse (3) aus der Sicht des transzendentalen Realismus falsch ist und insofern eine Verletzung der Bedingung (III) an die Kantische Antinomienlehre darstellt.[61] Es liegt deshalb nahe, in der Prämisse (3) ein transzendentalphilosophisches Argument zu sehen, das aufgrund der Konzeption der Kantischen Antinomienlehre gerade nicht in den Beweis hätte eingehen dürfen.[62]

Nicht nur unter Voraussetzung des transzendentalen Idealismus, sondern auch vom Standpunkt des transzendentalen Realismus hingegen dürfte die implizite Prämisse

(3a) Die Welt (als Ganzes) ist nicht anschaulich gegeben,

vertretbar sein. Wie P.Mittelstaedt und I.Strohmeyer herausstellen, wird die Welt auch in der - gerade nicht von der Voraussetzung des transzendentalen Idealismus ausgehenden - modernen physikalischen Kosmologie als „Quasi-Gegenstand" behandelt, der nicht anschaulich gegeben werden kann, sondern aus einer gewissen Anzahl empirischer Daten mittels hypothetischer Modelle (z.B. Friedmann-Modelle) konstruiert wird.[63]

Auch die ebenfalls implizite Prämisse:

(4a) Ein erkennendes Subjekt benötigt unendlich lange Zeit, um bis unendlich zu zählen; formal notiert: $\forall$s(s ist ein erkennendes Subjekt $\wedge$ s hat bis unendlich gezählt $\rightarrow \exists t_1,t_2(\forall t\ (t_1 \leq t \leq t_2 \rightarrow$ s hat zum Zeitpunkt t gezählt) $\wedge\ d_E(t_1,t_2)=+\infty$)),

und die explizite Prämisse:

---

[61] Zu dieser Bedingung vgl. oben Abschnitt 2.1.3. - S.J.Al-Azm *1972*, S.16ff., versucht die Prämisse (3) zu verteidigen und den Beweis zu retten, indem er behauptet, (3) beziehe sich nur auf *tota synthetica* und die Welt werde im vorliegenden Beweis als ein solches aufgefaßt. Wie ich jedoch bereits gegen H.Allisons analoge Verteidigung des Thesis-Beweises des Zeit-Teils der Antinomie eingewandt habe, ist ein transzendentaler Realist weder nach Kant noch der Sache nach verpflichtet, die Welt als Produkt einer Synthesishandlung zu begreifen (vgl. oben Fußnote 36).

[62] Ebenso P.Guyer *1987*, S.407, J.Schmucker *1990*, S.115, sowie andeutungsweise J.Bennett *1974*, S.120, und P.Mittelstaedt/I.Strohmeyer *1990*, S.155.

[63] Vgl. P.Mittelstaedt/I.Strohmeyer *1990*, S.158 u.161.

(6) „eine unendliche Zeit müßte, in der Durchzählung aller koexistierenden Dinge, als abgelaufen angesehen werden, *welches unmöglich ist*" (A428, B456; kursiv vom Verf.); formal ausgedrückt: $\neg\exists s$(s ist ein erkennendes Subjekt $\wedge$ $\exists t_1,t_2(\forall t(t_1 \leq t \leq t_2 \rightarrow$ s hat zum Zeitpunkt t gezählt) $\wedge$ $d_E(t_1,t_2)=+\infty$)),

dürften vom Standpunkt des transzendentalen Realismus unproblematisch sein. Wie jedoch F. Dretske gezeigt hat, ist die aus (4a) und (6) folgende Behauptung, daß es keinem erkennenden Subjekt möglich ist, bis unendlich zu zählen, eine rein empirische Behauptung.[64] Daraus folgt, daß mindestens eine der Prämissen (4a) und (6) eine empirische Behauptung enthält. Meiner Ansicht nach gilt dies sogar für beide Prämissen: Es ist eine rein empirische Behauptung, daß die Schritte eines Zählprozesses, der von einem erkennenden Subjekt ausgeführt wird, jeweils ein Zeitintervall einer gewissen Mindestlänge in Anspruch nehmen und es *deshalb* unendlich lange dauert, bis unendlich zu zählen. Ebenso ist es eine empirische Tatsache, daß erkennende Subjekte nicht unendlich lange zählen können, weil sie irgendwann das Bewußtsein verlieren, sterben, oder weil vielleicht ein Endkollaps des Universums den Zählprozeß stoppt. Insofern wird im vorliegenden Beweis auch die Bedingung (VII) an die Kantische Antinomienlehre verletzt.[65]

Im Gegensatz zum Beweis der Antithesis des Zeit-Teils ist auch der Beweis der Antithesis des Raum-Teils der ersten Antinomie, d.i. der Beweis der Behauptungen (A_I2) und (A_I2^*), trotz seiner logischen Korrektheit wenig überzeugend. Ebenso wie im Falle der Thesis-Beweise beider Teile der ersten Antinomie läßt sich dies auf die Unplausibilität insbesondere einer Prämisse zurückführen.

Um unter der Annahme (1) die im Fortgang des Beweises *ad absurdum* geführte Existenz eines leeren Raums herleiten zu können, bedarf es der Prämisse (CV1), welche bereits in den Beweis von (T_I2) eingeht. Sie impliziert, wie oben gezeigt wurde, daß der umfassende Raum V^* nicht vollständig ausgefüllt sein kann.

Die von Kant nicht eigens erwähnte Prämisse:

(1c) Wenn es einen Gegenstand gibt, der einen Raum ausfüllt, dann füllt die Welt diesen Raum ebenfalls aus; formal ausgedrückt: $\forall V(\exists x(C(x,V)) \rightarrow C(W,V))$,

stellt ein Analogon zur Prämisse (3a) des Beweises von (A_I1) dar und dürfte für einen transzendentalen Realisten unproblematisch sein, wenngleich sie - entgegen dem ersten Anschein und aus denselben Gründen wie die Prämisse (3a) des Beweises von (A_I1) (vgl. oben) - nicht analytisch wahr ist.

Ebenfalls unausgesprochen bleibt die Prämisse:

---

[64] Vgl. F.Dretske *1965*, S.99f.

[65] Diese Bedingung wird in Abschnitt 2.1.3. formuliert und begründet.

(CV2) Wenn ein Gegenstand jeden Raum aus einer Gesamtheit von Räumen ausfüllt, dann füllt er auch die Vereinigung aller Räume der Gesamtheit aus; formal notiert: $\forall x \forall \mathscr{F} \subseteq Pot(V^*)(\forall V \in \mathscr{F}(C(x,V)) \rightarrow C(x, \bigcup_{V \in \mathscr{F}} V))$.

Sie stellt im Beweis von $(A_1 2)$ formal sicher, was als selbstverständlich erscheint: Daß nämlich die Welt nicht in das Komplement eines von ihr *genau* ausgefüllten Raums hineinragt. Auch sie erscheint unproblematisch.

Die eingangs erwähnte unplausible Prämisse im Beweis von $(A_1 2)$ findet man nun in der von Kant explizit angeführten Behauptung:

(4) „Ein dergleichen Verhältnis [sc. ein räumliches Verhältnis eines Gegenstands zu einem Vakuum, Verf.] aber, mithin auch die Begrenzung der Welt durch den leeren Raum, ist nichts" (A429, B457); formal notiert: $\neg \exists R_{spat} \exists x \exists V_1 (R_{spat}(x,V_1) \wedge \neg \exists y \exists V_2 \subseteq V_1 (C(y.V_2)))$.

Zunächst ist zu bemerken, daß sich diese Prämisse nicht nur auf extramundane, sondern auch auf intramundane Vakua bezieht. Sie kann also nicht nur zur Zurückweisung der Existenz eines Vakuums außerhalb der Welt, sondern auch gegen die Existenz von Vakua innerhalb der Welt verwendet werden. In der Anmerkung zur Antithesis stellt Kant die Zurückweisung extramundaner Vakua als „Meinung der Philosophen aus der Leibnitzischen Schule" dar (vgl. A431, B459) und deutet so an, daß der vorliegende Beweis vom Standpunkt der Leibnizschen Philosophie aus geführt wird.[66] Wie der Briefwechsel zwischen Leibniz und Clarke zeigt, ist Leibniz tatsächlich der Ansicht gewesen, seine relationale Theorie des Raums schließe die Existenz sowohl extramundaner als auch intramundaner Vakua aus.[67] Die relationale Theorie des Raums wird von Leibniz in § 47 seines fünften Briefs an Clarke eingehend beschrieben[68]: Räume sind dieser Theorie zufolge Gesamtheiten (Mengen)

[66] Dies meint auch S.J.Al-Azm *1972*, S.23-28, der in der Fußnote zum Beweis und in der Anmerkung zur Antithesis weitere Indizien für seine Ansicht findet. Dagegen nimmt J.Schmucker *1990* an, Kant operiere im vorliegenden Beweis mit dem Begriff des Newtonschen absoluten Raums (S.122), argumentiere jedoch „mit der Raumzeittheorie seiner transzendentalen Ästhetik" (S.124).

[67] Vgl. z.B. Leibniz' vierten Brief, §§ 7f., in: *Der Leibniz-Clarke Briefwechsel*, S.52.

[68] „Um eine Art von Definition zu geben: ORT ist das, von dem man sagt, es sei für A und B dann dasselbe, wenn die Beziehung des Nebeneinanderbestehens von B mit C,E,F,G etc. vollständig mit der Beziehung des Nebeneinanderbestehens übereinstimmt, die A mit denselben [C,E,F,G etc.] gehabt hat, vorausgesetzt, es hat keine Ursache für eine Veränderung bei den C,E,F,G etc. gegeben. Man könnte auch, ohne auf irgendwelche weiteren Einzelheiten einzugehen, sagen: ORT ist das, was zu den verschiedenen Zeitpunkten für verschiedene existierende Dinge dann dasselbe ist, wenn deren Beziehungen des Nebeneinanderbestehens mit gewissen existierenden Dingen, die von dem einen dieser Zeitpunkte bis zu dem anderen Zeitpunkt als fest vorausgesetzt werden, miteinander völlig übereinstimmen. Fest existierende Dinge sind solche Dinge, [...] bei denen keine Bewegung stattgefunden hat. Raum ist kurzum das, was sich aus den Orten ergibt, wenn man sie zusammennimmt" (*Der Leibniz-Clarke Briefwechsel*, S.93). - Vgl. zum folgenden auch W.Malzkorn *1998b*.

von Orten (Punkten). Orte wiederum werden als Äquivalenzklassen von geordneten Paaren aus einem Gegenstand und einem Zeitpunkt bestimmt; die zugehörige Äquivalenzrelation ist die Relation „x befindet sich zum Zeitpunkt t am selben Ort wie y zum Zeitpunkt t′". Diese wird erklärt durch das Bestehen identischer räumlicher Relationen (Relationen des „Nebeneinanders") zwischen x und weiteren Gegenständen z,u,v,w,... (zu t) einerseits sowie zwischen y und z,u,v,w,... (zu t′) andererseits; die Gegenstände z,u,v,w,... werden dabei als zwischen t und t′ unbewegt vorausgesetzt. - Mit dieser Theorie ist es aber nun verträglich, daß sich an einem Ort O zu einem Zeitpunkt t_0 kein Gegenstand befindet, wenn es Zeitpunkte t,t′ gegeben hat, zu denen sich ein Gegenstand x und ein Gegenstand y an O befunden haben. Entsprechend ist es auch verträglich mit der Theorie, daß sich zu einem Zeitpunkt t_0 an keinem Ort aus einer Gesamtheit V von Orten ein Gegenstand befindet, m.a.W. daß es Vakua gibt.[69] Darüber hinaus wird durch die relationale Theorie des Raumes auch nicht ausgeschlossen, daß es räumliche Relationen zwischen Gegenständen im Raum und Vakua geben kann, was intuitiv auch völlig plausibel ist. Denn ein im Labor erzeugtes Vakuum steht durchaus in räumlichen Relationen zu dem es *umgebenden* Raum.[70] Kant beruft sich im vorliegenden Beweis also auf ein Argument, von dem er vielleicht (fälschlicherweise) geglaubt hat, daß es aus der Leibnizschen relationalen Theorie des Raums folgt, und das kaum Plausibilität für sich in Anspruch nehmen kann.[71] Es ist daher keineswegs der Fall, daß jeder transzendentale Realist die Prämisse (4) akzeptieren *muß*, wie im übrigen auch das Beispiel des Newtonianers Clarke zeigt.[72]

Darüber hinaus zeigt sich, daß sich aus den Prämissen des Beweises von ($A_1$2) unabhängig von der zu widerlegenden Annahme (1) ein Widerspruch herleiten läßt, wenn man einerseits die Prämisse:

(CV3) Ein Gegenstand, der einen Raum ausfüllt, füllt auch jeden Teilraum dieses Raums aus; formal notiert: $\forall x \forall V_1(C(x,V_1) \rightarrow \forall V_2 \subseteq V_1(C(x,V_2)))$,

---

[69] Die Verträglichkeit der Existenz intramundaner und extramundaner Vakua mit der Leibnizschen relationalen Theorie des Raums sucht auch J.Bennett *1974*, S.146ff., nachzuweisen.

[70] In Übereinstimmung mit seinen metaphysischen Argumenten gegen die Existenz von Vakua greift Leibniz übrigens mit empirischen Argumenten die Experimente O. von Guerickes und E.Torricellis zur Erzeugung von Vakua an (vgl. dazu Leibniz' fünften Brief, § 34, in: *Der Leibniz-Clarke Briefwechsel*, S.87).

[71] Vgl. auch J.Bennett *1974*, S.152ff. - Ebenso wie vor ihm schon N.K.Smith *1923*, S.488, nimmt hingegen P.Guyer *1987*, S.408f., an, die Prämisse (4) stütze sich auf transzendental-idealistische Überlegungen; Indizien für diese Annahme glaubt Guyer in der Fußnote zum Beweis zu finden. In der Tat argumentiert Kant in der fraglichen Fußnote vom Standpunkt des transzendentalen Idealismus. In der Anmerkung zur Antithesis jedoch konstatiert er eine Übereinstimmung zwischen der Leibnizschen relationalen Theorie des Raums und seiner transzendental-idealistischen Theorie hinsichtlich extramundaner Vakua (vgl. A431-3, B459-461), so daß die von Guyer angeführten Indizien nicht zwingend sind.

[72] Vgl. Clarkes vierte Erwiderung, § 7, in: *Der Leibniz-Clarke Briefwechsel*, S.64.

hinzunimmt, welche implizit in den Schluß von ($A_1$2) auf ($A_1 2^*$) eingeht, und andererseits annimmt, daß es Gegenstände gibt, die Räume ausfüllen. Denn aus (CV1), (CV2),(1c) und der zuletzt genannten Annahme läßt sich herleiten, daß V^* Vakua enthalten muß: (a) $\exists V_1 \neq \emptyset (V_1 \subseteq V^* \wedge \neg \exists x \exists V_2 \subseteq V_1 (C(x,V_2)))$. Aus (CV3) folgt dann weiter, daß die Vereinigung V^*_L aller Vakua in V^* ebenfalls ein Vakuum ist. Wegen (a) gilt, daß $V^*_L \neq \emptyset$ ist; wegen (CV1) und der Annahme, daß es Gegenstände gibt, die Räume ausfüllen, gilt des weiteren, daß das Komplement V^*_G von V^*_L in V^* weder identisch mit $\emptyset$ ist noch Vakua enthält. Aus (1c) und (CV2) folgt schließlich, daß die Welt V^*_G ausfüllt; d.h. aber, daß die Welt V^*-V^*_L ausfüllt. Deutet man dieses Verhältnis nun, wie es im Beweis von ($A_1$2) analog geschieht, als räumliche Relation zwischen der Welt und V^*_L, so gibt es eine räumliche Relation zwischen einem Gegenstand und einem Vakuum, was im Widerspruch zur Prämisse (4) steht. - Unter der unproblematischen Annahme, daß es Gegenstände gibt, die Räume ausfüllen (formal: $\exists x \exists V(C(x,V))$), folgt aus den Prämissen des Beweises von ($A_1$2) und ($A_1 2^*$) somit ein Widerspruch.

Auch die Beweise von ($T_1$2) und ($A_1$2) bzw. ($A_1 2^*$) können also kein „natürliches" und „unvermeidliches" Problem der reinen Vernunft begründen. Der Beweis von ($T_1$2) verletzt gleich mehrere der Bedingungen, die an die Kantische Antinomienlehre gestellt werden müssen. Im Beweis von ($A_1$2) und ($A_1 2^*$) wird von Prämissen Gebrauch gemacht, die z.T. höchst unplausibel sind und unter einer sehr plausiblen Zusatzvoraussetzung sogar Widersprüche implizieren.[73]

3.2. Kritik der zweiten Antinomie

3.2.1. Kants Auflösung der zweiten Antinomie

Zu Beginn des zweiten Kapitels dieser Arbeit wurde erläutert, daß sich die zweite Antinomie nach Kant aus einem - unter der Voraussetzung des transzendentalen Realismus unvermeidlichen - Fehlschluß auf die Gegebenheit *aller* Teile eines gegebenen Ganzen ergibt.[74] Der transzendentale Realist nimmt so die objektive Realität des kosmologischen Vernunftbegriffs der „absolute[n] Vollständigkeit der Teilung eines gegebenen Ganzen in der Erscheinung" an (vgl. A415, B443), d.h. er geht davon aus, „daß eine Erscheinung, z.B. die des Körpers, alle Theile vor aller

[73] Zu einer positiveren Einschätzung des Beweises von ($A_1$2) und ($A_1 2^*$) kommen P.Mittelstaedt/ I.Strohmeyer *1990*, allerdings, wie ich meine, aufgrund einer Rekonstruktion, die in einigen wesentlichen Punkten vom Text des Beweises nicht gestützt wird (vgl. oben Abschnitt 2.2.2.3.).

[74] Vgl. oben Abschnitt 2.1.2.

Erfahrung [sc. derselben, Verf.] an sich selbst enthalte" (*Prolegomena AA* IV; 342,27ff.).

Dieser Annahme widerspricht Kant insbesondere in seiner „Auflösung der kosmologischen Idee von der Totalität der Teilung eines gegebenen Ganzen in der Anschauung" im neunten Abschnitt des Antinomienkapitels[75], wobei er sie - dies wird durch Kants Formulierung des fraglichen kosmologischen Vernunftbegriffs verdeckt - gemäß dem transzendentalen Idealismus allererst auf anschaulich gegebene Ganze in Raum und Zeit, als einzig mögliche Erkenntnisgegenstände, *einschränkt*. Bezüglich eines solchen in der Anschauung gegebenen Ganzen ist der Rückgang zu dessen inneren Bedingungen, d.h. seinen Teilen, Teilen seiner Teile usw., ein empirischer Regressus, in dessen Fortgang sukzessiv neue Gegenstände der Erfahrung (Teile) synthetisiert werden müssen. Mit der anschaulichen Gegebenheit des Ganzen ist zwar die Materie (hier im Sinne der reflexionsbegrifflichen Unterscheidung zwischen Materie und Form von Gegenständen verstanden) der zu synthetisierenden Objekte gegeben. Dennoch gilt, daß „die Teile selbst aber nur durch die Subdivision gegeben und bestimmt werden, kurz, daß das Ganze nicht an sich selbst schon eingeteilt ist"(A526, B554). „Die" Teile eines anschaulich gegebenen Gegenstandes werden also im Prozeß der Teilung des Gegenstandes in „diese" Teile allererst als Objekte konstituiert, sie sind nicht zugleich mit dem Gegenstand gegeben. Dies ist der Kernsatz der Kantischen Auflösung. Daher ist in einem anschaulich gegebenen Ganzen „n i c h t d i e g a n z e T e i l u n g enthalten, welche nur in der fortgehenden Dekomposition, oder dem Regressus selbst besteht, der die Reihe allererst wirklich macht" (A524, B552).

Der in die Antinomie führenden Frage des transzendentalen Realisten, ob es in der Menge *aller* Teile eines gegebenen Ganzen einfache Teile gibt oder nicht, ist damit zwar bereits der Boden entzogen, die „Auflösung der kosmologischen Idee" aber keineswegs abgeschlossen. Kant behauptet darüber hinaus, daß jedes anschaulich gegebene Ganze *ad infinitum* geteilt werden könne. Er gründet diese Feststellung, soweit ich sehe, einerseits auf ein mathematisches Theorem über die unendliche Teilbarkeit des Raums[76] und andererseits auf die mit der Gegebenheit eines anschaulichen Ganzen gegebene Materie (im reflexionsbegrifflichen Sinne) aller

---

[75] Vgl. *KdrV* A523ff., B551ff.

[76] „Die Teilbarkeit desselben [sc. eines Körpers, Verf.] gründet sich auf die Teilbarkeit des Raumes, der die Möglichkeit des Körpers, als eines ausgedehnten Ganzen, ausmacht" (A525, B553); vgl. auch die Anmerkung zur Antithesis der zweiten Antinomie (A439-442, B467-470). Ein entsprechendes mathematisches Theorem beweist Kant in der *Monadologia physica* von 1756 (vgl. *AA* I;478). Gleichwohl bedarf es weiterer Argumente, um aus diesem Theorem die unendliche Teilbarkeit materieller Körper zu folgern, wie Kant in seiner Schrift *Metaphysische Anfangsgründe der Naturwissenschaft* (*AA* IV;504f.) ausführt.

möglichen, durch Teilung konstituierbaren Teile.[77] Ein empirischer Regreß zu den Teilen eines anschaulich gegebenen Ganzen ist also niemals abgeschlossen, ein jeder durch Teilung erreichte Teil ist wiederum teil*bar*.

Inwiefern ergibt sich nun aus dieser „Auflösung der kosmologischen Idee" eine Auflösung der zweiten Antinomie? Inwiefern folgt daraus die Falschheit von Thesis *und* Antithesis? Welche gemeinsame „Bedingung" beider antinomischen Behauptungen wird durch diese Auflösung als falsch erwiesen? - Wie analog schon im Fall der ersten Antinomie festgestellt wurde, enthält der neunte Abschnitt des Antinomienkapitels auch auf diese Fragen keine *explizite* Antwort. Eine solche findet sich jedoch in den *Prolegomena.* In § 52b derselben stellt Kant zunächst heraus, daß von zwei einander widersprechenden Sätzen beide falsch sein können, wenn ihnen ein widersprüchlicher Begriff zugrunde liegt; sein Beispiel für einen solchen Fall bildet das Satzpaar: „Ein viereckiger Zirkel ist rund" - „Ein viereckiger Zirkel ist nicht rund".[78] Nach der einleitenden Feststellung des §en 52c „liegt den zwei ersteren [sic!] Antinomien [...] ein solcher widersprechender Begriff zum Grunde" (*AA* IV;341,13ff.). Geht man davon aus, daß Kant in seinem Beispiel die Verhältnisse in der zweiten Antinomie korrekt abgebildet hat, so ist zu erwarten, daß *an der Subjektstelle* der einander „entgegengesetzten" Behauptungen in der zweiten

---

[77] „Sind aber alle Teile in einer kontinuierlich fortgehenden Dekomposition immer wiederum teilbar, so geht die Teilung, d.i. der Regressus, von dem Bedingten zu seinen Bedingungen *in infinitum*; weil die Bedingungen (die Teile) in dem Bedingten selbst enthalten sind, und, da dieses in einer zwischen seinen Grenzen eingeschlossenen Anschauung ganz gegeben ist, *insgesamt* auch mit gegeben sind. Der Regressus darf also nicht bloß ein Rückgang *in indefinitum* genannt werden, wie es die vorige kosmologische Idee allein erlaubte, da ich vom Bedingten zu seinen Bedingungen, die, außer demselben, mithin nicht dadurch zugleich mit gegeben waren, sondern die im empirischen Regressus allererst hinzukamen, fortgehen sollte" (A523f., B551f.; kursiv vom Verf.). - Die hier angedeutete Unterscheidung zwischen der Möglichkeit eines infiniten Regresses im Falle der Teilung eines anschaulich gegebenen Ganzen und der Möglichkeit eines bloß indefiniten Regresses im Falle der Zusammensetzung des Weltganzen ist u.a. von N.K.Smith *1923*, S.508, und K.Vogel *1986*, S.314, als unhaltbar kritisiert worden; J.Schmucker *1990* hingegen hält sie für „durchaus sinnvoll und von der Sache her wohl begründet" (S.272). Richtig ist sicher, daß sich die beiden Arten möglicher Regresse darin unterscheiden, daß im ersteren Falle die Bedingungen (Teile), wenngleich nicht ihrer Form, so doch ihrer Materie nach mit dem Bedingten mitgegeben sind, im letzteren Falle jedoch nicht (vgl. auch A512f., B540f.). Dies ist aber für die Unterscheidung zwischen den beiden Arten von Regressen, wie ich meine, irrelevant: Wenn jedes im Regreß erreichte Glied der Bedingungsreihe wiederum bedingt ist, was nach Kant (aufgrund von Verstandesgesetzen) in beiden Fällen gilt, dann ist der Regreß (unter den Kantischen Voraussetzungen über die Bedingungsrelation) bereits aus diesem Grunde ein *infiniter* Regreß.

[78] Vgl. *AA* IV;341,1-7.

Antinomie *ein und derselbe* widersprüchliche Begriff steht.[79] Im letzten Absatz des §en 52c geht Kant dann konkret auf die zweite Antinomie ein:

> „Eben dieses gilt von der zweiten Antinomie, die die Theilung der Erscheinungen betrifft. Denn diese sind bloße Vorstellungen, und die Theile existiren blos [...] in der Theilung, d.i. in einer möglichen Erfahrung, darin sie gegeben werden, und jene geht daher nur so weit, als diese reicht. Anzunehmen, *daß eine Erscheinung, z.B. die des Körpers, alle Theile vor aller Erfahrung an sich selbst enthalte, zu denen nur immer mögliche Erfahrung gelangen kann*, heißt: einer bloßen Erscheinung, die nur in der Erfahrung existieren kann, doch zugleich eine eigene, vor Erfahrung vorhergehende Existenz geben, oder zu sagen, daß bloße Vorstellungen da sind, ehe sie in der Vorstellungskraft angetroffen werden, *welches sich widerspricht*, und mithin auch jede Auflösung der mißverstandnen Aufgabe, man mag darin behaupten, die Körper bestehen an sich aus unendlich viel Theilen, oder einer endlichen Zahl einfacher Theile" (*AA* IV;342,23-36; kursiv vom Verf.).

Dieser Textstelle zufolge handelt es sich bei dem widersprüchlichen Begriff, der der zweiten Antinomie zugrundeliegt und für die Falschheit von Thesis *und* Antithesis verantwortlich ist, um den Begriff einer *Erscheinung, welche alle ihre Teile vor der Erfahrung der Teile an sich enthält*. Die Widersprüchlichkeit dieses Begriffs beruht darauf, daß das Ganze als Erscheinung, die Teile aber als vor ihrer (Konstitution in der) Erfahrung existierend und insofern als Dinge an sich genommen werden. Da ein Ganzes, dessen Teile (innere Bedingungen!) als Dinge an sich gedacht werden, insofern ebenfalls als Ding an sich gedacht wird, wird in dem fraglichen Begriff also eine Erscheinung als Ding an sich genommen, was sich widerspricht. - Die Thesis scheint Kant hier im übrigen mit der Behauptung zu identifizieren, daß jeder Körper eine endliche Anzahl einfacher Teile habe, die Antithesis mit der Behauptung, daß jeder Körper unendlich viele Teile habe.[80]

---

[79] Da es sich bei den einander „entgegengesetzten" Behauptungen der zweiten Antinomie um allgemeine Urteile handelt und da für allgemeine Urteile der Form ALLE S SIND (NICHT) P aus der Widersprüchlichkeit des Subjektbegriffs S nur dann die Falschheit des Urteils folgt, wenn solche Urteile einen *existential import* aufweisen, liegt hier ein weiteres Indiz für die Existenzimplikation der Behauptungen (T_2) und (A_2) vor (vgl. dazu auch oben Abschnitt 2.3.1).

[80] Wie ein Blick auf die Formulierungen von Thesis und Antithesis zeigt (vgl. oben Abschnitt 2.3.1.), wird damit die Behauptung der Thesis logisch zu stark, die Behauptung der Antithesis aber logisch zu schwach charakterisiert. Denn die Thesis behauptet keineswegs, daß eine substantiell zusammengesetzte Substanz nur endlich viele Teile hat; sie ist vielmehr mit der Behauptung verträglich, daß eine solche Substanz unendlich viele einfache Teile hat, z.B. so viele, wie es natürliche Zahlen gibt. (Dieses Beispiel zeigt, daß *Unendlichkeit* und *Diskretheit* einer Menge miteinander vereinbar sind. Auch wenn man die Diskretheit einer Menge als notwendige Bedingung der Substantialität ihrer Elemente ansieht, ist man also nicht gezwungen, die Endlichkeit der Menge anzunehmen.) Wenn aber die Thesis damit verträglich ist, daß die Menge der Teile einer zusammengesetzten Substanz unendlich ist, dann ist sie auch mit der Antithesis (so wie sie hier charakterisiert wird) verträglich, und diese wird mithin hier zu schwach charakterisiert. Folglich wird das in der zweiten Antinomie vorliegende Problem hier falsch dargestellt; vgl. auch J.Bennett *1974*, S.177, und B.Falkenburg *1995*, S.19. Daher folgt J.Van Cleve *1981*, S.484-9,

Dieselbe Charakterisierung der in Thesis und Antithesis enthaltenen Behauptungen deutet sich auch in einer kürzeren Äußerung Kants zur Auflösung der zweiten Antinomie im siebenten Abschnitt des Antinomienkapitels der *Kritik der reinen Vernunft* an; dort wird allerdings eine abweichende Begründung für die Falschheit von Thesis und Antithesis gegeben:

> „Die Reihe der Bedingungen ist nur in der regressiven Synthesis selbst, nicht aber an sich in der Erscheinung, als einem eigenen, vor allem Regressus gegebenen Dinge, anzutreffen. Daher werde ich auch sagen müssen: die Menge der Teile in einer gegebenen Erscheinung ist an sich weder endlich, noch unendlich, weil Erscheinung nichts an sich selbst Existierendes ist, und die Teile allererst durch den Regressus der dekomponierenden Synthesis, und in demselben, gegeben werden, welcher Regressus niemals schlechthin g a n z, weder als endlich, noch als unendlich gegeben ist" (A505, B533).

Von einem widersprüchlichen Begriff, der sowohl der Thesis als auch der Antithesis zugrunde liegt, ist hier nicht die Rede. Kant scheint die Falschheit von Thesis und Antithesis vielmehr darauf zurückzuführen, daß sowohl Thesis als auch Antithesis implizit behaupteten, die Teile einer gegebenen Erscheinung seien vollständig („g a n z") gegeben, dies aber, wie im neunten Abschnitt des Antinomienkapitels dann ausgeführt wird (vgl. oben), niemals der Fall sein kann.[81]

Eine eingehende Betrachtung der tatsächlich in Thesis und Antithesis enthaltenen Behauptungen führt nun dazu, daß die Begründung für die Falschheit von Thesis und Antithesis, die Kant an der zuvor zitierten Textstelle andeutet, verworfen werden muß und daß die Begründung in § 52c der *Prolegomena* einer Modifikation bedarf. Was die erstgenannte Begründung betrifft, so trifft es keineswegs zu, daß *sowohl* Thesis *als auch* Antithesis implizit die Gegebenheit *aller* Teile einer gegebenen Erscheinung behaupten. Dies mag auf die Antithesis zutreffen; auf die Thesis trifft es keinesfalls zu. Wie die logische Analyse der Thesis gezeigt hat[82], repräsentiert die Behauptung (T_2) nur einen schwachen Atomismus, da sie nur die Gegebenheit (Existenz) *einiger* einfacher Teile einer gegebenen zusammengesetzten Substanz impliziert, aus denen diese keineswegs vollständig zusammensetzbar sein muß, und da sie damit verträglich ist, daß eine gegebene zusammengesetzte Substanz neben einigen einfachen Teilen auch Teile hat, die *ad infinitum* teil*bar* sind.[83] Auch trifft es, wie festgestellt wurde, keineswegs zu, daß die Thesis die Endlichkeit der Menge der Teile einer zusammengesetzten Substanz impliziert.

---

in seiner Analyse der Kantischen Auflösung einer falschen Fährte.

[81] Diesem Auflösungsansatz folgt z.B. M.Friedman *1995*, S.597.

[82] Vgl. oben Abschnitt 2.3.1.

[83] Da die Behauptung (T_2^*) aus (T_2) folgt, gilt dies auch für (T_2^*).

Die in § 52c der *Prolegomena* vorgetragene Begründung hingegen weist die Schwäche auf, daß der von Kant angegebene widersprüchliche Begriff in den Behauptungen (T_2), (T_2^*), (A_2) und (A_2^*) überhaupt nicht vorkommt. An der Subjektstelle der Aussagen (T_2) und (A_2) findet sich jedoch der Begriff der *substantiell zusammengesetzten Substanz*, und auch in (A_2^*) kommt dieser Begriff (implizit) vor.[84] Ließe sich nun dieser Begriff auf der Basis des transzendentalen Idealismus als widersprüchlich erweisen, dann ließe sich der Grundgedanke der Auflösung aus den *Prolegomena* zumindest für die Behauptungen (T_2), (A_2) und (A_2^*) aufrecht erhalten. Für diesen Ausweg aus der beschriebenen Schwierigkeit lassen sich nun, wie ich meine, in der Tat gute Gründe angeben.

Wie gezeigt wurde, besteht das zentrale Argument der „Auflösung der kosmologischen Idee" im neunten Abschnitt des Antinomienkapitels der *Kritik der reinen Vernunft* darin, daß die Teile einer (gemäß dem transzendentalen Idealismus *stets anschaulichen*) Substanz „nur durch die Subdivision gegeben und bestimmt werden, kurz, daß das Ganze nicht an sich selbst schon eingeteilt ist" (A526, B554; vgl. oben). Dieses Argument findet sich auch an den beiden zuvor behandelten Textstellen aus dem siebenten Abschnitt des Antinomienkapitels der *Kritik der reinen Vernunft* und aus § 52c der *Prolegomena.*[85] In ihm wird nicht nur negiert, daß eine (anschaulich gegebene) Substanz schon *vollständig* eingeteilt ist, sondern sogar, daß sie *überhaupt* an sich selbst, d.h. *vor* einem Teilungsprozeß, bereits eingeteilt ist. M.a.W.: *Vor* der Teilung einer (anschaulich gegebenen) Substanz a zu sagen, daß a Teile habe $(\exists y(y \prec a))$, d.h. eine zusammengesetzte Substanz sei $(Z(a))$, ist falsch, da *vor* Beginn eines Teilungsprozesses von a keine Teile von a konstituiert wurden und es somit auch keine Teile von a gibt. Anzunehmen, daß a *vor* einer Teilung Teile habe, hieße also, a zugleich als Erscheinung und Ding an sich zu denken und sich damit selbst zu widersprechen. Gilt dies auch *nach* Beginn eines Teilungsprozesses? Durch eine Teilung („Dekomposition"!) von a, so läßt sich feststellen, wird a in substantielle Teile aufgelöst. *Nach* dem Beginn eines Teilungsprozesses, d.i. nach dem ersten Teilungsschritt, gibt es a als Substanz also nicht mehr; somit kann a auch

---

[84] (A_2^*) ist über der Definition (Def. E) äquivalent mit der Aussage $\forall x(Z(x))$; vgl. oben Abschnitt 2.3.1.

[85] „Daher werde ich auch sagen müssen: die Menge der Teile in einer gegebenen Erscheinung ist an sich weder endlich, noch unendlich, weil Erscheinung nichts an sich selbst Existierendes ist, und *die Teile allererst durch den Regressus der dekomponierenden Synthesis, und in demselben, gegeben werden*" (A505, B533; kursiv vom Verf.). - „[...] die Theile [sc. einer Erscheinung, Verf.] existieren bloß in der Vorstellung derselben, mithin in der Theilung" (*AA* IV;342,24f.). - Entsprechend heißt es in der Schrift *Metaphysische Anfangsgründe der Naturwissenschaft*: „Also von Erscheinungen, deren Theilung ins Unendliche geht, kann man nur sagen, daß der Theile der Erscheinung so viel sind, als wir deren nur geben, d.i. so weit wir nur immer theilen mögen. Denn die Theile [...] existieren nur [...] in der Theilung selbst" (*AA* IV;506,38-507,2).

keine Teile mehr haben.[86] Anzunehmen, daß eine gegebene (existierende) Substanz a *nach* einer Teilung Teile hat, hieße demnach, ein Prädikat („hat Teile" bzw. „ist zusammengesetzt") auf etwas anwenden zu wollen, das als Eigenschaftsträger (Substanz) nicht mehr besteht, und sich *insofern* selbst zu widersprechen. Somit ergibt die Konjunktion des Begriffs des *(substantiell) Zusammengesetzten* (unter der üblichen metaphysischen Definition als etwas, das substantielle Teile hat[87]) mit dem Begriff einer *Substanz (in der Anschauung)* einen widersprüchlichen Begriff.[88]

Vermutlich ist dies der Grund, warum Kant in der Reflexion 5310 den Begriff des *Zusammengesetzten* vom Begriff der *Teilbarkeit* abzulösen versucht: „Ein jedes Gantze ist theilbar oder hat Theile, die *unterschieden* werden können, aber ist nicht darum zusammengesetzt; *denn bisweilen sind die Theile nur durch Theilung möglich*" (*AA* XVIII;150, 5-7; kursiv vom Verf.). Bezüglich der physischen Teilung einer anschaulich gegebenen Substanz kann das „bisweilen" nach Kants Ausführungen im neunten Abschnitt des Antinomienkapitels durch ein „stets" ersetzt werden, so daß die Reflexion als Beleg für den voranstehend entwickelten

---

[86] In *Metaphysische Anfangsgründe der Naturwissenschaft* unterscheidet Kant zwei Arten von Teilung (und entsprechend auch zwei Arten von Teilen): mathematische und physische Teilung. Unter einer mathematischen Teilung versteht Kant die „Unterscheidung" von Teilräumen eines Raums, z.B. des Raums, den eine (anschaulich gegebene) Substanz einnimmt. Durch eine solche mathematische Teilung werden die Materiestücke, die die Teilräume einnehmen und die man im übertragenen Sinne auch als „mathematische Teile" der Substanz bezeichnen kann, nicht getrennt, die Substanz bleibt unverändert (vgl. *AA* IV;503,24-29). Eine physische Teilung hingegen bezieht sich unmittelbar auf eine materielle Substanz; sie besteht in der „Trennung" von (mathematischen) Teilen der Substanz; darunter versteht Kant eine Bewegung dieser Teile (im Raum), wodurch sie aufhören Teile der Substanz zu sein (vgl. *a.a.O.*;502,31-503,3). Aus der Erklärung des Begriffs der physischen Teilung ergibt sich, daß eine (anschaulich gegebene) Substanz weder *vor* noch *nach* einer physischen Teilung physische Teile haben kann. Wie Kant im Beweis von Lehrsatz 4 des Dynamik-Kapitels und in den beiden Anmerkungen zu demselben ausführt (vgl. *a.a.O.*;503ff.), geht es in der Auflösung der zweiten Antinomie aber gerade um die *physische* Teilung von Substanzen.

[87] Vgl. oben Abschnitt 2.3.1.

[88] B.Falkenburg *1995* hingegen findet den der zweiten Antinomie zugrunde liegenden widersprüchlichen Begriff im „Begriff einer zusammengesetzten Substanz, der einfache Bestandteile entweder zukommen sollen oder aber nicht" (formal: $Z(x) \wedge (A(x) \vee \neg A(x)))$ wieder; dessen Widersprüchlichkeit soll darin bestehen, „daß die so bestimmte Substanz, insofern ihr *Zusammengesetztsein* zugesprochen wird, als *Erscheinung* gedacht wird - und zugleich, insofern man ihr *einfache Teile* zu- oder abspricht, als ein *Ding an sich*" (S.11). Nun ist der Begriff $Z(x) \wedge (A(x) \vee \neg A(x))$ aber logisch äquivalent mit dem Begriff „$Z(x)$"; somit ist der erstere Begriff dann und nur dann widersprüchlich, wenn es auch der letztere ist. Mithin ist das Merkmal „$A(x) \vee \neg A(x)$" irrelevant für die Widersprüchlichkeit von „$Z(x) \wedge (A(x) \vee \neg A(x))$". Darüber hinaus belegen Kants Ausführungen im neunten Abschnitt des Antinomienkapitels der *KdrV* (vgl. oben), sowie die im folgenden zitierten Textstellen, daß nur Dinge an sich, nicht aber Erscheinungen als substantiell (d.h. aus Substanzen!) zusammengesetzt gedacht werden können.

Auflösungsansatz gelten kann.[89] - Darüber hinaus fällt auf, daß Kant bestrebt ist, an den Stellen, an denen von physischer Teilung die Rede ist, die Formulierung „besteht aus Teilen“ durch die Formulierung „ist teil*bar*“ zu ersetzen.[90]

Wenn diese Überlegungen zum Begriff der *substantiell zusammengesetzten Substanz (in der Anschauung)* tatsächlich aus Kants transzendental-idealistischer „Auflösung der kosmologischen Idee von der Totalität der Teilung eines gegebenen Ganzen in der Anschauung“ folgen, wofür im vorhergehenden einige Argumente zusammengetragen wurden, dann ist der von Kant in § 52c der *Prolegomena* vorgestellte Ansatz *in modifizierter Form* geeignet, die zweite Antinomie aufzulösen: Die Behauptungen (T_2), (A_2) und (A_2^*) sind dann falsch, weil sie die Existenz von zusammengesetzten Substanzen (in der Anschauung) und somit die Existenz von Dingen mit widersprüchlichen Merkmalen implizieren.[91] Lediglich der Status der Behauptung (T_2^*) bleibt unter diesem Ansatz unentschieden. Die Behauptung (T_2^*) ist falsch, wenn auch sie so aufgefaßt wird, daß sie die Existenz zusammengesetzter Substanzen (in der Anschauung) impliziert. Sie ist hingegen (bei Festhalten an den Definitionen $Z(x) =_{Df} \exists y(y \prec x)$ und $E(x) =_{Df} \neg Z(x)$) wahr, wenn sie, wie oben geschehen, so aufgefaßt wird, daß sie keinen derartigen *existential import* hat.[92] Dies ist keineswegs unplausibel, da die Behauptung $\forall x(E(x) \vee A(x))$ damit verträglich ist, daß jede Substanz in der Anschauung teil*bar* ist.

Kant argumentiert in der zweiten Antinomie und ihrer Auflösung also gegen die transzendental-realistische Vorstellung, daß anschaulich gegebene Substanzen unabhängig von den Konstitutions- und Erkenntnisleistungen erkennender Subjekte aus Substanzen aufgebaut (zusammengesetzt) sein können.

---

[89] Sehr deutlich ist in diesem Punkt auch R5650: „Das ein Wesen als Einheit der substanz existiren und dennoch in eine Vielheit derselben aufgeloset werden könne, involvirt keinen widerspruch. *Denn es ist nicht nothwendig, daß Vielheit der Subiecte schon vorher gewesen seyn müsse und mithin daß die Substanz schon vor der Auflösung als Zusammengesetzt müsse gedacht werden, d.i. als enthaltend diejenige vielheit der Subiecte als Theile, die durch die Auflösung in ihm moglich seyn* . Denn ist diese Auflosung [...] die Wirkung des aussereinander=setzen desjenigen, was vorher in einem inhaerirte, *so wird die Inhärentz in eine Subsistenz und das accidentz in ein absolut subiect verwandelt*“ (*AA* XVIII;299,18-27; kursiv vom Verf.).

[90] So stellt Kant z.B. im neunten Abschnitt des Antinomienkapitels der *KdrV* explizit fest, ein Körper sei „ins Unendliche teilbar, ohne doch darum aus unendlich viel Teilen zu bestehen“ (A525, B553); vgl. auch R6425 *AA* XVIII;712,14f.

[91] Auf diese Weise wird auch verständlich, warum Kant für die zweite Antinomie nicht auch, wie N.K.Smith *1923*, S.511, und W.H.Walsh *1976*, S.89f., vorschlagen, eine zur Auflösung der dritten Antinomie analoge Auflösung in Betracht ziehen konnte: Kant hätte zwar einräumen können, daß die Thesis auf dem Bereich der Dinge an sich wahr sein könnte, er hätte aber aus den dargelegten Gründen nicht zugestehen können, daß die Antithesis für Erscheinungen gilt.

[92] Vgl. oben Abschnitt 2.3.1.

3.2.2. Sachliche Beurteilung der zweiten Antinomie

Aufgrund der logischen Korrektheit der Beweise von (T_2), (T_2^*), (A_2) und (A_2^*)[93] ruht auch im Falle der zweiten Antinomie die gesamte Beweislast jeweils auf den Prämissen. Ob diese die Last zu tragen vermögen, sei hier zunächst für den Fall des Beweises von (T_2) und (T_2^*) untersucht.

Wie gezeigt wurde, beweist Kant (T_2), indem er ein Gedankenexperiment durchführt, welches darin besteht, im Bezug auf eine gegebene (zusammengesetzte) Beispielsubstanz a alle Zusammensetzung, d.h. die Zusammensetzung der Teile von a, der Teile von Teilen von a usw. in einem Schritt aufzulösen. In diesem Gedankenexperiment wird selbstverständlich alles Zusammengesetzte (z.B. die Substanz a selber sowie ihre zusammengesetzten Teile) aufgelöst; doch Kant glaubt, unter Rekurs auf Eigenschaften von (zusammengesetzten) Substanzen zeigen zu können, daß einige Teile von a das Gedankenexperiment unbeschadet überstehen müssen und deshalb nur einfach sein können.

Eine Eigenschaft von Substanzen, die Kant in seinem Gedankenexperiment benutzt, erwähnt er in der Begründung einer Prämisse, mittels deren er sicherstellt, daß sich sein Gedankenexperiment überhaupt durchführen läßt. Sie besteht darin, daß „die Zusammensetzung nur eine zufällige Relation der Substanzen ist, ohne welche diese, als für sich beharrliche Wesen, bestehen müssen" (A434, B462). M.a.W.: Sind (zusammenhangslose) Substanzen b,c,d,e... gegeben, die eine Substanz a zusammensetzen, so bestehen b,c,d,e,... auch unabhängig von ihrer Zusammensetzung zu a, da die Relation, a zusammenzusetzen, nicht zu den *wesentlichen* Eigenschaften von b,c,d,e... gehört. - Auf diese Eigenschaft von Substanzen gründet Kant die Prämisse:

(6) „Im ersteren Falle [sc. wenn sich nicht alle Zusammensetzung in Gedanken aufheben ließe, Verf.] würde das Zusammengesetzte nicht aus Substanzen bestehen" (A434, B462); formal ausgedrückt: $\neg\forall x(Z(x) \rightarrow x \in D_\tau) \rightarrow \exists x(Z(x) \wedge \neg\forall y(y \prec x \rightarrow S(y)))$.[94]

Gemeinsam mit der Prämisse:

(7) „Da nun dieser Fall [sc. daß das Zusammengesetzte nicht aus Substanzen besteht, Verf.] der Voraussetzung widerspricht"(A434-6,B462-4); formal notiert: $\forall x(Z(x) \rightarrow \forall y(y \prec x \rightarrow S(y)))$,

---

[93] Vgl. oben die Abschnitte 2.3.2. und 2.3.3.

[94] Es sei daran erinnert, daß $x \in D_\tau$ analytisch äquivalent ist mit $(\neg Z(x) \rightarrow \tau(x)=\{x\}) \wedge (Z(x) \rightarrow \tau(x)=\{y|y \prec x \wedge \neg Z(y)\})$.

welche eine semantische Voraussetzung des Beweises syntaktisch expliziert[95], stellt die Prämisse (6) sicher, daß sich für jede zusammengesetzte Substanz alle Zusammensetzung aufheben läßt. Nun folgt daraus jedoch noch nicht, daß von einer zusammengesetzten Substanz a, im Bezug auf die sich alle Zusammensetzung aufheben läßt (d.h. für die gilt: $a \in D_\tau$), in einem solchen Gedankenexperiment auch etwas übrigbleiben *muß*. Denn die Zusammengesetztheit von a und die Möglichkeit, alle Zusammensetzung im Bezug auf a aufzuheben, (d.h. $Z(a) \wedge a \in D_\tau$) sind verträglich damit, daß von a bei Auflösung aller Zusammensetzung nichts übrigbleibt (d.h. $\tau(a)=\{y|y \prec a \wedge \neg Z(y)\}=\varnothing$). Dementsprechend ist das von Kant in seiner Begründung der Prämisse (6) angegebene Merkmal des Substanzbegriffs keineswegs hinreichend, um das gewünschte Resultat zu erzielen.[96] Auf jeder Ebene der Zusammensetzung einer Substanz a aus substantiellen Teilen, wie sie im folgenden Schema illustriert wird,

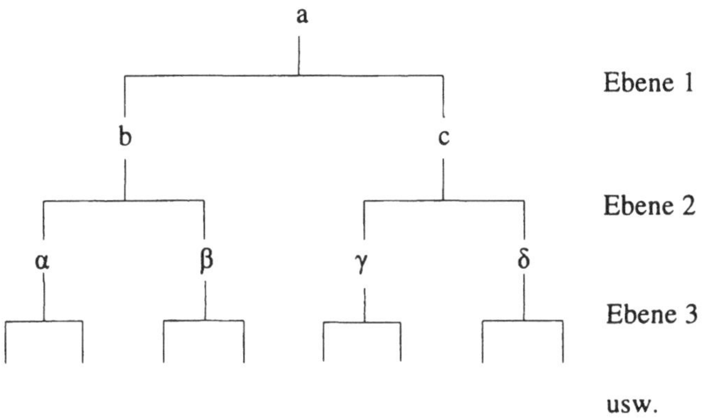

mögen sich die Zusammensetzungsrelationen unter den Substanzen unbeschadet deren Existenz aufheben lassen; dennoch könnte die Existenz *jeder* Substanz bei Aufhebung der Zusammensetzungsrelationen auf *allen* Ebenen Schaden nehmen, wenn es zu jeder Ebene der Zusammensetzung stets eine weitere gibt, auf der *alle* Substanzen jener übergeordneten Ebene wiederum zusammengesetzt sind. Denn bei Aufhebung der Zusammensetzungsrelationen auf der Ebene n+1 wird die Existenz der (zusammengesetzten) Substanzen auf der Ebene n aufgehoben.

---

[95] Bezieht man den Begriff der zusammengesetzten Substanz auf materielle Dinge, dann wird diese Prämisse durch die moderne Physik infrage gestellt (vgl. unten).

[96] Anderer Auffassung ist in diesem Punkt B.Falkenburg *1995*, S.18. Falkenburg ist aber gezwungen anzunehmen, es liege für Kant „*im Begriff* einer zusammengesetzten Substanz, daß sie einfache Teile hat" (S.18f.). So kommt Falkenburg zu der Auffassung, (T_2) sei für Kant ein analytisches Urteil (S.18).

Wie die logische Analyse des vorliegenden Beweises gezeigt hat, macht Kant daher *implizit* von einer weiteren Prämisse Gebrauch, die (unter den Prämissen (6) und (7)) mereologische Strukturen der oben beschriebenen Form ausschließt[97]:

(3a) Von einer zusammengesetzten Substanz muß bei Auflösung aller Zusammensetzung (sofern dies möglich ist) etwas übrigbleiben; in formaler Notation: $\forall x(Z(x) \rightarrow (x \in D_\tau \rightarrow \tau(x) \neq \varnothing))$.

Diese Prämisse geht nun über eine bloße (transzendental-realistische) Definition des Substanzbegriffs und auch über die bloße Annahme der Durchführbarkeit des Kantischen Gedankenexperiments hinaus.[98] Sie geht m.E. auch über das hinaus, was ein transzendentaler Realist notwendigerweise vertreten muß. So könnte ein transzendentaler Realist z.B. im Bereich materieller Substanzen durchaus ein mereologisches Modell wie das oben beschriebene annehmen, ein Modell also, in dem jede Substanz aus weiteren Substanzen zusammengesetzt ist. Auch wenn die derzeit akzeptierten physikalischen Theorien uns über die Bausteine der Materie etwas anderes sagen[99], so sollte dies doch nicht metaphysisch erzwungen werden.

---

[97] Dies deutet auch P.Guyer *1987*, S.410, an. Im Gegensatz zu Guyer vermag ich im vorliegenden Beweis allerdings nicht die Voraussetzung einer „necessary congruence between what may be represented and what must be true" (ibid.) zu entdecken. Vielmehr stimme ich J. Schmucker *1990*, S.132, zu, der behauptet, der vorliegende Beweis beruhe nicht auf besonderen transzendental-idealistischen Voraussetzungen. Ich kann Schmucker aber nicht folgen, wenn er annimmt, dem Beweis liege eine Leibnizsche Auffassung des Raums zugrunde (*a.a.O.*, S.141f.). Kant macht im vorliegenden Beweis von keiner besonderen Auffassung des Raums Gebrauch (ebenso B.Russell, *Principles of Mathematics*, S.460), da er (T_2) und (T_2^*) für jegliche Arten von Substanzen (räumliche, nicht-räumliche und gemischte Substanzen!) beweisen möchte. Er kann daher im Unterschied zur Antithesis auf einen allgemeineren Zusatzbeweis verzichten.

[98] Daher ist es weder zutreffend, wenn N.K.Smith *1923*, S.489, feststellt, der vorliegende Beweis beruhe allein auf Definitionen, noch ist es richtig, mit K.Vogel *1986*, S.300, zu behaupten, ein Objekt, das das Gedankenexperiment zuläßt, bestehe notwendigerweise aus einfachen Teilen. Man kann durchaus davon überzeugt sein, (A_2) gelte, und trotzdem das Gedankenexperiment Kants zulassen. Auch kann ich Vogel nicht folgen, wenn er behauptet, die Beschreibung des Gedankenexperiments sei „doppeldeutig", da Kant den Ausdruck „Aufhebung aller Zusammensetzung" in zwei Bedeutungen nehme: a) als „reale Aufhebung", d.h. Trennung der Teile des Ganzen, und b) als „logische Aufhebung", d.h. Negation des Prädikats „zusammengesetzt". Die logische Rekonstruktion des Beweises zeigt vielmehr, daß für eine Substanz $x \in D_\tau$ gilt: $\tau(x)=\{x\} \leftrightarrow \neg Z(x)$ (sofern man die Irreflexivität von $\prec$ voraussetzt).

[99] So weist etwa B.Falkenburg *1995* darauf hin, daß „alle [...] Atomtheorien implizieren, daß die *elementaren Materiebestandteile unteilbar sind*, aber *der durch ihre Wechselwirkungen erfüllte Raum nicht*" (S.24). Falkenburg glaubt, daß die physikalischen Atomtheorien daher eine mereologische Alternative zu (T_2) und (A_2) bzw. (A_2^*) favorisieren (*a.a.O.*, S.23). Berücksichtigt man jedoch, daß Kant den Raum in der Anmerkung zur Thesis ausdrücklich aus dem intendierten Anwendungsbereich von (T_2) ausnimmt (vgl. A438, B466), so befindet sich (T_2) sogar in Übereinstimmung mit den fraglichen Atomtheorien.

Während Kant (T_2) und (T_2^*) für Substanzen jeglicher Art beweist und entsprechend die Teil-Relation sehr allgemein und strukturarm faßt, wird die Antithesis-Behauptung (A_2), wie Kant selbst bemerkt, nur für solche Substanzen bewiesen, die räumlich ausgedehnt sind[100]; insbesondere die Teil-Relation wird im Beweis von (A_2) räumlich interpretiert, was sich unmittelbar an den Beweisprämissen ablesen läßt.[101] Damit ist zwar eine Äquivokation des Ausdrucks „Teil" und infolgedessen auch des Ausdrucks „zusammengesetzte Substanz" im Thesis-Beweis einer- und im Beweis von (A_2) andererseits verbunden; daraus kann aber keineswegs gefolgert werden, daß das antinomische Verhältnis zwischen (T_2) und (A_2) *nur* auf dieser Äquivokation beruht. Denn man kann (T_2) als eine Behauptung lesen, die für alle Teil-Relationen (sowie für alle sich aus diesen ergebenden Begriffe von *zusammengesetzten Substanzen*) und mithin auch für die im Beweis von (A_2) zugrunde gelegte Teil-Relation (und den sich daraus ergebenden Begriff einer *zusammengesetzten Substanz*) gelten soll, so daß das antinomische Verhältnis zwischen (T_2) und (A_2) bei Beseitigung der Äquivokation nicht verschwindet.

Die räumliche Deutung der Teil-Relation zeichnet sich bereits in der ersten Prämisse ab, in der Kant jedem Teil einer zusammengesetzten Substanz zuspricht, einen Raum einzunehmen:

(2) „Weil alles äußere Verhältnis, mithin auch alle Zusammensetzung aus Substanzen, nur im Raume möglich ist" (A435, B463); formal ausgedrückt: $\forall x(Z(x) \rightarrow \forall y(y \prec x \rightarrow \exists V(C(y,V))))$.

Von dieser Prämisse sind ohne Zweifel auch mögliche einfache Teile einer zusammengesetzten Substanz betroffen. Über die Möglichkeit solcher Teile ist aber damit noch nichts entschieden. Ebensowenig ist durch die Prämisse (2) ausgeschlossen, daß die Bausteine der Materie zwar eine Position, aber keine Ausdehnung im Raum haben; denn die Räume, die die Teile einer zusammengesetzten Substanz gemäß (2) einnehmen müssen, könnten auch einpunktig sein.[102] Die Entscheidung hinsichtlich dieser beiden Punkte fällt erst in den beiden nachfolgenden Prämissen, insbesondere in der von Kant explizit erwähnten Prämisse:

---

[100] Vgl. A437, B465 und oben Abschnitt 2.3.3.

[101] Vgl. dazu auch B.Falkenburg *1995*, S.19.

[102] K.Vogel *1986* übt an (2) die folgende Kritik: „Wer behauptet ‚Wenn das Kompositum einen Raum einnimmt, dann nimmt auch jeder Teil dieses Kompositums einen Raum ein', der sagt dann zuviel, wenn er mit ‚jeder Teil' auch den einfachen meint, denn die Aussage betrifft nur jene Teile, die durch Teilung entstehen. Die T e i l u n g des Raums darf nicht mit der T r e n n u n g der Substanz verglichen werden. Durch Trennung entstehen einfache, durch Teilung komparative Teile" (S.304f.). Diese Kritik trägt jedoch stark transzendental-idealistische Züge (vgl. oben Abschnitt 3.2.1.).

(5) „Da nun alles Reale, was einen Raum einnimmt, ein außerhalb einander befindliches Mannigfaltiges[103] in sich faßt" (A435, B463); formal notiert: $\forall x \forall V_1(C(x,V_1) \rightarrow \exists T \neq \emptyset \forall y \in T\, \exists V_2 \subset V_1(C(y,V_2) \wedge \forall V_3(V_2 \subset V_3 \rightarrow \neg C(y,V_3))))$.[104]

Unter dieser Prämisse und der bereits in die Beweise des Raum-Teils der ersten Antinomie eingehenden Forderung, daß ein ausgefüllter Raum *mindestens* einpunktig sein muß:

$$\forall V(\exists x(C(x,V)) \rightarrow V \neq \emptyset)$$

an die Relation „C(x,V)" kann eine zusammengesetzte Substanz keine Teile besitzen, die nur einpunktige Räume einnehmen, d.h. nur eine Position, aber keine Ausdehnung im Raum haben. Darüber hinaus sorgt die Prämisse (5) dafür, daß eine zusammengesetzte Substanz keine einfachen Teile haben kann, indem sie in jeden Raum, der von einer Substanz ausgefüllt wird, eine Mehrzahl von Substanzen hineinlegt, die die Teilräume dieses Raumes jeweils genau ausfüllen.[105] Daß diese Substanzen nur *Teile* der Ausgangssubstanz sein können, erschien Kant vor dem Hintergrund der Antithesis-Position offenbar so selbstverständlich, daß er die Prämisse, die dies auch formal rechtfertigt, unausgesprochen ließ:

(5a) Jedes Objekt, das einen echten Teilraum des Raums, den ein anderes Objekt einnimmt, *genau* einnimmt, ist ein Teil dieses Objektes; in formaler Notation: $\forall x,y \forall V_1(C(x,V_1) \wedge \exists V_2 \subset V_1(C(y,V_2) \wedge \forall V_3(V_2 \subset V_3 \rightarrow \neg C(y,V_3))) \rightarrow y \prec x)$.

Diese Prämisse kann problemlos zugestanden werden; man könnte sie sogar als Bedeutungspostulat einer räumlich interpretierten Teil-Relation auffassen. Problematisch hingegen ist die Unterstellung, jeder transzendentale Realist müsse die Prämisse (5) zugestehen. Dies zeigt sich in der bereits erwähnten, von Kant selbst in der *Monadologia physica* ausgearbeiteten *transzendental-realistischen* Theorie: Dort nehmen physische Monaden, d.h. einfache Substanzen, zwar Räume ein und erfüllen somit das Antezedens von (5). Sie tun dies jedoch u.a. aufgrund einer repulsiven

---

[103] In der A-Auflage der *KdrV* heißt es „Mannigfaltige"; vgl. die Ausgabe von R.Schmidt, S.458*.

[104] Kant deutet zwar im Beweis von (A_2) und in der Anmerkung zur Antithesis an, daß diese Prämisse auf einem mathematischen Satz über die unendliche Teilbarkeit des Raums beruht. Dennoch wird der Beweis durch den Einwand von N.K.Smith *1923*, S.491, Kant habe in *Metaphysische Anfangsgründe der Naturwissenschaft* selbst festgestellt, daß die unendliche Teilbarkeit des Raums nicht die der Materie impliziert, nicht berührt. Kant vermeidet dieses Begründungsproblem (das er im übrigen am angegebenen Ort durch zusätzliche Argumente löst) im vorliegenden Beweis, indem er das zu Begründende sogleich als Prämisse in den Beweis einführt.

[105] Somit kann die Kritik, die P.F.Strawson *1966* am Beweis von (A_2) übt („there is no *a priori* reason, that ‚composite', as used in physical theories, is implied by ‚extended', i.e. no *a priori* reason to suppose that ‚simple' implies ‚unextended'. Elementary substances or particles might be conceived as having dimensions. On the other hand [...] they might be conceived as having position but no dimensions", S.183f.), unmittelbar auf die Prämisse (5) bezogen werden.

Kraft, die jegliche anderen Substanzen aus dem von ihnen eingenommenen Raum verdrängt, so daß das Sukzedens von (5) nicht erfüllt ist.[106] Kants Schrift von 1756 ist gerade ein Beispiel für eine transzendental-realistische Theorie, welche die Existenz von einfachen Substanzen mit dem geometrischen Lehrsatz von der unendlichen Teilbarkeit des Raums vereinbart und (wie gezeigt) der Prämisse (5) widerspricht.[107]

Die von Kant 1756 entworfene Theorie weist in *einer* Hinsicht in dieselbe Richtung, in der auch moderne physikalische Theorien eine Lösung des Problems suchen[108]: Diese haben längst Abschied genommen von einer *rein* räumlich verstandenen Zusammensetzungs- bzw. Teil-Relation, wie sie dem vorliegenden Beweis zugrunde liegt. Je nach Konstitutionsebene der Materie wird deren Zusammensetzung räumlich und/oder dynamisch erklärt. Im Herabschreiten in den Konstitutionsebenen der Materie (vom makroskopischen Körper zum Quark) wird die räumliche Deutung der Zusammensetzungs- bzw. Teil-Relation gegenstandslos. Die räumliche Ausdehnung von Objekten, die auf einigen dieser Konstitutionsebenen noch besteht (z.B. bei makroskopischen Körpern, Molekülen und Atomen) geht schließlich im Übergang zu einer basaleren Ebene verloren, wird auf dieser Konstitutionsebene durch eine rein *dynamische* Zusammensetzung erklärt und so zu einer emergenten Eigenschaft der Objekte der vorhergehenden Konstitutionsebene.[109] Die Behauptung, daß es zu jedem Gegenstand, der einen Raum einnimmt, andere Gegenstände gibt, die echte (mehrpunktige) Teilräume dieses Raums ausfüllen, widerspricht also auch dem Bild, das sich die moderne Physik von der Zusammensetzung der Materie macht. - In der Quantentheorie wird der Prämisse (5) jedoch noch in einer weiteren Hinsicht widersprochen: Die Objekte der Quantentheorie erfüllen nicht mehr die Bedingungen des traditionellen

---

[106] Vgl. *AA* I;482f. und kommentierend dazu M.Carrier *1990*, S.172-175

[107] Vgl. dazu auch W.Malzkorn *1999*. - Gleichwohl muß darauf hingewiesen werden, daß sich unter den Proponenten von (A_2) berühmte transzendentale Realisten, wie z.B. Descartes (vgl. *Die Prinzipien der Philosophie*, Teil II, § 20), finden und daß noch 1746 Leonhard Euler in den *Gedanken von den Elementen der Cörper* eine Vereinbarkeit von Atomismus und Geometrie für unmöglich erklärt und auf diese Weise für einen Anti-Atomismus plädiert hatte.

[108] Ich folge hier den umfassenden Untersuchungen B.Falkenburgs *1993* und *1994*, dort insbesondere S.265-304.

[109] So schreibt B.Falkenburg *1994*: „Der Begriff der *Teilbarkeit* hat für die Physik seine räumliche Bedeutung behalten [...]. Dagegen wird der Begriff des *Zusammengesetztseins* in einer physikalischen Dynamik [...] gerade *nicht* mehr *nur* räumlich, sondern in erster Linie *dynamisch* und erst in zweiter Linie räumlich gedeutet. Ein zusammengesetztes System ist für die klassische Physik genauso wie für die Quantenmechanik primär ein *dynamisch gebundenes System* und erst sekundär eine dadurch erzeugte räumliche Ladungsverteilung, deren räumliche Ausdehnung durch die Dynamik dieses Systems erklärt wird" (S.275). Und: „Die *Dynamik* eines Konstituentenmodells legt jeweils fest, wie die formale Teile-Ganzes-Relation zu interpretieren ist. So stellt ein materielles Ganzes nach der Quantenmechanik nicht mehr im *räumlichen* Sinn die Summe seiner Teile dar, sondern nur noch nach Summenregeln und Pauli-Prinzip in *dynamischer* Hinsicht" (S.285).

Substanzbegriffs.[110] Auch die (traditionell verstandene) Substantialität der Objekte geht also im Übergang von *vor*quantentheoretischen Konstitutionsebenen zu quantentheoretischen Konstitutionsebenen der Materie verloren.

Die Erörterung der Beweise von (T_2) und (A_2) zeigt somit, daß die Verwerfung der allererst zum Widerspruch führenden und in beide Beweise eingehenden Prämisse, daß es überhaupt zusammengesetzte Substanzen gibt (formal: $\exists x(Z(x))$), keineswegs der einzig mögliche Ausweg aus der Antinomie ist. Dem transzendentalen Realisten bleibt die Möglichkeit unbenommen, auf metaphysisch vermeidbare und empirisch höchst fragwürdige Prämissen beider Beweise zu verzichten.[111] Für einen heutigen (transzendentalen) Realisten, der sich in der Frage nach dem Aufbau der Materie eher an empirischen Forschungen orientieren wird, bietet sich insbesondere die (widerspruchsfreie) Möglichkeit an, alternativ zu (T_2) und (A_2) „eine *Mischform* von Teilchen- und Feldontologie, oder von Atomismus und Kontinuumstheorie der Materie im traditionellen Sinn" zu vertreten.[112]

Daran vermag auch der Beweis von (A_2^*) nicht zu rütteln. Dieser beruht, wie bereits ausgeführt wurde[113], auf spezifisch transzendentalphilosophischen Argumenten und verletzt somit die Bedingung (VI) an die Kantische Antinomienlehre.[114] Dies wird sogleich in der ersten, von Kant eingeführten Prämisse deutlich:

---

[110] Vgl. hierzu B.Falkenburg *1993*: „Quantenobjekte lassen sich nicht als raumzeitlich individuierte Einzeldinge im üblichen Sinne denken, weil es die Quantentheorie verbietet, einen in Raum und Zeit beharrlichen Träger ihrer permanenten dynamischen Eigenschaften anzunehmen. Dagegen versagt die Zuschreibung der dynamischen Primäreigenschaften Masse, Ladung und Spin zu einem Quantenobjekt nicht. Der substantielle Träger dieser Eigenschaften ist aber nicht als eine einzelne mikroskopische Entität identifizierbar, er ist der raumzeitlichen Beschreibung nach von der Meßapparatur nicht trennbar" (S.241); vgl. auch Falkenburg *1994*, S.302f. - Vgl. auch P.Mittelstaedt *1989*, S.127-147. Bei Mittelstaedt findet sich auch eine präzise Charakterisierung der Merkmale des klassischen Substanzbegriffs (*a.a.O.*, S.146f.).

[111] Die vorangehenden Ausführungen zum Verhältnis von traditionellem Substanzbegriff und Quantentheorie stellen auch die Gültigkeit der Prämisse (7) des Beweises von (T_2) (vgl. oben) empirisch infrage.

[112] Vgl. B.Falkenburg *1994*, S.297. - Die Diskussion um eine (transzendental) *realistische* Interpretation der Quantentheorie beruht nach Falkenburg auf der (falschen) Unterstellung, Teilchen hätten entweder eine selbständige Existenz in Raum und Zeit oder gar keine Existenz, welche „ein unreflektierter Rest der traditionellen Substanz-Metaphysik" sei (*a.a.O.*, S.270). Gibt man diesen „unreflektierten Rest der traditionellen Substanz-Metaphysik" auf, so steht einer realistischen Deutung der Quantentheorie nach Falkenburg nichts im Wege.

[113] Vgl. oben Abschnitt 2.3.3.

[114] Zu dieser Bedingung vgl. oben Abschnitt 2.1.3.

(1) „Der zweite Satz der Antithesis, daß in der Welt gar nichts Einfaches existiere, soll hier nur soviel *bedeuten*, als: Es könne das Dasein des schlechthin Einfachen aus keiner Erfahrung oder Wahrnehmung, weder der äußeren, noch der inneren, dargetan werden" (A435-7, B463-5; kursiv vom Verf.); formal notiert: $\exists x(E(x)) \leftrightarrow \exists s,x(I(s,E(x)))$.[115]

Wenn diese Prämisse von Kant als Definition gemeint ist, worauf das Wort „bedeuten" hinzuweisen scheint, so würde sie von einem transzendentalen Realisten, der nach Kant bekanntlich davon ausgeht, daß Dinge „unabhängig von uns und unserer Sinnlichkeit existieren" (A369), als inadäquat zurückgewiesen werden können; wäre sie nämlich adäquat, dann wäre es analytisch wahr, daß es keine einfachen Dinge geben kann, wenn es keine anschauenden Subjekte gibt. Damit wäre insbesondere die Frage, ob es einfache Dinge gab, bevor es anschauende Subjekte gab, analytisch entschieden.[116] Als (nicht-analytische) Behauptung verstanden, könnte ein transzendentaler Realist, der z.B. von der Gültigkeit der heutigen physikalischen Standardtheorien über den Aufbau der Materie überzeugt ist, (1) schlicht für falsch halten.

Im Gegensatz zu Prämisse (1) sind die beiden folgenden Prämissen des Beweises von (A_2^*) keineswegs spezifisch transzendentalphilosophischer Natur:

(4) „Da nun von dem Nichtbewußtsein eines solchen Mannigfaltigen auf die gänzliche Unmöglichkeit desselben in irgendeiner Anschauung eines Objekts, kein Schluß gilt" (B465); formal ausgedrückt: $\forall s,x\Diamond(\neg\exists y(I(s,y \prec x)) \wedge \neg I(s,\neg\exists y(y \prec x)))$[117],

[115] Man könnte mit J.Schmucker *1990*, S.134f., annehmen wollen, Kant drücke in (1) nur die Bescheidenheit seines Beweisanspruches aus und wolle im vorliegenden Beweis nur die *Unerkennbarkeit* einfacher Substanzen zeigen. Gegen diese Annahme spricht aber der vorletzte Satz des Antithesis-Beweises: „Da also ein schlechthin einfaches Objekt niemals in irgendeiner möglichen Erfahrung kann gegeben werden, die Sinnenwelt aber als der Inbegriff aller möglichen Erfahrungen angesehen werden muß: so ist überall in ihr nichts Einfaches gegeben" (A437, B465). Hier zeigt sich, daß Kant daraus, daß Objekte, die aufgrund einer Eigenschaft Φ nicht Gegenstände möglicher Erfahrung sind, schließt, daß solche Objekte auch nicht existieren; vgl. auch P.Guyer *1987*, S.410.

[116] Man beachte, daß (1) zeitunabhängig formuliert ist.

[117] Kant hat die A-Auflage der *KdrV* an dieser Stelle korrigiert; vgl. die Ausgabe von R.Schmidt, S.459*. - Es sei daran erinnert, daß die Modaloperatoren „$\Diamond$" und „$\Box$" hier und in der folgenden Prämisse (5) für *logische* Modalitäten stehen. - Die „Unmöglichkeit", von der Kant hier spricht, ist m.E. im Sinne eines realen Möglichkeitsbegriffs zu verstehen und wird daher in der formalsprachlichen Übersetzung nicht durch einen Modaloperator wiedergegeben.

(5) „dieses letztere [sc. ein Schluß „von dem Nichtbewußtsein eines solchen Mannigfaltigen auf die gänzliche Unmöglichkeit desselben in irgendeiner Anschauung eines Objekts“, Verf.] aber zur absoluten Simplizität durchaus nötig ist“ (A437, B465); in formaler Notation: $\forall s,x\ (I(s,\neg\exists y(y \prec x)) \rightarrow \Box(\neg\exists y(I(s,y \prec x)) \rightarrow I(s,\neg\exists y(y \prec x))))$.

Aus dem Zusammenhang mit der Prämisse (1) herausgelöst, können (4) und (5) schlicht als Behauptungen über eine bestimmte Art propositionaler Einstellungen, d.i. Anschauungen, aufgefaßt werden. Darüber hinaus dürfte die Prämisse (4) auch wahr sein, denn es dürfte stets *logisch* möglich sein, daß eine Person keine (bewußte) Anschauung von einem Teil eines Objekts hat, zugleich aber auch keine (bewußte) Anschauung davon, daß dieses Objekt keine Teile hat (etwa wenn die Person bei der Anschauung eines Objekts gar nicht an bestimmte Teile des Objekts denkt). - Dagegen scheint es nicht richtig zu sein anzunehmen, eine Person könne nur dann eine Anschauung davon haben, daß ein Objekt x keine Teile hat, wenn ein *logisches* Implikationsverhältnis der Form $\neg\exists y(I(s,y \prec x)) \rightarrow I(s,\neg\exists y(y \prec x))$ besteht. Man denke etwa an eine durch physikalische Meßgeräte vermittelte Anschauung: Wenn z.B. ein Experiment zur Spaltung eines Teilchens x in einem Teilchenbeschleuniger (stets) scheitert und es eine *empirische* Theorie T gibt, welche besagt, daß sich x in dem fraglichen Experiment hätte spalten lassen müssen, falls x Teile hätte, so könnte man - durch die empirische Theorie T und nicht etwa durch rein logische Zusammenhänge geleitet - das Fehlen einer Anschauung von Teilen als eine Anschauung (Beobachtung) davon auffassen, daß das fragliche Teilchen keine Teile hat.[118] Es gibt also einen - weitgefaßten, aber zweifellos praxisnahen - Anschauungsbegriff, in bezug auf den (5) *unabhängig davon, ob man vom Standpunkt des transzendentalen Realismus oder vom Standpunkt des transzendentalen Idealismus ausgeht*, falsch ist. Auf diese Weise kann auch erklärt werden, wie Kant mit transzendentalphilosophischen Argumenten eine These beweisen kann, die er dann vom Standpunkt seiner Transzendentalphilosophie aus als falsch erweisen will: Er macht im Beweis nicht *nur* von transzendentalphilosophisch gültigen, sondern auch von transzendentalphilosophisch (und auch sonst) *falschen* Argumenten Gebrauch.

[118] Da Kant (A_2^*) im Gegensatz zu (A_2) „nicht aus dem Begriffe eines gegebenen Gegenstandes der äußeren Anschauung (des Zusammengesetzten), sondern aus dem Verhältnis desselben zu einer möglichen Erfahrung überhaupt [...] bewiesen [hat]“ (A437, B465; vgl. oben Abschnitt 2.3.3.), müssen Einwände gegen die Prämissen des Beweises nicht auf der Basis einer räumlich interpretierten Teil-Relation geführt werden, so daß das gewählte Beispiel zulässig ist.

3.3. Kritik der dritten Antinomie

3.3.1. Kants Auflösung der dritten Antinomie

Bereits in der Analyse von Kants Deduktion der kosmologischen Vernunftbegriffe und in der logischen Rekonstruktion der Beweise der dritten Antinomie wurden Belege für die These zusammengetragen, daß es in der dritten Antinomie *nicht* um die Frage nach einer ersten Ursache aller Zustände *der Welt (als eines Ganzen)* geht, sondern um die Frage, wie die „absolute Vollständigkeit der Entstehung einer Erscheinung“ (A415, B443) *in* der Welt gedacht werden muß.[119] Einen weiteren Beleg für diese These stellt nun die Tatsache dar, daß Kant in der „Auflösung der kosmologischen Idee[120] von der Totalität der Ableitung der Weltbegebenheiten aus ihren Ursachen“ im neunten Abschnitt des Antinomienkapitels der *Kritik der reinen Vernunft*[121] und auch, soweit ich sehe, an allen übrigen Stellen, an denen er sich zur Auflösung der dritten Antinomie äußert, das Problem erster Anfänge von Kausalketten (*freien* Ursachen) *in* der Welt ins Zentrum seiner Betrachtungen rückt. In Anbetracht der zusammengetragenen Belege und des Fehlens zwingender Gründe für die gegenteilige Auffassung ist es unplausibel, Kant in der „Auflösung der kosmologischen Idee“ einen Themenwechsel oder eine „Verformung“ der Antinomienlehre zu unterstellen.[122] Das Thema der dritten Antinomie ist dasselbe wie das der Auflösung: Gibt es Kausalketten *in* der Welt, die einen ersten Anfang (*causa prima*) haben?

Gleich den beiden vorangehenden Antinomien ergibt sich, wie bereits mehrfach ausgeführt wurde, nach Kant auch die dritte aus der für den transzendentalen Realisten unvermeidlichen Konsequenz, daß die Reihe der Bedingungen (Ursachen) zu einem gegebenen Bedingten (einer Begebenheit in der Welt als Wirkung) vollständig gegeben ist, sich jedoch auf zwei einander ausschließende Weisen denken läßt: entweder als Reihe mit unbedingtem ersten Glied (unverursachte Ursache) oder als selbst unbedingte Reihe stets bedingter Reihenglieder (absolut vollständige Reihe stets verursachter Ursachen). Gegen die Konklusion des transzendentalen Realisten, daß mit einem Bedingten die vollständige Reihe seiner Bedingungen mitgegeben sei, erhebt Kant auch im Fall der kosmologischen Idee von der „absolute[n]

---

[119] Vgl. oben die Abschnitte 1.5., 2.4.1. und 2.4.2.

[120] Hier schließe ich mich der Konjektur von B.Erdmann an; vgl. die Ausgabe von R. Schmidt, S.522. Ich bin ebenso wie Erdmann und H.Heimsoeth *1966-9*, S.334, der Ansicht, daß es sich bei dem Plural „Ideen“ um ein Versehen Kants handelt, und kann aus den im Haupttext angeführten Gründen nicht der Meinung J.Schmuckers *1990*, S.291, zustimmen, der Plural zeige an, daß es in der dritten Antinomie und ihrer Auflösung sowohl um die Idee einer innerweltlichen Freiheit als auch um die Idee einer freien Weltursache, also um zwei verschiedene „Ide*en*“ gehe.

[121] Vgl. A532ff., B560ff.

[122] Vgl. P.F.Strawson *1966*, S.213, W.H.Walsh *1976*, S.87f., J.Schmucker *1990*, S.200, und H.Wagner *1996*, S.243. Der Ausdruck „Verformung“ findet sich bei Schmucker.

Vollständigkeit der Entstehung einer Erscheinung" (A415, B443) ein transzendental-idealistisches Veto:

> „Eben das [sc. was für die beiden vorhergehenden kosmologischen Ideen gilt, Verf.] gilt von der Reihe der übereinander geordneten Ursachen, [...], welche niemals weder an sich ihrer Totalität nach als endlich, noch als unendlich angesehen werden kann, weil sie als Reihe subordinierter Vorstellungen nur im dynamischen Regressus besteht, vor demselben aber, und als für sich bestehende Reihe von Dingen, an sich selbst gar nicht existieren kann" (A505f., B533f.).

Unter der (für Kant erwiesenen) transzendental-idealistischen Voraussetzung, daß wir unsere Erkenntnisgegenstände (Erscheinungen) allererst aus anschaulich gegebenem Material sukzessiv synthetisieren müssen, ist die Reihe der Ursachen einer Erscheinung nur in einem sukzessiven empirischen Regreß und mithin niemals vollständig gegeben. Somit ist allen Spekulationen darüber, wie „die" vollständige Reihe von Ursachen einer gegebenen Erscheinung gedacht werden muß, der Boden entzogen: Es gibt keine solche vollständige Reihe.

Wenn nun Thesis und Antithesis, wie es Kants Konzeption der Antinomienlehre vorsieht, einander ausschließende Spekulationen über solche vollständigen Reihen enthalten, dann ist zu erwarten, daß sie - analog zu den beiden vorangehenden Antinomien - von Kant als falsch zurückgewiesen werden. Dies ist bekanntlich nicht der Fall. Der zur Auflösung der vorangehenden kosmologischen *Ideen* analogen „Auflösung der kosmologischen *Idee* von der Totalität der Ableitung der Weltbegebenheiten aus ihren Ursachen" folgt eine von der Auflösung der vorangehenden *Antinomien* verschiedene Auflösung der dritten *Antinomie.* Das Ergebnis dieser Auflösung besteht darin, daß die einander „entgegengesetzten" Behauptungen im vorliegenden Falle gemeinsam wahr sein *können*, da man sie unter der Voraussetzung des transzendentalen Idealismus auf unterschiedliche Gegenstandsbereiche (*universes of discourse*) beziehen kann.[123] Kants Argumentation zu diesem Ziel kann wie folgt zusammengefaßt werden.

Da sich die „entgegengesetzten" Behauptungen (T_3) und (A_3) bzw. ihre jeweiligen Äquivalente (T_3^*) und (A_3^*) über ein und demselben Gegenstandsbereich kontradiktorisch zueinander verhalten, kann es eine Auflösung der Antinomie, in der Thesis und Antithesis auf ein und denselben Gegenstandsbereich bezogen *und* mit demselben Wahrheitswert belegt werden, nicht geben.[124] Eine Auflösung der dritten

---

[123] Vgl. A531f., B559f.; *Prolegomena*, § 53, *AA* IV;343,2-10; R5817 *AA* XVIII;362,18-22; R5962 *a.a.O.*;404,12-25; R6337 *a.a.O.*;658,1-10; R6421 *a.a.O.*;711,8-14; *Metaphysik Dohna AA* XXVIII;660, 29-36; *Metaphysik K_2 a.a.O.*;729,8-18; *Preisschrift über die Fortschritte der Metaphysik AA* XX;291, 23-292,2 und oben Abschnitt 2.4.1.

[124] Vgl. zum folgenden auch Abschnitt 2.4.1. (oben). - Die logische Form der Behauptungen schließt definitiv aus, daß Kant, wie V.Wike *1982*, S.94ff., meint, neben der beschriebenen Auflösung eine weitere in betracht ziehe, der zufolge er ebenso wie in den ersten beiden Antinomien Thesis *und* Antithesis über dem Bereich der Erscheinungen für falsch erkläre.

Antinomie erfordert also unterschiedliche Wahrheitswerte für Thesis und Antithesis *oder* einen Bezug derselben auf unterschiedliche Gegenstandsbereiche.[125] Die erste Alternative wäre aber nur ein neuerlicher *dogmatischer* Lösungsversuch des zugrundeliegenden Problems, könnte die Antinomie nicht als bloß „dialektischen" (scheinbaren) Widerspruch erweisen und kommt daher für Kant nicht in Betracht. Für eine *kritische* Auflösung der Antinomie *unter Bezugnahme auf seinen transzendentalen Idealismus* bleibt ihm somit nur die zweite Alternative - es sei denn, diese würde durch die in den Behauptungen vorkommenden Relationsbegriffe „$K_t(x,y)$", „$U_t(x,y)$" und „$F_t(x,y)$" insofern ausgeschlossen, als jeder dieser Begriffe nur Relata aus einem und demselben der beiden, im transzendentalen Idealismus unterschiedenen ontologischen Bereiche (Erscheinungen - Dinge an sich) zuließe. Dies ist nach Kant nun nicht der Fall: Im Gegensatz zu den Kategorien der Quantität und Qualität erlaubt der allgemeine Kausalitätsbegriff „$K_t(x,y)$", daß die Relata, für die „x" und „y" stehen, aus den im transzendentalen Idealismus unterschiedenen ontologischen Kategorien kommen; in Kants Worten: Er erlaubt eine „Synthesis des Ungleichartigen".[126] Wie im Abschnitt über die logische Struktur der Behauptungen gezeigt wurde, *muß* zwar die Wirkung, d.h. das durch „y" vertretene Relatum, stets eine Begebenheit in der Zeit sein, die Ursache jedoch nicht. Diese *kann* zwar auch eine Begebenheit in der Zeit und somit „gleichartig" mit der Ursache sein, sie *kann* aber auch nicht-zeitlich und folglich „ungleichartig" mit der Wirkung sein. Im ersteren Falle handelt es sich um Kausalität unter Erscheinungen und somit (da „der Begriff einer Causalität den von G e s e t z e n bei sich führt"[127]) um Kausalität nach Gesetzen der Natur („$U_t(x,y)$")[128]; im letzteren Falle spricht Kant von „Kausalität durch Freiheit" („$F_t(x,y)$"). Diese ist eine spontane Kausalität; die Ursache (x) ist selbst nicht weiter kausal bedingt, was, wie ebenfalls gezeigt wurde, daraus folgt, daß sie keine Begebenheit in der Zeit ist.

Eine kritische Auflösung unter Bezugnahme auf die transzendental-idealistische Unterscheidung zwischen Erscheinungen und Dingen an sich, aufgrund deren beiden „entgegengesetzten" Behauptungen derselbe Wahrheitswert zugeordnet wird, wird

---

[125] Da der transzendentale Realist nach Kant nur eine willkürliche, nicht aber eine *begründete* Unterscheidung in seinen Gegenstandsbereich einführen kann, auf die er dann eine Unterscheidung der *universes of discourse* von Thesis und Antithesis gründen könnte, bleibt ihm nur die erste (stets dogmatische) Möglichkeit.

[126] Vgl. dazu insbesondere die „Schlußanmerkung zur Auflösung der mathematisch-transzendentalen, und Vorerinnerung zur Auflösung der dynamisch-transzendentalen Ideen" (A528-532, B556-560). Als „dynamische" Kategorie des reinen Verstandes ist der (allgemeine) Kausalitätsbegriff nur auf die „Existenz" von Erscheinungen gerichtet (vgl. B110). Daher hat es auch der kosmologische Vernunftbegriff, zu dem er erweitert wird, „nicht mit einem Gegenstande, als Größe betrachtet, sondern nur mit seinem Dasein zu tun" (A535, B563).

[127] Vgl. *Grundlegung zur Metaphysik der Sitten AA* IV;446,15f.

[128] Natur ist (*materialiter* betrachtet) der „Inbegriff der Erscheinungen, sofern diese vermöge eines inneren Prinzips der Kausalität durchgängig zusammenhängen" (A418, B446).

daher durch die in den Behauptungen vorkommenden Kausalitätsbegriffe nicht ausgeschlossen. Kants kritische Auflösung besteht nun darin, die Antithesis auf den Bereich der Erscheinungen (d.h. empirischer Gegenstände und ihrer Zustände) zu beschränken *und sie über diesem Bereich als wahr zu betrachten.* Für die Thesis ergibt sich so die *Möglichkeit*, über einem demgegenüber erweiterten Bereich, zu dem auch die Dinge an sich gehören, ebenfalls wahr zu sein.[129] Dabei sieht sich Kant allerdings mit einer Schwierigkeit konfrontiert: Aufgrund der zweiten Analogie der Erfahrung ist jede Begebenheit in der Zeit durch eine andere Begebenheit in der Zeit naturkausal verursacht. Eine Begebenheit in der Zeit, die durch Freiheit verursacht ist, wäre demnach zugleich auch (durch eine andere Ursache) naturkausal verursacht. Ist dies möglich? Kann ein und dieselbe Wirkung durch Freiheit *und* naturkausal verursacht sein? - Kant bejaht dies:

> „Eine [...] intelligible Ursache aber wird in Ansehung ihrer Kausalität nicht durch Erscheinungen bestimmt, obzwar ihre Wirkungen erscheinen, und so durch andere Erscheinungen bestimmt werden können. Sie ist also samt ihrer Kausalität außer der Reihe; dagegen ihre Wirkungen in der Reihe der empirischen Bedingungen angetroffen werden. Die Wirkung kann also in Ansehung ihrer intelligiblen Ursache als frei, und doch zugleich in Ansehung der Erscheinungen als Erfolg aus denselben nach der Notwendigkeit der Natur, angesehen werden" (A537, B565).[130]

Will man Kants Vereinbarung von Naturkausalität und Kausalität durch Freiheit schematisch darstellen, so kann man dies durch das folgende Schema tun:

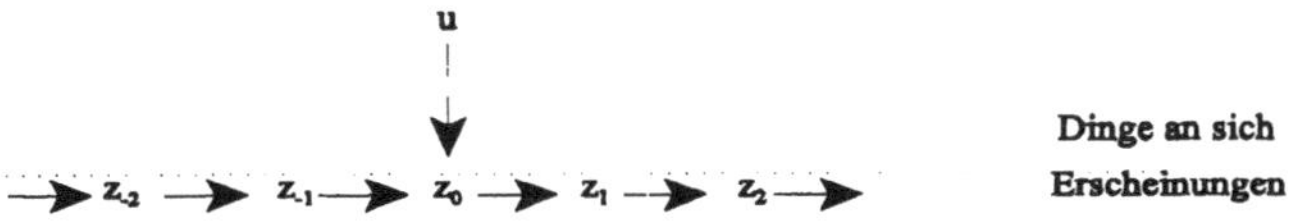

[129] Daß für Kant als gemeinsamer Wahrheitswert von Thesis und Antithesis nur der Wahrheitswert *wahr* infrage kommt und nicht, wie in den ersten beiden Antinomien, der Wahrheitswert *falsch*, dürfte u.a. in dem bereits in A466, B494 erwähnten praktischen, d.h. moralphilosophischen, Interesse an der Wahrheit der Thesis begründet liegen; das betonen auch N.K.Smith *1923*, S.511f., P.F.Strawson *1966*, S.213, und H.Röttges *1974*, S.40. Wäre die Thesis falsch, dann gäbe es nach Kant bekanntlich auch keine praktische Freiheit. Das Interesse an der Wahrheit der Thesis zieht somit ein Interesse an der Wahrheit der Antithesis nach sich. Davon wird später noch zu reden sein.

[130] Vgl. auch A531, B559 (Fußnote); A538, B566 und *Prolegomena*, § 53, *AA* IV;346,21-30. - J.Bennett *1974*, S.199, glaubt, bei Kant auch Hinweise auf eine andere Konzeption zu finden, derzufolge es solche Begebenheiten geben könne, die nicht naturkausal, sondern ausschließlich durch Freiheit verursacht sind; seine Textbelege sind aber keineswegs überzeugend.

In diesem Schema wird z_0 auf zweierlei Weisen verursacht: einerseits durch seine naturkausale Ursache z_{-1}, deren naturkausale Ursache wiederum z_{-2} ist usw., und andererseits frei durch eine intelligible Ursache u, die selbst nicht weiter verursacht ist. Kant sieht u und z_{-1} aber keineswegs, wie man vielleicht vermuten könnte, als bloße Teilursachen an, die erst gemeinsam eine vollständige Ursache von z_0 bilden. Jede der beiden Ursachen von z_0 ist vielmehr *auf jeweils verschiedene Weise* eine vollständige Ursache von z_0; keine bedarf der anderen, um z_0 zu bewirken.[131] Damit glaubt Kant die fragliche Schwierigkeit ausgeräumt, die Verein*bar*keit der Wahrheit von Thesis und Antithesis gezeigt, die dritte Antinomie aufgelöst und die ihm diesbezüglich in der *Kritik der reinen Vernunft* gestellte Aufgabe erfüllt zu haben.[132] Würde es sich nun doch noch herausstellen, daß die Thesis falsch ist, ginge dies nicht auf die Wahrheit der Antithesis zurück, sondern schlicht darauf, daß es keine Dinge an sich gäbe, die Begebenheiten in der Sinnenwelt verursachen können.

Der Nachweis, daß es solche Dinge an sich gibt, mithin daß die Thesis nicht nur gemeinsam mit der Antithesis wahr sein *kann*, sondern auch wahr *ist*, geht über das Programm der *Kritik der reinen Vernunft* hinaus und wird, obgleich in dieser noch angedeutet, erst in der *Kritik der praktischen Vernunft* geleistet. Dort versucht Kant zu zeigen, daß

(i) es Wesen gibt, die zwar als Erscheinungen in Raum und Zeit betrachtet werden müssen, von denen jedoch gewiß ist, daß ihnen ein Ding an sich zugrundeliegt, welches ein Vermögen besitzt,

(ii) Begebenheiten in der Sinnenwelt zu verursachen und dabei dennoch Gesetzen zu folgen (da „der Begriff einer Causalität den von G e s e t z e n bei sich führt“, vgl. oben).[133]

---

[131] H.Wagner *1996* versucht die Vermittlung von Kausalität durch Freiheit und Naturkausalität durch eine besondere „Struktur“ der letzteren zu ermöglichen: „a) Eine Natur-Ursache bringt mit Notwendigkeit und gesetzmäßig ihre Wirkung hervor; ihre Kausalität [...] ist für ihre Folge von eherner Härte; b) wenn die Natur-Ursache dergestalt wirkt und bewirkt, dann deshalb, weil ihr selber diese eherne Kausalität von außen zugewachsen ist: aus einer (‚hinter‘, ‚über‘ ihr liegenden) Ursache, aus der sie ihrerseits ihr eigenes Ursachesein, ihre eigene Kausalität bezieht“ (S.243). Hierzu ist folgendes zu sagen: Wenn ich mich jetzt (frei) entschließe, von meinem Stuhl aufzustehen, zugleich aber durch die Druckwelle einer nahen Explosion aus meinem Stuhl gehoben werde, dann wird mein „Aufstehen“ von meinem Stuhl nach Kant nicht sowohl a) von der Explosion naturkausal als auch b) von einem Ding an sich „hinter“ der Explosion durch Freiheit verursacht, sondern a) von der Explosion naturkausal und b′) *von mir* durch Freiheit.

[132] Vgl. A557f., B585f.

[133] Vgl. *Grundlegung zur Metaphysik der Sitten AA* IV;446,15-21. - Nach der *Kritik der praktischen Vernunft* ist der Mensch ein solches Wesen, da er, obwohl er „zur Sinnenwelt gehört, doch zugleich als zur intelligibelen gehörig nicht bloß unbestimmt und problematisch g e d a c h t [...], sondern sogar i n A n s e h u n g d e s G e s e t z e s ihrer Causalität b e s t i m m t und assertorisch e r k a n n t“ werden kann (*AA* V;105,15-19). Über die Frage, ob dies mit Kants Lehre vom Selbstbewußtsein in der *KdrV* verträglich ist, ist intensiv diskutiert worden; vgl. z.B. N.K.Smith *1923*, S.518, J.Bennett *1974*, S.223f., W.H.Walsh *1976*, S.88, H. Allison *1983*, S.323, und L.W.Beck *1985*, S.185 u. 291.

Die vollständige und erst in der *Kritik der praktischen Vernunft* erreichte Antwort Kants auf die Grundfrage der dritten Antinomie, ob es in der Welt Kausalketten gibt, die einen ersten Anfang (*causa prima*) haben (vgl. oben), lautet also: Wenn man unter der Welt nur die Sinnen- bzw. Erscheinungswelt versteht, ist dies nicht der Fall; nimmt man zu den Erscheinungen aber die Dinge an sich hinzu, dann ist dies der Fall, und zwar deshalb, weil es unter den Dingen an sich *einige* gibt, die *spontan* Begebenheiten (und deren Wirkungen) in der Erscheinungswelt verursachen können.

Diese Zusammenhänge können und müssen hier nicht weiter verfolgt werden. Zu Kants Auflösung der dritten Antinomie in der *Kritik der reinen Vernunft* ist jedoch dreierlei zu bemerken.

Erstens: Kant widerspricht in seiner „Auflösung der kosmologischen Idee von der Totalität der Ableitung der Weltbegebenheiten aus ihren Ursachen" zwar der transzendental-realistischen Konklusion, daß mit einer gegebenen Wirkung die Reihe ihrer Ursachen vollständig mitgegeben sei, räumt aber in seiner Auflösung der Antinomie ein, daß die Antithesis über dem Bereich der Erscheinungen wahr ist, obwohl sie gemäß der Kantischen Konzeption der Antinomienlehre gerade eine der beiden einander ausschließenden Möglichkeiten, solche vollständigen Kausalreihen zu denken, repräsentieren *sollte.*[134] Daraus folgt, daß auch in der dritten Antinomie nicht jede der beiden einander „entgegengesetzten" Behauptungen die ihr entsprechende Vorstellung vom Unbedingten korrekt repräsentiert. Die Antithesis ist, wie man auch ihrer Formulierung entnehmen kann, zwar mit der Vorstellung verträglich, daß die Reihe der Ursachen zu einer gegebenen Wirkung vollständig mitgegeben ist, impliziert dies jedoch nicht[135]; sonst hätte Kant sie (über dem Bereich der Erscheinungen) nicht für wahr halten können, was er aber offenbar aufgrund seines Interesses an einer kritischen Auflösung der Antinomie *und* an der Wahrheit der Thesis möchte.

Zweitens: Kants Modell der „doppelten Verursachung" einer Begebenheit z_0 durch eine freiheitliche Ursache u und eine naturkausale Ursache z_{-1} (vgl. das obige Schema) stellt infrage, ob u überhaupt sinnvoll als „Ursache" von z_0 bezeichnet werden kann. Vom epistemologischen Standpunkt kann eingewendet werden, daß auf u gar nicht Bezug genommen werden muß, um das Eintreten von z_0 *kausal erklären* zu können; Gesetze, die einen kausalen Zusammenhang zwischen z_{-1}-artigen und z_0-artigen Begebenheiten beschreiben, und eine Antezedensbedingung, die z_{-1} beschreibt, reichen hierzu völlig aus. Ein noch schärferer Einwand läßt sich in ontologischer Hinsicht formulieren: Wenn der kausale Zusammenhang zwischen

---

[134] Vgl. oben Abschnitt 2.1.2.

[135] Das meint auch P.F.Strawson *1966*, S.207; er hält daher auf dem Boden des transzendentalen Idealismus auch eine Auflösung der Form „Thesis falsch - Antithesis wahr" für möglich (S.209) und lediglich Kants moralphilosophisches Interesse an der Wahrheit der Thesis für ausschlaggebend (S.213).

einer Ursache x und ihrer Wirkung y nicht nur in einer regelmäßigen (zeitlichen) Abfolge zwischen x-artigen und y-artigen Dingen begründet sein soll (was ohnehin eine *triviale* Begründung für ein kausales Verhältnis zwischen u und z_0 wäre, da u nach Voraussetzung nicht-zeitlich ist), sondern, wie Kant gegen Humes Regularitätstheorie immer wieder betont, ein *notwendiger* Zusammenhang ist[136], dann gerät der vorgebliche kausale Zusammenhang zwischen u und z_0 in arge Bedrängnis. Nach einem vor allem von David Lewis vertretenen, überaus plausiblen Ansatz besteht die Notwendigkeit der Beziehung zwischen einer Ursache x und ihrer Wirkung y darin, daß wenn x nicht eingetreten wäre (der Fall wäre/bestanden hätte), bei sonst gleichem Weltverlauf auch y nicht eingetreten wäre.[137] Dies gilt aber für u und z_0 gerade nicht: z_0 wäre wegen z_{-1} auch dann eingetreten, wenn es u nicht gegeben hätte. M.a.W.: u verändert den Weltverlauf nicht; dies räumt auch Kant ein, wenn er sagt, daß „kausale" Beziehungen zwischen intelligiblen Ursachen und Erscheinungen bestehen können, „ohne die Reihe der letzteren, als jederzeit bedingt, dadurch zu verwirren und, den Verstandesgrundsätzen zuwider, abzubrechen" (A531, B559). Sollte man u dann aber überhaupt als „Ursache" von z_0 bezeichnen? - Eine angemessene Antwort auf diese Frage scheint mir die pragmatische der beiden Rechtstheoretiker (!) H.L.A.Hart und A.M.Honoré zu sein: Als Ursache sollte nur das bezeichnet werden, was einen Unterschied zwischen dem (unabhängig von ihm) zu erwartenden und dem tatsächlich eingetretenen Weltverlauf ausmacht[138], und dies trifft auf (Kantische) „Ursachen" aus Freiheit nicht zu.[139]

Drittens: Der vorhergehende Einwand wird noch dadurch verstärkt, daß Kant die Möglichkeit einräumt, daß eine intelligible „Ursache" mit „gesetzlicher Notwendigkeit" eine Begebenheit „verursacht", *die gar nicht eintritt*; so gibt die Vernunft, (die nach den Ausführungen in der *Kritik der praktischen Vernunft* eine

---

[136] Vgl. z.B. *Prolegomena, Vorwort, AA* IV;257,25f.: „daß, wenn es [sc. irgendetwas, Verf.] gesetzt ist, dadurch auch etwas anderes *nothwendig* gesetzt werden müsse; [...] das sagt der Begriff der Ursache" (kursiv vom Verf.).

[137] Vgl. D.Lewis *1986*, insbesondere S. 160f. u. 167; Lewis bevorzugt für die so explizierte Relation allerdings die Bezeichnung „causal dependence" und reserviert den Ausdruck „causation" für eine schwächere Relation. - Auch Hume scheint bereits eine solche Explikation von Kausalität in Betracht gezogen zu haben; in *An Enquiry concerning Human Understanding* schlägt er u.a. die folgende - mit seiner ansonsten vertretenen Regularitätstheorie der Kausalität der Sache nach nicht übereinstimmende - Definition vor: „therefore, we may define a cause to be an object, followed by another, [...] where, if the first object had not been, the second never had existed" (S.76). Den Hinweis auf diese Textstelle verdanke ich dem Überblicksartikel von M.Heidelberger *1992*, S.145; sie wird auch von Lewis *a.a.O.*, S.159, zitiert.

[138] Vgl. H.L.A.Hart/A.M.Honoré *1959*: „the cause, [...], is a *difference* to the normal course which accounts for the difference in the outcome" (S.27); genau diese Antwort will offenbar auch D.Lewis *1986* mit seiner Analyse einfangen (vgl. *a.a.O.*, S.160f.). - L.Krüger *1992* bezieht die Feststellung von Hart und Honoré ausdrücklich auch auf menschliche Handlungen, welche für ihn paradigmatische Fälle von Ursachen darstellen.

[139] Ein solcher Einwand wird auch von J.Bennett *1974*, S.200f., angedeutet.

solche intelligible Ursache sein kann) „nicht demjenigen Grunde, der empirisch gegeben ist, nach, und folgt nicht der Ordnung der Dinge, so wie sie sich in der Erscheinung darstellen, sondern macht sich mit völliger Spontaneität eine eigene Ordnung nach Ideen, in die sie die empirischen Bedingungen hinein paßt, und nach denen sie sogar Handlungen für notwendig erklärt, die doch nicht geschehen sind und vielleicht nicht geschehen werden, von allen aber gleichwohl voraussetzt, daß die Vernunft in Beziehung auf sie Kausalität haben könne" (*KdrV* A548, B576). - Nun mag Kant, wie man vielleicht schon meinem zweiten Einwand entgegengehalten haben mag, im Bereich der „Kausalität durch Freiheit" unter „Gesetzen" normative Gesetze (Gebote) und unter „Notwendigkeit" ein Sollen verstehen[140], so daß selbstverständlich etwas „gesetzlich" (präskriptiv) „Notwendiges" (Gesolltes) nicht notwendigerweise der Fall sein muß. Dennoch sollten solche *Äquivokationen* von „Notwendigkeit" und „Gesetz" nicht zu Lasten des Ursache- bzw. Kausalitätsbegriffs (auch nicht der Kantischen Kategorie der Kausalität) gehen.[141]

Die Frage, die sich nun stellt, ist die, ob die Beweise in der dritten Antinomie eine solche, wie ich meine, künstliche und nicht sehr plausible Auflösung überhaupt nötig machen.

3.3.2. Sachliche Beurteilung der dritten Antinomie

Die Fragestellung, mit der der vorherige Abschnitt endete, kann aufgrund der logischen Korrektheit der Beweise von Thesis und Antithesis[142] in die folgende Frage transformiert werden: Sind die Prämissen der Beweise (von einem transzendental-realistischen Standpunkt) so überzeugend, daß nur eine transzendental-idealistische Auflösung infrage kommt?

---

[140] Dabei kann man sich darauf stützen, daß Kant in der *KdrV* sagt, die Kausalität der Vernunft sei „aus den Imperativen klar, welche wir in allem Praktischen den ausübenden Kräften als Regeln aufgeben. Das Sollen drückt eine Art Notwendigkeit und Verknüpfung mit Gründen aus, die in der ganzen Natur sonst nicht vorkommt" (A547, B575). Und in der *Kritik der praktischen Vernunft* bezeichnet Kant das moralische Gesetz (den kategorischen Imperativ) als „unwidersprechliche[n] und zwar objektive[n] Grundsatz der Causalität, welcher alle sinnliche Bedingung von ihrer Bestimmung ausschließt, d.i. ein Grundsatz, in welchem die Vernunft sich nicht weiter auf etwas Anderes als Bestimmungsgrund in Ansehung der Causalität beruft" (*AA* V;105,5-9). Vgl. auch *Metaphysik Dohna*: „Die physische Nothwendigkeit drücken wir aus es wird geschehen, die moralische aber es soll geschehen"(*AA* XXVIII;661,12f.).

[141] Darüber hinaus verträgt sich, wie H.Röttges *1974*, S.45, zurecht bemerkt, die Annahme einer kausalen Relation zwischen Dingen an sich und Erscheinungen nicht mit Kants Bestimmung der Kategorien als „Begriffe von einem Gegenstande überhaupt, dadurch *dessen Anschauung* in Ansehung einer der logischen Funktionen zu Urteilen als bestimmt angesehen wird" (B128; kursiv vom Verf.).

[142] Vgl. oben die Abschnitte 2.4.2. und 2.4.3.

Begonnen sei wiederum mit dem Beweis der Thesis, der in der Literatur eine Vielzahl von Mißverständnissen und sogar Ratlosigkeit ausgelöst hat[143]: Die logische Analyse hat gezeigt, daß gleich zu Beginn des Beweises eine Prämisse ergänzt werden muß, die es erlaubt, von der zu widerlegenden Annahme (1), „es gebe keine andere Kausalität als nach Gesetzen der Natur" (A444, B472), auf Kants zweiten Beweisschritt schließen zu können, daß „alles, was geschieht, einen Zustand voraus[setzt], auf den es unausbleiblich nach einer Regel folgt" (ibid.). Die Prämisse, die diesen Schluß möglich macht, ist keineswegs trivial; sie lautet:

(1a) Jeder Zustand (eines Dinges), der in der Zeit einmal erstmalig eingetreten ist, (d.h. jede Begebenheit) ist verursacht; formal ausgedrückt: $\forall z_1(\exists x,t_1(Z(x,t_1,z_1) \wedge \forall t_2(t_2<t_1 \rightarrow \neg Z(x,t_2,z_1))) \rightarrow \exists z_2,t(K_t(z_2,z_1)))$.

Die Unterstellung, Kant mache in seinem Schluß von seiner Annahme (1) auf seinen zweiten Beweisschritt implizit von dieser Prämisse Gebrauch, ist nicht allzu gewagt, da Kant in seinem siebenten Beweisschritt *explizit* eine Prämisse einführt, aus der (1a) folgt. Die sachliche Beurteilung von (1a) ist allerdings schwierig, da (1a) eine stark abgeschwächte deterministische Behauptung darstellt. Zwar ist ihr zufolge jede Begebenheit in der Zeit verursacht; der allgemeine Kausalitätsbegriff „$K_t(x,y)$" läßt aber, wie deutlich gemacht wurde, auch Ursachen zu, die weder Begebenheiten (in der Zeit) noch selbst verursacht sind. Da es, wie sich zeigen wird, in der Beurteilung des Beweises jedoch auf die Prämisse (1a) nicht ankommt, soll eine weitere Diskussion von (1a) hier ausgesetzt werden.

Die von Kant im dritten Beweisschritt eingeführte Prämisse:

(3) „Nun muß aber der vorige Zustand [sc. die naturkausale Ursache einer Begebenheit, Verf.] selbst etwas sein, was geschehen ist (in der Zeit geworden, da es vorher nicht war)" (A444, B472); formal ausgedrückt: $\forall z_1,z_2,t(U_t(z_1,z_2) \rightarrow \exists x,t_1(Z(x,t_1,z_1) \wedge \forall t_2(t_2<t_1 \rightarrow \neg Z(x,t_2,z_1))))$,

wurde bereits als Bedeutungspostulat (U2) für den Begriff der Naturkausalität eingeführt.[144] Kant begründet sie mit den Worten: „weil, wenn es jederzeit gewesen wäre, seine Folge auch nicht allererst entstanden, sondern immer gewesen sein würde" (ibid.).[145] Nun ist es sicher richtig, daß Bedeutungspostulate, wie das

---

[143] Vgl. oben Abschnitt 2.4.2. - Als Folge der Mißverständnisse und der Ratlosigkeit muß die folgende Erörterung des Beweises weitgehend eigene Wege gehen.

[144] Vgl. oben Abschnitt 2.4.1.

[145] Ähnlich argumentiert auch D.Hume in *A Treatise of Human Nature*, I,3,15: „The eighth and last rule I shall take notice of is, that an object, which exists for any time in its full perfection without any effect, is not the sole cause of that effect, but requires to be assisted by some other principle, which may forward ist influence and operation".

vorliegende, zur Folge haben, daß bestimmte empirische Hypothesen über Kausalbeziehungen in der Natur durch sie *a priori* ausgeschlossen werden.[146] Dies gilt in noch stärkerem Maße für die in der Beweisrekonstruktion ergänzten Forderungen der Links-Linearität, Transitivität und Irreflexivität der Relation der Naturkausalität, welche die Voraussetzungen für die Anwendung des Reihenbegriffs auf eine Menge von Ursachen einer Begebenheit schaffen sollten:

(4a) Links-Linearität: $\forall z_1,z_2,z_3(U(z_1,z_3) \wedge U(z_2,z_3) \rightarrow z_1=z_2 \vee U(z_1,z_2) \vee U(z_2,z_1))$,

(4b) Transitivität: $\forall z_1,z_2,z_3(U(z_1,z_2) \wedge U(z_2,z_3) \rightarrow U(z_1,z_3))$,

(4c) Irreflexivität: $\forall z \neg U(z,z)$.

Andererseits aber müssen wir den Begriff der Kausalität auch mit gewissen Bedeutungspostulaten belasten, die dann bestimmte empirische Hypothesen über Kausalverhältnisse *a priori* ausschließen mögen, um das Phänomen der Kausalität nicht zu trivialisieren. Ohne Zweifel legt Kant dem vorliegenden Beweis einen sehr engen Begriff von Naturkausalität zugrunde. Auf die Frage, ob dieser Begriff *zu* eng ist, möchte ich hier allerdings kein allzu großes Gewicht legen, einerseits, weil sich eine eindeutige und hinreichende Beurteilung des Beweises auch unabhängig von dieser Frage ergeben wird, andererseits, da nur die Prämisse (4c) eindeutig am Text belegbar ist[147] und für die Ergänzung von (4a) und (4b) nur Kants Verwendungsweise des Reihenbegriffs sowie seine Redeweise von der „Reihe der Ursache*n*" einer Erscheinung sprechen. Als unproblematisch, weil analytisch, kann die ebenfalls ergänzte Prämisse:

(4d) Eine totalgeordnete Menge ist eine Reihe; formal notiert: $\forall \mathcal{F} \forall R$(R ist eine Totalordnung auf $\mathcal{F} \rightarrow \langle \mathcal{F},R \rangle$ ist eine Reihe),

gelten, die ich hier - entgegen meiner bisherigen Vorgehensweise in diesem Auswertungskapitel - nur deshalb nochmals anführe, da ich an späterer Stelle auf sie zurückgreifen werde.

---

[146] Dies betont z.B. D.Lewis *1986* angesichts der Frage, ob in die Definition der Kausalität die Forderung der zeitlichen Abfolge von Ursache und Wirkung aufgenommen werden sollte: „One might be tempted to solve the problem of effects by brute force: insert into the analysis a stipulation that a cause must always precede ist effect (and perhaps a parallel stipulation for causal dependence). I reject this solution. [...] It rejects a priori certain legitimate physical hypotheses that posit backward or simultaneous causation" (S.170).

[147] Denn Kausalität bedeutet nach Kant bekanntlich, daß „durch Etwas etwas ganz davon *Verschiedenes* gesetzt wird" (*AA* IV;343,17f.; kursiv vom Verf.).

In gravierende Probleme gerät der Beweis durch die übrigen vier Prämissen. Zunächst konnte in der Rekonstruktion des Beweises herausgearbeitet werden, daß Kants Übergang von seinem fünften zu seinem sechsten Beweisschritt nur dann formal zu rechtfertigen ist, wenn eine Prämisse ergänzt wird, welche einen notwendigen Bedingungszusammenhang zwischen der Links-Unvollständigkeit einer Reihe und der Anfangslosigkeit der Reihe herstellt[148]; dies leistet die Prämisse:

(5a) Eine (nicht-leere) Reihe, die kein Anfangselement besitzt, ist links-unvollständig; in formaler Notation: $\forall \mathscr{F} \neq \emptyset \forall R(\langle \mathscr{F},R\rangle$ ist eine Reihe $\wedge$ $\neg\exists x \in \mathscr{F} \forall y \in \mathscr{F} (x \neq y \rightarrow R(x,y)) \rightarrow \langle \mathscr{F},R\rangle$ ist links-unvollständig).

Voraussetzung des antinomischen Konfliktes zwischen Thesis und Antithesis ist aber, wie bereits mehrfach ausgeführt wurde, die Konklusion des transzendentalen Realisten, daß die Reihe der Ursachen zu einer gegebenen Wirkung vollständig vorliegt; erst auf der Basis dieser Voraussetzung kommt es, Kants Konzeption der Antinomienlehre zufolge, zu der Streitfrage, wie die vollständige Reihe der Ursachen zu denken ist: als vollständige Reihe mit Anfangsglied oder als vollständige Reihe ohne Anfangsglied. Kant geht also mit dieser Prämisse hinter eine transzendental-realistische Grundvoraussetzung des antinomischen Streites zurück.[149] Darüber hinaus folgt aus (5a) gemeinsam mit der ebenfalls zu ergänzenden Prämisse:

(6a) Wenn die Reihe der Ursachen einer Begebenheit links-unvollständig ist, dann hat die Begebenheit keine hinreichend a priori bestimmte Ursache; fomal ausgedrückt: $\forall z_1(\langle\{z_2|U(z_2,z_1)\},U\rangle$ ist links-unvollständig $\rightarrow \neg\exists z_3,t(U_t(z_3,z_1) \wedge$ z_3 ist hinreichend a priori bestimmt),

daß es in einer (nicht-leeren) anfangslosen Reihe von Ursachen einer Begebenheit keine hinreichend a priori bestimmte Ursache der Begebenheit gibt. Unter der vorgeschlagenen Deutung des Ausdrucks „hinreichend a priori bestimmt“ als prädikativ verwendetes Adjektiv und der Übersetzung von „a priori“ durch „vom Vorhergehenden“[150] heißt dies, daß eine Begebenheit, die eine (nicht-leere) Reihe von Ursachen ohne Anfangsglied besitzt, keine Ursache hat, welche selbst in zureichender Weise kausal determiniert ist. Dem muß aber widersprochen werden:

---

[148] Zur Erinnerung seien die fraglichen Beweisschritte hier nochmals zitiert: „(5) so gibt es jederzeit nur einen subalternen, niemals aber einen ersten Anfang, und *also* (6) keine Vollständigkeit der Reihe auf der Seite der voneinander abstammenden Ursachen“ (A444-6, B472-4; kursiv vom Verf.).

[149] Auffällig ist, daß A.Schopenhauer als unerbittlicher Kritiker des vorliegenden Beweises dies nicht bemerkt und den Schluß von (5) auf (6) akzeptiert zu haben scheint: „[...] weil Vollständigkeit [sc. einer Reihe von Ursachen, Verf.] Geschlossenheit, diese aber Endlichkeit voraussetzt“ (*Die Welt als Wille und Vorstellung I*, S.667).

[150] Vgl. oben Abschnitt 2.4.2.

Wenn z ein Glied der Reihe von (naturkausalen) Ursachen einer Begebenheit z_0 ist, dann ist z selbst eine Begebenheit, die *tatsächlich* eingetreten ist. Hat die Reihe kein Anfangselement, so muß es ein Element z' der Reihe geben, das Ursache von z und ebenfalls *tatsächlich* eingetreten ist. Damit ist z in zureichender Weise kausal determiniert; z *ist eingetreten* und *hat* eine Ursache, die ebenfalls eingetreten ist. Da z beliebig gewählt wurde, gilt dies für alle Elemente der Reihe[151]; somit ist die angegebene Folgerung aus (5a) und (6a) unzutreffend, und eine der Prämissen ist unhaltbar.

Die von Kant im siebenten Beweisschritt eingeführte Prämisse:

(7) „Nun besteht aber eben darin das Gesetz der Natur: daß ohne hinreichend a priori bestimmte Ursache nichts geschehe" (A446, B474); in formaler Notation: $\forall z_1(\exists x,t_1(Z(x,t_1,z_1) \wedge \forall t_2(t_2<t_1 \rightarrow \neg Z(x,t_2,z_1))) \rightarrow \exists z_2,t(U_t(z_2,z_1) \wedge z_2$ ist hinreichend a priori bestimmt)),

ist, wie bereits festgestellt wurde, eine Verschärfung des Kausalgesetzes.[152] Nimmt man Kants Aussage in der Vorrede zur B-Auflage der *Kritik der reinen Vernunft* ernst, daß erst durch seine (transzendental-idealistische) „Veränderung der Denkart [...] die Gesetze, welche a priori der Natur [...] zum Grunde liegen, mit ihren genugtuenden Beweisen versehen [werden können], welches [...] nach der bisherigen Verfahrensart unmöglich war" (BXIX)[153], dann unterstellt Kant dem transzendentalen Realisten hier eine Prämisse, die dieser nicht beweisen kann.[154] Wenn den transzendentalen Realisten aber keine Beweisgründe zwingen, diese Prämisse zu akzeptieren, so steht es ihm frei, auf sie zu verzichten. Hat er Grund dazu? - Gemäß den vorangehenden Ausführungen darüber, wann eine Ursache einer Begebenheit als „hinreichend a priori bestimmt" gelten kann, besagt (7), daß jede Begebenheit in (Raum und) Zeit eine naturkausale Ursache hat, welche selbst wiederum verursacht ist. Diese Vorstellung einer uneingeschränkten kausalen Determiniertheit von Begebenheiten ist jedoch, wie wir heute aus der Diskussion um die Quantentheorie wissen, in der Mikrophysik in Bedrängnis geraten. Berücksichtigt man die Ergebnisse der Quantentheorie in vollem Umfang, dann sind nur einige Eigenschaften mikrophysikalischer Gegenstände objektivierbar; im Bezug auf diese Eigenschaften gilt zwar ein (eingeschränktes) quantenmechanisches Kausalgesetz („Schrödinger-Gleichung"), dieses legt aber den Zustand der Gegenstände nicht vollständig fest.

---

[151] Vgl. auch die Kritik von N.K.Smith *1923*: „Each natural cause is sufficient to account for its effect. That is to say, causation is sufficient *at each stage*" (S.493).

[152] Aus (7) und dem in Abschnitt 2.4.1. eingeführten Bedeutungspostulat (U1) folgt im übrigen die oben ergänzte Prämisse (1a).

[153] Vgl. dazu auch oben die Abschnitte 2.1.2. und 2.1.3.

[154] Es besteht jedoch kein zwingender Grund zu der Annahme, Kant setze hier, wie P. Guyer *1987*, S.412, meint, ein speziell transzendental-idealistisches Argument voraus.

Berücksichtigt man hingegen die Ergebnisse der Quantentheorie nicht in vollem Umfang und zieht alle Eigenschaften mikrophysikalischer Gegenstände in betracht, so ist das Kausalgesetz in jedweder Form ungültig.[155] Das führt dazu, daß z.B. die Ursache des Zerfalls eines radioaktiven Atoms *objektiv* unbestimmt ist, da die Zustände des Atoms vor dem Zerfall nach *objektiven* quantenmechanischen Gesetzen nicht vollständig bestimmt sind. Selbst wenn es als ein möglicher Ausweg aus dieser Bedrängnis erscheint, die Quantentheorie nicht als letztgültige und vollständige Beschreibung mikrophysikalischer Realitäten zu betrachten, oder als ein anderer möglicher Ausweg, die Prämissen des vorliegenden Beweises auf klassische Substanzen (und deren Zustände) einzuschränken, als welche die Objekte der Quantentheorie nicht durchweg gelten können[156], so bleibt die Prämisse (7) doch eine (nicht nur nach Kant) zumindest unbewiesene Behauptung, die zwar *mutatis mutandis* von vielen neuzeitlichen „transzendentalen Realisten", wie Spinoza, Descartes, Leibniz u.a., vertreten wurde, jedoch von einem transzendentalen Realisten nicht vertreten werden *muß*.

Schließlich stellt die ebenfalls zu ergänzende Prämisse:

(7b) Es gibt Begebenheiten; formal notiert: $\exists x,t_1,z_1(Z(x,t_1,z_1) \wedge \forall t_2(t_2<t_1 \rightarrow \neg Z(x,t_2,z_1)))$,

eine Verletzung der notwendigen Bedingung (VII) an die Kantische Antinomienlehre dar, da sie als *empirische* Behauptung angesehen werden muß.[157]

Der vorliegende Beweis bricht nun endgültig in sich zusammen, wenn gezeigt werden kann, daß seine Prämissen unabhängig von der zu widerlegenden Annahme (1) widersprüchlich sind. Dies soll jetzt geschehen: Gemäß der Prämisse (7b) gibt es eine Begebenheit z_1, welche nach der Prämisse (7) eine hinreichend *a priori* bestimmte (naturkausale) Ursache z_2 besitzt. Somit ist die Menge $\{z|U(z,z_1)\}$ nicht leer und bildet aufgrund der Prämissen (4a)-(4d) gemeinsam mit der Relation U(x,y) eine Reihe.[158] Diese Reihe $\langle\{z|U(z,z_1)\},U\rangle$ besitzt aufgrund der Prämissen (3) und (7) kein Anfangselement, woraus mit der Prämisse (5a) folgt, daß sie links-unvollständig ist. Wegen der Prämisse (6a) gibt es dann in $\langle\{z|U(z,z_1)\},U\rangle$ kein Element, das hinreichend *a priori* bestimmt ist. z_2 ist aber gerade ein solches Element! - Die

---

[155] Ich folge hier den Ausführungen von P.Mittelstaedt *1989*, S.153-162. Vgl. aber auch M.Carrier *1992*, S.98-104, und die dort zitierte Literatur.

[156] Vgl. dazu oben Abschnitt 3.2.2.

[157] Zu Bedingung (VII) vgl. oben Abschnitt 2.1.3.

[158] Dieser Schluß hängt nur insofern von den Prämissen (4a)-(4d) ab, als diese sicherstellen, daß $\{z|U(z,z_1)\}$ gemeinsam mit der Relation U(x,y) als Reihe bezeichnet werden kann. Wollte man an der Legitimität der Ergänzung dieser Prämissen zweifeln, so würde dadurch das von mir hier vorgetragene Argument solange nicht belastet, wie man (vielleicht aufgrund alternativer Bedingungen für die Anwendung des Reihenbegriffs) bereit ist, $\langle\{z|U(z,z_1)\},U\rangle$ als Reihe zu bezeichnen, was Kant ja im Beweis selber tut.

logische Rekonstruktion des Beweises hat also versteckte Prämissen zutage gefördert, die einerseits den Beweis allererst schlüssig machen, andererseits aber (gemeinsam mit den expliziten Prämissen) die Herleitung eines Widerspruchs ermöglichen. Der Beweis verletzt somit auch die notwendige Bedingung (V) an die Kantische Antinomienlehre.[159]

Im Beweis der Antithesis, dem ich mich nun zuwende, macht Kant von einer weit geringeren Anzahl von Prämissen Gebrauch als im Beweis der Thesis. Gewissermaßen als Ausgleich für die geringere Anzahl sind sie aber z.T. schwieriger zu beurteilen. Eine entscheidende Rolle im Beweis der Antithesis spielt zweifellos das Kausalgesetz, das in verschärfter Form bereits in den Thesis-Beweis eingeht.[160] Das Kausalgesetz bildet aber nicht die einzige Prämisse des Antithesis-Beweises.[161] Bevor Kant das Kausalgesetz in den Beweis einführt, macht er - abgesehen von einigen von ihm unerwähnt gelassenen Bedeutungspostulaten - von der folgenden Prämisse Gebrauch:

(5) „Es setzt aber ein jeder [...] dynamisch erster Anfang der Handlung einen Zustand [voraus], der mit *dem* vorhergehenden eben derselben Ursache gar keinen Zusammenhang der Kausalität hat, d.i. auf keine Weise daraus erfolgt" (A445, B473; kursiv vom Verf.); formal notiert: $\forall x,z,t((K_t(x,z) \wedge \neg\exists y,t'(K_{t'}(y,x))) \rightarrow \exists z_1(Z(x,t,z_1) \wedge \forall z_2,t_1(Z(x,t_1,z_2) \wedge t_1<t \rightarrow z_2 \neq z_1 \wedge \neg\exists t''(K_{t''}(z_2,z_1))))))$.[162]

Diese Prämisse könnte durch die folgenden Überlegungen motiviert sein: Wenn ein Gegenstand x zu einem Zeitpunkt t eine Begebenheit frei verursacht, so muß sich x zu t in einem besonderen Zustand z_1 befinden (eine besondere Eigenschaft haben), die sein Wirken erst möglich macht. Hätte sich x nun bereits zu einem früheren Zeitpunkt als t einmal im Zustand z_1 befunden, wäre z_1 also nicht selbst eine zu t

[159] Vgl. auch zu dieser Bedingung Abschnitt 2.1.3. (oben).

[160] Vgl. auch N.K.Smith *1923*, S.494, P.F.Strawson *1966*, S.208ff., J.Bennett *1974*, S.187, und P.Guyer *1987*, S.411. Eine auffällige Ausnahme bilden diesbezüglich H.Dimpker/ B.Kraft/D.Schönecker *1996*, S.210ff., die glauben, Kant dürfe vom Kausalgesetz nicht Gebrauch machen, und deshalb eine wenig überzeugende alternative Interpretation vorschlagen (vgl. oben Abschnitt 2.4.3.); dazu wird später noch etwas zu sagen sein.

[161] Daher ist die Kritik von N.K.Smith *1923*, S.494, zurückzuweisen, Kant führe Thesis *und* Antithesis allein auf das Kausalgesetz zurück und es läge somit die Figur: $p \rightarrow \neg(T_3)$, $p \rightarrow \neg(A_3^*)$, $(T_3) \leftrightarrow \neg(A_3^*)$ vor.

[162] Der bestimmte Artikel „dem" kann, wie sich aus der formalen Rekonstruktion in Abschnitt 2.4.3. ergibt, als Ausdruck einer All-Quantifikation aufgefaßt werden. - Die Verschiedenheit des „vorausgesetzten" Zustands von den „vorhergehenden eben derselben Ursache", d.h. die Forderung $z_2 \neq z_1$, deutet sich in Kants Formulierung an und wird formal benötigt, um darauf schließen zu können, daß der „vorausgesetzte" Zustand z_1 in der Zeit einmal erstmalig eingetreten ist, so daß die von Kant im sechsten Beweisschritt eingeführte Prämisse (das Kausalgesetz) auf ihn angewendet werden kann.

eintretende Begebenheit, so stellte sich die Frage, warum x erst zu t in entsprechender Weise wirkt. Angesichts der Tatsache, daß es im vorliegenden Kontext um vollständige Ursachen geht, ist diese Frage schwer zu beantworten. Würde andererseits z_1 durch einen früheren Zustand z_2 von x bewirkt, so würde sich die Frage ergeben, warum man dann noch daran festhalten wolle zu sagen, x hätte seine Wirkung *frei* hervorgebracht, und nicht statt dessen sage, z_1 habe die Wirkung (naturkausal) hervorgebracht und sei selbst durch z_2 verursacht. Nach Kant ist dies insbesondere für einen transzendentalen Realisten schwer zu beantworten, da dieser x nicht anders als ein unhintergehbar zeitliches Wesen auffassen kann. Im Rahmen von Kants Substanz-Zustand-Analyse der Kausalität erscheinen mir diese Überlegungen nicht unplausibel.

Problematischer ist hingegen - auch in dem von Kant abgesteckten begrifflichen Rahmen - die zu ergänzende Prämisse:

(5a) Wenn ein Zustand eines Gegenstands nicht durch einen früheren Zustand desselben Gegenstands verursacht wird, dann wird er überhaupt nicht nach Gesetzen der Natur verursacht; in formaler Schreibweise: $\forall x,t_1,z_1(Z(x,t_1,z_1) \wedge \neg\exists t_2,z_2,t(Z(x,t_2,z_2) \wedge t_2<t_1 \wedge K_t(z_2,z_1)) \rightarrow \neg\exists z_3,t'(U_{t'}(z_3,z_1)))$.

Diese Behauptung kann nun unter zwei Gesichtspunkten angegriffen werden: Zum einen belastet sie den Begriff der „Kausalität nach Gesetzen der Natur“ *a priori* mit einer gewissen zeitlichen Ausrichtung (vgl. oben). Zum anderen möchte ich bestreiten, daß wir, *wann immer* wir ein naturkausales Ursache-Wirkungs-Verhältnis zwischen einer Begebenheit z_1 und einer Begebenheit z_2 konstatieren, unterstellen, daß es auch eine Ursache für z_2 geben müsse, die ein Zustand derselben Substanz ist wie der Zustand (die Begebenheit) z_2. Es mag Fälle geben, in denen dies zutrifft - z.B. wenn, wie in der Physik, Kausalgesetze die Form von Differentialgleichungen haben, welche die Zustände eines Systems beschreiben. Im alltäglichen Sprachgebrauch, in dem wir uns auch auf gewisse grobe Kausalgesetze oder zumindest kausale Regelmäßigkeiten beziehen, ist dies jedoch oft nicht der Fall: Wir sagen „Die Person N.N. litt am 6.5.1997 an Schlafstörungen, *weil* damals Vollmond war“ (und beziehen uns damit vielleicht auf die Regel „Bei Vollmond leiden Menschen an (mehr oder minder starken) Schlafstörungen“), ohne zu *unterstellen*, es *müsse* auch eine Ursache der Schlafstörungen von N.N. geben, die sich als Zustand von N.N. beschreiben läßt. Eine solche zu finden, mag uns gelingen, wenn wir ein sehr genaues Wissen über die Zusammenhänge zwischen der Stellung von Sonne, Erde und Mond zueinander und Schlafstörungen von Personen haben. Oft fehlt uns jedoch ein solch genaues Wissen.- Ein transzendentaler Realist kann deshalb die Prämisse (5a) auch dann mit gutem Grund verwerfen, wenn er im Bezug auf Kausalität dieselbe Sprache spricht wie Kant.

Um unter der Annahme (1), daß es Fälle von Kausalität durch Freiheit in der Welt gebe, den gewünschten Widerspruch herleiten zu können, beruft sich Kant schließlich auf das Kausalgesetz:

(6) „Also ist die transzendentale Freiheit dem *Kausalgesetze* entgegen" (A445, B473; kursiv vom Verf.); formal ausgedrückt: $\forall z_1(\exists x,t_1(Z(x,t_1,z_1) \wedge \forall t_2(t_2<t_1 \rightarrow \neg Z(x,t_2,z_1))) \rightarrow \exists z_2,t(U_t(z_2,z_1)))$.

Daß ein transzendentaler Realist - auch nach Kants eigener Ansicht - nicht durch sichere Beweisgründe dazu gezwungen ist, diese Prämisse zu vertreten, und daß er gute Gründe haben kann, sie zurückzuweisen, wurde schon im Kommentar zum Thesis-Beweis herausgestellt (vgl. oben). Falsch ist jedoch die Behauptung, Kant dürfe sie im (transzendental-realistischen) Beweis der Antithesis gar nicht verwenden, da sie in seiner Transzendentalphilosophie als zweite Analogie der Erfahrung auftrete.[163] Das Kausalgesetz ist keine Prämisse, die, wie einige Prämissen in der ersten Antinomie, *nur* unter der Voraussetzung des transzendentalen Idealismus vertreten werden kann. Es ist auch mit dem transzendentalen Realismus verträglich, büßt nach Kant unter dieser Voraussetzung allerdings seine Beweisbarkeit ein.

Wenngleich der Beweis der Antithesis einen weniger desolaten Eindruck hinterläßt als der Beweis der Thesis, kann auch er nicht davon überzeugen, daß ein transzendentaler Realist Kausalität durch Freiheit zurückweisen muß. Die dritte Antinomie kann aus diesem Grunde, ebenso wie ihre beiden Vorgänger, nicht als *erwiesenes* Problem des transzendentalen Realismus gelten.

---

[163] So H.Dimpker/B.Kraft/D.Schönecker *1996*, S.219ff. Auch P.Guyer *1987* äußert sich in diesem Zusammenhang mit unnötiger Vorsicht: „Kant explicitly asserts that ‚transcendental freedom' must be denied because ‚it stands opposed to the law of causality'; the anomalous ‚kind of connection which it assumes as holding between the successive states of the active causes renders all unity of experience impossible'(A445-7/B473-5). This is an explicitly epistemological claim, but that is in order if what is to be inferred is not, in this case, an absolute ontological conclusion but only a limit on what can be known" (S.411). - Auch die Rede von der „Einheit der Erfahrung" im siebenten Kantischen Beweisschritt und die Gegenüberstellung „Natur : Gesetzmäßigkeit, transzendentale Freiheit : Gesetzlosigkeit" im abschließenden Kommentar zum Beweis (vgl. A447, B475) kann ich nicht, wie N.K.Smith *1923*, S.494f., und J.Schmucker *1990*, S.152f., meinen, als hinreichenden Beleg dafür ansehen, daß sich Kant im vorliegenden Beweis auf spezifisch transzendental-idealistische Beweisgründe stützt.

3.4. Kritik der vierten Antinomie

3.4.1. Kants Auflösung der vierten Antinomie

Wie analog schon im Falle der dritten Antinomie zu beobachten war, erhebt Kant zwar gegen die transzendental-realistische Konklusion, daß mit einem nur in Abhängigkeit von einem anderen existierenden (zufälligen) Ding die ganze Reihe der voneinander abhängigen Dinge gegeben sei, sein übliches transzendental-idealistisches Veto, zieht daraus aber nicht die Konsequenz, daß die einander „entgegengesetzten" Behauptungen der vierten Antinomie falsch sind. Der transzendental-idealistische Einspruch gegen die Konklusion des transzendentalen Realisten findet sich bereits im siebenten Abschnitt des Antinomienkapitels:

> „Eben das [sc. was für die ersten beiden kosmologischen Ideen gilt, Verf.] gilt von der Reihe [...] der bedingten bis zur unbedingt notwendigen Existenz, welche niemals weder an sich ihrer Totalität nach als endlich, noch als unendlich angesehen werden kann, weil sie als Reihe subordinierter Vorstellungen nur im dynamischen Regressus besteht, vor demselben aber, und als für sich bestehende Reihe von Dingen, an sich selbst gar nicht existieren kann" (A505f., B533f.).

Eine Reihe von *Erscheinungen*, die in ihrer Existenz voneinander abhängen, d.h. einander kausal bedingen und somit nur bedingt-notwendig (d.i. zufällig) existieren[164], ist demnach niemals vollständig; vollständige Reihen dieser Art gibt es nicht. Da erst mit einer vollständigen Reihe ein Unbedingtes (in diesem Falle: ein unbedingt-notwendiges Wesen) gegeben würde, wird also durch derartige Reihen von Erscheinungen auch kein unbedingt-notwendiges Wesen gegeben. Spekulationen darüber, ob ein solches Wesen als Anfangsglied der Reihe oder als die (anfangslose) Reihe selbst gedacht werden müsse, sind damit grundlos. Würde nun, wie es die Kantische Konzeption der Antinomienlehre verlangt, die Thesis eine Spekulation der ersten Art enthalten, und die Antithesis eine Spekulation der letzteren Art, so wäre zu erwarten, daß diese Behauptungen, wenn sie *ausschließlich* auf Erscheinungen bezogen werden, falsch sind.

Kants Auflösung der Antinomie erfüllt jedoch, wie bereits angedeutet wurde, diese Erwartung nicht. Kant bezieht Thesis und Antithesis auf unterschiedliche Gegenstandsbereiche (*universes of discourse*) und erklärt, die Antithesis sei auf ihrem ausschließlich aus Erscheinungen bestehenden Gegenstandsbereich *wahr*, die

[164] Wenn eine Erscheinung x in ihrer Existenz von einer Erscheinung y abhängt, dann heißt das für Kant, daß y eine (naturkausale) Ursache von x ist. Da der Begriff der Ursache besagt, „daß, wenn es [y] gesetzt ist, dadurch auch etwas anderes [x] *nothwendig* gesetzt werden müsse" (*AA* IV;257,25f.; kursiv vom Verf.), ist x dann zwar bedingt-notwendig (vgl. die im Haupttext zitierte Textstelle), aber auch (empirisch) zufällig, denn dies heißt nach der Anmerkung zur Thesis gerade, daß x naturkausal verursacht ist (vgl. A458, B486).

Thesis hingegen *könne* auf einem demgegenüber um Dinge an sich erweiterten Gegenstandsbereich ebenfalls *wahr* sein. Damit sei die *Möglichkeit* gegeben, daß beide einander „entgegengesetzten“ Behauptungen gemeinsam wahr sind.

Nun konnte in der Analyse der logischen Struktur der Behauptungen gezeigt werden, daß sich Thesis und Antithesis über einem und demselben Gegenstandsbereich nicht kontradiktorisch, sondern *konträr* zueinander verhalten, d.h. gemeinsam falsch, aber nicht gemeinsam wahr sein können.[165] Auch dies hätte Kant die Möglichkeit eröffnet, eine undogmatische (kritische) Auflösung zu wählen (die beiden einander „entgegengesetzten“ Behauptungen denselben Wahrheitswert zuspricht) und dennoch an ein und demselben Gegenstandsbereich (dem der Erscheinungen) für beide Behauptungen festzuhalten. Kant hat entweder die logische Struktur von Thesis und Antithesis nicht richtig durchschaut oder Gründe gehabt, eine solche Auflösung nicht zu wählen. Ein Grund, der hierfür in Betracht kommt, ist die Tatsache, daß die Antithesis ihrer Formulierung nach - entgegen der Kantischen Konzeption der Antinomienlehre - *nicht* die falsche Spekulation enthält, eine bestimmte Bedingungsreihe sei vollständig gegeben, sondern im Gegenteil (aus Kantischer Sicht) wahrheitsgemäß behauptet, im Bereich der Erscheinungen gebe es kein notwendiges Wesen (mit bestimmten Eigenschaften). Ein anderer Grund könnte darin bestehen, daß Kant aufzeigen wollte, daß es im Bereich der Dinge an sich - und *nur* in diesem Bereich - durchaus ein notwendiges Wesen geben *könne*.

Die so skizzierte Auflösung wird von Kant im neunten Abschnitt des Antinomienkapitels der *Kritik der reinen Vernunft* unter der Überschrift „Auflösung der kosmologischen Idee von der Totalität der Abhängigkeit der Erscheinungen, ihrem Dasein nach überhaupt“ entwickelt.[166] Kant beginnt seine Ausführungen mit einer überraschenden Feststellung: Die Reihe der kausal miteinander verknüpften *Zustände* einer Substanz, wie sie in der dritten Antinomie thematisiert wurden, dienen in der vierten Antinomie „nur zur Leitung, um zu einem Dasein zu gelangen, das die höchste Bedingung alles Veränder*lichen* sein könne, nämlich dem n o t- w e n d i g e n W e s e n. Es ist hier nicht um die unbedingte Kausalität, sondern *die unbedingte Existenz der Substanz selbst zu tun*“ (A559, B587; kursiv vom Verf.).

Nun könnte man diese Feststellung als bloßen Hinweis auf die unterschiedlichen Aspekte ansehen wollen, auf welche es in der dritten und in der vierten Antinomie ankommt, und mutmaßen, Kant habe diese Feststellung deshalb für nötig gehalten, weil Kausalketten auch in der vierten Antinomie eine entscheidende Rolle spielen und es daher leicht zu einer falschen Identifikation des Themas der vierten Antinomie mit dem der dritten kommen könnte. Doch die Feststellung ist substantieller, und dies deutet sich in der zitierten Textstelle bereits in der Rede von einer „Bedingung alles Veränder*lichen*“ an. War in den Beweisen durchweg von Bedingungen von

---

165 Vgl. oben Abschnitt 2.5.1.

166 Vgl. A559-567, B587-595.

Veränder*ungen* bzw. von bedingten Veränder*ungen* die Rede, so geht Kant mit der zitierten Textstelle dazu über, konsequent von veränder*lichen Dingen* zu sprechen. Vor dem Hintergrund der „Berichtigung des Begriffs der Veränderung", die Kant in der *Kritik der reinen Vernunft* im Anschluß an die erste Analogie der Erfahrung vorträgt und bereits in der Dissertation von 1770 als „logische These" eingeführt hatte[167], ist dies nicht nur eine *façon de parler*. Kant bringt die „Berichtigung" auf die Formel: „nur das Beharrliche (die Substanz) wird verändert, das Wandelbare [sc. die Zustände der Substanz, Verf.] erleidet keine Veränderung" (A187, B230f.). Veränder*lich* sind also nur Substanzen; Veränder*ungen* treten an diesen auf, sind aber selbst nicht veränder*lich*.

Kant wechselt somit das Thema in eine Richtung, die man mit Blick auf die bloße Formulierung von Thesis und Antithesis (unter Mißachtung der Beweise) auch erwartet hätte: Es geht ihm nun um die Existenz einer schlechthin notwendigen *Substanz*, von der zufällige *Substanzen* in ihrer Existenz abhängen.[168] Der empirische Regreß, der ihn fortan interessiert, ist ein Regreß in der „Ableitung [...] des zufälligen Daseins der *Substanz selbst* von der notwendigen" (A560, B588; kursiv vom Verf.). Dieser Regreß erlaubt nach Kant die Verbindung empirischer, bedingter Bedingungen (Substanzen) mit einer ungleichartigen, intelligiblen Bedingung (Substanz), was nach der „Schlußanmerkung zur Auflösung der mathematisch-transzendentalen, und Vorerinnerung zur Auflösung der dynamisch-transzendentalen Ideen" darauf zurückzuführen ist, daß die Relation „das Dasein von x ist abhängig vom Dasein von y" eine „Synthesis des Ungleichartigen" gestattet, d.h. Relata aus den im transzendentalen Idealismus unterschiedenen Bereichen (Dinge an sich - Erscheinungen).[169] Die Variable „y" kann hier auch ein Ding an sich vertreten:

> „Also bleibt uns, bei der vor uns liegenden scheinbaren Antinomie, noch ein Ausweg offen, da nämlich alle beide einander widerstreitenden Sätze in verschiedener Beziehung zugleich wahr sein können, so, daß alle Dinge der Sinnenwelt durchaus zufällig sind, mithin auch immer nur empirischbedingte Existenz haben, gleichwohl von der ganzen Reihe, auch eine nichtempirische Bedingung, d.i. ein unbedingt-notwendiges Wesen stattfinde. Denn dieses würde, als intelligible Bedingung, gar nicht zur Reihe als ein Glied derselben (nicht einmal als das oberste Glied) gehören, und auch kein Glied der Reihe empirischunbedingt machen, sondern die ganze Sinnenwelt in ihrem durch alle Glieder gehenden empirischbedingten Dasein lassen" (A560f., B588f.).[170]

---

[167] Vgl. *KdrV* A187f., B230f. und § 2 der Dissertation (*AA* II;390,27ff.) sowie oben Abschnitt 1.4.

[168] Ebenso P.F.Strawson *1966*, S.216, und J.Bennett *1974*, S.241.

[169] Vgl. A530, B558.

[170] Vgl. auch *Prolegomena*, § 53, *AA* IV;347,9-14; R5949 *AA* XVIII;397,16-23, und R5962 *a.a.O.*;404,26-405,3 - N.K.Smith *1923* sieht in Kants Aussage, daß ein entsprechendes notwendiges Wesen „gar nicht zur Reihe als ein Glied derselben (nicht einmal als das oberste Glied) gehören [würde]" eine (von Kant getroffene) künstliche Unterscheidung zwischen der Auflösung der dritten Antinomie und der der vierten, der es zu widersprechen gilt: „‚Necessary being' is not in conception more

Ebenso wie Kant im Rahmen seiner Auflösung der dritten Antinomie in der *Kritik der reinen Vernunft* nicht nachweisen konnte, daß die Thesis tatsächlich wahr *ist*, muß sich Kant auch hier darauf beschränken, daß die Thesis gemeinsam mit der Antithesis wahr sein *kann*. M.a.W.: Sollte die Thesis dennoch falsch sein, so ist dies nicht darauf zurückzuführen, daß die Vertreter der Antithesis Recht behalten haben, sondern auf den demgegenüber kontingenten Sachverhalt, daß es auch im Bereich der Dinge an sich kein entsprechendes notwendiges Wesen geben würde.[171] Während Kant aber die Wahrheit der Thesis der dritten Antinomie im Bereich der praktischen Philosophie sicherstellen konnte, kommt er bezüglich der vierten Antinomie über das in der *Kritik der reinen Vernunft* erzielte Resultat nicht hinaus, wie er in der *Kritik der praktischen Vernunft* dann auch unmißverständlich klar macht.[172]

Der Leser der vorangehenden Ausführungen mag eine gewisse „Oberflächlichkeit“ in der Rekonstruktion der Kantischen Auflösung der vierten Antinomie bemerkt haben. Dies hat einen guten Grund. Es war auf diese Weise möglich, eine zusammenhängende Darstellung einer zutiefst problematischen Argumentation zu geben, ohne sogleich in die kritische Auseinandersetzung mit Kant einzutreten und darüber das Gerüst der Kantischen Argumentation aus den Augen zu verlieren. Letzteres ist nun nicht mehr zu befürchten, der Blick kann sich auf die Schwierigkeiten des Kantischen Ansatzes richten.

Zunächst ist festzuhalten, was sich in den nachfolgenden Kritikpunkten weiter bestätigen wird: Im neunten Abschnitt des Antinomienkapitels der *Kritik der reinen Vernunft* löst Kant einen Widerspruch auf, den er im zweiten Abschnitt dieses

---

extramundanum than ‚unconditioned cause‘“ (S.519). Kant behauptet so etwas aber gar nicht. Ein notwendiges Wesen gehört als *Ding an sich* aus demselben Grunde nicht zu einer Reihe von *Erscheinungen* wie eine freiheitliche Ursache als *Ding an sich*. - J.Bennett *1974*, S.243, kritisiert dieselbe Aussage Kants als im Widerspruch zu Thesis und Antithesis stehend; auch solche Widersprüche vermag ich nicht zu sehen.

[171] „Es wird also dadurch nur gezeigt, daß [...] kein wahrer Widerspruch zwischen diesen Behauptungen anzutreffen sei, mithin sie b e i d e r s e i t s w a h r s e i n können. Es mag immer ein solches schlechthinnotwendiges Verstandeswesen an sich unmöglich sein, so kann dieses doch aus der allgemeinen Zufälligkeit und Abhängigkeit alles dessen, was zur Sinnenwelt gehört [...] keineswegs geschlossen werden“ (A562f., B590f.).

[172] Vgl. *AA* V;105,22-30 - Dem transzendentalen Realisten bleibt nach Kant sogar der Auflösungsansatz in der *KdrV* versperrt, da aus seiner Sicht die „Bedingung mit dem Bedingten jederzeit zu einer und derselben Reihe [...] gehörte, ein notwendiges Wesen, als Bedingung des Daseins der Erscheinungen der Sinnenwelt, [somit] niemals stattfinden könne“ (A559f., B587f.). Dem widerspricht J.Schmucker *1990*; Schmucker wendet Kants Behauptung sogar ins Gegenteil: „Also kann man dieses von Kant entwickelte Prinzip (der nicht notwendigen Gleichartigkeit zwischen Ursachen und Wirkungen), näher besehen, wohl anwenden auf das ‚ungleichartige‘ Bedingungsverhältnis zwischen einem transzendenten intelligiblen Prinzip und der Sinnenwelt als einer solchen von Dingen an sich [...], nicht aber auf das ungleichartige Bedingungsverhältnis zwischen einem absoluten intelligiblen Prinzip [...] und einer phänomenalen Welt“ (S.344).

Kapitels, d.i. in der Vorstellung der antinomischen Behauptungen und ihrer Beweise, gar nicht etabliert hat. Bewiesen wurde dort einerseits, daß es etwas notwendigerweise Existierendes gibt, das eine *Welt*veränder*ung* oder mit der Reihe aller *Welt*veränder*ungen* identisch ist[173], und andererseits, daß es nichts notwendigerweise Existierendes gibt, das eine *Welt*veränder*ung* oder mit der Reihe aller *Welt*veränder*ungen* identisch oder keines von beiden, aber die Ursache aller *Welt*veränder*ungen* ist[174]. Wenn Kant nun in der Auflösung das Thema wechselt - von *Welt*veränder*ungen* zu (beliebigen) veränder*lichen Substanzen* -, dann kann er nicht sicher sein, daß sich für diese überhaupt ein ähnlicher Konflikt ergibt, wie er ihn für Weltveränderungen zu etablieren versucht hat.

Nun könnte man versuchen, Kants Auflösung durch den Hinweis zu retten, es gehe ihm - entgegen einigen anderslautenden Aussagen (vgl. oben) - nur um die Substantialität des (bestätigten oder zurückgewiesenen) *notwendigerweise* Existierenden, während alles bloß *zufälligerweise* Existierende durchaus ein Weltzustand sein könnte.[175] Doch auch dieser Rettungsversuch erweist sich als problematisch: Zum einen wurde in der Erörterung der Auflösung der ersten Antinomie herausgestellt, daß eine Bezugnahme auf Zustände der Gesamtheit aller raumzeitlichen Gegenstände (Welt) als gegebene Erscheinungen im transzendentalen Idealismus unzulässig ist.[176] Zum anderen bleibt nach derjenigen Version der Thesis, für die Kant im Beweis argumentiert, als notwendige „Substanz" nur die Reihe aller Weltveränderungen übrig, da die von der Thesis angebotene Alternative (die notwendige „Substanz" ist selbst eine Weltveränderung) offensichtlich nicht infrage kommt.[177]

Eine weitere Schwierigkeit der Kantischen Auflösung und auch des zuvor erörterten Rettungsversuches besteht darin, daß Kant den Begriff der (empirischen) Zufälligkeit über den Begriff der Naturkausalität einführt.[178] In der Relation der Naturkausalität können aber nur Begebenheiten, d.h. in der Zeit einmal erstmalig eingetretene Zustände von Substanzen, stehen; Substanzen selbst sind davon ausgeschlossen.[179] Dem zufolge bleibt unklar, was es überhaupt heißt, daß eine

---

[173] Vgl. oben die Abschnitte 2.5.1. und 2.5.2.

[174] Vgl. oben die Abschnitte 2.5.1. und 2.5.3.

[175] In diese Richtung weist die kurze Zusammenfassung der Auflösung in § 53 der *Prolegomena* (*AA* IV;347,9-14).

[176] Vgl. oben Abschnitt 3.1.1.

[177] Anders liegt die Sache bei derjenigen Version der Thesis, die Kant ausformuliert, *aber nicht beweist*: „Zu der Welt gehört etwas, das, entweder als ihr Teil, oder ihre Ursache, ein schlechthin notwendiges [A-Auflage: „notwendig"] Wesen ist" (A452, B480).

[178] „Empirische Zufälligkeit, d.i. die Abhängigkeit [...] von *empirisch bestimmenden* Ursachen" (A458, B486; kursiv vom Verf.).

[179] Vgl. die Ausführungen zur dritten Antinomie, insbesondere Abschnitt 2.4.1. (oben).

Substanz (empirisch) zufällig ist.[180] Außerdem kann Kant seine Behauptung, die Relation „das Dasein von x ist abhängig vom Dasein von y" erlaube eine „Synthesis des Ungleichartigen" keineswegs auf die Relation der Naturkausalität stützen, denn diese erlaubt, wie aus der Auflösung der dritten Antinomie bekannt ist, gerade keine „Synthesis des Ungleichartigen". Um zumindest die Substantialität eines notwendigerweise Existierenden retten zu können, müßte Kant die (empirische) Zufälligkeit daher über den allgemeinen Kausalitätsbegriff einführen, so daß die Möglichkeit von Kausalität durch Freiheit eingeschlossen würde.[181] Sowohl im Beweis der Antithesis als auch im Beweis der Thesis wird aber von Argumenten Gebrauch gemacht, die nur den Begriff der Naturkausalität betreffen können.[182] Kant scheint in der Konstruktion *und* in der Auflösung der vierten Antinomie ein Opfer der Ambivalenz seines allgemeinen Kausalitätsbegriffs geworden zu sein.

3.4.2. Sachliche Beurteilung der vierten Antinomie

Da Kant, wie im vorangehenden Abschnitt gezeigt wurde, in seiner „Auflösung der kosmologischen Idee von der Totalität der Abhängigkeit der Erscheinungen, ihrem Dasein nach überhaupt" einen Konflikt auflöst, der in den Beweisen der vierten Antinomie gar nicht etabliert wurde, verbleibt der dort tatsächlich etablierte Konflikt unaufgelöst. Im folgenden werde ich der Frage nachgehen, ob aus dieser Sachlage ein ernstzunehmendes Problem resultiert oder nicht. Aufgrund der logischen Korrektheit der Beweise von Thesis und Antithesis[183] kann eine Antwort auf diese Frage nur in einer Erörterung der Prämissen der beiden Beweise gefunden werden.

Den Beweis der Thesis beginnt Kant mit der Feststellung, daß die Sinnenwelt eine Reihe von Veränderungen aufweist. Wie die logische Analyse des Beweises gezeigt hat, benötigt Kant aber nur die in dieser Feststellung enthaltene Behauptung, daß es

---

[180] Vgl. dazu Kants eigene Feststellung in R5808 (nach E.Adickes zwischen 1785 und 1789 entstanden): „Aus der Veränderung können wir wohl schließen, daß ein Zustand zufallig sey, aber nicht, daß ein Ding zufällig sey. Das erste bedeutet, daß der Zustand eine Ursache habe" (*AA* XVIII;359,15ff.). - P.F.Strawson *1966* trägt im Grunde dasselbe Argument mit leicht veränderter Stoßrichtung vor; nach Strawson begeht Kant in seiner Auflösung eine „invalid transition [...] from ‚x is alterable' to ‚x is (empirically) conditioned in its existence'. Kant is indeed committed to the validity of the different step from ‚x is an alternation' to ‚x is empirically conditioned in its existence[...]'. But there is no principle which he has adopted or argued for which sanctions the transition from ‚x *undergoes* alteration' to ‚x is dependent for its existence on some [...] condition of that existence'. Not only does he lack a principle which sanctions that transition; he is, prima facie, committed to a principle which forbids it" (S.216).

[181] Gleichwohl hätte aber auch dann das Zufällige niemals Substanzcharakter, da auch Wirkungen durch Freiheit stets Begebenheiten sind, wie in Abschnitt 2.4.1. festgestellt wurde.

[182] Vgl. oben die Abschnitte 2.5.2. und 2.5.3. sowie den nachfolgenden Abschnitt 3.4.2.

[183] Vgl. oben die Abschnitte 2.5.2. und 2.5.3.

Weltveränderungen (d.h. Zustände der Welt, die in der Zeit einmal erstmalig eingetreten sind) gibt. Er begründet die Prämisse:

(1) „Die Sinnenwelt, als das Ganze der Erscheinungen, enthält zugleich eine Reihe von Veränderungen" (A452, B480); formal notiert: $\exists t_1,z(Z(W,t_1,z) \wedge \forall t_2(t_2<t_1 \rightarrow \neg Z(W,t_2,z)))$,

mit den Worten: „Denn ohne diese [sc. Reihe von Veränderungen, Verf.] würde selbst die Vorstellung der Zeitreihe, als einer Bedingung der Möglichkeit der Sinnenwelt, uns gar nicht gegeben sein" (ibid.). Vermutlich um dem Einwand vorzubeugen, er argumentiere hier vom Standpunkt des transzendentalen Idealismus, fügt Kant dieser Begründung die Fußnote hinzu:

> „Die Zeit geht zwar als formale Bedingung der Möglichkeit der Veränderungen vor dieser *objektiv* vorher, allein subjektiv, und in der Wirklichkeit des Bewußtseins, ist, diese Vorstellung doch nur, so wie jede andere, durch Veranlassung der Wahrnehmungen gegeben" (ibid.; kursiv vom Verf.).

Gesteht man Kant zu, daß er hier nicht die transzendentale Idealität der Zeit voraussetzt, so kann man dennoch zwei Fragen stellen: (a) Können wir uns *nur* aufgrund von (tatsächlichen) Weltveränderungen die *Vorstellung* einer Zeitreihe bilden? (b) Ist die *Vorstellung* einer Zeitreihe eine „Bedingung der Möglichkeit der Sinnenwelt" (verstanden als Gesamtheit sinnlich wahrnehmbarer Gegenstände)? Auf beide Fragen lautet die Antwort: Nein! Gäbe es keine Weltveränderungen, d.h. wären die Zustände (Eigenschaften) aller Dinge in der Welt statisch, dann könnten wir (sofern wir dann noch in Substanz-Akzidenz-Kategorien denken würden) durchaus eine Reihe von Zustandsänderungen von Dingen in unserer Vorstellung konstruieren, sie zu einer Reihe anordnen und uns so die Vorstellung einer Zeitreihe bilden. Diese *Vorstellung* wäre aber keineswegs eine „Bedingung der Möglichkeit der Sinnenwelt", welche n.V. unabhängig von unseren Vorstellungen als statische existieren würde, sofern wir diesbezüglich einen transzendental-realistischen Standpunkt einnehmen würden. Die Begründung der Prämisse (1) ist also nicht überzeugend. Sie verknüpft in einer für den transzendentalen Realisten unzulässigen Weise epistemologische mit ontologischen Sachverhalten. Offenbar hat Kant auf diese Weise zu vermeiden versucht, die Prämisse (1) als das einzuführen, was sie ist, nämlich eine *empirische* Behauptung.[184]

---

[184] P.Guyer *1987*, S.412, sieht in Kants Begründung von (1) einen Beleg dafür, daß (1) eine „condition of sensible knowledge" expliziere. Guyer übersieht dabei jedoch, daß Kant in der Formulierung von (1) über das hinausgeht, was er beweistechnisch benötigt, und daß der *beweisrelevante* Inhalt von (1) auch als empirische Behauptung aufgefaßt werden kann. Guyers Argument, daß sich der Beweis selber auf ein „subreptives Axiom" stütze, da er „conditions of sensible knowledge" mit ontologischen Annahmen verbinde, ist daher nicht zwingend. - J.Schmucker *1990*, S.158ff., behauptet, daß Kant im vorliegenden

Im zweiten Beweisschritt führt Kant - in einer auf das Thema der vierten Antinomie abgestimmten Formulierung - das Kausalgesetz in den Beweis ein:

(2) „Eine jede Veränderung steht aber unter ihrer Bedingung, die der Zeit nach vorhergeht, und unter welcher sie notwendig ist“ (ibid.); formalsprachlich notiert: $\forall z_1(\exists x,t_1(Z(x,t_1,z_1) \wedge \forall t_2(t_2<t_1 \rightarrow \neg Z(x,t_2,z_1))) \rightarrow \exists z_2(U(z_2,z_1)))$.

Daß es für einen transzendentalen Realisten sowohl nach Kants eigener Ansicht als auch der Sache nach keine zwingenden Gründe gibt, diese Prämisse zu akzeptieren, und daß es nach dem heutigen Wissensstand sogar gute Gründe gibt, an der allgemeinen Gültigkeit dieser Prämisse zu zweifeln, wurde bereits in der Diskussion der dritten Antinomie herausgestellt.[185]

Die im unmittelbar darauffolgenden Beweisschritt eingeführte Prämisse:

(3) „Nun setzt ein jedes Bedingte, das gegeben ist, in Ansehung seiner Existenz, eine vollständige Reihe von Bedingungen [...] voraus“ (ibid.); formal ausgedrückt: $\forall z_1(\exists z_2\, (U(z_2,z_1)) \rightarrow \langle\{z|U(z,z_1)\},U\rangle$ ist eine links-vollständige Reihe),

expliziert dann eine zentrale Voraussetzung, die den transzendentalen Realisten nach Kant in die Antinomie führt und gemeinsames Gedankengut der Vertreter von Thesis und Antithesis ist. Mit der im Übergang zum vierten Beweisschritt *implizit* eingehenden Prämisse:

(3a) Jede nicht-leere, links-vollständige Reihe hat ein Anfangselement; in formaler Notation: $\forall \mathscr{F} \neq \emptyset \forall R(\langle \mathscr{F},R\rangle$ ist eine links-vollständige Reihe $\rightarrow \exists x \in \mathscr{F}\ \forall y \in \mathscr{F}(x \neq y \rightarrow R(x,y)))$,

fällt Kant jedoch hinter diese Voraussetzung zurück, wie bereits gegenüber der zu (3a) äquivalenten Prämisse (5a) des Thesis-Beweises der dritten Antinomie betont wurde.[186] Durch (3a) wird der transzendentale Realist auf die Position der Thesis verpflichtet: Bedingungsreihen, die kein unbedingtes Anfangselement haben, können nach (3a) nicht (links-)vollständig sein. Aus (3) und (3a) folgt, daß jede naturkausal verursachte Begebenheit eine *causa prima* hat. Dies muß ein transzendentaler Realist aber nicht akzeptieren, wenn es ihm - wie Kant unterstellt - auch möglich sein soll, die Position der Antithesis (bzw. der Antithes*en*) zu vertreten.

Beweis vorwiegend vom Standpunkt des transzendentalen Idealismus argumentiere, bringt für diese Behauptung aber vor allem terminologische Belege bei, die ebenfalls nicht zwingend sind. Dasselbe gilt für Schmuckers analoge Ansicht über den Antithesis-Beweis (vgl. *a.a.O.*, S.160f.).

[185] Vgl. oben Abschnitt 3.3.2.

[186] Vgl. auch dazu Abschnitt 3.3.2. (oben).

Akzeptiert man die durch die Prämisse:

(4a) „Empirische Zufälligkeit, d.i. die Abhängigkeit [...] von empirisch bestimmenden Ursachen“ (A458, B486); formal ausgedrückt: $\forall x(\blacklozenge Ex(x) \leftrightarrow \exists y(U(y,x))$,

implizit eingeführte kausale Interpretation der Modalitäten *Zufälligkeit*, *Notwendigkeit*, *Möglichkeit* und nimmt des weiteren an, das Prädikat „Ex(x)“ treffe auf jedes Objekt des Diskursuniversums zu, dann ist die Prämisse (4a) ebenso unproblematisch wie die Prämissen:

(4b) „Zufällig, im reinen Sinne der Kategorie, ist das, dessen kontradiktorisches Gegenteil möglich ist“ (A458, B486); formal notiert: $\forall x(\Diamond\neg Ex(x) \rightarrow \blacklozenge Ex(x))$, und:

(4c) Das, dessen kontradiktorisches Gegenteil unmöglich ist, ist notwendig; formalsprachlich: $\forall x(\neg\Diamond\neg Ex(x) \rightarrow \Box Ex(x))$.

Denn in jedem modallogischen System, das mindestens so stark ist wie das System T von R.Feys[187] und in dem man über ein Prädikat „Ex(x)“, das jedem Element des Diskursuniversums zukommt, sowie die übliche Definition des Zufälligkeitsoperators $\blacklozenge\alpha \leftrightarrow \Diamond\alpha \wedge \Diamond\neg\alpha$ verfügt, sind die Prämissen (4b) und (4c) (modal)logisch wahr.[188]

Der in der formalsprachlichen Formulierung zusammengefaßte, beweisrelevante Teil der von Kant im neunten Beweisschritt eingeführten Prämisse:

[187] Vgl. G.E.Hughes/M.J.Cresswell *1996*, S.41ff.

[188] Gemäß Kants Ausführungen in der Anmerkung zur Thesis identifiziert der Beweis zwei Zufälligkeitsbegriffe, die im transzendentalen Idealismus unterschieden werden müssen (vgl. A458-460, B486-8 und oben Abschnitt 2.5.2.): Die Prämisse (4a) expliziert einen „empirischen“, die Prämisse (4b) hingegen einen „reinen“ Zufälligkeitsbegriff. (Offenbar hat Kant in seiner Formulierung von (4b) die logisch stärkere Version $\forall x(\Diamond\neg Ex(x) \leftrightarrow \blacklozenge Ex(x))$ intendiert.) Kant wendet nun ein, daß „man aus der empirischen Zufälligkeit auf jene intelligible gar nicht schließen [könne]“ (A458, B460). D.h. nach Kants Meinung kann von $\exists y(U(y,x))$ auf $\Diamond\neg Ex(x)$ nicht geschlossen werden. Unter den genannten modallogischen Voraussetzungen ist die Aussage $\forall x(\Diamond\neg Ex(x) \leftrightarrow \blacklozenge Ex(x))$ jedoch (modal)logisch wahr, und es kann somit mittels (4a) sehr wohl von $\exists y(U(y,x))$ auf $\Diamond\neg Ex(x)$ geschlossen werden. Es kann daher angenommen werden, daß Kant eine der genannten Voraussetzungen für unzutreffend hielt oder selbst von dem in (4a) explizierten Zufälligkeitsbegriff abgewichen ist.

(9) „so muß die oberste Bedingung des Anfangs einer Reihe von Veränderungen in der Zeit existieren, da diese noch nicht war" (ibid.); formalsprachlich: $\forall z_1,z_2(\exists x,t_1(Z(x,t_1,z_1) \wedge \forall t_2\ (t_2<t_1 \rightarrow \neg Z(x,t_2,z_1))) \wedge z_2\in\{z|U(z,z_1)\} \wedge \forall z_3\in\{z|U(z,z_1)\}\ (z_2\neq z_3 \rightarrow U(z_2,z_3)) \rightarrow \exists y,t_3(Z(y,t_3,z_2) \wedge \forall t_4(t_4<t_3 \rightarrow \neg Z(y,t_4,z_2))))$,

folgt unmittelbar aus dem Bedeutungspostulat (U2) für den Begriff der Naturkausalität.[189] Daß Kant durch seine Bedeutungspostulate diesen Begriff *a priori* sehr stark einengt, wurde bereits mehrfach festgestellt. - Auch die implizite Prämisse:

(10a) Je zwei Veränderungen, die in einem naturkausalen Verhältnis zueinander stehen, sind Veränderungen ein und derselben Substanz; formal ausgedrückt: $\forall x,y,z_1,z_2(\exists t_1(Z(x,t_1,z_1) \wedge \forall t_2(t_2<t_1 \rightarrow \neg Z(x,t_2,z_1))) \wedge \exists t_3(Z(y,t_3,z_2) \wedge \forall t_4(t_4<t_3 \rightarrow \neg Z(y,t_4,z_2))) \wedge U(z_1,z_2) \rightarrow x=y)$,

kann mittels eines Argumentes zurückgewiesen werden, welches bereits gegen die Prämisse (5a) des Antithesis-Beweises der dritten Antinomie vorgebracht wurde[190]: Wenn wir - im Alltag und in der Wissenschaft - singuläre Kausalbehauptungen aussprechen, dann unterstellen wir keineswegs in allen Fällen, daß Ursache und Wirkungen Veränderungen einer und derselben Substanz sind. „Die Erdatmosphäre ist von einer interstellaren Gaswolke getroffen worden, *weil* eine Eruption auf der Sonne stattgefunden hat" und „N.N. litt am 6.5.1997 an Schlafstörungen, *weil* damals Vollmond war" sind Beispiele für singuläre Kausalbehauptungen, in denen Veränderungen verschiedener Gegenstände (im ersten Beispiel: der Erdatmosphäre und der Sonne(noberfläche), im zweiten Beispiel: der Person N.N. und der drei Körper Sonne/Erde/ Mond) zueinander in eine kausale Beziehung gestellt werden. Sie mögen *empirisch* falsch sein; einen *apriorischen* Einwand gegen ihre Wahrheit, dem zufolge in ihnen Ursache und Wirkung nicht auf eine gemeinsame Substanz bezogen werden, würden wir aber wohl nicht akzeptieren.

Die voranstehenden Überlegungen zu den einzelnen Prämissen zeigen, daß Kant im Beweis der Thesis teils von empirischen, teils von (nach seiner eigenen Ansicht) für transzendentale Realisten nicht verifizierbaren, teils von ausgesprochen fragwürdigen Voraussetzungen Gebrauch macht. Das stärkste Argument gegen den vorliegenden Beweis besteht jedoch darin, daß die Prämissen einen Widerspruch implizieren: Gemäß der Prämisse (1) gibt es eine Weltveränderung z_1, die nach Prämisse (2) eine Ursache z_2 hat, so daß die Menge $\{z|U(z,z_1)\}$ nicht leer ist. Wegen der Prämisse (3) ist die Reihe $\langle\{z|U(z,z_1)\},U\rangle$ links-vollständig und hat somit gemäß Prämisse (3a) ein Anfangselement z_3, welches wegen Prämisse (9) ebenfalls eine Veränderung (Begebenheit) ist. Wendet man auf z_3 nun die Prämisse (2) an, dann hat

[189] Vgl. oben Abschnitt 2.4.1.
[190] Vgl. oben Abschnitt 3.3.2.

auch z_3 eine (naturkausale) Ursache z_4, die wegen der Forderungen an die Relation der Naturkausalität, welche die Anwendung des Reihenbegriffs auf $\langle\{z|U(z,z_1)\},U\rangle$ allererst erlauben (d.s. insbesondere Irreflexivität und Transitivität[191]), von z_3 verschieden ist und zu $\{z|U(z,z_1)\}$ gehört. z_3 kann somit - im Widerspruch zum Obigen - nicht das Anfangsglied von $\langle\{z|U(z,z_1)\},U\rangle$ sein. Der Beweis verletzt mithin auch die Bedingung (V) an die Kantische Antinomienlehre.[192] Das ist allerdings nicht weiter verwunderlich, da man nicht widerspruchsfrei eine naturkausale Erstursache einer Kausalreihe und zugleich ein uneingeschränktes Kausalgesetz annehmen kann.

Der Beweis der Antithesis beruht zu einem großen Teil auf impliziten oder expliziten Prämissen, die bereits (explizit oder implizit) in den Beweis der Thesis eingehen. Dabei handelt es sich um die Prämissen:

(2b) „Empirische Zufälligkeit, d.i. die Abhängigkeit [...] von empirisch bestimmenden Ursachen" (A458, B486); formal ausgedrückt: $\forall x(\blacklozenge Ex(x) \rightarrow \exists y(U(y,x))$[193],

(4) „welches dem *dynamischen Gesetze der Bestimmung aller Erscheinungen in der Zeit* widerstreitet" (A453, B481; kursiv vom Verf.); in formaler Notation: $\forall z_1(\exists x,t_1(Z(x,t_1,z_1) \wedge \forall t_2(t_2<t_1 \rightarrow \neg Z(x,t_2,z_1))) \rightarrow \exists z_2(U(z_2,z_1)))$[194],

(8b) Es gibt Weltveränderungen; in formaler Notation: $V_w \neq \emptyset$[195], und:

(9a) Je zwei Veränderungen, die in einem naturkausalen Verhältnis zueinander stehen, sind Veränderungen ein und derselben Substanz; formal ausgedrückt: $\forall x,y,z_1,z_2(\exists t_1(Z(x,t_1,z_1) \wedge \forall t_2(t_2<t_1 \rightarrow \neg Z(x,t_2,z_1))) \wedge \exists t_3(Z(y,t_3,z_2) \wedge \forall t_4(t_4<t_3 \rightarrow \neg Z(y,t_4,z_2))) \wedge U(z_1,z_2) \rightarrow x=y)$[196].

Insbesondere gegen die Prämissen (4), (8b) und (9a) wurden oben schwerwiegende Bedenken vorgetragen: Die Prämisse (4) ist (nach Kant) auf dem Boden des transzendentalen Realismus nicht verifizierbar und nach dem heutigen

---

[191] Vgl. oben die Abschnitte 2.4.2. und 3.3.2.

[192] Zu dieser Bedingung vgl. Abschnitt 2.1.3. (oben).

[193] Diese Prämisse ist identisch mit der Prämisse (4a) des Thesis-Beweises.

[194] Das „dynamische Gesetz der Bestimmung aller Erscheinungen in der Zeit" ist das Kausalgesetz und trägt im Thesis-Beweis die Nummer „(2)". - Ebenso wie im Falle der dritten Antinomie wendet N.K.Smith *1923*, S.495, auch hier ein, es sei illegitim, in beiden Beweisen auf das Kausalgesetz als Prämisse zurückzugreifen. Da es aber auch im Falle der vierten Antinomie in jedem der beiden Beweise Prämissen gibt, die im Beweis der „entgegengesetzten" Behauptung nicht vorkommen, muß ich Smith auch hier widersprechen (vgl. oben Fußnote 161).

[195] D.i. die Prämisse (1) des Thesis-Beweises.

[196] Diese Prämisse ist identisch mit der Prämisse (10a) des Thesis-Beweises.

Wissensstand in ihrer Allgemeinheit unzutreffend.[197] Die Prämisse (8b) ist empirisch und verletzt somit die Bedingung (VII) an die Kantische Antinomienlehre.[198] Die Prämisse (9a) widerspricht unserer alltäglichen und wissenschaftlichen Sprachpraxis und ist offensichtlich falsch. Auf diese Prämissen muß daher an dieser Stelle nicht mehr eingegangen werden. Die Betrachtung kann sich deshalb auf diejenigen Prämissen konzentrieren, welche nicht zugleich auch in den Beweis der Thesis eingehen. Die implizite Prämisse:

(2a) Was notwendig ist, ist nicht zufällig; formalsprachlich: $\forall x(\Box Ex(x) \rightarrow \neg\blacklozenge Ex(x))$,

ist (modal)logisch wahr in jedem modallogischen System, in dem die übliche Definition des Zufälligkeitsoperators $\blacklozenge\alpha \leftrightarrow \Diamond\alpha \wedge \Diamond\neg\alpha$ zur Verfügung steht. Daß Kant sie unerwähnt läßt, könnte in ihrer Selbstverständlichkeit begründet liegen. - Weniger selbstverständlich ist hingegen die Prämisse:

(7) „weil das Dasein einer Menge nicht notwendig sein kann, wenn kein einziger Teil derselben ein an sich notwendiges Dasein besitzt" (A453, B481); in formaler Notation: $\forall\mathcal{F}(\neg\exists x\in\mathcal{F}(\Box Ex(x)) \rightarrow \neg\Box Ex(\mathcal{F}))$.

Zusammen mit der Prämisse (2b) und der Aussage $\forall x(\neg\Box Ex(x) \rightarrow \blacklozenge Ex(x))$[199] impliziert (7) die Aussage: $\forall\mathcal{F}(\forall x\in\mathcal{F}\exists y(U(y,x)) \rightarrow \exists z(U(z,\mathcal{F})))$.[200] Nun ist das Antezedens dieser Aussage aufgrund der Bedeutungspostulate für den Begriff der Naturkausalität nur dann erfüllt, wenn $\mathcal{F}$ eine Menge von Begebenheiten in der Zeit ist. Eine Menge von Begebenheiten in der Zeit ist aber selbst keine Begebenheit und kann infolge derselben Bedeutungspostulate nicht naturkausale Wirkung irgendeiner Ursache sein. Wann immer das Antezedens dieser Aussage wahr ist, ist das Sukzedens also falsch. - Darüber hinaus ist die Prämisse (7), wie Strawson richtig bemerkt, der Position eines Vertreters der Antithesis im antinomischen Streit völlig entgegen: Ein Proponent der Antithesis will ja gerade beweisen, daß das Unbedingte (hier: Absolutnotwendige) mit einer vollständigen Reihe stets bedingter

---

[197] Ich kann jedoch nicht sehen, inwiefern diese Prämisse ein „epistemologisches Argument" ist, wie P.Guyer *1987*, S.411, behauptet.

[198] Vgl. zu dieser Bedingung Abschnitt 2.1.3. (oben).

[199] Diese Aussage ist äquivalent zur Prämisse (4b) des Thesis-Beweises, welche nach der Anmerkung zur Thesis einen Zufälligkeitsbegriff „im reinen Sinne der Kategorie" bezeichnet (vgl. A458, B486). Sie ist, wie bereits ausgeführt wurde, (modal)logisch wahr in jedem modallogischen System, das mindestens so stark ist wie das System T von R.Feys, und in dem $\forall x(Ex(x))$ gilt.

[200] Darauf weist auch P.F.Strawson *1966* hin: „What a poor argument this [sc. (7), Verf.] is, and how it defeats the general purpose of argument for the antithesis, we see when we translate out the reference to necessary existence, and obtain the equivalent argument that if every member of a series owes its existence to [...] an antecedent causal condition, then the same must be true of the series as a whole" (S.210).

(zufälliger/nur bedingt-notwendiger) Glieder gegeben ist *als die Reihe selbst.*[201] Demnach müßte ein Proponent der Antithesis von der Wahrheit der Aussage $\exists\mathscr{F}(\neg\exists x\in\mathscr{F}(\Box Ex(x)) \wedge \Box Ex(\mathscr{F}))$ überzeugt sein, welche gerade das Negat von (7) ist!

Schließlich bleibt zu erwähnen, daß Kant implizit auch vom Bedeutungspostulat (U2) für den Begriff der Naturkausalität Gebrauch macht:

(8c) Jede naturkausale Ursache ist eine Begebenheit in der Zeit; formal ausgedrückt: $\forall z_1,z_2\ (U(z_1,z_2,) \rightarrow \exists x,t_1(Z(x,t_1,z_1) \wedge \forall t_2(t_2<t_1 \rightarrow \neg Z(x,t_2,z_1))))$.

Wie sich gezeigt hat, gelingt es Kant auch in der vierten Antinomie nicht, auf dem Boden des transzendentalen Realismus einen natürlichen und unvermeidlichen Konflikt der Vernunft mit sich selbst glaubhaft zu machen. Der von ihm in den Beweisen konstruierte Konflikt ist trivial und bedarf keiner transzendental-idealistischen Auflösung. Insofern ist es auch nicht weiter beunruhigend, daß Kant in seiner Auflösung einen ganz anderen Konflikt auflöst als den, den er in den Beweisen konstruiert hat.

3.5. Schluß: Die Antinomien - Probleme der reinen Vernunft?

Nach den Untersuchungen dieses dritten Kapitels kann kurz und prägnant festgestellt werden: Kant ist der Nachweis, daß die Vernunft *unvermeidlich* in die von ihm angegebenen Antinomien gerät, wenn sie in natürlicher Weise den transzendentalen Realismus voraussetzt, *nicht* gelungen. Die von ihm angegebenen Beweise vermögen die ihnen aufgebürderte Last nicht zu tragen. Wenngleich die Qualität der Beweise, wie deutlich gemacht wurde, schwankt und einige Beweise auch nach dem heutigen Kenntnisstand noch diskussionswürdig erscheinen, so wurde doch für jede Antinomie nachgewiesen, daß mindestens einer der Beweise (für Thesis oder Antithesis) unplausible oder (z.T. auch nach historisch relativierten Maßstäben) falsche oder sogar widersprüchliche Prämissen enthält oder die notwendigen Bedingungen verletzt, die sich aus Kants allgemeiner Konzeption der Antinomienlehre ergeben. Kant hat die dritte Stufe seines Erklärungsmodells für die Unvermeidlichkeit des transzendentalen Scheins in der rationalen Kosmologie somit nicht überzeugend ausgeführt.

---

[201] Vgl. oben Abschnitt 2.1.2. - Eine interessante, aber wenig überzeugende Deutung der Prämisse (7) wird von P.Guyer *1987* erwogen: „if it means that nothing can be *known* to be necessary unless it is represented, yet that if it is represented it is in fact part of the series of appearances, then the argument is epistemological" (S.463).

Ebenso liegt es auf der Hand und muß hier nicht weiter ausgeführt werden, daß die von Kant angegebenen Antinomien keine logischen oder semantischen Paradoxien im engeren Sinne darstellen. Sie sind auch keine wirklich fundierten Probleme des Umgangs mit Gesamtheiten, die sich notwendigerweise daraus ergeben, daß allgemeine Gesetze, welche für die Elemente einer Gesamtheit *gelten*, in *intuitiv plausibler* (aber unerlaubter) Weise auf die fragliche Gesamtheit selbst angewendet werden.

Damit soll nicht gesagt sein, daß die von Kant zusammengestellten antinomischen Behauptungen, oder zumindest einige von ihnen, sich auf der Basis des transzendentalen Realismus nicht besser fundieren lassen, als Kant dies gelungen ist. Ob es möglicherweise bessere Argumente für die antinomischen Behauptungen gibt, ist hier nicht untersucht worden. Ausgangspunkt der vorliegenden Untersuchungen waren die von Kant tatsächlich angegebenen Beweise, und diese erscheinen nun, nach den vorangehenden Untersuchungen, *mutatis mutandis* in einem wenig günstigen Licht. Zu hoffen ist allerdings, daß sie aufgrund der vorgelegten logisch-philologischen Analyse besser verstanden und in ihren Details durchschaut werden können.

Ein positiver Eindruck verbleibt dagegen - im Rahmen des Kantischen Ansatzes und der Kant zur Verfügung stehenden Logik - von einem Teil der Kantischen Erkenntnistheorie, dem man in der Literatur bislang kein allzu großes Vertrauen geschenkt hat: der von Kant selbst nur unzulänglich ausgeführten und im ersten Kapitel dieser Arbeit rekonstruierten Theorie jener meta-erfahrungswissenschaftlichen (Vernunft-)Begriffe, die Kant „transzendentale Ideen" nennt. Von diesen konnte gezeigt werden, daß sie ganz analog zu den Kategorien des Verstandes „metaphysisch deduziert" werden können und innerhalb der Kantischen Transzendentalphilosophie eine wichtige Rolle einnehmen. In ihnen werden regulative Prinzipien der neuzeitlichen ebenso wie der modernen Wissenschaft begrifflich erfaßt und als Grundzüge wissenschaftlicher Rationalität überhaupt bestimmt: Systematisierung, Allgemeinheit und Vereinheitlichung.

Anhang

1. Formale Rekonstruktion des Beweises von (T_I1)

(1) $\neg A_{temp}(W)$
[zu widerlegende Annahme]

(1a) $\forall x(A_{temp}(x) \leftrightarrow \exists t_0(A(t_0,x)))$
[Def A_{temp}]

(1b) $\forall x \forall t_0(A(t_0,x) \leftrightarrow (B(x,t_0) \wedge \forall t_1(t_1<t_0 \rightarrow \neg B(x,t_1))))$
[Def Anfang]

(1c) $\forall t_0(B(W,t_0) \rightarrow \exists t_1(t_1<t_0 \wedge B(W,t_1)))$
[aus 1,1a,1b]

(1d) $\forall t \neg(t<t)$
[Prämisse; =(ZL1)]

(1e) $\forall t_1,t_2,t_3(t_1<t_2 \wedge t_2<t_3 \rightarrow t_1<t_3)$
[Prämisse; =(ZL2)]

(1f) $\forall t_1,t_2(t_1=t_2 \vee t_1<t_2 \vee t_2<t_1)$
[Prämisse; =(ZL3)]

(2) $\forall t_0(B(W,t_0) \rightarrow \{t_1 | t_1<t_0 \wedge B(W,t_1)\}$ ist unendlich)
[aus 1c mit den zeitlogischen Prämissen (1d) und (1e)]

(2a) $\forall x \forall t_0(B(x,t_0) \rightarrow \exists! z(Z(x,t_0,z)))$
[Prämisse]

(2b) $\forall x \forall t_1,t_2 \forall z(Z(x,t_1,z) \wedge Z(x,t_2,z) \rightarrow t_1=t_2)$
[Prämisse]

(2c) $\forall x \forall t_0 \forall z(Z(x,t_0,z) \rightarrow B(x,t_0))$
[Prämisse]

(2d) $\forall \mathscr{F} \forall R$(R ist eine Totalordnung auf $\mathscr{F} \rightarrow \langle \mathscr{F},R \rangle$ ist eine Reihe)
[Prämisse]

(2e) Es sei $\mathfrak{R}=\langle \mathscr{F},R \rangle$ eine Reihe von Zuständen eines raum-zeitlichen Dinges x; dann gilt: Verflossen($\mathfrak{R}$) $=_{Df} \exists t_0(B(x,t_0) \wedge \forall z \in \mathscr{F} \forall t_1(Z(x,t_1,z) \rightarrow t_1<t_0))$
[Definition]

(2f) $\forall z_1,z_2(z_1<_z z_2 \leftrightarrow \exists t_1,t_2(Z(W,t_1,z_1) \wedge Z(W,t_2,z_2) \wedge t_1<t_2)$
[Definition]

(3) $\forall t_0(B(W,t_0) \rightarrow \langle \{z | \exists t_1(t_1<t_0 \wedge Z(W,t_1,z))\},<_z \rangle$ ist eine unendliche und verflossene Reihe)
[aus 1d,1e,1f,2,2a,2b,2c,2d,2e,2f]

(4) $\forall \mathfrak{R}$(Reihe($\mathfrak{R}$) $\rightarrow$ (Unendlich($\mathfrak{R}$) $\rightarrow \neg$Vollständig-sukzessiv-synthetisierbar($\mathfrak{R}$)))
[Prämisse]

(4a) $\forall\mathfrak{R}(\text{Reihe}(\mathfrak{R}) \rightarrow (\text{Verflossen}(\mathfrak{R}) \rightarrow \text{Vollständig-skzessiv-synthetisierbar}(\mathfrak{R})))$
[Prämisse]

(5) $\neg\exists t_0(\langle\{z|\exists t_1(t_1<t_0 \wedge Z(W,t_1,z))\},<_z\rangle$ ist eine unendliche und verflossene Reihe)
[aus 4,4a]

(5a) $\exists t_0(\langle\{z|\exists t_1(t_1<t_0 \wedge Z(W,t_1,z))\},<_z\rangle$ ist eine unendliche und verflossene Reihe)
[aus 3 mit der Voraussetzung $\exists t(B(W,t))$]

(6) $A_{temp}(W)$
[aus 1-5a]

2. Formale Rekonstruktion des Beweises von (A_I1) und (A_I1^*)

(1) $A_{temp}(W)$
[zu widerlegende Annahme]

(1a) $\forall x(A_{temp}(x) \leftrightarrow \exists t_0(A(t_0,x)))$
[Def A_{temp}]

(1b) $\exists t_0(A(t_0,W))$
[aus 1,1a]

(1c) $A(t_A,W)$
[Annahme]

(2) $\forall t_0\forall x(A(t_0,x) \leftrightarrow (B(x,t_0) \wedge \forall t_1(t_1<t_0 \rightarrow \neg B(x,t_1))))$
[Def Anfang]

(3) $\forall t_1(t_1<t_A \rightarrow \neg B(W,t_1))$
[aus 1c,2]

(3a) $\forall t_1(\exists x(B(x,t_1)) \rightarrow B(W,t_1))$
[Prämisse]

(4) $\forall t_1(t_1<t_A \rightarrow \neg\exists x(B(x,t_1)))$
[aus 3,3a]

(4a) $\forall t_0\forall x(A(t_0,x) \rightarrow \exists t_1(t_1<t_0 \wedge E(x,t_1)))$
[Prämisse]

(4b) $\exists t_1(\neg\exists x(B(x,t_1)) \wedge \exists y(E(y,t_1)))$
[aus 1c,4,4a]

(4c) $\exists t_0(A(t_0,W)) \rightarrow \exists t_1(\neg\exists x(B(x,t_1)) \wedge \exists y(E(y,t_1)))$
[aus 1c-4b]

(5) $\neg\exists t_1(\neg\exists x(B(x,t_1)) \wedge \exists y(E(y,t_1)))$
[Prämisse]

(5a) $\exists t_1(\neg\exists x(B(x,t_1)) \wedge \exists y(E(y,t_1)))$
[aus 1b,4c]

(5b) $\neg A_{temp}(W)$
[aus 1-5]

(6) $\bar{A}_{temp}(W)$
[aus 5b mit Voraussetzung $\exists t(B(W,t))$ und (Def $\bar{A}_{temp}$)]

(6a) $\forall t \neg(t<t)$
[Prämisse; =(ZL1)]

(6b) $\forall t_1,t_2,t_3(t_1<t_2 \wedge t_2<t_3 \rightarrow t_1<t_3)$
[Prämisse; =(ZL2)]

(7) $\{t|B(W,t)\}$ ist unendlich
[aus 6 mit den zeitlogischen Prämissen 6a und 6b]

3. Formale Rekonstruktion des Beweises von (T_l2)

(1) $\neg L_{spat}(W)$
[zu widerlegende Annahme]

(1a) $\forall x(L_{spat}(x) \leftrightarrow_{Df} \exists V_1(C(x,V_1) \wedge \forall V_2(V_1 \subset V_2 \rightarrow \neg C(x,V_2))))$
[Def L_{spat}]

(1b) $\forall V_1 \subset V^*(C(W,V_1) \rightarrow \exists V_2 \subset V^*(V_1 \subset V_2 \wedge C(W,V_2)))$
[aus 1,1a und (CV1)]

(1c) $\forall V_1 \subset V^*(C(W,V_1) \rightarrow \exists \mathscr{E} \subseteq Pot(V^*)(\langle \mathscr{E},\subset \rangle$ ist eine unendliche Kette $\wedge V_1 \in \mathscr{E} \wedge \forall V_2 \in \mathscr{E}(C(W,V_2) \wedge V_1 \subseteq V_2)))$
[aus 1b]

(1d) $\forall x \forall V_1(C(x,V_1) \rightarrow \forall V_2 \neq \emptyset(V_2 \subset V_1 \rightarrow \exists y(y \prec x \wedge C(y,V_2) \wedge \forall V_3(V_2 \subset V_3 \rightarrow \neg C(y,V_3)))))$
[Prämisse]

(1e) $\forall V_1 \subset V^*(C(W,V_1) \rightarrow \exists \mathscr{F} \subseteq Pot(V^*)(\mathscr{F}$ ist eine unendliche Menge disjunkter Mengen $\wedge V_1 \in \mathscr{F} \wedge \forall V_2 \in \mathscr{F} \exists y(y \prec W \wedge C(y,V_2) \wedge \forall V_3(V_2 \subset V_3 \rightarrow \neg C(y,V_3)))))$
[aus 1c,1d]

(1f) $\forall x,y \forall V_1,V_2(C(x,V_1) \wedge \forall V_3(V_1 \subset V_3 \rightarrow \neg C(x,V_3)) \wedge C(y,V_2) \wedge \forall V_4(V_2 \subset V_4 \rightarrow \neg C(y,V_4)) \wedge V_1 \cap V_2 = \emptyset \rightarrow \neg \exists z(z \preceq x \wedge z \preceq y))$
[Prämisse]

(1g) $\exists V_1 \subset V^*(C(W,V_1)) \rightarrow \exists T(T$ ist eine unendliche Menge $\wedge \forall x \in T(x \prec W \wedge \forall y \in T(\exists z(z \preceq x \wedge z \preceq y) \rightarrow x=y))$
[aus 1e,1f]

(1h) $\exists T(T$ ist eine unendliche Menge $\wedge \forall x \in T(x \prec W \wedge \forall y \in T(\exists z(z \preceq x \wedge z \preceq y) \rightarrow x=y))$
[aus 1g mit der Voraussetzung $\exists V(C(W,V))$ und Voraussetzung (CV1)]

(1i) Sei T_0 eine unendliche Menge für die gilt: $\forall x \in T_0(x \prec W \wedge \forall y \in T_0(\exists z(z \preceq x \wedge z \preceq y) \rightarrow x=y))$. Dann sei: $W_0 =_{Df} T_0 \cup \{x|x \prec W \wedge x \notin T_0\}$
[Definition]

(1j) $\exists x(x \prec y) \rightarrow y = \sigma x(x \prec y)$
[Prämisse; mereologisches Axiom]

(2) $\exists W_1(W_1$ ist eine unendliche Menge $\wedge \sigma x(x \in W_1)=W)$
[aus 1h,1i und 1j]

(3) $\forall \mathscr{F}(\neg$Anschaulich-gegeben$(\sigma x(x \in \mathscr{F})) \rightarrow \forall K($Kardinalität$(\mathscr{F})=K \rightarrow \exists s(s$ ist ein erkennendes Subjekt $\wedge$ s hat bis K gezählt$)))$
[Prämisse]

(3a) $\neg$Anschaulich-gegeben(W)
[Prämisse]

(4) $\exists$s(s ist ein erkennendes Subjekt $\wedge$ s hat bis unendlich gezählt)
[aus 2,3,3a]

(4a) $\forall$s(s ist ein erkennendes Subjekt $\wedge$ s hat bis unendlich gezählt $\rightarrow \exists t_1,t_2$ ($\forall t(t_1 \leq t \leq t_2 \rightarrow$ s hat zum Zeitpunkt t gezählt) $\wedge\ d_E(t_1,t_2)=+\infty$))
[Prämisse]

(5) $\exists$s(s ist ein erkennendes Subjekt $\wedge\ \exists t_1,t_2(\forall t(t_1 \leq t \leq t_2 \rightarrow$ s hat zum Zeitpunkt t gezählt) $\wedge\ d_E(t_1,t_2)=+\infty$))
[aus 4,4a]

(6) $\neg\exists$s(s ist ein erkennendes Subjekt $\wedge\ \exists t_1,t_2(\forall t(t_1 \leq t \leq t_2 \rightarrow$ s hat zum Zeitpunkt t gezählt) $\wedge\ d_E(t_1,t_2)=+\infty$))
[Prämisse]

(7) $L_{spat}(W)$
[aus 1-6]

4. Formale Rekonstruktion des Beweises von (A_I2) und (A_I2^*)

(1) $L_{spat}(W)$
[Annahme]

(1a) $\forall x(L_{spat}(x) \leftrightarrow \exists V_1(C(x,V_1) \wedge \forall V_2(V_1 \subset V_2 \rightarrow \neg C(x,V_2))))$
[Def L_{spat}]

(1b) $\forall V_1(\exists x(C(x,V_1)) \rightarrow V_1 \neq \emptyset \wedge V_1 \subset V^*)$
[Prämisse; =(CV1)]

(1c) $\exists V_1 \subset V^*(C(W,V_1) \wedge \forall V_2(V_1 \subset V_2 \rightarrow \neg C(W,V_2)))$
[aus 1,1a und 1b]

(1d) $\forall V_1(\exists x(C(x,V_1)) \rightarrow C(W,V_1))$
[Prämisse]

(1e) $\forall x \forall \mathscr{F} \subseteq Pot(V^*)(\forall V \in \mathscr{F}\ (C(x,V)) \rightarrow C(x, \bigcup_{V \in \mathscr{F}} V))$
[Prämisse; =(CV2)]

(2) $\exists V_1 \subset V^*(C(W,V^*-V_1) \wedge \neg\exists x \exists V_2 \subseteq V_1(C(x,V_2)))$
[aus 1b,1c,1d,1e]

(3) $\exists R_{spat} \exists x \exists V_1(R_{spat}(x,V_1) \wedge \neg\exists y \exists V_2 \subseteq V_1(C(y,V_2)))$
[aus 2]

(4) $\neg\exists R_{spat} \exists x \exists V_1(R_{spat}(x,V_1) \wedge \neg\exists y \exists V_2 \subseteq V_1(C(y,V_2)))$
[Prämisse]

(4a) $\neg L_{spat}(W)$
[aus 1-4, da 3 im Widerspruch zu 4]

(5) $\bar{L}_{spat}(W)$
[aus 4a mit Voraussetzung $\exists V(C(W,V))$ und Def $\bar{L}_{spat}$]

(5a) $\exists V_1(CW,V_1)) \wedge \neg L_{spat}(W)$
[aus 5 mit Def $\bar{L}_{spat}$]

(5b) $\forall V_1 \subset V^*(C(W,V_1) \rightarrow \exists V_2 \subset V^*(V_1 \subset V_2 \wedge C(W,V_2)))$
[aus 5,5a und Def L_{spat}]

(5c) $\forall V_1 \subset V^*(C(W,V_1) \rightarrow \exists \mathscr{E} \subseteq Pot(V^*)((\langle \mathscr{E}, \subset \rangle$ ist eine unendliche Kette $\wedge V_1 \in \mathscr{E} \wedge \forall V_2 \in \mathscr{E} (C(W,V_2) \wedge V_1 \subseteq V_2)))$
[aus 5b]

(5d) $\forall x \forall V_1(C(x,V_1) \rightarrow \forall V_2 \subseteq V_1(C(x,V_2)))$
[Prämisse; =(CV3)]

(5e) $\forall V_1 \subset V^*(C(W,V_1) \rightarrow \exists \mathscr{F} \subseteq Pot(V^*)(\mathscr{F}$ ist eine unendliche Menge disjunkter Mengen $\wedge V_1 \in \mathscr{F} \wedge C(W, \bigcup_{V_2 \in \mathscr{F}} V_2)))$
[aus 1b,1e,5c und 5d]

(6) $\exists \mathscr{F} \subseteq Pot(V^*)(\mathscr{F}$ ist eine unendliche Menge disjunkter Mengen $\wedge C(W, \bigcup_{V \in \mathscr{F}} V))$
[aus 5a,5e]

5. Formale Rekonstruktion des Beweises von (T_2) und (T_2^*)

(1) $\neg \forall_3 x(Z(x) \rightarrow A(x))$
[Annahme]

(1a) $\exists x(Z(x))$
[Prämisse]

(1b) $\exists x(Z(x) \wedge \neg A(x))$
[aus 1,1a]

(1c) $Z(a) \wedge \neg A(a)$
[Annahme]

(1d) $\forall x(x \in D_\tau \leftrightarrow ((\neg Z(x) \rightarrow \tau(x)=\{x\}) \wedge (Z(x) \rightarrow \tau(x)=\{y | y \prec x \wedge \neg Z(y)\})))$
[analytische Prämisse]

(2) $\forall x(Z(x) \rightarrow x \in D_\tau)$
[Annahme]

(2a) $\forall x(A(x) \leftrightarrow \exists y(y \prec x \wedge E(y))$
[Def A]

(2b) $\forall x(E(x) \leftrightarrow \neg Z(x))$
[Def E]

(3) $\tau(a)=\varnothing$
[aus 1c,1d,2,2a und 2b]

(3a) $\forall x(Z(x) \rightarrow (x \in D_\tau \rightarrow \tau(x) \neq \varnothing))$
[Prämisse]

(4) $\neg Z(a)$
[aus 2,3 und 3a]
(4a) $\neg\forall x(Z(x) \rightarrow x \in D_\tau)$
[aus 2-4 und 1c]
(4b) $\neg\forall_\exists x(Z(x) \rightarrow A(x)) \rightarrow \neg\forall x(Z(x) \rightarrow x \in D_\tau)$
[aus 1-4a]
(5) $\neg\forall x(Z(x) \rightarrow x \in D_\tau) \vee \forall_\exists x(Z(x) \rightarrow A(x))$
[aus 4b]
(6) $\neg\forall x(Z(x) \rightarrow x \in D_\tau) \rightarrow \exists x(Z(x) \wedge \neg\forall y(y \prec x \rightarrow S(y)))$
[Prämisse]
(7) $\forall x(Z(x) \rightarrow \forall y(y \prec x \rightarrow S(y)))$
[Prämisse]
(8) $\forall_\exists x(Z(x) \rightarrow A(x))$
[aus 5,6 und 7]
(9) $\forall x(E(x) \vee A(x))$
[aus 8,2b]

6. Formale Rekonstruktion des Beweises von (A_2)

(1) $\exists x(Z(x) \wedge A(x))$
[zu widerlegende Annahme]
(2) $\forall x(Z(x) \rightarrow \forall y(y \prec x \rightarrow \exists V(C(y,V))))$
[Prämisse]
(3) $\exists x(Z(x) \wedge A(x) \wedge \forall y(y \prec x \rightarrow \exists V(C(x,V))))$
[aus 1,2]
(3a) $\forall x(A(x) \leftrightarrow \exists y(y \prec x \wedge E(y)))$
[Def A]
(4) $\exists x(E(x) \wedge \exists V(C(x,V)))$
[aus 2,3,3a]
(5) $\forall x \forall V_1(C(x,V_1) \rightarrow \exists T \neq \emptyset \forall y \in T \exists V_2 \subset V_1(C(y,V_2) \wedge \forall V_3(V_2 \subset V_3 \rightarrow \neg C(y,V_3))))$
[Prämisse]
(5a) $\forall x,y \forall V_1(C(x,V_1) \wedge \exists V_2 \subset V_1(C(y,V_2) \wedge \forall V_3(V_2 \subset V_3 \rightarrow \neg C(y,V_3))) \rightarrow y \prec x)$
[Prämisse]
(5b) $\forall x(Z(x) \leftrightarrow \exists y(y \prec x))$
[Def Z]
(6) $\forall x(\exists V(C(x,V)) \rightarrow Z(x))$
[aus 5,5a,5b]
(7) $\exists x(E(x) \wedge Z(x))$
[aus 4,6]
(7a) $\neg\exists x(Z(x) \wedge A(x))$,
[aus 1-7]

(7b) $\exists x(Z(x))$
[Prämisse]
(7c) $\forall_{\exists} x(Z(x) \rightarrow \neg A(x))$
[aus 7a,7b]

7. Formale Rekonstruktion des Beweises von (A_2^*)

(1) $\exists x(E(x)) \leftrightarrow \exists s,x(I(s,E(x)))$
[Prämisse]
(2) $\exists x(E(x))$
[zu widerlegende Annahme]
(2a) $\forall x(E(x) \leftrightarrow \neg Z(x))$
[Def E]
(2b) $\forall x(Z(x) \leftrightarrow \exists y(y \prec x))$
[Def Z]
(3) $\exists s,x(I(s,\neg\exists y(y \prec x)))$
[aus 1,2a und 2b]
(4) $\forall s,x\Diamond(\neg\exists y(I(s,y \prec x)) \wedge \neg I(s,\neg\exists y(y \prec x)))$
[Prämisse]
(5) $\forall s,x(I(s,\neg\exists y(y \prec x)) \rightarrow \Box(\neg\exists y(I(s,y \prec x)) \rightarrow I(s,\neg\exists y(y \prec x))))$
[Prämisse]
(6) $\neg\exists s,x(I(s,\neg\exists y(y \prec x)))$
[aus 4,5]
(7) $\neg\exists x(E(x))$
[aus 1-6, da 6 im Widerspruch zu 3]

8. Formale Rekonstruktion des Beweises von (T_3) und (T_3^*)

(1) $\neg\exists x,z,t(K_t(x,z) \wedge \neg U_t(x,z))$
[zu widerlegende Annahme]
(1a) $\forall z_1(\exists x,t_1(Z(x,t_1,z_1) \wedge \forall t_2(t_2<t_1 \rightarrow \neg Z(x,t_2,z_1))) \rightarrow \exists z_2,t(K_t(z_2,z_1)))$
[Prämisse]
(2) $\forall z_1(\exists x,t_1(Z(x,t_1,z_1) \wedge \forall t_2(t_2<t_1 \rightarrow \neg Z(x,t_2,z_1))) \rightarrow \exists z_2,t(U_t(z_2,z_1)))$
[aus 1,1a]
(3) $\forall z_1,z_2,t(U_t(z_1,z_2) \rightarrow \exists x,t_1(Z(x,t_1,z_1) \wedge \forall t_2(t_2<t_1 \rightarrow \neg Z(x,t_2,z_1))))$
[Prämisse = Bedeutungspostulat (U2)]
(4) $\forall z_1(\exists x,t_1(Z(x,t_1,z_1) \wedge \forall t_2(t_2<t_1 \rightarrow \neg Z(x,t_2,z_1))) \rightarrow \exists z_2,t(U_t(z_2,z_1) \wedge \exists y,t_3(Z(y,t_3,z_2)$
$\wedge \forall t_4 (t_4<t_3 \rightarrow \neg Z(y,t_4,z_2)))))$
[aus 2,3]

(4a) $\forall z_1,z_2,z_3(U(z_1,z_3) \wedge U(z_2,z_3) \rightarrow z_1=z_2 \vee U(z_1,z_2) \vee U(z_2,z_1))$
[Prämisse]

(4b) $\forall z_1,z_2,z_3(U(z_1,z_2) \wedge U(z_2,z_3) \rightarrow U(z_1,z_3))$
[Prämisse]

(4c) $\forall z \neg U(z,z)$
[Prämisse]

(4d) $\forall \mathcal{F} \forall R$(R ist eine Totalordnung auf $\mathcal{F} \rightarrow \langle \mathcal{F},R \rangle$ ist eine Reihe)
[Prämisse]

(5) $\forall z_1(\exists x,t_1(Z(x,t_1,z_1) \wedge \forall t_2(t_2<t_1 \rightarrow \neg Z(x,t_2,z_1))) \rightarrow (\{z_2|U(z_2,z_1)\} \neq \emptyset \wedge \langle \{z_2|U(z_2,z_1)\},U \rangle$ ist eine Reihe $\wedge \neg \exists z_3 \in \{z_2|U(z_2,z_1)\} \forall z_4 \in \{z_2|U(z_2,z_1)\}(z_3 \neq z_4 \rightarrow U(z_3,z_4))))$
[aus 4,4a,4b,4c und 4d]

(5a) $\forall \mathcal{F} \neq \emptyset \forall R(\langle \mathcal{F},R \rangle$ ist eine Reihe $\wedge \neg \exists x \in \mathcal{F} \forall y \in \mathcal{F}(x \neq y \rightarrow R(x,y)) \rightarrow \langle \mathcal{F},R \rangle$ ist links-unvollständig)
[Prämisse]

(6) $\forall z_1(\exists x,t_1(Z(x,t_1,z_1) \wedge \forall t_2(t_2<t_1 \rightarrow \neg Z(x,t_2,z_1))) \rightarrow \langle \{z_2|U(z_2,z_1)\},U \rangle$ ist links-unvollständig)
[aus 5,5a]

(6a) $\forall z_1(\langle \{z_2|U(z_2,z_1)\},U \rangle$ ist links-unvollständig $\rightarrow \neg \exists z_3,t(U_t(z_3,z_1) \wedge z_3$ ist hinreichend a priori bestimmt)
[Prämisse]

(7) $\forall z_1(\exists x,t_1(Z(x,t_1,z_1) \wedge \forall t_2(t_2<t_1 \rightarrow \neg Z(x,t_2,z_1))) \rightarrow \exists z_2,t(U_t(z_2,z_1) \wedge z_2$ ist hinreichend a priori bestimmt))
[Prämisse]

(7a) $\forall z_1(\exists x,t_1(Z(x,t_1,z_1) \wedge \forall t_2(t_2<t_1 \rightarrow \neg Z(x,t_2,z_1))) \rightarrow \exists z_2,t(U_t(z_2,z_1) \wedge z_2$ ist hinreichend a priori bestimmt) $\wedge \neg \exists z_2,t(U_t(z_2,z_1) \wedge z_2$ ist hinreichend a priori bestimmt))
[aus 6,6a und 7]

(7b) $\exists x,t_1,z_1(Z(x,t_1,z_1) \wedge \forall t_2(t_2<t_1 \rightarrow \neg Z(x,t_2,z_1)))$
[Prämisse]

(7c) $\exists z_1(\exists z_2,t(U_t(z_2,z_1) \wedge z_2$ ist hinreichend a priori bestimmt) $\wedge \neg \exists z_2,t(U_t(z_2,z_1) \wedge z_2$ ist hinreichend a priori bestimmt))
[aus 7a,7b]

(8) $\neg \forall x,z,t(K_t(x,z) \rightarrow U_t(x,z))$
[aus 1-7c, da 7c logisch falsch ; =(T_3)]

(8a) $\forall x,z,t(K_t(x,z) \leftrightarrow (U_t(x,z) \vee F_t(x,z)) \wedge \neg(U_t(x,z) \wedge F_t(x,z)))$
[Prämisse = Bedeutungspostulat (K4)]

(9) $\exists x,z,t(F_t(x,z))$
[aus 8,8a; =(T_3^*)]

9. Formale Rekonstruktion des Beweises von (A_3^*) und (A_3)

(1) $\exists x,z,t(F_t(x,z))$
[zu widerlegende Annahme]

(2) $\forall x,z,t(F_t(x,z) \rightarrow K_t(x,z))$
[Prämisse = Folgerung aus Bedeutungspostulat (F1)]

(3) $\forall x,z,t(F_t(x,z) \rightarrow \neg\exists y,t'(K_{t'}(y,x)))$
[Prämisse = Bedeutungspostulat (F3)]

(4) $\exists x(\exists z,t(K_t(x,z)) \wedge \neg\exists y,t'(K_{t'}(y,x)))$
[aus 1,2 und 3]

(5) $\forall x,z,t((K_t(x,z) \wedge \neg\exists y,t'(K_{t'}(y,x))) \rightarrow \exists z_1(Z(x,t,z_1) \wedge \forall z_2,t_1(Z(x,t_1,z_2) \wedge t_1<t \rightarrow z_2 \neq z_1 \wedge \neg\exists u,t''(K_{t''}(z_2,z_1))))))$
[Prämisse]

(5a) $\forall x,t_1,z_1(Z(x,t_1,z_1) \wedge \neg\exists t_2,z_2,t(Z(x,t_2,z_2) \wedge t_2<t_1 \wedge K_t(z_2,z_1)) \rightarrow \neg\exists z_3,t'(U_{t'}(z_3,z_1)))$
[Prämisse]

(5b) $\exists x,t_1,z_1(Z(x,t_1,z_1) \wedge \forall t_2(t_2<t_1 \rightarrow \neg Z(x,t_2,z_1)) \wedge \neg\exists z_2,t(U_t(z_2,z_1)))$
[aus 4,5 und 5a]

(6) $\forall z_1(\exists x,t_1(Z(x,t_1,z_1) \wedge \forall t_2(t_2<t_1 \rightarrow \neg Z(x,t_2,z_1))) \rightarrow \exists z_2,t(U_t(z_2,z_1)))$
[Prämisse = Kausalgesetz]

(7) $\neg\exists x,z,t(F_t(x,z))$
[aus 1-6, da 5b im Widerspruch zu 6; =(A_3^*)]

(7a) $\forall x,z,t(K_t(x,z) \leftrightarrow (U_t(x,z) \vee F_t(x,z)) \wedge \neg(U_t(x,z) \wedge F_t(x,z)))$
[Prämisse = Bedeutungspostulat (K4)]

(8) $\forall x,z,t\ (K_t(x,z) \rightarrow U_t(x,z))$
[aus 7,7a; =(A_3)]

10. Formale Rekonstruktion des Beweises von (T_4)

(1) $\exists t_1,z(Z(W,t_1,z) \wedge \forall t_2(t_2<t_1 \rightarrow \neg Z(W,t_2,z)))$
[Prämisse]

(2) $\forall z_1(\exists x,t_1(Z(x,t_1,z_1) \wedge \forall t_2(t_2<t_1 \rightarrow \neg Z(x,t_2,z_1))) \rightarrow \exists z_2(U(z_2,z_1)))$
[Prämisse]

(3) $\forall z_1(\exists z_2(U(z_2,z_1)) \rightarrow \langle\{z|U(z,z_1)\},U\rangle$ ist eine links-vollständige Reihe)
[Prämisse]

(3a) $\forall\mathcal{F}\neq\emptyset\forall R(\langle\mathcal{F},R\rangle$ ist eine links-vollständige Reihe $\rightarrow \exists x\in\mathcal{F}\ \forall y\in\mathcal{F}(x\neq y \rightarrow R(x,y)))$
[Prämisse]

(4) $\forall z_1(\exists z_2(U(z_2,z_1)) \rightarrow \exists z_3\in\{z|U(z,z_1)\}\forall z_4\in\{z|U(z,z_1)\}(z_3\neq z_4 \rightarrow U(z_3,z_4)) \wedge \neg\exists z_5(U(z_5,z_3)))$
[aus 3 und 3a]

(4a) $\forall x(\blacklozenge Ex(x) \leftrightarrow \exists y(U(y,x))$
[Prämisse]

(4b) $\forall x(\Diamond\neg Ex(x) \rightarrow \blacklozenge Ex(x))$
[Prämisse]

(4c) $\forall x(\neg\Diamond\neg Ex(x) \rightarrow \Box Ex(x))$
[Prämisse]

(5) $\forall z_1(\exists z_2(U(z_2,z_1)) \rightarrow \exists z_3\in\{z|U(z,z_1)\}(\Box Ex(z_3) \wedge \forall z_4\in\{z|U(z,z_1)\}(z_3\neq z_4 \rightarrow U(z_3,z_4))))$
[aus 4,4a,4b und 4c]

(6) $\exists z_1(\exists t_1(Z(W,t_1,z_1) \wedge \forall t_2(t_2<t_1 \rightarrow \neg Z(W,t_2,z_1))) \wedge \exists z_2\in\{z|U(z,z_1)\}(\Box Ex(z_2) \wedge \forall z_3\in\{z|U(z,z_1)\}(z_2\neq z_3 \rightarrow U(z_2,z_3))))$
[aus 1,2 und 5]

(6a) $\exists t_1(Z(W,t_1,z_G) \wedge \forall t_2(t_2<t_1 \rightarrow \neg Z(W,t_2,z_G))) \wedge z_A\in\{z|U(z,z_G)\} \wedge \Box Ex(z_A) \wedge \forall z_3\in\{z|U(z,z_G)\}(z_A\neq z_3 \rightarrow U(z_A,z_3))$
[Annahme]

(6b) $V_W =_{Df} \{z|\exists t_1(Z(W,t_1,z) \wedge \forall t_2(t_2<t_1 \rightarrow \neg Z(W,t_2,z)))\}$
[Definition]

(7) $z_A\notin V_W \wedge z_A\neq V_W$
[Annahme]

(8) $z_A\notin V_W \wedge z_A\neq V_W \wedge z_A\in\{z|U(z,z_G\} \wedge \forall z_1\in\{z|U(z,z_G\}(z_1\neq z_A \rightarrow U(z_A,z_1)) \wedge z_G\in V_W$
[aus 6a,6b und 7]

(9) $\forall z_1,z_2(\exists x,t_1(Z(x,t_1,z_1) \wedge \forall t_2(t_2<t_1\rightarrow\neg Z(x,t_2,z_1))) \wedge z_2\in\{z|U(z,z_1)\} \wedge \forall z_3\in\{z|U(z,z_1)\}(z_2\neq z_3 \rightarrow U(z_2,z_3)) \rightarrow \exists y,t_3(Z(y,t_3,z_2) \wedge \forall t_4(t_4<t_3 \rightarrow \neg Z(y,t_4,z_2))))$
[Prämisse]

(10) $\exists x,t_1(Z(x,t_1,z_A) \wedge \forall t_2(t_2<t_1 \rightarrow \neg Z(x,t_2,z_A)))$
[aus 6b,8 und 9]

(10a) $\forall x,y,z_1,z_2(\exists t_1(Z(x,t_1,z_1) \wedge \forall t_2(t_2<t_1 \rightarrow \neg Z(x,t_2,z_1))) \wedge \exists t_3(Z(y,t_3,z_2) \wedge \forall t_4(t_4<t_3 \rightarrow \neg Z(y,t_4,z_2))) \wedge U(z_1,z_2) \rightarrow x=y)$
[Prämisse]

(11) $z_A\in V_W$
[aus 6a,6b,8,10 und 10a]

(12) $\exists x(\Box Ex(x) \wedge (x\in V_W \vee x=V_W))$
[aus 6-11, da 11 im Widerspruch zu 7]

11. Formale Rekonstruktion des Beweises von (A_4)

(1) $\exists x(\Box Ex(x) \wedge (x\in V_W \vee x=V_W))$
[Annahme]

(2) $\exists x(\Box Ex(x) \wedge x\in V_W)$
[Annahme]

(2a) $\forall x(\Box Ex(x) \rightarrow \neg\blacklozenge Ex(x))$
[Prämisse]

(2b) $\forall x(\blacklozenge Ex(x) \leftrightarrow \exists y(U(y,x)))$
[Prämisse]

(3) $\exists x(x\in V_W \wedge \neg\exists y(U(y,x)))$
[aus 2,2a und 2b]

(3a) $V_W =_{Df} \{z|\exists t_1(Z(W,t_1,z) \wedge \forall t_2(t_2<t_1 \rightarrow \neg Z(W,t_2,z)))\}$
[Definition]

(3b) $\exists z_1(\exists x,t_1(Z(x,t_1,z_1) \wedge \forall t_2(t_2<t_1 \rightarrow \neg Z(x,t_2,z_1))) \wedge \neg\exists z_2(U(z_2,z_1)))$
[aus 3 und 3a]

(4) $\forall z_1(\exists x,t_1(Z(x,t_1,z_1) \wedge \forall t_2(t_2<t_1 \rightarrow \neg Z(x,t_2,z_1))) \rightarrow \exists z_2(U(z_2,z_1)))$
[Prämisse]

(4a) $\neg\exists x(\Box Ex(x) \wedge x\in V_W)$
[aus 2-4, da 3b im Widerspruch zu 4]

(5) $\Box Ex(V_W)$
[Annahme]

(6) $\forall x\in V_W(\blacklozenge Ex(x)) \wedge \Box Ex(V_W)$
[aus 2b,3a,4 und 5]

(6a) $\exists\mathscr{F}(\neg\exists x\in\mathscr{F}(\Box Ex(x)) \wedge \Box Ex(\mathscr{F}))$
[aus 2a und 6]

(7) $\forall\mathscr{F}(\neg\exists x\in\mathscr{F}(\Box Ex(x)) \rightarrow \neg\Box Ex(\mathscr{F}))$
[Prämisse]

(7a) $\neg\exists x(\Box Ex(x) \wedge x=V_w)$
[aus 5-7, da 7 im Widerspruch zu 6a]

(7b) $\neg\exists x(\Box Ex(x) \wedge (x\in V_W \vee x=V_W))$
[aus 1,4a und 7a]

(8) $\exists x(\Box Ex(x) \wedge x\notin V_W \wedge x\neq V_W \wedge \forall y\in V_W(U(x,y)))$
[Annahme]

(8a) $\Box Ex(z_A) \wedge z_A\notin V_W \wedge z_A\neq V_W \wedge \forall y\in V_W(U(z_A,y))$
[Annahme]

(8b) $V_W\neq\emptyset$
[Prämisse]

(8c) $\forall z_1,z_2(U(z_1,z_2,) \rightarrow \exists x,t_1(Z(x,t_1,z_1) \wedge \forall t_2(t_2<t_1 \rightarrow \neg Z(x,t_2,z_1))))$
[Prämisse]

(9) $\exists x,t_1(Z(x,t_1,z_A) \wedge \forall t_2(t_2<t_1 \rightarrow \neg Z(x,t_2,z_A)))$
[aus 8a,8b,8c]

(9a) $\forall x,y,z_1,z_2(\exists t_1(Z(x,t_1,z_1) \wedge \forall t_2(t_2<t_1 \rightarrow \neg Z(x,t_2,z_1))) \wedge \exists t_3(Z(y,t_3,z_2) \wedge \forall t_4(t_4<t_3 \rightarrow$
$\neg Z(y,t_4,z_2))) \wedge U(z_1,z_2) \rightarrow x=y)$
[Prämisse]

(10) $z_A\in V_W$
[aus 3a,8a,8b,9 und 9a]

(11) $\neg(z_A \notin V_W \wedge z_A \neq V_W)$
[aus 10]

(11a) $\neg\exists x(\Box Ex(x) \wedge x \notin V_W \wedge x \neq V_W \wedge \forall y \in V_W(U(x,y)))$
[aus 8-11, da 11 im Widerspruch zu 8a]

(12) $\neg\exists x(\Box Ex(x) \wedge ((x \in V_W \vee x = V_W) \vee (x \notin V_W \wedge x \neq V_W \wedge \forall y \in V_W(U(x,y)))))$
[aus 7b und 11a]

Verzeichnis der Symbole und Abkürzungen

$\neg$	nicht
$\wedge$	und
$\vee$	oder
$\rightarrow$	impliziert
$\leftrightarrow$	äquivalent
$\rightharpoonup$	Kantisches „wenn ..., dann ...“
$\forall x$	für alle x
$\exists x$	es gibt mindestens ein x
$\exists! x$	es gibt genau ein x
$\forall_{\exists} x$	für alle und mindestens ein x
$x=y$	x ist identisch mit y
$x \neq y$	x ist verschieden von y
$\{x_1, x_2, \ldots\}$	die Menge aus $x_1, x_2, \ldots$
$\{x \mid \Phi(x)\}$	die Menge aller x mit der Eigenschaft Φ
$x \in M$	x ist Element von M
$\emptyset$	die leere Menge
$M \subseteq N$	M ist Teilmenge von N
$M \subset N$	M ist echte Teilmenge von N
$M \cap N$	die Schnittmenge von M und N
$M \cup N$	die Vereinigungsmenge von M und N
$\bigcap M$	die Schnittmenge aller in M enthaltenen Mengen
Pot(M)	die Potenzmenge von M
$\langle x,y \rangle$	das geordnete Paar aus x und y
M-N	die Differenzmenge der Mengen M und N, oder: die Differenz der Zahlen M und N (je nach Kontext)
$\mathbb{N}$	die Menge der natürlichen Zahlen
$\mathbb{R}_0^+$	die Menge der nicht-negativen reellen Zahlen
$+\infty$	positiv unendlich
$f: M \mapsto N$	f ist eine Funktion von M nach N
$\lvert x \rvert$	der Betrag der Zahl x
$\Box p$	es ist notwendig, daß p
$\Diamond p$	es ist möglich, daß p
$\blacklozenge p$	es ist kontingent (zufällig), daß p
B(x,t)	x besteht zum Zeitpunkt t
$t < t'$	der Zeitpunkt t ist früher als der Zeitpunkt t′
$t \leq t'$	der Zeitpunkt t ist früher als der Zeitpunkt t′ oder identisch mit t′
A(x,t)	t ist der Anfangszeitpunkt von x

$A_{temp}(x)$	x hat einen zeitlichen Anfang
$\bar{A}_{temp}(x)$	x hat keinen zeitlichen Anfang
W	„die Welt"
Z(x,t,z)	x ist zum Zeitpunkt t im Zustand z
$z<_Z z'$	der Zustand z ist zeitlich früher als der Zustand z'
E(x,t)	x entsteht zur Zeit t
C(x,V)	x füllt den Raum V aus
$L_{spat}(x)$	x hat eine Grenze im Raum
$\bar{L}_{spat}(x)$	x hat keine Grenze im Raum
V^*	„der alle Räume umfassende Raum"
$d_E:M\mapsto\mathbb{R}_0^+$	die Euklidische Metrik auf M
$x\prec y$	x ist ein echter Teil von y
$x\preceq y$	x ist ein Teil von y
σ	mereologischer Summenbildungsoperator
τ	mereologischer Auflösungsoperator
D_τ	der Definitionsbereich von τ
Z(x)	x ist zusammengesetzt
E(x)	x ist einfach
A(x)	x besteht aus einfachen Teilen
S(x)	x ist eine Substanz
I(s,p)	s hat eine Anschauung davon, daß p
$K_t(x,y)$	x verursacht zum Zeitpunkt t y
$U_t(x,y)$	x verursacht zum Zeitpunkt t y nach Gesetzen der Natur
$F_t(x,y)$	x verursacht zum Zeitpunkt t y „durch Freiheit"
U(x,y)	x verursacht y nach Gesetzen der Natur
Ex(x)	x existiert (x ist ein Wesen)
V_W	„die Reihe der Weltveränderungen"

Literaturverzeichnis

1. Kants Schriften

Kant,I. (*KdrV*): Kritik der reinen Vernunft; hrsg. von R.Schmidt. Unveränderter Nachdruck der 2.Auflage, Hamburg 1976

Kant,I: (*AA*): Kants gesammelte Schriften. Herausgegeben von der Königlich Preußischen Akademie der Wissenschaften, ab Band XXIII von der Akademie der Wissenschaften der DDR; Berlin 1900ff.

2. Weitere Primärliteratur

Aristoteles: Lehre vom Schluß oder Erste Analytiken; übers. u. eingeleitet von E.Rolfes, Hamburg 1975

Aristoteles: Analytica priora et posteriora; ed. W.D.Ross, Oxford 1968

Aristoteles: The Categories. On interpretation. Prior Analytics; ed. and transl. by H.P.Cook/H.Tredennick; Harvard University Press: Cambridge 1962

Baumgarten,A.G.: Metaphysica, Halle [4]1757. Abgedruckt in: Kants gesammelte Schriften, Band 17; Berlin und Leipzig 1924

Bolzano,B: Wissenschaftslehre, 4 Bände; Sulzbach 1837

Crusius,C.A.: Weg zur Gewißheit und Deutlichkeit der menschlichen Erkenntnis (1747,[2]1762); in: C.A. Crusius: Die philosophischen Hauptwerke, Band III, hrsg. von G.Tonelli; Hildesheim 1965

Descartes,R.: Die Prinzipien der Philosophie (1644), übers. von A.Buchenau; Hamburg [8]1992

Euler,L.: Gedanken von den Elementen der Cörper (1746); in: Leonhardi Euleri Opera Omnia, Ser. III, Vol. II, hrsg. von E.Hoppe et al.; Genf 1942

Frege,G.: Begriffsschrift. Eine der arithmetischen nachgebildete Formelsprache des reinen Denkens (1879); abgedruckt in: G.Frege: Begriffsschrift und andere Aufsätze, hrsg. von I.Angelelli; Hildesheim-Zürich-New York 1988

Frege,G.: Die Grundlagen der Arithmetik, Breslau 1884. Neu hrsg. von Chr.Thiel, Hamburg 1988

Hume,D.: A Treatise of Human Nature (1739-1740), ed. by L.A.Selby-Bigge; Oxford [2]1978

Hume,D.: An Enquiry Concerning Human Understanding (1748); in: D.Hume, Enquiries concerning Human Understanding and concerning the Principles of Morals, ed. by L.A. Selby-Bigge; Oxford [2]1902

Kästner,A.G.: Anfangsgründe der Arithmetik; Göttingen 1761

Kästner,A.G.: Anfangsgründe der Analysis des Unendlichen; Göttingen 1761

Lambert,J.H.: Neues Organon, Band I (1764); in: J.H.Lambert: Philosophische Schriften, Band I; Hildesheim 1965

Lambert,J.H.: Die Differential- und Integralrechnung endlicher Größen (1788); in: J.H.Lambert: Opera mathematica, vol. II, hrsg. von A.Speiser; Zürich 1948

Lambert,J.H.: Über die Methode die Methaphysik, Theologie und Moral richtiger zu beweisen, hrsg. von K.Bopp; Berlin 1918 (= Kantstudien Ergänzungshefte, Band 42)

Leibniz,G.W.: Die philosophischen Schriften, hrsg. von C.I.Gerhardt; 7 Bände, Nachdruck Hildesheim 1961

Der Leibniz-Clarke-Briefwechsel, übers. und hrsg. von V.Schüller; Berlin 1991

Meier,G.F.: Auszug aus der Vernunftlehre, Halle 1752. Abgedruckt in: Kants gesammelte Schriften, Band 16; Berlin und Leipzig 1924

Newton,I.: Mathematische Prinzipien der Naturlehre (1686), übers. und hrsg. von J. Ph. Wolfers; Nachdruck der ersten Ausgabe, Darmstadt 1963

Peirce,C.S.: Elements of Logic; in: C.S.Peirce: Collected Papers, vol. II, ed by C.Hartshorne and P.Weiss; Cambridge (MA) 1965
Russell,B.: The Principles of Mathematics; London 1903, [7]1956
Schopenhauer,A.: Die Welt als Wille und Vorstellung I; Leipzig [2]1844. Abgedruckt in: A.Schopenhauer: Sämtliche Werke, Band I, bearb. und hrsg. von W. Frhr. von Löhneysen; Frankfurt/M. [5]1995
Whitehead,A.N./Russell,B.: Principia Mathematica, III volumes; Reprint of the second edition (1925-1927), Cambridge University Press 1968
Wittgenstein,L.: Tractatus logico-philosophicus; in: L.Wittgenstein: Werkausgabe, Band 1; Frankfurt 1989, S.7-85
Wolff,C.: Vernünftige Gedanken (Deutsche Logik); in: C.Wolff: Gesammelte Schriften, 1.Abteilung 1.Band; Hildesheim 1965
Wolff,C.: Vernünftige Gedanken von Gott, der Welt und der Seele des Menschen, auch allen Dingen überhaupt (Deutsche Metaphysik); in: C.Wolff: Gesammelte Schriften. 1. Abteilung Band 2; Hildesheim 1983
Wolff,C.: Philosophia rationalis sive Logica (Lateinische Logik), Pars II (1728); in: C.Wolff: Gesammelte Schriften, 2.Abteilung Band 1,2; Hildesheim 1983
Wolff,C.: Philosophia Prima sive Ontologia (2. Aufl. 1736); in: C.Wolff: Gesammelte Schriften, 2.Abteilung, 3.Band; Hildesheim 1962
Zedler,J.H.(Hrsg.): Grosses vollständiges Universal-Lexikon aller Wissenschaften und Künste, welche bishero durch menschlichen Verstand und Witz erfunden und verbessert worden; 64 Bände, Leipzig/Halle 1731-1750. 4 Supplementbände, Leipzig/Halle 1751-1754

3. Literatur zu Kant

Al-Azm,S.J. (*1968*): Absolute Space and Kant's First Antinomy of Pure Reason; in: Kant-Studien 59 (1968) 151-164
Al-Azm,S.J. (*1972*): The Origins of Kant's Arguments in the Antinomies; Oxford 1972
Allison,H.E. (*1983*): Kant's Transcendental Idealism: An Interpretation and Defense; New Haven-London 1983
Allison,H.E. (*1990*): Kant's Theory of Freedom; Cambridge University Press 1990
Baum,M. (*1994*): Kants kritischer Rationalismus. Zur Entwicklung des Vernunftbegriffs nach 1770; in: Vernunftbegriffe in der Moderne, Stuttgarter Hegel-Kongress 1993, hrsg. von H.F.Fulda und R.-P.Horstmann; Stuttgart 1994, S.184-198
Baumanns,P. (*1987*): Kants mathematische Antinomien; in: Allgemeine Zeitschrift für Philosophie 12 (1987) 23-40
Baumanns,P. (*1988*): Kants vierte Antinomie und das Ideal der reinen Vernunft; in: Kant-Studien 79 (1988) 183-200
Baumanns,P. (*1993*): Kants Urteilstafel. Erörterung des Problems ihrer systematischen Vollständigkeit; in: P.Baumanns (Hrsg.): Realität und Begriff. Festschrift für J.Barion; Würzburg 1993, S.151-195
Baumanns,P. (*1993a*): Kants Antinomie der reinen Rechtsvernunft in systemgeschichtlicher und systematischer Hinsicht; in: Philosophisches Jahrbuch 100 (1993) 282-300
Baumgartner,H.M. (*1985*): Kants „Kritik der reinen Vernunft". Anleitung zur Lektüre; Freiburg/München 1985
Beck,L.W. (*1985*): Kants „Kritik der praktischen Vernunft". Ein Kommentar, übers. von K.H.Ilting; München 1985
Bennett,J. (*1966*): Kant's Analytic; Cambridge University Press 1966
Bennett,J. (*1974*): Kant's Dialectic; Cambridge University Press 1974
Bondeli,M. (*1996*): Zu Kants Behauptung der Unentbehrlichkeit der Vernunftideen; in Kant-Studien 87 (1996) 166-183

Boswell,T. (*1991*): Quellenkritische Untersuchungen zum Kantischen Logikhandbuch; Frankfurt a.M./ Bern/New York/Paris 1991

Brandt,R. (*1991*): Die Urteilstafel. Kritik der reinen Vernunft A 67-76; B 92-101, Hamburg 1991

Caimi,M. (*1991*): Kants Metaphysik. Zu Kants Entwurf einer metaphysica specialis; in: Akten des Siebenten Internationalen Kant Kongresses, Mainz 1990, hrsg. von G.Funke; Bonn 1991, S.103-126

Carl,W. (*1989*): Der schweigende Kant. Die Entwürfe zu einer Deduktion der Kategorien vor 1781; Göttingen 1989

Carl,W. (*1992*) Die transzendentale Deduktion der Kategorien in der ersten Auflage der Kritik der reinen Vernunft: ein Kommentar; Frankfurt/M. 1992

Carrier,M. (*1990*): Kants Theorie der Materie und ihre Wirkung auf die zeitgenössische Chemie; in: Kant-Studien 81 (1990) 170-210

Conrad,E. (*1994*): Kants Logikvorlesungen als neuer Schlüssel zur Architektonik der Kritik der reinen Vernunft: die Ausarbeitung der Gliederungsentwürfe in den Logikvorlesungen als Auseinandersetzung mit der Tradition; Stuttgart/Bad Cannstadt 1994

Dimpker,H./Kraft,B./Schönecker,D. (*1996*): Torsionen der dritten Antinomie. Zum Widerstreit ihrer Beweise und Anmerkungen; in: H.Oberer (Hrsg.): Kant. Analysen - Probleme - Kritik, Band II; Würzburg 1996, S.175-236

Düsing,K. (*1968*): Die Teleologie in Kants Weltbegriff; Bonn 1968

Erhardt,F. (*1888*): Kritik der Kantischen Antinomienlehre; Diss. Phil. Jena 1888

Ertl,W. (*1998*): Kants Auflösung der „dritten Antinomie". Zur Bedeutung des Schöpfungskonzepts für die Freiheitslehre; Freiburg i. Br./München 1998

Falkenburg,B. (*1995*): Kants zweite Antinomie und die Physik; in: Kant-Studien 86 (1995) 4-25

Frede,M./Krüger,L. (*1970*): Über die Zuordnung der Quantitäten des Urteils und der Kategorien der Größe bei Kant; in: Kant-Studien 61 (1970) 28-49

Freuler,L. (*1992*): Les antinomies cosmologiques de Kant; in: Revue de Theologie et de Philosophie 124 (1992) 19-39

Friedman,M. (*1994*): Kant and the Exact Sciences; Harvard University Press: Cambridge (MA) 1994

Friedman,M. (*1995*): Matter and Material Substance in Kant's Philosophy of Nature: The Problem of Infinite Divisibility; in: Proceedings of the Eighth International Kant Congress, Memphis 1995, ed. by Hoke Robinson, Vol. I.2, Marquette University Press: Milwaukee 1995, S.595-610

Fries,E. (*1976*): Aristotelische Logik bei Kant; Habilitationsschrift Göttingen 1976 (maschinenschriftlich)

Geissler,K. (*1910*): Kants Antinomien und das Wesen des Unendlichen; in: Kantstudien 15 (1910) 195-232

Glouberman,M. (*1993*): Rewriting Kant's Antinomies: A Meta-Interpretative Discussion; in: The Philosophical Forum 25 (1993)1-18

Gracyk,T.A. (*1991*): Kant's Doctrine of Heuristics: An Interpretation of the Ideas of Reason; in: The Modern Schoolman 68 (1991) 191-210

Gram,M.S. (*1969*): Kant's First Antinomy; in: Kant Studies Today, ed. By L.W.Beck; La Salle 1969, S. 210-229 (zunächst erschienen in: The Monist 51 (1967) 499-518)

Greenwood,J.D. (*1990*): Kant's Third Antinomy: Agency and Causal Explanation; in: International Philosophical Quaterly 30 (1990) 43-57

Grimmlinger,F. (*1971*): Die ontologische Bedeutung der 3. und 4. Antinomie in Kants Kritik der reinen Vernunft; in: Wiener Jahrbuch für Philosophie 4 (1971) 96-126

Grünewald,B. (*1986*): Modalität und empirisches Denken; Hamburg 1986

Guyer,P. (*1987*): Kant and the Claims of Knowledge; Cambridge University Press 1987

Heimsoeth,H. (*1960*): Atom, Seele, Monade. Historische Ursprünge und Hintergründe von Kants Antinomie der Teilung. Abhandlungen der geistes- und sozialwissenschaftlichen Klasse der Akademie der Wissenschaften und der Literatur, Jahrgang 1960, Heft 3; Wiesbaden 1960, S.257-398

Heimsoeth,H. (*1960a*): Vernunftantinomie und transzendentale Dialektik in der geschichtlichen Situation des Kantischen Lebenswerkes; in: H.Heimsoeth *1960*, S.133-147

Heimsoeth,H. (*1960b*): Problemverflechtungen in der zweiten Antinomie und die Bedeutung der Thema tik für Kants Werdegang; in:H.Heimsoeth *1960*, S.147-156

Heimsoeth,H. (*1961*): Studien zur Philosophiegeschichte; Köln 1961
Heimsoeth,H. (*1961a*): Zeitliche Weltunendlichkeit und das Problem des Anfangs. Eine Studie zur Vorgeschichte von Kants Erster Antinomie; in: H.Heimsoeth *1961*, S.269-292
Heimsoeth,H. (*1966*): Zum kosmotheologischen Ursprung der Kantischen Freiheitsantinomie; in: Kant-Studien 57 (1966) 206-229
Heimsoeth,H. (*1966-9*): Transzendentale Dialektik. Ein Kommentar zu Kants Kritik der reinen Vernunft, Bände I-III; Berlin-New York 1966-1969
Heimsoeth,H. (*1970*): Metaphysische Gehalte in Kants Vierter Antinomie; in: H.Heimsoeth: Studien zur Philosophie Immanuel Kants II; Bonn 1970, S.271-280
Herman,D.J. (*1991*): The Incoherence of Kant's Transzendental Dialectic: Specifying the Minimal Conditions for Dialectical Error; in: Dialectica 45 (1991) 3-29
Hiltscher,R. (*1987*): Kant und das Problem der Einheit der endlichen Vernunft; Würzburg 1987
Hinske,N. (*1966*): Kants Begriff der Antinomie und die Etappen seiner Ausarbeitung; in: Kant-Studien 56 (1966) 485-496
Hinske,N. (*1970*): Kants Weg zur Transzendentalphilosophie. Der dreißigjährige Kant; Stuttgart-Berlin-Köln-Mainz 1970
Hinske,N. (*1971*): Artikel »Antinomie« in: Historisches Wörterbuch der Philosophie, hrsg. von J.Ritter, Band 1; Darmstadt 1971, Spalten 393-396
Höffe,O. (*1983*): Immanuel Kant; München 1983
Hofmann,F. (*1961*): Kants erste Antinomie in ihrer Stellung als indirekter Beweis des transzendentalen Idealismus; Phil. Diss. Mainz 1961
Höselbarth,F. (*1983*): Raum und Körper in der zweiten Antinomie der Kritik der reinen Vernunft Kants; Frankfurt/M.-Bern-New York 1983
Hoppe,H. (*1989*): Vom Nutzen und Nachteil der Metaphysischen Kategorien-Deduktion; in: Proceedings of the Sixth International Kant Congress. The Pennsylvania State University, 1985, ed. by G.Funke and T.M.Seebohm; Washington 1989, Vol. II,1, 241-249
Horstmann,R.-P. (*1984*): Die metaphysische Deduktion in Kants „Kritik der reinen Vernunft"; in: Probleme der „Kritik der reinen Vernunft". Kant-Tagung Marburg 1981, hrsg. von B.Tuschling; Berlin-New York 1984, S.15-33
Huhle,W. (*1931*): Hat die Anordnung der Urteile in Kants Tafel einen Sinn?; Phil.Diss. Leipzig 1931
Ishikawa,F. (*1990*): Kants Denken von einem dritten - Das Gerichtshofmodell und das unendliche Urteil in der Antinomienlehre; Frankfurt/M.-Bern-New York-Paris 1990
Kalin,M.G. (*1978*): Idealism against Realism in Kant's Third Antinomy; in: Kant-Studien 69 (1978) 160-169
Kaulbach,F. (*1978*): Das Prinzip Handlung in der Philosophie Kants; Berlin-New York 1978
Kaulbach,F. (*1981*): Philosophie als Wissenschaft. Eine Anleitung zum Studium von Kants Kritik der reinen Vernunft in Vorlesungen; Hildesheim 1981
Kaulbach,F. (*1982*): Immanuel Kant; Berlin-New York ²1982
Körner,S. (*1980*): Kant, übers. von E.Serelmann-Küchler und M.Nocken; Göttingen ²1980
Kowalewski,M. (*1918*): Über die Antinomienlehre als Begründung des transzendentalen Idealismus; in: Abhandlungen der Fries'schen Schule, Neue Folge Band 4, Heft 4; Göttingen 1918, S.693-764
Krausser,P. (*1982*): The First Antinomy of Rational Cosmology and Kant's three kinds of Infinities; in: Philosophia Naturalis 19 (1982) 83-93
Krausser,P. (*1988*): On the Antinomies and the Appendix to the Dialectic in Kant's Critique and Philosophy of Science; in: Synthese 77 (1988) 375-401
Krausser,P. (*1989*): Kant on the Hypothetical Employment of Reason in Science; in: Proceedings of the Sixth International Kant Congress. The Pennsylvania State University, 1985, ed. by G.Funke and T.M.Seebohm; Washington 1989, Vol. II,2, S.123-134
Kreimendahl,L. (*1990*): Kant. Der Durchbruch von 1769; Köln 1990
Krüger,L. (*1968*): Wollte Kant die Vollständigkeit seiner Urteilstafel beweisen?, in: Kant-Studien 59 (1968) 333-356

Kuehn,M. (*1983*): Kant's Conception of „Hume's Problem"; in: Journal of the History of Philosophy 21 (1983) 175-193

Lee,Kwang-Sae (*1989*): Two Interpretations of the Structure of the Mathematical Antinomies of the Critique of Pure Reason; in: Proceedings of the Sixth International Kant Congress. The Pennsylvania State University, 1985, ed. by G.Funke and T.M.Seebohm; Washington 1989, Vol. II,2, S.11-21

Lenk, H. (*1968*): Kritik der logischen Konstanten. Philosophische Begründungen der Urteilsformen vom Idealismus bis zur Gegenwart; Berlin 1968, S.1-45

Llewelyn,J.E. (*1964*): Dialectical and Analytical Opposites; in: Kant-Studien 54 (1964) 171-174

Loparic,Z. (*1990*): The Logical Structure of the First Antinomy; in: Kant-Studien 81 (1990) 280-303

Malzkorn,W. (*1993*): Rezension von R. Brandt *1991*. In: Archiv für Geschichte der Philosophie 75 (1993) 106-113

Malzkorn,W. (*1994a*): Rezension von T.Boswell *1991*. In: Kant-Studien 85 (1994) 229-231

Malzkorn,W. (*1995a*): Die Seele als Pseudogegenstand metaphysischer Erkenntnis; in: Proceedings of the Eighth International Kant Congress, Memphis 1995, ed. by Hoke Robinson, Vol. II.1, Marquette University Press: Milwaukee 1995, S.349-356

Malzkorn,W. (*1995b*): Rezension von E. Conrad *1994*; in: Archiv für Geschichte der Philosophie 77 (1995) 111-114

Malzkorn,W. (*1995c*): Kants Kritik an der traditionellen Syllogistik; in: History and Philosophy of Logic 16 (1995) 75-88

Malzkorn,W. (*1997*): Rezension von M.Wolff *1995*; in: Philosophisches Jahrbuch 104 (1997) 196-202

Malzkorn,W. (*1998a*): Sind Kants Paralogismen ein *natürliches* und *unvermeidliches* Problem der Vernunft?; erscheint in: Analyse - Rekontruktion - Kritik. Logisch-Philosophische Abhandlungen, hrsg. von J.Lechner; Frankfurt/M.-Bern-New York 1998, S.95-111

Malzkorn,W. (*1999*): Kant über die Teilbarkeit der Materie; in: Kant-Studien 89 (1999) 385-409

Martin,G. (*1940/1*): Zu den Voraussetzungen und Konsequenzen der Kantischen Antinomienlehre; in: Blätter für deutsche Philosophie 14 (1940/1) 260-254

Menne,A. (*1974*): Kants Kritik der Syllogistik; in: Akten des 4. Internationalen Kant-Kongresses, hrsg. von G.Funke; Berlin-New York 1974, Bd.2, S.130-134

Menne,A. (*1982*): Das unendliche Urteil Kants; in: Philosophia Naturalis 19 (1982) 151-162

Menne,A. (*1989*): Die Kantische Urteilstafel im Lichte der Logikgeschichte und der modernen Logik; in: Zeitschrift für allgemeine Wissenschaftstheorie 20 (1989) 317-324

Miles,M.L. (*1978*): Logik und Metaphysik bei Kant; Frankfurt/M. 1978

Mittelstaedt,P./Strohmeyer,I. (*1990*): Die kosmologischen Antinomien in der Kritik der reinen Vernunft und die moderne physikalische Kosmologie; in: Kant-Studien 81 (1990) 145-169

Mizzoni,J.M. (*1994*): Freedom in Kant's 3rd Antinomy; in: Kinesis 21 (1994) 24-32

Naticchia,C. (1994): Kant on the Third Antinomy. Is Freedom Possible in a World of Natural Nessesity?; in: History of Philosophy Quaterly 11 (1994) 393-403

Nussbaum,C. (*1990*): Concepts, Judgments, and Unity in Kant's Metaphysical Deduction of the Relational Categories; in: Journal of the History of Philosophy 28 (1990) 89-103

Nussbaum,C. (*1992*): Critical and Pre-Critical Phases in Kant's Philosophy of Logic; in: Kant-Studien 83 (1992) 280-293

O'Neill,O. (*1992*): Vindicating reason; in: The Cambridge Companion to Kant, ed. By P.Guyer; Cambridge University Press 1992, S.280-308

Ortwein,B. (*1983*): Kants problematische Freiheitslehre; Bonn 1983

Pilot,H. (*1995*): Die Vernunftideen als Analoga von Schemata; in: Das Recht der Vernunft. Kant und Hegel über Denken, Erkennen und Handeln, hrsg. von C.Fricke, P.König und T.Petersen; Stuttgart-Bad Cannstatt 1995, S.155-192

Plaaß,P. (*1965*): Kants Theorie der Naturwissenschaft. Eine Untersuchung zur Vorrede von Kants „Metaphysischen Anfangsgründen der Naturwissenschft"; Göttingen 1965

Poser,H. (*1981*): Die Stufen der Modalität. Kants System der Modalbegriffe; in: K.Weinke (Hrsg.): Logik, Ethik, Sprache. Festschrift für R.Freundlich, München 1981

Posy,C. (*1983*): Dancing to the Antinomy: A Proposal for Transcendental Idealism; in: American Philosophical Quaterly 20 (1983) 81-94
Prauss,G.(*1983*): Kant über Freiheit als Autonomie; Frankfurt/M. 1983
Puyan,H. (*1990*): La primera antinomia kantiana: el origen y los limites del Universo; Stromata (San Miguel/Arg.) 46 (1990) 235-239
Rathschlag,H. (*1936*): Die Bedeutung der Antinomien für den Kritizismus Berlin 1936
Rauschenberger,W. (*1923*): Die Antinomienlehre Kants; Berlin 1923
Rauschenberger,W. (*1924*): Die Antinomien Kants; in: Archiv für Geschichte der Philosophie 35 (1924) 21-32
Reich,K. (*1986*): Die Vollständigkeit der Kantischen Urteilstafel; Hamburg ³1986
Reinach,A. (*1911*): Die obersten Regeln der Vernunftschlüsse bei Kant; in: Kant-Studien 16 (1911) 214-233
Reisinger,M. (*1988*): Schlußlogik und Metaphysik bei Kant; Phil. Diss. Köln 1988
Riehl,A. (*1924-6*): Der philosophische Kritizismus. Geschichte und System, 3 Bände; Leipzig 3.Auflage 1924-1926
Reuter,P. (*1989*): Kants Theorie der Reflexionsbegriffe. Eine Untersuchung zum Amphiboliekapitel der Kritik der reinen Vernunft; Würzburg 1989
Robinson,H. (*1994*): Two Perspectives on Kant's Appearances and Things in Themselves; in: Journal of the History of Philosophy 32 (1994) 411-441
Röttges,H. (*1974*): Kants Auflösung der Freiheitsantinomie; in: Kant-Studien 65 (1974) 33-49
Rohs,P. (*1978*): Kants Prinzip der durchgängigen Bestimmung alles Seienden; in: Kant-Studien 69 (1978) 170-180
Schneeberger,G. (*1952*): Kants Konzeption der Modalbegriffe; Basel 1952
Schiemann,G. (*1992*): Totalität oder Zweckmäßigkeit. Kants Ringen mit dem Mannigfaltigen der Erfahrung im Ausgang der Vernunftkritik; in: Kant-Studien 83 (1992) 294-303
Schmucker,J. (*1990*): Das Weltproblem in Kants Kritik der reinen Vernunft; Bonn 1990
Schulthess,P. (*1981*): Relation und Funktion. Eine systematische und entwicklungsgeschichtliche Untersuchung zur theoretischen Philosophie Kants; Berlin - New York 1981
Seifert,J. (*1989*): Das Antinomienproblem als ein Grundproblem aller Metaphysik: Kritik der „Kritik der reinen Vernunft"; in: Prima Philosophia 2 (1989) 143-168
Seung,T.K. (*1989*): Kant's Conception of the Categories; Review of Metaphysics 43 (1989) 107-132
Siegel,C. (*1925*): Kants Antinomienlehre im Lichte der Inaugural-Dissertation; in: Kantstudien 30 (1925) 67-86
Smith,N.K. (*1923*): A Commentary to Kant's „Critique of Pure Reason"; Nachdruck der 2. Auflage von 1923, London 1979
Stegmüller,W. (*1967*): Gedanken über eine mögliche rationale Rekonstruktion von Kants Metaphysik der Erfahrung. Teil I; in: Ratio 9 (1967) 1-30
Stegmüller,W. (*1968*): Gedanken über eine mögliche rationale Rekonstruktion von Kants Metaphysik der Erfahrung. Teil II; in: Ratio 10 (1968) 1-31
Strawson,P.F. (*1966*): The Bounds of Sense; London 1966
Stuhlmann-Laeisz,R. (*1973*): Über Kants Problem der „Anwendung der Kategorien" durch den „Schematismus des reinen Verstandes"; in: Archiv für Geschichte der Philosophie 55 (1973) 301-309
Stuhlmann-Laeisz,R. (*1976*): Kants Logik; Berlin - New York 1976
Stuhlmann-Laeisz,R. (*1987*): Kants Thesen über sein Kategoriensystem und ihre Beweise; in: Kant-Studien 78 (*1987*) 5-24
Stuhlmann-Laeisz,R. (*1990*): Formale und transzendentale Logik im Paralogismenkapitel von Kants „Kritik der reinen Vernunft"; in: H.Busche/D.Lohmar/G.Heffernan (Hrsg.): Bewußtsein und Zeitlichkeit. Festschrift für G.Schmidt, Würzburg 1990, S.61-74
Tonelli,G. (*1966*): Die Voraussetzungen zur Kantischen Urteilstafel in der Logik des 18.Jahrhunderts; in: F.Kaulbach u. J.Ritter (Hrsg.): Kritik und Metaphysik. Heinz Heimsoeth zum 80. Geburtstag; Berlin 1966, S.134-158
Van Cleve,J. (*1981*): Reflections on Kant's Second Antinomy; in: Synthese 47 (1981) 481-494

Van Veldhuijsen,P. (*1988*): Een historisch-kritische lezing van Kants eerste antinomie; Stoi 3 (1988) 67-90
Vleeschauwer,H.J.de (*1938*): Les antinomies kantiennes et la „Clavis universalis" d'Arthur Collier; in: Mind 47 (1938) 303-320
Vogel, K.(*1986*): Kant und die Paradoxien der Vielheit; Frankfurt/M. ²1986
Wagner,H. (*1996*): Die kosmologische Antithetik und ihre Auflösung in Kants Kr.d.r.V.; in: H.Oberer (Hrsg.): Kant. Analysen - Probleme - Kritik, Band II; Würzburg 1996, S.239-259
Walsh,W.H. (*1976*): The Structure of Kant's Antinomies; in: Actes du congrès d'Ottawa sur Kant dans les traditions anglo-américaine et continentale tenu du 10 au 14 octobre 1974, ed. Par P.Laberge, F.Duchesneau et B.E.Morrisey; Ottawa 1976, S.77-93
Wartenberg,T.E. (*1992*): Reason and the practice of Science; in: The Cambridge Companion to Kant, ed. by P.Guyer; Cambridge University Press 1992, S.228-248
Watkins,E. (*1994*): Kant's Third Analogy of Experience; Dissertation, University of Notre Dame 1994
Watkins,E. (*1997a*): The Argumentative Structure of Kant's *Metaphysical Foundations of Natural Science*; erscheint demnächst
Watkins,E. (*1997b*): Kant's Justification of the Laws of Mechanics; erscheint demnächst
Weizsäcker,C.F.v. (*1986*): Kants „Erste Analogie der Erfahrung" und die Erhaltungssätze der Physik; abgedruckt in: C.F. von Weizsäcker: Die Einheit der Natur; München ⁵1986, S.383-404
Wessel,H. (*1976*): Logik und Philosophie; Berlin (Ost) 1976
Wike,V.S. (*1981*): History or Philosophy? An Account of the Origin of Kant's Antinomies; in: Akten des 5. Internationalen Kant-Kongresses, hrsg. von G.Funke; Bonn 1981, Bd. I,1, S.597-603
Wike,V.S. (*1982*): Kant's Antinomies of Reason. Their Origin and their Resolution; Washington 1982
Wolff,M. (*1981*): Der Begriff des Widerspruchs. Eine Studie zur Dialektik Kants und Hegels; Königstein/Ts. 1981
Wolff,M. (*1984*): Der Begriff des Widerspruchs in der „Kritik der reinen Vernunft". Zum Verhältnis von formaler und transzendentaler Logik; in: Probleme der „Kritik der reinen Vernunft". Kant-Tagung Marburg 1981, hrsg. von B.Tuschling; Berlin-New York 1984, S.178-202
Wolff,M. (*1995*): Die Vollständigkeit der kantischen Urteilstafel. Mit einem Essay über Freges Begriffsschrift; Frankfurt/M. 1995
Wood,A.W. (*1975*): Kant's Dialectic; in: Canadien Journal of Philosophy 5 (1975) 595-614
Woolman,M. (*1985*): The Kantian Antinomies Revisited; MA Thesis, Gongaza University 1985
Young,J.M. (*1992*): Functions of thought and the synthesis of intuitions; in: The Cambridge Companion to Kant, ed. by P. Guyer, Cambridge (MA) 1992, S.101-122
Zocher,R. (*1958*): Zu Kants transzendentaler Deduktion der Ideen der reinen Vernunft; in: Zeitschrift für philosophische Forschung 12 (1958) 43-58
Zöller,G. (*1984*): Theoretische Gegenstandsbeziehung bei Kant; Berlin - New York 1984
Zumbach,C. (*1981*): Das Thesenargument der dritten Antinomie - eine Anmerkung; in: Ratio 23 (1981) 115-123

4. Sonstige verwendete Literatur

Barrow,J.D. (*1992*): Theorien für Alles. Die philosophischen Ansätze der modernen Physik, übers. von A.Ehlers; Heidelberg 1992
Bocheński,J.M. (*1978*): Formale Logik; Freiburg/München ⁴1978
Carnap,R. (*1922*): Der Raum. Ein Beitrag zur Wissenschaftslehre; Berlin 1922
Carrier,M. (*1992*): Aspekte und Probleme kausaler Beschreibungen in der gegenwärtigen Physik; in:Neue Hefte für Philosophie 32/33 (1992) 82-104
Dretske,F. (*1965*): Counting to Infinity; in: Analysis 25 (1965) 99-101
Falkenburg,B. (*1993*): Substanzbegriff und Quantentheorie; in: Philosophia Naturalis 30 (1993) 229-246

Falkenburg,B. (*1994*): Teilchenmetaphysik: Zur Realitätsauffassung in Wissenschaftsphilosophie und Mikrophysik; Mannheim-Leipzig-Wien-Zürich 1994

Geach,P.T. (*1956*): Good and Evil; in: Analysis 17 (1956) 33-42

Halmos,P.R. (*1976*): Naive Mengenlehre; Göttingen ⁴1976

Hart,H.L.A./Honoré,A.M. (*1959*): Causation in Law; Oxford 1959

Hasenjaeger,G. (*1962*): Einführung in die Grundbegriffe und Probleme der modernen Logik; Freiburg/ München 1962

Hawking,S.W./Ellis,G.F.R. (*1973*): The Large Scale Structure of Space-Time; Cambridge University Press 1973

Heidelberger,M. (*1992*): Kausalität. Eine Problemübersicht; in: Neue Hefte für Philosophie 32/ 33 (1992) 130-153

Hoche,H.U. (*1990*): Einführung in das sprachanalytische Philosophieren; Darmstadt 1990

Hughes,G.E./Cresswell,M.J. (*1996*): A New Introduction to Modal Logic; London-New York 1996

Jänich,K. (*1990*): Topologie; Berlin-Heidelberg-New York ³1990

Jammer,M. (*1981*): Der Begriff der Masse in der Physik; Darmstadt ³1981

Kanitscheider,B. (*1991*): Kosmologie. Geschichte und Systematik in philosophischer Perspektive; Stuttgart ²1991

Kanitscheider,B. (*1993*): Von der mechanistischen Welt zum kreativen Universum. Zu einem neuen philosophischen Verständnis der Natur; Darmstadt 1993

Kienzle,B.(*1994*): Ereignislogik; in: B.Kienzle (Hrsg.): Zustand und Ereignis; Frankfurt/M. 1994, S.413-471

Kneale,W.& M. (*1975*): The Development of Logic; Oxford Clarendon Press 1975

Krüger,L. (*1992*): Kausalität und Freiheit. Ein Beispiel für den Zusammenhang von Metaphysik und Lebenspraxis; in: Neue Hefte für Philosophie 32/33 (1992) 1-14

Kutschera,F.v. (*1964*): Die Antinomien der Logik; Freiburg-München 1964

Kutschera,F.v. (*1971*): Artikel »Antinomie« in: Historisches Wörterbuch der Philosophie, hrsg. von J. Ritter, Band 1; Darmstadt 1971, Spalten 396-405

Kutschera,F.v. (*1989*): Artikel »Paradoxie« in: Historisches Wörterbuch der Philosophie, hrsg. von J. Ritter, Band 7; Darmstadt 1989, Spalten 96f.

Lambert,K./Brittan,G.G. (*1991*): Eine Einführung in die Wissenschaftsphilosophie, übers. von J.Schulte; Berlin-New York 1991

Lewis,D. (*1986*): Causation; in: D.Lewis: Philosophical Papers, Vol. II, New York 1986, S.159-172

Linneweber-Lammerskitten,H. (*1988*): Untersuchungen zur Theorie des hypothetischen Urteils; Phil. Diss. Bonn 1988

Lorenz,K. (*1972*): Artikel »Folgerung« in: Historisches Wörterbuch der Philosophie, hrsg. von J.Ritter; Darmstadt 1971ff., Bd.2, Spalten 960-962

Lorenz,K. (*1980*): Artikel »Folgerung« in: Enzyklopädie Philosophie und Wissenschaftstheorie, hrsg. von J.Mittelstraß; Bd. 1, Mannheim-Wien-Zürich 1980, S.654f

Malzkorn,W. (*1994b*): Rezension von B.Kanitscheider *1993*. In: Erkenntnis 40 (1994) 407-410

Malzkorn,W. (*1998b*): Leibniz's Theory of Space in the Correspondence with Clarke and the Existence of Vacuums; erscheint in: Proceedings of the Twentieth World Congress of Philosophy, Boston, August 10-16, 1998

Mendelson,E. (*1987*): Introduction to Mathematical Logic; Monterey (CA) ³1987

Mittelstaedt,P. (*1989*): Philosophische Probleme der modernen Physik; Mannheim-Wien-Zürich ⁷1989

Patzig,G. (*1969*): Die aristotelische Syllogistik. Logisch-philologische Untersuchungen über das Buch A der „Ersten Analytiken"; Göttingen ³1969

Patzig,G. (*1974*): Artikel »Schluß« in: Handbuch philosophischer Grundbegriffe, hrsg. von H.Krings, H.M.Baumgartner und C.Wild; München 1974, S.1251-1260

Scheibe,E. (*1976*): Artikel »Kausalgesetz« in: Historisches Wörterbuch der Philosophie, hrsg. von J. Ritter; Darmstadt 1971ff., Bd.4, Spalten 789-798

Schmutzer,E. (*1989*): Grundlagen der theoretischen Physik. Mit einem Grundriss der Mathematik für Physiker; Mannheim-Wien-Zürich 1989

Simons,P. (*1987*): Parts. A Study in Ontology; Oxford 1987
Strawson,P.F. (*1952*): Introduction to Logical Theory; London 1952. Reprinted 1960
Tipler,F. (*1980*): General Relativity and the Eternal Return; in: F.Tipler (ed.): Essays in General Relativity; New York-London-Toronto-Sydney-San Francisco 1980, S.21-37
Thiel,Chr. (*1984*): Artikel »Kettenschluß« in: Enzyklopädie Philosophie und Wissenschaftstheorie, hrsg. von J.Mittelstraß; Bd. 2, Mannheim-Wien-Zürich 1984
Thompson,M. (*1953*): On Aristotle's Square of Opposition; in: The Philosophical Review 62 (1953) 251-265
Van Benthem,J. (*1983*): The Logic of Time. A Model-Theoretic Investigation into the Varieties of Temporal Ontology and Temporal Discourse; Dordrecht 1983
Von Wright,G.H. (*1971*): Explanation and Understanding; Cornell University Press 1971
Whithrow,G.J. (*1978*): On the Impossibility of an Infinite Past; in: British Journal for the Philosophy of Science 29 (1978) 39-45
Wolters,G. (*1980*): Artikel »dictum de omni et nullo« in: Enzyklopädie Philosophie und Wissenschaftstheorie, hrsg. von J.Mittelstraß; Bd. 1, Mannheim-Wien-Zürich 1980, S.473f.

Personenregister

Sachregister

Bernd Dörflinger

Das Leben theoretischer Vernunft

Eine Untersuchung zur Philosophie Kants

Herbst 1999. 23,5 × 16,5 cm. Ca. 312 Seiten. Leinen.
ISBN 3-11-016516-3
(Kantstudien – Ergänzungshefte)

Claus Dierksmeier

Das Noumenon Religion

Eine Untersuchung zur Stellung der Religion im System der praktischen Philosophie Kants

1998. 23,5 × 16,5 cm. VIII, 238 Seiten. Leinen.
ISBN 3-11-016288-1
(Kantstudien – Ergänzungshefte 133)

Bei Fragen zur Produktsicherheit wenden Sie sich bitte an:
If you have any questions regarding product safety,
please contact:

Walter de Gruyter GmbH
Genthiner Straße 13
10785 Berlin
productsafety@degruyterbrill.com